Fritz Reinhardt/Heinrich Soeder

dtv-Atlas Mathematik

Band 2
Analysis und angewandte Mathematik

Mit 104 Abbildungsseiten in Farbe

Graphische Gestaltung der Abbildungen
Gerd Falk

Deutscher Taschenbuch Verlag

Übersetzungen
Frankreich: Librairie Générale Française, Paris
Italien: Ulrico Hoepli, Mailand
Niederlande: Bosch & Keuning NV, Baarn
Spanien: Alianza Editorial, S. A., Madrid
Ungarn: Springer Hungarica, Budapest

Originalausgabe
1. Auflage September 1977
10. Auflage Oktober 1998

Umschlagkonzept: Balk & Brumshagen
Gesamtherstellung: Brühlsche Universitätsdruckerei, Gießen
Offsetreproduktionen: Lorenz Schönberger, Garching
Printed in Germany · ISBN 3-423-03008-9

Vorwort

Der vorliegende Band 2 des ›dtv-Atlas zur Mathematik‹ ergänzt den ersten Band durch das weite Gebiet der Analysis und durch Teilgebiete der praktischen Mathematik. Damit behandeln beide Bände die grundlegenden Gebiete der Mathematik. Daß nicht alle Teilgebiete aufgenommen wurden, hat verschiedene Gründe. Einerseits erforderte die Beschränkung auf zwei Bände eine Auswahl, andererseits bestanden didaktische Bedenken, da sich nicht jedes Teilgebiet dazu eignet, in der hier notwendigen kompakten Form dargestellt zu werden.
Daß diese Form der Darstellung, in der kaum Beweise enthalten sein konnten, auch den abgehandelten Gebieten nicht in allen Punkten gerecht werden kann, ist den Verfassern sehr wohl bewußt. Wir hoffen jedoch, daß die auch im vorliegenden Band fast durchgängig verwendete Gegenüberstellung von Text- und Bildseiten das Arbeiten mit dem Buch erleichtert. Der interessierte Leser findet im Literaturverzeichnis Hinweise auf ausführlichere Darstellungen.
Das Register umfaßt die Begriffe beider Bände.
Unser besonderer Dank gilt neben Herrn Gerd Falk, der auch diesen Band graphisch gestaltete, der Lexikon-Redaktion des Deutschen Taschenbuch Verlages, die uns mit viel Geduld und Verständnis beraten und beim Korrekturlesen geholfen hat.

Bielefeld, im Frühjahr 1977 | Die Verfasser

Wir freuen uns über die zahlreichen Zuschriften kritischer Benutzer dieses Buches, die uns auf Druckfehler aufmerksam machten oder uns Verbesserungsvorschläge mitteilten. Ihnen allen gilt unser herzlicher Dank. Das meiste hat jeweils bei der nächsten Neuauflage Berücksichtigung gefunden. Auch wurden wichtige neue Forschungsergebnisse mit eingearbeitet.

Bielefeld, März 1998 | Die Verfasser

Inhalt

Symbol- und Abkürzungsverzeichnis

Grundlagen der reellen Analysis

$\|a\|$	absoluter Betrag von a
(a_n)	Folge der a_n
$(a_1, \ldots, a_n)$	Folge der $a_1, \ldots, a_n$ (n-Tupel)
$\lim\limits_{n\to\infty} a_n$	Limes von a_n für n gegen Unendlich (Grenzwert)
$\overline{\lim}\, a_n$	oberer Limes
$\underline{\lim}\, a_n$	unterer Limes
$\sum\limits_{\nu=1}^{n} a_\nu$	$a_1 + \ldots + a_n$
$\sum\limits_{\nu=1}^{\infty} a_\nu$, $\sum a_\nu$	Summe aller a_ν für ν von 1 bis Unendlich (unendliche Reihe, Grenzwert)
$\prod\limits_{\nu=1}^{n} a_\nu$	$a_1 \cdot \ldots \cdot a_n$
$\prod\limits_{\nu=1}^{\infty} a_\nu$	Produkt aller a_ν für ν von 1 bis Unendlich (unendliches Produkt, Grenzwert)
$1_{\mathbb{R}}$	identische Funktion mit $1_{\mathbb{R}}(x) = x$
$f \pm g$	Summen-(Differenz-)funktion
$f \cdot g$	Produktfunktion
$\frac{f}{g}$	Quotientenfunktion
$g \circ f$	g nach f (Komposition, Verkettung)
c	konstante Funktion ($c \in \mathbb{R}$)
$c f$	Produktfunktion $c \cdot f$
$-f$	Produktfunktion $(-1) \cdot f$
f^0	konstante Funktion 1
f^n	Produktfunktion $f \cdot \ldots \cdot f$ (n-mal)
$\sum\limits_{\nu=0}^{n} a_\nu (1_{\mathbb{R}})^\nu$, $\sum a_\nu (1_{\mathbb{R}})^\nu$	ganzrationale Funktion n-ten Grades ($a_n \neq 0$)
$\sum\limits_{\nu=0}^{\infty} a_\nu (1_{\mathbb{R}})^\nu$	Potenzreihe
$\lim\limits_{x\to a} f(x)$	Limes $f(x)$ für x gegen a (Grenzwert einer Funktion)

Differentialrechnung

$\frac{\Delta f(x)}{\Delta x}$	Differenzenquotient
m_a	Differenzenquotientenfunktion
$\overline{m}_a$	stetige Fortsetzung von m_a
f'	Ableitung der Funktion f
$f'', f''', f^{(n)}$	höhere Ableitungen der Funktion f
$f^{(0)}$	andere Schreibweise für f
$\frac{\mathrm{d}f(x)}{\mathrm{d}x}, \frac{\mathrm{d}y}{\mathrm{d}x}$	LEIBNIZsche Schreibweise für $f'(x)$
$\frac{\mathrm{d}^n f(x)}{\mathrm{d}x^n}, \frac{\mathrm{d}^n y}{\mathrm{d}x^n}$	LEIBNIZsche Schreibweise für $f^{(n)}(x)$
$\mathrm{d}f_a(x-a)$	Differential von f bez. a
sin, cos, tan, cot	Winkelfunktionen
arc sin, arc cos, arc tan, arc cot	Umkehrungen der Winkelfunktionen
sinh, cosh, tanh, coth	Hyperbelfunktionen
ar sinh, ar cosh, ar tanh, ar coth	Umkehrungen der Hyperbelfunktionen
exp	Exponentialfunktion
ln	natürliche Logarithmusfunktion
e	EULERsche Zahl, $e \approx 2{,}71828$
C	EULERsche Konstante, $C \approx 0{,}57722$
B_n	BERNOULLIsche Zahlen
$\binom{n}{\nu}$	Binomialkoeffizient
Γ	Gammafunktion
ζ	RIEMANNsche Zetafunktion
$\mathbb{R}^n$-$\mathbb{R}^m$-Funktion $\boldsymbol{f}$	Funktion $\boldsymbol{f}: D_{\boldsymbol{f}} \to \mathbb{R}^m$ mit $D_{\boldsymbol{f}} \subseteq \mathbb{R}^n$
$\boldsymbol{f}(\boldsymbol{x}) = (f_1(\boldsymbol{x}), \ldots, f_m(\boldsymbol{x})) = \begin{pmatrix} f_1(\boldsymbol{x}) \\ \vdots \\ f_m(\boldsymbol{x}) \end{pmatrix}$	Term einer $\mathbb{R}^n$-$\mathbb{R}^m$-Funktion, Komponentendarstellung
$\frac{\partial f}{\partial x_\nu}$	partielle Ableitung von f nach x_ν
$\frac{\partial}{\partial x_\nu} f(\boldsymbol{x})$	Ableitungsterm, gleiche Bedeutung wie $\frac{\partial f}{\partial x_\nu}(\boldsymbol{x})$
$\frac{\partial^2 f}{\partial x_\nu^2}, \frac{\partial^2 f}{\partial x_\nu \partial x_\mu}$	zweite partielle Ableitungen
grad f	Gradient von f
$\nabla = \begin{pmatrix} \frac{\partial}{\partial x_1} \\ \vdots \\ \frac{\partial}{\partial x_n} \end{pmatrix}$	Nablavektor
div $\boldsymbol{f}$	Divergenz von $\boldsymbol{f}$
rot $\boldsymbol{f}$	Rotation von $\boldsymbol{f}$
$\frac{\mathrm{d}\boldsymbol{f}}{\mathrm{d}\boldsymbol{x}} = \left(\frac{\partial f_\mu}{\partial x_\nu}\right)$	Funktionalmatrix
$\det \frac{\mathrm{d}\boldsymbol{f}}{\mathrm{d}\boldsymbol{x}}$	Funktionaldeterminante

Integralrechnung

$Z = (a_0, \ldots, a_n)$	Zerlegung Z
$\overline{\int\limits_a^b}, \underline{\int\limits_a^b}$	Ober-, Unterintegralzeichen
$\int\limits_a^b f(x)\mathrm{d}x$, (R) $\int\limits_a^b f(x)\mathrm{d}x$	Integral $f(x)\mathrm{d}x$ von a bis b (RIEMANN-Integral auf $(a;b)$, $)a;b)$, $(a;b($, $)a;b($)

$[F(x)]_a^b$	$F(b)-F(a)$
$\int f(x)\,dx$	unbestimmtes Integral
$\int\limits_{D_f} f(\boldsymbol{x})\,d\boldsymbol{x}$	Integral $f(\boldsymbol{x})\,d\boldsymbol{x}$ über $D_f \subset \mathbb{R}^2$ (RIEMANN-Integral auf D_f)
$S(f, Z, B)$	RIEMANNsche Summe von f bez. Z und B
$\int\limits_{\boldsymbol{k}} \langle \boldsymbol{f}(\boldsymbol{x}), d\boldsymbol{x} \rangle$	Kurven-(Linien-)integral von $\boldsymbol{f}$ längs $\boldsymbol{k}$
$\oint\limits_{\boldsymbol{k}} \langle \boldsymbol{f}(\boldsymbol{x}), d\boldsymbol{x} \rangle$	Kurvenintegral von $\boldsymbol{f}$ längs einer geschlossenen Kurve $\boldsymbol{k}$
$\int\limits_{\boldsymbol{k}} \langle g(\boldsymbol{x}), dx_i \rangle$	Kurvenintegral von g bez. der i-ten Koordinatenachse
$\int\limits_{\boldsymbol{a}} \langle \boldsymbol{f}(\boldsymbol{x}), \boldsymbol{n}^+(\boldsymbol{x}) \rangle\, dO$	Oberflächenintegral
$I_J(B)$	JORDAN-Inhalt von B
$m^*(m_*)$	JORDANsches äußeres (inneres) Maß
$\mu(B)$	LEBESGUEsches Maß von B
$\mu^*(\mu_*)$	LEBESGUEsches äußeres (inneres) Maß
$(L)\int\limits_a^b f(x)\,dx$	LEBESGUE-Integral von f auf $(a;b)$

Funktionalanalysis

$\Vert\ \Vert$	Norm
$\Vert\ \Vert_0$	ČEBYŠEV-Norm
$\Vert\ \Vert_2$	euklidische Norm
$\langle , \rangle$	Skalarprodukt
$[\![\ ]\!]$	Zeichen für Äquivalenzklasse
$C_n[a,b]$, $L^p[a,b]$	spezielle Funktionenräume (S. 366)
$\dfrac{\delta \boldsymbol{F}}{\delta \boldsymbol{x}}$	FRÉCHET-Ableitung von $\boldsymbol{F}$
$\dfrac{\partial \boldsymbol{F}}{\partial \boldsymbol{x}}$	GATEAUX-Ableitung von $\boldsymbol{F}$
$\boldsymbol{K}^n$	n-fache Komposition des Operators $\boldsymbol{K}$

Differentialgleichungen

F_A, $\boldsymbol{F}_A$	Lösung eines Anfangswerteproblems
I_x	Intervall (Definitionsbereich einer Lösungsfunktion)
F_h, $\boldsymbol{F}_h$	homogene Lösung
F_{ih}, $\boldsymbol{F}_{ih}$	inhomogene Lösung
F_p, $\boldsymbol{F}_p$	partikuläre Lösung
$W(F_1, \ldots, F_n)$	WRONSKI-Matrix
$\mathfrak{F}(x)$	Fundamentalmatrix

Differentialgeometrie

$\boldsymbol{k}(t) = \begin{pmatrix} k_1(t) \\ k_2(t) \end{pmatrix}$	Parameterdarstellung einer Kurve im $\mathbb{R}^2$
$\boldsymbol{k}(t) = \begin{pmatrix} k_1(t) \\ k_2(t) \\ k_3(t) \end{pmatrix}$	Parameterdarstellung einer Kurve im $\mathbb{R}^3$
$\boldsymbol{k}'(t) = \begin{pmatrix} k_1'(t) \\ k_2'(t) \\ k_3'(t) \end{pmatrix}$	Ableitung von $\boldsymbol{k}$ nach t
s	Bogenlänge (natürliche Parametrisierung)
$\dot{\boldsymbol{k}}(s)$	Ableitung von $\boldsymbol{k}$ nach der Bogenlänge
C^r	Klasse der r-mal stetig differenzierbaren Funktionen
$\boldsymbol{k} \in C^r$	$\boldsymbol{k}$ ist r-mal stetig differenzierbar
$\boldsymbol{t}(s)$	Tangentenvektor
$\boldsymbol{h}(s)$	Hauptnormalenvektor
$\boldsymbol{b}(s)$	Binormalenvektor
$\varkappa(s)$	Krümmung
$\tau(s)$	Torsion (Windung)
$\boldsymbol{a}(u,v) = \begin{pmatrix} a_1(u,v) \\ a_2(u,v) \\ a_3(u,v) \end{pmatrix}$	Parameterdarstellung eines Flächenstücks
$\boldsymbol{n}^+(u,v)$, $\boldsymbol{n}^+(\boldsymbol{x})$, $\boldsymbol{n}^+(\boldsymbol{a}(u,v))$	Flächennormalen-(Normalen-)vektor
E, F, G / $g_{11}, g_{12}, g_{21}, g_{22}$	Koeffizienten der ersten Fundamentalform
g, W^2	Diskriminante der ersten Fundamentalform
L, M, N / $b_{11}, b_{12}, b_{21}, b_{22}$	Koeffizienten der zweiten Fundamentalform
b	Diskriminante der zweiten Fundamentalform
$\varkappa_n$	Normalkrümmung
$\varkappa_g$	geodätische Krümmung
$\varkappa_N$	Normalschnittkrümmung
$\varkappa_1, \varkappa_2$	Hauptkrümmungen
H	mittlere Krümmung
K	GAUSSsche Krümmung
$\boldsymbol{a}_u$, $\boldsymbol{a}_{uv}$, $\boldsymbol{a}_{uu}$	partielle Ableitungen $\dfrac{\partial \boldsymbol{a}}{\partial u}$, $\dfrac{\partial^2 \boldsymbol{a}}{\partial u\, \partial v}$, $\dfrac{\partial^2 \boldsymbol{a}}{\partial u^2}$
$x^i y_i$	$\sum\limits_{i=1}^{n} x^i y_i$ (Summationsvereinbarung)

Funktionentheorie

$\mathbb{C}$	Menge der komplexen Zahlen, komplexe Zahlenebene
$\hat{\mathbb{C}} = \mathbb{C} \cup \{\infty\}$	abgeschlossene komplexe Zahlenebene
$\mathbb{C}$-$\mathbb{C}$-Funktion f	Funktion $f: D_f \to \mathbb{C}$ mit $D_f \subseteq \mathbb{C}$
$\mathbb{C}$-$\hat{\mathbb{C}}$-Funktion f	Funktion $f: D_f \to \hat{\mathbb{C}}$ mit $D_f \subseteq \mathbb{C}$
$\hat{\mathbb{C}}$-$\mathbb{C}$-Funktion f	Funktion $f: D_f \to \mathbb{C}$ mit $D_f \subseteq \hat{\mathbb{C}}$
$\hat{\mathbb{C}}$-$\hat{\mathbb{C}}$-Funktion f	Funktion $f: D_f \to \hat{\mathbb{C}}$ mit $D_f \subseteq \hat{\mathbb{C}}$
$\chi(z_1, z_2)$	chordaler Abstand von z_1 und z_2
$\operatorname{res} f$	Residuum von f
σ	Sigmafunktion
$\wp$	spezielle doppelt-periodische Funktion (pe-Funktion)

Kombinatorik

$p(n)$	Anzahl aller n-stelligen Permutationen ohne Wiederholung
$p(n; n_1, \ldots, n_k)$	Anzahl aller n-stelligen Permutationen mit $n_1, \ldots, n_k$ Wiederholungen

⋮

$v(n, k)$	Anzahl aller Variationen k-ter Ordnung von n Elementen ohne Wiederholung
$v^*(n, k)$	Anzahl aller Variationen k-ter Ordnung von n Elementen mit Wiederholung
$c(n, k)$	Anzahl aller Kombinationen k-ter Ordnung von n Elementen ohne Wiederholung
$c^*(n, k)$	Anzahl aller Kombinationen k-ter Ordnung von n Elementen mit Wiederholung

Wahrscheinlichkeitsrechnung und Statistik

$P(A)$	Wahrscheinlichkeit des Ereignisses A
$P(B\|A)$	Wahrscheinlichkeit von B unter der Bedingung A (bedingte Wahrscheinlichkeit)
$H(A)$	absolute Häufigkeit von A
$h(A)$	relative Häufigkeit von A
$E(X), \mu$	Erwartungswert, Mittelwert
$V(X), \sigma^2$	Varianz
σ	Standardabweichung, Streuung
$X=a$	Ereignis $\{\omega \mid X(\omega)=a\}$
$X \leqq a$	Ereignis $\{\omega \mid X(\omega) \leqq a\}$
$b_{n,p}, B_{n,p}$	Binomialverteilung und zugehörige Verteilungsfunktion
ψ_μ, Ψ_μ	POISSONverteilung und zugehörige Verteilungsfunktion
$\varphi_{\mu,\sigma}, \Phi_{\mu,\sigma}$	standardisierte Normalverteilung und zugehörige Verteilungsfunktion
φ, Φ	allgemeine Normalverteilung und zugehörige Verteilungsfunktion

Lineare Optimierung

$$A \cdot \boldsymbol{x} \leqq \boldsymbol{b} \qquad \begin{matrix} a_{11}x_1 + \ldots + a_{1n}x_n \leqq b_1 \\ \vdots \qquad\qquad \vdots \qquad \vdots \\ a_{m1}x_1 + \ldots + a_{mn}x_n \leqq b_m \end{matrix}$$

Besondere Bildseitenhinweise

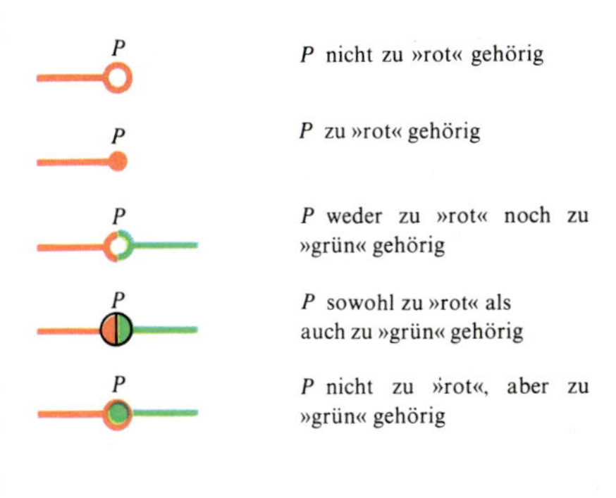

P nicht zu »rot« gehörig

P zu »rot« gehörig

P weder zu »rot« noch zu »grün« gehörig

P sowohl zu »rot« als auch zu »grün« gehörig

P nicht zu »rot«, aber zu »grün« gehörig

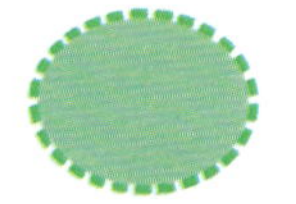

ohne Rand

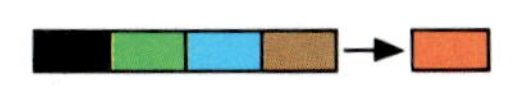

Farbleiste zu geometrischen Konstruktionen (die Konstruktionsschritte entsprechen der angegebenen Farbfolge; Ergebnis meistens »rot«)

Häufig vorkommende Abkürzungen

Abb.	Abbildung	inv.	invers
abgeschl.	abgeschlossen	komm.	kommutativ
abh.	abhängig	lin.	linear
algebr.	algebraisch	n-dim.	n-dimensional
ass.	assoziativ	o.B.d.A.	ohne Beschränkung der Allgemeinheit
bij.	bijektiv		
eind.	eindeutig	orth.	orthogonal
El.	Element	Rel.	Relation
endl.	endlich	surj.	surjektiv
eukl.	euklidisch	symm.	symmetrisch
geom.	geometrisch	Top.	Topologie
geord.	geordnet	top.	topologisch
geschl.	geschlossen	unabh.	unabhängig
Hom.	Homomorphismus	unendl.	unendlich
inj.	injektiv	Verkn.	Verknüpfung

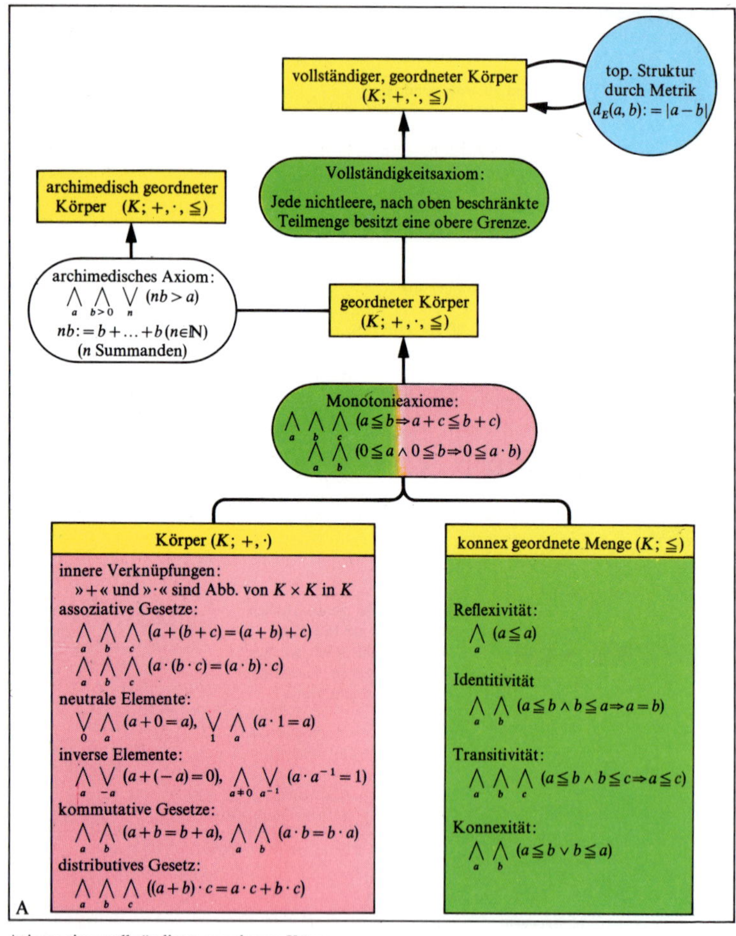

Axiome eines vollständigen, geordneten Körpers

Für $a, b, c \in K$ gilt:

$a \leqq b \Rightarrow a + c \leqq b + c$	$a < b \Rightarrow a + c < b + c$	$0 \leqq \|a\|$
$a + c \leqq b + c \Rightarrow a \leqq b$	$a + c < b + c \Rightarrow a < b$	$a \leqq \|a\|$
$a \leqq b \wedge 0 \leqq c \Rightarrow a \cdot c \leqq b \cdot c$	$a < b \wedge 0 < c \Rightarrow a \cdot c < b \cdot c$	$-\|a\| \leqq a$
$a \leqq b \wedge c \leqq 0 \Rightarrow a \cdot c \geqq b \cdot c$	$a < b \wedge c < 0 \Rightarrow a \cdot c > b \cdot c$	$\|-a\| = \|a\|$
$a \cdot c \leqq b \cdot c \wedge 0 < c \Rightarrow a \leqq b$	$a \cdot c < b \cdot c \wedge 0 < c \Rightarrow a < b$	$\|a\|^2 = a^2$
$a \cdot c \leqq b \cdot c \wedge c < 0 \Rightarrow a \geqq b$	$a \cdot c < b \cdot c \wedge c < 0 \Rightarrow a > b$	$\|a \cdot b\| = \|a\| \cdot \|b\|$
$a \leqq b \wedge c \leqq d \Rightarrow a + c \leqq b + d$	$a \leqq b \wedge c < d \Rightarrow a + c < b + d$	$\left\|\frac{a}{b}\right\| = \frac{\|a\|}{\|b\|} \; (b \neq 0)$
$0 \leqq a \leqq b \wedge 0 \leqq c \leqq d \Rightarrow a \cdot c \leqq b \cdot d$	$0 \leqq a < b \wedge 0 \leqq c < d \Rightarrow a \cdot c < b \cdot d$	$\|a \pm b\| \leqq \|a\| + \|b\|$
$a \cdot b > 0 \Leftrightarrow a > 0 \wedge b > 0 \vee$	$a \cdot b < 0 \Leftrightarrow a > 0 \wedge b < 0 \vee$	$\|a \pm b\| \geqq \|a\| - \|b\|$
B $\quad a < 0 \wedge b < 0$	$a < 0 \wedge b > 0$	$\|a\| + \|b\| = 0 \Leftrightarrow a = 0 \wedge b = 0$

Rechenregeln in einem geordneten Körper

Grundlegend für das Betreiben *reeller Analysis* ist die multiple Struktur (S. 37) der Menge der reellen Zahlen (mit $\mathbb{R}$ bzw. $\mathbb{R}^1$ bezeichnet). Auf $\mathbb{R}$ sind eine algebraische, eine Ordnungs- und eine topologische Struktur erklärt (s. u.). Die top. Struktur erlaubt es, sog. *Grenzprozesse* einzuführen (Konvergenz von Folgen und Reihen, Grenzwert von Funktionen u. a.). Durch die Einbeziehung der algebraischen und der Ordnungsstruktur wird eine rechnerische Behandlung von Grenzprozessen möglich.

Algebraische Struktur auf $\mathbb{R}$

Die algebraische Struktur auf $\mathbb{R}$ ist die eines *Körpers* (Abb. A und S. 41, S. 59ff.). Über die inversen Elemente der Addition bzw. Multiplikation sind Subtraktion und Division erklärt. Es ergeben sich die bekannten Rechenregeln (S. 59ff.).

Ordnungsstruktur auf $\mathbb{R}$

Vermöge der konnexen Ordnungsrelation »$\leqq$« ist $(\mathbb{R}; \leqq)$ eine konnex geordnete Menge (Abb. A und S. 43, S. 59ff.). Die zu »$\leqq$« gehörige strenge Ordnungsrelation »$<$« ist durch $a<b :\Leftrightarrow a \leqq b \wedge a \neq b$ definiert (S. 43).

Die Ordnungsstruktur ist mit der algebraischen Struktur verträglich, denn es gelten die *Monotoniegesetze* der Addition und Multiplikation (Abb. A). Damit besitzt $(\mathbb{R}; +, \cdot, \leqq)$ die Struktur eines *geordneten Körpers* (Abb. A).

Bem.: Einige für das Rechnen mit Ungleichungen notwendige Regeln enthält Abb. B. Hinzugefügt wurden Regeln zum ***absoluten Betrag***

$$|a| := \begin{cases} a & \text{für } a \geqq 0, \\ -a & \text{für } a < 0. \end{cases}$$

Darüber hinaus besitzt $(\mathbb{R}; +, \cdot, \leqq)$ weitere wichtige Ordnungsstrukturmerkmale. Wie auch der geordnete Unterkörper $(\mathbb{Q}; +, \cdot, \leqq)$ (S. 57) ist $(\mathbb{R}; +, \cdot, \leqq)$ *archimedisch geordnet*, denn es gilt

Satz 1: *Zu jedem $a \in \mathbb{R}$ und jedem $b \in \mathbb{R}^+$ gibt es ein $n \in \mathbb{N}$, so daß $n \cdot b > a$ gilt.*

Folgerungen:

(a) ***Zu jedem $a \in \mathbb{R}$ gibt es ein $n \in \mathbb{N}$ mit $n > a$.***

(b) *Zu jedem $b \in \mathbb{R}^+$ gibt es ein $n \in \mathbb{N}$ mit $\frac{1}{n} < b$.*

(c) *Zu jedem $a \in \mathbb{R}$ und jedem $b \in \mathbb{R}$ mit $a < b$ gibt es ein $q \in \mathbb{Q}$ mit $a < q < b$.*

Der wesentliche Strukturunterschied zwischen $(\mathbb{Q}; +, \cdot, \leqq)$ und $(\mathbb{R}; +, \cdot, \leqq)$ besteht darin, daß aufgrund des Vervollständigungsprozesses (vgl. S. 59ff.) der folgende *Satz von der oberen (unteren) Grenze* in $(\mathbb{R}; +, \cdot, \leqq)$ gilt, in $(\mathbb{Q}; +, \cdot, \leqq)$ dagegen nicht (vgl. S. 45).

Satz 2: *Jede nach oben (unten) beschränkte, nichtleere Teilmenge besitzt eine obere (untere) Grenze.*

$(\mathbb{R}; +, \cdot, \leqq)$ erfüllt damit die Axiome eines *vollständigen, geordneten Körpers* (vgl. Abb. A). Die Untersuchung vollständiger, geordneter Körper zeigt, daß $(\mathbb{R}; +, \cdot, \leqq)$ *bis auf Isomorphie das einzige Modell* ist. Dies Ergebnis ist insofern bemerkenswert, als es erlaubt, reelle Analysis mit den Axiomen eines vollständigen, geordneten Körpers axiomatisch zu betreiben, ohne jeweils auf die besondere Konstruktion der reellen Zahlen zurückgreifen zu müssen.

Topologische Struktur auf $\mathbb{R}$

Durch $d_E(a, b) := |a - b|$ wird auf $\mathbb{R}$ eine Metrik definiert (S. 51, S. 217), so daß $(\mathbb{R}; d_E)$ ein metrischer Raum ist. Die von der Metrik induzierte Topologie $\mathfrak{R}$ (auch *natürliche Topologie* $\mathfrak{R}^1$ genannt, S. 215) wird der reellen Analysis zugrunde gelegt.

Die Elemente von $\mathfrak{R}$, die sog. offenen Mengen, lassen sich als diejenigen Teilmengen O von $\mathbb{R}$ charakterisieren, die mit jedem $x \in O$ eine ε-Umgebung von x umfassen. Die ε-Umgebungen von x ($\varepsilon \in \mathbb{R}^+$) sind dabei die offenen Intervalle $)x - \varepsilon; x + \varepsilon($. Da die Menge aller ε-Umgebungen eine Basis von $\mathfrak{R}$ ist (S. 217), kann man jede nichtleere offene Menge als Vereinigung von ε-Umgebungen darstellen.

Als Umgebung von x ist an sich jede Teilmenge von $\mathbb{R}$ zuzulassen, die eine offene Menge umfaßt, zu der auch x gehört (S. 215). I. a. genügt es jedoch, die speziellen ε-Umgebungen heranzuziehen, da sie eine Umgebungsbasis von x bilden (S. 217). Die ε-Umgebungen von x mit rationalen Intervallgrenzen stellen sogar eine abzählbare Umgebungsbasis dar.

$(\mathbb{R}; \mathfrak{R})$ ist ein zusammenhängender, lokalkompakter (nicht kompakter) topologischer Raum (S. 223, 227) und damit insbesondere ein HAUSDORFF-Raum (S. 227), d. h. je zwei verschiedene reelle Zahlen besitzen disjunkte Umgebungen (sogar disjunkte ε-Umgebungen). Diese Eigenschaft garantiert die Eindeutigkeit der Konvergenz von Folgen (S. 277).

Die Definition der wichtigen topologischen Grundbegriffe Berührungspunkt, äußerer Punkt, innerer Punkt, isolierter Punkt, Randpunkt, Häufungspunkt, abgeschlossene Menge, abgeschlossene Hülle $\bar{A}$, offener Kern $A°$ und Rand ∂A ist S. 214 zu entnehmen (vgl. auch S. 211 und S. 213).

Betrachtet man Unterräume von $\mathbb{R}$, etwa abgeschlossene Intervalle, so sind diese mit der Relativtopologie zu versehen (S. 209, S. 219).

Zusammen mit der algebraischen Struktur erfüllt $(\mathbb{R}; +, \cdot, \mathfrak{R})$ die Axiome eines *topologischen Körpers*. Die algebraische Struktur ist mit der topologischen verträglich, weil die Verknüpfungen stetige Abbildungen sind ($\mathbb{R} \times \mathbb{R}$ wird dabei mit der Produkttopologie versehen, S. 221).

Bem.: $(\mathbb{R}; +, \cdot, \leqq, \mathfrak{R})$ ist auch in dem Sinne vollständig, daß jede Fundamentalfolge konvergiert (vgl. S. 61, bzw. S. 279, Satz 7). Dieser Vollständigkeitsbegriff ist zusammen mit dem archimedischen Axiom gleichwertig zum Vollständigkeitsaxiom.

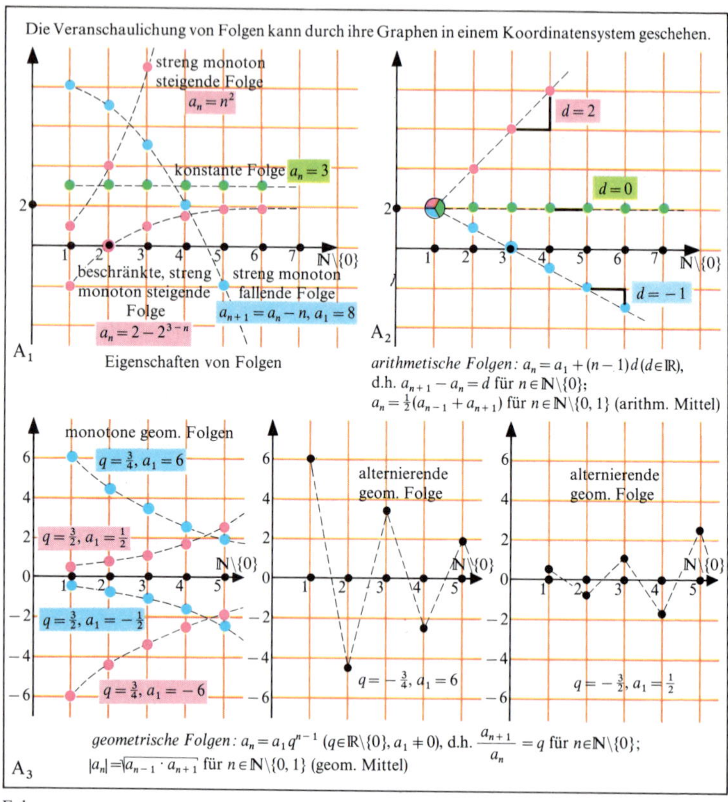

Folgen

(a_n) mit $a_n = \frac{1}{n}$ ist eine Nullfolge, d.h. $\lim\limits_{n\to\infty} \frac{1}{n} = 0$.

Beweis: Es sei $\varepsilon \in \mathbb{R}^+$. Dann gilt: $|\frac{1}{n} - 0| < \varepsilon \Leftrightarrow \frac{1}{n} < \varepsilon \Leftrightarrow n > \frac{1}{\varepsilon}$.
Nach Satz 1(a), S. 275, gibt es ein $n_0 \in \mathbb{N}$ mit $n_0 > \frac{1}{\varepsilon}$. Also gilt:
$n \geqq n_0 \wedge n_0 > \frac{1}{\varepsilon} \Rightarrow |\frac{1}{n} - 0| < \varepsilon$, d.h. $\lim\limits_{n\to\infty} \frac{1}{n} = 0$.

B₁

(a_n) mit $a_n = \dfrac{n^2 + 2n + 1}{3n^2 + 1}$ konvergiert gegen $\dfrac{1}{3}$.

Beweis: Verwendet werden $\lim\limits_{n\to\infty} \frac{1}{n} = 0$, $\lim\limits_{n\to\infty} a = a$ und Satz 6(a) bis (c), S. 279.

$$\frac{n^2 + 2n + 1}{3n^2 + 1} = \frac{n^2(1 + \frac{2}{n} + \frac{1}{n^2})}{n^2(3 + \frac{1}{n^2})} = \frac{1 + 2 \cdot \frac{1}{n} + \frac{1}{n} \cdot \frac{1}{n}}{3 + \frac{1}{n} \cdot \frac{1}{n}}, \text{ also}$$

$$\lim_{n\to\infty} a_n = \frac{\lim\limits_{n\to\infty} 1 + \lim\limits_{n\to\infty} 2 \cdot \lim\limits_{n\to\infty} \frac{1}{n} + \lim\limits_{n\to\infty} \frac{1}{n} \cdot \lim\limits_{n\to\infty} \frac{1}{n}}{\lim\limits_{n\to\infty} 3 + \lim\limits_{n\to\infty} \frac{1}{n} \cdot \lim\limits_{n\to\infty} \frac{1}{n}} = \frac{1 + 2 \cdot 0 + 0 \cdot 0}{3 + 0 \cdot 0} = \frac{1}{3}.$$

B₂

Konvergenznachweis, Grenzwertbestimmung (vgl. S. 279)

Folgen

Def. 1: Jede Abb. von $\mathbb{N}\setminus\{0\}$ oder von einer zu ihr ähnlichen Menge (S. 47) in eine Menge M heißt *Folge*. Statt $f:\mathbb{N}\setminus\{0\}\to M$ def. durch $n\mapsto f(n)=a_n$ schreibt man kurz: $(a_1, a_2, \ldots)$ bzw. (a_n).
$(a_1, \ldots, a_n)$ heißt *endliche Folge*.

Bem.: Statt $\mathbb{N}\setminus\{0\}$ können z. B. $\mathbb{N}$, unendl. Teilmengen von $\mathbb{N}$ oder $\mathbb{Z}^-$ als Indexmengen gewählt werden. Die *Bildmenge einer Folge* ist von der Folge selbst zu unterscheiden. Z. B. hat die Folge $(1, 2, 1, 2, \ldots)$ die Bildmenge $\{1, 2\}$.

Für die reelle Analysis sind *reellwertige Folgen* besonders wichtig, d. h. Folgen mit $M=\mathbb{R}$. Wenn im folgenden keine zusätzlichen Angaben gemacht werden, handelt es sich stets um reellwertige Folgen.

Def. 2: (a_n) *konstant*$:\Leftrightarrow \bigwedge_n (a_{n+1}=a_n)$,
(a_n) *monoton steigend*$:\Leftrightarrow \bigwedge_n (a_n \leqq a_{n+1})$,
(a_n) *streng monoton steigend*$:\Leftrightarrow \bigwedge_n (a_n < a_{n+1})$,
(a_n) *monoton fallend*$:\Leftrightarrow \bigwedge_n (a_n \geqq a_{n+1})$,
(a_n) *streng monoton fallend*$:\Leftrightarrow \bigwedge_n (a_n > a_{n+1})$.
(a_n) heißt nach *oben (nach unten) beschränkt*, wenn eine obere (untere) Schranke der Bildmenge (S. 45) existiert. Eine nach oben und nach unten beschränkte Folge heißt *beschränkt*.

Beispiele: Abb. A.

Konvergente Folgen

Unter den Folgen gibt es solche, deren Glieder im Sinne größer werdender Indizes gegen eine wohlbestimmte reelle Zahl »streben«, z. B. $(1, \frac{1}{2}, \frac{1}{3}, \frac{1}{4}, \ldots)$ gegen 0, $(\frac{1}{2}, \frac{2}{3}, \frac{3}{4}, \frac{4}{5}, \ldots)$ gegen 1. Dieses Verhalten von spez. Folgen – Konvergenz genannt – wird mit Hilfe der top. Struktur auf $\mathbb{R}$ beschrieben.

Def. 3: Eine Folge (a_n) heißt *konvergent* (gegen $a\in\mathbb{R}$), wenn es ein $a\in\mathbb{R}$ gibt, so daß zu jeder ε-Umgebung von a ein $n_0\in\mathbb{N}$ existiert und gilt: alle Glieder der Folge mit $n\geqq n_0$ liegen innerhalb der ε-Umgebung. a heißt *Grenzwert* der Folge (in Zeichen: $\lim_{n\to\infty} a_n = a$). Im Falle $a=0$ spricht man von einer *Nullfolge*.
Nichtkonvergente Folgen heißen *divergent*.

Bem.: Eine Folge ist also genau dann konvergent gegen a, wenn außerhalb jeder ε-Umgebung von a höchstens endlich viele Glieder der Folge liegen.

Da der top. Raum $(\mathbb{R}; \mathfrak{R})$ hausdorffsch ist (S. 227), ergibt sich

Satz 1: *Jede Folge besitzt höchstens einen Grenzwert.*

Benutzt man die algebraische und die Ordnungsstruktur auf $\mathbb{R}$, so erhält man

Satz 2: *(a_n) ist genau dann gegen $a\in\mathbb{R}$ konvergent, wenn zu jedem $\varepsilon\in\mathbb{R}^+$ ein $n_0\in\mathbb{N}$ existiert, so daß $|a_n-a|<\varepsilon$ für alle $n\geqq n_0$ gilt.*

Mit Satz 2 läßt sich die Konvergenz einer Folge allerdings nur nachweisen, wenn der Grenzwert aus der Struktur der Folge ablesbar ist (Bsp.: Abb. B_1). Konvergenznachweise ohne Kenntnis des Grenzwertes erlaubt das CAUCHYsche Konvergenzkriterium (S. 279).

Konvergente Folgen sind beschränkt; es gibt jedoch beschränkte, nichtkonvergente Folgen, z. B. $(1, -1, 1, -1, \ldots)$. Unbeschränkte Folgen sind divergent. Unter ihnen werden diejenigen ausgezeichnet, für die gilt: zu jedem $a\in\mathbb{R}$ gibt es ein $n_0\in\mathbb{N}$, so daß $a_n > a$ $(a_n < a)$ für alle $n\geqq n_0$ ist. In beiden Fällen spricht man von *bestimmt divergenten Folgen* und schreibt: $\lim_{n\to\infty} a_n = +\infty$ bzw. $\lim_{n\to\infty} a_n = -\infty$. *Beispiele* enthält Abb. A, u. a. die *arithmetischen* und *geometrischen Folgen* mit $d\neq 0$ bzw. $q>1$.

Bem.: Das Konvergenzverhalten einer Folge ändert sich nicht, wenn man *endlich* viele Glieder der Folge wegläßt, hinzufügt, umordnet oder durch andere ersetzt.

Teilfolgen, Folgenhäufungspunkte

Def. 4: $(a_{i_1}, a_{i_2}, a_{i_3}, \ldots)$ heißt *Teilfolge* von (a_n), wenn die a_{i_ν} zur Folge (a_n) gehören und $i_1 < i_2 < i_3 < \ldots$ gilt.

Jede Teilfolge einer gegen a konvergenten Folge konvergiert ebenfalls gegen a. Auch nichtkonvergente Folgen können konvergente Teilfolgen enthalten; für beschränkte Folgen gilt dies sogar immer (s. u.). Man def.

Def. 5: $a\in\mathbb{R}$ heißt *Folgenhäufungspunkt* von (a_n), wenn es eine Teilfolge von (a_n) gibt, die gegen a konvergiert.

Konvergente Folgen besitzen also genau einen Folgenhäufungspunkt. Folgen, die keinen oder mindestens zwei Folgenhäufungspunkte besitzen, sind divergent. Es gibt aber auch divergente Folgen mit genau einem Folgenhäufungspunkt, z. B. $(2, \frac{1}{2}, 3, \frac{1}{3}, 4, \frac{1}{4}, \ldots)$. Die Ursache für die Divergenz dieser Folge liegt in der Unbeschränktheit. Es gilt nämlich

Satz 3: *Eine Folge ist genau dann konvergent, wenn sie beschränkt ist und genau einen Folgenhäufungspunkt besitzt. Der Grenzwert ist der Folgenhäufungspunkt.*

Beim Beweis von Satz 3 benutzt man den

Satz von BOLZANO-WEIERSTRASS: *Jede beschränkte Folge besitzt einen Folgenhäufungspunkt.*

Zum Nachweis eines Folgenhäufungspunktes kann man sich des folgenden Satzes bedienen:

Satz 4: *$a\in\mathbb{R}$ ist genau dann Folgenhäufungspunkt von (a_n), wenn innerhalb jeder ε-Umgebung von a unendlich viele Glieder der Folge liegen.*

Bem.: Häufig verwendet man die Aussage von Satz 4 zur Def. des Begriffes Folgenhäufungspunkt. Dieser Begriff ist zu unterscheiden von dem des *Häufungspunktes einer Menge* (S. 214). Zwar ist jeder Häufungspunkt der Bildmenge einer Folge auch Folgenhäufungspunkt, aber nicht umgekehrt. *Beispiel*: $(1, -1, 1, -1, \ldots)$.

Die durch $c_{n+1} = \frac{1}{2}\left(c_n + \frac{r}{c_n}\right)$ mit $c_0 \in \mathbb{R}^+$ und $r \in \mathbb{R}^+$ definierte Folge konvergiert gegen $\sqrt{r}$.

Beweis: Wegen $\frac{1}{2}(a+b) \geqq \sqrt{ab}$ für alle $a, b \in \mathbb{R}^+$ ergibt sich: $c_{n+1} \geqq \sqrt{c_n \cdot \frac{r}{c_n}} = \sqrt{r}$ für alle $n \in \mathbb{N}$. Mit Hilfe der vollständigen Induktion (S. 21) zeigt man weiter: $c_{n+1} \leqq \sqrt{r} + \frac{c_1}{2^n}$. Es gilt also: $\sqrt{r} \leqq c_{n+1} \leqq \sqrt{r} + \frac{c_1}{2^n}$ für alle $n \in \mathbb{N}$. Um Satz 6, (f), anwenden zu können, setzt man: $a_n = \sqrt{r}$ und $b_n = \sqrt{r} + \frac{c_1}{2^n}$. Wegen $\lim\limits_{n\to\infty} a_n = \sqrt{r}$ und $\lim\limits_{n\to\infty} b_n = \sqrt{r}$ ist dann auch $\lim\limits_{n\to\infty} c_{n+1} = \sqrt{r}$.

Bem.: Mit Hilfe der Folge (c_n) kann man vorteilhaft Quadratwurzeln mit Rechenmaschinen angenähert berechnen.

A

Approximation von Quadratwurzeln

(1) $\lim\limits_{n\to\infty} \frac{n^k}{n!} = 0 \quad (k \in \mathbb{N})$

(2) $\lim\limits_{n\to\infty} q^n = 0 \quad (|q| < 1)$, d.h. geom. Folgen sind für $|q| < 1$ Nullfolgen.

(3) $\lim\limits_{n\to\infty} n^k q^n = 0 \quad (k \in \mathbb{N}, |q| < 1)$

(4) $\lim\limits_{n\to\infty} \frac{a^n}{n!} = 0 \quad (a \in \mathbb{R})$

(5) $\lim\limits_{n\to\infty} \frac{1}{n^k} = 0 \quad (k \in \mathbb{Q}^+)$

(6) $\lim\limits_{n\to\infty} \sqrt[n]{a} = 1 \quad (a \in \mathbb{R}^+)$

(7) $\lim\limits_{n\to\infty} \sqrt[n]{n} = 1$

B

Wichtige Grenzwerte

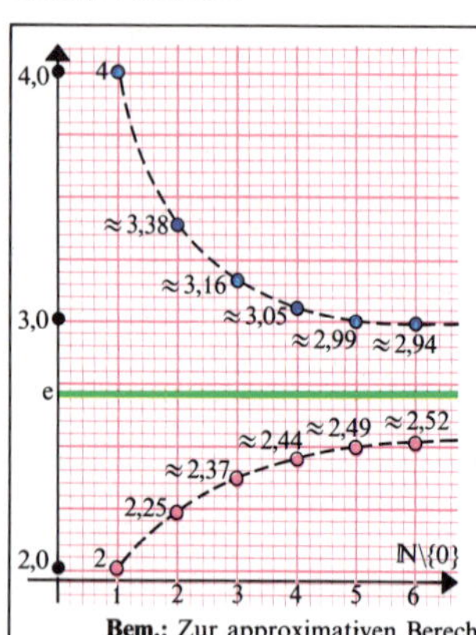

I. (a_n) mit $a_n = (1+\frac{1}{n})^n$ konvergiert.
Beweis mit dem Monotoniekriterium: Die Folge ist beschränkt, denn eine Abschätzung mit Hilfe des *binomischen Lehrsatzes* (vgl. S. 300, Abb. C)

$$(a+b)^n = a^n + \binom{n}{1} a^{n-1} b + \binom{n}{2} a^{n-2} b^2 + \cdots + \binom{n}{n-1} a b^{n-1} + b^n$$

liefert: $0 < (1+\frac{1}{n})^n < 3$ für alle $n \in \mathbb{N}\backslash\{0\}$.
Die Folge ist monoton steigend, denn eine Abschätzung mit Hilfe der BERNOULLI*schen Ungleichung*

$$(1+x)^n \geqq 1 + nx \quad (x \in \mathbb{R}, x \geqq -2, n \in \mathbb{N})$$

liefert: $a_{n+1} - a_n \geqq 0$ für alle $n \in \mathbb{N}\backslash\{0\}$.
Der Grenzwert der Folge heißt EULERsche Zahl e.

II. $((a_n; b_n))$ mit $a_n = (1+\frac{1}{n})^n$ und $b_n = (1+\frac{1}{n})^{n+1}$ ist eine Intervallschachtelung für e.
Beweis: Nach I. ist (a_n) monoton steigend. Entsprechend zeigt man, daß (b_n) monoton fallend ist. Die Folge $(b_n - a_n)$ der Intervallängen ist eine Nullfolge, denn es gilt:
$0 < b_n - a_n = (1+\frac{1}{n})^n \cdot \frac{1}{n} < 3 \cdot \frac{1}{n}$ für alle $n \in \mathbb{N}\backslash\{0\}$.

Bem.: Zur approximativen Berechnung von e ist diese Intervallschachtelung nicht sonderlich geeignet, da das Verfahren (vgl. Abb.) nur sehr »langsam konvergiert«. Stattdessen wählt man zur Approximation eine Potenzreihenentwicklung von e (S. 309).

C

EULERsche Zahl e

(1) $\sum\limits_{\nu=1}^{n} (a_1 + (\nu-1)d) = \frac{n}{2}(a_1 + a_n)$ *endliche arithmetische Reihe*

(2) $\sum\limits_{\nu=1}^{n} a_1 q^{\nu-1} = a_1 \frac{q^n - 1}{q - 1} \quad (q \neq 1)$ *endliche geometrische Reihe*

(3) $\sum\limits_{\nu=1}^{n} \nu = \frac{n}{2}(n+1)$

(4) $\sum\limits_{\nu=1}^{n} \nu^2 = \frac{n}{6}(n+1)(2n+1)$

(5) $\sum\limits_{\nu=1}^{n} \nu^3 = \frac{n^2}{4}(n+1)^2$

(6) $\sum\limits_{\nu=1}^{n} (a_\nu \pm b_\nu) = \sum\limits_{\nu=1}^{n} a_\nu \pm \sum\limits_{\nu=1}^{n} b_\nu$

(7) $\sum\limits_{\nu=1}^{n} a \cdot a_\nu = a \cdot \sum\limits_{\nu=1}^{n} a_\nu \quad (a \in \mathbb{R})$

(8) $\sum\limits_{\nu=1}^{n} a = n \cdot a \quad (a \in \mathbb{R})$

D

Beispiele endlicher Reihen, Rechenregeln

Oberer (unterer) Limes einer Folge

Durch eine konvergente Folge wird genau eine reelle Zahl, der Grenzwert, »beliebig genau« approximiert. Im Falle *beschränkter* Folgen lassen sich genau alle Folgenhäufungspunkte durch Teilfolgen approximieren. Ist H die Menge aller Folgenhäufungspunkte von (a_n), so existieren $\text{grEl}(H)$ und $\text{klEl}(H)$, auch *oberer Limes* bzw. *unterer Limes* von (a_n) genannt (in Zeichen: $\overline{\lim}\, a_n, \underline{\lim}\, a_n$). Sie erfüllen folgende Bedingungen: zu jedem $\varepsilon \in \mathbb{R}^+$ gibt es ein $n_0 \in \mathbb{N}$, so daß gilt:

(1) $a_n < \overline{\lim}\, a_n + \varepsilon$ für alle $n \geqq n_0$,

(2) $\overline{\lim}\, a_n - \varepsilon < a_n$ für unendlich viele a_n,

(1′) $\underline{\lim}\, a_n - \varepsilon < a_n$ für alle $n \geqq n_0$,

(2′) $a_n < \underline{\lim}\, a_n + \varepsilon$ für unendlich viele a_n.

Bem.: Im Falle konvergenter Folgen stimmen oberer und unterer Limes und der Grenzwert überein.

Monotoniekriterium

Die Graphen beschränkter, monotoner Folgen legen es nahe zu prüfen, ob derartige Folgen stets konvergieren. Es gilt:

Satz 5: *Eine beschränkte, monoton steigende (monoton fallende) Folge konvergiert gegen die obere (untere) Grenze der Bildmenge der Folge.*

Beim Beweis benötigt man den »Satz von der oberen Grenze (unteren Grenze)« (S. 275).

Anwendung: Abb. C, I.

Grenzwertsätze

Häufig gelingt es, Grenzwerte von Folgen aus denen bereits untersuchter Folgen zu ermitteln. Dabei kann man den folgenden Satz verwenden.

Satz 6: (a_n), (b_n) *seien konvergent. Dann gilt:*

(a) $\lim\limits_{n\to\infty} (a_n \pm b_n) = \lim\limits_{n\to\infty} a_n \pm \lim\limits_{n\to\infty} b_n$,

(b) $\lim\limits_{n\to\infty} (a_n \cdot b_n) = \lim\limits_{n\to\infty} a_n \cdot \lim\limits_{n\to\infty} b_n$,

(c) $\lim\limits_{n\to\infty} \dfrac{a_n}{b_n} = \dfrac{\lim\limits_{n\to\infty} a_n}{\lim\limits_{n\to\infty} b_n}$, *falls* $\lim\limits_{n\to\infty} b_n \neq 0$ *und* $b_n \neq 0$ *für alle n,*

(d) $\lim\limits_{n\to\infty} \sqrt[k]{a_n} = \sqrt[k]{\lim\limits_{n\to\infty} a_n}$, *falls* $a_n \geqq 0$ *für alle n,*

(e) $\lim\limits_{n\to\infty} |a_n| = |\lim\limits_{n\to\infty} a_n|$.

(f) *Konvergieren* (a_n) *und* (b_n) *gegen a, so konvergiert auch jede Folge* (c_n) *gegen a, wenn* $a_n \leqq c_n \leqq b_n$ *für alle* $n \geqq n_0$ *gilt.*

(g) *Ist* (a_n) *eine Nullfolge und* (b_n) *beschränkt, so ist* $(a_n \cdot b_n)$ *eine Nullfolge.*

Da man die Folge $(a \cdot a_n)$ als Produktfolge aus der konstanten Folge $(a, a, \ldots)$ und (a_n) ansehen kann, ergibt sich für alle $a \in \mathbb{R}$ und alle konv. Folgen (a_n):

$$\lim_{n\to\infty} (a \cdot a_n) = a \cdot \lim_{n\to\infty} a_n.$$

Anwendungsbeispiel: Abb. A und Abb. B_2, S. 276. Einige wichtige Grenzwerte enthält Abb. B.

Intervallschachtelung

Def. 6: Eine Folge $([a_n; b_n])$ abgeschlossener Intervalle heißt *Intervallschachtelung*, wenn (a_n) monoton steigt, (b_n) monoton fällt und die Intervalllängenfolge $(b_n - a_n)$ eine Nullfolge ist.

Wendet man Satz 5 an, so konvergieren (a_n) und (b_n). Da $(b_n - a_n)$ eine Nullfolge ist, stimmen ihre Grenzwerte überein. Der gemeinsame Grenzwert ist die einzige reelle Zahl, die zu allen Intervallen gehört. Jede Intervallschachtelung legt also genau eine reelle Zahl fest.

Beispiel: Abb. C, II.

CAUCHYsches Konvergenzkriterium

Den Nachweis der Konvergenz einer Folge ohne Kenntnis des Grenzwertes ermöglicht

Satz 7: *Eine Folge* (a_n) *ist genau dann konvergent, wenn zu jedem* $\varepsilon \in \mathbb{R}^+$ *ein* $n_0 \in \mathbb{N}$ *existiert, so daß* $|a_n - a_m| < \varepsilon$ *für alle* $n, m \geqq n_0$ *gilt.*

Das in Satz 7 genannte CAUCHY*sche Konvergenzkriterium* besagt, daß eine Folge genau dann konvergiert, wenn der Unterschied beliebiger Folgenglieder mit genügend großem Index kleiner als jede vorgegebene pos. reelle Zahl ist.

Bem.: Aus Satz 7 folgt, daß der top. Körper $(\mathbb{R}; +, \cdot; \leqq; \mathfrak{R})$ hinsichtlich der Konvergenz von Fundamentalfolgen vollständig ist (S. 61).

Reihen

Die aus einer endl. Folge $(a_1, \ldots, a_n)$ hervorgehende Summe $s_n = \sum\limits_{\nu=1}^{n} a_\nu = a_1 + \ldots + a_n$ heißt *endliche Reihe*. Abb. D enthält Beispiele und Rechenregeln.

Wählt man eine unendl. Folge (a_n), so ist die »Summe $a_1 + a_2 + \ldots$ aus abzählbar unendl. vielen Summanden« algebraisch nicht definiert. Man bildet statt dessen die Folge (s_n) der sog. *Partialsummen*, $s_1 = a_1, s_2 = a_1 + a_2, \ldots, s_n = a_1 + \ldots + a_n, \ldots$ und def.

Def. 7: Die zu einer Folge (a_n) gehörige Partialsummenfolge (s_n) heißt *unendliche Reihe* (kurz: *Reihe*). Man schreibt anstelle von (s_n) auch $\sum\limits_{\nu=1}^{\infty} a_\nu$ oder $a_1 + a_2 + \ldots$ oder kurz $\Sigma\, a_\nu$. *Konvergiert* eine Reihe, so ordnet man ihr den Grenzwert als *Summe* zu; die Folge (a_n) wird dann auch *summierbar* genannt. Für den Grenzwert benutzt man ebenfalls die obige Schreibweise.

Neben konvergenten Reihen gibt es divergente Reihen, unter ihnen die *bestimmt divergenten*.

Beispiele: S. 280, Abb. A.

Da die Theorie der Folgen auf Reihen anwendbar ist, ergibt sich aus Satz 7 der

Satz 8 (Hauptkriterium): $\sum\limits_{\nu=1}^{\infty} a_\nu$ *ist genau dann konvergent, wenn es zu jedem* $\varepsilon \in \mathbb{R}^+$ *ein* $n_0 \in \mathbb{N}$ *gibt, so daß* $|a_n + a_{n+1} + \ldots + a_{n+k}| < \varepsilon$ *für alle* $n \geqq n_0$ *und alle* $k \in \mathbb{N}$ *gilt.*

Aus Satz 8 folgt unmittelbar (setze $k = 0$)

Satz 9: *Wenn* Σa_ν *konvergiert, ist* (a_n) *eine Nullfolge.*

Der Satz liefert eine *notwendige*, aber *nicht hinreichende* Bedingung für die Konvergenz einer Reihe (vgl. harm. Reihe, S. 280, Abb. A_1).

Anwendungsbeispiel: S. 280, Abb. A_3.

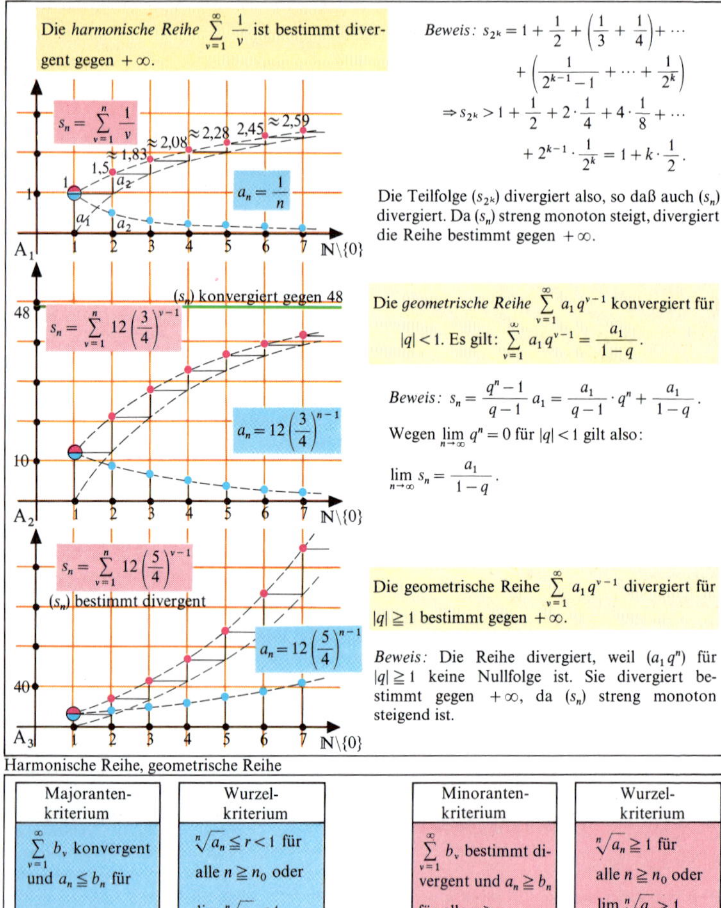

Die *harmonische Reihe* $\sum_{\nu=1}^{\infty} \frac{1}{\nu}$ ist bestimmt divergent gegen $+\infty$.

Beweis: $s_{2^k} = 1 + \frac{1}{2} + \left(\frac{1}{3} + \frac{1}{4}\right) + \cdots + \left(\frac{1}{2^{k-1}-1} + \cdots + \frac{1}{2^k}\right)$

$\Rightarrow s_{2^k} > 1 + \frac{1}{2} + 2 \cdot \frac{1}{4} + 4 \cdot \frac{1}{8} + \cdots + 2^{k-1} \cdot \frac{1}{2^k} = 1 + k \cdot \frac{1}{2}$.

Die Teilfolge (s_{2^k}) divergiert also, so daß auch (s_n) divergiert. Da (s_n) streng monoton steigt, divergiert die Reihe bestimmt gegen $+\infty$.

Die *geometrische Reihe* $\sum_{\nu=1}^{\infty} a_1 q^{\nu-1}$ konvergiert für $|q| < 1$. Es gilt: $\sum_{\nu=1}^{\infty} a_1 q^{\nu-1} = \frac{a_1}{1-q}$.

Beweis: $s_n = \frac{q^n - 1}{q-1} a_1 = \frac{a_1}{q-1} \cdot q^n + \frac{a_1}{1-q}$.

Wegen $\lim_{n\to\infty} q^n = 0$ für $|q| < 1$ gilt also:

$\lim_{n\to\infty} s_n = \frac{a_1}{1-q}$.

Die geometrische Reihe $\sum_{\nu=1}^{\infty} a_1 q^{\nu-1}$ divergiert für $|q| \geqq 1$ bestimmt gegen $+\infty$.

Beweis: Die Reihe divergiert, weil $(a_1 q^n)$ für $|q| \geqq 1$ keine Nullfolge ist. Sie divergiert bestimmt gegen $+\infty$, da (s_n) streng monoton steigend ist.

Harmonische Reihe, geometrische Reihe

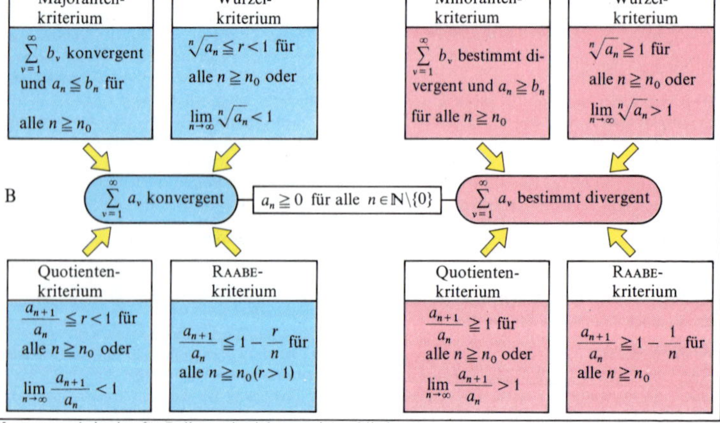

Konvergenzkriterien für Reihen mit nichtnegativen Gliedern

Der Konvergenznachweis mit dem Hauptkriterium (S. 279) ist i. a. sehr aufwendig, so daß eine große Anzahl von hinreichenden Kriterien für spezielle Reihen entwickelt wurde.

Kriterien für Reihen ohne negative Glieder

Für eine Reihe ohne negative Glieder ist (s_n) monoton steigend, d. h. $\Sigma\, a_\nu$ ist entweder konvergent oder bestimmt divergent gegen $+\infty$. Mit Hilfe von Satz 5 ergibt sich

Satz 10: *Eine Reihe ohne negative Glieder ist genau dann konvergent, wenn (s_n) beschränkt ist.*

Anwendung: $\sum\limits_{\nu=1}^{\infty} \frac{1}{\nu!}$ konvergiert, denn es ist

$$s_n \leqq 1 + \frac{1}{2} + \ldots + \frac{1}{2^{n-1}} = \frac{(\frac{1}{2})^n - 1}{\frac{1}{2} - 1} < 2 \text{ für alle } n.$$

Ein wichtiges Verfahren zum Nachweis der Konvergenz bzw. Divergenz ist das des *Reihenvergleichs.* Man wendet das **Majoranten-** oder das **Minorantenkriterium** an (Abb. B).

So ergibt sich z. B. aus dem Vergleich mit der bestimmt divergenten harm. Reihe $\sum\limits_{\nu=1}^{\infty} \frac{1}{\nu}$ (Abb. A_1), daß die *allg. harm. Reihe* $\sum\limits_{\nu=1}^{\infty} \frac{1}{\nu^r}$ für $0 \leqq r \leqq 1$ bestimmt divergiert. Ihre Konvergenz für $r > 1$ folgt aus

Satz 11: (Verdichtungssatz von CAUCHY): *Ist (a_n) eine monoton fallende Folge ohne neg. Glieder, so ist Σa_ν genau dann konvergent, wenn $\Sigma\, 2^\nu \cdot a_{2^\nu}$ konvergent ist.*

Aus dem Vergleich einer Reihe mit der geom. Reihe ergeben sich das **Wurzelkriterium** von CAUCHY und das **Quotientenkriterium** von D'ALEMBERT (Abb. B). Diese Kriterien erlauben jedoch keine Entscheidung, wenn die Ungleichungen nur für $r = 1$ erfüllbar sind bzw. die Grenzwerte 1 sind.

Aus dem Vergleich einer Reihe mit der allg. harm. Reihe erhält man das **RAABE-Kriterium** (Abb. B).

Bem.: Sehr nützlich ist auch das CAUCHY*sche Integralkriterium* (S. 341).

Alternierende Reihen

Ist (a_n) eine Folge mit abwechselnd positiven und negativen Gliedern, so heißt die zugehörige Reihe *alternierend.* Es gilt

Satz 12 (LEIBNIZsches Kriterium): *Eine alternierende Reihe konvergiert, wenn $(|a_n|)$ eine monoton fallende Nullfolge ist.*

Anwendung: $\sum\limits_{\nu=1}^{\infty} (-1)^{\nu+1} \cdot \frac{1}{\nu}$ konvergiert.

Absolut konvergente Reihen

Bei Reihen mit beliebigen Gliedern sucht man den Konvergenznachweis auf die Konvergenz von Reihen ohne negative Glieder zurückzuführen, z. B. auf die Konvergenz der Reihe $\Sigma\, |a_\nu|$, denn es gilt

Satz 13: *Ist $\Sigma\, |a_\nu|$ konvergent, so auch $\Sigma\, a_\nu$.*

Konvergiert $\Sigma\, |a_\nu|$, so nennt man $\Sigma\, a_\nu$ *absolut konvergent.* Absolut konvergente Reihen sind also auch konvergent, aber nicht umgekehrt, denn die Reihe in obiger Anwendung konvergiert zwar, aber nicht absolut (vgl. harm. Reihe, Abb. A_1).

Aufgrund von Satz 13 kann man Wurzel- und Quotientenkriterium (Abb. B) erweitern, indem man $\sqrt[n]{|a_n|}$ statt $\sqrt[n]{a_n}$ bzw. $\left|\frac{a_{n+1}}{a_n}\right|$ statt $\frac{a_{n+1}}{a_n}$ einsetzt. Das ist auch im Falle der Divergenz möglich.

Rechenregeln für konvergente Reihen

Sind $\Sigma\, a_\nu$ und $\Sigma\, b_\nu$ konvergent, so gilt:

(1) $\Sigma\,(a_\nu + b_\nu) = \Sigma\, a_\nu + \Sigma\, b_\nu$,

(2) $\Sigma\, a \cdot a_\nu = a \cdot \Sigma\, a_\nu \quad (a \in \mathbb{R})$,

(3) $\sum\limits_{\nu=p+1}^{\infty} a_\nu = \sum\limits_{\nu=1}^{\infty} a_\nu - (a_1 + \ldots + a_p)$,

(4) $\sum\limits_{\nu=1}^{\infty} c_\nu = c_1 + \ldots + c_p + \sum\limits_{\nu=1}^{\infty} a_\nu$, wenn $c_{p+n} = a_n$,

(5) $\sum\limits_{\nu=1}^{\infty} c_\nu = \sum\limits_{\nu=1}^{\infty} a_\nu$, wobei $c_1 = a_1 + \ldots + a_{n_1}$,
$c_2 = a_{n_1+1} + \ldots + a_{n_2}$, $c_3 = a_{n_2+1} + \ldots + a_{n_3}, \ldots$

Bem.: Nach Regel (5) darf man beliebig oft *endl.* viele Glieder einer konvergenten Reihe klammern. Dagegen darf man gesetzte Klammern nicht ohne weiteres weglassen. *Beispiel:* $(1-1)+(1-1)+\ldots$ mit $a_n = 1-1$ konvergiert gegen 0, während $1-1+1-1+\ldots$ mit $a_n = (-1)^{n+1}$ divergiert.

(6) $\sum\limits_{\nu=1}^{\infty} a_\nu^* = \sum\limits_{\nu=1}^{\infty} a_\nu$, wenn $\sum\limits_{\nu=1}^{\infty} a_\nu^*$ aus $\sum\limits_{\nu=1}^{\infty} a_\nu$ durch Umordnung (Vertauschung) der Glieder entsteht und $\sum\limits_{\nu=1}^{\infty} a_\nu$ absolut konvergiert.

Bem.: Die absolut konvergenten Reihen sind die einzigen Reihen, bei denen die Summe nicht von der Reihenfolge der Glieder abhängt. Man nennt sie auch *unbedingt konvergent.* Konvergente, aber nicht absolut konvergente Reihen (sog. *bedingt konvergente Reihen*) kann man stets so umordnen, daß sie gegen ein *beliebig* vorgegebenes $s \in \mathbb{R}$ konvergieren (RIEMANN*scher Umordnungssatz*).

(7) $\sum\limits_{\lambda=1}^{\infty} p_\lambda = \sum\limits_{\nu=1}^{\infty} a_\nu \cdot \sum\limits_{\mu=1}^{\infty} b_\mu$, wenn (p_n) eine Folge aller Produkte $a_\nu \cdot b_\mu (\nu, \mu \in \mathbb{N} \setminus \{0\})$ in beliebiger Reihenfolge ist und $\sum\limits_{\nu=1}^{\infty} a_\nu$ und $\sum\limits_{\mu=1}^{\infty} b_\mu$ absolut konvergieren (*Produktsatz von* CAUCHY).

Unendliche Produkte

Ist (a_n) eine Folge mit von 0 verschiedenen Gliedern, so heißt die Folge (p_n) der endl. Produkte $p_n = \prod\limits_{\nu=1}^{n} a_\nu$ *unendliches Produkt* $\prod\limits_{\nu=1}^{\infty} a_\nu$. Das Produkt heißt *konvergent,* wenn die Folge (p_n) gegen einen von 0 verschiedenen Grenzwert konvergiert. Es gilt:

Satz 14: $\prod\limits_{\nu=1}^{\infty} a_\nu$ *ist genau dann konvergent, wenn* $\sum\limits_{\nu=1}^{\infty} \ln a_\nu$ *konvergiert.*

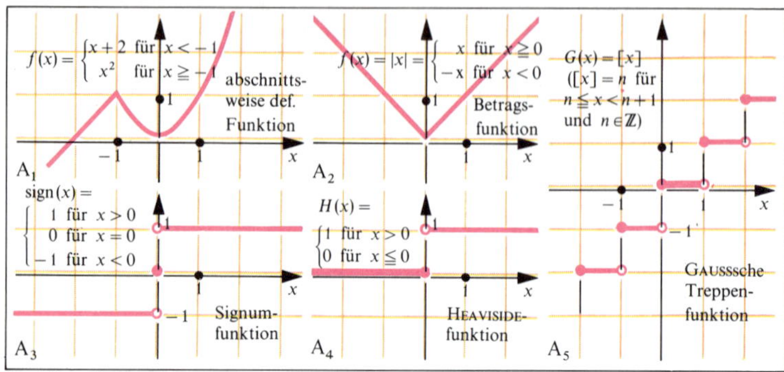

Spezielle reelle Funktionen

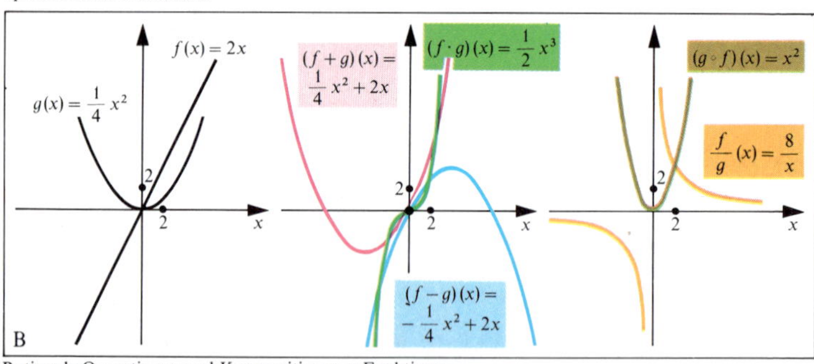

Rationale Operationen und Komposition von Funktionen

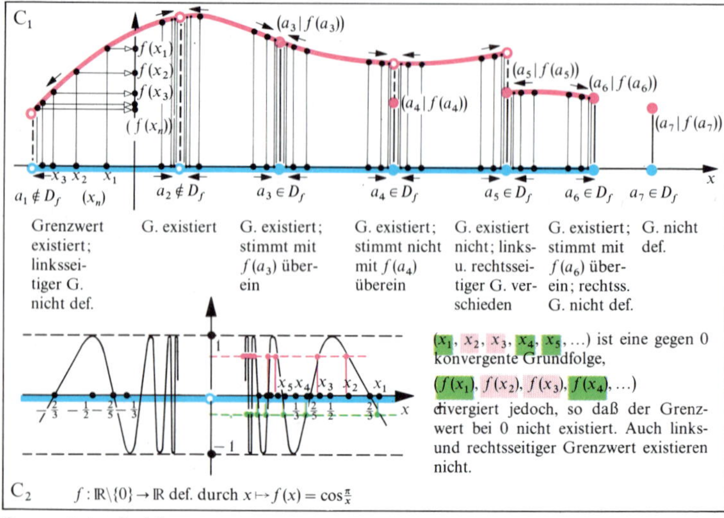

Grenzwert einer Funktion

Beispiele reeller Funktionen

Def. 1: Eine Abb. $f: D_f \to W$ def. durch $x \mapsto f(x)$ mit $D_f \subseteq \mathbb{R}$ und $W \subseteq \mathbb{R}$ heißt *reelle Funktion*. $f(x)$ heißt *Funktionswert* an der Stelle x, D_f *Definitionsbereich*, W *Wertebereich* (Wertevorrat), $f[D_f] = W_f = \{f(x) | x \in D_f\}$ *Bildmenge*.

Der *Graph* $\{(x, f(x)) | x \in D_f\}$ einer reellen Funktion f wird i. a. in einem Koordinatensystem dargestellt.

$f: \mathbb{R} \to \mathbb{R}$ def. durch $x \mapsto f(x) = \sum_{\nu=0}^{n} a_\nu x^\nu$ ($a_\nu \in \mathbb{R}$, $n \in \mathbb{N}$) heißt *ganzrationale Funktion* n-ten Grades, wenn $a_n \neq 0$ ist. Spezialfälle sind die konstante, lineare, quadratische und kubische Funktion mit den Graden 0 bis 3 und die durch $f(x) = ax^n$ def. Potenzfunktion n-ten Grades. Die lineare Funktion mit $f(x) = x$ heißt *identische Funktion* $1_{\mathbb{R}}$.

$f: \mathbb{R} \setminus B \to \mathbb{R}$ mit $x \mapsto f(x) = \left(\sum_{\nu=0}^{n} a_\nu x^\nu\right) \cdot \left(\sum_{\mu=0}^{m} b_\mu x^\mu\right)^{-1}$ ($a_\nu, b_\mu \in \mathbb{R}$, $n, m \in \mathbb{N}$) heißt *rationale Funktion*, wobei B die Menge der Lösungen von $\sum_{\mu=0}^{m} b_\mu x^\mu = 0$ ist.

Sind g und h reelle Funktionen mit $D_g \cap D_h = \emptyset$, so heißt $f: D_g \cup D_h \to \mathbb{R}$ def. durch $x \mapsto f(x) = \begin{cases} g(x) \text{ für } x \in D_g \\ h(x) \text{ für } x \in D_h \end{cases}$ *abschnittsweise def. Funktion*.

Beispiele: Abb. A.

Häufig macht man von der *Einschränkung* f/M (S. 33) einer Funktion f auf eine Teilmenge M von D_f Gebrauch.

Besonders oft verwendete Begriffe enthält

Def. 2: $f: D_f \to \mathbb{R}$ *monoton steigend* $:\Leftrightarrow$
$$\bigwedge_{x_1} \bigwedge_{x_2} (x_1 \leqq x_2 \Rightarrow f(x_1) \leqq f(x_2)),$$
$f: D_f \to \mathbb{R}$ *streng monoton steigend* $:\Leftrightarrow$
$$\bigwedge_{x_1} \bigwedge_{x_2} (x_1 < x_2 \Rightarrow f(x_1) < f(x_2)),$$
$f: D_f \to \mathbb{R}$ *monoton fallend* $:\Leftrightarrow$
$$\bigwedge_{x_1} \bigwedge_{x_2} (x_1 \leqq x_2 \Rightarrow f(x_1) \geqq f(x_2)),$$
$f: D_f \to \mathbb{R}$ *streng monoton fallend* $:\Leftrightarrow$
$$\bigwedge_{x_1} \bigwedge_{x_2} (x_1 < x_2 \Rightarrow f(x_1) > f(x_2)).$$
$f: D_f \to \mathbb{R}$ heißt *nach oben* (*nach unten*) *beschränkt*, wenn die Bildmenge $f[D_f]$ eine obere (untere) Schranke (S. 45) besitzt. Eine nach oben und nach unten beschränkte Funktion heißt *beschränkt*.

Rationale Operationen und Komposition

Neue Funktionen aus vorgegebenen kann man z. B. durch »rationale Operationen« oder durch Komposition erhalten (Abb. B).

Def. 3: Zu vorgegebenen $f: D_f \to \mathbb{R}$, $g: D_g \to \mathbb{R}$ heißt
$f \pm g: D_{f \pm g} \to \mathbb{R}$ mit $x \mapsto (f \pm g)(x) = f(x) \pm g(x)$ *Summen-* (*Differenz-*) *funktion* mit $D_{f \pm g} = D_f \cap D_g$,
$f g: D_{f \cdot g} \to \mathbb{R}$ def. durch $x \mapsto (f \cdot g)(x) = f(x) \cdot g(x)$ *Produktfunktion* mit $D_{f \cdot g} = D_f \cap D_g$,
$\frac{f}{g}: D_{\frac{f}{g}} \to \mathbb{R}$ def. durch $x \mapsto \frac{f}{g}(x) = \frac{f(x)}{g(x)}$
Quotientenfunktion mit $D_{\frac{f}{g}} = D_f \cap D_g \setminus \{x | g(x) = 0\}$,
$g \circ f: D_f \to \mathbb{R}$ def. durch $x \mapsto (g \circ f)(x) = g(f(x))$ *Komposition* (*Verkettung*) von f mit g, falls $f[D_f] \subseteq D_g$ gilt.

Für eine durch $f(x) = c$ ($c \in \mathbb{R}$) def. *konstante Funktion* schreibt man auch kurz c.

Die durch $c \in \mathbb{R}$ und $f: D_f \to \mathbb{R}$ def. Funktion $cf: D_f \to \mathbb{R}$ def. durch $x \mapsto (cf)(x) = c \cdot f(x)$ läßt sich auch als Produktfunktion $c \cdot f$ aus der konstanten Funktion c und der Funktion f auffassen. Für $c = -1$ ergibt sich $(-1) \cdot f$, wofür auch $-f$ geschrieben wird.

Unter f^n ($n \in \mathbb{N} \setminus \{0\}$) versteht man die Produktfunktion $f \cdot \ldots \cdot f$ (n-mal). f^0 wird als konstante Funktion mit dem Funktionswert 1 festgelegt, d. h. $f^0 = 1$. f^0 ist von der identischen Funktion $1_{\mathbb{R}}$ zu unterscheiden.

Potenzfunktionen n-ten Grades, ganzrationale bzw. rationale Funktionen haben daher die Darstellungen:
$$a(1_{\mathbb{R}})^n,\ \Sigma\, a_\nu (1_{\mathbb{R}})^\nu \text{ bzw. } \frac{\Sigma\, a_\nu (1_{\mathbb{R}})^\nu}{\Sigma\, b_\mu (1_{\mathbb{R}})^\mu}.$$

Grenzwert einer Funktion

Um das Verhalten einer Funktion f in der Nähe von $a \in \mathbb{R}$ beurteilen zu können (a sei Häufungspunkt von $D_f \setminus \{a\}$, s. Bem.), kann man Folgen (x_n) mit $x_n \in D_f \setminus \{a\}$ (sog. *Grundfolgen*) wählen, die gegen a konvergieren, und das Konvergenzverhalten der zugehörigen *Funktionswertefolgen* $(f(x_n))$ untersuchen. Im Falle $a \in D_f$ läuft das auf die Frage hinaus, inwieweit sich der Funktionswert $f(a)$ durch benachbarte Funktionswerte approximieren läßt. Man gelangt zum Begriff des Grenzwertes einer Funktion (Abb. C_1).

Def. 4: $g \in \mathbb{R}$ heißt *Grenzwert der Funktion* $f: D_f \to \mathbb{R}$ *bei* $a \in \mathbb{R}$, wenn für alle Grundfolgen (x_n) mit $x_n \in D_f \setminus \{a\}$ und $\lim_{n \to \infty} x_n = a$ gilt: $\lim_{n \to \infty} f(x_n) = g$. Man schreibt dafür auch kurz: $\lim_{x \to a} f(x) = g$ (»Limes von f von x für x gegen a gleich g«).

Bem.: Man beachte »$x_n \in D_f \setminus \{a\}$« in der Def., so daß der Grenzwert nur def. ist, wenn a ein *Häufungspunkt* von $D_f \setminus \{a\}$ ist, da im Falle einer isolierten Stelle a keine Grundfolgen aus $D_f \setminus \{a\}$ existieren, die gegen a konvergieren.

Statt $\lim_{x \to a} f(x)$ kann man auch $\lim_{h \to 0} f(a+h)$ mit $h \neq 0$ und $a + h \in D_f$ untersuchen. Schränkt man die Grundfolgen auf Stellen »links« bzw. »rechts« von a ein, so erhält man den *linksseitigen Grenzwert* $\lim_{h \to 0} f(a-h)$ mit $h > 0$ und $a - h \in D_f$ bzw. den *rechtsseitigen Grenzwert* $\lim_{h \to 0} f(a+h)$ mit $h > 0$ und $a + h \in D_f$.

Manchmal läßt sich nur einer der beiden Grenzwerte bilden (Abb. C_1).

Existieren der linksseitige und der rechtsseitige Grenzwert und stimmen diese überein, so handelt es sich um den Grenzwert der Funktion.

Der Nachweis, daß der Grenzwert der Funktion bei a nicht existiert, kann so geführt werden, daß man eine gegen a konvergente Grundfolge angibt, für die die zugehörige Funktionswertefolge divergiert (Abb. C_2).

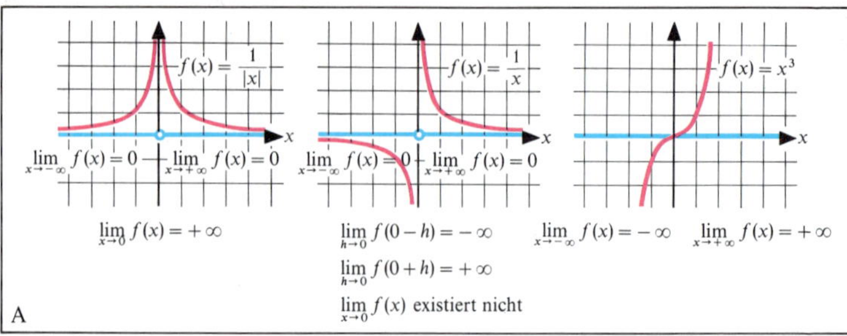

Uneigentliche Grenzwerte

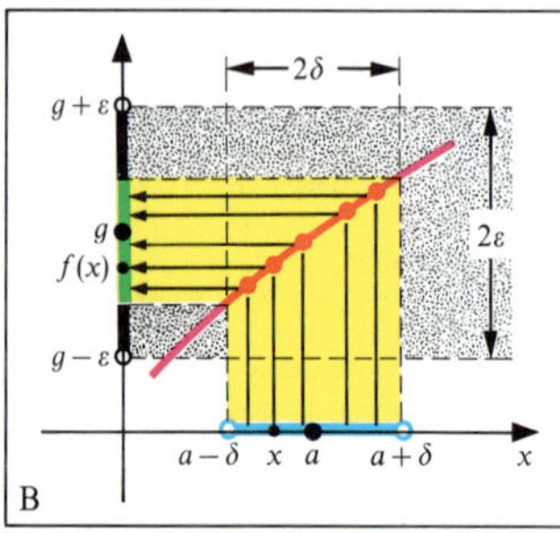

Beispiel: $f:\mathbb{R}\setminus\{-1\}\to\mathbb{R}$ def. durch $x\mapsto f(x)=\frac{x}{x+1}$

Beh.: $\lim_{x\to a} f(x)=\frac{a}{a+1}$ für alle $a\in\mathbb{R}\setminus\{-1\}$

Beweis: Es sei $\varepsilon\in\mathbb{R}^+$ beliebig vorgegeben.
Zunächst formt man den Term $|f(x)-g|$ um:

$$|f(x)-g|=\left|\frac{x}{x+1}-\frac{a}{a+1}\right|=\frac{|x-a|}{|x+1|\cdot|a+1|}.$$

Wählt man nun $\delta=\text{miEl}\{\frac{\varepsilon}{2}(a+1)^2,\frac{1}{2}|a+1|\}$, so gilt für alle $x\in D_f\setminus\{a\}$ mit $|x-a|<\delta: |x+1|>\frac{1}{2}|a+1|$, d. h.

$$\frac{|x-a|}{|x+1|\cdot|a+1|}<\frac{\frac{\varepsilon}{2}(a+1)^2}{\frac{1}{2}|a+1|^2}=\varepsilon.$$

Anwendung zu Satz 2

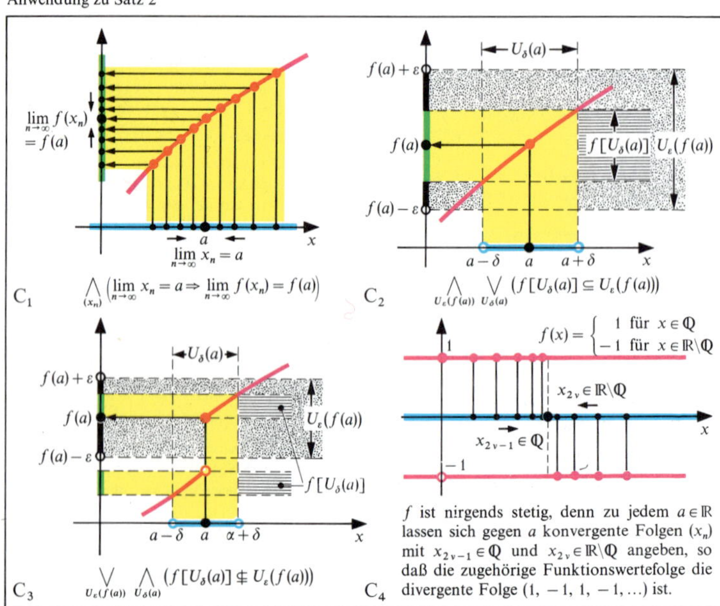

Stetigkeit, Unstetigkeit

Uneigentliche Grenzwerte

Sind für alle gegen $a \in \mathbb{R}$ konvergenten Grundfolgen aus $D_f \setminus \{a\}$ die zugehörigen Funktionswertefolgen bestimmt divergent gegen $+\infty$ bzw. $-\infty$, so schreibt man symbolisch: $\lim\limits_{x \to a} f(x) = +\infty$ bzw. $\lim\limits_{x \to a} f(x) = -\infty$.

Ist D_f rechtsseitig (linksseitig) unbeschränkt, so kann man alle bestimmt divergenten Folgen aus Elementen von D_f zur Untersuchung der Funktion »im Unendlichen« heranziehen. Besitzen alle zugehörigen Funktionswertefolgen denselben Grenzwert g, so schreibt man $\lim\limits_{x \to +\infty} f(x) = g$ ($\lim\limits_{x \to -\infty} f(x) = g$). Sind alle Funktionswertefolgen bestimmt divergent gegen $+\infty$ bzw. $-\infty$, so schreibt man: $\lim\limits_{x \to +\infty} f(x) = +\infty$, $\lim\limits_{x \to -\infty} f(x) = +\infty$, $\lim\limits_{x \to +\infty} f(x) = -\infty$ bzw. $\lim\limits_{x \to -\infty} f(x) = -\infty$. *Beispiele:* Abb. A.

Grenzwertsätze

Nützlich zur Grenzwertbestimmung ist

Satz 1: *$f: D_f \to \mathbb{R}$ und $g: D_g \to \mathbb{R}$ seien Funktionen mit $\lim\limits_{x \to a} f(x) = r$ und $\lim\limits_{x \to a} g(x) = s$. Dann gilt:*

(a) $\lim\limits_{x \to a} (f \pm g)(x) = \lim\limits_{x \to a} (f(x) \pm g(x)) = r \pm s$,

(b) $\lim\limits_{x \to a} (f \cdot g)(x) = \lim\limits_{x \to a} (f(x) \cdot g(x)) = r \cdot s$,

(c) $\lim\limits_{x \to a} \frac{f}{g}(x) = \lim\limits_{x \to a} \frac{f(x)}{g(x)} = \frac{r}{s}$, falls $s \neq 0$,

(d) $\lim\limits_{x \to a} |f(x)| = |r|$.

(e) *Ist $f(x) \leqq g(x)$ oder $f(x) < g(x)$ innerhalb einer δ-Umgebung von a, so folgt $r \leqq s$.*

Zum Beweis benötigt man Satz 6 auf S. 279. Rechnerisch zugänglich wird der Nachweis der Existenz des Grenzwertes einer Funktion durch folgenden

Satz 2: *Ist $f: D_f \to \mathbb{R}$ gegeben und $a \in \mathbb{R}$ ein Häufungspunkt von $D_f \setminus \{a\}$, so ist $g \in \mathbb{R}$ genau dann Grenzwert von f bei a, wenn zu jedem $\varepsilon \in \mathbb{R}^+$ ein $\delta \in \mathbb{R}^+$ existiert, so daß für alle $x \in D_f \setminus \{a\}$ mit $|x-a| < \delta$ gilt: $|f(x) - g| < \varepsilon$* (Abb. B).

Stetigkeit, stetige Funktion

Eine besondere Struktur weisen diejenigen Funktionen auf, bei denen der zu einer Stelle $a \in D_f$ gehörige Funktionswert $f(a)$ für jede gegen a konvergente Grundfolge aus $D_f \setminus \{a\}$ durch die zugehörige Funktionswertefolge beliebig genau approximiert werden kann (Abb. C_1). Man sagt, f sei in a stetig.

Def. 5: Es sei $f: D_f \to \mathbb{R}$, $a \in D_f$ und a ein Häufungspunkt von D_f. Dann heißt f *stetig in a* (an der Stelle a), wenn der Grenzwert der Funktion bei a, $\lim\limits_{x \to a} f(x)$, existiert und mit $f(a)$ übereinstimmt. Kurz: $\lim\limits_{x \to a} f(x) = f(a)$.

Statt $\lim\limits_{x \to a} f(x)$ kann man auch $\lim\limits_{h \to 0} f(a+h)$ mit $h \neq 0$ und $a+h \in D_f$ untersuchen. Existiert der rechtsseitige (linksseitige) Grenzwert $\lim\limits_{h \to 0} f(a+h)$ mit $h > 0$ ($\lim\limits_{h \to 0} f(a-h)$ mit $h > 0$) und ist dieser gleich $f(a)$, so nennt man f in a *rechtsseitig (linksseitig) stetig.* Eine in $a \in D_f$ linksseitig und rechtsseitig stetige Funktion f ist in a stetig.

Die Stetigkeitsdef. ist dadurch eingeengt worden, daß nur Häufungspunkte von D_f zugelassen wurden. Eine Stelle, die nicht Häufungspunkt von D_f ist, liegt *isoliert* (S. 214). Man def. zusätzlich (vgl. S. 219)

Def. 6: $f: D_f \to \mathbb{R}$ heißt an jeder *isolierten Stelle* von D_f *stetig.*

Def. 7: $f: D_f \to \mathbb{R}$ heißt *stetig,* wenn f an jeder Stelle von D_f stetig ist.

Mit Hilfe von Satz 2 beweist man nun die (ε, δ)-Kennzeichnung der Stetigkeit, die einer Rechnung zugänglicher ist.

Satz 3: *$f: D_f \to \mathbb{R}$ ist genau dann in $a \in D_f$ stetig, wenn zu jedem $\varepsilon \in \mathbb{R}^+$ ein $\delta \in \mathbb{R}^+$ existiert, so daß für alle $x \in D_f$ mit $|x-a| < \delta$ gilt: $|f(x) - f(a)| < \varepsilon$.*

Bem.: Man beachte »$x \in D_f$«, so daß Satz 3 auch für isolierte Stellen gilt.

Verwendet man den Umgebungsbegriff der Relativtopologie (S. 219) auf D_f, so ergibt sich folgende Formulierung von Satz 3 (mit »δ-Umgebung« ist die bez. D_f relativierte Umgebung gemeint):

Satz 3*: *$f: D_f \to \mathbb{R}$ ist genau dann in $a \in D_f$ stetig, wenn es zu jeder ε-Umgebung $U_\varepsilon(f(a))$ von $f(a)$ eine δ-Umgebung $U_\delta(a)$ von a gibt, so daß $f[U_\delta(a)] \subseteq U_\varepsilon(f(a))$ gilt* (Abb. C_2).

Äquivalent dazu ist die in der Topologie für beliebige Umgebungen der Relativtopologie formulierte Stetigkeitsdefinition (S. 219). Häufig werden stetige Funktionen als »grenzwerterhaltend« bezeichnet. Damit meint man:

$\lim\limits_{n \to \infty} f(x_n) = f(a) = f(\lim\limits_{n \to \infty} x_n)$ *für alle gegen a konvergenten Folgen (x_n) aus D_f.*

Ist diese Eigenschaft erfüllt, so kann man auch die Stetigkeit in a aus ihr folgern. Wie der folgende Satz zeigt, kann man sogar auf die Angabe eines Grenzwertes der Funktionswertefolgen verzichten.

Satz 4: *$f: D_f \to \mathbb{R}$ ist genau dann in $a \in D_f$ stetig, wenn für alle gegen a konvergenten Folgen aus D_f die zugehörigen Funktionswertefolgen konvergieren.*

Bem.: Der Grenzwert der Funktionswertefolgen ist $f(a)$, da die Folge $(a, a, a, \ldots)$ möglich ist.

Unstetigkeit

Def. 8: $f: D_f \to \mathbb{R}$ heißt in $a \in D_f$ *unstetig,* wenn f in a nicht stetig ist.

Aus Satz 4 folgt, daß f in $a \in D_f$ genau dann unstetig ist, wenn es eine gegen a konvergente Folge aus D_f gibt, so daß die zugehörige Funktionswertefolge divergiert oder nicht gegen $f(a)$ konvergiert.

Existieren für $a \in D_f$ der rechtsseitige und der linksseitige Grenzwert und sind sie verschieden, so ist f in a unstetig. Stimmt genau einer der Grenzwerte mit $f(a)$ überein und existiert der andere, so spricht man von einer *Sprungstelle* der Funktion (Abb. C_1, S. 282, Stelle a_5).

Aus Satz 3* ergibt sich, daß f in $a \in D_f$ genau dann unstetig ist, wenn eine Umgebung $U_\varepsilon(f(a))$ existiert, so daß für alle Umgebungen $U_\delta(a)$ gilt: $f[U_\delta(a)] \nsubseteq U_\varepsilon(f(a))$ (Abb. C_3).

Bem.: Es gibt nirgends stetige Funktionen $f: \mathbb{R} \to \mathbb{R}$ (Abb. C_4).

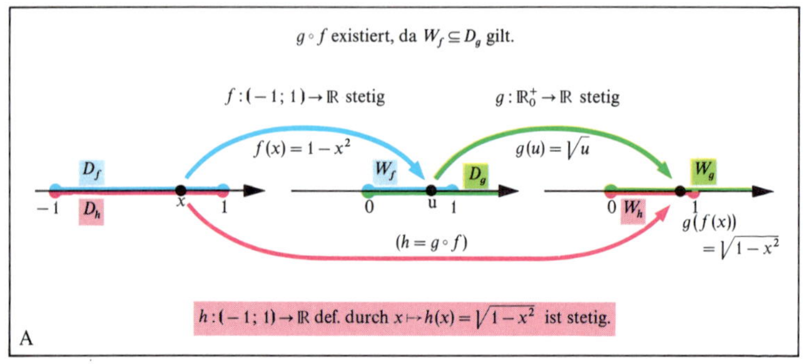

Komposition stetiger Funktionen

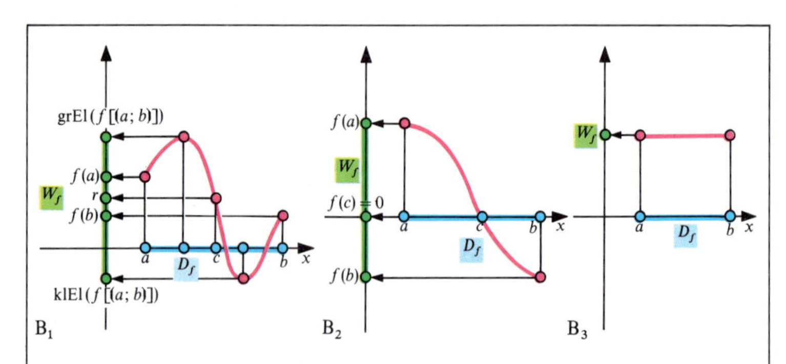

(1) Die Bildmenge $f[(a; b)]$ ist ein abgeschlossenes Intervall (einpunktiges Intervall eingeschlossen, Abb. B_3), das das von $f(a)$ und $f(b)$ bestimmte Intervall umfaßt.

(2) grEl$(f[(a; b)])$ und klEl$(f[(a; b)])$ existieren, d. h. $f[(a; b)] = ($klEl$(f[(a; b)])$; grEl$(f[(a; b)]))$.

Eigenschaften stetiger Funktionen

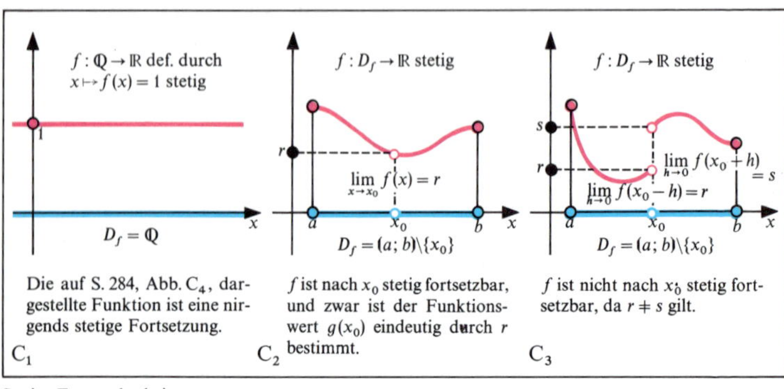

Stetige Fortsetzbarkeit

Beispiele stetiger Funktionen

Von den in Abb. A, S. 282, aufgeführten Funktionen sind die in A_1 und A_2 stetig, während in A_3 und A_4 genau eine Unstetigkeitsstelle vorhanden ist. Die Funktion der Abb. A_5 besitzt sogar unendlich viele Unstetigkeitsstellen.

Mit Hilfe von Satz 4 zeigt man leicht, daß jede *konstante Funktion* und die *identische Funktion* $1_{\mathbb{R}}$ stetig sind. Mit diesen Funktionen kann man bereits eine große Klasse stetiger Funktionen erfassen, die der *rationalen Funktionen* (s. u.). Auch die *Wurzelfunktion* $f: \mathbb{R}_0^+ \to \mathbb{R}$ def. durch $x \mapsto f(x) = \sqrt{x}$ und die *trigonometrischen Funktionen* sind stetig.

Rationale Operationen und Komposition stetiger Funktionen

Jede rationale Funktion läßt sich mittels der rationalen Operationen aus konstanten Funktionen und der identischen Funktion $1_{\mathbb{R}}$ darstellen (s. S. 283). Diese Funktionen sind stetig, so daß auch jede rationale Funktion stetig ist, weil die Stetigkeit bei Anwendung rationaler Operationen übertragen wird. Es gilt nämlich

Satz 5: *Sind f und g in $a \in D_f \cap D_g$ stetig, so sind $f+g$, $f-g$, $f \cdot g$ in a stetig und, falls $a \in D_f \cap D_g \setminus \{x \mid g(x)=0\}$ ist, gilt dies auch für $\frac{f}{g}$.*

Bem.: Der Beweis kann mit Satz 1 geführt werden.

Aus Satz 5 folgt dann

Satz 6: *Jede rationale Funktion ist stetig.*

Häufig kann man eine Funktion h als Komposition $g \circ f$ zweier stetiger Funktionen f und g darstellen (Bsp.: Abb. A). Mit f und g ist dann auch h stetig. Dies ergibt sich aus

Satz 7: *Gilt $f[D_f] \subseteq D_g$ und ist f in $a \in D_f$ stetig und g in $f(a) \in D_g$ stetig, so ist $g \circ f$ in a stetig.*

Als Anwendung dieses Satzes erhält man z. B.:

(1) Für jede in $a \in D_f$ stetige Funktion f ist die Funktion $|f|: D_f \to \mathbb{R}$ def. durch $x \mapsto |f(x)|$ in a stetig, weil $|f|$ als Komposition von f und der stetigen Betragsfunktion (S. 282, Abb. A_1) darstellbar ist.

(2) Für jede in $a \in D_f$ stetige Funktion f und jede Teilmenge M von D_f mit $a \in M$ ist die *Einschränkung* f/M in a stetig, weil f/M als Komposition $f \circ i$ aus der stetigen Inklusionsabb. $i: M \to \mathbb{R}$ (S. 33) und f darstellbar ist.

Eigenschaften stetiger Funktionen

Besonders weitgehende Eigenschaften besitzen stetige Funktionen, die auf einem abgeschlossenen Intervall $(a; b)$ definiert sind. Die top. Struktur der abgeschlossenen Intervalle ist nämlich ausgezeichnet gegenüber anderen Teilmengen von $\mathbb{R}$:

es handelt sich um die einzigen nichtleeren, zugleich zusammenhängenden, abgeschlossenen und beschränkten Teilmengen von $\mathbb{R}$, d. h. um die einzigen Teilmengen, die zugleich zusammenhängend und kompakt sind (vgl. S. 213).

Es gilt (vgl. Abb. B)

Satz 8 (Satz von der Intervallinvarianz): *Ist f eine auf $(a; b)$ definierte stetige Funktion, so ist die Bildmenge $f[(a; b)]$ ein abgeschlossenes Intervall.*

Dieser Satz umfaßt zwei Einzelaussagen, die häufig Anwendung finden:

Satz 9 (Zwischenwertsatz): *Ist $f: D_f \to W$ stetig und umfaßt D_f ein abgeschlossenes Intervall $(a; b)$, so gibt es zu jeder zwischen $f(a)$ und $f(b)$ gelegenen reellen Zahl r ($f(a) < r < f(b)$ oder $f(a) > r > f(b)$) ein $c \in)a; b($ mit $f(c) = r$ (r heißt daher auch Zwischenwert).*

Satz 10 (Satz vom grEl und klEl): *Ist f eine auf $(a; b)$ definierte stetige Funktion, so existieren sowohl* grEl$(f[(a;b)])$ *als auch* klEl$(f[(a;b)])$.

Bem. 1: Satz 8 läßt sich folgendermaßen erweitern: Ersetzt man das abgeschl. Intervall durch ein beliebiges Intervall oder durch $\mathbb{R}$, so ist die Bildmenge wieder ein Intervall oder $\mathbb{R}$. Diese Eigenschaft ergibt sich aus der Invarianz des Zusammenhangs unter stetigen Abb. (S. 223) und der Tatsache, daß die angegebenen Teilmengen die einzigen nichtleeren, zusammenhängenden Teilmengen von $\mathbb{R}$ sind (S. 213).

Bem. 2: Gilt in Satz 9 zusätzlich $f(a) \in \mathbb{R}^+$ und $f(b) \in \mathbb{R}^-$ oder $f(a) \in \mathbb{R}^-$ und $f(b) \in \mathbb{R}^+$, so gibt es ein $c \in)a; b($ mit $f(c) = 0$ (man spricht dann auch vom *Nullstellensatz*, Abb. B_2). Aus dem Nullstellensatz folgt, daß eine ganzrationale Funktion ungeraden Grades mindestens eine Nullstelle hat, d. h. ihr Graph die x-Achse mindestens einmal schneidet.

Bem. 3: Das grEl bzw. klEl kann auch am Rande des Intervalls angenommen werden (Abb. B_2). Auf die Abgeschlossenheit des Intervalls kann nicht verzichtet werden, denn Satz 10 gilt nicht mehr, wenn man beliebige Intervalle zuläßt. So ist z. B. die auf das offene Intervall $)\frac{1}{2}\pi; \frac{3}{2}\pi($ eingeschränkte stetige Tangensfunktion unbeschränkt.

Stetige Fortsetzung einer Funktion

Während nach (2) die Stetigkeit erhalten bleibt, wenn man Funktionen einschränkt, ist dies i. a. nicht der Fall, wenn man Fortsetzungen einer Funktion (S. 33) betrachtet (Abb. C_1).

Def. 9: $f: D_f \to \mathbb{R}$ heißt *stetig fortsetzbar nach* $a \in \mathbb{R}$, wenn es ein $g: D_g \to \mathbb{R}$ mit $a \in D_g$, $D_f \subseteq D_g$ und $g/D_f = f$ gibt und g in a stetig ist.

Ist f stetig, so heißt g *stetige Fortsetzung von f*, wenn g stetig ist.

Ist a eine isolierte Stelle, so ist f auf vielfache Weise stetig fortsetzbar nach a. Ist a dagegen ein *Häufungspunkt* von D_f, so ist im Falle der Fortsetzbarkeit der Funktionswert an der Stelle a *eindeutig bestimmt* durch $\lim\limits_{x \to a} f(x)$. Während i. a. stetige Fortsetzungen einer stetigen Funktion nicht eindeutig bestimmt sind, ergibt sich daraus für »punktierte Intervalle« der

Satz 11: *Ist $x_0 \in (a; b)$ und $f: (a; b) \setminus \{x_0\} \to \mathbb{R}$ stetig, so gibt es, falls eine stetige Fortsetzung $g: (a; b) \to \mathbb{R}$ existiert, genau eine* (Abb. C_2, C_3).

Bem.: Der Begriff der stetigen Fortsetzbarkeit findet Anwendung bei der Def. des Begriffes Differenzierbarkeit (S. 293).

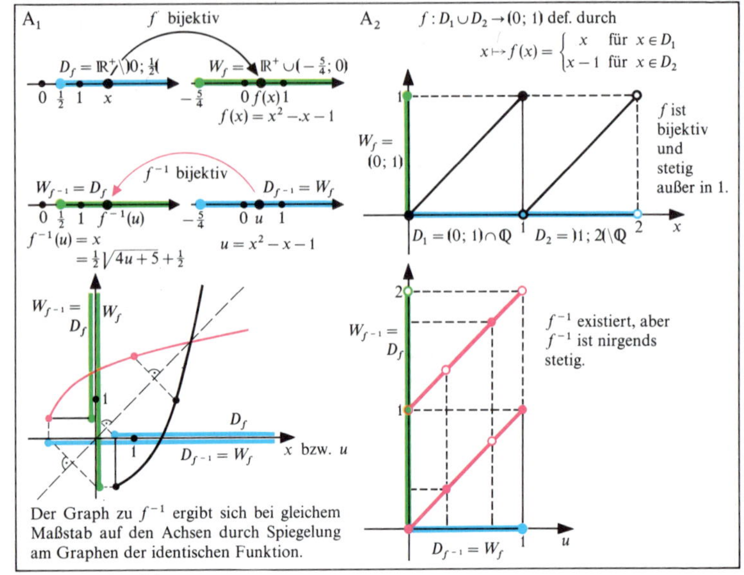

Umkehrfunktion f^{-1}

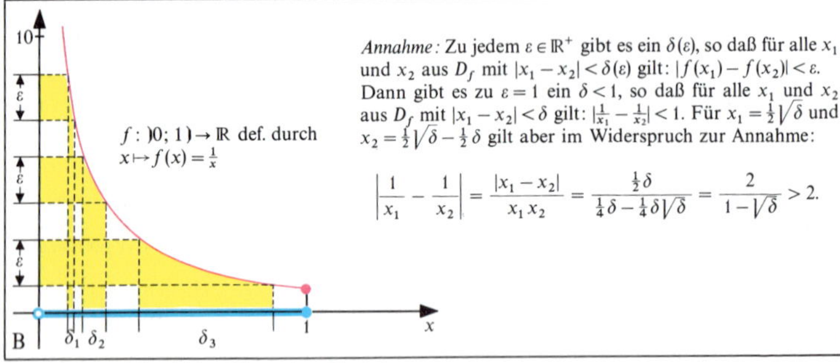

Annahme: Zu jedem $\varepsilon \in \mathbb{R}^+$ gibt es ein $\delta(\varepsilon)$, so daß für alle x_1 und x_2 aus D_f mit $|x_1 - x_2| < \delta(\varepsilon)$ gilt: $|f(x_1) - f(x_2)| < \varepsilon$. Dann gibt es zu $\varepsilon = 1$ ein $\delta < 1$, so daß für alle x_1 und x_2 aus D_f mit $|x_1 - x_2| < \delta$ gilt: $|\frac{1}{x_1} - \frac{1}{x_2}| < 1$. Für $x_1 = \frac{1}{2}\sqrt{\delta}$ und $x_2 = \frac{1}{2}\sqrt{\delta} - \frac{1}{2}\delta$ gilt aber im Widerspruch zur Annahme:

$$\left|\frac{1}{x_1} - \frac{1}{x_2}\right| = \frac{|x_1 - x_2|}{x_1 x_2} = \frac{\frac{1}{2}\delta}{\frac{1}{4}\delta - \frac{1}{4}\delta\sqrt{\delta}} = \frac{2}{1-\sqrt{\delta}} > 2.$$

Beispiel einer nicht gleichmäßig stetigen Funktion

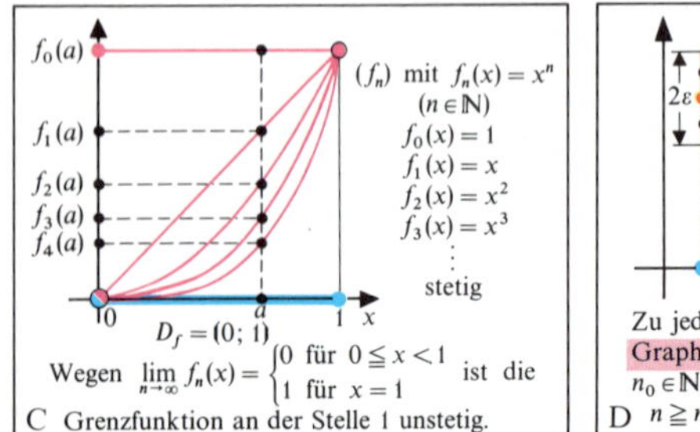

Wegen $\lim_{n\to\infty} f_n(x) = \begin{cases} 0 & \text{für } 0 \leq x < 1 \\ 1 & \text{für } x = 1 \end{cases}$ ist die

C Grenzfunktion an der Stelle 1 unstetig.

Folge stetiger Funktionen

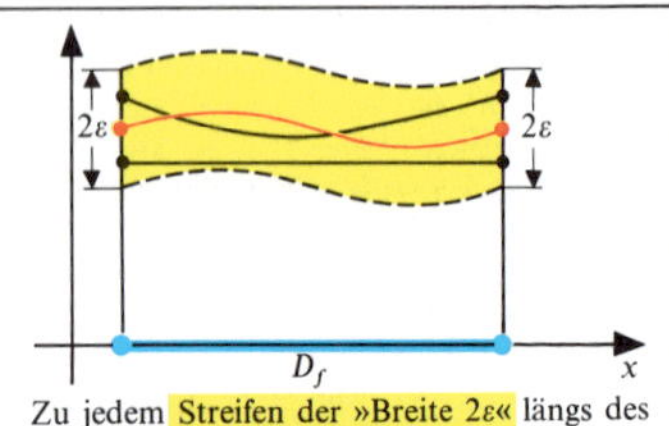

Zu jedem Streifen der »Breite 2ε« längs des Graphen der Grenzfunktion f gibt es ein $n_0 \in \mathbb{N}$, so daß die Graphen zu f_n für alle

D $n \geqq n_0$ im Streifen liegen.

Gleichmäßige Konvergenz

Umkehrfunktion und Stetigkeit

Zu einer Funktion f existiert genau dann eine (bijektive) *Umkehrfunktion* oder *inverse Funktion* f^{-1}, wenn f bijektiv ist (S. 33). *Beispiel:* Abb. A_1

Ist f bijektiv und in $a \in D_f$ stetig, so existiert zwar eine Umkehrfunktion f^{-1}, diese ist jedoch nicht ohne weiteres in $f(a)$ stetig (Abb. A_2). Dagegen gilt

Satz 12: *Ist f eine auf einem Intervall oder auf $\mathbb{R}$ def. bijektive, stetige Funktion, so ist die Umkehrfunktion f^{-1} stetig.*

Satz 13: *Ist f eine auf einem Intervall oder auf $\mathbb{R}$ def. streng monotone Funktion, so ist die Umkehrfunktion f^{-1} stetig.*

Beim Beweis von Satz 13 verwendet man die Aussage, daß eine streng monotone Funktion stetig ist, wenn die Bildmenge ein Intervall oder $\mathbb{R}$ ist.

Gleichmäßige Stetigkeit

Bei einer stetigen Funktion f kann man die Funktionswerte »beliebig genau« durch »benachbarte« Funktionswerte approximieren, d. h. gibt man für die »Genauigkeit« der Approximation ein $\varepsilon \in \mathbb{R}^+$ vor, so gibt es ein von ε und der betrachteten Stelle $a \in D_f$ abhängiges $\delta \in \mathbb{R}^+$, so daß die Funktionswerte an allen Stellen $x \in D_f$, die um weniger als δ von a abweichen, um weniger als ε von $f(a)$ abweichen. Betrachtet man nun *alle* Stellen aus D_f, so kann man die Approximation an allen Stellen als »gleich gut« ansehen, wenn sich unabhängig von der betrachteten Stelle ein δ angeben läßt, so daß die vorgegebene Genauigkeit an allen Stellen erreicht wird.

Daß dies nicht für alle stetigen Funktionen möglich ist, zeigt die Abb. B. Man def.

Def. 10: Eine Funktion $f: D_f \to W$ heißt *gleichmäßig stetig*, wenn zu jedem $\varepsilon \in \mathbb{R}^+$ ein $\delta \in \mathbb{R}^+$ existiert, so daß für alle $a \in D_f$ und alle $x \in D_f$ mit $|x-a| < \delta$ gilt: $|f(x)-f(a)| < \varepsilon$.

Gleichmäßig stetige Funktionen sind spezielle stetige Funktionen, denn es gilt

Satz 14: *Jede gleichmäßig stetige Funktion ist stetig.*

Nicht jede stetige Funktion ist auch gleichmäßig stetig. Für abgeschlossene Intervalle gilt jedoch

Satz 15: *Eine auf $[a;b]$ def. Funktion ist genau dann gleichmäßig stetig, wenn sie stetig ist.*

Bem.: Beim Beweis nutzt man die Kompaktheit von $[a;b]$.

Folgen von Funktionen, gleichmäßige Konvergenz

Betrachtet man die Termfolge $(x, x-\frac{1}{3!}x^3, x-\frac{1}{3!}x^3+\frac{1}{5!}x^5, \ldots)$, so erhält man für jedes $x \in \mathbb{R}$ eine Folge reeller Zahlen. Konvergieren diese Folgen, so läßt sich durch die Grenzwerte eine Funktion von $\mathbb{R}$ in $\mathbb{R}$ definieren. Nun ist auch durch jeden einzelnen Term der Folge eine Funktion von $\mathbb{R}$ in $\mathbb{R}$ festgelegt, so daß die Termfolge durch eine Folge von Funktionen ersetzt werden kann: $(1_{\mathbb{R}}, 1_{\mathbb{R}}-\frac{1}{3!}(1_{\mathbb{R}})^3, \ldots)$. Die zu dieser Folge gehörige, durch die Grenzwerte def. Funktion nennt man dann Grenzfunktion der Folge. Im aufgeführten Beispiel ist die Grenzfunktion die Sinusfunktion (S. 308, Abb. D). Man sagt auch: die angegebene Folge konvergiert gegen die Sinusfunktion.

Def. 11: Eine Folge (f_n) von Funktionen $f_n: D_{f_n} \to \mathbb{R}$ $(n \in \mathbb{N})$ heißt *konvergent an der Stelle $a \in D$* mit $D := \bigcap_{\nu=0}^{\infty} D_{f_\nu}$, wenn $(f_n(a))$ konvergiert. (f_n) heißt *konvergent* gegen $f: D \to \mathbb{R}$, wenn für alle $a \in D$ gilt: (f_n) ist an der Stelle a gegen $f(a)$ konvergent. $f: D \to \mathbb{R}$ def. durch $x \mapsto f(x) = \lim_{n\to\infty} f_n(x)$ heißt *Grenzfunktion.*

Bem.: Konvergiert (f_n) an einer Stelle $a \in D$ nicht, so spricht man von *Divergenz.*

Im Zusammenhang mit stetigen Funktionen ist die Frage interessant, ob die Grenzfunktion einer konvergenten Folge von stetigen Funktionen stets stetig ist. I. a. gilt dies nicht (Abb. C).

Def. 12: (f_n) heißt *gleichmäßig konvergent* gegen f, wenn zu jedem $\varepsilon \in \mathbb{R}^+$ ein $n_0 \in \mathbb{N}$ existiert, so daß für alle $x \in D$ und alle $n \geqq n_0$ gilt: $|f_n(x)-f(x)| < \varepsilon$ (Abb. D).

Satz 16: *Eine gleichmäßig konv. Folge von stetigen Funktionen konv. gegen eine stetige Grenzfunktion.*

Bem.: Es gibt aber auch Folgen stetiger Funktionen, die gegen eine stetige Funktion konvergieren und nicht gleichmäßig konvergieren.

Reihen von Funktionen, Potenzreihen

Der Begriff der Reihe von Funktionen wird analog zu dem von reellen Reihen gebildet (vgl. S. 279).

Def. 13: Die zu einer Folge (f_n) von Funktionen gehörige Folge (s_n) mit $s_n = f_0 + \ldots + f_n$ heißt *Reihe der Funktionen* f_n. Statt (s_n) schreibt man auch $\sum_{\nu=0}^{\infty} f_\nu$ oder $f_0+f_1+\ldots$ und verwendet diese Bezeichnung auch für die Grenzfunktion von (s_n), wenn die Reihe konvergiert.

Die Sinusfunktion läßt sich daher auch als konvergente Reihe $\sum_{\nu=0}^{\infty} (-1)^\nu \frac{1}{(2\nu+1)!}(1_{\mathbb{R}})^{2\nu+1}$ darstellen. Für die Termschreibweise ergibt sich: $\sin x = \sum_{\nu=0}^{\infty} (-1)^\nu \frac{1}{(2\nu+1)!} x^{2\nu+1}$. Es handelt sich um eine Reihe, die aus den Potenzfunktionen $a(1_{\mathbb{R}})^n$ $(n \in \mathbb{N}, a \in \mathbb{R})$ aufgebaut ist.

Def. 14: $p := \sum_{\nu=0}^{\infty} a_\nu (1_{\mathbb{R}})^\nu$ mit $a_\nu \in \mathbb{R}$ heißt *Potenzreihe.*

Termschreibweise: $p(x) = \sum_{\nu=0}^{\infty} a_\nu x^\nu$.

Nicht jede Potenzreihe konvergiert in ganz $\mathbb{R}$.

Satz 17: *Konvergiert eine Potenzreihe nicht nur an der Stelle 0 oder nicht in ganz $\mathbb{R}$, so gibt es ein $r \in \mathbb{R}^+$, so daß die Reihe für alle x mit $|x| < r$ konvergiert und für alle x mit $|x| > r$ divergiert. Es gilt:* $r = (\overline{\lim} \sqrt[n]{|a_n|})^{-1}$

r heißt *Konvergenzradius,* $]-r; r[$ *Konvergenzintervall.* Über die Stellen r und $-r$ macht Satz 17 keine Aussage. Es gibt Reihen, die dort konvergieren, aber auch solche, die dort divergieren.

Bem.: Liegt Konvergenz nur an der Stelle 0 vor, so schreibt man auch $r = 0$.

Anwendungen: S. 299f.

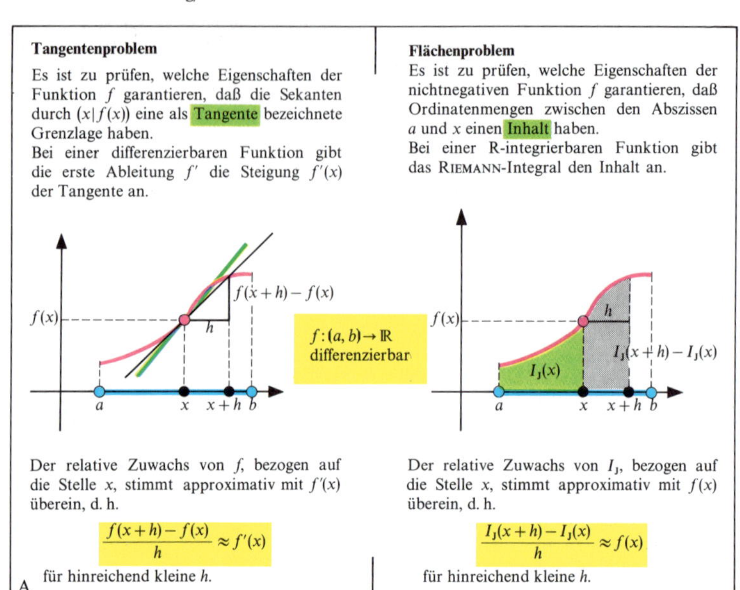

Tangentenproblem
Es ist zu prüfen, welche Eigenschaften der Funktion f garantieren, daß die Sekanten durch $(x|f(x))$ eine als Tangente bezeichnete Grenzlage haben.
Bei einer differenzierbaren Funktion gibt die erste Ableitung f' die Steigung $f'(x)$ der Tangente an.
$f(x)$
$f(x+h)-f(x)$
h
a
x
$x+h$
b
Der relative Zuwachs von f, bezogen auf die Stelle x, stimmt approximativ mit $f'(x)$ überein, d. h.
$$\frac{f(x+h)-f(x)}{h} \approx f'(x)$$
für hinreichend kleine h.
$f:(a,b) \to \mathbb{R}$
differenzierbar
Flächenproblem
Es ist zu prüfen, welche Eigenschaften der nichtnegativen Funktion f garantieren, daß Ordinatenmengen zwischen den Abszissen a und x einen Inhalt haben.
Bei einer R-integrierbaren Funktion gibt das RIEMANN-Integral den Inhalt an.
$f(x)$
h
$I_J(x+h)-I_J(x)$
$I_J(x)$
a
x
$x+h$
b
Der relative Zuwachs von I_J, bezogen auf die Stelle x, stimmt approximativ mit $f(x)$ überein, d. h.
$$\frac{I_J(x+h)-I_J(x)}{h} \approx f(x)$$
für hinreichend kleine h.
A

Zusammenhang zwischen Tangenten- und Flächenproblem

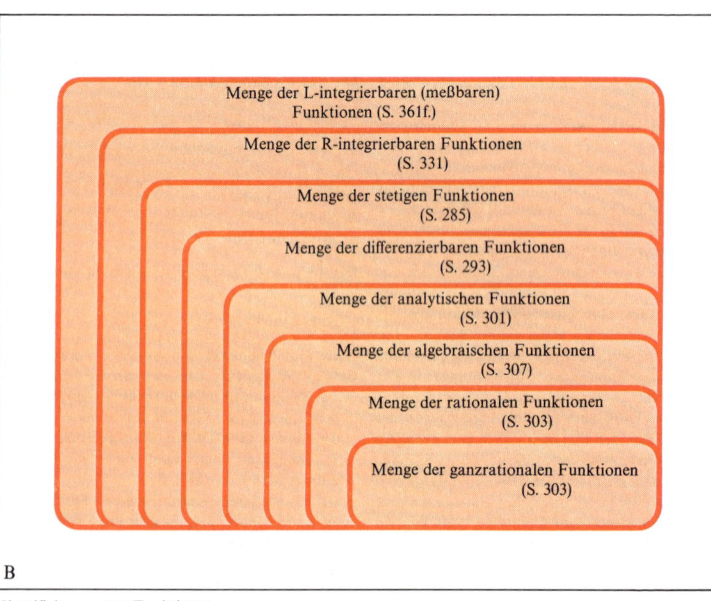

Klassifizierung von Funktionen

Eine der umfangreichsten Disziplinen der Mathematik ist die Analysis mit ihren verschiedenen Teilgebieten. Charakteristisch für sie ist die Bildung von Grenzwerten bei Funktionen in sog. *infinitesimalen Prozessen*. Die wichtigsten sind die *Differentiation* und *Integration* von Funktionen.

Die Teilgebiete der Analysis, die sich mit diesen Grundproblemen beschäftigen, sind die **Differential- und Integralrechnung**, die man auch als *Infinitesimalrechnung* zusammenfaßt. Als weitere Teilgebiete der Analysis, die die Kenntnis der Infinitesimalrechnung voraussetzen, folgen die **Funktionalanalysis**, die **Theorie der Differentialgleichungen**, die **Differentialgeometrie** und die **Funktionentheorie**.

Im folgenden wird die Differentialrechnung vor der Integralrechnung behandelt. Möglich ist auch der umgekehrte Weg oder auch eine gleichzeitige Einführung der Prozesse der Differentiation und Integration mit einer dann folgenden parallelen Behandlung der wichtigsten Regeln und Sätze beider Gebiete. Dabei wird die enge Verflechtung beider Gebiete besonders deutlich. Die Ausgangsprobleme von Differential- und Integralrechnung sind auf den ersten Blick recht unterschiedlich. Die Differentialrechnung fragt nach der Steigung von Tangenten an gegebene Kurven, die Integralrechnung nach Flächeninhalten krummlinig begrenzter Flächen, insbesondere wenn diese durch Graphen von Funktionen $f:(a,b)\to\mathbb{R}$ beschreibbar sind.

Natürlich ist es Aufgabe der Infinitesimalrechnung, die Begriffe Steigung und Flächeninhalt erst zu präzisieren. Dabei gewinnt man die Begriffe *Differenzierbarkeit* bzw. *Integrierbarkeit* einer Funktion (Abb. A).

Zwischen beiden Begriffen besteht ein wichtiger Zusammenhang. Die Steigung $f'(x)$ des Graphen einer differenzierbaren Funktion $f:(a,b)\to\mathbb{R}$ an einer Stelle x und der Inhalt $I_J(x)$ der Fläche unter dem Graphen zwischen einer fest gewählten Stelle a und der Stelle x können als Funktionswerte zweier Funktionen f' und I_J aufgefaßt werden. Zwischen den Funktionen des Paares (f', f) einerseits und denen des Paares (f, I_J) andererseits besteht dabei ein analoger Zusammenhang insofern, als jeweils die Änderung der zweiten Funktion relativ zur Änderung h der Argumentwerte approximativ durch die Funktionswerte der ersten Funktion beschrieben werden können, und zwar um so genauer, je kleiner h wird (Abb. A).

Nicht jede integrierbare Funktion ist differenzierbar, es gilt aber das Umgekehrte. Die Menge der integrierbaren Funktionen umfaßt also die Menge der differenzierbaren. Zwischen Differenzierbarkeit und Integrierbarkeit steht der *Stetigkeitsbegriff*, der ebenfalls auf den Grenzwertbegriff zurückgeführt werden kann (S. 285). Zusammen mit weiteren Begriffsbildungen innerhalb der Infinitesimalrechnung ergibt sich damit die Möglichkeit einer Klassifizierung von Funktionen (Abb. B).

Der Aufbau der Differentialrechnung auf den folgenden Seiten geht vom *Tangentenproblem* (S. 293) aus, führt über die stetige Fortsetzbarkeit der Differenzenquotientenfunktion zum Begriff der *Differenzierbarkeit* an einer Stelle bzw. auf Teilmengen des Definitionsbereichs, und schließlich auf den Begriff der *Ableitung*. Es folgen Differentiationsregeln und wichtige Sätze über das Wachstumsverhalten von Funktionen sowie über Zusammenhänge zwischen Funktion und Ableitung (*Mittelwertsätze*, S. 297, TAYLOR-*entwicklungen*, S. 299). Die Approximierbarkeit differenzierbarer Funktionen durch lineare führt auf den Begriff des *Differentials* (S. 297). Ferner werden wichtige *Kriterien* für die Behandlung von *Extremalproblemen* und *Kurvenuntersuchungen* (S. 303) bereitgestellt.

Die Ergebnisse werden sodann für die Untersuchung spezieller Funktionenklassen herangezogen. Neben *rationalen* (S. 303f.) und *algebraischen Funktionen* (S. 307) werden *Exponentialfunktionen*, *Winkel-* und *Hyperbelfunktionen* und deren *Umkehrfunktionen* behandelt, aber auch die Γ-*Funktion* und die RIEMANN*sche* ζ-*Funktion* (S. 309f.), zwei für die Zahlentheorie bedeutsame Funktionen.

Die weiteren Anwendungen betreffen die *Approximation* von Funktionen durch Funktionen spezieller Funktionenklassen (S. 313), die *Interpolation* einer Menge von Zahlenpaaren durch geeignete Funktionen (S. 315) sowie die *numerische Auflösung von Gleichungen* (S. 317).

Den Abschluß bilden Verallgemeinerungen auf *Funktionen mit mehreren Variablen*. Hier wird die Differenzierbarkeit über die lineare Approximierbarkeit eingeführt. Es ergeben sich weitgehende Analogien zu Funktionen mit einer Variablen. Faßt man ein n-Tupel reeller Zahlen als Punkt im $\mathbb{R}^n$ auf, so kann man die hier auftretenden Funktionen als Abbildungen von Punktmengen des $\mathbb{R}^n$ in den $\mathbb{R}^m$ ($\mathbb{R}^n$-$\mathbb{R}^m$-*Funktionen*, S. 319ff.) deuten. Da es sich bei diesen Räumen um Vektorräume über $\mathbb{R}$ handelt, werden damit auch viele physikalische Probleme einer Behandlung im Rahmen der Analysis zugänglich. Notwendig für die *Umkehrbarkeit* von Funktionensystemen bzw. von $\mathbb{R}^n$-$\mathbb{R}^n$-Funktionen ist im Falle der Differenzierbarkeit die Umkehrbarkeit der approximierenden linearen Funktion. Diese Bedingung erweist sich auch als hinreichend, wenigstens für lokale Umkehrbarkeit eines Funktionensystems bzw. einer $\mathbb{R}^n$-$\mathbb{R}^n$-Funktion. In diesen Zusammenhang ordnen sich auch die *implizit definierten Funktionen* ein, mit ihnen auch die sog. *Extremwertaufgaben mit Nebenbedingungen* (S. 325).

Durch den Übergang von Funktionen mit einer Variablen zu Funktionen mit mehreren Variablen sind spätere Verallgemeinerungen vorbereitet. So versucht die Funktionalanalysis die Ergebnisse der Infinitesimalrechnung auf noch allgemeinere Vektorräume zu übertragen, während die Funktionentheorie entsprechende Fragen für Funktionen behandelt, deren Definitions- und Wertebereiche Mengen komplexer Zahlen sind.

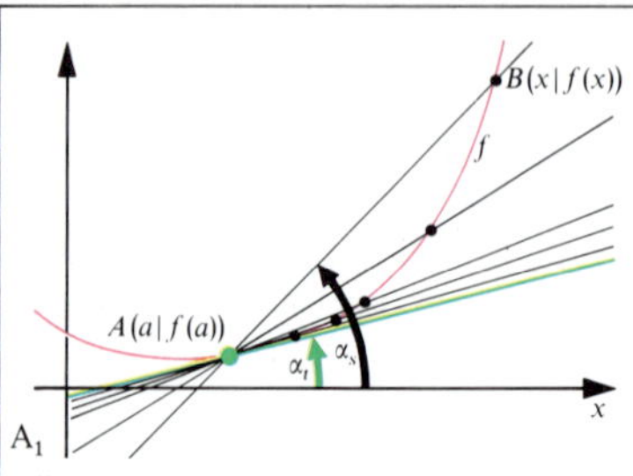

Übergang von der Sekante $g(A, B)$ zur Tangente in A:

Sekantensteigung $m_a(x) = \tan\alpha_s = \dfrac{f(x) - f(a)}{x - a}$,

Tangentensteigung $\overline{m}_a(a) = \tan\alpha_t = \lim\limits_{x \to a} m_a(x)$.

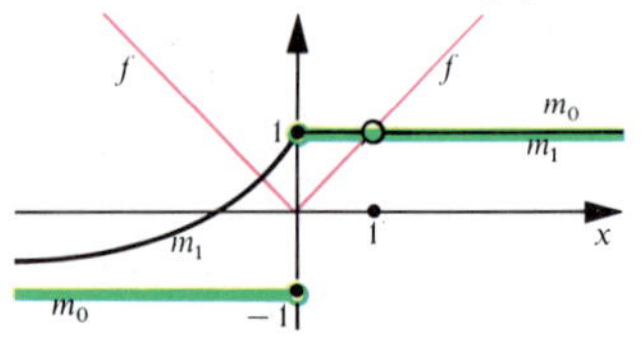

$f: \mathbb{R} \to \mathbb{R}$ def. durch $x \mapsto f(x) = |x|$

$$m_a(x) = \frac{|x| - |a|}{x - a}$$

m_a ist für $a \neq 0$ (z. B. $a = 1$) stetig nach a fortsetzbar, nicht dagegen für $a = 0$. Der grün gezeichnete Graph stellt zugleich den Graph der Ableitung f' dar.

A₂

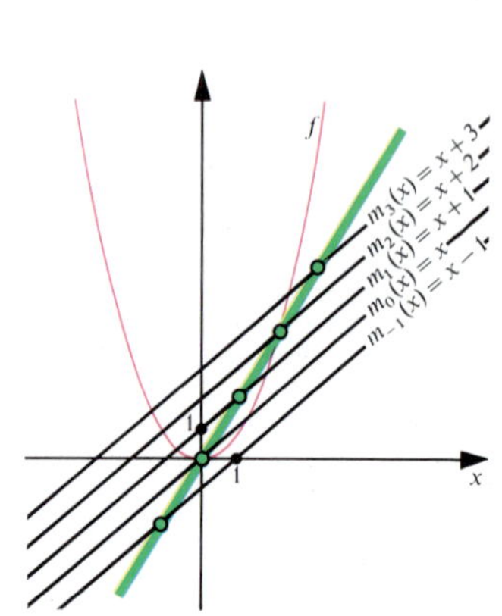

$f: \mathbb{R} \to \mathbb{R}$ def. durch $x \mapsto f(x) = x^2$

$$m_a(x) = \frac{x^2 - a^2}{x - a} = x + a \quad \text{für } x \neq a$$

m_a ist stetig nach a fortsetzbar. Es gilt

$\overline{m}_a(a) = \lim\limits_{x \to a} m_a(x) = 2a.$

Die Ableitung f' von f ist durch $f'(x) = 2x$ definiert.

A₃

Tangentenproblem (A_1), Differenzenquotientenfunktionen und Ableitung (A_2, A_3)

Die Funktion $g: D_g \to \mathbb{R}$ sei auf der Menge D_g aller rationalen Zahlen $x \in \mathbb{R}$ der Form $x = \dfrac{m}{3^n}$ mit $m \in \mathbb{Z}$, $n \in \mathbb{N}$ induktiv definiert durch:

$$\text{(I)}\quad g\left(\frac{m}{3^0}\right) = 0,$$

$$\text{(II)}\quad g\left(\frac{3m+1}{3^{n+1}}\right) = g\left(\frac{3m+2}{3^{n+1}}\right) = \begin{cases} \dfrac{1}{2}\left(g\left(\dfrac{m}{3^n}\right) + g\left(\dfrac{m+1}{3^n}\right)\right), & \text{falls } g\left(\dfrac{m}{3^n}\right) \neq g\left(\dfrac{m+1}{3^n}\right), \\ g\left(\dfrac{m}{3^n}\right) + \dfrac{1}{2^{n+1}}, & \text{falls } g\left(\dfrac{m}{3^n}\right) = g\left(\dfrac{m+1}{3^n}\right). \end{cases}$$

Die Zeichnung zeigt die Funktionswerte für $n \in \{0, 1, 2, 3\}$. Man überzeugt sich leicht davon, daß g auf D_g stetig ist, während die Differenzenquotienten $m_a(x)$ für $x \to a$ nicht beschränkt sind, g also nirgends differenzierbar ist.

Da D_g in $\mathbb{R}$ dicht liegt, läßt sich g stetig zu einer Funktion $f: \mathbb{R} \to \mathbb{R}$ fortsetzen. Auch f kann in keinem $a \in \mathbb{R}$ differenzierbar sein, wie eine genauere Untersuchung von $m_a(x)$ zeigt, wobei man sich auf $x \in D_g$ beschränken kann, da D_g dicht in $\mathbb{R}$ liegt.

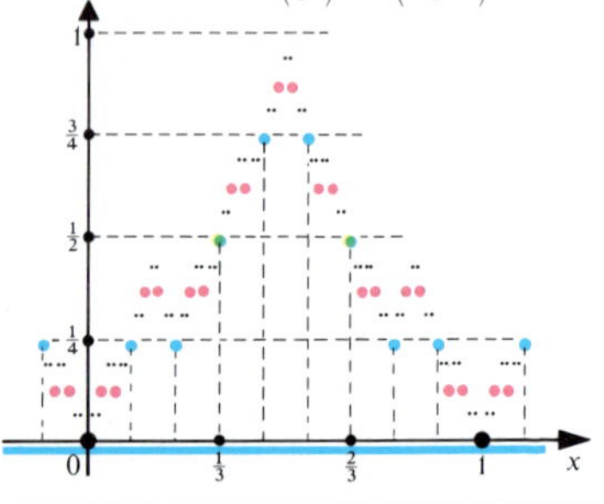

B

Beispiel einer stetigen, nirgends differenzierbaren Funktion

Tangentenproblem

Ausgangspunkte für die Differentialrechnung waren das geometrische Problem, an eine gegebene Kurve in einem Punkt die Tangente zu legen (LEIBNIZ), und das physikalische Problem der Bestimmung der Momentangeschwindigkeit eines Körpers (NEWTON). Das *Tangentenproblem* sei hier näher erläutert. Anschaulich gelangt man zur Tangente in einem Kurvenpunkt A, indem man zunächst einen zweiten Kurvenpunkt $B \neq A$ wählt, die Gerade durch A und B (Sekante) legt und nun B längs der Kurve auf A zu bewegt. Existiert dann für die Sekante eine bestimmte Grenzlage unabhängig davon, von welcher Seite man sich dem Punkt A nähert, so ist es sinnvoll, diese Grenzlage als Tangente zu bezeichnen (Abb. A_1).

Differenzierbarkeit und Ableitung

Rechnerisch läßt sich dieser Vorgang verfolgen, wenn die Kurve der Graph einer Funktion $f: D_f \to \mathbb{R}$ ist. Man untersucht, ob die Sekantensteigungen einen Grenzwert haben. Die *Steigung* einer Geraden ist dabei der Tangens des *Steigungswinkels* α mit der x-Achse (Abb. A_1).

Für $A(a|f(a))$ und $B(x|f(x))$ mit $x \neq a$ ergibt sich als Steigung der Sekante $m_a(x) = \dfrac{f(x)-f(a)}{x-a}$ mit $x \in D_f \setminus \{a\}$. Für einen Häufungspunkt a von D_f ist die Existenz von $\lim\limits_{x\to a} m_a(x)$ gleichbedeutend damit, daß die zu a gehörige sog. *Differenzenquotientenfunktion* $m_a: D_f \setminus \{a\} \to \mathbb{R}$ def. durch $x \mapsto m_a(x)$ eindeutig nach a stetig fortsetzbar ist (Abb. A_2, A_3). Für die stetige Fortsetzung $\bar{m}_a: D_f \to \mathbb{R}$ gilt dann $\bar{m}_a / D_f \setminus \{a\} = m_a$ und $\bar{m}_a(a) = \lim\limits_{x\to a} m_a(x)$.

Man schreibt statt $x-a$ häufig auch h oder Δx, so daß die Differenzenquotienten als $m_a(a+h) = \dfrac{f(a+h)-f(a)}{h} = \dfrac{\Delta f(x)}{\Delta x}$ geschrieben werden können. Der Buchstabe Δ soll die Bildung der Koordinatendifferenzen von A und B andeuten.

Def. 1: Die Funktion $f: D_f \to \mathbb{R}$ heißt *differenzierbar in* $a \in D_f$ (an der Stelle $a \in D_f$), wenn a Häufungspunkt von D_f ist und die zu a gehörige Differenzenquotientenfunktion m_a nach a stetig fortsetzbar ist. f heißt *differenzierbar*, wenn f in jedem $a \in D_f$ differenzierbar ist.

a soll Häufungspunkt von D_f sein, da nur dann die stetige Fortsetzung, falls überhaupt, eindeutig möglich ist.

Def. 2: Ist f in $a \in D_f$ differenzierbar, so heißt $\bar{m}_a(a) = \lim\limits_{x\to a} m_a(x)$ *Ableitung von f an der Stelle a.* Ist $D_{f'}$ die Menge aller $a \in D_f$, für die f differenzierbar ist, so heißt die Funktion $f': D_{f'} \to \mathbb{R}$ def. durch $a \mapsto f'(a) = \lim\limits_{x\to a} m_a(x)$ *Ableitung von f.*

I. a. schreibt man die Ableitung f' wieder als Funktion von x, indem man die Variable a durch x ersetzt. Statt $f'(x)$ verwendet man auch die auf LEIBNIZ zurückgehende Schreibweise $\dfrac{\mathrm{d}f(x)}{\mathrm{d}x}$, die symbolisch andeuten soll, daß der Grenzwert von Quotienten $\dfrac{\Delta f(x)}{\Delta x}$ gebildet wurde. Die sog. *Differentiale* $\mathrm{d}f(x)$ und $\mathrm{d}x$ stehen nicht für die Grenzwerte von $\Delta f(x)$ und Δx, die beide 0 sind. Zu ihrer geometrischen Bedeutung vgl. S. 297. Die Ableitung wird auch als *Differentialquotient* bezeichnet.

Gibt man die Abbildungsvorschrift von f durch eine Gleichung $y = f(x)$ wieder, so ergibt sich für die Ableitung von f auch die Schreibweise $y' = f'(x) = \dfrac{\mathrm{d}y}{\mathrm{d}x}$.

Differenzierbarkeit und Stetigkeit

Satz 1: *Jede in* $a \in D_f$ *differenzierbare Funktion f ist dort stetig.*

Aus der Def. von $m_a(x)$ folgt nämlich für eine differenzierbare Funktion $f(x) = f(a) + (x-a)\bar{m}_a(x)$.

Aus der Stetigkeit von $\bar{m}_a$ in a folgt nach Satz 5, S. 287, die Stetigkeit von f in a.

Die Aussage von Satz 1 ist nicht umkehrbar. So ist die durch $x \to |x|$ auf $\mathbb{R}$ def. Betragsfunktion in $x=0$ zwar stetig, aber nicht differenzierbar (Abb. A_2). Es gibt sogar Funktionen, die überall stetig, aber nirgends differenzierbar sind (Abb. B).

Differentiationsregeln

Die Ableitungen einfacher Funktionen lassen sich nach Def. 1 unmittelbar bestimmen.

Satz 2: *Für die konstante Funktion* $f: \mathbb{R} \to \{c\}$ gilt $f'(x) = 0$ *für alle* $x \in \mathbb{R}$.

Satz 3: *Für die identische Funktion* $f: \mathbb{R} \to \mathbb{R}$ *def. durch* $x \mapsto x$ *gilt* $f'(x) = 1$ *für alle* $x \in \mathbb{R}$.

In Satz 2 ist nämlich $m_a(x) = 0$, in Satz 3 $m_a(x) = 1$ für alle $a \in \mathbb{R}$ und $x \in \mathbb{R}$.

Die Differentiation einer Funktion, die aus differenzierbaren Funktionen durch rationale Operationen (S. 283) gebildet wurde, gestattet Satz 5. Zur Vorbereitung wird noch die folgende *Einschränkungsregel* gebraucht.

Satz 4: *Wird die Funktion* $f: D_f \to \mathbb{R}$ *auf* $M \subseteq D_f$ *eingeschränkt und ist a Häufungspunkt von* $M \cap D_{f'}$, *so gilt* $(f/M)'(a) = f'(a)$.

Es kann der Fall eintreten, daß f/M an Stellen differenzierbar ist, an denen f nicht differenzierbar ist. So sind z. B. die Einschränkungen der Betragsfunktion auf $\mathbb{R}_0^+$ bzw. $\mathbb{R}_0^-$ in 0 differenzierbar im Unterschied zur Betragsfunktion selbst (sog. *rechts-* bzw. *linksseitige Differenzierbarkeit*).

Satz 5: *Für die aus den differenzierbaren Funktionen f und g durch rationale Operationen gebildeten Funktionen gilt im Durchschnitt der Definitionsbereiche:*

$(f \pm g)' = f' \pm g'$ *(Summenregel),*

$(f \cdot g)' = f' \cdot g + f \cdot g'$ *(Produktregel),*

$\left(\dfrac{f}{g}\right)' = \dfrac{f' \cdot g - f \cdot g'}{g^2}$ $(g(x) \neq 0)$ *(Quotientenregel).*

Folgerung:

(1) *Für die Ableitung der durch* $x \mapsto f(x) = x^n$ $(n \in \mathbb{Z})$ *def. Potenzfunktion gilt* $f'(x) = nx^{n-1}$ *(Potenzregel)* (Beweis durch vollständige Induktion).

(2) *Ein konstanter Faktor bleibt bei der Differentiation erhalten,* $(cf)'(x) = c \cdot f'(x)$.

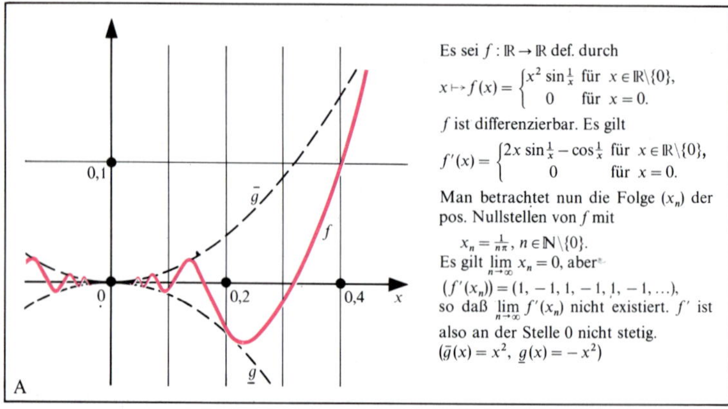

Es sei $f: \mathbb{R} \to \mathbb{R}$ def. durch
$x \mapsto f(x) = \begin{cases} x^2 \sin\frac{1}{x} & \text{für } x \in \mathbb{R}\setminus\{0\}, \\ 0 & \text{für } x = 0. \end{cases}$
f ist differenzierbar. Es gilt
$f'(x) = \begin{cases} 2x \sin\frac{1}{x} - \cos\frac{1}{x} & \text{für } x \in \mathbb{R}\setminus\{0\}, \\ 0 & \text{für } x = 0. \end{cases}$
Man betrachtet nun die Folge (x_n) der pos. Nullstellen von f mit
$x_n = \frac{1}{n\pi}$, $n \in \mathbb{N}\setminus\{0\}$.
Es gilt $\lim\limits_{n\to\infty} x_n = 0$, aber
$(f'(x_n)) = (1, -1, 1, -1, 1, -1, \ldots)$,
so daß $\lim\limits_{n\to\infty} f'(x_n)$ nicht existiert. f' ist also an der Stelle 0 nicht stetig.
$(\bar{g}(x) = x^2,\ \underline{g}(x) = -x^2)$
0,1
$\bar{g}$
f
0
0,2
0,4
x
$\underline{g}$
A

Beispiel einer differenzierbaren, aber nicht stetig differenzierbaren Funktion

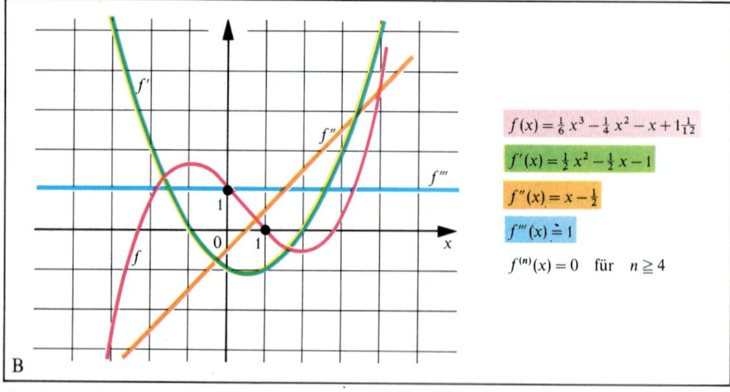

$f(x) = \frac{1}{6}x^3 - \frac{1}{4}x^2 - x + 1\frac{1}{12}$
$f'(x) = \frac{1}{2}x^2 - \frac{1}{2}x - 1$
$f''(x) = x - \frac{1}{2}$
$f'''(x) = 1$
$f^{(n)}(x) = 0$ für $n \geqq 4$
f'
f''
f'''
f
1
0
1
x
B

Graph einer Funktion und ihrer Ableitungen

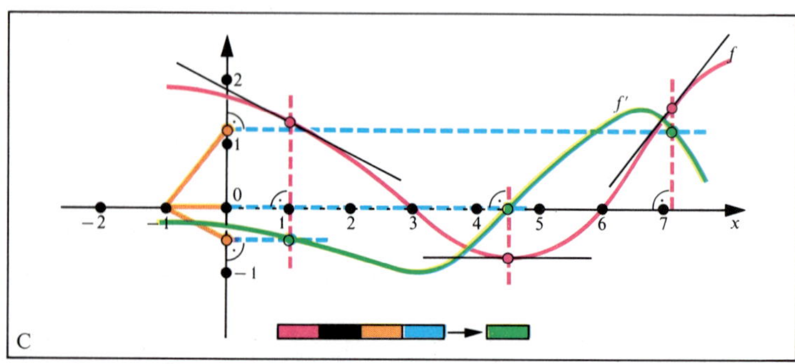

Graphische Differentiation

Komposition differenzierbarer Funktionen

Viele Funktionen können durch Komposition einfacherer Funktionen erhalten werden. Sind etwa $f:\mathbb{R}\to\mathbb{R}$, def. durch $x\mapsto f(x)=3x^2+5x-7$ und $g:\mathbb{R}\to\mathbb{R}$, def. durch $u\mapsto g(u)=u^{12}$ vorgegeben, so erhält man als Komposition $g\circ f$ die Funktion $h:\mathbb{R}\to\mathbb{R}$, def. durch $x\mapsto h(x)=g(f(x))=(3x^2+5x-7)^{12}$. In diesem Fall sind f, g, h differenzierbare Funktionen.

Die Bestimmung von $h'(x)$ kann nach Auflösung der Klammern im Term für $h(x)$ erfolgen. Dies ist sehr mühsam. Die Frage, ob h' unmittelbar aus den leicht zu bestimmenden Ableitungen f' und g' bestimmbar ist, wird durch folgenden Satz beantwortet:

Satz 6 (Kompositionsregel, Kettenregel): *Ist f in $a\in D_f$ und g in $f(a)\in D_g$ differenzierbar, so ist auch $g\circ f$ in a differenzierbar, und es gilt: $(g\circ f)'(a)=g'(f(a))\cdot f'(a)$, d. h. $(g\circ f)'=(g'\circ f)\cdot f'$.*

Zum Beweis verwendet man die stetigen Fortsetzungen $\bar{m}_a$ bzw. $\bar{n}_{f(a)}$ der Differenzenquotientenfunktionen von f bzw. g und erhält

$$(g\circ f)(x)=(g\circ f)(a)+(f(x)-f(a))\bar{n}_{f(a)}(f(x)),$$
$$=(g\circ f)(a)+(x-a)\,[\bar{m}_a\cdot(\bar{n}_{f(a)}\circ f)]\,(x).$$

$\bar{m}_a\cdot(\bar{n}_{f(a)}\circ f)$ ist danach die Fortsetzung der Differenzenquotientenfunktion von $g\circ f$. Sie ist als Produkt stetiger Funktionen in a stetig. Damit ist $g\circ f$ in a differenzierbar und hat die angegebene Ableitung.

Wendet man die Kompositionsregel auf obiges Beispiel an, so erhält man mit $f'(x)=6x+5$ und $g'(u)=12u^{11}$

$$h'(x)=g'(f(x))\cdot f'(x)=12(3x^2+5x-7)^{11}(6x+5).$$

Bem.: Setzt man $y=g(u)$ und $u=f(x)$ zu $y=g(f(x))$ zusammen, so erhält man bei Verwendung der LEIBNIZschen Schreibweise für die Kettenregel die einprägsame, aber nur scheinbar triviale Formulierung $\frac{dy}{dx}=\frac{dy}{du}\cdot\frac{du}{dx}$.

Differentiation von Umkehrfunktionen

Eine weitere wichtige Methode, aus bekannten Funktionen neue zu gewinnen, ist die Bildung von Umkehrfunktionen. Nicht jede Funktion ist umkehrbar (S. 289). Hier ist die Frage von Interesse, wann sich im Falle der Umkehrbarkeit Eigenschaften wie Stetigkeit und Differenzierbarkeit von f auf f^{-1} übertragen. Dies gilt allgemein weder für Stetigkeit, noch für Differenzierbarkeit (vgl. Beisp. in Abb. A_2, S. 288). Für die Differenzierbarkeit von f^{-1} gilt:

Satz 7: *f sei in a differenzierbar und habe die Umkehrfunktion f^{-1}. Ist dann $f'(a)\neq 0$ und f^{-1} in $f(a)$ stetig, so ist f^{-1} in $f(a)$ auch differenzierbar, und es gilt $(f^{-1})'(f(a))=\frac{1}{f'(a)}$, d. h. $(f^{-1})'\circ f=\frac{1}{f'}$.*

Das eben zitierte Beispiel zeigt, daß die Voraussetzung der Stetigkeit von f^{-1} bei $f(a)$ notwendig ist und noch nicht aus der Differenzierbarkeit von f bei a folgt. Bei Stetigkeit von f in einem a enthaltenden abgeschlossenen Intervall folgt allerdings die Stetigkeit von f^{-1} in $f(a)$ aus Satz 12, S. 289.

Die Differentiationsregel in Satz 7 lautet in LEIBNIZscher Schreibweise $\frac{\mathrm{d}x}{\mathrm{d}y}=\frac{1}{\frac{\mathrm{d}y}{\mathrm{d}x}}$.

Als Beispiel werde die Umkehrfunktion von $f:\mathbb{R}_0^+\to\mathbb{R}_0^+$ def. durch $x\mapsto x^2$ betrachtet. Es ist $f^{-1}(y)=\sqrt{y}$ und $(f^{-1})'(y)=\frac{1}{2x}=\frac{1}{2\sqrt{y}}$. Die unterschiedliche Bezeichnung der Variablen bei f und f^{-1} ist nur aus Gründen der Übersichtlichkeit gewählt worden.

Höhere Ableitungen

Die Ableitung f' einer Funktion f kann selbst wieder differenzierbar sein, muß es aber nicht. So ist zwar $f:\mathbb{R}\to\mathbb{R}$ def. durch $x\mapsto x\cdot|x|$ selbst überall differenzierbar, während dies für die Ableitung wegen $f'(x)=2\cdot|x|$ in $x=0$ nicht zutrifft. Ist $D_{f''}$ die Menge aller $x\in D_{f'}$, für die f' differenzierbar ist, so heißt die Ableitung $f'':D_{f''}\to\mathbb{R}$ von f' auch *zweite Ableitung* von f. Entsprechend lassen sich noch höhere Ableitungen bilden. f' heißt auch erste Ableitung, f selbst gelegentlich nullte Ableitung von f. Die Ordnung der Ableitung wird statt durch Striche auch durch eine in Klammern gesetzte Ziffer am Funktionssymbol angedeutet. $f^{(n)}$ bedeutet dann die *n-te Ableitung von f*, und es gilt $f^{(n)}=(f^{(n-1)})'$.

Die LEIBNIZsche Schreibweise für die n-te Ableitung ist $\frac{\mathrm{d}^n y}{\mathrm{d}x^n}$.

Def. 3: Für $n\in\mathbb{N}$ heißt die Funktion $f:D_f\to\mathbb{R}$ *n-mal differenzierbar in a* (*in* oder *auf M*), falls $a\in D_{f^{(n)}}$ ($M\subseteq D_{f^{(n)}}$). f heißt *n-mal differenzierbar*, falls $D_{f^{(n)}}=D_f$.

Für manche Anwendungen ist noch der folgende Differenzierbarkeitsbegriff nützlich:

Def. 4: Für $n\in\mathbb{N}$ heißt die Funktion $f:D_f\to\mathbb{R}$ *n-mal stetig differenzierbar in a* (*in M, in D_f*), falls dort die Funktion n-mal differenzierbar und $f^{(n)}$ noch stetig ist.

Das Beispiel in Abb. A zeigt, daß eine differenzierbare Funktion nicht stetig differenzierbar zu sein braucht.

Funktionen, die für jedes $n\in\mathbb{N}$ n-mal differenzierbar sind, heißen auch *unendlich oft differenzierbar*. Dies trifft z. B. für alle rationalen Funktionen in ihrem gesamten Definitionsbereich zu (Abb. B).

Graphische Differentiation

In den Anwendungen treten häufig Graphen differenzierbarer Funktionen auf, ohne daß Terme bzw. andere Rechenvorschriften zur Berechnung der Funktionswerte bekannt sind. In diesen Fällen lassen sich auch die Ableitungen der Funktionen nicht rechnerisch ermitteln. Da man aber Tangenten nach Augenmaß mit großer Genauigkeit zeichnen kann, lassen sich die Graphen der Ableitungen punktweise mit entsprechender Genauigkeit zeichnerisch ermitteln. Abb. C zeigt das Verfahren, bei dem zur Tangente durch $(x|f(x))$ noch jeweils die Parallele durch den Punkt $(-1|0)$ gezeichnet wurde, die die senkrechte Achse in $(0|f'(x))$ schneidet.

A

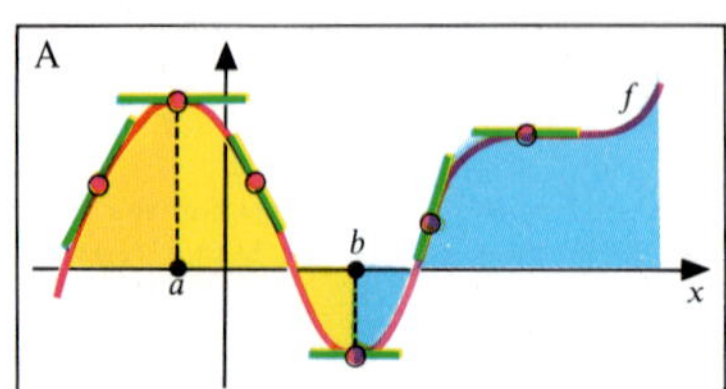

Die differenzierbare Funktion f ist für $x<a$ streng monoton steigend mit $f'(x)>0$, für $a<x<b$ streng monoton fallend mit $f'(x)<0$, für $x>b$ monoton steigend mit $f'(x)\geqq 0$.

Für $x=a$ hat f ein lokales Maximum, für $x=b$ ein lokales Minimum. Es gilt

$$f'(a)=f'(b)=0.$$

Wachstumseigenschaften und Ableitung

B

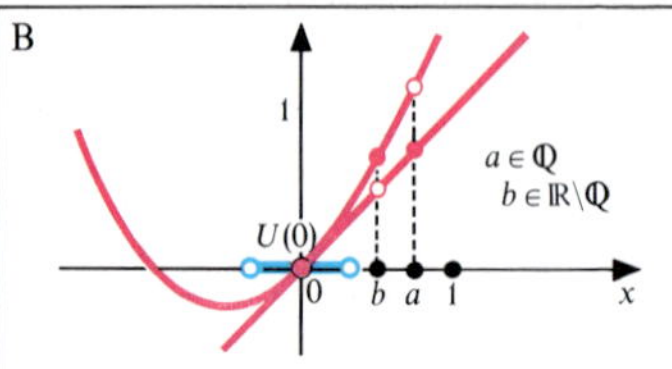

$f:\mathbb{R}\to\mathbb{R}$ def. durch

$$x\mapsto f(x)=\begin{cases} x & \text{für } x\in\mathbb{Q}\\ x+x^2 & \text{für } x\in\mathbb{R}\setminus\mathbb{Q}\end{cases}$$

f ist differenzierbar in $x=0$. Es gilt $f'(0)=1$. f ist in der Umgebung $U(0)$ nicht monoton, obwohl gilt $f(x)<f(0)$ für alle $x<0$, $f(x)>f(0)$ für alle $x>0$.

In 0 differenzierbare, nichtmonotone Funktion

C

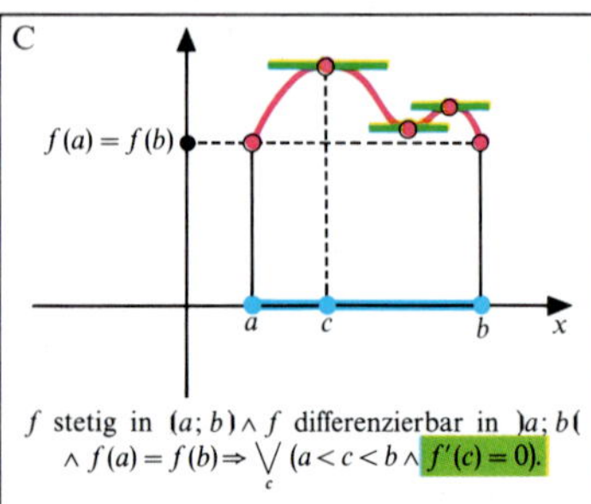

f stetig in $[a;b] \wedge f$ differenzierbar in $]a;b[$ $\wedge f(a)=f(b) \Rightarrow \bigvee_{c} (a<c<b \wedge f'(c)=0)$.

c braucht nicht eindeutig bestimmt zu sein.

Satz von ROLLE

D

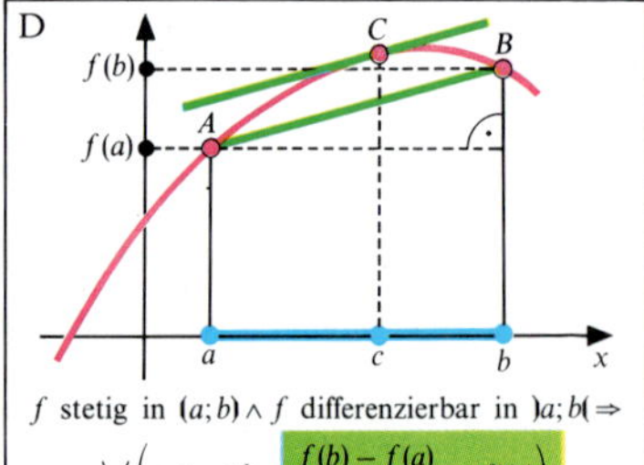

f stetig in $[a;b] \wedge f$ differenzierbar in $]a;b[\Rightarrow$

$$\bigvee_{c}\left(a<c<b \wedge \frac{f(b)-f(a)}{b-a}=f'(c)\right).$$

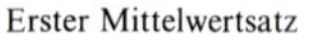

c braucht nicht eindeutig bestimmt zu sein.

Erster Mittelwertsatz

E

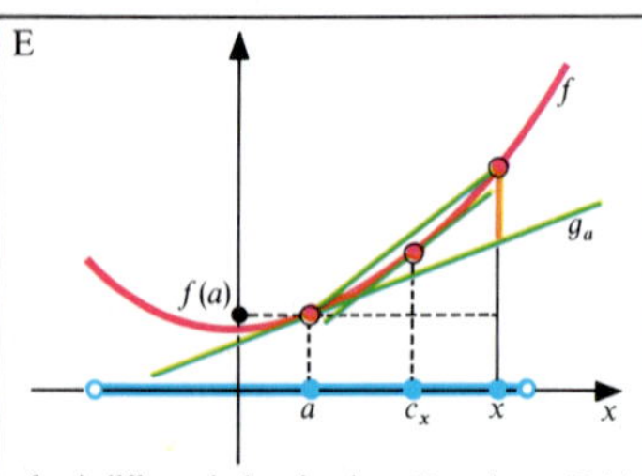

f sei differenzierbar in einer Umgebung $U_\varepsilon(a)$ von a. Die lin. Funktion g_a habe als Graph die Tangente in $(a|f(a))$ an den Graph von f. Dann wird f durch g_a approximiert. Aus

$f(x)=f(a)+(x-a)\,f'(c_x)$ mit $x\in U_\varepsilon(a)$,
$g_a(x)=f(a)+(x-a)\,f'(a)$ folgt
$f(x)-g_a(x)=(x-a)\,(f'(c_x)-f'(a))$,

d. h. die Approximation ist um so besser, je kleiner $x-a$ und $f'(c_x)-f'(a)$ sind.

Approximation

F

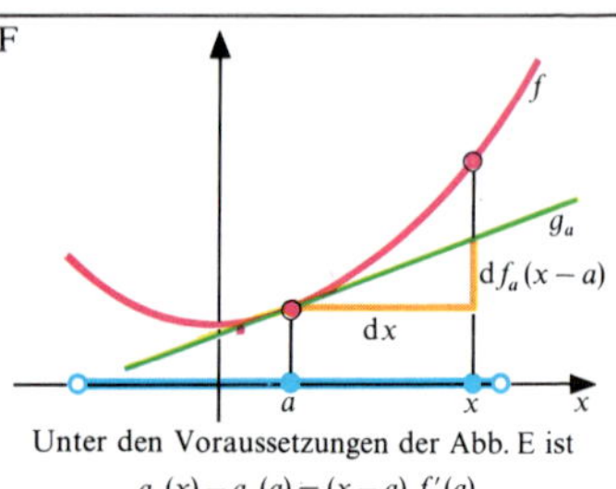

Unter den Voraussetzungen der Abb. E ist

$$g_a(x)-g_a(a)=(x-a)\,f'(a).$$

Man setzt

$dx:=x-a$,
$d\,f_a(x-a):=(x-a)\,f'(a)$.

Dann gilt

$d\,f_a(x-a)=f'(a)\,dx$ und für $x\neq a$

$$f'(a)=\frac{d\,f_a(x-a)}{dx}.$$

Differentiale

Lokale Extrema, Satz von ROLLE

Die Differenzierbarkeit einer Funktion f ist zwar eine lokale Eigenschaft, doch bestehen wichtige Zusammenhänge zwischen der Ableitung einer Funktion an einer Stelle a und dem Wachstumsverhalten der Funktion in einer Umgebung von a (Abb. A). Unter bestimmten Voraussetzungen kann man sogar aus den Funktionswerten der Ableitungen an einer einzigen Stelle die Funktionswerte im gesamten Definitionsbereich berechnen (S. 301).

Satz 1: *Für eine in a differenzierbare Funktion $f: D_f \to \mathbb{R}$ gilt:*
f monoton steigend in $U_\varepsilon(a)$ $\Rightarrow f'(a) \geqq 0$,
f monoton fallend in $U_\varepsilon(a)$ $\Rightarrow f'(a) \leqq 0$,

Die Vermutung, daß man aus $f'(a) \neq 0$ auf Monotonie in einer Umgebung von a schließen könne, wird durch das Beispiel in Abb. B widerlegt. Es ergibt sich aber:

Satz 2: *Für eine in a differenzierbare Funktion $f: D_f \to \mathbb{R}$ gilt: Ist $f'(a) > 0$, so existiert eine Umgebung $U_\varepsilon(a)$, so daß $f(x) > f(a)$ für alle $x \in U_\varepsilon(a)$ mit $x > a$ gilt und $f(x) < f(a)$ für alle $x \in U_\varepsilon(a)$ mit $x < a$.*

Für negative Werte der Ableitung erhält man eine analoge Aussage. Um auf Monotonie schließen zu können, braucht man stärkere Voraussetzungen (vgl. Satz 7).

Def.: $f: D_f \to \mathbb{R}$ hat an der Stelle $c \in D_f$ ein *lokales Extremum*, wenn es eine Umgebung $U_\varepsilon(c)$ gibt, so daß $f(c) = \mathrm{grEl}(f[U_\varepsilon(c)])$ oder $f(c) = \mathrm{klEl}(f[U_\varepsilon(c)])$ gilt. Ist außerdem $f(c) \neq f(x)$ für alle $x \in U_\varepsilon(c) \setminus \{c\}$, so heißt das Extremum *streng*.

Satz 3: *Hat $f: D_f \to \mathbb{R}$ an der Stelle $c \in D_{f'}$ ein lokales Extremum, so ist $f'(c) = 0$.*

Daß die Umkehrung nicht gilt, zeigt das Beispiel $f: \mathbb{R} \to \mathbb{R}$ def. durch $x \mapsto x^3$ an der Stelle 0. Es ist zwar $f'(0) = 0$, doch liegt kein lokales Extremum vor. Da für auf abgeschlossenen Intervallen definierte stetige Funktionen $\mathrm{grEl}(f(a;b))$ und $\mathrm{klEl}(f(a;b))$ existieren (Satz 10, S. 287), ergibt sich weiter:

Satz 4 (ROLLE): *Ist $f: (a;b) \to \mathbb{R}$ stetig und in $)a;b($ differenzierbar und gilt $f(a) = f(b)$, so gibt es ein $c \in)a;b($ mit $f'(c) = 0$* (Abb. C).

Bem.: Für die Anwendungen ist ein Spezialfall besonders wichtig:
Fordert man $f(a) = f(b) = 0$, so besagt der Satz von ROLLE, daß zwischen zwei Nullstellen einer Funktion unter den angegebenen Voraussetzungen stets eine Nullstelle der Ableitung liegt.

Mittelwertsätze der Differentialrechnung

Der Satz von ROLLE gestattet wichtige Verallgemeinerungen.

Satz 5 (1. Mittelwertsatz): *Ist $f: (a;b) \to \mathbb{R}$ stetig und in $)a;b($ differenzierbar, so gibt es ein $c \in)a;b($ mit*

$$\frac{f(b) - f(a)}{b - a} = f'(c).$$

Im Graphen der Funktion liegt also zwischen den Punkten $A(a|f(a))$ und $B(b|f(b))$ ein Punkt C, in dem die Tangente zur Sekante $g(A, B)$ parallel ist (Abb. D).

Satz 6 (2. Mittelwertsatz): *Sind $f: (a;b) \to \mathbb{R}$ und $g: (a;b) \to \mathbb{R}$ stetige Funktionen, die in $)a;b($ differenzierbar sind, und ist $g(a) \neq g(b)$ und $g'(x) \neq 0$ für alle $x \in)a;b($, so gibt es ein $c \in)a;b($ mit*

$$\frac{f(b) - f(a)}{g(b) - g(a)} = \frac{f'(c)}{g'(c)}.$$

Zum Beweis der Mittelwertsätze bildet man Hilfsfunktionen $h_1: (a;b) \to \mathbb{R}$ def. durch $x \mapsto h_1(x) = f(x) + \frac{f(b) - f(a)}{a - b} \cdot x$ bzw. $h_2: (a;b) \to \mathbb{R}$ def. durch $x \mapsto h_2(x) = f(x) + \frac{f(b) - f(a)}{g(a) - g(b)} \cdot g(x)$, auf die sich dann der Satz von ROLLE anwenden läßt. Als Folgerung aus Satz 5 ergibt sich jetzt ein Monotoniekriterium.

Satz 7: *Ist $f: (a;b) \to \mathbb{R}$ stetig und in $)a;b($ differenzierbar mit $f'(x) \geqq 0$ ($f'(x) > 0$) für alle $x \in)a;b($, so ist f monoton (streng monoton) steigend.*

Der Satz läßt sich entsprechend für monoton (streng monoton) fallende Funktionen formulieren.

Einen wichtigen Sonderfall enthält

Satz 8: *Ist $f: (a;b) \to \mathbb{R}$ stetig und in $)a;b($ differenzierbar, und ist ferner $f'(x) = 0$ für alle $x \in)a;b($, so ist f konstant.*

Differentiale

Ist eine Funktion $f: D_f \to \mathbb{R}$ in einer Umgebung $U_\varepsilon(a)$ von a differenzierbar, so gibt es nach dem ersten Mittelwertsatz zu jedem $x \in U_\varepsilon(a) \setminus \{a\}$ ein c_x mit $c_x \in)x;a($ oder $c_x \in)a;x($, so daß gilt

$$f(x) = f(a) + (x - a) f'(c_x).$$

Diese Schreibweise legt es nahe, bei der Aufgabe, in $U_\varepsilon(a)$ Funktionswerte von f näherungsweise zu berechnen, die lineare Funktion $g_a: \mathbb{R} \to \mathbb{R}$ def. durch $g_a(x) = f(a) + (x - a) f'(a)$ zu verwenden. Solange $x - a$ und $f'(x) - f'(a)$ genügend klein bleiben, ist auch $f(x) - g_a(x)$ klein (Abb. E). Wird die Differenz $f'(x) - f'(a)$ zu groß, kann man bei einer zweimal differenzierbaren Funktion zur besseren Approximation die zweite Ableitung, die die Änderung der ersten Ableitung beschreibt, mitverwenden (S. 299).

Bei vielen praktischen Approximationsproblemen kommt es nur auf eine näherungsweise Bestimmung der Differenzen $f(x) - f(a)$ von Funktionswerten an. Hierzu kann man auf $g_a(x) - f(a) = (x - a) f'(a)$ zurückgreifen. Der rechte Term definiert dabei eine lineare Abb. $\mathrm{d}f_a$, genannt *Differential* von f bez. a mit $\mathrm{d}f_a(x - a) = (x - a) f'(a)$ (Abb. F). Das Differential der identischen Funktion bez. a an der Stelle $x - a$ ist $x - a$. Es wird mit $\mathrm{d}x$ bezeichnet. Durch Einsetzen erhält man $\mathrm{d}f_a(x - a) = f'(a)\mathrm{d}x$.

Bem.: Die aus der LEIBNIZschen Schreibweise für die Ableitung $f'(x) = \frac{\mathrm{d}f(x)}{\mathrm{d}x}$ (S. 293) »herleitbare« Beziehung $\mathrm{d}f(x) = f'(x)\mathrm{d}x$ erinnert an diejenige für die Differentiale, ist aber nach obiger Begründung nicht korrekt. Die Auffassung der Ableitung als Quotient von Differentialen hat im wesentlichen historische Bedeutung. Sie ist für die Differentialrechnung entbehrlich.

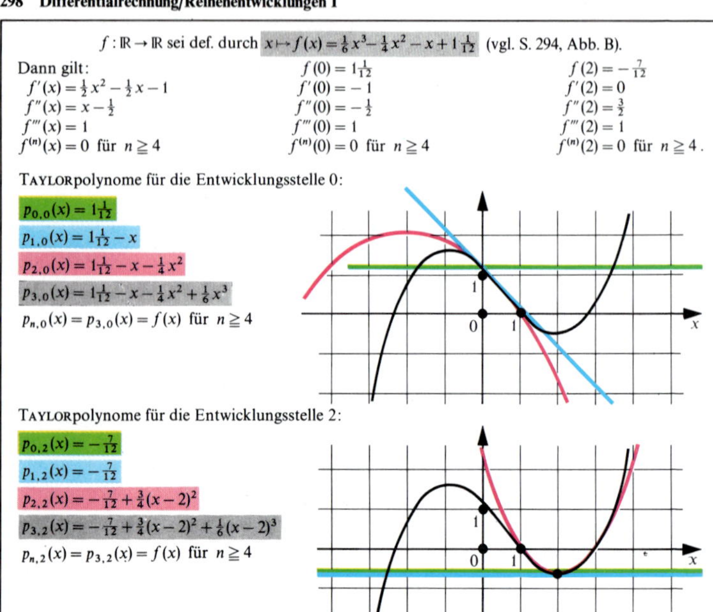

$f: \mathbb{R} \to \mathbb{R}$ sei def. durch $x \mapsto f(x) = \frac{1}{6}x^3 - \frac{1}{4}x^2 - x + 1\frac{1}{12}$ (vgl. S. 294, Abb. B).
Dann gilt:
$f'(x) = \frac{1}{2}x^2 - \frac{1}{2}x - 1$
$f''(x) = x - \frac{1}{2}$
$f'''(x) = 1$
$f^{(n)}(x) = 0$ für $n \geqq 4$
$f(0) = 1\frac{1}{12}$
$f'(0) = -1$
$f''(0) = -\frac{1}{2}$
$f'''(0) = 1$
$f^{(n)}(0) = 0$ für $n \geqq 4$
$f(2) = -\frac{7}{12}$
$f'(2) = 0$
$f''(2) = \frac{3}{2}$
$f'''(2) = 1$
$f^{(n)}(2) = 0$ für $n \geqq 4$.
TAYLORpolynome für die Entwicklungsstelle 0:
$p_{0,0}(x) = 1\frac{1}{12}$
$p_{1,0}(x) = 1\frac{1}{12} - x$
$p_{2,0}(x) = 1\frac{1}{12} - x - \frac{1}{4}x^2$
$p_{3,0}(x) = 1\frac{1}{12} - x - \frac{1}{4}x^2 + \frac{1}{6}x^3$
$p_{n,0}(x) = p_{3,0}(x) = f(x)$ für $n \geqq 4$
1
0
1
x
TAYLORpolynome für die Entwicklungsstelle 2:
$p_{0,2}(x) = -\frac{7}{12}$
$p_{1,2}(x) = -\frac{7}{12}$
$p_{2,2}(x) = -\frac{7}{12} + \frac{3}{4}(x-2)^2$
$p_{3,2}(x) = -\frac{7}{12} + \frac{3}{4}(x-2)^2 + \frac{1}{6}(x-2)^3$
$p_{n,2}(x) = p_{3,2}(x) = f(x)$ für $n \geqq 4$
1
0
1
x
A

TAYLORpolynome einer ganzrationalen Funktion

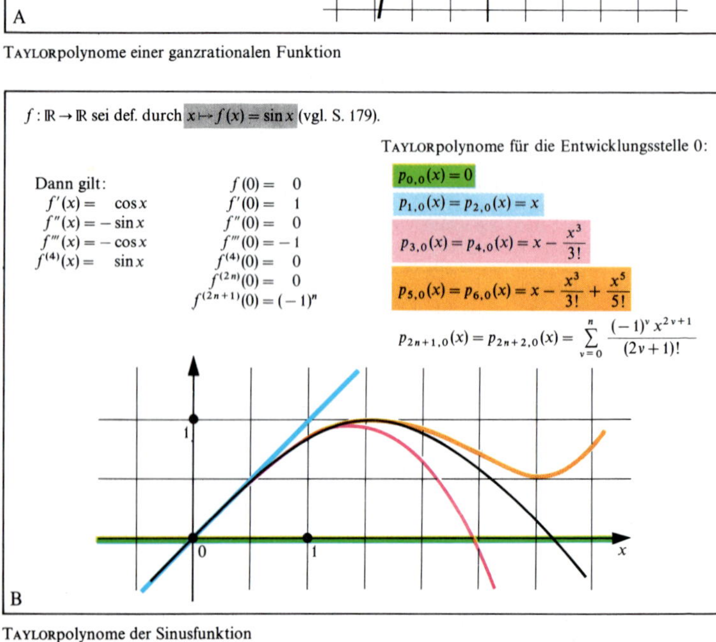

$f: \mathbb{R} \to \mathbb{R}$ sei def. durch $x \mapsto f(x) = \sin x$ (vgl. S. 179).
Dann gilt:
$f'(x) = \cos x$
$f''(x) = -\sin x$
$f'''(x) = -\cos x$
$f^{(4)}(x) = \sin x$
$f(0) = 0$
$f'(0) = 1$
$f''(0) = 0$
$f'''(0) = -1$
$f^{(4)}(0) = 0$
$f^{(2n)}(0) = 0$
$f^{(2n+1)}(0) = (-1)^n$
TAYLORpolynome für die Entwicklungsstelle 0:
$p_{0,0}(x) = 0$
$p_{1,0}(x) = p_{2,0}(x) = x$
$p_{3,0}(x) = p_{4,0}(x) = x - \frac{x^3}{3!}$
$p_{5,0}(x) = p_{6,0}(x) = x - \frac{x^3}{3!} + \frac{x^5}{5!}$
$p_{2n+1,0}(x) = p_{2n+2,0}(x) = \sum_{\nu=0}^{n} \frac{(-1)^\nu x^{2\nu+1}}{(2\nu+1)!}$
1
0
1
x
B

TAYLORpolynome der Sinusfunktion

TAYLOR-Polynome und TAYLOR-Reste

Zur näherungsweisen Berechnung der Funktionswerte einer differenzierbaren Funktion f in der Umgebung einer Stelle a kann nach S. 297 der Term $f(a)+(x-a)f'(a)$ verwendet werden. Daß bei Kenntnis höherer Ableitungen an der Stelle a eine Verbesserung der Approximation möglich sein kann, zeigen die ganzrationalen Funktionen. Ist eine solche Funktion vorgegeben, def. durch $x \mapsto f(x)=\sum_{\nu=0}^{n} a_\nu x^\nu$, so ergibt sich $f(0)=a_0, f'(0)=a_1, f''(0)=2!a_2, \ldots, f^{(n)}(0)=n!\,a_n$, so daß man schreiben kann

$$f(x)=\sum_{\nu=0}^{n} \frac{f^{(\nu)}(0)}{\nu!} x^\nu .$$

Für eine beliebige Stelle a statt 0 beweist man entsprechend:

$$f(x)=\sum_{\nu=0}^{n} \frac{f^{(\nu)}(a)}{\nu!}(x-a)^\nu .$$

Der Fehler bei der Approximation kann hier also bis auf 0 heruntergedrückt werden. Die Funktion ist durch die Werte ihrer Ableitungen an einer einzigen Stelle a eindeutig festgelegt.

Sind von einer beliebigen Funktion an einer Stelle a die Werte der Ableitungen bis zur n-ten Ordnung bekannt, so entsteht die Frage, ob die obige Summe die Funktion in einer Umgebung von a zu approximieren vermag. Man definiert:

Def. 1: Ist $f: D_f \to \mathbb{R}$ eine in $a \in D_f$ n-mal differenzierbare Funktion ($n \in \mathbb{N}$), so heißt

$$p_{n,a}(x):=\sum_{\nu=0}^{n} \frac{f^{(\nu)}(a)}{\nu!}(x-a)^\nu$$

n-tes TAYLOR-*Polynom von f mit der Entwicklungsstelle a.* Ferner heißt

$r_{n,a}(x):=f(x)-p_{n,a}(x)$

n-ter TAYLOR-*Rest von f für die Entwicklungsstelle a.*

Das oben angegebene Näherungspolynom $f(a)+(x-a)f'(a)$ ist das erste TAYLOR-Polynom. (TAYLOR-Polynome ganzrationaler Funktionen in Abb. A). Der n-te TAYLOR-Rest def. eine in a stetige Funktion, für die $\lim_{x\to a} r_{n,a}(x)=0$ gilt.

Als Verschärfung dieser Aussage ergibt sich

Satz 1: *Ist $f: D_f \to \mathbb{R}$ in $a \in D_f$ n-mal differenzierbar ($n \in \mathbb{N}\setminus\{0\}$) und a ein innerer Punkt von D_f und f in einer Umgebung von a $(n-1)$-mal differenzierbar,*

so gilt $\lim_{x\to a} \frac{r_{n,a}(x)}{(x-a)^n}=0.$

Man drückt diesen Sachverhalt auch so aus, daß man sagt, der n-te TAYLOR-Rest *verschwinde in a von höherer als n-ter Ordnung*, oder $f(x)$ werde durch $p_{n,a}(x)$ *in a von höherer als n-ter Ordnung approximiert.*

Das n-te TAYLOR-Polynom wird also i. a. eine um so bessere Approximation erlauben, je größer n ist (Beisp.: Abb. B). Für noch schärfere Approximationsaussagen ist eine Analyse des n-ten TAYLOR-Restes nötig. Diese kann bei $(n+1)$-mal differenzierbaren Funktionen mittels des zweiten Mittelwertsatzes erfolgen.

Satz 2: *Ist $f: D_f \to \mathbb{R}$ in einem a enthaltenden offenen Intervall $(n+1)$-mal differenzierbar ($n \in \mathbb{N}$), so gilt für alle x dieses Intervalls:*

$$r_{n,a}(x)=\frac{f^{(n+1)}(a+\vartheta(x-a))}{n!}(1-\vartheta)^n(x-a)^{n+1}$$

(CAUCHY-*Form des n-ten* TAYLOR-*Restes*),

$$r_{n,a}(x)=\frac{f^{(n+1)}(a+\bar{\vartheta}(x-a))}{(n+1)!}(x-a)^{n+1}$$

(LAGRANGE-*Form des n-ten* TAYLOR-*Restes*).

Dabei bezeichnen ϑ und $\bar{\vartheta}$ reelle Zahlenwerte zwischen 0 *und* 1.

Bem.: Für die Entwicklungsstelle 0 ergeben sich die folgenden Spezialfälle:

$$r_{n,0}(x)=\frac{f^{(n+1)}(\vartheta x)}{n!}(1-\vartheta)^n x^{n+1},$$

$$r_{n,0}(x)=\frac{f^{(n+1)}(\bar{\vartheta} x)}{(n+1)!} x^{n+1}.$$

Die Aufgabe, ein Polynom n-ten Grades zu bestimmen, das $f(x)$ in a von höherer als n-ter Ordnung approximiert, führt unter den Voraussetzungen des folgenden Satzes eindeutig auf das n-te TAYLOR-Polynom. Stellt man andere Approximationsbedingungen (z. B. gleichmäßige Konvergenz einer Polynomfolge gegen $f(x)$ in einem Intervall), so erhält man allerdings u. U. ganz andere Approximationspolynome (vgl. S. 313).

Satz 3: *Ist $f: D_f \to \mathbb{R}$ in $a \in D_f$ n-mal differenzierbar ($n \in \mathbb{N}\setminus\{0\}$), und a ein innerer Punkt von D_f und gibt es ein Polynom n-ten Grades $p(x)$, für das $\frac{f(x)-p(x)}{(x-a)^n}$ eine stetige Funktion def. mit $\lim_{x\to a}\frac{f(x)-p(x)}{(x-a)^n}=0$, so gilt $p(x)=p_{n,a}(x)$.*

Anwendung auf lokale Extrema

Als *notwendige* Bedingung für ein lokales Extremum einer differenzierbaren Funktion f an der Stelle c wurde auf S. 297 $f'(c)=0$ gefunden.

Kennt man zusätzlich die höheren Ableitungen an der Stelle c, so lassen sich auch *hinreichende* Bedingungen formulieren, die einen Vorzeichenwechsel von $f'(x)$ an der Stelle c garantieren.

Satz 4: *$f: D_f \to \mathbb{R}$ sei in einer Umgebung der Stelle c n-mal differenzierbar. Es gelte $f^{(k)}(c)=0$ für $k \in \{1, 2, \ldots, n-1\}$, $f^{(n)}(c) \neq 0$. Ist dann n gerade und $f^{(n)}(c)>0$, so hat f in c ein strenges lokales Minimum. Ist n gerade und $f^{(n)}(c)<0$, so hat f in c ein strenges lokales Maximum. Ist dagegen n ungerade, so hat f kein lokales Extremum.*

Zum Beweis betrachtet man das TAYLOR-Polynom $p_{n-1,c}(x)$ mit dem Rest

$$r_{n-1,c}(x)=f(x)-f(c)=\frac{f^{(n)}(c+\vartheta(x-c))}{n!}(x-c)^n$$

und beachtet, daß $f^{(n)}(c+\vartheta(x-c))$ in einer Umgebung von c dasselbe Vorzeichen wie $f^{(n)}(c)$ hat, während $(x-c)^n$ das Vorzeichen bei c genau dann wechselt, wenn n ungerade ist.

A

$$f:\mathbb{R}\to\mathbb{R} \text{ def. durch } x\mapsto f(x)=\begin{cases} e^{-\frac{1}{x^2}} & \text{für } x\neq 0,\\ 0 & \text{für } x=0.\end{cases}$$

Differentiation liefert: $f'(x)=\frac{2}{x^3}\cdot f(x)$, $f''(x)=\left(\frac{4}{x^6}-\frac{6}{x^4}\right)\cdot f(x)$,

$f^{(\nu)}(x)=P_\nu\left(\frac{1}{x}\right)\cdot f(x)$ für $x\neq 0$, wobei $P_\nu\left(\frac{1}{x}\right)$ ein Polynom vom Grad 3ν in $\frac{1}{x}$ bedeutet.

$f^{(\nu)}(0)=0$ für alle $\nu\in\mathbb{N}$.

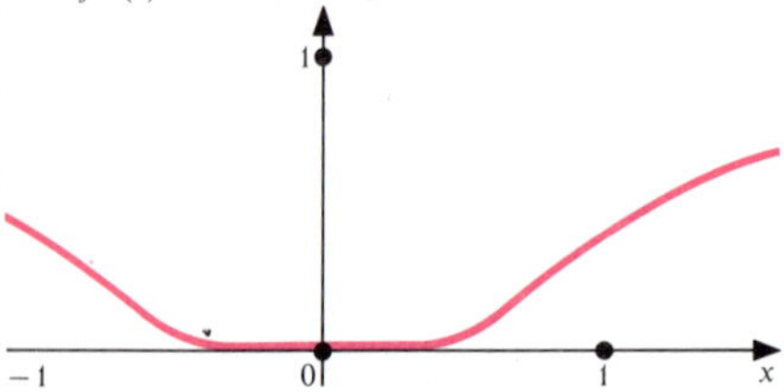

Die Funktion ist an der Stelle 0 unendlich oft differenzierbar, gestattet aber keine Potenzreihenentwicklung um diese Stelle. Die TAYLORreihe mit der Entwicklungsstelle 0 ist $p_0(x)=0$. Sie liefert außer an der Entwicklungsstelle nicht die Funktionswerte von f. Bei einer Fortsetzung der Funktion ins Komplexe erhält man eine in $x=0$ nicht holomorphe Funktion.

Beispiel einer nichtanalytischen Funktion

Aus $\binom{r}{0}:=1$ und $\binom{r}{\nu+1}:=\binom{r}{\nu}\cdot\frac{r-\nu}{\nu+1}$, $r\in\mathbb{R}$, $\nu\in\mathbb{N}$ folgt für $\nu\neq 0$:

$$\binom{r}{\nu}=\frac{r\cdot(r-1)\cdot(r-2)\cdot\ldots\cdot(r-\nu+1)}{1\cdot 2\cdot 3\cdot\ldots\cdot\nu}.$$

Beispiele: $\binom{5}{3}=\frac{5\cdot 4\cdot 3}{1\cdot 2\cdot 3}=10$, $\binom{10}{4}=\frac{10\cdot 9\cdot 8\cdot 7}{1\cdot 2\cdot 3\cdot 4}=210$, $\binom{7{,}5}{2}=\frac{7{,}5\cdot 6{,}5}{1\cdot 2}=\frac{195}{8}$,

$\binom{4}{6}=\frac{4\cdot 3\cdot 2\cdot 1\cdot 0\cdot(-1)}{1\cdot 2\cdot 3\cdot 4\cdot 5\cdot 6}=0$, $\binom{n}{\nu}=0$ für $\begin{matrix} n\in\mathbb{N},\\ \nu>n,\end{matrix}$ $\binom{-2}{5}=\frac{(-2)\cdot(-3)\cdot(-4)\cdot(-5)\cdot(-6)}{1\cdot 2\cdot 3\cdot 4\cdot 5}=-6.$

B

Binomialkoeffizienten

Allgemeine binomische Reihe: $(1+x)^r=\sum_{\nu=0}^{\infty}\binom{r}{\nu}x^\nu,\quad r\in\mathbb{R}, |x|<1.$

Beispiele für $r\in\mathbb{N}$ (Konvergenz in ganz $\mathbb{R}$):

$(1+x)^0 = 1$

$(1+x)^1 = 1+1\cdot x$

$(1+x)^2 = 1+2\cdot x+1\cdot x^2$

$(1+x)^3 = 1+3\cdot x+3\cdot x^2+1\cdot x^3$

$(1+x)^4 = 1+4\cdot x+6\cdot x^2+4\cdot x^3+1\cdot x^4$

....

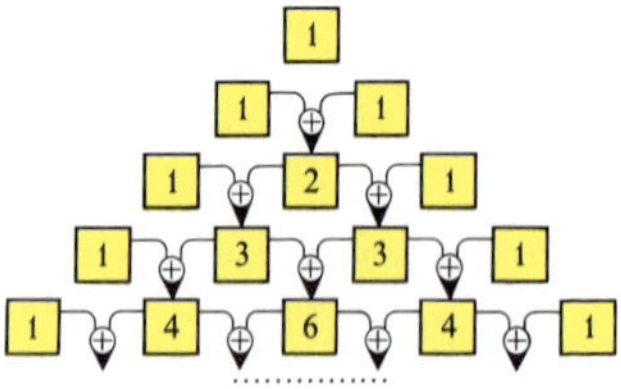

PASCALsches Koeffizientendreieck

Beispiele für $r\in\mathbb{R}\backslash\mathbb{N}$: $(1+x)^{-1}=\frac{1}{1+x}=1-x+x^2-x^3+x^4-+\cdots$

$(1+x)^{\frac{1}{2}}=\sqrt{1+x}=1+\frac{1}{2}x-\frac{1}{8}x^2+\frac{1}{16}x^3-\frac{5}{128}x^4+-\cdots$

Verallgemeinerung: $(a+b)^r=\sum_{\nu=0}^{\infty}\binom{r}{\nu}a^{r-\nu}b^\nu,\ r\in\mathbb{R}, |b|<|a|.$

Anwendung bei näherungsweisen numerischen Rechnungen:

$1{,}003^6=1+6\cdot 0{,}003+15\cdot 0{,}003^2+20\cdot 0{,}003^3+\cdots\approx 1{,}018$

$\frac{1}{0{,}96}=(1-0{,}04)^{-1}=1+0{,}04+0{,}04^2+0{,}04^3+\cdots\approx 1{,}042$

$\sqrt[3]{10}=\sqrt[3]{8+2}=2\cdot\sqrt[3]{1+\frac{1}{4}}=2\cdot\left(1+\frac{1}{3}\cdot\frac{1}{4}-\frac{1}{9}\cdot\left(\frac{1}{4}\right)^2+\frac{5}{81}\cdot\left(\frac{1}{4}\right)^3-+\cdots\right)\approx 2{,}154$

C

Binomische Reihen

TAYLOR-Reihen

Die Approximierbarkeit einer differenzierbaren Funktion durch TAYLOR-Polynome legt die Vermutung nahe, daß i. a. bei beliebig oft differenzierbaren Funktionen die Approximation durch $p_{n,a}(x)$ beliebig verbessert werden kann, daß insbesondere zu jedem $\varepsilon \in \mathbb{R}^+$ und einem beliebigen, a enthaltenden Intervall aus D_f ein $n \in \mathbb{N}$ zu finden sei, so daß $|r_{n,a}(x)| < \varepsilon$ für alle x aus diesem Intervall gilt. Es wird sich zeigen, daß diese Eigenschaft nicht auf alle Funktionen zutrifft, wohl aber eine besonders wichtige Klasse von Funktionen charakterisiert.

Man def. zunächst:

Def. 2: Ist $f: D_f \to \mathbb{R}$ in a unendlich oft differenzierbar, so heißt

$$p_a(x) := \sum_{\nu=0}^{\infty} \frac{f^{(\nu)}(a)}{\nu!}(x-a)^\nu$$

TAYLOR-*Reihe von f mit der Entwicklungsstelle a.*

Das TAYLOR-Polynom $p_{n,a}(x)$ stellt für jedes $n \in \mathbb{N}$ die n-te Partialsumme der TAYLOR-Reihe dar.

TAYLOR-Reihen konvergieren für $x = a$ trivialerweise gegen $f(a)$. Im übrigen brauchen sie nicht konvergent zu sein. Daß sie auch bei Konvergenz nicht immer gegen $f(x)$ konvergieren, zeigt das Beispiel der Funktion $f: \mathbb{R} \to \mathbb{R}$ def. durch

$$x \mapsto f(x) = \begin{cases} e^{-\frac{1}{x^2}} & \text{für} \quad x \neq 0, \\ 0 & \text{für} \quad x = 0 \end{cases} \qquad \text{(Abb. A).}$$

f ist auf ganz $\mathbb{R}$ unendlich oft differenzierbar mit $f^{(\nu)}(0) = 0$ für alle $\nu \in \mathbb{N}$. Die TAYLOR-Reihe mit der Entwicklungsstelle 0 konvergiert damit für alle $x \in \mathbb{R}$ gegen den Wert 0, und es ist $p_0(x) \neq f(x)$ für $x \neq 0$. $r_{n,0}(x)$ stimmt hier für alle x mit $f(x)$ überein, konvergiert also mit wachsendem n nicht gegen 0.

Analytische Funktionen

Um Funktionen zu kennzeichnen, die dieses merkwürdige Verhalten nicht aufweisen, sei zunächst festgestellt, daß TAYLOR-Reihen Potenzreihen im Sinne von Def. 14, S. 289, sind.

Def. 3: $f: D_f \to \mathbb{R}$ heißt *analytisch in* $a \in D_f^0$, falls f um a in eine Potenzreihe entwickelbar ist, d. h. wenn es eine Potenzreihe $\sum_{\nu=0}^{\infty} c_\nu (x-a)^\nu$ gibt, die in einer Umgebung von a gegen $f(x)$ konvergiert. f heißt *analytisch in* D_f^0, falls f in jedem $a \in D_f^0$ analytisch ist (D_f^0 offener Kern von D_f).

Ist f in a analytisch, so hat die Potenzreihe, in die f um a entwickelt werden kann, ein bestimmtes Konvergenzintervall. Man kann nun zeigen, daß f um jede Stelle des Konvergenzintervalls wieder in eine Potenzreihe entwickelt werden kann, dort also eine analytische Funktion darstellt. Weiter gilt:

Satz 5: *Eine Potenzreihe* $f(x) = \sum_{\nu=0}^{\infty} c_\nu (x-a)^\nu$ *mit positivem Konvergenzradius definiert eine differenzierbare Funktion f, für die gilt*

$$f'(x) = \sum_{\nu=1}^{\infty} \nu c_\nu (x-a)^{\nu-1}.$$

Beide Reihen haben denselben Konvergenzradius.

Jede analytische Funktion ist also differenzierbar. Ihre Ableitung ist durch *gliedweise Differentiation* ihrer Potenzreihe zu erhalten und stellt damit wieder eine analytische Funktion dar. Analytische Funktionen sind daher stets unendlich oft differenzierbar, so daß man für jede Stelle $a \in D_f^0$ als Entwicklungsstelle die TAYLOR-Reihe bilden kann. Es gilt folgender Eindeutigkeitssatz:

Satz 6: *Die Potenzreihenentwicklung einer analytischen Funktion um eine Stelle* $a \in D_f^0$ *stimmt mit der* TAYLOR-*Reihe von f mit der Entwicklungsstelle a überein.*

Bei analytischen Funktionen ist also ein Verhalten wie im Beispiel der Abb. A ausgeschlossen. Jene Funktion ist sicher an der Stelle $x = 0$ nicht analytisch, obwohl sie unendlich oft differenzierbar ist. An jeder anderen Stelle $a \in \mathbb{R}$ ist sie dagegen analytisch. Der Konvergenzradius der entsprechenden Potenzreihen ist jeweils $|a|$, so daß die Stelle $x = 0$ stets am Rand der Konvergenzintervalle liegt. Eine befriedigende Erklärung für dieses Verhalten gibt erst die Untersuchung komplexer Funktionen (Funktionentheorie, S. 437). Hinreichende Bedingungen für die Analytizität einer Funktion liefert jedoch schon die reelle Analysis, z. B.:

Satz 7: *Sind die Ableitungen einer in einem Intervall* $(a;b)$ *unendlich oft differenzierbaren Funktion f gleichmäßig nach unten beschränkt, d. h. gibt es ein* $m \in \mathbb{R}$, *so daß* $f^{(n)}(x) > m$ *für alle* $n \in \mathbb{N}$ *und alle* $x \in (a;b)$ *gilt, so ist f in* $]a;b[$ *analytisch.*

Die Voraussetzungen sind sicher erfüllt, wenn alle Ableitungen positiv sind. Ein entsprechender Satz gilt bei gleichmäßiger Beschränktheit nach oben.

Binomische Reihen

Die Funktion $f: \mathbb{R} \to \mathbb{R}$ def. durch $x \mapsto (1+x)^n$ läßt sich für $n \in \mathbb{N}$ um 0 auf einfache Weise in eine Potenzreihe entwickeln. Es gilt $(1+x)^n = \sum_{\nu=0}^{\infty} \frac{f^{(\nu)}(0)}{\nu!} x^\nu$ $= \sum_{\nu=0}^{\infty} \binom{n}{\nu} x^\nu$. Die sog. *Binomialkoeffizienten* $\binom{n}{\nu}$ sind induktiv def. durch $\binom{n}{0} := 1$, $\binom{n}{\nu+1} := \binom{n}{\nu} \cdot \frac{n-\nu}{\nu+1}$, $\nu \in \mathbb{N}$. Da $\binom{n}{\nu} = 0$ für $\nu > n$ gilt, bricht die Reihe bei $\nu = n$ ab, der Konvergenzbereich ist $\mathbb{R}$. Ein einfaches Berechnungsverfahren der Koeffizienten aufgrund der Eigenschaft $\binom{n}{\nu} + \binom{n}{\nu+1} = \binom{n+1}{\nu+1}$ liefert das PASCAL*sche Dreieck* (Abb. C).

Erweitert man die Def. der Binomialkoeffizienten auf beliebige reelle Zahlen r (Abb. B), so ist allerdings für $r \in \mathbb{R} \setminus \mathbb{N}$ stets $\binom{r}{\nu} \neq 0$.

Aus der Def. von Potenzen mit reellen Exponenten läßt sich folgern, daß auch jetzt noch gilt:

$$(1+x)^r = \sum_{\nu=0}^{\infty} \binom{r}{\nu} x^\nu \; \textit{(binomische Reihen).}$$

Der Konvergenzradius ist 1 für $r \in \mathbb{R} \setminus \mathbb{N}$.

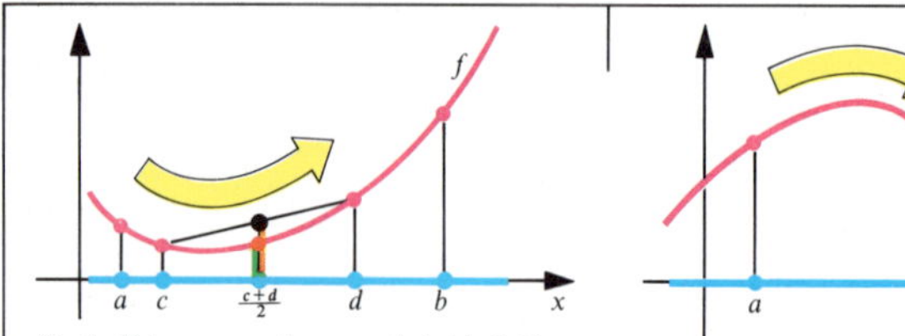

f in $(a;b)$ konvex nach unten, da bei beliebiger Wahl von $c, d \in (a;b)$ stets gilt

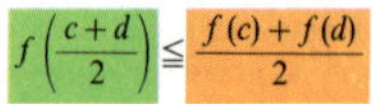

$$f\left(\frac{c+d}{2}\right) \leqq \frac{f(c)+f(d)}{2}.$$

Graph von f in $(a;b)$ linksgekrümmt, da sogar gilt

$$f\left(\frac{c+d}{2}\right) < \frac{f(c)+f(d)}{2}.$$

A_1

Graph von f in $(a;c)$ rechtsgekrümmt, in $(c;b)$ linksgekrümmt.
c Wendestelle von f,
$W(c\,|\,f(c))$ Wendepunkt des Graphen von f.

A_2

Konvexität, Krümmung, Wendepunkt

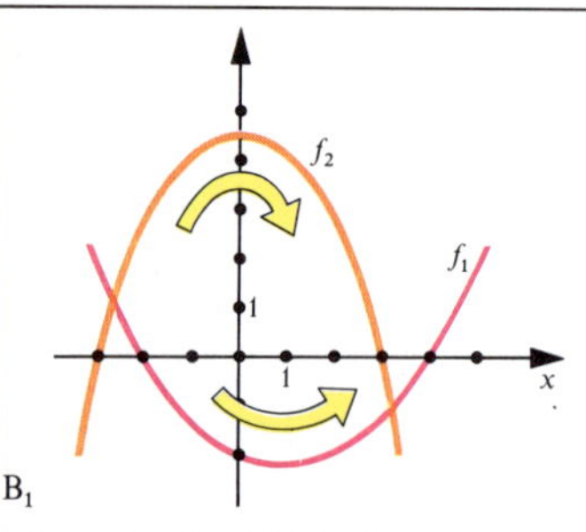

B_1

$f_i: \mathbb{R} \to \mathbb{R}\,(i \in \{1, 2\})$ def. durch

$x \mapsto f_1(x) = \frac{1}{4}x^2 - \frac{1}{2}x - 2$

$x \mapsto f_2(x) = -\frac{1}{2}x^2 + 4\frac{1}{2}$

Graph von f_1 linksgekrümmt, da Koeffizient von x^2 positiv.
Graph von f_2 rechtsgekrümmt, da Koeffizient von x^2 negativ.

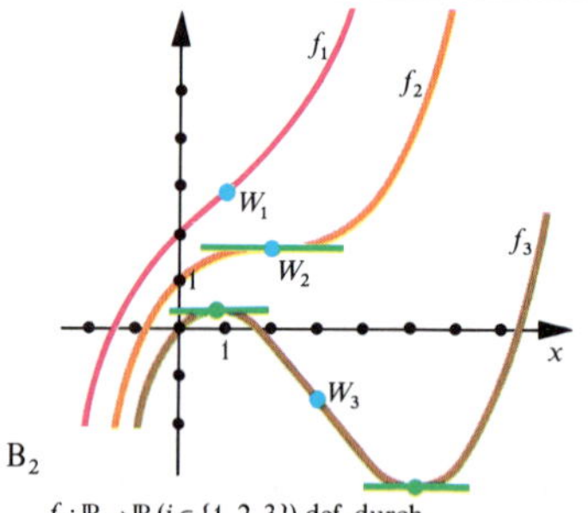

B_2

$f_i: \mathbb{R} \to \mathbb{R}\,(i \in \{1, 2, 3\})$ def. durch

$x \mapsto f_1(x) = \frac{1}{12}x^3 - \frac{1}{4}x^2 + x + 2$

$x \mapsto f_2(x) = \frac{1}{12}x^3 - \frac{1}{2}x^2 + x + 1$

$x \mapsto f_3(x) = \frac{1}{12}x^3 - \frac{3}{4}x^2 + x$

Die Graphen haben der Reihe nach keine, eine bzw. zwei waagerechte Tangenten und je einen Wendepunkt.

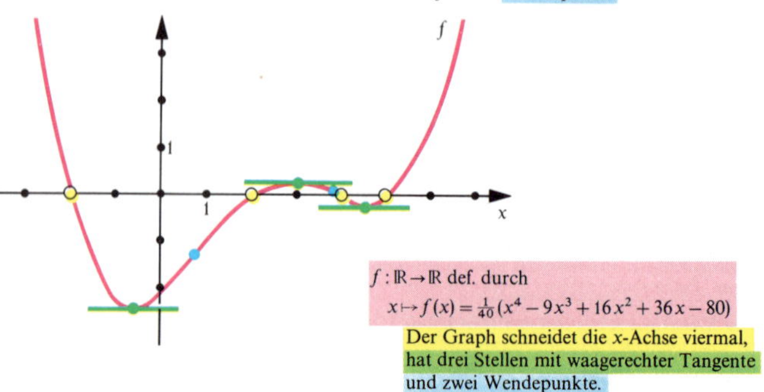

$f: \mathbb{R} \to \mathbb{R}$ def. durch

$x \mapsto f(x) = \frac{1}{40}(x^4 - 9x^3 + 16x^2 + 36x - 80)$

Der Graph schneidet die x-Achse viermal, hat drei Stellen mit waagerechter Tangente und zwei Wendepunkte.

B_3

Graphen ganzrationaler Funktionen

Ganzrationale Funktionen

Zu den einfachsten Funktionen gehören die auf ganz $\mathbb{R}$ def. *ganzrationalen Funktionen* $f = \sum_{\nu=0}^{n} a_\nu (1_{\mathbb{R}})^\nu$ (S. 283). Ist $a_n \neq 0$, so heißt n *Grad der Funktion.* Die konstanten Funktionen c haben den Grad 0, falls $c \neq 0$ ist. Der Funktion 0 (*Nullfunktion*) ist nach dieser Def. kein Grad zugeordnet.

Der Graph einer ganzrationalen Funktion n-ten Grades heißt *Parabel n-ter Ordnung.*

Die ganzrationalen Funktionen sind differenzierbar. Ihre Ableitungen sind wieder ganzrational. Aus $f = \sum_{\nu=0}^{n} a_\nu (1_{\mathbb{R}})^\nu$ folgt für $n \in \mathbb{N} \setminus \{0\}$ $f' = \sum_{\nu=1}^{n} \nu a_\nu (1_{\mathbb{R}})^{\nu-1}$.

Die Ableitung konstanter Funktionen und der Nullfunktion ist die Nullfunktion.

Nullstellen und lokale Extrema

Interpretiert man den Term $f(x)$ einer ganzrat. Funktion als Polynom aus $\mathbb{R}[x]$, so ergibt sich aus dem algebraischen Hauptsatz der komplexen Zahlen (S. 67), daß eine ganzrationale Funktion n-ten Grades $(n > 0)$ stets als Produkt linearer oder quadratischer Faktoren geschrieben werden kann. Bezeichnet man die Lösungen von $f(x) = 0$ als *Nullstellen der Funktion f,* so ergibt sich mit Satz 7, S. 96, daß eine ganzrationale Funktion n-ten Grades höchstens n Nullstellen hat. Ist n ungerade, so existiert mindestens eine Nullstelle.

Die Ableitung einer ganzrationalen Funktion f n-ten Grades $(n > 0)$ hat einen um 1 niedrigeren Grad als f. Ihre Nullstellen bestimmen im Graphen von f die Punkte mit waagerechten Tangenten, insbesondere die zu den lokalen Extrema gehörigen *Hoch-* und *Tiefpunkte.* Es existieren also höchstens $n-1$ lokale Extrema, bei geradem n aber mindestens eines.

Wendestellen

Auch die zweite Ableitung gestattet wichtige Aussagen über den Funktionsgraphen.

Def. 1: $f: D_f \to \mathbb{R}$ heißt auf dem Teilintervall $(a;b)$ von D_f *konvex nach unten,* wenn f in $]a;b[$ stetig ist und für alle $c, d \in (a;b)$ gilt

$$f\left(\frac{c+d}{2}\right) \leqq \frac{f(c)+f(d)}{2} \quad \text{(Abb. A}_1\text{)}.$$

Schließt man in Def. 1 für $c \neq d$ das Gleichheitszeichen und damit einen geradlinigen Verlauf des Graphen aus, so nennt man den Graphen *linksgekrümmt.* Bei Umkehr des Ungleichheitszeichens spricht man von *Konvexität nach oben* bzw. *Rechtskrümmung.*

Satz 1: *Ist eine Funktion f auf $(a;b)$ stetig und in $]a;b[$ zweimal differenzierbar, so gelten folgende Äquivalenzen:*

(1) *f konvex nach unten auf $(a;b) \Leftrightarrow f'$ monoton steigend auf $]a;b[\Leftrightarrow f''(x) \geqq 0$ für alle $x \in]a;b[$.*

(2) *Graph von f linksgekrümmt auf $(a;b) \Leftrightarrow f'$ streng monoton steigend auf $]a;b[\Leftrightarrow f''(x) > 0$ für alle $x \in]a;b[$.*

Entsprechende Aussagen gelten für Konvexität nach oben bzw. Rechtskrümmung.

Hat der Graph einer Funktion links von einer Stelle c ein anderes Krümmungsverhalten als rechts davon, so sagt man, c sei eine *Wendestelle* der Funktion und $(c|f(c))$ ein *Wendepunkt* des Graphen (Abb. A_2). Dies trifft bei einer zweimal differenzierbaren Funktion genau dann zu, wenn f' an der Stelle c ein strenges lokales Extremum besitzt.

Aus Satz 5, S. 297 und Satz 3, S. 299 ergeben sich unter anderem folgende Bedingungen:

Satz 2: *Notwendig dafür, daß $c \in D_f^0$ Wendestelle einer zweimal differenzierbaren Funktion f ist, ist $f''(c) = 0$, hinreichend bei einer dreimal differenzierbaren Funktion ist $f''(c) = 0 \wedge f'''(c) \neq 0$.*

Eine ganzrationale Funktion n-ten Grades $(n > 1)$ hat höchstens $n-2$ Wendestellen. Die durch $f(x) = a_0 + a_1 x + a_2 x^2$ def. quadratischen Funktionen haben keine Wendestellen, ihre Graphen weisen für $a_2 > 0$ Links-, für $a_2 < 0$ Rechtskrümmung auf (Abb. B_1).

Verhalten für große *x*

Für $x \neq 0$ läßt sich $f(x) = a_0 + a_1 x + \cdots + a_n x^n$ umformen zu $f(x) = x^n g(x)$ mit $g(x) = \frac{a_0}{x^n} + \frac{a_1}{x^{n-1}} + \cdots + a_n$, so daß gilt $\lim_{x \to \pm\infty} g(x) = a_n$. Man erhält folgende Aussagen über uneigentliche Grenzwerte:

Satz 3: *Für eine ganzrationale Funktion f n-ten Grades gilt (zu $\operatorname{sign}(a_n)$ vgl. S. 282, Abb. A_3):*

$\lim_{x \to \infty} f(x) = \lim_{x \to -\infty} f(x) = \operatorname{sign}(a_n) \cdot (+\infty)$

für gerade n,

$\lim_{x \to \infty} f(x) = -\lim_{x \to -\infty} f(x) = \operatorname{sign}(a_n) \cdot (+\infty)$

für ungerade n.

Rationale Funktionen

Rationale Funktionen sind als Quotienten ganzrationaler Funktionen definiert (S. 283) und haben die Form $f = \left(\sum_{\nu=0}^{n} a_\nu (1_{\mathbb{R}})^\nu\right) \cdot \left(\sum_{\mu=0}^{m} b_\mu (1_{\mathbb{R}})^\mu\right)^{-1}$.

Ihr Definitionsbereich ist $D_f = \mathbb{R} \setminus B$, wobei B die Menge der reellen Nullstellen der Nennerfunktion darstellt. Aufgrund der Quotientenregel (S. 293) sind rationale Funktionen in ganz D_f differenzierbar, die Ableitungen sind wieder rationale Funktionen.

Ist A die Nullstellenmenge der Zählerfunktion, so ist $A \setminus B$ die Nullstellenmenge von f. Für eine n-fache $(n \in \mathbb{N} \setminus \{0\})$ Nullstelle c der Nennerfunktion, die entweder keine oder höchstens eine $(n-1)$-fache $(n \neq 1)$ Nullstelle der Zählerfunktion ist, gilt $\lim_{x \to c} |f(x)| = \infty$. c heißt in diesem Fall **Polstelle** von f. Die Polstellenmenge sei C. Es gilt $C \subseteq B$.

Je nachdem ob die Funktionswerte von f links bzw. rechts einer Polstelle c in einer hinreichend kleinen Umgebung von c verschiedenes oder gleiches Vorzeichen haben, unterscheidet man *Polstellen mit* bzw. *ohne Vorzeichenwechsel* (S. 304, Abb. A).

In alle Stellen aus $B \setminus C$ ist die Funktion stetig fortsetzbar, wie eine Zerlegung der Zähler- und Nennerterme in irreduzible Faktoren zeigt.

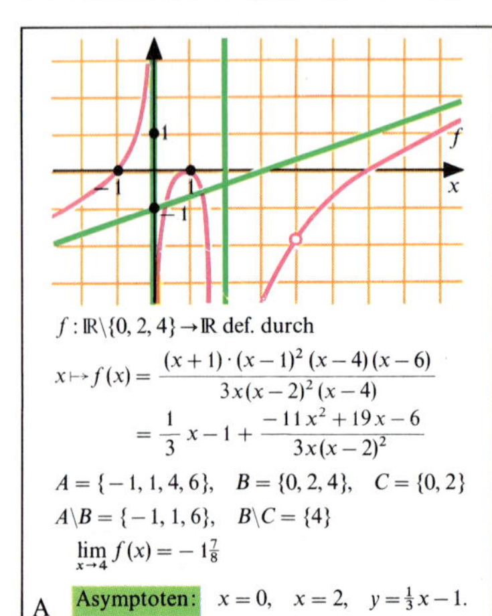

$f: \mathbb{R}\setminus\{0, 2, 4\} \to \mathbb{R}$ def. durch

$$x \mapsto f(x) = \frac{(x+1)\cdot(x-1)^2(x-4)(x-6)}{3x(x-2)^2(x-4)}$$
$$= \frac{1}{3}x - 1 + \frac{-11x^2+19x-6}{3x(x-2)^2}$$

$A = \{-1, 1, 4, 6\}, \quad B = \{0, 2, 4\}, \quad C = \{0, 2\}$

$A\setminus B = \{-1, 1, 6\}, \quad B\setminus C = \{4\}$

$\lim\limits_{x\to 4} f(x) = -1\frac{7}{8}$

A **Asymptoten:** $x = 0, \quad x = 2, \quad y = \frac{1}{3}x - 1.$

Graph einer rationalen Funktion mit Asymptoten

(1) $\lim\limits_{x\to 1} \frac{x^2-1}{x-1} = \lim\limits_{x\to 1} \frac{2x}{1} = 2$

(2) $\lim\limits_{x\to -1} \frac{x+1}{x^2+2x+1} = \lim\limits_{x\to -1} \frac{1}{2x+2} = \infty$

(3) $\lim\limits_{x\to 0} \frac{\sin x}{x} = \lim\limits_{x\to 0} \frac{\cos x}{1} = 1$

(4) $\lim\limits_{x\to 0} \frac{e^x-1}{\sin x} = \lim\limits_{x\to 0} \frac{e^x}{\cos x} = 1$

(5) $\lim\limits_{x\to 2} \frac{x^3-3x^2+4}{x^3-2x^2-4x+8} = \lim\limits_{x\to 2} \frac{3x^2-6x}{3x^2-4x-4}$
$= \lim\limits_{x\to 2} \frac{6x-6}{6x-4} = \frac{3}{4}$

(6) $\lim\limits_{x\to\infty} \frac{e^{-x}}{3x} = \lim\limits_{x\to\infty} \frac{-e^{-x}}{3} = 0$

(7) $\lim\limits_{x\to\frac{\pi}{2}} \frac{\ln(x-\frac{\pi}{2})}{\tan x} = \lim\limits_{x\to\frac{\pi}{2}} \frac{\cos^2 x}{x-\frac{\pi}{2}}$
$= \lim\limits_{x\to\frac{\pi}{2}} \frac{-2\cos x \sin x}{1} = 0$

B

Anwendung der Regeln von DE L'HOSPITAL

Für $f(x) = \frac{x+15}{(x+3)(x-1)}$ macht man den Ansatz

$$f(x) = \frac{a}{x+3} + \frac{b}{x-1} = \frac{a(x-1)+b(x+3)}{(x+3)(x-1)} = \frac{(a+b)x+(-a+3b)}{(x+3)(x-1)}.$$

Das Gleichungssystem $a + b = 1 \wedge -a + 3b = 15$ wird durch das Zahlenpaar $(-3, 4)$ gelöst, so daß gilt

$$f(x) = -\frac{3}{x+3} + \frac{4}{x-1}.$$

Durch entsprechende Ansätze gemäß Satz 6 erhält man z. B.

$$\frac{2x+1}{(x-1)^2} = \frac{2}{x-1} + \frac{3}{(x-1)^2}$$

$$\frac{(x-1)^2(x+1)(x-6)}{3x(x-2)^2} = \frac{1}{3}x - 1 - \frac{1}{2x} - \frac{19}{6(x-2)} - \frac{2}{(x-2)^2} \text{ (vgl. Abb. A)}$$

$$\frac{15x-26}{(x-4)(x^2+1)} = \frac{2}{x-4} + \frac{7-2x}{x^2+1}$$

C

Partialbruchzerlegungen

Zähler-funktion	Nenner-funktion	einfachstes Beispiel für Funktionsterm
konstant	ungerade Potenz einer Funktion 1. Grades	$f_1(x) = \frac{1}{x}$
konstant	gerade Potenz einer Funktion 1. Grades	$f_2(x) = \frac{1}{x^2}$
konstant	Potenz einer Funktion 2. Grades ohne reelle Nullstellen	$f_3(x) = \frac{1}{x^2+1}$
Funktion 1. Grades		$f_4(x) = \frac{x}{x^2+1}$

f_1, f_2, f_3, f_4; 1; x

D

Typen rationaler Funktionen in Partialbruchzerlegungen

Asymptoten

Das Verhalten einer rationalen Funktion in der Umgebung einer Polstelle c ist dadurch gekennzeichnet, daß man sich beim Durchlaufen des Graphen in geeigneter Richtung der Senkrechten zur x-Achse durch den Punkt $(c|0)$ beliebig nähern kann. Ein entsprechendes Verhalten kann auch bezüglich anderer Geraden, die nicht senkrecht zur x-Achse verlaufen, auftreten. Man def.:

Def 2: Eine Gerade heißt *Asymptote* des Graphen einer Funktion f, wenn eine der beiden folgenden Aussagen zutrifft:

(1) Die Gerade verläuft senkrecht zur x-Achse durch den Punkt $(a|0)$ und es gilt $\lim\limits_{x\to a}|f(x)|=\infty$.

(2) Die Gerade ist Graph einer lin. Funktion l und es gilt $\lim\limits_{x\to\infty}(f-l)(x)=0$ oder $\lim\limits_{x\to-\infty}(f-l)(x)=0$.

Bem.: In einer projektiven Ebene kann man eine Asymptote als Tangente in einem uneigentlichen Kurvenpunkt des Graphen auffassen.

Die Graphen rationaler Funktionen können außer den senkrechten Asymptoten an den Polstellen eine weitere Asymptote besitzen (Abb. A). Untersucht man das Verhalten für große x entsprechend wie bei ganzrationalen Funktionen (S. 303), so ergibt sich

$$\lim_{x\to\pm\infty} f(x)=0 \quad \text{für } n<m,$$

$$\lim_{x\to\pm\infty} f(x)=\frac{a_n}{b_m} \quad \text{für } n=m,$$

$$\lim_{x\to\pm\infty} |f(x)|=\infty \quad \text{für } n>m.$$

Im ersten Fall ist die x-Achse waagerechte Asymptote, im zweiten Fall eine Parallele zur x-Achse durch den Punkt $\left(0\middle|\frac{a_n}{b_m}\right)$. Im letzten Fall dividiert man $\sum\limits_{\nu=0}^{n} a_\nu x^\nu$ mit Rest durch $\sum\limits_{\mu=0}^{m} b_\mu x^\mu$ und erhält

$$\frac{\sum\limits_{\nu=0}^{n} a_\nu x^\nu}{\sum\limits_{\mu=0}^{m} b_\mu x^\mu}=r(x)+\frac{\sum\limits_{\nu=0}^{m-1} c_\nu x^\nu}{\sum\limits_{\mu=0}^{m} b_\mu x^\mu}.$$

$r(x)$ def. eine ganzrationale Funktion vom Grade $n-m$. Ist nun $n=m+1$, so ist r eine lineare Funktion und ihr Graph Asymptote des Graphen von f, da der letzte Summand in obiger Gleichung mit wachsendem x gegen 0 konvergiert. Ist $n>m+1$, so stellt der Graph von r zwar eine ganzrationale Näherungskurve dar, doch ist diese nicht geradlinig und damit keine Asymptote im Sinne von Def. 2.

Regeln von DE L'HOSPITAL

Die Frage einer evtl. stetigen Fortsetzung einer Quotientenfunktion in eine gemeinsame Nullstelle von Zähler- und Nennerfunktion ist bei rationalen Funktionen zu beantworten, indem man geeignete Linearfaktoren abspaltet und wegkürzt (S. 303). Die folgenden beiden Sätze (*Regeln von* DE L'HOSPITAL) sind nicht auf rationale Funktionen beschränkt und führen meistens schneller zum Ziel.

Satz 4: *f und g seien in $]a;c)$ stetige und in $]a;c[$ differenzierbare Funktionen. Ferner sei $f(c)=g(c)=0$ und $g'(x)\neq 0$ in $]a;c[$. Dann gilt $\lim\limits_{x\to c}\frac{f}{g}(x)=\lim\limits_{x\to c}\frac{f'}{g'}(x)$, falls der zweite Limes existiert.*

Sind f und g zudem in c stetig differenzierbar mit $g'(c)\neq 0$, so existiert $\lim\limits_{x\to c}\frac{f'}{g'}(x)$ und ist gleich $\frac{f'}{g'}(c)$ (Abb. B (1) bis (4)). Um $\lim\limits_{x\to c}\frac{f'}{g'}(x)$ zu ermitteln, kann man u. U. das Verfahren wiederholen (Abb. B (5)). Die Aussage des Satzes läßt sich ausweiten. Aus $\lim\limits_{x\to\infty} f(x)=\lim\limits_{x\to\infty} g(x)=0$ folgt z. B. $\lim\limits_{x\to\infty}\frac{f}{g}(x)=\lim\limits_{x\to\infty}\frac{f'}{g'}(x)$, falls nur $g'(x)\neq 0$ ist für hinreichend große x und der rechte Limes existiert. Weiter gilt:

Satz 5: *f und g seien in $]a;c)$ stetige und in $]a;c[$ differenzierbare Funktionen, ferner sei $\lim\limits_{x\to c} f(x)=\lim\limits_{x\to c} g(x)=\infty$ und $g'(x)\neq 0$ in $]a;c[$. Dann gilt $\lim\limits_{x\to c}\frac{f}{g}(x)=\lim\limits_{x\to c}\frac{f'}{g'}(x)$, falls der rechte Limes existiert* (Abb. B (5), (6)).

Partialbruchzerlegungen

Die Graphen rationaler Funktionen werden *Hyperbeln* im weiteren Sinne genannt. Um ihre Formenfülle zu übersehen, betrachtet man geeignete Summendarstellungen, sog. *Partialbruchzerlegungen*.

So ist z. B. für die durch $f(x)=\frac{3x-5}{(x-1)(x-2)}$ def. Funktion der Ansatz $f(x)=\frac{a}{x-1}+\frac{b}{x-2}$ für alle $x\in D_f$ erfüllt, wenn $a=2$ und $b=1$ gewählt wird. Eine entsprechende Zerlegung gelingt immer, wenn der Nennerterm in paarweise verschiedene Linearfaktoren zerlegbar ist. Kommen auch irreduzible quadratische oder mehrfache Faktoren vor, so treten auch in den Partialbrüchen Nennerterme von höherem als erstem Grad auf (Abb. C).

Satz 6: *Gestattet der Nennerterm einer rationalen Funktion f die Zerlegung*

$$\sum_{\mu=0}^{m} b_\mu x^\mu=\prod_{\varrho=1}^{r} l_\varrho(x)^{c_\varrho}\cdot\prod_{\sigma=1}^{s} q_\sigma(x)^{d_\sigma}$$

mit paarweise verschiedenen linearen bzw. nullstellenfreien quadratischen Funktionen l_ϱ bzw. q_σ, so gibt es eine ganzrationale Funktion r und reelle Zahlen $A_{\varrho\varkappa}$, $B_{\sigma\lambda}$, $C_{\sigma\lambda}$ mit $\varrho\in\{1,\ldots,r\}$, $\varkappa\in\{1,\ldots,c_\varrho\}$, $\sigma\in\{1,\ldots,s\}$; $\lambda\in\{1,\ldots,d_\sigma\}$, so daß gilt

$$f(x)=r(x)+\sum_{\varrho=1}^{r}\sum_{\varkappa=1}^{c_\varrho}\frac{A_{\varrho\varkappa}}{l_\varrho(x)^\varkappa}+\sum_{\sigma=1}^{s}\sum_{\lambda=1}^{d_\sigma}\frac{B_{\sigma\lambda}+C_{\sigma\lambda}x}{q_\sigma(x)^\lambda}.$$

Die Graphen der durch die Partialbrüche def. Funktionen sind leicht überschaubar (Abb. D).

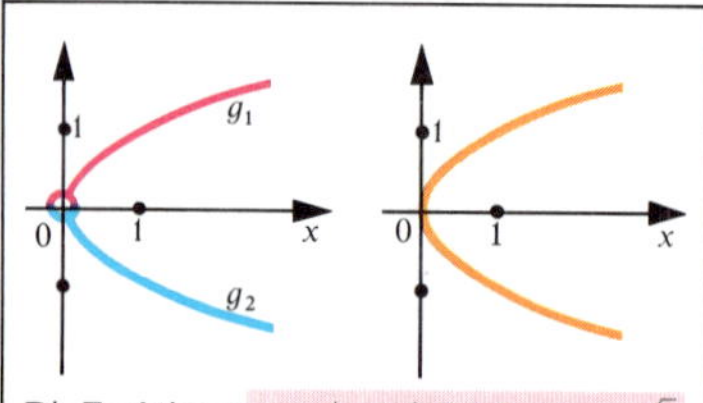

Die Funktionen $g_1: \mathbb{R}^+ \to \mathbb{R}^+$ def. durch $x \mapsto \sqrt{x}$ und $g_2: \mathbb{R}^+ \to \mathbb{R}^-$ def. durch $x \mapsto -\sqrt{x}$ sind Zweige der algebraischen Relation

$$\{(x|y) \mid (x|y) \in \mathbb{R}^2 \wedge y^2 - x = 0\}.$$

Da g_1 und g_2 analytisch sind, handelt es sich um algebraische Funktionen. Dies gilt nicht mehr für die durch $(0|0)$ ergänzten stetigen Fortsetzungen von g_1 und g_2, da diese an der Stelle 0 nicht differenzierbar sind.

A

Algebraische Relationen und Funktionen

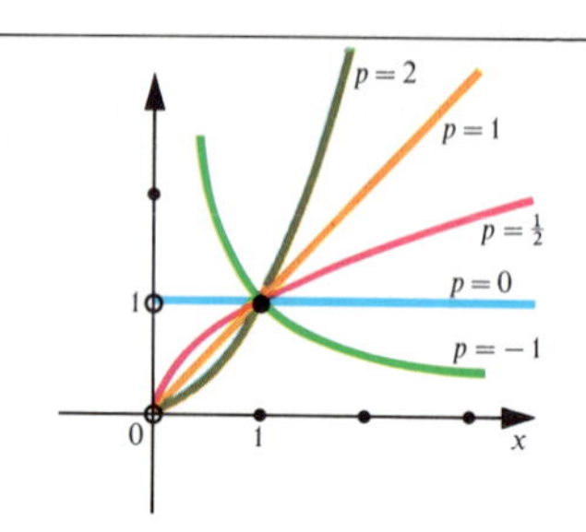

$f: \mathbb{R}^+ \to \mathbb{R}$ def. durch $x \mapsto x^p$, $p \in \mathbb{Q}$ ist algebraisch.

Für $p = \frac{m}{n}$, $m \in \mathbb{Z}_0^+$, $n \in \mathbb{Z}^+$ ist f Teilmenge der durch $P(x, y) = y^n - x^m = 0$ def. Relation.

Für $p = \frac{m}{n}$, $m \in \mathbb{Z}^-$, $n \in \mathbb{Z}^+$ ist f Teilmenge der durch $P(x, y) = y^n x^{-m} - 1 = 0$ def. Relation.

B

Potenzfunktionen

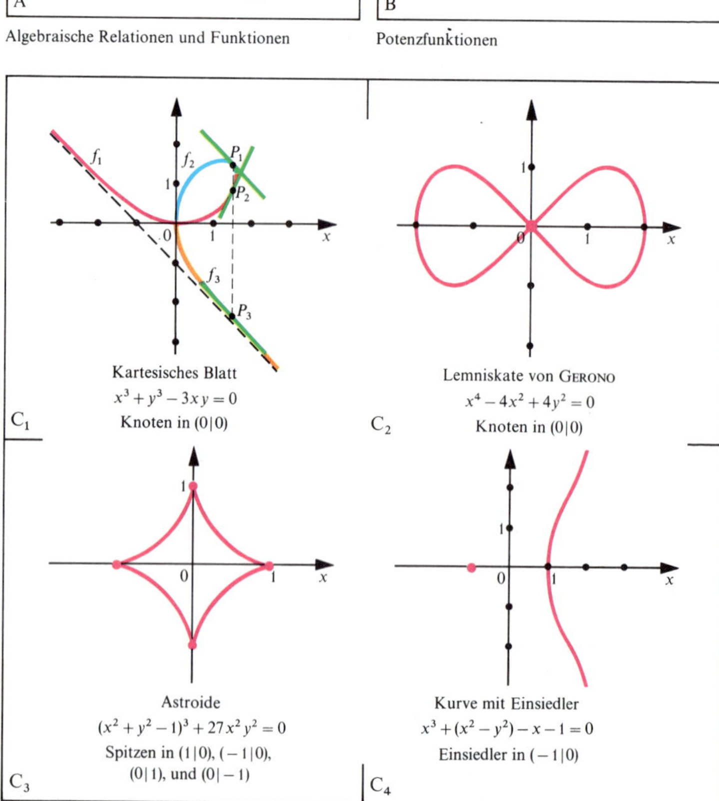

Algebraische Kurven

Algebraische Relationen und Funktionen

Neben den rationalen Funktionen spielen in der reinen Mathematik und ihren Anwendungen viele nichtrationale Funktionen eine Rolle. Einfache Funktionen dieser Art treten als Umkehrfunktionen rationaler Funktionen auf.

So besitzt $f: \mathbb{R}^+ \to \mathbb{R}^+$ def. durch $x \mapsto x^2$ die Umkehrfunktion $g_1: \mathbb{R}^+ \to \mathbb{R}^+$ def. durch $x \mapsto \sqrt{x}$. Für ihre Paare (x, y) mit $y = g_1(x)$ gilt: $y^2 - x = 0$. Diese Gleichung def. eine g_1 umfassende Relation in $\mathbb{R}$. Allerdings sind auch noch andere Funktionen in dieser Relation enthalten, z. B.

$g_2: \mathbb{R}^+ \to \mathbb{R}^-$ mit $g_2(x) = -\sqrt{x}$ (Abb. A) und

$$h: \mathbb{R}^+ \to \mathbb{R} \text{ mit } h(x) = \begin{cases} \sqrt{x} & \text{für } x \in \mathbb{Q}^+ \\ -\sqrt{x} & \text{für } x \in \mathbb{R}^+ \setminus \mathbb{Q}^+. \end{cases}$$

Während h überall unstetig und deshalb von geringerem Interesse ist, sind g_1 und g_2 sogar überall differenzierbar. Nach Satz 7, S. 295, ist

$$g_1'(x) = \frac{1}{2\sqrt{x}}, \quad g_2'(x) = -\frac{1}{2\sqrt{x}}.$$

Für alle durch Wurzeln aus rationalen Funktionen def. Funktionen lassen sich ähnliche Relationsgleichungen angeben. Zu einer umfangreicheren Funktionenklasse gelangt man durch die folgende Definition.

Def. 1: Ist $P(x, y)$ ein Polynom in x und y (S. 95) aus $\mathbb{R}[x, y]$, so heißt $\{(x, y) \mid (x, y) \in \mathbb{R}^2 \wedge P(x, y) = 0\}$ *algebraische Relation* in $\mathbb{R}$. Eine analytische Funktion (S. 301), die Teilmenge einer algebraischen Relation ist, heißt *algebraische Funktion.*

Von den obigen Beispielen sind g_1 und g_2 algebraisch, nicht dagegen h. Auch die für $x = 0$ nicht differenzierbare Betragsfunktion (S. 293) ist nicht algebraisch, obwohl sie in der durch $y^2 - x^2 = 0$ def. algebraischen Relation enthalten ist.

Eine algebraische Relation kann leer sein, wie das Beispiel $\{(x, y) \mid (x, y) \in \mathbb{R}^2 \wedge x^2 + y^2 + 1 = 0\}$ zeigt.

Alle rationalen Funktionen sind algebraisch. Denn ist $f: D_f \to \mathbb{R}$ rational mit $f(x) = \frac{p(x)}{q(x)}$, so gilt $P(x, y) = yq(x) - p(x) = 0$ für alle $(x \mid f(x))$ mit $x \in D_f$. $P(x, y)$ ist hier vom ersten Grade in y. Ist $P(x, y)$ in y vom n-ten Grade ($n \in \mathbb{N}$), so sind in der zugehörigen algebraischen Relation bis zu n verschiedene algebraische Funktionen enthalten. Man nennt sie *Zweige* der algebraischen Relation und sagt, sie seien durch $P(x, y) = 0$ *implizit definiert.*

Implizite Differentiation

Ist f durch $P(x, y) = 0$ implizit def., so def. die Zuordnung $x \mapsto P(x, f(x))$ eine Funktion, die überall auf D_f den konstanten Wert 0 hat. Ihre Ableitung ist daher ebenfalls die auf D_f eingeschränkte Nullfunktion. Differentiation mittels der Kettenregel liefert eine Gleichung in x, $f(x)$ und $f'(x)$, die in $f'(x)$ linear ist und i. a. nach $f'(x)$ aufgelöst werden kann. Durch dieses Verfahren, *implizite Differentiation* genannt, kann man Funktionswerte der Ableitung f' bestimmen, auch ohne daß man für f explizit einen Funktionsterm in x angeben kann.

Beispiel: Die Gleichung $x^3 + y^3 - 3xy = 0$ def. eine algebraische Relation. Ihr Graph heißt *kartesisches Blatt* (Abb. C_1). Durch implizite Differentiation nach x ergibt sich unter Anwendung von Ketten- und Produktregel:

$$3x^2 + 3[f(x)]^2 \cdot f'(x) - 3xf'(x) - 3f(x) = 0,$$

$$f'(x) = \frac{f(x) - x^2}{[f(x)]^2 - x}, \quad \text{falls} \quad [f(x)]^2 - x \neq 0.$$

Diese Beziehung gilt für alle drei durch die Relation implizit def. Funktionen f_1, f_2, f_3 und gestattet die Berechnung von $f_\nu'(x)$, $\nu \in \{1, 2, 3\}$ für ein beliebiges Zahlenpaar $(x, f_\nu(x)) \in f_\nu$.

Für $(1{,}5 \mid 0{,}75(\sqrt{5} - 1)) \in f_1$, $(1{,}5 \mid 1{,}5) \in f_2$, $(1{,}5 \mid 0{,}75(-\sqrt{5} - 1)) \in f_3$ erhält man z. B.
$f_1'(1{,}5) = 0{,}5 + 0{,}7\sqrt{5} \approx 2{,}065$, $f_2'(1{,}5) = -1$,
$f_3'(1{,}5) = 0{,}5 - 0{,}7\sqrt{5} \approx -1{,}065$ (Abb. C_1).

Potenzfunktionen mit rationalen Exponenten

Die durch $y^n - x^m = 0$ ($n \in \mathbb{Z} \setminus \{0\}$, $m \in \mathbb{N}$) def. algebraische Relation definiert implizit eine algebraische Funktion $f: \mathbb{R}^+ \to \mathbb{R}^+$ durch $x \mapsto f(x) = x^{\frac{m}{n}}$. Implizite Differentiation führt auf

$$f'(x) = \frac{m}{n} x^{\frac{m}{n} - 1}.$$

Die *Potenzregel* von S. 293 gilt also auch für beliebige *rationale* Exponenten. Abb. B zeigt Beispiele für Funktionsgraphen.

Bem.: Durch Differentiation der binomischen Reihe (S. 301) ergibt sich die Gültigkeit der *Potenzregel* für *beliebige reelle Exponenten.*

Algebraische Kurven

Def. 2: Der Graph einer algebraischen Relation heißt *algebraische Kurve.* Hat das definierende Polynom $P(x, y)$ die Gestalt $\sum_{\nu=0}^{i} \sum_{\mu=0}^{k} a_{\nu\mu} x^\nu y^\mu$, so heißt $n = \operatorname{grEl}(\{\nu + \mu \mid a_{\nu\mu} \neq 0\})$ die *Ordnung* der algebraischen Kurve.

Bei der Untersuchung algebraischer Kurven kann man sich auf *nichtzerfallende Kurven* beschränken, bei denen das def. Polynom $P(x, y)$ irreduzibel ist.

Abb. C zeigt einige interessante algebraische Kurven. Besondere Erwähnung verdienen die bei verschiedenen Kurven auftretenden singulären Punkte. Zu ihrer Def. und Klassifizierung gebraucht man die partiellen Ableitungen (S. 321) der durch $(x, y) \mapsto P(x, y)$ def. Funktion $P: \mathbb{R}^2 \to \mathbb{R}$.

Def. 3: $(a \mid b)$ heißt *singulärer Punkt* der durch $P(x, y) = 0$ bestimmten algebraischen Kurve, wenn $\frac{\partial P}{\partial x}(a, b) = \frac{\partial P}{\partial y}(a, b) = 0$ gilt. Ein singulärer Punkt

heißt $\begin{cases} \textit{Knoten} \text{ (Abb. } C_1, C_2), \\ \textit{Spitze} \text{ (Abb. } C_3), \\ \textit{Einsiedler} \text{ (Abb. } C_4), \end{cases}$

wenn gilt $\left(\frac{\partial^2 P}{\partial x^2} \frac{\partial^2 P}{\partial y^2} - \left(\frac{\partial^2 P}{\partial x \partial y}\right)^2\right)(a, b) \begin{cases} < 0, \\ = 0, \\ > 0. \end{cases}$

Bem.: Ein tieferes Verständnis der Eigenschaften algebraischer Funktionen und Kurven liefert ihre Fortsetzung ins Komplexe (S. 453).

A

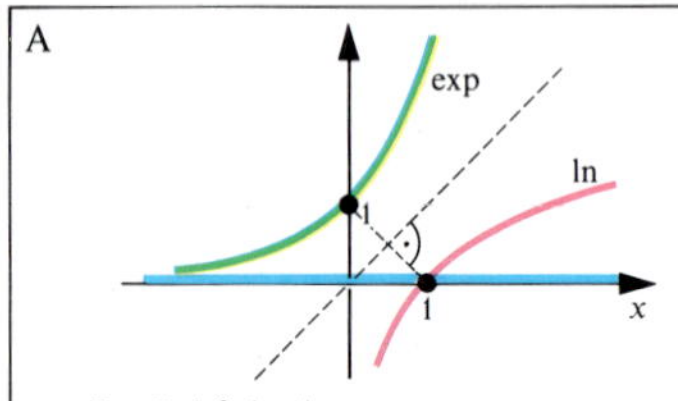

exp: $\mathbb{R} \to \mathbb{R}$ def. durch

$$x \mapsto \exp x = 1 + \frac{x}{1!} + \frac{x^2}{2!} + \frac{x^3}{3!} + \cdots$$

Es gilt auch $\exp x = e^x = \lim\limits_{n\to\infty} \left(1 + \frac{x}{n}\right)^n$.

ln: $\mathbb{R}^+ \to \mathbb{R}$ ist die Umkehrfunktion von exp.

$$\ln(1+x) = x - \frac{x^2}{2} + \frac{x^3}{3} - \frac{x^4}{4} + - \cdots, \; -1 < x \leqq 1$$

(S. 336, Abb. C_1)

$$\ln x = 2 \cdot \left[\frac{x-1}{x+1} + \frac{1}{3}\left(\frac{x-1}{x+1}\right)^3 + \frac{1}{5}\left(\frac{x-1}{x+1}\right)^5 + \cdots\right], \quad x > 0.$$

Nat. Exponential- und Logarithmusfunktion

B

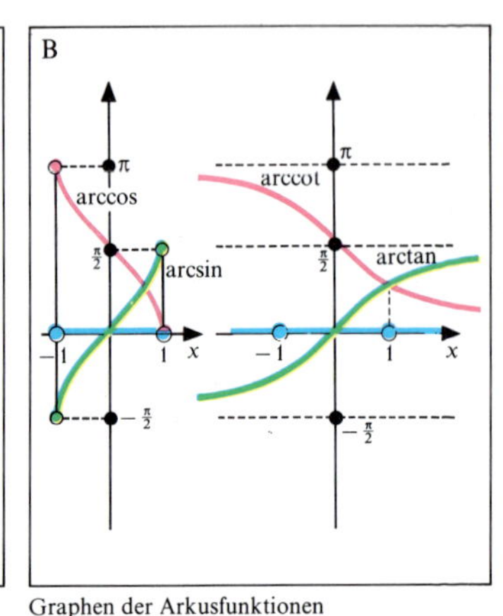

Graphen der Arkusfunktionen

Die Bernoullischen Zahlen $B_n (n \in \mathbb{N})$ sind induktiv def. durch

$$B_0 := 1, \; B_{n+1} := -\frac{1}{n+2} \cdot \sum_{\nu=0}^{n} \binom{n+2}{\nu} B_\nu, \quad (n \in \mathbb{N}).$$

Im einzelnen erhält man

$$B_1 = -\frac{1}{2} B_0 = -\frac{1}{2}$$

$$B_2 = -\frac{1}{3}(B_0 + 3B_1) = \frac{1}{6}$$

$$B_3 = -\frac{1}{4}(B_0 + 4B_1 + 6B_2) = 0$$

$$B_4 = -\frac{1}{5}(B_0 + 5B_1 + 10B_2 + 10B_3) = -\frac{1}{30}$$

$$B_5 = -\frac{1}{6}(B_0 + 6B_1 + 15B_2 + 20B_3 + 15B_4) = 0$$

Außer B_1 sind alle Bernoullischen Zahlen mit ungeradem Index 0. Weitere Zahlenwerte:

$$B_6 = \frac{1}{42}, \quad B_8 = -\frac{1}{30},$$

$$B_{10} = \frac{5}{66}, \quad B_{12} = -\frac{691}{2730}.$$

C

Bernoullische Zahlen

$$\sin x = \frac{x}{1!} - \frac{x^3}{3!} + \frac{x^5}{5!} - \frac{x^7}{7!} + - \cdots = \sum_{\nu=0}^{\infty} \frac{(-1)^\nu}{(2\nu+1)!} x^{2\nu+1}, \quad x \in \mathbb{R}$$

$$\cos x = 1 - \frac{x^2}{2!} + \frac{x^4}{4!} - \frac{x^6}{6!} + - \cdots = \sum_{\nu=0}^{\infty} \frac{(-1)^\nu}{(2\nu)!} x^{2\nu}, \quad x \in \mathbb{R}$$

$$\tan x = x + \frac{1}{3}x^3 + \frac{2}{15}x^5 + \frac{17}{315}x^7 + \cdots = \sum_{\nu=1}^{\infty} \frac{(-1)^{\nu-1} \cdot 2^{2\nu} \cdot (2^{2\nu}-1) \cdot B_{2\nu}}{(2\nu)!} x^{2\nu-1}, \quad |x| < \frac{\pi}{2}$$

$$\cot x = \frac{1}{x} - \frac{1}{3}x - \frac{1}{45}x^3 - \frac{2}{945}x^5 - \cdots = \frac{1}{x} + \sum_{\nu=1}^{\infty} \frac{(-1)^\nu \cdot 2^{2\nu} \cdot B_{2\nu}}{(2\nu)!} x^{2\nu-1}, \quad 0 < |x| < \pi$$

$$\arcsin x = x + \frac{1}{2} \cdot \frac{x^3}{3} + \frac{1 \cdot 3}{2 \cdot 4} \cdot \frac{x^5}{5} + \cdots = x + \sum_{\nu=1}^{\infty} \frac{1 \cdot 3 \cdot \ldots \cdot (2\nu-1)}{2 \cdot 4 \cdot \ldots \cdot 2\nu} \cdot \frac{x^{2\nu+1}}{2\nu+1}, \quad |x| \leqq 1$$

$$\arctan x = x - \frac{x^3}{3} + \frac{x^5}{5} - \frac{x^7}{7} + - \cdots = \sum_{\nu=0}^{\infty} \frac{(-1)^\nu}{2\nu+1} \cdot x^{2\nu+1}, \quad |x| \leqq 1$$

(S. 336, Abb. C_2)

Die letzte Reihe ist zur numerischen Berechnung von π geeignet.

Aus $\arctan 1 = \frac{\pi}{4}$ folgt $\frac{\pi}{4} = 1 - \frac{1}{3} + \frac{1}{5} - \frac{1}{7} + - \cdots$ (Leibniz).

Weit besser konvergente Reihen erhält man durch Zerlegung von arctan 1 nach dem Additionstheorem $\arctan x_1 + \arctan x_2 = \arctan \frac{x_1 + x_2}{1 - x_1 x_2}$; z. B. ist $\frac{\pi}{4} = 4\arctan\frac{1}{5} - \arctan\frac{1}{239}$ (Machin),

$\frac{\pi}{4} = 8\arctan\frac{1}{10} - 4\arctan\frac{1}{515} - \arctan\frac{1}{239}$ (Meissel).

D

Reihenentwicklungen für Winkel- und Arkusfunktionen, Berechnung von π

Exponential- und Logarithmusfunktionen

Fordert man von einer Funktion $f:\mathbb{R}\to\mathbb{R}$, daß sie mit ihrer Ableitung f' übereinstimmt, so muß sie mit allen Ableitungen $f^{(n)}$, $n\in\mathbb{N}$ übereinstimmen. Damit erhält man als TAYLOR-Reihe mit der Entwicklungsstelle 0 die für alle $x\in\mathbb{R}$ konvergente Reihe

$$f(x)=f(0)\cdot\sum_{\nu=0}^{\infty}\frac{x^\nu}{\nu!}.$$

Wählt man $f(0)=1$, so nennt man die Funktion die *natürliche Exponentialfunktion*. Man schreibt sie als $\exp:\mathbb{R}\to\mathbb{R}$ def. durch $x\mapsto\exp x=\sum_{\nu=0}^{\infty}\frac{x^\nu}{\nu!}$. Die reelle Zahl $\quad e:=\exp 1=\sum_{\nu=0}^{\infty}\frac{1}{\nu!}=2{,}718281828459045\ldots$ wird EULER*sche Zahl* genannt. Sie ist transzendent. Nach S. 278, Abb. 3, gilt auch $e=\lim_{n\to\infty}(1+\frac{1}{n})^n$.

Für die nichtalgebraische Funktion exp gilt folgende Eigenschaft:

$\exp(x_1+x_2)=\exp x_1\cdot\exp x_2$ für alle $x_1, x_2\in\mathbb{R}$.

Zum Beweis zeigt man, daß $g:\mathbb{R}\to\mathbb{R}$ def. durch $x\mapsto\exp(x_1+x_2-x)\cdot\exp x$ wegen $g'=0$ konstant ist. $g(0)=g(x_2)$ liefert dann unmittelbar die Behauptung. Für nat. Zahlen n hat das zur Folge, daß $\exp n=(\exp 1)^n=e^n$ gilt. Eine entsprechende Beziehung kann leicht auch für rationale Zahlen bewiesen werden. Aus der Stetigkeit von exp und Def. 4, S. 63, für Potenzen mit beliebigen reellen Exponenten folgt schließlich $\exp x=e^x$ für alle $x\in\mathbb{R}$.

Die natürliche Exponentialfunktion ist streng monoton, die Bildmenge ist $\mathbb{R}^+$.

Aus Satz 13, S. 289, folgt, daß exp eine stetige Umkehrfunktion besitzt, die sog. *natürliche Logarithmusfunktion* $\ln:\mathbb{R}^+\to\mathbb{R}$. Nach Satz 7, S. 295, ist $\ln'(x)=\frac{1}{x}$. Abb. A zeigt die Graphen von exp und ln und ihre Reihenentwicklungen.

In Verallgemeinerung der nat. Exponentialfunktion nennt man $f:\mathbb{R}\to\mathbb{R}^+$ def. durch $x\mapsto a^x$, $a\in\mathbb{R}^+$, *Exponentialfunktion*. Benutzt man $a=e^{\ln a}$, so erhält man $a^x=e^{x\ln a}$ und kann analoge Eigenschaften wie bei der nat. Exponentialfunktion herleiten. Insbesondere gilt $f'=\ln a\cdot f$. Nun ist $\ln a$ positiv, 0 oder negativ, je nachdem, ob $a>1$, $a=1$ oder $0<a<1$ gilt. Für diese Fälle gilt also der Reihe nach, daß f streng monoton steigend, konstant bzw. streng monoton fallend ist (Satz 7, Satz 8, S. 297). Die Umkehrfunktion, die für $a\in\mathbb{R}^+\setminus\{1\}$ existiert, wird mit $\log_a$ bezeichnet und heißt *Logarithmusfunktion*. Es gilt $\log_a'(x)=\frac{1}{\ln a}\cdot\frac{1}{x}$.

Winkelfunktionen

Auch für die *Winkelfunktionen* sin und cos (S. 179) lassen sich Reihenentwicklungen aus einigen wenigen ihrer Eigenschaften ableiten. Erfüllt ein Paar auf $\mathbb{R}$ def. stetiger Funktionen (f, g) die auch für (sin, cos) geltenden Bedingungen

(W1) $f(x_1-x_2)=f(x_1)g(x_2)-g(x_1)f(x_2)$,

(W2) $g(x_1-x_2)=g(x_1)g(x_2)+f(x_1)f(x_2)$,

(W3) $\lim_{x\to 0}\frac{f(x)}{x}=1$,

so läßt sich zunächst $f(0)=0$ aus (W3) folgern. Setzt man in (W1) jetzt für x_2 den Wert 0 ein, so erhält man $g(0)=1$. Bildet man nun die Differenzenquotientenfunktionen zu f und g, so kann man auf Differenzierbarkeit von f und g schließen, wobei $f'=g$ und $g'=-f$ gilt. Damit ist auch die Existenz von Ableitungen beliebiger Ordnung und wegen Satz 7, S. 301, auch die Analytizität der Funktionen gesichert. Durch ihre TAYLOR-Reihen (Abb. D) sind f und g auf ganz $\mathbb{R}$ eindeutig bestimmt, und es gilt $f=\sin$ und $g=\cos$.

Viele bekannte Eigenschaften der Winkelfunktionen lassen sich allein aus den Reihenentwicklungen erschließen. So läßt sich z. B. leicht nachweisen, daß $g(0)>0$, aber $g(2)<0$ ist. g muß in $]0;2[$ daher mindestens eine Nullstelle haben. Da andererseits f in $]0;2[$ nicht 0 wird, garantiert der Satz von ROLLE (S. 297), daß g in $]0;2[$ genau eine Nullstelle besitzt. Das Vierfache dieser Nullstelle erweist sich mittels (W1) und (W2) als Periode der Funktionen f und g. Aus (W2) entnimmt man $f^2(x)+g^2(x)=1$ für alle $x\in\mathbb{R}$, so daß $\{(f(x)|g(x))\,|\,x\in\mathbb{R}\}$ den Einheitskreis in $\mathbb{R}^2$ darstellt. Mit den Mitteln der Integralrechnung kann man zeigen, daß die Periode der Funktionen gleich dem Umfang 2π des Einheitskreises ist.

Als weitere Winkelfunktionen def. man $\tan:=\frac{\sin}{\cos}$ und $\cot:=\frac{\cos}{\sin}$ (S. 179). Diese Funktionen sind mit Ausnahme der Nullstellenmenge der jeweiligen Nennerfunktion auf ganz $\mathbb{R}$ def. und dort analytisch.

Es gilt $\quad\tan'=\frac{1}{\cos^2}\quad$ und $\quad\cot'=-\frac{1}{\sin^2}$.

Mit Hilfe der Quotientenregel lassen sich Ableitungen beliebig hoher Ordnung berechnen. Die TAYLOR-Reihe der Tangensfunktion mit der Entwicklungsstelle 0 (Abb. D) ist allerdings komplizierter als bei sin und cos. Bei der Koeffizientenberechnung stößt man auf die BERNOULLI*schen Zahlen* (Abb. C).

Bei der Kotangensfunktion ist eine solche Reihenentwicklung um 0 nicht möglich, da 0 nicht zum Definitionsbereich gehört (Polstelle). Doch ist durch $\cot x-\frac{1}{x}$ für $x\neq k\pi$, $k\in\mathbb{Z}\setminus\{0\}$, eine nach 0 stetig fortsetzbare Funktion def., deren Potenzreihenentwicklung um 0 auch zu einer Reihe für $\cot x$ führt (Abb. D). Diese ist jedoch keine TAYLOR-Reihe.

Arkusfunktionen

Die Winkelfunktionen sind wegen ihrer Periodizität nicht umkehrbar, wohl dagegen ihre Einschränkungen auf geeignete Intervalle. Schränkt man sin auf das Intervall $[-\frac{\pi}{2};\frac{\pi}{2}]$, cos auf $[0;\pi]$, tan auf $]-\frac{\pi}{2};\frac{\pi}{2}[$ und cot auf $]0;\pi[$ ein, so erhält man umkehrbare Funktionen. Die Umkehrfunktionen bezeichnet man als *Arkusfunktionen*, genauer als *Arkushauptwertfunktionen* zur Unterscheidung von Umkehrfunktionen bei anderer Einschränkung des Definitionsbereiches. Abb. B zeigt ihre Graphen.

$$\sinh x = \frac{x}{1!} + \frac{x^3}{3!} + \frac{x^5}{5!} + \frac{x^7}{7!} + \cdots = \sum_{\nu=0}^{\infty} \frac{1}{(2\nu+1)!} x^{2\nu+1}, \qquad x \in \mathbb{R}$$

$$\cosh x = 1 + \frac{x^2}{2!} + \frac{x^4}{4!} + \frac{x^6}{6!} + \cdots = \sum_{\nu=0}^{\infty} \frac{1}{(2\nu)!} x^{2\nu}, \qquad x \in \mathbb{R}$$

$$\tanh x = x - \frac{1}{3}x^3 + \frac{2}{15}x^5 - \frac{17}{315}x^7 + - \cdots = \sum_{\nu=1}^{\infty} \frac{2^{2\nu}(2^{2\nu}-1)\,B_{2\nu}}{(2\nu)!} x^{2\nu-1}, \qquad |x| < \frac{\pi}{2}$$

$$\coth x = \frac{1}{x} + \frac{1}{3}x - \frac{1}{45}x^3 + \frac{2}{945}x^5 - + \cdots = \frac{1}{x} + \sum_{\nu=1}^{\infty} \frac{2^{2\nu} B_{2\nu}}{(2\nu)!} x^{2\nu-1}, \qquad 0 < |x| < \pi$$

$$\operatorname{arsinh} x = x - \frac{1}{2}\cdot\frac{x^3}{3} + \frac{1\cdot 3}{2\cdot 4}\cdot\frac{x^5}{5} - + \cdots = x + \sum_{\nu=1}^{\infty} \frac{1\cdot 3\cdot \ldots \cdot (2\nu-1)(-1)^\nu}{2\cdot 4\cdot \ldots \cdot 2\nu}\cdot\frac{x^{2\nu+1}}{2\nu+1}, \qquad |x| \leq 1$$

$$\operatorname{artanh} x = x + \frac{x^3}{3} + \frac{x^5}{5} + \frac{x^7}{7} + \cdots = \sum_{\nu=0}^{\infty} \frac{1}{2\nu+1}\cdot x^{2\nu+1}, \qquad |x| < 1$$

A

($B_{2\nu}$: BERNOULLIsche Zahlen, S. 308, Abb. C)

Hyperbel- und Areafunktionen

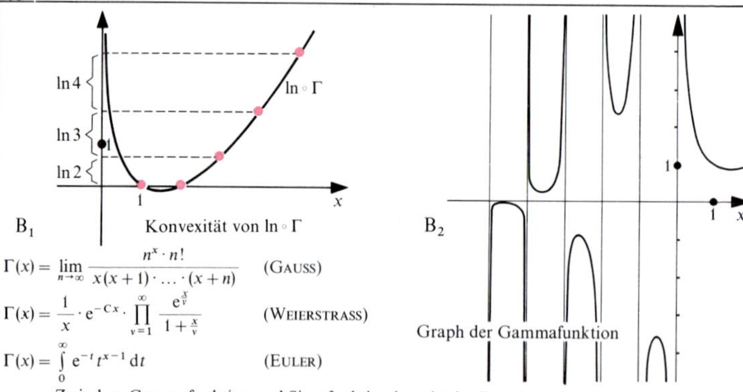

Konvexität von ln ∘ Γ

Graph der Gammafunktion

$$\Gamma(x) = \lim_{n\to\infty} \frac{n^x \cdot n!}{x(x+1)\cdot \ldots \cdot (x+n)} \qquad \text{(GAUSS)}$$

$$\Gamma(x) = \frac{1}{x}\cdot e^{-Cx}\cdot \prod_{\nu=1}^{\infty} \frac{e^{\frac{x}{\nu}}}{1+\frac{x}{\nu}} \qquad \text{(WEIERSTRASS)}$$

$$\Gamma(x) = \int_0^{\infty} e^{-t} t^{x-1}\,dt \qquad \text{(EULER)}$$

Zwischen Gammafunktion und Sinusfunktion besteht der Zusammenhang

B_3 $\Gamma(x)\cdot\Gamma(1-x) = \frac{\pi}{\sin \pi x}$, der für $x = \frac{1}{2}$ auf $\Gamma\left(\frac{1}{2}\right) = \sqrt{\pi}$ führt.

Gammafunktion

$\zeta : \mathbb{R}\setminus\{1\} \to \mathbb{R}$ ist für $x > 1$ def. durch $x \mapsto \zeta(x) = \sum_{\nu=1}^{\infty} \frac{1}{\nu^x}$. Für $x = 1$ wird die Reihe divergent (harmonische Reihe, S. 280, Abb. A_1). $\zeta(x) - \frac{1}{x-1}$ kann um jede Stelle in eine überall konvergente Potenzreihe entwickelt werden, durch die die Funktion im ganzen Definitionsbereich festgelegt werden kann.

$$\zeta(x) = \frac{1}{x-1} + \sum_{\nu=0}^{\infty} \frac{(-1)^\nu C_\nu}{\nu!}(x-1)^\nu$$

$$\text{mit } C_\nu := \lim_{n\to\infty}\left(\sum_{k=1}^{n} \frac{(\ln k)^\nu}{k} - \frac{(\ln n)^{\nu+1}}{\nu+1}\right).$$

(C_0 ist die EULERsche Konstante C)

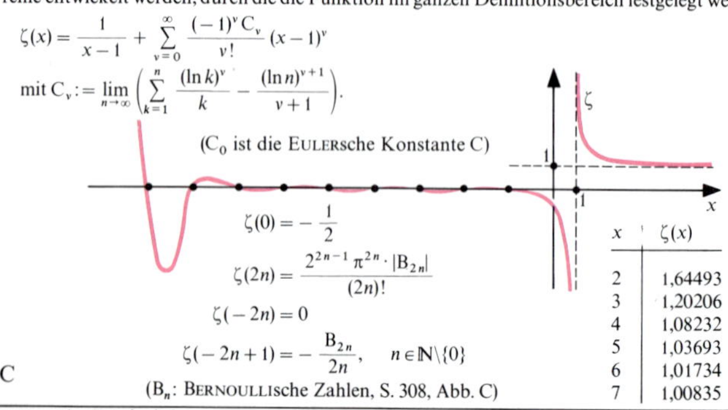

$$\zeta(0) = -\frac{1}{2}$$

$$\zeta(2n) = \frac{2^{2n-1}\pi^{2n}\cdot|B_{2n}|}{(2n)!}$$

$$\zeta(-2n) = 0$$

$$\zeta(-2n+1) = -\frac{B_{2n}}{2n}, \qquad n \in \mathbb{N}\setminus\{0\}$$

x	$\zeta(x)$
2	1,64493
3	1,20206
4	1,08232
5	1,03693
6	1,01734
7	1,00835

C

(B_n: BERNOULLIsche Zahlen, S. 308, Abb. C)

RIEMANNsche Zetafunktion

Die Arkusfunktionen sind analytische Funktionen. Nach Satz 7, S. 295, erhält man für ihre Ableitungen:

$$\operatorname{arc\,sin}'(x) = \frac{1}{\sqrt{1-x^2}}, \quad \operatorname{arc\,cos}'(x) = -\frac{1}{\sqrt{1-x^2}},$$

$$\operatorname{arc\,tan}'(x) = \frac{1}{1+x^2}, \quad \operatorname{arc\,cot}'(x) = -\frac{1}{1+x^2}.$$

Die Potenzreihenentwicklungen für arc sin und arc tan sind in Abb. D, S. 308, angegeben. Die Arkustangensreihe eignet sich besonders gut zur numerischen Berechnung der Zahl π (S. 308, D).

Hyperbelfunktionen

Ersetzt man (W 2) von S. 309 durch

$$(\mathrm{W}\,2^*) \quad g(x_1 - x_2) = g(x_1)g(x_2) - f(x_1)f(x_2),$$

so wird durch (W 1), (W 2*) und (W 3) ein Funktionenpaar gekennzeichnet, das man als *Hyperbelsinus* und *Hyperbelkosinus* (S. 185) bezeichnet. Diese Funktionen stehen wegen $g^2(x) - f^2(x) = 1$ zur Hyperbel in einer ähnlichen Beziehung wie die Winkelfunktionen zum Kreis. Es gilt $\sinh' = \cosh$, $\cosh' = \sinh$. Daraus lassen sich ihre TAYLOR-Reihen herleiten (Abb. A). Sie konvergieren auf ganz $\mathbb{R}$, stellen im Gegensatz zu den Winkelfunktionen aber keine periodischen Funktionen dar. Man def. weiter tanh und coth für $x \neq 0$ durch $\tanh x := \dfrac{\sinh d}{\cosh x}$, $\coth x := \dfrac{\cosh x}{\sinh x}$.

Es gilt $\tanh' = \dfrac{1}{\cosh^2}$ und $\coth' = -\dfrac{1}{\sinh^2}$.

Die Reihenentwicklungen von Hyperbeltangens und Hyperbelkotangens erfordern ähnliche Methoden wie bei Tangens und Kotangens (Abb. A).

Areafunktionen

Während sinh, tanh und coth umkehrbare Funktionen sind, gilt dies für cosh nur bei geeigneter Einschränkung, etwa auf $\mathbb{R}_0^+$. Die Umkehrfunktionen heißen *Areafunktionen* ar sinh, ar cosh, ar tanh, ar coth.

Auch sie sind analytisch. Es gilt

$$\operatorname{ar\,sinh}'(x) = \frac{1}{\sqrt{x^2+1}}, \quad \operatorname{ar\,cosh}'(x) = \frac{1}{\sqrt{x^2-1}},$$

$$\operatorname{ar\,tanh}'(x) = \frac{1}{1-x^2}, \quad \operatorname{ar\,coth}'(x) = \frac{1}{1-x^2}.$$

Die Terme der letzten beiden Ableitungen stimmen zwar überein, doch sind ihre Definitionsbereiche $]-1;1[$ und $\mathbb{R}\setminus[-1;1]$ disjunkt. Reihenentwicklungen für ar sinh und ar tanh sind in Abb. A angegeben.

Gammafunktion

Der Versuch, die durch $n \mapsto n!$ auf $\mathbb{N}$ def. Funktion (S. 21) nach $\mathbb{R}$ fortzusetzen, führt auf eine weitere wichtige nichtalgebraische Funktion.

Fordert man von einer Funktion $f: \mathbb{R}^+ \to \mathbb{R}$ die Eigenschaften

$$(\mathrm{G}\,1) \quad f(x+1) = x f(x) \quad \text{und} \quad (\mathrm{G}\,2) \quad f(1) = 1,$$

so folgert man $f(2) = 1$, $f(3) = 2!$, $f(4) = 3!$ und allgemein $f(n+1) = n!$ für $n \in \mathbb{N}\setminus\{0\}$. Dann wäre $x! := f(x+1)$ für $x \in \mathbb{R}^+$ die gesuchte Verallgemeinerung. Nun legen aber die Bedingungen (G 1) und (G 2) noch nicht eindeutig eine Funktion fest. Um eine weitere Bedingung zu formulieren, die einen eindeutigen sinnvollen Funktionsverlauf garantiert, bildet man $(\ln \circ f)(n+1)$ für $n \in \mathbb{N}\setminus\{0\}$:

$$(\ln \circ f)(n+1) = \ln 1 + \ln 2 + \ln 3 + \cdots + \ln n.$$

Der Graph von $\ln \circ f$ für nat. Zahlen (Abb. B_1) legt es nahe, als dritte Eigenschaft zu fordern:

(G 3) $\ln \circ f$ ist in jedem Intervall von $\mathbb{R}^+$ konvex nach unten.

Die Bedingungen (G 1), (G 2) und (G 3) bestimmen eindeutig eine Funktion, die *Gammafunktion* Γ.

Aus (G 3) läßt sich zunächst mittels Def. 1, S. 303, begründen, daß für alle $n \in \mathbb{N}$ und alle $x \in (0;1)$ gilt

$$\frac{n^x (n+1)!}{x(x+1)\cdot\cdots\cdot(x+n+1)} \leqq \Gamma(x) \leqq \frac{n^x n!}{x(x+1)\cdot\cdots\cdot(x+n)}.$$

Man erhält so die GAUSS*sche Produktdarstellung*

$$\Gamma(x) = \lim_{n\to\infty} \frac{n^x n!}{x(x+1)\cdot\cdots\cdot(x+n)}.$$

Durch Schluß von x auf $x+1$ zeigt man, daß diese Darstellung für alle $x \in \mathbb{R}^+$ gilt. Der Limes existiert sogar für alle $x \in \mathbb{R}\setminus\mathbb{Z}_0^-$ und gestattet eine Fortsetzung der Gammafunktion auf die nichtpositiven reellen Zahlen mit Ausnahme der Zahl 0 und der negativen ganzen Zahlen (Abb. B_2). Allerdings gelten hier nur noch (G1) und (G2); $(\ln \circ \Gamma)(x)$ kann nur noch teilweise gebildet werden, da $\Gamma(x) < 0$ sein kann.

Durch Umformung, unter Berücksichtigung von $n^x = e^{x \ln n}$, erhält man

$$\frac{n^x n!}{x(x+1)\cdot\cdots\cdot(x+n)} = \frac{e^{x\left(\ln n - 1 - \frac{1}{2} - \frac{1}{3} - \cdots - \frac{1}{n}\right)} e^{\frac{x}{1}} \cdot e^{\frac{x}{2}} \cdot e^{\frac{x}{3}} \cdot \cdots \cdot e^{\frac{x}{n}}}{x\left(1+\frac{x}{1}\right)\left(1+\frac{x}{2}\right)\cdot\cdots\cdot\left(1+\frac{x}{n}\right)}.$$

EULER hat gezeigt, daß $\lim\limits_{n\to\infty}\left(\sum\limits_{\nu=1}^{n} \frac{1}{\nu} - \ln n\right)$ existiert.

Man nennt den Grenzwert $C = 0{,}577215664901533\ldots$ EULER*sche Konstante*. (Es ist nicht bekannt, ob C rational oder irrational ist). Für $\Gamma(x)$ ergibt sich nun

$$\Gamma(x) = \frac{1}{x} e^{-Cx} \prod_{\nu=1}^{\infty} \frac{e^{\frac{x}{\nu}}}{\left(1+\frac{x}{\nu}\right)}$$

(WEIERSTRASS*sche Produktdarstellung*).

Aus dieser Darstellung kann auf die beliebig häufige Differenzierbarkeit von $\ln \circ \Gamma$ und damit von Γ geschlossen werden. Man erhält

$$(\ln \circ \Gamma)'(x) = -C - \frac{1}{x} + \sum_{\nu=1}^{\infty} \frac{x}{\nu(x+\nu)}.$$

Durch Integration gewinnt man hieraus eine Reihe, die die numerische Berechnung der Funktionswerte von $\ln \circ \Gamma$ und damit von Γ gestattet:

$$(\ln \circ \Gamma)(x+1) = -Cx + \sum_{\nu=2}^{\infty} \frac{(-1)^\nu \zeta(\nu)}{\nu} x^\nu; \quad |x| < 1.$$

Die Werte $\zeta(\nu)$ sind spezielle Funktionswerte einer weiteren wichtigen nichtalgebraischen Funktion, der RIEMANN*schen Zetafunktion* (Abb. C).

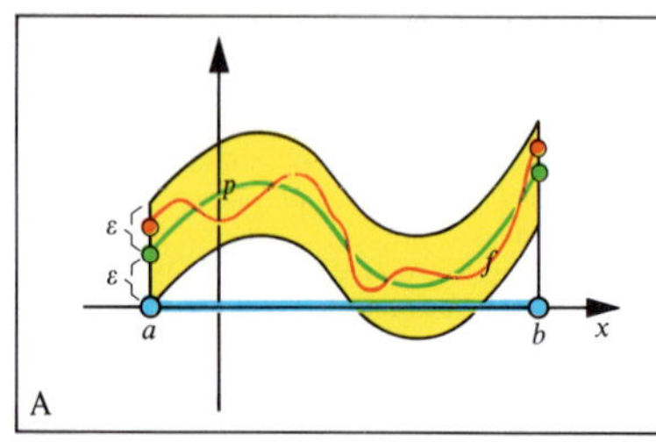

Eine Funktion $f:(a;b)\to\mathbb{R}$ soll nach Vorgabe einer positiven reellen Zahl ε durch eine Funktion p aus einer speziellen Funktionenmenge, i. a. aus der Menge der ganzrationalen Funktionen, soweit angenähert werden, daß

$|f(x)-p(x)|<\varepsilon$ für alle $x\in(a;b)$ gilt.

A

Approximierbarkeit

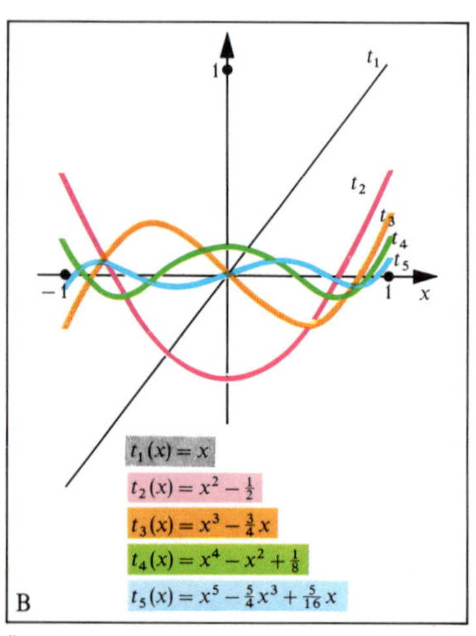

B

ČEBYŠEV-Polynome

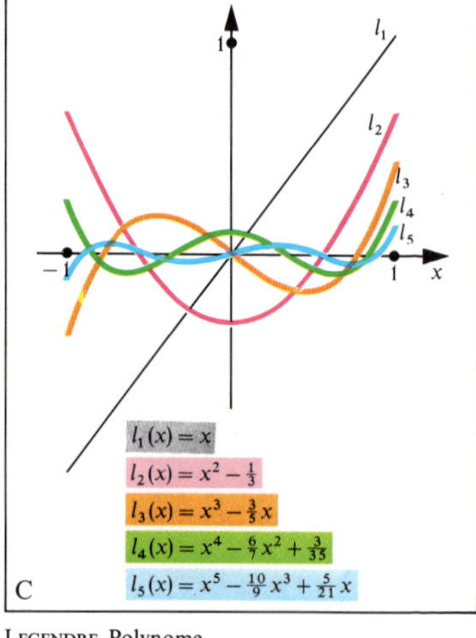

C

LEGENDRE-Polynome

m Punkte $(x_\mu|y_\mu)$, $\mu\in\{1,\dots,m\}$ sind durch den Graph einer Funktion

$$\bar{f}=\sum_{\nu=1}^{n}\alpha_\nu g_\nu \quad (\alpha_\nu\in\mathbb{R},\ g_\nu \text{ lin. unabh. Funktionen})$$

möglichst gut (s. S. 313) anzunähern.

Im einfachsten Fall der Approximation durch eine lineare Funktion ($n=2$ und $g_1(x)=1$; $g_2(x)=x$) führt der Ansatz

$$\bar{f}(x)=\alpha_1+\alpha_2 x$$

auf die Lösung

$$\alpha_1=\frac{\sum_{\mu=1}^{m}x_\mu^2\cdot\sum_{\mu=1}^{m}y_\mu-\sum_{\mu=1}^{m}x_\mu\cdot\sum_{\mu=1}^{m}x_\mu y_\mu}{m\cdot\sum_{\mu=1}^{m}x_\mu^2-\left(\sum_{\mu=1}^{m}x_\mu\right)^2};$$

$$\alpha_2=\frac{m\sum_{\mu=1}^{m}x_\mu y_\mu-\sum_{\mu=1}^{m}x_\mu\cdot\sum_{\mu=1}^{m}y_\mu}{m\cdot\sum_{\mu=1}^{m}x_\mu^2-\left(\sum_{\mu=1}^{m}x_\mu\right)^2}.$$

Beispiel: Sind die 6 Punkte (1|4), (2|6), (3|7), (5|8), (7|7) und (10|9) vorgegeben, so erhält man

$\alpha_1=\frac{415}{86}$; $\alpha_2=\frac{37}{86}$.

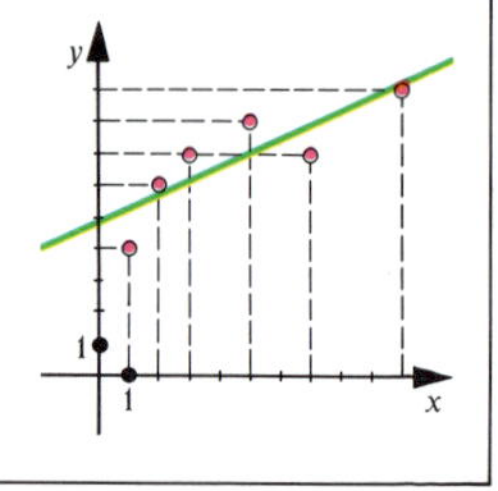

D

Methode der kleinsten Quadrate

Aufgabe der Approximationstheorie

Zur näherungsweisen Berechnung der Werte einer n-mal differenzierbaren Funktion in der Umgebung einer Stelle a kann das n-te TAYLOR-Polynom verwendet werden. Es liefert in a eine Approximation von höherer als n-ter Ordnung (S. 299).

Die *Approximationstheorie* untersucht die weitergehende Frage der Approximation in Intervallen.

Def. 1: $f:(a;b)\to\mathbb{R}$ heißt *approximierbar durch Funktionen einer Menge F*, wenn es zu jedem $\varepsilon\in\mathbb{R}^+$ ein $p\in F$ gibt, so daß $|f(x)-p(x)|<\varepsilon$ für alle $x\in(a;b)$ gilt.

Man sagt auch, daß $f(x)$ durch $p(x)$ approximiert wird. Von besonderem Interesse ist die Approximierbarkeit durch ganzrationale Funktionen.

Satz 1 (Approximationssatz von WEIERSTRASS): *Jede stetige Funktion $f:(a;b)\to\mathbb{R}$ ist durch ganzrationale Funktionen approximierbar.*

Der Beweis wird zunächst für Funktionen auf dem Intervall $(0;1)$ geführt. Hier lassen sich spezielle Approximationsfunktionen b_n definieren durch $b_n(x)$ $=\sum_{\nu=0}^{n} f\left(\frac{\nu}{n}\right)\cdot\binom{n}{\nu}x^\nu(1-x)^{n-\nu}$ (BERNSTEIN-*Polynome*), die in $(0;1)$ gleichmäßig gegen f konvergieren. Der Ausdruck Polynom bezeichnet hier den Term einer ganzrationalen Funktion.

Ist f auf $(a;b)$ def., und def. man $\varphi:(0;1)\to(a;b)$ durch $t\mapsto\varphi(t)=t(b-a)+a$, so ist $f\circ\varphi$ durch die Funktionen b_n und damit f durch die Funktionen $b_n\circ\varphi^{-1}$ approximierbar. Es gilt $b_n\circ\varphi^{-1}(x)=b_n\left(\frac{x-a}{b-a}\right)$.

Beste Approximationen

Die Konvergenz der b_n erfolgt ziemlich langsam, und es fragt sich, ob man f nicht durch andere ganzrationale Funktionen *besser* approximieren kann. Um zu präzisieren, wann eine Approximation besser als eine andere heißen soll, braucht man einen Abstandsbegriff für Funktionen, der in geeigneten Funktionenmengen durch eine *Norm* gewonnen werden kann (normierte Räume, S. 365).

Def. 2: Es sei $(V,\|\;\|)$ ein normierter Raum und $U\subseteq V$. $\bar{f}\in U$ heißt *beste Approximation* von $f\in V$ bez. U und $\|\;\|$, wenn $\|f-\bar{f}\|\leqq\|f-g\|$ für alle $g\in U$.

Es hängt also von der Wahl von U und der gewählten Norm ab, ob eine beste Approximation existiert und wie sie gegebenenfalls aussieht. Der folgende Satz macht eine Existenzaussage.

Satz 2: *Ist U ein Unterraum von $(V,\|\;\|)$, so gibt es zu jedem $f\in V$ eine beste Approximation $\bar{f}$ von f bez. U und $\|\;\|$.*

a) ČEBYŠEV-Polynome

Es sei $C_0[a;b]$ die Menge der auf $(a;b)$ def. stetigen Funktionen, auf der eine Norm $\|\;\|_0$ mittels

$\|f\|_0:=\mathrm{grEl}\{|f(x)|\,|\,x\in(a;b)\}$ (ČEBYŠEV-*Norm*)

def. sei. Da die ganzrationalen Funktionen von höchstens $(n-1)$-tem Grade einen n-dimensionalen Unterraum G_{n-1} bilden, ist die Frage sinnvoll, wie die durch $f_n(x)=x^n$ def. Potenzfunktion bez. G_{n-1} und $\|\;\|_0$ am besten approximiert werden kann. Ist $\bar{f}_n$ beste Approximation von f_n, so stellt $t_n:=f_n-\bar{f}_n$ diejenige Funktion unter allen ganzrationalen Funktionen g_n n-ten Grades mit höchstem Koeffizienten 1 im Funktionsterm dar, für die das Maximum von $|g_n(x)|$ in $(a;b)$ am kleinsten ist. Die Terme $t_n(x)$ heißen ČEBYŠEV-*Polynome*. Es gilt

$$t_n(x)=\frac{(b-a)^n}{2^{2n-1}}\cos\left(n\cdot\arccos\left(\frac{2x}{b-a}-\frac{b+a}{b-a}\right)\right).$$

Das Maximum des absoluten Betrages ist $\frac{(b-a)^n}{2^{2n-1}}$.

Für das Intervall $(-1;1)$ erhält man speziell

$t_n(x)=2^{1-n}\cos(n\cdot\arccos x)$ (Beispiele in Abb. B).

Die t_n nehmen das Maximum ihres Betrages an den Rändern des Intervalls und $(n-1)$mal im Innern an. Ihre Nullstellen spielen in der Interpolationstheorie (S. 315) eine wichtige Rolle.

b) LEGENDRE-Polynome

Verwendet man für die stetigen Funktionen statt der ČEBYŠEV-Norm die durch $\|f\|_2:=\sqrt{\int_a^b[f(x)]^2\,dx}$ def. *euklidische Norm*, so führt die entsprechende Fragestellung auf die sog. LEGENDRE-*Polynome* $l_n(x)$. l_n stellt unter allen ganzrationalen Funktionen g_n n-ten Grades mit höchstem Koeffizienten 1 im Funktionsterm diejenige Funktion dar, für die $\int_a^b[g_n(x)]^2\,dx$ den kleinsten Wert annimmt. Zu ihrer Berechnung für das Intervall $(-1;1)$ kann man folgende wichtige Beziehung ausnutzen:

$$l_n(x)=\frac{n!}{(2n)!}\frac{d^n}{dx^n}(x^2-1)^n$$ (Beispiele in Abb. C).

Methode der kleinsten Quadrate

Eine verwandte Aufgabe der Approximationstheorie besteht darin, eine endliche Menge von durch Messung erhaltenen Punkten $(x_\mu|y_\mu)$, $\mu\in\{1,\dots,m\}$, in einem kartesischen Koordinatensystem durch den Graphen einer Funktion $\bar{f}$ möglichst gut anzunähern. $\bar{f}$ soll dabei Linearkombination von n linear unabhängigen Funktionen g_ν sein: $\bar{f}=\sum_{\nu=1}^{n}\alpha_\nu g_\nu$, $\alpha_\nu\in\mathbb{R}$.

Deutet man die m-Tupel $(x_1,\dots,x_m)$, $(y_1,\dots,y_m)$, $\left(\sum_{\nu=1}^{n}\alpha_\nu g_\nu(x_1),\dots,\sum_{\nu=1}^{n}\alpha_\nu g_\nu(x_m)\right)$ als Punkte im Raum $\mathbb{R}^m$, so ist hier für die beste Approximation die Forderung sinnvoll, die Koeffizienten α_ν so zu bestimmen, daß $\sqrt{\sum_{\mu=1}^{m}\left(\sum_{\nu=1}^{n}\alpha_\nu g_\nu(x_\mu)-y_\mu\right)^2}$ minimal wird. Nach S. 325 ist dafür notwendig, daß die partiellen Ableitungen $\frac{\partial}{\partial\alpha_i}\sum_{\mu=1}^{m}\left(\sum_{\nu=1}^{n}\alpha_\nu g_\nu(x_\mu)-y_\mu\right)^2$ für alle $i\in\{1,\dots,n\}$ den Wert 0 annehmen. Dies führt auf ein lineares Gleichungssystem mit den Variablen $\alpha_1,\dots,\alpha_n$, das i. a. eindeutig lösbar ist. Das Verfahren heißt wegen der Minimalisierung einer Quadratsumme *Methode der kleinsten Quadrate* (GAUSS). Die im Beispiel in Abb. D konstruierte Gerade heißt auch *Regressionsgerade* (S. 477).

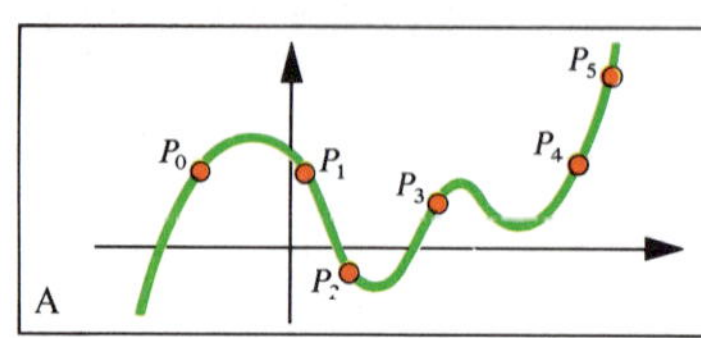

Zu $n+1$ Punkten $P_\mu(x_\mu | y_\mu)$, $\mu \in \{0, \ldots, n\}$ ist eine ganzrationale Funktion p_n von höchstens n-tem Grade so zu bestimmen, daß ihr Graph durch diese $n+1$ Punkte läuft.

Aufgabe der Interpolationstheorie

Gegebene Punkte: $P_0(1|3)$, $P_1(3|-2)$, $P_2(4|5)$, $P_3(6|10)$.

$$p_3(x) = \sum_{\nu=0}^{3} \prod_{\substack{\mu=0 \\ \mu \neq \nu}}^{3} \frac{x - x_\mu}{x_\nu - x_\mu} \cdot y_\nu = \frac{x-3}{-2} \cdot \frac{x-4}{-3} \cdot \frac{x-6}{-5} \cdot 3 + \frac{x-1}{2} \cdot \frac{x-4}{-1} \cdot \frac{x-6}{-3} \cdot (-2) +$$

$$+ \frac{x-1}{3} \cdot \frac{x-3}{1} \cdot \frac{x-6}{-2} \cdot 5 + \frac{x-1}{5} \cdot \frac{x-3}{3} \cdot \frac{x-4}{2} \cdot 10$$

$$= -\frac{14}{15} x^3 + \frac{319}{30} x^2 - \frac{329}{10} x + \frac{131}{5} \quad \text{(vgl. Abb. C)}$$

B

Verfahren von LAGRANGE

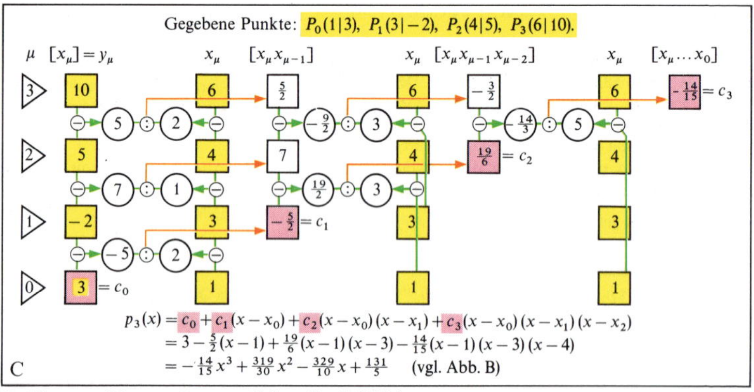

$$p_3(x) = c_0 + c_1(x - x_0) + c_2(x - x_0)(x - x_1) + c_3(x - x_0)(x - x_1)(x - x_2)$$

$$= 3 - \tfrac{5}{2}(x-1) + \tfrac{19}{6}(x-1)(x-3) - \tfrac{14}{15}(x-1)(x-3)(x-4)$$

$$= -\tfrac{14}{15} x^3 + \tfrac{319}{30} x^2 - \tfrac{329}{10} x + \tfrac{131}{5} \quad \text{(vgl. Abb. B)}$$

Verfahren von NEWTON-GREGORY (Stützstellen beliebig)

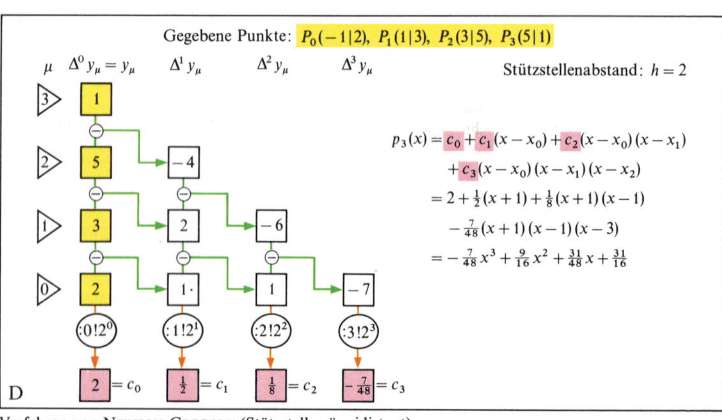

$$p_3(x) = c_0 + c_1(x - x_0) + c_2(x - x_0)(x - x_1) + c_3(x - x_0)(x - x_1)(x - x_2)$$

$$= 2 + \tfrac{1}{2}(x+1) + \tfrac{1}{8}(x+1)(x-1) - \tfrac{7}{48}(x+1)(x-1)(x-3)$$

$$= -\tfrac{7}{48} x^3 + \tfrac{9}{16} x^2 + \tfrac{31}{48} x + \tfrac{31}{16}$$

Verfahren von NEWTON-GREGORY (Stützstellen äquidistant)

Aufgabe der Interpolationstheorie

Bei der Aufgabe der *Interpolation* geht es darum, zu $n+1$ Punkten $P_\mu(x_\mu|y_\mu)$ ($\mu\in\{0,\dots,n\}$, x_μ paarweise verschieden) eine ganzrationale Funktion p_n höchstens n-ten Grades zu finden, die an den Stellen x_μ (*Stützstellen*) gerade die Werte y_μ (*Stützwerte*) annimmt (Abb. A). Die Koeffizienten α_ν in $p_n(x) = \sum_{\nu=0}^{n} \alpha_\nu x^\nu$ sind also so zu bestimmen, daß $\sum_{\nu=0}^{n} \alpha_\nu x_\mu^\nu = y_\mu$ für alle $\mu\in\{0,\dots,n\}$ gilt.

Dieses lineare Gleichungssystem mit den Variablen $\alpha_0,\dots,\alpha_n$ ist eindeutig lösbar nach Satz 1, S. 93. Dazu betrachtet man das zugehörige homogene Gleichungssystem $\sum_{\nu=0}^{n} \alpha_\nu x_\mu^\nu = 0$ ($\mu\in\{0,\dots,n\}$), das äquivalent ist zu $p_n(x_\mu)=0$ ($\mu\in\{0,\dots,n\}$). Gäbe es eine Lösung $(\alpha_0,\dots,\alpha_n)\neq(0,\dots,0)$, so ließen sich $n+1$ paarweise verschiedene Nullstellen x_μ von p_n angeben, was dem Grad von p_n widerspricht. Also hat das homogene System nur die triviale Lösung $(0,\dots,0)$. Die Maximalzahl lin. unabh. Spaltenvektoren der zugehörigen Matrix ist daher $n+1$ (vgl. hom. Systeme, S. 93), so daß die Determinante des Systems von 0 verschieden ist ((4d), S. 91).

Es gibt verschiedene Verfahren, um das Interpolationspolynom einfacher zu gewinnen.

Verfahren von Lagrange

Nach Lagrange kann das Interpolationspolynom $p_n(x)$ zu den Stützstellen $x_0,\dots,x_n$ geschrieben werden in der Form

$$p_n(x) = \sum_{\nu=0}^{n} \prod_{\substack{\mu=0\\ \mu\neq\nu}}^{n} \frac{x-x_\mu}{x_\nu - x_\mu}\, y_\nu \quad \text{(Beispiel in Abb. B)},$$

wie man durch Einsetzen überprüfen kann.

In der Praxis ist das Verfahren meistens ziemlich zeitraubend. Es hat außerdem den Nachteil, daß bei der Hinzunahme weiterer Stützstellen die gesamte Rechnung neu durchgeführt werden muß.

Das folgende Verfahren vermeidet diese Nachteile.

Verfahren von Newton-Gregory

Macht man den Ansatz

$$p_n(x) = c_0 + c_1(x-x_0) + \cdots + c_n(x-x_0)(x-x_1)\cdot\dots\cdot(x-x_{n-1}),$$

so lassen sich die Koeffizienten c_ν aus den Bedingungen $p_n(x_\mu)=y_\mu$, $\mu\in\{0,\dots,n\}$ berechnen.

$p_n(x_0)=y_0$ liefert $c_0=y_0$. Durch Hinzunahme je einer weiteren Gleichung $p_n(x_\mu)=y_\mu$ erhält man schrittweise $c_1 = \dfrac{y_1-y_0}{x_1-x_0}$, $c_2 = \dfrac{\dfrac{y_2-y_1}{x_2-x_1} - \dfrac{y_1-y_0}{x_1-x_0}}{x_2-x_0}$ usw.

Def. man induktiv für $\mu,\nu\in\mathbb{N}$, $\nu\leqq\mu$:

$[x_\mu] := y_\mu$ (*Steigung 0-ter Ordnung*),

$$[x_\mu x_{\mu-1}\dots x_{\mu-\nu}] := \frac{[x_\mu\dots x_{\mu-\nu+1}] - [x_{\mu-1}\dots x_{\mu-\nu}]}{x_\mu - x_{\mu-\nu}}$$

(*Steigung ν-ter Ordnung*, $\nu>0$),

so erhält man

$$c_\nu = [x_\nu x_{\nu-1}\dots x_0] \quad \text{für alle} \quad \nu\in\{0,\dots,n\}.$$

Die Koeffizienten lassen sich durch ein verhältnismäßig einfaches Rechenschema bestimmen (Abb. C). Bei Hinzunahme weiterer Stützstellen sind nur noch die neu hinzukommenden Koeffizienten zu berechnen. Die Anordnung der Stützstellen spielt keine Rolle. Besonders einfach wird das Verfahren, wenn die Stützstellen im gleichen Abstand aufeinander folgen. Ist x_0 die kleinste Stützstelle und $x_{\mu+1}-x_\mu = h$ für alle $\mu\in\{0,\dots,n-1\}$, so schreibt man statt der Steigungen ν-ter Ordnung jetzt einfacher die sog. Differenzen ν-ter Ordnung, die def. sind durch

$$\Delta^0 y_\mu := y_\mu,$$
$$\Delta^\nu y_\mu := \Delta^{\nu-1} y_{\mu+1} - \Delta^{\nu-1} y_\mu, \quad \nu>0.$$

Dann ist $c_\nu = [x_\nu x_{\nu-1}\dots x_0] = \dfrac{1}{\nu!}\cdot\dfrac{\Delta^\nu y_0}{h^\nu}$ für alle $\nu\in\{0,\dots,n\}$ (Abb. D).

Bem.: Man erhält ähnliche Formeln für die Interpolation bei gleichem Abstand der Stützstellen, wenn x_0 nicht die kleinste, sondern die größte oder genau die mittlere Stützstelle ist.

Approximation durch Interpolationspolynome

Für eine stetige Funktion f kann man eine Approximation dadurch versuchen, daß man an $n+1$ Stützstellen die Funktionswerte bestimmt und das zugehörige Interpolationspolynom bildet. Für alle Stützstellen x_ν gilt dann $f(x_\nu)=p_n(x_\nu)$. Ist f $(n+1)$mal differenzierbar, so kann man Aussagen über die Güte der Approximation bei Zwischenwerten machen. Der Interpolationsfehler $f(x)-p_n(x)$ läßt sich z. B. bei gleichen Abständen der Stützstellen schreiben als

$$f(x)-p_n(x) = \frac{f^{(n+1)}(\xi)}{(n+1)!}(x-x_0)\cdot(x-x_1)\cdot\dots\cdot(x-x_n),$$

wobei ξ ein geeigneter Zwischenwert ist aus einem $(x_0;x_n)$ und $\{x\}$ umfassenden Intervall. Die Taylor-Polynome erscheinen damit als Grenzfall der Interpolationspolynome für den Fall, daß alle Stützstellen an einer Stelle zusammenrücken.

Man kann die Interpolationsaufgabe von vornherein so formulieren, daß die Stützstellen nicht unbedingt verschieden sein müssen. Fallen k Stützstellen ($k>1$) an einer Stelle zusammen, so sind, um ein eindeutiges Interpolationspolynom zu erhalten, dort allerdings auch k Bedingungen zu stellen. Neben dem y-Wert müssen z. B. auch die Werte der Ableitungen bis zur $(k-1)$-ten Ordnung vorgeschrieben werden.

Eine interessante Frage ist schließlich die, wie man in einem Intervall $(a;b)$ zweckmäßigerweise die Stützstellen wählen sollte, um eine besonders gute Approximation einer vorgegebenen Funktion durch das Interpolationspolynom in diesem Intervall zu erhalten. Die Antwort hängt von der Normierung des Raumes ab.

Bei Verwendung der Čebyšev-Norm führt diejenige Interpolation auf die beste Approximation, bei der die Stützstellen die Nullstellen der Čebyšev-Polynome $t_{n+1}(x)$ (S. 313) sind. Entsprechendes gilt bei Verwendung der euklidischen Norm für die Nullstellen der Legendre-Polynome $l_{n+1}(x)$ (S. 313).

A

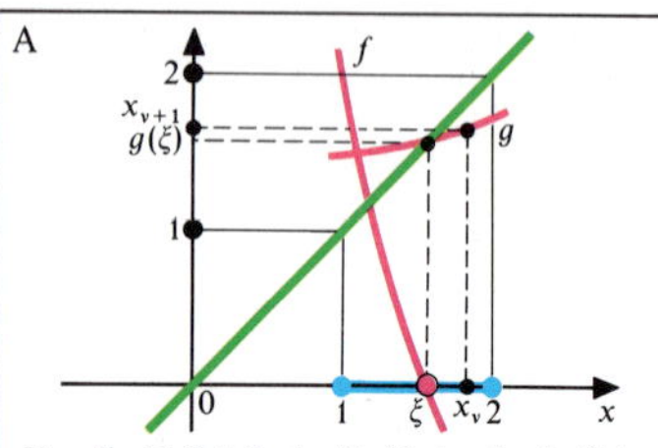

Um die Nullstelle $\xi \in (1; 2)$ der durch $f(x) = x^2 - 6x + 7$ def. Funktion zu berechnen, bildet man z. B.

$$g(x) = x + \tfrac{1}{4} f(x) = \tfrac{1}{4}(x^2 - 2x + 7).$$

Dann ist die Konvergenzbedingung des Satzes auf S. 317 erfüllt.

Von $x_0 = 2$ ausgehend erhält man iterativ $x_1 = g(x_0) = 1{,}75$, $x_2 = g(x_1) = 1{,}641$, $x_3 = g(x_2) = 1{,}603, \ldots$, wobei $\xi = g(\xi) = \lim\limits_{\nu \to \infty} x_\nu$ gilt.

Einfache Iteration

B

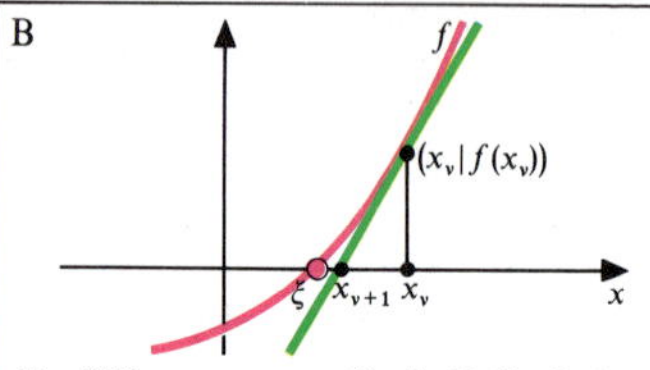

Der Näherungswert x_ν für die Nullstelle ξ von f wird verbessert durch

$$x_{\nu+1} = x_\nu - \frac{f(x_\nu)}{f'(x_\nu)},$$

die Abszisse des Schnittpunktes der Tangente durch $(x_\nu | f(x_\nu))$ mit der x-Achse.

Beispiel: $f(x) = x^3 - 3x - 1$.

Die Konvergenzbedingung ist z. B. im Intervall $(1{,}6; 2)$ erfüllt. Setzt man $x_0 = 2$, so erhält man durch dreimalige Iteration $x_1 = 1{,}889$, $x_2 = 1{,}87945$, $x_3 = 1{,}87938524$ (auf 8 Dezimalen genau).

Verfahren von NEWTON-RAPHSON

C

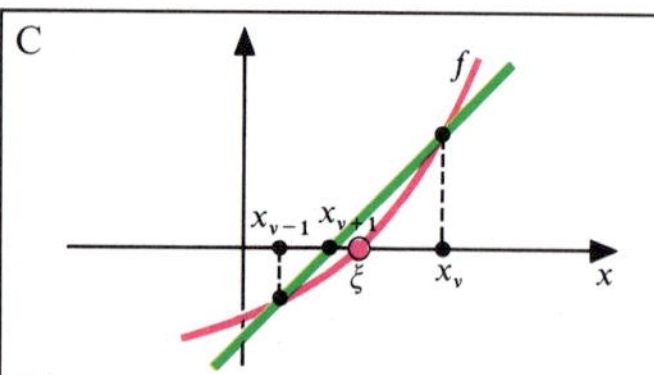

Die Näherungswerte $x_{\nu-1}$ und x_ν für die Nullstelle ξ von f werden verbessert durch

$$x_{\nu+1} = x_\nu - \frac{x_\nu - x_{\nu-1}}{f(x_\nu) - f(x_{\nu-1})} \cdot f(x_\nu),$$

die Abszisse des Schnittpunktes der Sekante durch $(x_{\nu-1} | f(x_{\nu-1}))$ und $(x_\nu | f(x_\nu))$ mit der x-Achse.

Für das Beispiel aus Abb. B erhält man mit $x_0 = 1{,}8$ und $x_1 = 1{,}9$ die weiteren Näherungswerte $x_2 = 1{,}878$, $x_3 = 1{,}8793$.

Regula falsi

D

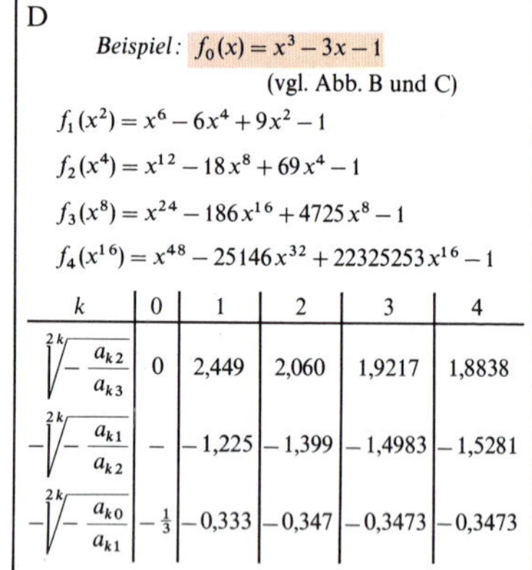

Beispiel: $f_0(x) = x^3 - 3x - 1$

(vgl. Abb. B und C)

$$f_1(x^2) = x^6 - 6x^4 + 9x^2 - 1$$

$$f_2(x^4) = x^{12} - 18x^8 + 69x^4 - 1$$

$$f_3(x^8) = x^{24} - 186x^{16} + 4725x^8 - 1$$

$$f_4(x^{16}) = x^{48} - 25146x^{32} + 22325253x^{16} - 1$$

k	0	1	2	3	4
$\sqrt[2^k]{-\frac{a_{k2}}{a_{k3}}}$	0	2,449	2,060	1,9217	1,8838
$-\sqrt[2^k]{-\frac{a_{k1}}{a_{k2}}}$	–	−1,225	−1,399	−1,4983	−1,5281
$-\sqrt[2^k]{-\frac{a_{k0}}{a_{k1}}}$	$-\frac{1}{3}$	−0,333	−0,347	−0,3473	−0,3473

GRAEFFE-Verfahren

E_1 Gegeben: $f: \mathbb{R} \to \mathbb{R}$ def. durch

$x \mapsto f(x) = a_n x^n + a_{n-1} x^{n-1} + \cdots + a_0$.

Gesucht: Funktionswert $f(x_\nu)$

a_n … a_{n-1} ………… a_1 … a_0

$\oplus$ $\oplus$ $\oplus$ $\oplus$

0 $(\cdot x_\nu)$ $a_n x_\nu$ $(\cdot x_\nu)$ … $(\cdot x_\nu)$

a_n ……… $f(x_\nu)$

Die Fortsetzung des Verfahrens liefert die Koeffizienten $\frac{1}{\mu!} f^{(\mu)}(x_\nu)$ der TAYLORentwicklung von f mit der Entwicklungsstelle x_ν (S. 299).

E_2 *Beispiel:*

Gegeben: $f(x) = x^4 - 2x^3 + x^2 - 7x + 3$

Gesucht: $f(3)$, $f'(3)$, $f''(3)$, $f'''(3)$

1	−2	1	−7	3	
0	3	3	12	15	
1	1	4	5	18	$= f(3)$
0	3	12	48		
1	4	16	53	$= f'(3)$	
0	3	21			
1	7	37	$= \frac{1}{2!} f''(3)$		
0	3				
1	10	$= \frac{1}{3!} f'''(3)$			

HORNER-Schema

Einfache Iterationsverfahren

Eine wichtige Aufgabe der numerischen Math. ist die Auflösung von Gleichungen $f(x)=0$.

Setzt man $g(x)=x+c(x)\cdot f(x)$, wobei $c(x)$ mit $c(x)\neq 0$ für alle $x\in(a;b)$ noch geeignet gewählt werden kann, so sind die Lösungen von $x=g(x)$ zu finden.

Zur Approximation derartiger Lösungen bietet sich ein sog. *Iterationsverfahren* an. Man beginnt mit einem Näherungswert x_0 und bestimmt $x_{\nu+1}=g(x_\nu)$, $\nu\in\mathbb{N}$. Unter bestimmten Bedingungen konvergieren die x_ν gegen eine Lösung ξ von $f(x)=0$.

Satz: *Ist $g:(a;b)\to(a;b)$ def. durch $x\mapsto g(x)$ in $(a;b)$ stetig differenzierbar, und gilt $|g'(x)|<1$ für alle $x\in(a;b)$ (Konvergenzbedingung), so hat die Gleichung $x=g(x)$ genau eine Lösung ξ, und es gilt: $\xi=\lim\limits_{\nu\to\infty}x_\nu$ mit $x_0\in(a;b)$ und $x_{\nu+1}:=g(x_\nu)$, $\nu\in\mathbb{N}$* (vgl. Beispiel in Abb. A).

Die Güte der Konvergenz ist mittels der Ungleichung

$$|\xi-x_\nu|\leqq\frac{L^\nu}{1-L}|x_1-x_0| \quad \text{mit}$$

$$L=\operatorname{grEl}(\{|g'(x)|\,|\,x\in(a;b)\})$$

schon nach dem ersten Iterationsschritt abschätzbar.

Ist f in $(a;b)$ stetig differenzierbar mit $-2<f'(x)<0$, so ist das Iterationsverfahren zur Bestimmung einer Lösung ξ von $f(x)=0$ besonders einfach, da dann $g=1_{\mathbb{R}}+f$ die Voraussetzungen des Konvergenzsatzes erfüllt. Die Werte $x_{\nu+1}=x_\nu+f(x_\nu)$ konvergieren in diesem Fall gegen die einzige Lösung ξ in $(a;b)$. Die Hilfsfunktion c ist hier die konstante Funktion $c=1$. Entsprechend erhält man Konvergenz von $x_{\nu+1}=x_\nu-f(x_\nu)$ gegen ξ, falls $0<f'(x)<2$ gilt. In diesem Falle ist $c=-1$. Durch Wahl einer anderen konstanten Funktion c kann man auch für $|f(x)|>2$ stets erreichen, daß $g(x)=x+c\,f(x)$ in einem eine Lösung enthaltenden Intervall die Voraussetzungen des Konvergenzsatzes erfüllt und $x_\nu+c\,f(x_\nu)$ gegen ξ konvergiert (Abb. A).

Verfahren von Newton-Raphson

Bei diesem Verfahren versucht man c so zu wählen, daß $g'(\xi)=0$ wird. Wegen $g'(x)=1+c'(x)f(x)+c(x)f'(x)$ setzt man $c(x)=-\dfrac{1}{f'(x)}$.

Als Konvergenzbedingung für $x_{\nu+1}=x_\nu-\dfrac{f(x_\nu)}{f'(x_\nu)}$ bei einer zweimal stetig differenzierbaren Funktion f erhält man dann $\left|\dfrac{f(x)f''(x)}{[f'(x)]^2}\right|<1$ für alle $x\in(a;b)$.

Geometrisch läßt sich das Verfahren deuten, indem man im Punkt $(x_\nu|f(x_\nu))$ die Tangente an den Graphen legt. $x_{\nu+1}$ ist dann die Abszisse des Schnittpunktes der Tangente mit der x-Achse (Abb. B).

Regula falsi

Verwendet man statt der Tangentensteigung $f'(x_\nu)$ im Verfahren von Newton-Raphson die Sekantensteigung der Sekante durch $(x_\nu|f(x_\nu))$ und $(x_{\nu-1}|f(x_{\nu-1}))$, so erhält man $x_{\nu+1}=x_\nu-\dfrac{x_\nu-x_{\nu-1}}{f(x_\nu)-f(x_{\nu-1})}f(x_\nu)$ für $\nu\geqq 1$. $x_{\nu+1}$ ist die Abszisse des Sekantenschnittpunktes mit der x-Achse. Da der Faktor vor $f(x_\nu)$ nicht allein von x_ν abhängt, sind die Konvergenzbedingungen für dieses Verfahren, die sog. *regula falsi*, verwickelter.

Horner-Schema

Zur Berechnung von Funktionswerten $f(x_\nu)$ und $f'(x_\nu)$, wie sie bei den vorigen Verfahren gebraucht werden, kann man bei ganzrationalem f das sog. Horner-*Schema* benutzen. Es beruht auf der Umformung

$$a_nx^n+a_{n-1}x^{n-1}+\cdots+a_1x+a_0$$
$$=((\ldots(a_nx+a_{n-1})x+\cdots+a_2)x+a_1)x+a_0.$$

Abb. E_1 erläutert das Verfahren zur Berechnung von $f(x_\nu)$. Außer Additionen kommen nur Multiplikationen mit derselben Zahl x_ν vor.

Durch Wiederholung des Verfahrens kann man $f'(x_\nu)$ berechnen. Denn die ersten n Zahlen der dritten Zeile des Schemas in E_1 sind die Koeffizienten der stetigen Fortsetzung der durch $m_{x_\nu}(x)=\dfrac{f(x)-f(x_\nu)}{x-x_\nu}$ def. Differenzenquotientenfunktion (S. 293), für die $\bar{m}_{x_\nu}(x_\nu)=f'(x_\nu)$ gilt.

Bem.: Die weitere Fortsetzung des Verfahrens liefert die Koeffizienten $\dfrac{1}{\mu!}f^{(\mu)}(x_\nu)$ der Taylor-Entwicklung von f mit der Entwicklungsstelle x_ν (S. 299).

Beispielrechnung: Abb. E_2.

Graeffe-Verfahren

Betrachtet man eine ganzrationale Funktion f_0 n-ten Grades def. durch $x\mapsto a_nx^n+a_{n-1}x^{n-1}+\cdots+a_0$ als Funktion über $\mathbb{C}$, so kann aus dem algebraischen Hauptsatz der komplexen Zahlen (S. 67) geschlossen werden, daß der Funktionsterm eine Zerlegung in n Linearfaktoren in der Form $a_n(x-\xi_1)(x-\xi_2)\cdot\cdots\cdot(x-\xi_n)$ gestattet. Durch Ausmultiplizieren und Vergleich der Koeffizienten folgt für $1\leqq m\leqq n$

$$\sum_{\nu_1<\nu_2<\cdots<\nu_m}(-\xi_{\nu_1})(-\xi_{\nu_2})\ldots(-\xi_{\nu_m})=\frac{a_{n-m}}{a_n}.$$

Diese auch als *Satz von* Vieta bezeichnete Eigenschaft der Nullstellen gestattet deren Berechnung, falls alle ξ_ν verschiedenen Betrag haben. Ist etwa $|\xi_1|>|\xi_2|>\cdots>|\xi_n|$, so gilt näherungsweise $\xi_\nu\approx-\dfrac{a_{n-\nu}}{a_{n-\nu+1}}$ für $\nu\in\{1,\ldots,n\}$, und zwar um so besser, je stärker die Beträge der Nullstellen differieren. Die Berechnung ist nur möglich, wenn $a_\nu\neq 0$ für alle ν gilt. Andernfalls sowie zur Verbesserung der Werte bildet man rekursiv

$$f_k(x^{2^k})=(-1)^n\cdot f_{k-1}(x^{2^{k-1}})\cdot f_{k-1}(-x^{2^{k-1}})$$
$$=a_{k,n}x^{2^k\cdot n}+a_{k,n-1}x^{2^k\cdot(n-1)}+\cdots+a_{k,0}.$$

Bei hinreichend großem k werden alle Koeffizienten von 0 verschieden, und es gilt

$$\lim_{k\to\infty}\pm\sqrt[2^k]{-\frac{a_{k,n-\nu}}{a_{k,n-\nu+1}}}=\xi_\nu \quad \text{für alle } \nu\in\{1,\ldots,n\},$$

wobei das Vorzeichen geeignet zu wählen ist (Abb. D).

Dieses sog. Graeffe-*Verfahren* läßt sich so erweitern, daß es auch anwendbar wird, wenn Nullstellen mit gleichem absoluten Betrag vorkommen.

$f: \mathbb{R}^2 \to \mathbb{R}$ sei def. durch $\boldsymbol{x} \mapsto f(\boldsymbol{x}) = \begin{cases} \dfrac{2x_1x_2}{x_1^2+x_2^2} & \text{für } \boldsymbol{x} \neq \boldsymbol{o}, \\ 0 & \text{für } \boldsymbol{x} = \boldsymbol{o}. \end{cases}$

Auf Geraden durch 0 mit der Gleichung $x_2 = x_1 \tan\alpha$ ist für $\boldsymbol{x} \neq \boldsymbol{o}$

$f(x) = \dfrac{2\tan\alpha}{1+\tan^2\alpha} = \sin 2\alpha$. Der Graph kann daher erzeugt werden, indem eine Gerade parallel zur x_1-x_2-Ebene um die x_3-Achse gedreht und dabei periodisch auf- und abbewegt wird.

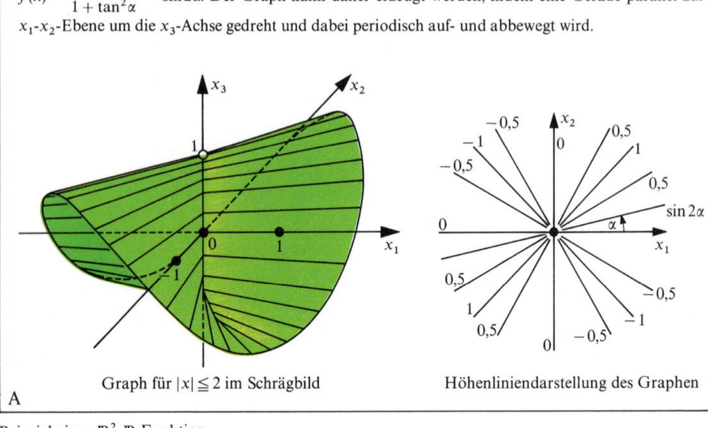

Graph für $|x| \leqq 2$ im Schrägbild

Höhenliniendarstellung des Graphen

A

Beispiel einer $\mathbb{R}^2$-$\mathbb{R}$-Funktion

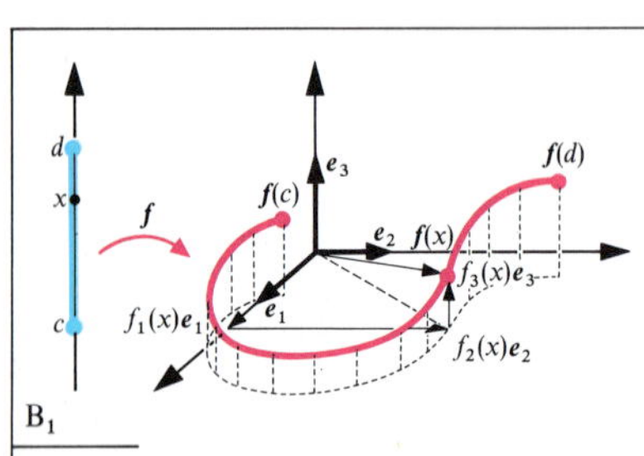

B_1

Eine Kurve im Raum läßt sich durch eine $\mathbb{R}$-$\mathbb{R}^3$-Funktion darstellen

$$\boldsymbol{f}: (c, d) \to \mathbb{R}^3$$

$\boldsymbol{f}(x)$ und damit auch $\boldsymbol{f}$ lassen sich in Komponenten zerlegen

$$\boldsymbol{f}(x) = \sum_{\mu=1}^{3} f_\mu(x)\boldsymbol{e}_\mu = \begin{pmatrix} f_1(x) \\ f_2(x) \\ f_3(x) \end{pmatrix}; \quad \boldsymbol{f} = \begin{pmatrix} f_1 \\ f_2 \\ f_3 \end{pmatrix}.$$

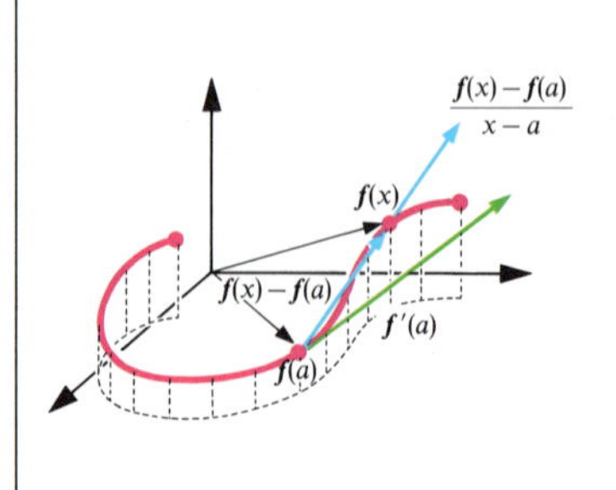

Zur Ableitung von $\boldsymbol{f}$ gelangt man, indem man zunächst Differenzenquotienten $\dfrac{\boldsymbol{f}(x)-\boldsymbol{f}(a)}{x-a}$ in der Bedeutung von $\dfrac{1}{x-a} \cdot (\boldsymbol{f}(x)-\boldsymbol{f}(a))$ bildet (Multiplikation mit Skalaren, S. 191). Die im Falle der Existenz des Limes durch $a \mapsto \lim\limits_{x \to a} \dfrac{\boldsymbol{f}(x)-\boldsymbol{f}(a)}{x-a}$ def. $\mathbb{R}$-$\mathbb{R}^3$-Funktion heißt Ableitung $\boldsymbol{f}'$ von $\boldsymbol{f}$. Zerlegt man $\boldsymbol{f}$ in Komponenten, so erhält man

$$\boldsymbol{f}' = \begin{pmatrix} f_1' \\ f_2' \\ f_3' \end{pmatrix}.$$

$\boldsymbol{f}'$ ist auf $D_{\boldsymbol{f}'} = \bigcap\limits_{\mu=1}^{3} D_{f_\mu'}$ definiert.

B_2

$\mathbb{R}$-$\mathbb{R}^3$-Funktionen

Der Funktionsbegriff (S. 33) verlangt keine Beschränkung des Definitions- oder Wertebereiches auf Teilmengen von $\mathbb{R}$, wie sie bei den bisherigen Begriffsbildungen der Differentialrechnung vorausgesetzt wurden. Da in vielen Anwendungsgebieten der Mathematik wesentlich allgemeinere Funktionen auftreten, soll nun untersucht werden, wieweit der Begriff der Differenzierbarkeit auf Funktionen $f: D_f \to \mathbb{R}^m$ mit $D_f \subseteq \mathbb{R}^n$ übertragbar ist.

Eigenschaften von $\mathbb{R}^n$

Der Raum $\mathbb{R}^n$ $(n \in \mathbb{N} \setminus \{0\})$ wird gebildet von allen n-Tupeln $(x_1, \ldots, x_n)$ reeller Zahlen. Die n-Tupel heißen Punkte des $\mathbb{R}^n$. Nach S. 87 und S. 204 kann $\mathbb{R}^n$ als Vektorraum über $\mathbb{R}$ mit der Dimension n aufgefaßt werden, dessen El. auch als Spalten geschrieben werden. Als Variable für Spalten sollen im folgenden halbfette kursive Kleinbuchstaben verwendet werden. Obwohl die Zeilenschreibweise bequem und platzsparend ist, soll doch der Spaltenschreibweise der Vorzug gegeben werden, zumindest wenn mit den El. von $\mathbb{R}^n$ Rechenoperationen durchzuführen sind. Die aus n Nullen bestehende Spalte soll mit $\boldsymbol{o}$ bezeichnet werden. Um bei einer Funktion anzudeuten, daß die Funktionswerte dem $\mathbb{R}^m$ angehören, soll für $m \neq 1$ auch das Funktionssymbol halbfett kursiv erscheinen. Eine Funktion $\boldsymbol{f}: D_{\boldsymbol{f}} \to \mathbb{R}^m$ mit $D_{\boldsymbol{f}} \subseteq \mathbb{R}^n$ soll kurz $\mathbb{R}^n$-$\mathbb{R}^m$-*Funktion* heißen. Es sei ausdrücklich darauf hingewiesen, daß eine $\mathbb{R}^n$-$\mathbb{R}^m$-Funktion nicht auf ganz $\mathbb{R}^n$ def. zu sein braucht.

$\mathbb{R}^n$ läßt sich mittels der euklidischen Metrik (S. 217) topologisieren. Man def. $|\boldsymbol{x}| := \sqrt{\sum_{\nu=1}^{n} x_\nu^2}$ und den Abstand von $\boldsymbol{x}$ und $\boldsymbol{y}$ durch $|\boldsymbol{x} - \boldsymbol{y}|$. Sodann lassen sich die Begriffe »konvergente Folge« und »stetige Funktion« erklären. Insbesondere gelten die Sätze von BOLZANO-WEIERSTRASS für Folgen und Punktmengen auch im $\mathbb{R}^n$:

Jede beschränkte Folge im $\mathbb{R}^n$ besitzt einen Folgenhäufungspunkt (vgl. S. 277).

Jede beschränkte unendliche Teilmenge des $\mathbb{R}^n$ besitzt einen Häufungspunkt (vgl. S. 229).

Beispiel einer $\mathbb{R}^2$-$\mathbb{R}$-Funktion

Um die Problematik der Übertragung der bisherigen Ergebnisse der Differentialrechnung auf Funktionen im $\mathbb{R}^n$ zu zeigen, werde folgende Funktion betrachtet:

$f: \mathbb{R}^2 \to \mathbb{R}$ def. durch

$$\boldsymbol{x} \mapsto f(\boldsymbol{x}) = \begin{cases} \dfrac{2x_1 x_2}{x_1^2 + x_2^2} & \text{für } \boldsymbol{x} \neq \boldsymbol{o}, \\ 0 & \text{für } \boldsymbol{x} = \boldsymbol{o}. \end{cases}$$

Der Funktionsverlauf kann hier, wie auch bei anderen Funktionen mit zwei Variablen x_1 und x_2, durch eine Punktmenge im $\mathbb{R}^3$, den Graph der Funktion, dargestellt werden:

$$\left\{ \begin{pmatrix} x_1 \\ x_2 \\ x_3 \end{pmatrix} \middle| \begin{pmatrix} x_1 \\ x_2 \end{pmatrix} \in D_f \wedge x_3 = f\left(\begin{pmatrix} x_1 \\ x_2 \end{pmatrix}\right) \right\}.$$

Für alle Punkte der x_1-Achse und der x_2-Achse ist der Funktionswert 0. Trotzdem ist die Funktion in $\boldsymbol{o}$ unstetig, denn für die Punkte $\begin{pmatrix} x_1 \\ x_2 \end{pmatrix} \neq \boldsymbol{o}$ der durch $x_1 = x_2$ def. Geraden ist der Funktionswert 1. Es liegen also in jeder Umgebung von $\boldsymbol{o}$ Punkte mit dem Funktionswert 1, während $f(\boldsymbol{o}) = 0$ gilt (Abb. A). Die Unstetigkeit ist insofern überraschend, als bei fester Wahl von x_2 die entstehende Funktion der einen Variablen x_1 überall, auch an der Stelle 0, differenzierbar ist. Entsprechendes gilt für die Differenzierbarkeit nach x_2 bei fest gewähltem x_1. Aus dieser sog. partiellen Differenzierbarkeit nach x_1 bzw. x_2 (S. 321) kann also weder auf Stetigkeit geschlossen werden, noch können die Funktionswerte in der Umgebung einer Stelle durch die Werte der partiellen Ableitungen und der Funktion an dieser Stelle approximiert werden. Die Eigenschaften von Funktionen mit zwei Variablen sind also nicht einfach auf entsprechende Eigenschaften von Funktionen mit einer Variablen zurückführbar.

$\mathbb{R}$-$\mathbb{R}^m$-Funktionen

Als einfachster Fall der hier zu untersuchenden Funktionen soll zunächst derjenige betrachtet werden, bei dem der Definitionsbereich $\mathbb{R}$ oder eine Teilmenge von $\mathbb{R}$ ist, der Wertebereich aber einem Raum $\mathbb{R}^m$ angehört ($\mathbb{R}$-$\mathbb{R}^m$-*Funktion*).

Funktionen dieser Art treten in der Physik häufig auf. Auch Parameterdarstellungen von Kurven in der Ebene oder im Raum (vgl. S. 393f.) sind unter diesem Begriff einzuordnen (Abb. B_1).

Jeder Funktionswert $\boldsymbol{f}(x)$ einer $\mathbb{R}$-$\mathbb{R}^m$-Funktion $\boldsymbol{f}$ besitzt die eindeutige Darstellung $\boldsymbol{f}(x) = \sum_{\mu=1}^{m} a_\mu \boldsymbol{e}_\mu$ (S. 204). Faßt man die a_μ als Funktionswerte $f_\mu(x)$ reellwertiger Funktionen f_μ (*Komponenten* von $\boldsymbol{f}$) auf, so ergibt sich die *Komponentendarstellung* $\boldsymbol{f}(x) = \sum_{\mu=1}^{m} f_\mu(x) \boldsymbol{e}_\mu$ (Abb. B_1).

Umgekehrt bestimmt ein m-Tupel von $\mathbb{R}$-$\mathbb{R}$-Funktionen auf dem Durchschnitt ihrer Definitionsbereiche eine $\mathbb{R}$-$\mathbb{R}^m$-Funktion.

Überträgt man den Begriff des Grenzwertes einer Funktion von Def. 4, S. 283, so gilt $\lim_{x \to a} \boldsymbol{f}(x) = \boldsymbol{g}$ genau dann, wenn $\lim_{x \to a} f_\mu(x) = g_\mu$ für alle $\mu \in \{1, \ldots, m\}$ ist. Entsprechendes gilt für die Stetigkeit an einer Stelle a (vgl. Produkttopologie, S. 221).

Die Bildung von Differenzenquotientenfunktionen bietet keine Schwierigkeit, so daß man def. kann:

Def. 1: Eine $\mathbb{R}$-$\mathbb{R}^m$-Funktion $\boldsymbol{f}$ heißt *differenzierbar* an der Stelle $a \in D_{\boldsymbol{f}}$, wenn a Häufungspunkt von $D_{\boldsymbol{f}}$ ist und $\lim_{x \to a} \dfrac{\boldsymbol{f}(x) - \boldsymbol{f}(a)}{x - a}$ existiert (Abb. B_2). Die durch $a \mapsto \lim_{x \to a} \dfrac{\boldsymbol{f}(x) - \boldsymbol{f}(a)}{x - a}$ def. $\mathbb{R}$-$\mathbb{R}^m$-Funktion heißt *Ableitung* $\boldsymbol{f}'$ von $\boldsymbol{f}$.

Satz 1: *Eine $\mathbb{R}$-$\mathbb{R}^m$-Funktion $\boldsymbol{f}$ ist an der Stelle a genau dann differenzierbar, wenn dort alle f_μ differenzierbar sind. Es gilt $\boldsymbol{f}'(a) = \sum_{\mu=1}^{m} f_\mu'(a) \boldsymbol{e}_\mu$.*

Das Studium von $\mathbb{R}$-$\mathbb{R}^m$-Funktionen ist damit auf dasjenige von $\mathbb{R}$-$\mathbb{R}$-Funktionen zurückgeführt.

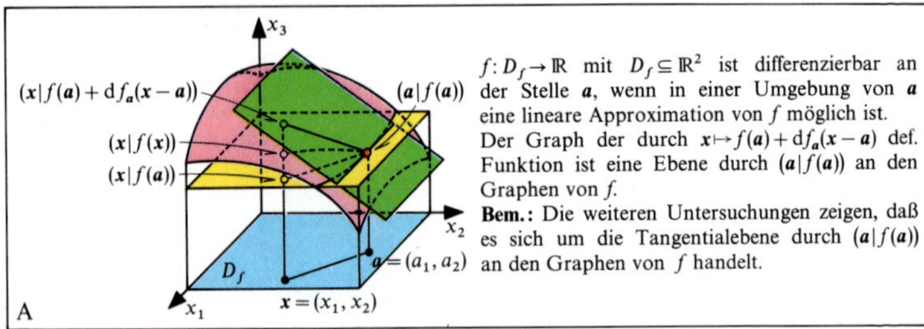

$f: D_f \to \mathbb{R}$ mit $D_f \subseteq \mathbb{R}^2$ ist differenzierbar an der Stelle a, wenn in einer Umgebung von a eine lineare Approximation von f möglich ist.
Der Graph der durch $x \mapsto f(a) + \mathrm{d}f_a(x-a)$ def. Funktion ist eine Ebene durch $(a|f(a))$ an den Graphen von f.
Bem.: Die weiteren Untersuchungen zeigen, daß es sich um die Tangentialebene durch $(a|f(a))$ an den Graphen von f handelt.

Differenzierbarkeit, lineare Approximation, Tangentialebene

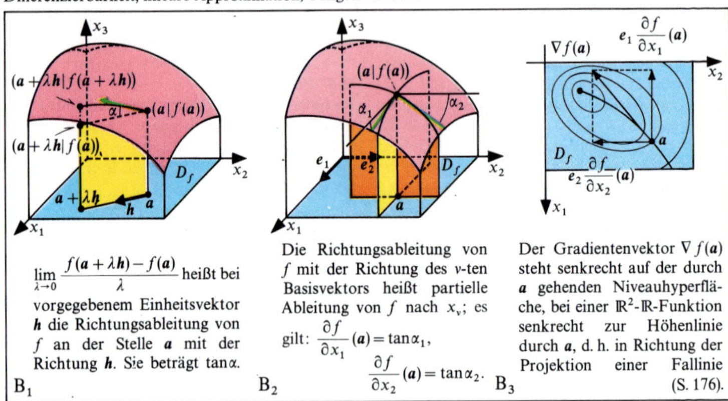

$\lim\limits_{\lambda \to 0} \dfrac{f(a+\lambda h) - f(a)}{\lambda}$ heißt bei vorgegebenem Einheitsvektor h die Richtungsableitung von f an der Stelle a mit der Richtung h. Sie beträgt $\tan\alpha$.

B_1

Die Richtungsableitung von f mit der Richtung des ν-ten Basisvektors heißt partielle Ableitung von f nach x_ν; es gilt: $\dfrac{\partial f}{\partial x_1}(a) = \tan\alpha_1$,

$\dfrac{\partial f}{\partial x_2}(a) = \tan\alpha_2$.

B_2

Der Gradientenvektor $\nabla f(a)$ steht senkrecht auf der durch a gehenden Niveauhyperfläche, bei einer $\mathbb{R}^2$-$\mathbb{R}$-Funktion senkrecht zur Höhenlinie durch a, d. h. in Richtung der Projektion einer Fallinie (S. 176).

B_3

Richtungsableitung, partielle Ableitung, Gradient

$f: \mathbb{R}^2 \to \mathbb{R}$ sei def. durch $x \mapsto x_1^2 x_2 + x_2^3$ Zahlenbeispiel $a = \begin{pmatrix}2\\3\end{pmatrix}$, $f(a) = 39$

partielle Abl.: $\dfrac{\partial f}{\partial x_1}(x) = 2x_1x_2$, $\dfrac{\partial f}{\partial x_2}(x) = x_1^2 + 3x_2^2$ $\dfrac{\partial f}{\partial x_1}(a) = 12$, $\dfrac{\partial f}{\partial x_2}(a) = 31$

Gradient: $\operatorname{grad} f(x) = \nabla f(x) = \begin{pmatrix}2x_1x_2\\ x_1^2+3x_2^2\end{pmatrix}$ $\operatorname{grad} f(a) = \begin{pmatrix}12\\31\end{pmatrix}$

Funktionalmatrix (S. 323): $\dfrac{\mathrm{d}f}{\mathrm{d}x}(x) = (\nabla f)^\top(x) = (2x_1x_2,\ x_1^2+3x_2^2)$

Differential: $\mathrm{d}f_a(x-a) = 2a_1a_2(x_1-a_1) + (a_1^2+3a_2^2)(x_2-a_2)$

$\mathrm{d}f_x(\mathrm{d}x) = \dfrac{\mathrm{d}f}{\mathrm{d}x}(x)\cdot \mathrm{d}x = 2x_1x_2\,\mathrm{d}x_1 + (x_1^2+3x_2^2)\,\mathrm{d}x_2$

Gleichung der Tangentialebene: $x_3 = f(a) + \mathrm{d}f_a(x-a)$ $x_3 = 12x_1 + 31x_2 - 78$

partielle Abl. 2. Ordnung: $\dfrac{\partial^2 f}{\partial x_1^2}(x) = 2x_2$, $\dfrac{\partial^2 f}{\partial x_1 \partial x_2}(x) = \dfrac{\partial^2 f}{\partial x_2 \partial x_1}(x) = 2x_1$, $\dfrac{\partial^2 f}{\partial x_2^2}(x) = 6x_2$

Funktionalmatrix 2. Ordnung: $\dfrac{\mathrm{d}^2 f}{\mathrm{d}x^2}(x) = \dfrac{\mathrm{d}}{\mathrm{d}x}\left(\dfrac{\mathrm{d}f}{\mathrm{d}x}\right)^\top(x) = \begin{pmatrix}\dfrac{\partial^2 f}{\partial x_1^2} & \dfrac{\partial^2 f}{\partial x_1\partial x_2}\\ \dfrac{\partial^2 f}{\partial x_2\partial x_1} & \dfrac{\partial^2 f}{\partial x_2^2}\end{pmatrix}(x) = \begin{pmatrix}2x_2 & 2x_1\\ 2x_1 & 6x_2\end{pmatrix}$

Differential 2. Ordnung: $\mathrm{d}^2 f_x(\mathrm{d}x) = (\mathrm{d}x)^\top \cdot \dfrac{\mathrm{d}^2 f}{\mathrm{d}x^2}(x)\cdot \mathrm{d}x = \dfrac{\partial^2 f}{\partial x_1^2}(x)(\mathrm{d}x_1)^2$

$+\,2\dfrac{\partial^2 f}{\partial x_1\partial x_2}(x)\,\mathrm{d}x_1\,\mathrm{d}x_2 + \dfrac{\partial^2 f}{\partial x_2^2}(x)(\mathrm{d}x_2)^2$

$= 2x_2(\mathrm{d}x_1)^2 + 4x_1\,\mathrm{d}x_1\,\mathrm{d}x_2 + 6x_2(\mathrm{d}x_2)^2$

C

Beispiel für partielle Differentiation

$\mathbb{R}^n$-$\mathbb{R}$-Funktionen

Nach den $\mathbb{R}$-$\mathbb{R}^m$-Funktionen sollen als weiterer Spezielfall $\mathbb{R}^n$-$\mathbb{R}$-Funktionen betrachtet werden, die man auch als reellwertige Funktionen mit n Variablen bezeichnet. In der Physik spricht man im Falle $n>1$ auch von Skalarfeldern.

Beispiele: Temperaturverteilung in einem Körper, Druckverteilung in einer Flüssigkeit, arithmetisches Mittel von n Zahlen.

Während der Begriff der Stetigkeit auf diese Funktionen unmittelbar anwendbar ist, lassen sich Differenzenquotienten im üblichen Sinne nicht bilden, da man durch Vektoren nicht dividieren kann.

Differenzierbarkeit

Für eine reellwertige differenzierbare Funktion f mit einer Variablen gilt $\lim\limits_{x\to a}\left(\frac{f(x)-f(a)}{x-a}-f'(a)\right)=0$, d. h. $\lim\limits_{x\to a}\frac{f(x)-f(a)-\mathrm{d}f_a(x-a)}{x-a}=0$ mit der linearen Funktion $\mathrm{d}f_a$ (Differential von f bez. a, S. 297). Dies läßt sich auf $\mathbb{R}^n$-$\mathbb{R}$-Funktionen übertragen.

Def. 2: Eine $\mathbb{R}^n$-$\mathbb{R}$-Funktion f heißt *differenzierbar* an der Stelle $\boldsymbol{a}\in D_f$, wenn $\boldsymbol{a}$ Häufungspunkt von D_f ist und es eine lineare Funktion $\mathrm{d}f_{\boldsymbol{a}}:\mathbb{R}^n\to\mathbb{R}$, genannt *Differential* von f bez. $\boldsymbol{a}$, gibt, so daß $\lim\limits_{\boldsymbol{x}\to\boldsymbol{a}}\frac{f(\boldsymbol{x})-f(\boldsymbol{a})-\mathrm{d}f_{\boldsymbol{a}}(\boldsymbol{x}-\boldsymbol{a})}{|\boldsymbol{x}-\boldsymbol{a}|}=0$ ist (Abb. A).

Zum Begriff lin. Funktion bzw. Abb. vgl. S. 89.

Auch bei $\mathbb{R}^n$-$\mathbb{R}$-Funktionen kann von Differenzierbarkeit auf Stetigkeit geschlossen werden.

Richtungsableitungen

Schränkt man die differenzierbare Funktion f in einer Umgebung von $\boldsymbol{a}$ bei vorgegebenem Einheitsvektor $\boldsymbol{h}$ auf Werte $\boldsymbol{a}+\lambda\boldsymbol{h}$ ($\lambda\in\mathbb{R}^+$) ein, so gilt

$$\frac{f(\boldsymbol{a}+\lambda\boldsymbol{h})-f(\boldsymbol{a})-\mathrm{d}f_{\boldsymbol{a}}(\lambda\boldsymbol{h})}{|\lambda\boldsymbol{h}|}=\frac{1}{|\boldsymbol{h}|}\cdot\left(\frac{f(\boldsymbol{a}+\lambda\boldsymbol{h})-f(\boldsymbol{a})}{\lambda}-\mathrm{d}f_{\boldsymbol{a}}(\boldsymbol{h})\right)$$

und man erhält $\lim\limits_{\lambda\to 0}\frac{f(\boldsymbol{a}+\lambda\boldsymbol{h})-f(\boldsymbol{a})}{\lambda}=\mathrm{d}f_{\boldsymbol{a}}(\boldsymbol{h})$.

Der links stehende Limes kann auch bei nichtdifferenzierbaren Funktionen für spezielle Einheitsvektoren $\boldsymbol{h}$ noch existieren. Er heißt *Richtungsableitung von f an der Stelle $\boldsymbol{a}$ mit der Richtung $\boldsymbol{h}$* (Abb. B_1).

Partielle Ableitungen

Besonders interessant sind die Richtungsableitungen mit der Richtung der Basisvektoren $\boldsymbol{e}_\nu$.

Def. 3: Eine $\mathbb{R}^n$-$\mathbb{R}$-Funktion f heißt an der Stelle $\boldsymbol{a}$ *partiell differenzierbar* nach x_ν, falls $\lim\limits_{\lambda\to 0}\frac{f(\boldsymbol{a}+\lambda\boldsymbol{e}_\nu)-f(\boldsymbol{a})}{\lambda}$, mit $\frac{\partial f}{\partial x_\nu}(\boldsymbol{a})$ bezeichnet, existiert. Die durch $\boldsymbol{a}\mapsto\frac{\partial f}{\partial x_\nu}(\boldsymbol{a})$ def. Funktion $\frac{\partial f}{\partial x_\nu}$ heißt *partielle Ableitung von f nach x_ν* (Abb. B_2).

Eine an einer Stelle $\boldsymbol{a}$ differenzierbare Funktion ist dort nach allen Variablen partiell differenzierbar. Das Umgekehrte gilt nicht (vgl. Beispiel, S. 319).

Es gilt aber der folgende wichtige Satz:

Satz 2: *Ist eine $\mathbb{R}^n$-$\mathbb{R}$-Funktion f in einer offenen Teilmenge M von D_f partiell differenzierbar nach allen x_ν und sind dort alle partiellen Ableitungen stetig, so ist f in M differenzierbar.*

Gradient

Das Differential $\mathrm{d}f_{\boldsymbol{a}}$ einer differenzierbaren Funktion läßt sich mittels der partiellen Ableitungen ausdrücken. Es gilt $\mathrm{d}f_{\boldsymbol{a}}(\boldsymbol{x}-\boldsymbol{a})=\sum\limits_{\nu=1}^{n}\frac{\partial f}{\partial x_\nu}(\boldsymbol{a})\cdot(x_\nu-a_\nu)$.

Das Differential der identischen Funktion bez. $\boldsymbol{a}$ ist $\boldsymbol{x}-\boldsymbol{a}$ und wird auch $\mathrm{d}\boldsymbol{x}$ geschrieben. Obige Summe ist dann das Skalarprodukt

$$\left\langle\begin{pmatrix}\frac{\partial f}{\partial x_1}(\boldsymbol{a})\\ \vdots\\ \frac{\partial f}{\partial x_n}(\boldsymbol{a})\end{pmatrix};\mathrm{d}\boldsymbol{x}\right\rangle,\quad\text{wobei}\quad \mathrm{d}\boldsymbol{x}=\begin{pmatrix}\mathrm{d}x_1\\ \vdots\\ \mathrm{d}x_n\end{pmatrix}\quad\text{gilt.}$$

Man def. weiter den *Gradienten* einer Funktion:

Def. 4: Ist die $\mathbb{R}^n$-$\mathbb{R}$-Funktion f nach allen x_ν partiell differenzierbar, so bezeichnet grad$f$ die $\mathbb{R}^n$-$\mathbb{R}^n$-Funktion $\begin{pmatrix}\frac{\partial f}{\partial x_1}\\ \vdots\\ \frac{\partial f}{\partial x_n}\end{pmatrix}$, die mittels $\nabla:=\begin{pmatrix}\frac{\partial}{\partial x_1}\\ \vdots\\ \frac{\partial}{\partial x_n}\end{pmatrix}$ auch in der formalen Schreibweise ∇f geschrieben wird (Abb. B_3). ∇ heißt *Nablavektor*.

Die partiellen Ableitungen einer Funktion werden nach denselben Regeln gebildet wie bei Funktionen mit einer Variablen. Alle Variablen bis auf die, nach der partiell differenziert wird, werden dabei als Konstanten behandelt (Beispiel in Abb. C).

Tangentialhyperebene

Nach Def. 2 erhält man für $\boldsymbol{x}-\boldsymbol{a}$ mit hinreichend kleinem Betrag $f(\boldsymbol{x})\approx f(\boldsymbol{a})+\langle\nabla f(\boldsymbol{a}),\boldsymbol{x}-\boldsymbol{a}\rangle$. Der Graph von f entspricht daher in der Nähe von $\boldsymbol{a}$ in etwa der durch die Gleichung $x_{n+1}=f(\boldsymbol{a})+\langle\nabla f(\boldsymbol{a}),\boldsymbol{x}-\boldsymbol{a}\rangle$ dargestellten Punktmenge, einer n-dim. Hyperebene im $\mathbb{R}^{n+1}$ durch $(\boldsymbol{a},f(\boldsymbol{a}))$, die die Verallgemeinerung der Tangente darstellt. Im Falle $n=2$ handelt es sich um eine Ebene, die den Graph von f in $(\boldsymbol{a},f(\boldsymbol{a}))$ berührt (Abb. A); allgemein spricht man von der *Tangentialhyperebene*.

Höhere partielle Ableitungen

Die partiellen Ableitungen einer differenzierbaren Funktion können wieder partiell differenzierbar sein. Für eine Funktion mit zwei Variablen gibt es dabei vier Möglichkeiten der Differentiation, nämlich:

$$\frac{\partial}{\partial x_1}\left(\frac{\partial f}{\partial x_1}\right)=\frac{\partial^2 f}{\partial x_1^2};\quad \frac{\partial}{\partial x_2}\left(\frac{\partial f}{\partial x_1}\right)=\frac{\partial^2 f}{\partial x_1\partial x_2};$$

$$\frac{\partial}{\partial x_1}\left(\frac{\partial f}{\partial x_2}\right)=\frac{\partial^2 f}{\partial x_2\partial x_1};\quad \frac{\partial}{\partial x_2}\left(\frac{\partial f}{\partial x_2}\right)=\frac{\partial^2 f}{\partial x_2^2}.$$

Existieren die zweiten partiellen Ableitungen in einer offenen Menge und sind sie dort stetig, so gilt stets $\frac{\partial^2 f}{\partial x_1\partial x_2}=\frac{\partial^2 f}{\partial x_2\partial x_1}$. Mit diesen Ableitungen lassen sich Differentiale 2. Ordnung def. (Abb. C).

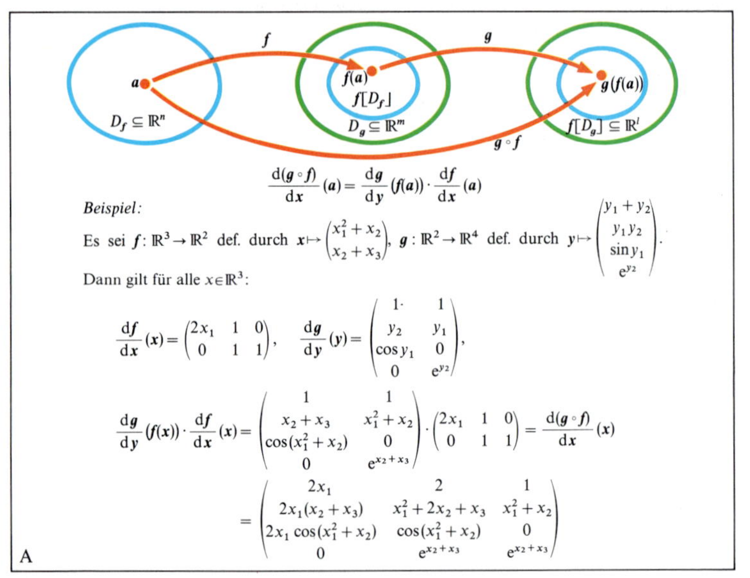

$$\frac{\mathrm{d}(\boldsymbol{g} \circ \boldsymbol{f})}{\mathrm{d}\boldsymbol{x}}(\boldsymbol{a}) = \frac{\mathrm{d}\boldsymbol{g}}{\mathrm{d}\boldsymbol{y}}(\boldsymbol{f}(\boldsymbol{a})) \cdot \frac{\mathrm{d}\boldsymbol{f}}{\mathrm{d}\boldsymbol{x}}(\boldsymbol{a})$$

Beispiel:

Es sei $\boldsymbol{f}: \mathbb{R}^3 \to \mathbb{R}^2$ def. durch $\boldsymbol{x} \mapsto \begin{pmatrix} x_1^2 + x_2 \\ x_2 + x_3 \end{pmatrix}$, $\boldsymbol{g}: \mathbb{R}^2 \to \mathbb{R}^4$ def. durch $\boldsymbol{y} \mapsto \begin{pmatrix} y_1 + y_2 \\ y_1 y_2 \\ \sin y_1 \\ \mathrm{e}^{y_2} \end{pmatrix}$.

Dann gilt für alle $x \in \mathbb{R}^3$:

$$\frac{\mathrm{d}\boldsymbol{f}}{\mathrm{d}\boldsymbol{x}}(\boldsymbol{x}) = \begin{pmatrix} 2x_1 & 1 & 0 \\ 0 & 1 & 1 \end{pmatrix}, \quad \frac{\mathrm{d}\boldsymbol{g}}{\mathrm{d}\boldsymbol{y}}(\boldsymbol{y}) = \begin{pmatrix} 1 & 1 \\ y_2 & y_1 \\ \cos y_1 & 0 \\ 0 & \mathrm{e}^{y_2} \end{pmatrix},$$

$$\frac{\mathrm{d}\boldsymbol{g}}{\mathrm{d}\boldsymbol{y}}(\boldsymbol{f}(\boldsymbol{x})) \cdot \frac{\mathrm{d}\boldsymbol{f}}{\mathrm{d}\boldsymbol{x}}(\boldsymbol{x}) = \begin{pmatrix} 1 & 1 \\ x_2 + x_3 & x_1^2 + x_2 \\ \cos(x_1^2 + x_2) & 0 \\ 0 & \mathrm{e}^{x_2 + x_3} \end{pmatrix} \cdot \begin{pmatrix} 2x_1 & 1 & 0 \\ 0 & 1 & 1 \end{pmatrix} = \frac{\mathrm{d}(\boldsymbol{g} \circ \boldsymbol{f})}{\mathrm{d}\boldsymbol{x}}(\boldsymbol{x})$$

$$= \begin{pmatrix} 2x_1 & 2 & 1 \\ 2x_1(x_2 + x_3) & x_1^2 + 2x_2 + x_3 & x_1^2 + x_2 \\ 2x_1 \cos(x_1^2 + x_2) & \cos(x_1^2 + x_2) & 0 \\ 0 & \mathrm{e}^{x_2 + x_3} & \mathrm{e}^{x_2 + x_3} \end{pmatrix}$$

A

Komposition von Funktionen, Kettenregel

Eine differenzierbare $\mathbb{R}^n$-$\mathbb{R}^n$-Funktion $\boldsymbol{f}$ ist an der Stelle $\boldsymbol{a}$ lokal umkehrbar, wenn $\det \frac{\mathrm{d}\boldsymbol{f}}{\mathrm{d}\boldsymbol{x}}(\boldsymbol{a}) \neq 0$ ist.

Beispiel:

$\boldsymbol{f}: \mathbb{R}^2 \to \mathbb{R}^2$ def. durch $\boldsymbol{x} \mapsto \begin{pmatrix} x_1 \cos x_2 \\ x_1 \sin x_2 \end{pmatrix}$ besitzt die Funktionalmatrix

$\frac{\mathrm{d}\boldsymbol{f}}{\mathrm{d}\boldsymbol{x}}(\boldsymbol{x}) = \begin{pmatrix} \cos x_2 & -x_1 \sin x_2 \\ \sin x_2 & x_1 \cos x_2 \end{pmatrix}$, so daß $\det \frac{\mathrm{d}\boldsymbol{f}}{\mathrm{d}\boldsymbol{x}}(\boldsymbol{x}) = x_1$ für alle $\boldsymbol{x} \in \mathbb{R}^2$ gilt.

$\boldsymbol{f}$ ist also an der Stelle $\boldsymbol{a} = \begin{pmatrix} a_1 \\ a_2 \end{pmatrix}$ lokal umkehrbar, wenn $a_1 \neq 0$ ist. Es gibt also eine Umgebung U von $\boldsymbol{a}$ und eine Umgebung V von $\boldsymbol{f}(\boldsymbol{a})$, so daß $\boldsymbol{f}/U$ bijektiv ist und $\boldsymbol{f}[U] = V$ gilt. Ist ferner $-\frac{\pi}{2} < a_2 < \frac{\pi}{2}$, so $\boldsymbol{f}^{-1}(\boldsymbol{y}) = \begin{pmatrix} \sqrt{y_1^2 + y_2^2} \\ \arctan \frac{y_2}{y_1} \end{pmatrix}$.

$\boldsymbol{f}$ ist global nicht umkehrbar. Die Urbildmenge $\boldsymbol{f}^{-1}[\boldsymbol{f}[U]]$ enthält neben der Umgebung U von $\boldsymbol{a}$ alle aus U durch Verschiebung in Richtung der x_2-Achse um ganzzahlige Vielfache von 2π entstehenden Punktmengen.

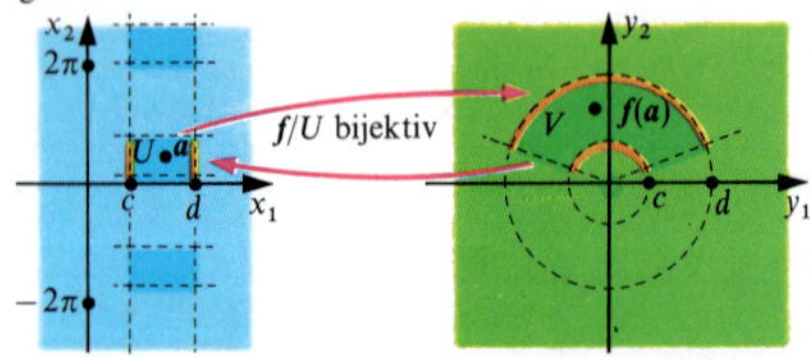

Die Einschränkung von $\boldsymbol{f}$ auf $\mathbb{R}_0^+ \times \mathbb{R}$ findet Verwendung bei der Einführung von Polarkoordinaten. Allerdings verwendet man dabei üblicherweise andere Bezeichnungen für die Variablen (S. 347, S. 346, Abb. B).

B

Umkehrbarkeit, Umkehrfunktion

$\mathbb{R}^n$-$\mathbb{R}^m$-Funktionen

Die bisherigen Untersuchungen gestatten nun leicht eine Verallgemeinerung auf $\mathbb{R}^n$-$\mathbb{R}^m$-Funktionen, also vektorwertige Funktionen mit m Variablen, die in der Physik im Falle $n>1$, $m>1$ auch als *Vektorfelder* bezeichnet werden.

Beispiele: Kraftfelder, Geschwindigkeitsfelder in strömenden Flüssigkeiten.

Die Differenzierbarkeit läßt sich analog zu Def. 2 einführen.

Def. 5: Eine $\mathbb{R}^n$-$\mathbb{R}^m$-Funktion f heißt *differenzierbar* an der Stelle $a \in D_f$, wenn a Häufungspunkt von D_f ist und es eine lineare Funktion $\mathrm{d}f_a: \mathbb{R}^n \to \mathbb{R}^m$, genannt *Differential* von f bez. a, gibt, so daß gilt

$$\lim_{x \to a} \frac{f(x) - f(a) - \mathrm{d}f_a(x-a)}{|x-a|} = o\,.$$

Analog zu S. 319 kann man auch zu jeder $\mathbb{R}^n$-$\mathbb{R}^m$-Funktion f eine Komponentendarstellung mit $\mathbb{R}^n$-$\mathbb{R}$-Funktionen f_μ angeben. Es gilt nun:

Satz 3: *Eine $\mathbb{R}^n$-$\mathbb{R}^m$-Funktion f ist genau dann differenzierbar, wenn alle Komponenten f_μ differenzierbar sind. Im Falle der Differenzierbarkeit ist* $(\mathrm{d}f_a)_\mu = \mathrm{d}(f_\mu)_a$.

Nach S. 321 gilt $\mathrm{d}(f_\mu)_a(x-a) = \langle \nabla f_\mu(a), \mathrm{d}x \rangle$, so daß die lineare Funktion $\mathrm{d}f_a$ durch die aus den partiellen Ableitungen gebildete (m,n)-Matrix $\left(\frac{\partial f_\mu}{\partial x_\nu}\right)$, die sog. *Funktionalmatrix*, bestimmt ist.

Bezeichnet man diese mit dem symbolischen Quotienten $\frac{\mathrm{d}f}{\mathrm{d}x}$ und ihren Wert an der Stelle a mit $\frac{\mathrm{d}f}{\mathrm{d}x}(a)$, so gilt $\mathrm{d}f_a(x-a) = \frac{\mathrm{d}f}{\mathrm{d}x}(a)\,\mathrm{d}x$. Das rechts stehende Produkt ist im Sinne der Matrizenmultiplikation (S. 88) zu bilden.

Die Funktionalmatrix stellt also ein Analogon zur Ableitung bei $\mathbb{R}$-$\mathbb{R}$-Funktionen dar. Dabei handelt es sich um eine $\mathbb{R}^n$-$\mathbb{R}^{mn}$-Funktion, bei der die Matrizenschreibweise an die Stelle der Spaltenschreibweise getreten ist. Für eine $\mathbb{R}^n$-$\mathbb{R}$-Funktion reduziert sich die Funktionalmatrix auf eine Zeile und entspricht dem transponierten Gradienten von f.

Die Funktionalmatrix gestattet eine einfache Formulierung von Differentiationsregeln, z. B. bei der *Verallgemeinerung der Kettenregel* (vgl. Satz 6, S. 295):

Satz 4: *Ist die $\mathbb{R}^n$-$\mathbb{R}^m$-Funktion f in $a \in D_f$ und die $\mathbb{R}^m$-$\mathbb{R}^l$-Funktion g in $f(a) \in D_g$ differenzierbar, so ist auch die $\mathbb{R}^n$-$\mathbb{R}^l$-Funktion $g \circ f$ in a differenzierbar, und es gilt* $\frac{\mathrm{d}(g \circ f)}{\mathrm{d}x}(a) = \frac{\mathrm{d}g}{\mathrm{d}y}(f(a)) \cdot \frac{\mathrm{d}f}{\mathrm{d}x}(a)$.

Die Funktionalmatrix von $g \circ f$ ist also das Produkt der Funktionalmatrizen von g und f (Abb. A).

Im Falle $n = l = 1$ hat der erste Faktor rechts in der Formel der Kettenregel nur eine Zeile, der zweite nur eine Spalte, und man erhält den Sonderfall

$$(g \circ f)'(a) = \sum_{\mu=1}^{m} \frac{\partial g}{\partial y_\mu}(f(a)) \cdot f'_\mu(a)\,.$$

$\mathbb{R}^n$-$\mathbb{R}^n$-Funktionen, Umkehrbarkeit

Bei einer $\mathbb{R}^n$-$\mathbb{R}^n$-Funktion ist die Funktionalmatrix eine quadratische (n,n)-Matrix. Zu ihr läßt sich die sog. *Funktionaldeterminante* (JAKOBI-*Determinante*) $\det \frac{\mathrm{d}f}{\mathrm{d}x}$, in der Literatur häufig auch $\frac{\partial(f_1, \ldots, f_n)}{\partial(x_1, \ldots, x_n)}$ geschrieben, bestimmen, die in dem Bereich, in dem f differenzierbar ist, eine $\mathbb{R}^n$-$\mathbb{R}$-Funktion darstellt. Für die Komposition von $\mathbb{R}^n$-$\mathbb{R}^n$-Funktionen folgt aus Rechenregel (6) von S. 91 $\det \frac{\mathrm{d}(g \circ f)}{\mathrm{d}x} = \det \frac{\mathrm{d}g}{\mathrm{d}y} \cdot \det \frac{\mathrm{d}f}{\mathrm{d}x}$. Diese Beziehung ist wichtig, um eine Bedingung für die Umkehrbarkeit einer $\mathbb{R}^n$-$\mathbb{R}^n$-Funktion f zu formulieren. Ist nämlich $g = f^{-1}$, so stellt $g \circ f$ die identische Funktion, def. durch $x \mapsto x$, dar, deren Funktionaldeterminante 1 ist. Wegen $\det \frac{\mathrm{d}f^{-1}}{\mathrm{d}y} \cdot \det \frac{\mathrm{d}f}{\mathrm{d}x} = 1$ ist daher sicher *notwendig* für die Umkehrbarkeit von f, daß $\det \frac{\mathrm{d}f}{\mathrm{d}x}(x) \neq 0$ ist für alle $x \in D_f$. Diese Bedingung ist aber *nicht hinreichend*, wie das folgende Beispiel zeigt:

D_f sei der punktierte offene Einheitskreis in der x_1x_2-Ebene und $f: D_f \to \mathbb{R}^2$ def. durch $(x_1, x_2) \mapsto \begin{pmatrix} x_1^2 - x_2^2 \\ 2x_1x_2 \end{pmatrix}$.

Dann gilt zwar $\det \frac{\mathrm{d}f}{\mathrm{d}x}(x) = 4(x_1^2 + x_2^2) > 0$ für alle $x \in D_f$, aber wegen $f(x_1, x_2) = f(-x_1, -x_2)$ ist f nicht umkehrbar. Hier ist nun die Frage nach der lokalen Umkehrbarkeit sinnvoll. Man definiert:

Def. 6: $f: D_f \to \mathbb{R}^n$ mit $D_f \subseteq \mathbb{R}^n$ heißt an der Stelle $a \in D_f$ *lokal umkehrbar*, wenn es Umgebungen von a und von $f(a)$ gibt, die durch f bijektiv aufeinander abgebildet werden.

Da bei einer differenzierbaren Funktion $f(a+h) \approx f(a) + \mathrm{d}f_a(h)$ gilt und das Differential als lineare Funktion bei nichtverschwindender Funktionaldeterminante bijektiv ist, ist dann auch f für hinreichend kleine $|h|$ bijektiv. Man erhält daher:

Satz 5: *Ist für eine $\mathbb{R}^n$-$\mathbb{R}^n$-Funktion f an der Stelle a die Funktionaldeterminante von 0 verschieden, so ist f an der Stelle a lokal umkehrbar* (Abb. B).

Berücksichtigt man, daß das Produkt der Funktionalmatrizen von f und f^{-1} die Einheitsmatrix ist, so lassen sich auch die n^2 partiellen Ableitungen von f^{-1} an der Stelle $f(a)$ aus denjenigen von f an der Stelle a berechnen.

Bei einer Funktion f mit zwei Variablen und der Umkehrfunktion g gilt z. B.

$$\frac{\partial g_1}{\partial y_1}(f(a)) = \frac{\frac{\partial f_2}{\partial x_2}(a)}{\det \frac{\mathrm{d}f}{\mathrm{d}x}(a)}; \quad \frac{\partial g_1}{\partial y_2}(f(a)) = \frac{-\frac{\partial f_1}{\partial x_2}(a)}{\det \frac{\mathrm{d}f}{\mathrm{d}x}(a)};$$

$$\frac{\partial g_2}{\partial y_1}(f(a)) = \frac{-\frac{\partial f_2}{\partial x_1}(a)}{\det \frac{\mathrm{d}f}{\mathrm{d}x}(a)}; \quad \frac{\partial g_2}{\partial y_2}(f(a)) = \frac{\frac{\partial f_1}{\partial x_1}(a)}{\det \frac{\mathrm{d}f}{\mathrm{d}x}(a)}.$$

Beispiel:

$f\colon \mathbb{R}^3 \to \mathbb{R}^2$ def. durch $(t, \boldsymbol{x}) \mapsto \begin{pmatrix} x_1^2 + x_2^2 - 2t^2 \\ x_1^2 + 2x_2^2 + t^2 - 4 \end{pmatrix}$ mit $t \in \mathbb{R}$, $\boldsymbol{x} \in \mathbb{R}^2$ ist differenzierbar. Es gilt

$\frac{\partial f}{\partial t}(t, \boldsymbol{x}) = \begin{pmatrix} -4t \\ 2t \end{pmatrix}$, $\frac{\partial f}{\partial \boldsymbol{x}}(t, \boldsymbol{x}) = \begin{pmatrix} 2x_1 & 2x_2 \\ 2x_1 & 4x_2 \end{pmatrix}$ mit der inversen Matrix $\left(\frac{\partial f}{\partial \boldsymbol{x}}\right)^{-1}(t, \boldsymbol{x}) = \begin{pmatrix} \frac{1}{x_1} & -\frac{1}{2x_1} \\ -\frac{1}{2x_2} & \frac{1}{2x_2} \end{pmatrix}$

An der Stelle $(\bar{t}, \bar{\boldsymbol{x}})$ mit $\bar{t} = 1$, $\bar{\boldsymbol{x}} = \begin{pmatrix} 1 \\ 1 \end{pmatrix}$ ist $f(\bar{t}, \bar{\boldsymbol{x}}) = \boldsymbol{o}$ und $\det \frac{\partial f}{\partial \boldsymbol{x}}(\bar{t}, \bar{\boldsymbol{x}}) \neq 0$. Die Voraussetzungen von Satz 6 sind also erfüllt. Durch $f(t, \boldsymbol{x}) = \boldsymbol{o}$ wird damit in einer Umgebung U von 1 eine Funktion $\boldsymbol{g}: U \to \mathbb{R}^2$ implizit def.

Aus $\frac{\partial f}{\partial \boldsymbol{x}}(t, \boldsymbol{g}(t)) \frac{d\boldsymbol{g}}{dt}(t) + \frac{\partial f}{\partial t}(t, \boldsymbol{g}(t)) = \boldsymbol{o}$ folgt nach Multiplikation mit $\left(\frac{\partial f}{\partial \boldsymbol{x}}\right)^{-1}(t, \boldsymbol{g}(t))$

$\frac{d\boldsymbol{g}}{dt}(t) = \begin{pmatrix} \frac{5t}{g_1(t)} \\ -\frac{3t}{g_2(t)} \end{pmatrix}$. Für $t \in \left)\frac{2}{5}\sqrt{5}, \frac{2}{3}\sqrt{3}\right($ gilt $\boldsymbol{g}(t) = \begin{pmatrix} \sqrt{5t^2 - 4} \\ \sqrt{4 - 3t^2} \end{pmatrix}$.

A

Implizit definierte Funktion

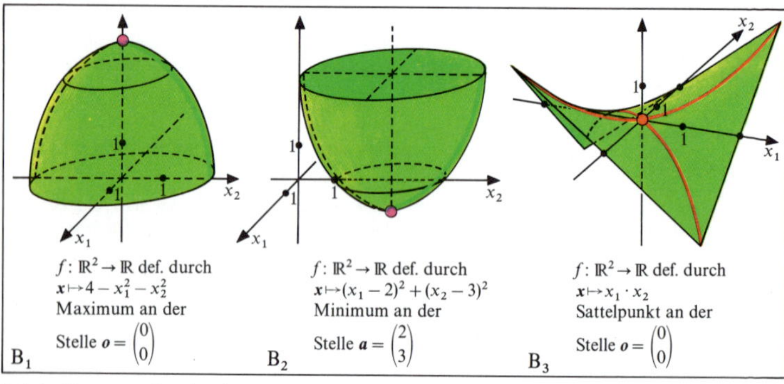

x1
x2
1
f: ℝ² → ℝ def. durch
x ↦ 4 − x1² − x2²
Maximum an der
Stelle o = (0, 0)
B1
f: ℝ² → ℝ def. durch
x ↦ (x1 − 2)² + (x2 − 3)²
Minimum an der
Stelle a = (2, 3)
B2
f: ℝ² → ℝ def. durch
x ↦ x1 · x2
Sattelpunkt an der
Stelle o = (0, 0)
B3

Lokales Extremum, Sattelpunkt

$f\colon \mathbb{R}^3 \to \mathbb{R}$ def. durch $\boldsymbol{x} \mapsto -x_1^3 - 2x_1x_2 - x_2^2 + 3x_1x_3 - x_3^2$ ist auf lokale Extrema zu untersuchen.

Es gilt $\nabla f(\boldsymbol{x}) = \begin{pmatrix} -3x_1^2 - 2x_2 + 3x_3 \\ -2x_1 - 2x_2 \\ 3x_1 - 2x_3 \end{pmatrix}$, $\frac{d^2 f}{d\boldsymbol{x}^2}(\boldsymbol{x}) = \begin{pmatrix} -6x_1 & -2 & 3 \\ -2 & -2 & 0 \\ 3 & 0 & -2 \end{pmatrix}$, (Funktionalmatrix 2. Ordnung, S. 320)

$\Delta_1(\boldsymbol{x}) = -6x_1$
$\Delta_2(\boldsymbol{x}) = 12x_1 - 4$
$\Delta_3(\boldsymbol{x}) = 26 - 24x_1$

$\Delta_1(\boldsymbol{x})$ und $\Delta_2(\boldsymbol{x})$ sind Unterdeterminanten der HESSE-Determinante $\Delta_3(\boldsymbol{x}) = \det \frac{d^2 f}{d\boldsymbol{x}^2}(\boldsymbol{x})$.

Hinreichend für ein strenges lokales Maximum (Minimum) an der Stelle $\boldsymbol{a}$ ist $\nabla f(\boldsymbol{a}) = \boldsymbol{o} \wedge \Delta_1(\boldsymbol{a}) < 0 (> 0) \wedge \Delta_2(\boldsymbol{a}) > 0 \wedge \Delta_3(\boldsymbol{a}) < 0 (> 0)$.

$\nabla f(\boldsymbol{a}) = \boldsymbol{o}$ hat die Lösungen $\boldsymbol{a}_1 = \begin{pmatrix} \frac{13}{6} \\ -\frac{13}{6} \\ \frac{13}{4} \end{pmatrix}$ und $\boldsymbol{a}_2 = \begin{pmatrix} 0 \\ 0 \\ 0 \end{pmatrix}$.

Da $\Delta_1(\boldsymbol{a}_1) = -13$, $\Delta_2(\boldsymbol{a}_1) = 22$, $\Delta_3(\boldsymbol{a}_1) = -26$ gilt, liegt an der Stelle $\boldsymbol{a}_1$ ein strenges lokales Maximum vor.

An der Stelle $\boldsymbol{a}_2$ ist die hinreichende Bedingung wegen $\Delta_1(\boldsymbol{a}_2) = 0$ nicht erfüllt. Weitere Untersuchungen zeigen, daß hier kein lokales Extremum, sondern ein Sattelpunkt vorliegt.

C

Beispiel für hinreichende Extremwertbedingung

Implizit definierte Funktionen

Auf S. 307 wurden die algebraischen Funktionen implizit durch ein Polynom in zwei Variablen definiert. Die Problemstellung ist in mehrerer Hinsicht verallgemeinerungsfähig. Statt des Polynoms in zwei Variablen kann man Funktionsgleichungssysteme mit mehreren Variablen betrachten. Die Lösungen $(\boldsymbol{t}, \boldsymbol{x})$ des Gleichungssystems $f_\mu(\boldsymbol{t}, \boldsymbol{x}) = 0$, $\boldsymbol{t} \in \mathbb{R}^n$, $\boldsymbol{x} \in \mathbb{R}^m$, $\mu \in \{1, \ldots, n\}$, definieren eine Relation aus $\mathbb{R}^n \times \mathbb{R}^m$, und es ist sinnvoll zu fragen, wann diese Relation eine $\mathbb{R}^n$-$\mathbb{R}^m$-Funktion $\boldsymbol{g}$ ist, derart daß $f_\mu(\boldsymbol{t}, \boldsymbol{g}(\boldsymbol{t})) = 0$ für alle $\mu \in \{1, \ldots, m\}$ gilt. Die f_μ lassen sich als Komponenten einer $\mathbb{R}^{n+m}$-$\mathbb{R}^m$-Funktion $\boldsymbol{f}$ deuten, so daß die Forderung $\boldsymbol{f}(\boldsymbol{t}, \boldsymbol{x}) = \boldsymbol{o}$ lautet. Um eine Bedingung zu formulieren, betrachtet man die $\mathbb{R}^{n+m}$-$\mathbb{R}^{n+m}$-Funktion $\boldsymbol{F} = (f_1, \ldots, f_m, F_{m+1}, \ldots, F_{m+n})$, mit $F_{m+\nu}(\boldsymbol{t}, \boldsymbol{x}) = t_\nu$ (ν-te Komp. von $\boldsymbol{t}$), $\nu \in \{1, \ldots, n\}$. Man kann dann $\boldsymbol{F} = (\boldsymbol{f}, 1_{\mathbb{R}^n})$ schreiben, wobei $1_{\mathbb{R}^n}$ die identische Abb. in $\mathbb{R}^n$ darstellt. Es stimmt dann $\det \dfrac{\mathrm{d}\boldsymbol{F}}{\mathrm{d}(\boldsymbol{t}, \boldsymbol{x})}$ mit $\det \dfrac{\partial \boldsymbol{f}}{\partial \boldsymbol{x}}$ überein. (Die Symbole ∂ in der Funktionalmatrix deuten an, daß diese nur aus den m Spalten von $\dfrac{\mathrm{d}\boldsymbol{f}}{\mathrm{d}(\boldsymbol{t}, \boldsymbol{x})}$ besteht, die die partiellen Ableitungen nach den x_μ enthalten.) Ist $\det \dfrac{\partial \boldsymbol{f}}{\partial \boldsymbol{x}}(\boldsymbol{a}) \neq 0$, so ist damit $\boldsymbol{F}$ nach Satz 5 lokal umkehrbar. Die Umkehrfunktion $\boldsymbol{G}$ liefert das Gleichungssystem

$$x_1 = G_1(y_1, \ldots, y_m, u_1, \ldots, u_n),$$
$$\ldots$$
$$x_m = G_m(y_1, \ldots, y_m, u_1, \ldots, u_n),$$
$$t_1 = u_1,$$
$$\ldots$$
$$t_n = u_n,$$

Setzt man nun $y_1 = y_2 = \cdots = y_m = 0$ und ersetzt die u_ν durch t_ν, so wird durch das Gleichungssystem

$$x_1 = G_1(0, \ldots, 0, t_1, \ldots, t_n) = g_1(t_1, \ldots, t_n),$$
$$\ldots$$
$$x_m = G_m(0, \ldots, 0, t_1, \ldots, t_n) = g_m(t_1, \ldots, t_n)$$

die gesuchte Funktion definiert. Es gilt also:

Satz 6: *$\boldsymbol{f}$ sei eine differenzierbare $\mathbb{R}^{n+m}$-$\mathbb{R}^m$-Funktion, $(\bar{\boldsymbol{t}}, \bar{\boldsymbol{x}})$ mit $\bar{\boldsymbol{t}} \in \mathbb{R}^n$, $\bar{\boldsymbol{x}} \in \mathbb{R}^m$ sei eine Stelle aus $D_{\boldsymbol{f}}$, für die $\boldsymbol{f}(\bar{\boldsymbol{t}}, \bar{\boldsymbol{x}}) = \boldsymbol{o}$ gilt, ferner sei $\det \dfrac{\partial \boldsymbol{f}}{\partial \boldsymbol{x}}(\bar{\boldsymbol{t}}, \bar{\boldsymbol{x}}) \neq 0$. Dann gibt es eine Umgebung $U(\bar{\boldsymbol{t}}) \subseteq \mathbb{R}^n$ und genau eine differenzierbare Funktion $\boldsymbol{g}: U(\bar{\boldsymbol{t}}) \mapsto \mathbb{R}^m$, so daß $\boldsymbol{g}(\bar{\boldsymbol{t}}) = \bar{\boldsymbol{x}}$ und $\boldsymbol{f}(\boldsymbol{t}, \boldsymbol{g}(\boldsymbol{t})) = \boldsymbol{o}$ ist für alle $\boldsymbol{t} \in U(\bar{\boldsymbol{t}})$.*

Beispiel für $n = 1$, $m = 2$: Abb. A.

Für den Fall $n = m = 1$ werde schließlich noch die Ableitung einer implizit def. Funktion berechnet. f sei eine differenzierbare $\mathbb{R}^2$-$\mathbb{R}$-Funktion und $g: D_g \to \mathbb{R}$ ($D_g \subseteq \mathbb{R}$) implizit durch $f(x, y) = 0$ definiert, so daß $f(x, g(x)) = 0$ für alle $x \in D_g$ gelte. Dann ist auch g differenzierbar, und der im Anschluß an Satz 4 formulierte Sonderfall der Kettenregel liefert:

$$\frac{\partial f}{\partial x}(x, g(x)) + g'(x)\frac{\partial f}{\partial y}(x, g(x)) = 0$$ (vgl. S. 307, implizite Differentiation).

Lokale Extrema von $\mathbb{R}^n$-$\mathbb{R}$-Funktionen

Wie bei Funktionen mit einer Variablen ist auch bei Funktionen mit mehreren Variablen die Bestimmung lokaler Extrema eine wichtige Aufgabe (Abb. B_1, B_2). Die Def. der Extrema entspricht der von S. 297.

Als *notwendige* Bedingung erhält man:

Satz 7: *Hat die differenzierbare $\mathbb{R}^n$-$\mathbb{R}$-Funktion f an der Stelle $\boldsymbol{c} \in D_f$ ein lokales Extremum, so ist $\nabla f(\boldsymbol{c}) = \boldsymbol{o}$, d.h. alle partiellen Ableitungen haben an der Stelle $\boldsymbol{c}$ den Wert* 0.

Um etwa zu zeigen, daß $\dfrac{\partial f}{\partial x_1}(\boldsymbol{c}) = 0$ ist, betrachtet man die durch $f_1(x_1) = f(x_1, c_2, \ldots, c_n)$ (c_ν Komponenten von $\boldsymbol{c}$) def. Funktion f_1 in einer Umgebung von c_1. Hat f an der Stelle $\boldsymbol{c}$ ein lokales Extremum, so f_1 an der Stelle c_1, so daß aus Satz 3, S. 297, folgt

$$f_1'(c_1) = \frac{\partial f}{\partial x_1}(\boldsymbol{c}) = 0.$$

Der Beweis für die übrigen partiellen Ableitungen erfolgt entsprechend.

Die Bedingung $\nabla f(\boldsymbol{c}) = \boldsymbol{o}$ ist zwar notwendig, aber *nicht hinreichend* für ein lokales Extremum an der Stelle $\boldsymbol{c}$. Z. B. gilt für $f: \mathbb{R}^2 \to \mathbb{R}$ def. durch $f(x_1, x_2) = x_1 x_2$ zwar $\nabla f(\boldsymbol{o}) = \boldsymbol{o}$. Trotzdem hat f in $\boldsymbol{o}$ kein lokales Extremum. In jeder Umgebung von $\boldsymbol{o}$ liegen nämlich Stellen (x_1, x_2) mit positivem, aber auch Stellen mit negativem Funktionswert, je nachdem ob x_1 und x_2 gleiches oder verschiedenes Vorzeichen haben. Der Graph der Funktion (Abb. B_3) läßt erkennen, daß in $\boldsymbol{o}$ auch alle Richtungsableitungen 0 sind. Es handelt sich um einen sog. *Sattelpunkt* (Abb. B_3). Außer einer waagerechten Tangentialebene in $\boldsymbol{c}$ muß bei einem lokalen Extremum die Differenz $f(\boldsymbol{c} + \boldsymbol{h}) - f(\boldsymbol{c})$ für alle $\boldsymbol{h}$ mit hinreichend kleinem Betrag gleiches Vorzeichen haben. Um hierfür eine hinreichende Bedingung zu formulieren, bildet man aus den zweiten partiellen Ableitungen die Determinanten $\Delta_k = \det \dfrac{\partial^2 f}{\partial x_i \partial x_j}$, $i, j \in \{1, \ldots, k\}$, $1 \leq k \leq n$.

Δ_n heißt HESSE-*Determinante* von f. Die Δ_k entstehen aus ihr durch Streichung der letzten $n-k$ Zeilen und Spalten.

Satz 8: *Die $\mathbb{R}^n$-$\mathbb{R}$-Funktion f besitze in einer Umgebung von $\boldsymbol{c} \in D_f$ stetige partielle zweite Ableitungen. Gilt dann $\nabla f(\boldsymbol{c}) = \boldsymbol{o}$ und $\Delta_k(\boldsymbol{c}) > 0$ für alle $k \in \{1, \ldots, n\}$, so hat f an der Stelle $\boldsymbol{c}$ ein strenges lokales Minimum. Gilt $\nabla f(\boldsymbol{c}) = \boldsymbol{o}$ und $(-1)^k \Delta_k(\boldsymbol{c}) > 0$ für alle $k \in \{1, \ldots, n\}$, so hat f an der Stelle $\boldsymbol{c}$ ein strenges lokales Minimum* (Beispiel in Abb. C).

Für eine $\mathbb{R}^2$-$\mathbb{R}$-Funktion f lautet die hinreichende Bedingung von Satz 8: $\nabla f(\boldsymbol{c}) = \boldsymbol{o}$, $\dfrac{\partial^2 f}{\partial x_1^2}(\boldsymbol{c}) \neq 0$, $\Delta_2(\boldsymbol{c}) > 0$. Dabei läßt $\dfrac{\partial^2 f}{\partial x_1^2}(\boldsymbol{c}) > 0 \; (< 0)$ auf ein Minimum (Maximum) schließen. An einer Stelle $\boldsymbol{c}$ mit $\Delta_2(\boldsymbol{c}) < 0$ liegt kein lokales Extremum vor. Ist $\Delta_2(\boldsymbol{c}) = 0$, so läßt sich mittels der ersten und zweiten partiellen Ableitungen keine hinreichende Bedingung für lokale Extrema formulieren.

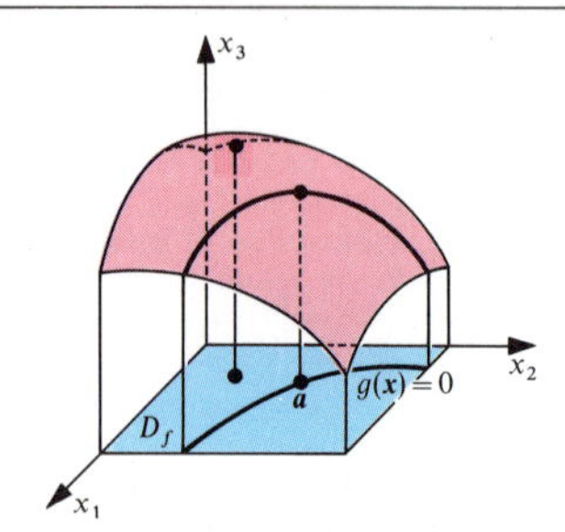

Die Funktion $f: D_f \to \mathbb{R}$ wird eingeschränkt auf die durch $g(\boldsymbol{x})=0$ bestimmte Punktmenge innerhalb von D_f.
Gesucht sind die lokalen Extrema der eingeschränkten Funktion, die von denen der ursprünglichen Funktion durchaus verschieden sein können.

A_1

Anwendung der Methode der LAGRANGEschen Multiplikatoren auf das Beispiel von S. 327.

Gesucht ist das Maximum von $f: (\mathbb{R}^+)^3 \to \mathbb{R}$ def. durch $\boldsymbol{x} \mapsto x_1 x_2 x_3$ unter der Nebenbedingung $g(\boldsymbol{x}) = 2(x_1 x_2 + x_2 x_3 + x_3 x_1) - A = 0$.
Man bildet

$$F(\boldsymbol{x}, \lambda) = f(\boldsymbol{x}) + \lambda g(\boldsymbol{x}).$$

Die notwendige Extrembedingung $\nabla f(\boldsymbol{x}, \lambda) = \boldsymbol{o}$ bedeutet

$$\begin{aligned} x_2 x_3 + 2\lambda(x_2 + x_3) &= 0 \\ x_3 x_1 + 2\lambda(x_3 + x_1) &= 0 \\ x_1 x_2 + 2\lambda(x_1 + x_2) &= 0 \\ 2(x_1 x_2 + x_2 x_3 + x_3 x_1) - A &= 0 \end{aligned}$$

und hat als einzige Lösung

$$\left(\sqrt{\frac{A}{6}}, \sqrt{\frac{A}{6}}, \sqrt{\frac{A}{6}}, -\frac{1}{4}\sqrt{\frac{A}{6}}\right).$$

Der gesuchte Quader ist also ein Würfel.

A_2

Extrema mit Nebenbedingungen

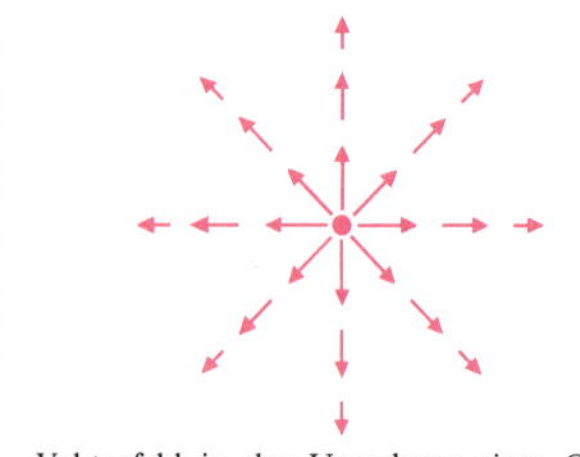

Vektorfeld in der Umgebung einer Quelle (Stelle mit positiver Divergenz)

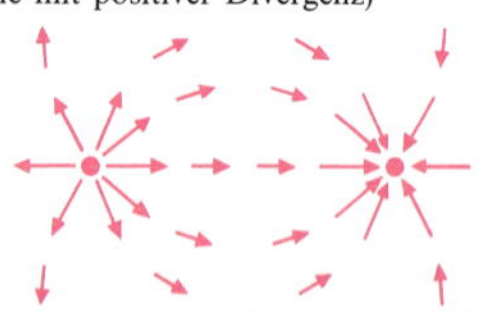

Vektorfeld zwischen einer Quelle und einer Senke (Stelle mit negativer Divergenz)

B

Divergenz

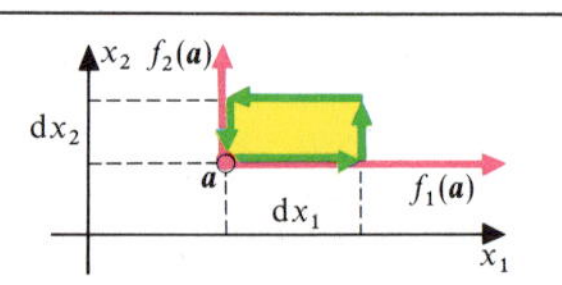

Um eine Vorstellung von rot $\boldsymbol{f}(\boldsymbol{a})$ zu erhalten, umläuft man von $\boldsymbol{a}$ ausgehend zunächst ein kleines Flächenstück, etwa senkrecht zur x_3-Achse, und summiert die Terme $\langle \boldsymbol{f}(\boldsymbol{x}), d\boldsymbol{x} \rangle$. Bei einem Rechteck ergibt sich:

$$f_1(\boldsymbol{a})dx_1 + \left(f_2(\boldsymbol{a}) + \frac{\partial f_2}{\partial x_1}(\boldsymbol{a})dx_1\right)dx_2$$
$$- \left(f_1(\boldsymbol{a}) + \frac{\partial f_1}{\partial x_2}(\boldsymbol{a})dx_2\right)dx_1 - f_2(\boldsymbol{a})dx_2$$
$$= \left(\frac{\partial f_2}{\partial x_1}(\boldsymbol{a}) - \frac{\partial f_1}{\partial x_1}(\boldsymbol{a})\right)dx_1 dx_2.$$

Diesen Term nennt man Differential der Zirkulation um die x_3-Achse. Teilt man durch die Fläche $dx_1 dx_2$, so erhält man die dritte Komponente von rot $\boldsymbol{f}(\boldsymbol{a})$.

C

Rotation

$\operatorname{grad}(FG) = (\operatorname{grad} F)G + F \operatorname{grad} G$	$\nabla(FG) = (\nabla F)G + F(\nabla G)$
$\operatorname{div}(\boldsymbol{f}+\boldsymbol{g}) = \operatorname{div}\boldsymbol{f} + \operatorname{div}\boldsymbol{g}$	$\langle \nabla, \boldsymbol{f}+\boldsymbol{g} \rangle = \langle \nabla, \boldsymbol{f} \rangle + \langle \nabla, \boldsymbol{g} \rangle$
$\operatorname{rot}(\boldsymbol{f}+\boldsymbol{g}) = \operatorname{rot}\boldsymbol{f} + \operatorname{rot}\boldsymbol{g}$	$\nabla \times (\boldsymbol{f}+\boldsymbol{g}) = \nabla \times \boldsymbol{f} + \nabla \times \boldsymbol{g}$
$\operatorname{div}(F\boldsymbol{f}) = \langle \operatorname{grad} F, \boldsymbol{f} \rangle + F \operatorname{div}\boldsymbol{f}$	$\langle \nabla, F\boldsymbol{f} \rangle = \langle \nabla F, \boldsymbol{f} \rangle + F\langle \nabla, \boldsymbol{f} \rangle$
$\operatorname{rot}(F\boldsymbol{f}) = \operatorname{grad} F \times \boldsymbol{f} + F \operatorname{rot}\boldsymbol{f}$	$\nabla \times (F\boldsymbol{f}) = (\nabla F) \times \boldsymbol{f} + F(\nabla \times \boldsymbol{f})$
$\operatorname{div}\boldsymbol{f} \times \boldsymbol{g} = \langle \operatorname{rot}\boldsymbol{f}, \boldsymbol{g} \rangle - \langle \boldsymbol{f}, \operatorname{rot}\boldsymbol{g} \rangle$	$\langle \nabla, \boldsymbol{f} \times \boldsymbol{g} \rangle = \langle \nabla \times \boldsymbol{f}, \boldsymbol{g} \rangle - \langle \boldsymbol{f}, \nabla \times \boldsymbol{g} \rangle$
$\operatorname{rot}\operatorname{grad} F = \boldsymbol{o}$	$\nabla \times \nabla F = \boldsymbol{o}$
$\operatorname{div}\operatorname{rot}\boldsymbol{f} = 0$	$\langle \nabla, \nabla \times \boldsymbol{f} \rangle = 0$

D

Formeln zu Gradient, Divergenz, Rotation

Extrema mit Nebenbedingungen

In den Anwendungen treten häufig Extremwertaufgaben auf, in denen das lokale Extremum einer $\mathbb{R}^n$-$\mathbb{R}$-Funktion mit unabhängigen Variablen $x_1, \ldots, x_n$ zu bestimmen ist für den Fall, daß der Definitionsbereich eingeschränkt wird auf solche Stellen $\boldsymbol{x}$, deren Koordinaten Gleichungen der Gestalt $g_\mu(x_1, \ldots, x_n)=0$, $\mu\in\{1, \ldots, m\}$, $1\leq m<n$ erfüllen (*Extrema mit Nebenbedingungen*, Abb. A_1).

Beispiel: Das Volumen eines Quaders soll maximal werden unter der Nebenbedingung, daß die Oberfläche den konstanten Wert A hat. $f:(\mathbb{R}^+)^3 \to \mathbb{R}$ def. durch $(x_1, x_2, x_3) \mapsto x_1x_2x_3$ ist also unter der Nebenbedingung $g(x_1, x_2, x_3)=2(x_1x_2+x_2x_3+x_3x_1)-A=0$ auf Maxima zu untersuchen. Zur Lösung der Aufgabe kann man die Nebenbedingung nach x_3 auflösen und erhält durch Einsetzung des Terms $x_3=\dfrac{A-2x_1x_2}{2(x_1+x_2)}$ in den Funktionsterm von f ein Extremalproblem für eine Funktion F mit nur zwei Variablen (Lösung: Würfel).

Das Verfahren kann auf Probleme mit mehr Variablen und mehr Nebenbedingungen ausgedehnt werden, ist aber oft unbequem und erfordert eine recht willkürliche Aufteilung der Variablen in abhängige und unabhängige. Untersucht man die Auflösbarkeit von Gleichungssystemen mittels Satz 6 über implizit def. Funktionen (S. 325), so erhält man folgende hinreichende Bedingung von LAGRANGE:

Satz 9: *Die $\mathbb{R}^n$-$\mathbb{R}$-Funktion f und die $\mathbb{R}^n$-$\mathbb{R}^m$-Funktion $\boldsymbol{g}$ (mit den Komponenten g_μ) seien in $D\subseteq\mathbb{R}^n$ differenzierbar. Besitzt dann f an der Stelle $\boldsymbol{a}\in D$ unter den Nebenbedingungen $g_\mu(\boldsymbol{x})=0$ ($\mu\in\{1, \ldots, m\}$) ein lokales Extremum und hat die Funktionalmatrix $\dfrac{d\boldsymbol{g}}{d\boldsymbol{x}}$ paarweise lin. unabh. Zeilenvektoren, so gibt es m reelle Zahlen $\lambda_1, \ldots, \lambda_m$, so daß gilt*

$$\frac{\partial}{\partial x_\nu}\left(f+\sum_{\mu=1}^{m}\lambda_\mu g_\mu\right)(\boldsymbol{a})=0 \quad \text{für alle} \quad \nu\in\{1, \ldots, n\}.$$

Die Zahlen $\lambda_1, \ldots, \lambda_m$ heißen LAGRANGE*sche Multiplikatoren*.

Folgt aus der Aufgabenstellung die Existenz eines lokalen Extremums und hat das System

$$\frac{\partial}{\partial x_\nu}\left(f+\sum_{\mu=1}^{m}\lambda_\mu g_\mu\right)(\boldsymbol{a})=0, \qquad g_\mu(\boldsymbol{a})=0,$$
$$\nu\in\{1, \ldots, n\}, \qquad \mu\in\{1, \ldots, m\}$$

mit $n+m$ Gleichungen und $n+m$ Variablen $a_1, \ldots, a_n$, $\lambda_1, \ldots, \lambda_m$ genau eine Lösung, so geben die ersten n Komponenten des Lösungs-$(n+m)$-Tupels die Lage des gesuchten Extremums an. Die Faktoren $\lambda_1, \ldots, \lambda_m$ können aus dem Gleichungssystem eliminiert werden, ohne explizit berechnet zu werden.

Das Verfahren läuft formal darauf hinaus, die lokalen Extrema der durch

$$F(x_1, \ldots, x_n, \lambda_1, \ldots, \lambda_m)$$
$$=f(x_1, \ldots, x_n)+\sum_{\mu=1}^{m}\lambda_\mu g_\mu(x_1, \ldots, x_n)$$

def. Funktion zu bestimmen (Beispiel in Abb. A_2).

Divergenz und Rotation

Der in Def. 4, S. 321 eingeführte Gradient eines Skalarfeldes ist nicht nur für die Mathematik, sondern auch für die Physik von Bedeutung. Zum Skalarfeld T der Temperatur in einem Körper gehört z. B. das Vektorfeld $\operatorname{grad} T$ des Temperaturgradienten.

$\operatorname{grad} T(\boldsymbol{x})$ steht senkrecht auf der durch $\boldsymbol{x}$ gehenden *Niveaufläche* konstanter Temperatur und hat einen um so größeren Betrag, je rascher sich die Temperatur ändert, wenn man in Richtung der durch $\boldsymbol{x}$ laufenden Feldlinie fortschreitet. Eine *Feldlinie* hat dabei in jedem Punkt $\boldsymbol{x}$ mit $\operatorname{grad} T(\boldsymbol{x})\neq\boldsymbol{o}$ die Richtung von $\operatorname{grad} T(\boldsymbol{x})$.

Neben dem Gradienten spielen zwei ähnliche, vom speziellen Koordinatensystem unabhängige Begriffsbildungen eine wichtige Rolle, die sog. *Divergenz* und die *Rotation*.

Def. 7: Ist die $\mathbb{R}^n$-$\mathbb{R}^n$-Funktion $\boldsymbol{f}$ in $D_{\boldsymbol{f}}$ differenzierbar, so bezeichnet $\operatorname{div}\boldsymbol{f}$ die durch $\boldsymbol{x}\mapsto\sum_{\nu=1}^{n}\dfrac{\partial f_\nu(\boldsymbol{x})}{\partial x_\nu}$ in $D_{\boldsymbol{f}}$ def. $\mathbb{R}^n$-$\mathbb{R}$-Funktion.

Def. 8: Ist die $\mathbb{R}^3$-$\mathbb{R}^3$-Funktion $\boldsymbol{f}$ in $D_{\boldsymbol{f}}$ differenzierbar, so bezeichnet $\operatorname{rot}\boldsymbol{f}$ die durch

$$\boldsymbol{x}\mapsto\begin{pmatrix}\left(\dfrac{\partial f_3}{\partial x_2}-\dfrac{\partial f_2}{\partial x_3}\right)(\boldsymbol{x})\\ \left(\dfrac{\partial f_1}{\partial x_3}-\dfrac{\partial f_3}{\partial x_1}\right)(\boldsymbol{x})\\ \left(\dfrac{\partial f_2}{\partial x_1}-\dfrac{\partial f_1}{\partial x_2}\right)(\boldsymbol{x})\end{pmatrix}$$

in $D_{\boldsymbol{f}}$ def. $\mathbb{R}^3$-$\mathbb{R}^3$-Funktion.

Unter Verwendung des Nablavektors (S. 321) erhält man auch folgende symbolische Schreibweisen: $\operatorname{div}\boldsymbol{f}=\langle\nabla,\boldsymbol{f}\rangle$, $\operatorname{rot}\boldsymbol{f}=\nabla\times\boldsymbol{f}$, die als Gedächtnisstützen nützlich sind.

Um eine physikalische Deutung der Divergenz zu geben, sei etwa $\boldsymbol{q}$ das Feld des Wärmeflusses in einem Körper. Legt man um eine Stelle $\boldsymbol{a}$ eine hinreichend kleine geschlossene Fläche A, die das Volumen V einschließt und dividiert den gesamten durch A nach außen gehenden Wärmefluß durch V, so ist der Grenzwert dieses Quotienten für $V\to 0$ gerade $\operatorname{div}\boldsymbol{q}(\boldsymbol{a})$ (Abb. B). Die Divergenz stellt hier also die spezifische Ergiebigkeit einer in $\boldsymbol{a}$ befindlichen Wärmequelle dar. Ist $\operatorname{div}\boldsymbol{q}(\boldsymbol{a})=0$, so entsteht oder verschwindet in $\boldsymbol{a}$ keine Wärme. Allgemein heißt $\boldsymbol{f}$ in D *quellenfrei*, wenn $\operatorname{div}\boldsymbol{f}(\boldsymbol{x})=0$ ist für alle $\boldsymbol{x}\in D$.

Für die Punkte $\boldsymbol{x}$ eines starren rotierenden Körpers mit dem Geschwindigkeitsfeld $\boldsymbol{v}$ stellt $\operatorname{rot}\boldsymbol{v}(\boldsymbol{x})$ das Doppelte des in Richtung der Rotationsachse weisenden Winkelgeschwindigkeitsvektors dar. Diese Deutung gilt lokal auch für Geschwindigkeitsfelder inkompressibler Flüssigkeiten und erklärt die Bezeichnung Rotation (vgl. auch Abb. C). $\boldsymbol{f}$ heißt *wirbelfrei* in D, wenn $\operatorname{rot}\boldsymbol{f}(\boldsymbol{x})=\boldsymbol{o}$ ist für alle $\boldsymbol{x}\in D$.

Ein Vektorfeld $\boldsymbol{f}$ ist genau dann wirbelfrei, wenn es ein Skalarfeld F gibt, so daß $\boldsymbol{f}=\operatorname{grad}F$ ist.

Eine genauere Begründung für die hier gegebenen Deutungen liefern die Integralsätze von S. 355.

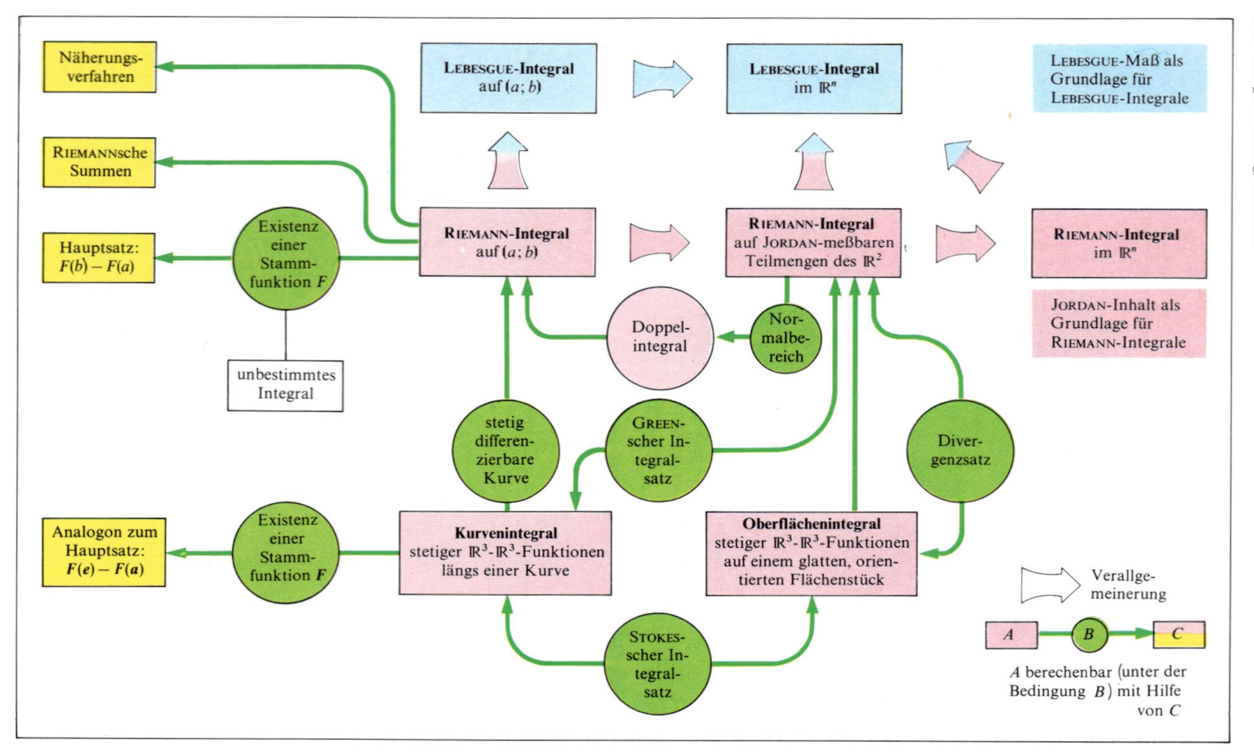
Näherungsverfahren
RIEMANNsche Summen
Hauptsatz: F(b) − F(a)
Existenz einer Stammfunktion F
unbestimmtes Integral
LEBESGUE-Integral auf (a; b)
RIEMANN-Integral auf (a; b)
LEBESGUE-Integral im ℝ^n
RIEMANN-Integral auf JORDAN-meßbaren Teilmengen des ℝ²
LEBESGUE-Maß als Grundlage für LEBESGUE-Integrale
RIEMANN-Integral im ℝ^n
JORDAN-Inhalt als Grundlage für RIEMANN-Integrale
Doppelintegral
Normalbereich
stetig differenzierbare Kurve
GREENscher Integralsatz
Divergenzsatz
Analogon zum Hauptsatz: F(e) − F(a)
Existenz einer Stammfunktion F
Kurvenintegral stetiger ℝ³-ℝ³-Funktionen längs einer Kurve
Oberflächenintegral stetiger ℝ³-ℝ³-Funktionen auf einem glatten, orientierten Flächenstück
STOKESscher Integralsatz
Verallgemeinerung
A
B
C
A berechenbar (unter der Bedingung B) mit Hilfe von C

Als eine wesentliche Wurzel für die Entwicklung der Integralrechnung kann das *Problem der Inhaltsmessung* von geometrischen Figuren, deren Berandung nicht überall geradlinig ist, angesehen werden. Es zeigte sich, daß das Inhaltsproblem unter Einbeziehung von Grenzwertprozessen in all den Fällen möglich ist, in denen geeignete Funktionen die Figuren festlegen. Dabei ist von Bedeutung, welchen Inhaltsbegriff man zugrunde legt. Mit dem JORDAN*schen Inhaltsbegriff* ist das RIEMANN-*Integral*, mit dem LEBESGUE*schen Inhaltsbegriff* das LEBESGUE-*Integral* verbunden (S. 357f.). Letzteres ist eine Verallgemeinerung des RIEMANN-Integrals.

Bei der auf S. 331 gegebenen Definition des RIEMANN-*Integrals* geht man von einfachen Funktionen, den *Treppenfunktionen*, aus und gewinnt mit ihrer Hilfe den Begriff der *R-integrierbaren Funktion*, für die das RIEMANN-Integral existiert. Zu den R-integrierbaren Funktionen gehören die stetigen und auch die monotonen Funktionen (S. 333).

Eine vollständige Charakterisierung R-integrierbarer Funktionen als diejenigen Funktionen, bei denen die Menge der Unstetigkeitsstellen eine Nullmenge im Sinne des LEBESGUE-Maßes ist, gelingt mit Hilfe des LEBESGUEschen Integralbegriffs (S. 363). Man sagt, die R-integrierbaren Funktionen seien die beschränkten, *fast überall stetigen* Funktionen.

Eine Berechnung von RIEMANN-Integralen mit Hilfe der definierenden Eigenschaften ist recht beschwerlich. Daher nimmt der *Hauptsatz* (S. 333) eine zentrale Stellung ein. Existiert zur Integrandfunktion eine Stammfunktion (ihre Ableitung ist die Integrandfunktion), so kann die Berechnung des RIEMANN-Integrals über die Differenz der Funktionswerte einer Stammfunktion an den Intervallenden erfolgen. Ein wesentlicher Teil der Integraltheorie besteht daher im *Aufsuchen von Stammfunktionen* zu vorgegebenen Integrandfunktionen. Im Blickwinkel dieser Aufgabenstellung erscheint die Integralrechnung als die »Umkehrung« der Differentialrechnung.

In diesem Zusammenhang haben sich Begriff und Schreibweise des *unbestimmten Integrals* (S. 335) bewährt. Mit ihrer Hilfe lassen sich die wichtigsten *Integrationsregeln* (z. B. *partielle Integration, Substitution*, S. 337) formulieren und anwenden. Ihre Anwendung liefert die in den Integraltafeln auf S. 338/339 enthaltenen unbestimmten Integrale. Für den Praktiker stehen umfangreichere Integralsammlungen zur Verfügung.

Für viele Funktionen lassen sich Stammfunktionen finden, wenn man die Integrandfunktion in eine Reihe entwickelt. Dabei sind allerdings die Voraussetzungen für die *Integration von Reihen* (S. 337) zu beachten.

Für kompliziertere Integrale und zur näherungsweisen Berechnung mit Hilfe von Rechenautomaten stehen *Näherungsverfahren* zur Verfügung (S. 341). Der auf abgeschlossenen Intervallen definierte Begriff des RIEMANN-Integrals wird sinnvoll ergänzt durch den Begriff des *uneigentlichen Integrals* (S. 341). Für viele Anwendungen ist der Begriff der RIEMANN*schen Summe* (S. 347) wichtig. RIEMANNsche Summen erlauben ebenso wie Ober- und Untersummen eine beliebig genaue Approximation von RIEMANN-Integralen.
Man kann diesen Begriff, wie das in der Literatur häufiger geschieht, auch zur Definition des RIEMANN-Integrals verwenden.

Der Begriff der R-integrierbaren Funktion läßt sich ohne weiteres durch analoge Begriffsbildungen auf *Funktionen mit mehreren Variablen* ausdehnen (S. 345). Die zugehörigen RIEMANN-Integrale lassen sich, wenn die R-integrierbaren Funktionen auf *Normalbereichen* definiert sind, auf *mehrfache Integrale* zurückführen (S. 347). Mit dem RIEMANN-Integral von Funktionen mit zwei Variablen ist das Problem der *Volumenberechnung* eng verbunden (S. 345). RIEMANN*sche Summen* (S. 347) dienen auch in der mehrdimensionalen Theorie der Approximation von RIEMANN-Integralen.

Als mit dem RIEMANN-Integral verwandte Begriffsbildungen können *Kurvenintegral* (S. 351) und *Oberflächenintegral* (S. 353) angesehen werden. Die verwendeten Funktionen sind auf Kurven bzw. Flächen definierte $\mathbb{R}^3$-$\mathbb{R}^3$-Funktionen (sog. Vektorfelder). Beide Begriffe sind für die mathematische Formulierung vieler physikalischer Sachverhalte unentbehrlich. Ihr Zusammenhang mit dem Begriff des RIEMANN-Integrals wird durch die *Integralsätze* (S. 355) offengelegt.

Ihrer Konstruktion nach ist die Theorie des RIEMANN-Integrals auf stetige Integrandfunktionen zugeschnitten. Einer wesentlichen Verallgemeinerung steht die Festlegung auf den JORDANschen Inhaltsbegriff (S. 357) entgegen. Geht man zu einem allgemeineren Inhaltsbegriff über, z. B. zum LEBESGUE-*Maß* (S. 359), so läßt sich der Integralbegriff entscheidend ausweiten. An die Stelle der R-integrierbaren Funktionen treten die *meßbaren Funktionen* (S. 361), für die das LEBESGUE-*Integral* erklärt wird (S. 361f.). Im Falle einer R-integrierbaren Funktion stimmen LEBESGUE- und RIEMANN-Integral überein. Viele, im Rahmen der RIEMANNschen Theorie nur unbefriedigend lösbare Probleme erfahren in der LEBESGUEschen Theorie eine klarere und häufig einfachere Lösung.

Auf andere Integralbegriffe, z. B. STIELTJES-Integral, PERRON-Integral, kann hier nicht eingegangen werden.

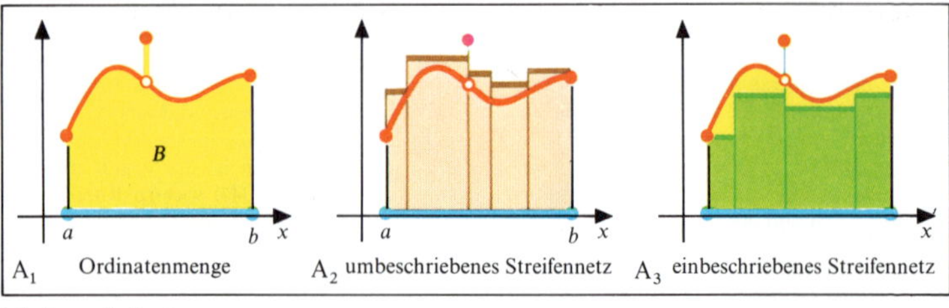

Inhalt von Ordinatenmengen

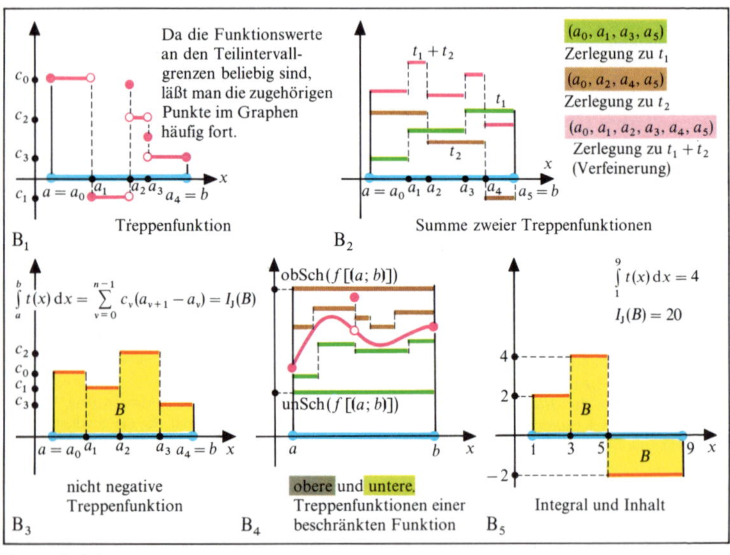

Treppenfunktionen

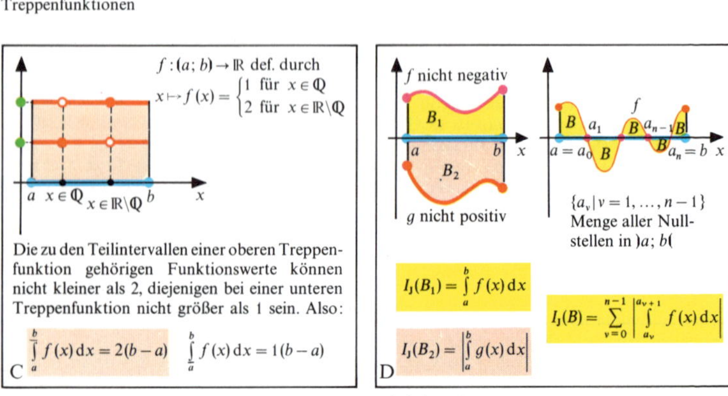

Beschränkte, nicht R-integrierbare Funktion

Inhaltsberechnung

Inhalt von Ordinatenmengen

Gegeben sei eine *beschränkte, nichtnegative* Funktion $f\colon [a;b] \to \mathbb{R}$. Die zu ihr gehörige *Ordinatenmenge* $B := \{(x|y) | x \in [a;b] \wedge y \in [0; f(x)]\}$ (Bsp. in Abb. A_1) besitzt nicht ohne weiteres einen Inhalt. Vielmehr muß man, wenn man den JORDAN*schen Inhaltsbegriff* (S. 357) zugrunde legt, die Punktmenge durch umbeschriebene und einbeschriebene endliche Rechtecknetze N (ausgeartete Rechtecke sind zulässig) approximieren. Wie aus Abb. A_2 und A_3 ersichtlich ist, kann man sich bei der Approximation auf spez. Rechtecknetze (*Streifennetze*) beschränken. Diese lassen sich durch Treppenfunktionen (s. u.) beschreiben, so daß es naheliegt, die zu f gehörige Ordinatenmenge durch die Ordinatenmengen nichtnegativer Treppenfunktionen zu approximieren.

Treppenfunktionen

Def. 1: Eine endl. Folge $(a_0, \dots, a_n)$ heißt *Zerlegung* von $[a;b]$, wenn $a_0 = a < a_1 < \dots < a_n = b$ gilt ($n \in \mathbb{N}\setminus\{0\}$). Die offenen Intervalle $]a_\nu; a_{\nu+1}[$ heißen *Teilintervalle*.
$t\colon [a;b] \to \mathbb{R}$ heißt *Treppenfunktion* auf $[a;b]$, wenn es eine Zerlegung von $[a;b]$ gibt, so daß t auf jedem Teilintervall konstant ist (Abb. B_1).

Eine Treppenfunktion ist auch an den Endpunkten der Teilintervalle def., jedoch brauchen die Funktionswerte nicht mit denen der Teilintervalle übereinzustimmen. Eine Treppenfunktion kann also *Sprungstellen* aufweisen, aber höchstens *endlich viele*. In jedem Fall ist eine Treppenfunktion *beschränkt*.

Sind t_1 und t_2 Treppenfunktionen auf $[a;b]$, so auch $t_1 + t_2$ (Abb. B_2), $t_1 \cdot t_2$ und ct_1 ($c \in \mathbb{R}$). Auch die Einschränkung einer Treppenfunktion auf ein abgeschl. Teilintervall ist eine Treppenfunktion.

Die Ordinatenmenge einer nichtnegativen Treppenfunktion t besitzt einen Inhalt (Abb. B_3), der mit $\int_a^b t(x)\,dx$ bezeichnet wird. Ist $(a_0, \dots, a_n)$ eine zu t gehörige Zerlegung von $[a;b]$ und gilt $t[]a_\nu; a_{\nu+1}[] = \{c_\nu\}$, so ist $\int_a^b t(x)\,dx = \sum_{\nu=0}^{n-1} c_\nu (a_{\nu+1} - a_\nu)$. Der Inhalt ist von der Zerlegung unabhängig. Es ergeben sich die folgenden Regeln:

(T1) $\int_a^b (t_1 + t_2)(x)\,dx = \int_a^b t_1(x)\,dx + \int_a^b t_2(x)\,dx$,

(T2) $\int_a^b (ct)(x)\,dx = c \cdot \int_a^b t(x)\,dx \quad (c \in \mathbb{R}_0^+)$,

(T3) $\int_a^b t_1(x)\,dx \leqq \int_a^b t_2(x)\,dx$, wenn $t_1(x) \leqq t_2(x)$ für alle $x \in [a;b]$ gilt,

(T4) $\int_a^b t(x)\,dx = \int_a^c t(x)\,dx + \int_c^b t(x)\,dx$ für $a \leqq c \leqq b$.

Def. 2: Eine Treppenfunktion $t\colon [a;b] \to \mathbb{R}$ heißt *obere Treppenfunktion* von $f\colon [a;b] \to \mathbb{R}$, wenn $t(x) \geqq f(x)$ für alle $x \in [a;b]$ gilt. Sie heißt *untere Treppenfunktion*, wenn $t(x) \leqq f(x)$ für alle $x \in [a;b]$ gilt (Abb. B_4).

Jede beschränkte Funktion $f\colon [a;b] \to \mathbb{R}$ besitzt obere *und* untere Treppenfunktionen, z. B. die durch obere und untere Schranken der Bildmenge von f def. konstanten Funktionen (Abb. B_4). Dagegen gilt dies für unbeschränkte Funktionen nicht.

Oberintegral, Unterintegral

Betrachtet man zu einer beschränkten, nichtnegativen Funktion $f\colon [a;b] \to \mathbb{R}$ die Menge $\mathfrak{O}$ aller oberen Treppenfunktionen von f und die Menge $\mathfrak{U}$ aller nichtnegativen unteren Treppenfunktionen von f, so existieren

$$\overline{\int_a^b} f(x)\,dx := \text{unGr}\left\{\int_a^b t(x)\,dx \,|\, t \in \mathfrak{O}\right\} \quad (\textit{Oberintegral}),$$

$$\underline{\int_a^b} f(x)\,dx := \text{obGr}\left\{\int_a^b t(x)\,dx \,|\, t \in \mathfrak{U}\right\} \quad (\textit{Unterintegral}).$$

Stimmen Ober- und Unterintegral überein, so wird der gemeinsame Wert mit $\int_a^b f(x)\,dx$ bezeichnet. Diesen Wert ordnet man, wenn er existiert, der Ordinatenmenge als *Inhalt* zu.

Es gibt beschränkte, nichtnegative Funktionen, für deren Ordinatenmengen ein Inhalt in diesem Sinne nicht existiert (Abb. C), so daß i. a. an die Existenz des Inhalts weitergehende Eigenschaften der Funktion zu knüpfen sind (s. S. 333).

RIEMANN-Integral

Zum RIEMANN-Integral gelangt man, wenn man die für die Interpretation der Integrale als Inhalt von Ordinatenmengen notwendige Einschränkung auf nichtnegative Funktionen fallen läßt. Für jede auf $[a;b]$ def. Treppenfunktion t definiert man $\int_a^b t(x)\,dx := \sum_{\nu=0}^{n-1} c_\nu (a_{\nu+1} - a_\nu)$. Die Regeln (T1) bis (T4) gelten auch dann, und Ober- und Unterintegral (die Einschränkung »nichtnegativ« bei $\mathfrak{U}$ entfällt!) einer beliebigen beschränkten Funktion existieren.

Def. 3: Stimmen für eine beschränkte Funktion $f\colon [a;b] \to \mathbb{R}$ Ober- und Unterintegral überein, so heißt f RIEMANN-*integrierbar auf* $[a;b]$ (kurz: *R-integrierbar*). Der gemeinsame Wert wird mit $\int_a^b f(x)\,dx$ bezeichnet und heißt RIEMANN-*Integral auf* $[a;b]$. f heißt auch *Integrandfunktion*, $[a;b]$ *Integrationsintervall*; a und b heißen *Integrationsgrenzen*.

Def. 4: $\int_a^a f(x)\,dx := 0$, $\int_b^a f(x)\,dx := -\int_a^b f(x)\,dx$.

Für eine beschränkte, nichtnegative (nichtpositive) Funktion gibt das RIEMANN-Integral (der absolute Betrag des RIEMANN-Integrals) den Inhalt der Ordinatenmenge an. I. a. ist jedoch die Interpretation des Integrals als Inhalt nicht mehr möglich (Abb. B_5).

Die Verwendung von Ober- und Unterintegral zum Existenznachweis des RIEMANN-Integrals ist häufig aufwendig. Einen rechnerischen Zugang liefert

Satz (RIEMANNsches Kriterium): *Eine beschränkte Funktion $f\colon [a;b] \to \mathbb{R}$ ist genau dann R-integrierbar, wenn es zu jedem $\varepsilon \in \mathbb{R}^+$ eine obere Treppenfunktion t_o und eine untere Treppenfunktion t_u gibt, so daß gilt:* $\int_a^b t_o(x)\,dx - \int_a^b t_u(x)\,dx < \varepsilon$.

$f : (a; b) \to \mathbb{R}$ sei beschränkt und monoton steigend in $)a; b($.

$\varepsilon \in \mathbb{R}^+$ sei vorgegeben. Dann wählt man $n > \frac{b-a}{\varepsilon}(M-m)$, wobei M eine obere, m eine untere Schranke von $f[(a; b)]$ ist, und bildet wie in der Abb. Treppenfunktionen $t_o^{(n)}$ und $t_u^{(n)}$, für die gilt:

$$\int_a^b t_o^{(n)}(x)\,\mathrm{d}x = \Delta x(f(a_1) + \dots + f(a_{n-1}) + M),$$

$$\int_a^b t_u^{(n)}(x)\,\mathrm{d}x = \Delta x(m + f(a_1) + \dots + f(a_{n-1})), \text{d. h.}$$

$$\int_a^b t_o^{(n)}(x)\,\mathrm{d}x - \int_a^b t_u^{(n)}(x)\,\mathrm{d}x = \Delta x(M-m) < \varepsilon.$$

M, m, $t_o^{(n)}$, $t_u^{(n)}$, $\Delta x = \frac{b-a}{n}$, $\Delta x(M-m)$, Δx, $a = a_0$, a_1, a_{n-1}, $a_n = b$, x

A

R-Integrierbarkeit monotoner Funktionen

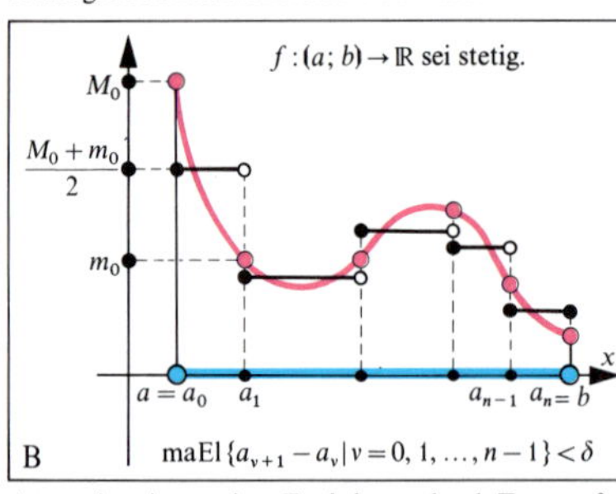

f ist auch gleichmäßig stetig. Zu $\varepsilon \in \mathbb{R}^+$ gibt es also ein $\delta \in \mathbb{R}^+$, so daß für alle $|x_1 - x_2| < \delta$ gilt: $|f(x_1) - f(x_2)| < \varepsilon$.
Man wählt eine Zerlegung von $(a; b)$, bei der die größte Teilintervallänge kleiner als δ ist, und def. auf $(a; b)$ eine Treppenfunktion t_ε durch:

$$t_\varepsilon[(a_\nu; a_{\nu+1}(] = \left\{\frac{M_\nu + m_\nu}{2}\right\} \quad (\nu = 0, 1, \dots, n-1),$$

$$t_\varepsilon(a_n) = \frac{M_{n-1} + m_{n-1}}{2}$$

mit $M_\nu = \mathrm{grEl}(f[(a_\nu; a_{\nu+1})])$ und $m_\nu = \mathrm{klEl}(f[(a_\nu; a_{\nu+1})])$. Es gilt dann:

$$|f(x) - t_\varepsilon(x)| < \varepsilon \text{ für alle } x \in (a; b).$$

Approximation stetiger Funktionen durch Treppenfunktionen

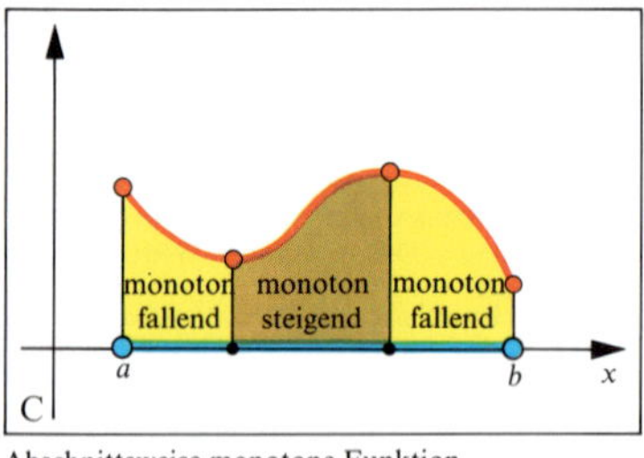

Abschnittsweise monotone Funktion

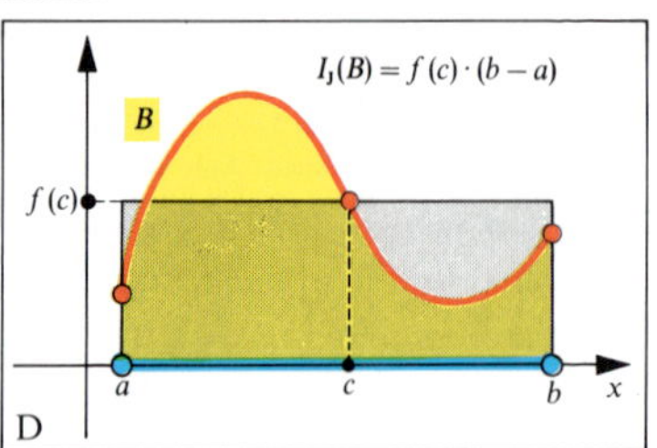

Mittelwertsatz der Integralrechnung

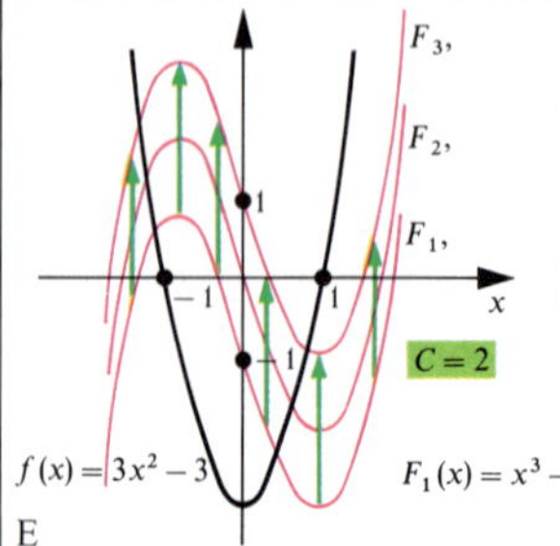

Ist F eine Stammfunktion zu f, so ist auch $F + C$ (C konstante Funktion) eine Stammfunktion zu f, denn es gilt: $(F + C)' = F' + C' = F' = f$.
Sind G und F Stammfunktionen zu f, so ergibt sich aus $(G - F)' = G' - F' = f - f = 0$ und dem Mittelwertsatz der Differentialrechnung (S. 297), daß $G - F$ eine konstante Funktion ist. Also: $G = F + C$.
$\{F + C | C \text{ konstante Funktion}\}$ ist also die Menge aller Stammfunktionen zu f. Die Graphen gehen durch Verschiebung in Richtung der 2. Achse auseinander hervor.

$F_1(x) = x^3 - 3x - 1$ $\quad F_2(x) = x^3 - 3x$ $\quad F_3(x) = x^3 - 3x + 1$

Menge aller Stammfunktionen

Integrationsregeln

Sind f und g auf $(a;b)$ definierte und R-integrierbare Funktionen, so auch $f+g$, $f\cdot g$ und cf $(c\in\mathbb{R})$. Es gilt:

(R1) $\int\limits_a^b (f+g)(x)\,dx = \int\limits_a^b f(x)\,dx + \int\limits_a^b g(x)\,dx$,

(R2) $\int\limits_a^b (cf)(x)\,dx = c\cdot\int\limits_a^b f(x)\,dx \quad (c\in\mathbb{R})$.

(R3) $\int\limits_a^b f(x)\,dx \leqq \int\limits_a^b g(x)\,dx$, wenn $f(x)\leqq g(x)$ für alle $x\in(a;b)$ (*Monotonie*),

(R4) $\int\limits_a^b f(x)\,dx = \int\limits_a^c f(x)\,dx + \int\limits_c^b f(x)\,dx$ für $a\leqq c\leqq b$ (*Additivität*),

(R5) $m(b-a)\leqq \int\limits_a^b f(x)\,dx \leqq M(b-a)$, wobei m eine untere, M eine obere Schranke von $f[(a;b)]$ ist,

(R6) $\left|\int\limits_a^b f(x)\,dx\right| \leqq \int\limits_a^b |f(x)|\,dx$.

Bem.: Eine (R1) entsprechende Regel für $f\cdot g$ gibt es nicht (vgl. S. 337, partielle Integration).

R-integrierbare Funktionen

Mit dem RIEMANNschen Kriterium (S. 331) beweist man

Satz 1: *Jede beschränkte, in* $)a;b($ *monotone Funktion* $f:(a;b)\to\mathbb{R}$ *ist R-integrierbar* (Abb. A).

Mit der Klasse der monotonen Funktionen ist nur eine kleine Klasse R-integrierbarer Funktionen erfaßt. Nicht monotone Funktionen lassen sich aber häufig, wie etwa die Einschränkungen ganzrationaler Funktionen auf abgeschl. Intervalle, als abschnittsweise monotone Funktionen auffassen (Abb. C).

Def. 1: $f:(a;b)\to\mathbb{R}$ heißt *abschnittsweise monoton*, wenn es eine Zerlegung von $(a;b)$ gibt, so daß die Einschränkungen von f auf die (offenen) Teilintervalle monoton sind.

Mit Satz 1 und der Regel (R4) beweist man

Satz 2: *Jede abschnittsweise monotone, beschränkte Funktion* $f:(a;b)\to\mathbb{R}$ *ist R-integrierbar.*

Die bisher ermittelten R-integrierbaren Funktionen mußten nicht unbedingt stetig sein. Liegt nun eine stetige Funktion $f:(a;b)\to\mathbb{R}$ vor, so ist sie nach Satz 15, S. 289, gleichmäßig stetig. Aus dieser Eigenschaft folgt, daß man zu jedem $\varepsilon\in\mathbb{R}^+$ eine Treppenfunktion $t_\varepsilon:(a;b)\to\mathbb{R}$ bestimmen kann, so daß $|f(x)-t_\varepsilon(x)|<\varepsilon$ für alle $x\in(a;b)$ gilt (Abb. B). Eine auf $(a;b)$ stetige Funktion ist also durch Treppenfunktionen beliebig genau approximierbar. Die R-Integrierbarkeit ist daher eine naheliegende Vermutung.

Man beweist zunächst

Satz 3: *Eine Funktion* $f:(a;b)\to\mathbb{R}$ *ist R-integrierbar, wenn es zu jedem* $\varepsilon\in\mathbb{R}^+$ *eine Treppenfunktion* $t_\varepsilon:(a;b)\to\mathbb{R}$ *gibt, so daß für alle* $x\in(a;b)$ *gilt:* $|f(x)-t_\varepsilon(x)|<\varepsilon$.

Aus Satz 3 folgt dann

Satz 4: *Jede stetige Funktion* $f:(a;b)\to\mathbb{R}$ *ist R-integrierbar.*

Bem.: In Satz 4 kann man ohne weiteres noch den Zusatz »*bis auf endlich viele Unstetigkeitsstellen*« machen, wenn man noch die Beschränktheit von f fordert. In der Theorie des LEBESGUE-Integrals (S. 363) zeigt man, daß die R-integrierbaren Funktionen diejenigen beschränkten Funktionen sind, die nicht »allzu viele« Unstetigkeitsstellen aufweisen. Die Menge der Unstetigkeitsstellen ist im Beispiel der Abb. C, S. 330, bereits »zu groß«.

Mittelwertsatz der Integralrechnung

Ist $f:(a;b)\to\mathbb{R}$ stetig, so existieren nach Satz 10, S. 287, das kleinste und das größte Element der Bildmenge. Bezeichnet man diese mit k bzw. g, so gibt es $x_1, x_2\in(a;b)$ mit $f(x_1)=k$ und $f(x_2)=g$. Nach Regel (R5) ergibt sich dann: $f(x_1)\leqq \frac{1}{b-a}\int\limits_a^b f(x)\,dx \leqq f(x_2)$.

Wendet man nun Satz 9, S. 287, an, so erhält man

Satz 5 (Mittelwertsatz): *Ist* $f:(a;b)\to\mathbb{R}$ *stetig, so gibt es ein* $c\in(a;b)$ *mit* $\frac{1}{b-a}\int\limits_a^b f(x)\,dx = f(c)$.

Für eine nichtnegative stetige Funktion kann Satz 5 wie in Abb. D gedeutet werden.

Hauptsatz der Integralrechnung

Beim Nachweis der R-Integrierbarkeit einer Funktion ist es nicht erforderlich, das Integral selbst zu berechnen. Eine Berechnung ist mit Hilfe von Treppenfunktionen möglich. Dies Verfahren ist jedoch i. a. sehr aufwendig, auch bei verhältnismäßig einfachen Funktionen, wie z. B. bei den Potenzfunktionen mit $f(x)=x^n$ $(n\in\mathbb{N})$, wo sich $\int\limits_a^b x^n\,dx = \frac{b^{n+1}}{n+1} - \frac{a^{n+1}}{n+1}$ ergibt.

Zur Berechnung von Integralen nutzt man in sehr vielen Fällen einen Zusammenhang zwischen Differential- und Integralrechnung aus, der im sog. Hauptsatz formuliert ist.

Def. 2: Eine Funktion $F:(a;b)\to\mathbb{R}$ heißt *Stammfunktion* zu $f:(a;b)\to\mathbb{R}$, wenn $F'=f$ gilt.

Satz 6 (Hauptsatz): *Gibt es zu einer R-integrierbaren Funktion* $f:(a;b)\to\mathbb{R}$ *eine Stammfunktion F, so gilt:*

$$\int\limits_a^b f(x)\,dx = \int\limits_a^b F'(x)\,dx = F(b)-F(a).$$

Bem.: Für die Rechnung ist es nützlich, statt $F(b)-F(a)$ zunächst $[F(x)]_a^b$ zu schreiben.

Der Hauptsatz besagt also, daß sich ein Integral als *Differenz der Funktionswerte einer Stammfunktion an den Stellen a und b* bestimmen läßt, falls eine Stammfunktion existiert. Ist dies der Fall, so kann man irgendeine Stammfunktion zu f wählen, denn zwei Stammfunktionen zu f unterscheiden sich lediglich durch eine Konstante (Abb. E), die bei der Differenzberechnung entfällt.

$\int\limits_a^b x^n\,dx\,(n\neq -1)$ läßt sich über die durch $F(x)=\frac{x^{n+1}}{n+1}$ def. Stammfunktion mit Hilfe des Hauptsatzes einfach berechnen:

$$\int\limits_a^b x^n\,dx = \left[\frac{x^{n+1}}{n+1}\right]_a^b = \frac{b^{n+1}}{n+1} - \frac{a^{n+1}}{n+1}.$$

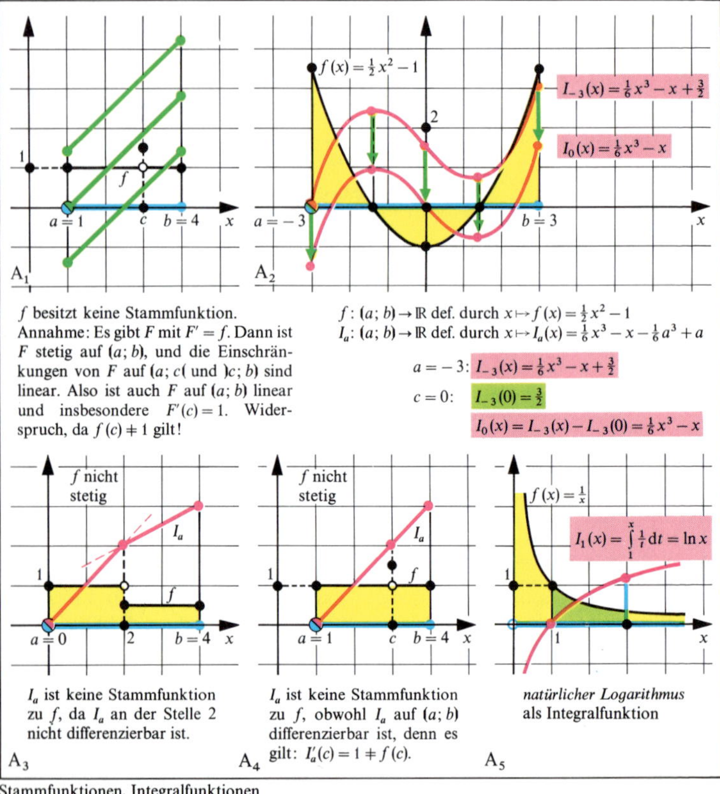

A₁
1
f
$a=1$ c $b=4$ x
f besitzt keine Stammfunktion. Annahme: Es gibt F mit $F'=f$. Dann ist F stetig auf $(a;b)$, und die Einschränkungen von F auf $(a;c($ und $)c;b)$ sind linear. Also ist auch F auf $(a;b)$ linear und insbesondere $F'(c)=1$. Widerspruch, da $f(c)\neq 1$ gilt!
A₂
$f(x)=\frac{1}{2}x^2-1$
$I_{-3}(x)=\frac{1}{6}x^3-x+\frac{3}{2}$
$I_0(x)=\frac{1}{6}x^3-x$
2
$a=-3$ $b=3$ x
$f:(a;b)\to\mathbb{R}$ def. durch $x\mapsto f(x)=\frac{1}{2}x^2-1$
$I_a:(a;b)\to\mathbb{R}$ def. durch $x\mapsto I_a(x)=\frac{1}{6}x^3-x-\frac{1}{6}a^3+a$
$a=-3$: $I_{-3}(x)=\frac{1}{6}x^3-x+\frac{3}{2}$
$c=0$: $I_{-3}(0)=\frac{3}{2}$
$I_0(x)=I_{-3}(x)-I_{-3}(0)=\frac{1}{6}x^3-x$
A₃
f nicht stetig
I_a
1
f
$a=0$ 2 $b=4$ x
I_a ist keine Stammfunktion zu f, da I_a an der Stelle 2 nicht differenzierbar ist.
A₄
f nicht stetig
I_a
1
f
$a=1$ c $b=4$ x
I_a ist keine Stammfunktion zu f, obwohl I_a auf $(a;b)$ differenzierbar ist, denn es gilt: $I_a'(c)=1\neq f(c)$.
A₅
$f(x)=\frac{1}{x}$
$I_1(x)=\int_1^x \frac{1}{t}\,dt=\ln x$
1
1 x
natürlicher Logarithmus als Integralfunktion

Stammfunktionen, Integralfunktionen

Term der Integrandfunktion		Term einer Stammfunktion	Schreibweise mit unbestimmtem Integral
← Ableitung			
a	$(a\in\mathbb{R})$	ax	$\int a\,dx=ax;\quad \int dx=x$
x^r	$(r\in\mathbb{R}\setminus\{-1\})$	$\frac{1}{r+1}x^{r+1}$	$\int x^r\,dx=\frac{1}{r+1}x^{r+1}$
$\frac{1}{x}\ (0\notin(a;b))$		$\ln\lvert x\rvert$	$\int\frac{1}{x}\,dx=\ln x$
e^x		e^x	$\int e^x\,dx=e^x$
a^x	$(a\in\mathbb{R}^+\setminus\{1\})$	$\frac{1}{\ln a}a^x$	$\int a^x\,dx=\frac{1}{\ln a}a^x$
$\sin x\ (\sinh x)$		$-\cos x\ (\cosh x)$	$\int\sin x\,dx=-\cos x$
$\cos x\ (\cosh x)$		$\sin x\ (\sinh x)$	$\int\cos x\,dx=\sin x$
$\frac{1}{\cos^2 x}\left(\frac{1}{\cosh^2 x}\right)$		$\tan x\ (\tanh x)$	$\int\frac{1}{\cos^2 x}\,dx=\tan x$
$\frac{1}{\sin^2 x}\left(\frac{1}{\sinh^2 x}\right)$		$-\cot x\ (-\coth x)$	$\int\frac{1}{\sin^2 x}\,dx=-\cot x$

B

Grundintegrale

Existenz von Stammfunktionen

Um $\int_a^b f(x)\,\mathrm{d}x$ nach dem Hauptsatz (S. 333) berechnen zu können, muß zur R-integrierbaren Funktion f eine Stammfunktion existieren. Daß es R-integrierbare Funktionen gibt, die keine Stammfunktion besitzen, zeigt Abb. A_1. Allerdings ist für die Existenz einer Stammfunktion zu f nicht unbedingt die Stetigkeit von f auf dem ganzen Intervall erforderlich (z. B. Ableitung der Funktion in Abb. A, S. 294). Ist f aber stetig auf $(a; b)$, so gibt es stets eine Stammfunktion. Zum Beweis dieser Aussage betrachtet man sog. Integralfunktionen.

Def. 1: $f:(a;b)\to\mathbb{R}$ sei R-integrierbar. Dann heißt $I_a:(a;b)\to\mathbb{R}$ def. durch $x\mapsto I_a(x)=\int_a^x f(t)\,\mathrm{d}t$ *Integralfunktion* zu f (Abb. A_2).

Bem.: Man kann für jedes $c\in(a;b)$ eine Integralfunktion $I_c:(a;b)\to\mathbb{R}$ durch $x\mapsto I_c(x)=\int_c^x f(t)\,\mathrm{d}t$ definieren. Es gilt: $I_c(x)=I_a(x)-I_a(c)$ (Abb. A_2). Zum Beweis zieht man Regel (R4), S. 333, heran. Da x bei Integralfunktionen als Variable für die obere Grenze auftritt, ist es nicht zweckmäßig, für die im Integranden auftretende *gebundene* Variable ebenfalls x zu wählen. Häufig wird t als gebundene Variable genommen.

Nach Satz 4, S. 333, ist eine stetige Funktion $f:(a;b)\to\mathbb{R}$ auch R-integrierbar, so daß die Integralfunktion I_a existiert. Man zeigt, daß sie eine Stammfunktion zu f ist, denn es gilt für alle $x\in(a;b)$:

$$I'_a(x)=\frac{\mathrm{d}}{\mathrm{d}x}\int_a^x f(t)\,\mathrm{d}t=f(x),\quad \text{d. h.}\quad I'_a=f.$$

Man erhält

Satz: *Jede stetige Funktion $f:(a;b)\to\mathbb{R}$ besitzt eine Stammfunktion.*

Bem.: Eine unstetige, R-integrierbare Funktion $f:(a;b)\to\mathbb{R}$ besitzt zwar auch eine Integralfunktion I_a, aber diese ist keine Stammfunktion zu f (Abb. A_3 und A_4).

Der Hauptsatz ist also bei stetigen Integrandfunktionen anwendbar. Leider liefert der mit Hilfe von Integralfunktionen geführte Beweis des obigen Satzes keine Informationen über die Stammfunktion selbst, so daß das Auffinden von Stammfunktionen ein zusätzliches, häufig recht schwieriges Problem bleibt. Zur Lösung dieses Problems ist eine Fülle von Verfahren entwickelt worden.

Verfahren zur Bestimmung von Stammfunktionen

Das einfachste Verfahren, Stammfunktionen zu gewinnen, besteht im Differenzieren bekannter differenzierbarer Funktionen. Die Ausgangsfunktion ist dann sicherlich eine Stammfunktion ihrer Ableitung. Auf diese Weise ergibt sich z. B. die in Abb. B enthaltene Tabelle.

Anwendungsbeispiel: $f(x)=\ln x\Rightarrow f'(x)=\frac{1}{x}$ (S. 309)

$\Rightarrow \int_a^b \frac{1}{x}\,\mathrm{d}x=\ln b-\ln a$ (Hauptsatz).

Bem.: Wegen $\ln 1=0$ erhält man daraus die Darstellung des natürlichen Logarithmus als Integralfunktion: $\ln x=\int_1^x \frac{1}{t}\,\mathrm{d}t$ (Abb. A_5).

Während sich z. B. die Integrale ganzrationaler Funktionen und trigonometrischer Funktionen auf diese Weise einfach bestimmen lassen, ergeben sich z. B. für Integrale rationaler Funktionen bereits große Schwierigkeiten. Man benötigt weitere Verfahren zur Bestimmung von Stammfunktionen. Zu den wichtigsten zählen das der partiellen Integration und das der Substitution (S. 337).

Bei der Herleitung und Anwendung dieser Verfahren ist es zweckmäßig, mit der Symbolik des unbestimmten Integrals zu arbeiten.

Unbestimmtes Integral

Ist F irgendeine Stammfunktion zu $f:(a;b)\to\mathbb{R}$, so ist $\{F+C\,|\,C$ konstante Funktion$\}$ die Menge aller Stammfunktionen zu f. Bis auf die Addition einer beliebigen Konstanten C ist also der Funktionsterm jeder Stammfunktion zu f durch den Term $F(x)$ beschrieben. Vereinbart man die Schreibweise $\int f(x)\,\mathrm{d}x:=F(x)$, so repräsentiert $\int f(x)\,\mathrm{d}x$ bis auf eine additive Konstante die Menge aller Stammfunktionen zu f. Man nennt $\int f(x)\,\mathrm{d}x$ *unbestimmtes Integral* von f.

Die besondere Schreibweise des unbestimmten Integrals macht einerseits den Zusammenhang zwischen Differenzieren und Integrieren deutlich, denn es gilt $\frac{\mathrm{d}}{\mathrm{d}x}\int f(x)\,\mathrm{d}x=F'(x)=f(x)$ bzw. $\int f(x)\,\mathrm{d}x=\int F'(x)\,\mathrm{d}x=F(x)$. Andererseits ist sie nützlich, weil sie einen einfachen Übergang zum RIEMANN-Integral durch »Anhängen« des Integrationsintervalls $(a;b)$ ermöglicht:

Ist $f:(a;b)\to\mathbb{R}$ R-integrierbar und gilt
$\int f(x)\,\mathrm{d}x=F(x)$, so ergibt sich
$\int_a^b f(x)\,\mathrm{d}x=[F(x)]_a^b=F(b)-F(a)$.

Bem. 1: Während das unbestimmte Integral $\int f(x)\,\mathrm{d}x$ einen Funktionsterm bezeichnet, ist $\int_a^b f(x)\,\mathrm{d}x$ eine reelle Zahl, die man häufig auch als *bestimmtes Integral* von f auf $(a;b)$ bezeichnet.

Bem. 2: Das unbestimmte Integral wird in der Literatur recht uneinheitlich verwendet. Häufig findet man die Schreibweise $\int f(x)\,\mathrm{d}x=F(x)+C$, die sich von der hier verwendeten lediglich durch die additive Konstante unterscheidet.

Bem. 3: Die Verwendung der Gleichheitsrelation beim »Rechnen« mit unbestimmten Integralen ist problematisch. Aus $\int f(x)\,\mathrm{d}x=F_1(x)$ und $\int f(x)\,\mathrm{d}x=F_2(x)$ folgt nämlich nicht $F_1(x)=F_2(x)$, sondern $F_1(x)=F_2(x)+C$.

$\int x\cdot\sin x\,dx \quad f'(x)=\sin x,\ g(x)=x$

$\int x\cdot\sin x\,dx = x(-\cos x)-\int(-\cos x)\,dx$

A₁ $\int x\cdot\sin x\,dx = -x\cos x+\sin x$

$\int \cos^2 x\,dx \quad f'(x)=\cos x,\ g(x)=\cos x$

$\int \cos^2 x\,dx = \sin x\cos x + \int \sin^2 x\,dx$

$\int \cos^2 x\,dx = \sin x\cos x + \int (1-\cos^2 x)\,dx$

$2\int \cos^2 x\,dx = \sin x\cos x + x$

A₂ $\int \cos^2 x\,dx = \frac{1}{2}(\sin x\cos x + x)$

$\int t\cdot\sin t^2\,dt \quad (f\circ\varphi)(t)=\sin t^2,\ \varphi(t)=t^2$

$\varphi'(t)=2t,\ f(x)=\sin x$

$\int t\cdot\sin t^2\,dt = \frac{1}{2}\int 2t\cdot\sin t^2\,dt$

$\int t\cdot\sin t^2\,dt = \frac{1}{2}\left[\int \sin x\,dx\right]_{x=t^2}$

A₃ $\int t\cdot\sin t^2\,dt = -\frac{1}{2}\cos t^2$

$\int \sqrt[3]{x+2}\,dx \quad \varphi^{-1}(x)=t=\sqrt[3]{x+2},\ \varphi'(t)=3t^2$

$\int \sqrt[3]{x+2}\,dx = \left[\int t\cdot 3t^2\,dt\right]_{t=\sqrt[3]{x+2}}$

A₄ $\int \sqrt[3]{x+2}\,dx = \frac{3}{4}\cdot\sqrt[3]{(x+2)^4}$

$\int \sqrt{1-x^2}\,dx \quad \varphi(t)=x=\sin t$

$\int \sqrt{1-x^2}\,dx = \left[\int \sqrt{1-\sin^2 t}\,\cos t\,dt\right]_{t=\varphi^{-1}(x)}$

$\int \sqrt{1-x^2}\,dx = \left[\int \cos^2 t\,dt\right]_{t=\varphi^{-1}(x)}$

A₅ $\int \sqrt{1-x^2}\,dx = \frac{1}{2}x\sqrt{1-x^2}+\frac{1}{2}\arcsin x$

$\int \frac{x}{x^2+1}\,dx \quad \varphi(x)=x^2+1,\ \varphi'(x)=2x$

$\int \frac{x}{x^2+1}\,dx = \frac{1}{2}\int \frac{2x}{x^2+1}\,dx$

A₆ $\int \frac{x}{x^2+1}\,dx = \frac{1}{2}\ln|x^2+1|$

Integrationsbeispiele

$t=\varphi^{-1}(x)$	$x=\varphi(t)$	$\varphi'(t)$	$t=\varphi^{-1}(x)$	$x=\varphi(t)$	$\varphi'(t)$
$t=ax+b$	$x=\frac{1}{a}(t-b)$	$\frac{1}{a}$	$t=\sqrt{\pm a^2+x^2}$	$x=\sqrt{t^2\mp a^2}$	$\frac{t}{\sqrt{t^2\mp a^2}}$
$t=\sqrt[n]{ax+b}$	$x=\frac{1}{a}(t^n-b)$	$\frac{1}{a}nt^{n-1}$	$t=\sqrt{a^2-x^2}$	$x=\sqrt{a^2-t^2}$	$-\frac{t}{\sqrt{a^2-t^2}}$
$t=a^x$	$x=\frac{1}{\ln a}\ln t$	$\frac{1}{\ln a}\cdot\frac{1}{t}$	$t=\arcsin\frac{x}{a}$	$x=a\sin t$	$a\cos t$
$t=e^x$	$x=\ln t$	$\frac{1}{t}$	$t=\arccos\frac{x}{a}$	$x=a\cos t$	$-a\sin t$
B $t=\ln x$	$x=e^t$	e^t	$t=\arctan\frac{x}{a}$	$x=a\tan t$	$\frac{a}{\cos^2 t}$

Häufig verwendete Substitutionen

Aus dem Satz folgt, daß man Potenzreihen im Konvergenzintervall gliedweise integrieren darf, denn diese Reihen konvergieren dort gleichmäßig.
Diese Eigenschaft kann man dazu verwenden, um Reihenentwicklungen für kompliziertere Funktionen anzugeben, die durch Integralfunktionen definiert sind. Beispiele:

vorgegebene Funktion	verwendete Potenzreihe	gliedweise Integration
$\ln(1+x)=\int_0^x \frac{1}{1+t}\,dt$ (vgl. S. 335)	$\frac{1}{1+t}=\sum_{\nu=0}^{\infty}(-1)^\nu t^\nu$, $\lvert t\rvert<1$ (S. 300, Abb. C)	$\ln(1+x)=\sum_{\nu=0}^{\infty}\int_0^x(-1)^\nu t^\nu\,dt=\sum_{\nu=1}^{\infty}\frac{(-1)^{\nu+1}}{\nu}x^\nu$, $\lvert x\rvert<1$ (S. 308, Abb. A)
$\arctan x=\int_0^x \frac{1}{1+t^2}\,dt$ (vgl. 309/311)	$\frac{1}{1+t^2}=\sum_{\nu=0}^{\infty}(-1)^\nu t^{2\nu}$, $\lvert t\rvert<1$	$\arctan x=\sum_{\nu=0}^{\infty}\int_0^x(-1)^\nu t^{2\nu}\,dt=\sum_{\nu=0}^{\infty}\frac{(-1)^\nu}{2\nu+1}x^{2\nu+1}$, $\lvert x\rvert<1$ (S. 308, Abb. D)
$\int\frac{\sin x}{x}\,dx=\int_0^x\frac{\sin t}{t}\,dt$ (Integralsinus)	$\sin t=\sum_{\nu=0}^{\infty}\frac{(-1)^\nu}{(2\nu+1)!}t^{2\nu+1}$ (S. 308, Abb. D) $\frac{\sin t}{t}=\sum_{\nu=0}^{\infty}\frac{(-1)^\nu}{(2\nu+1)!}t^{2\nu}$, $t\in\mathbb{R}\setminus\{0\}$, $\lim_{t\to0}\frac{\sin t}{t}=1$	$\int\frac{\sin x}{x}\,dx=\sum_{\nu=0}^{\infty}\int_0^x\frac{(-1)^\nu}{(2\nu+1)!}t^{2\nu}\,dt$ $=\sum_{\nu=0}^{\infty}\frac{(-1)^\nu}{(2\nu+1)\cdot(2\nu+1)!}x^{2\nu+1}$, $x\in\mathbb{R}$
$\int e^{-x^2}\,dx=\int_0^x e^{-t^2}\,dt$ C	$e^t=\sum_{\nu=0}^{\infty}\frac{1}{\nu!}t^\nu$ (S. 308, Abb. A) $e^{-t^2}=\sum_{\nu=0}^{\infty}\frac{(-1)^\nu}{\nu!}t^{2\nu}$, $t\in\mathbb{R}$	$\int e^{-x^2}\,dx=\sum_{\nu=0}^{\infty}\int_0^x\frac{(-1)^\nu}{\nu!}t^{2\nu}\,dt$ $=\sum_{\nu=0}^{\infty}\frac{(-1)^\nu}{(2\nu+1)\cdot\nu!}x^{2\nu+1}$, $x\in\mathbb{R}$

Beispiele zur gliedweisen Integration

Integrationsverfahren

Für das »Rechnen« mit unbestimmten Integralen sind die folgenden drei Regeln grundlegend; ihre Gültigkeit bestätigt man leicht mit den entsprechenden Ableitungsregeln der Differentialrechnung.

(U1) $\int (f+g)(x)\mathrm{d}x = \int f(x)\mathrm{d}x + \int g(x)\mathrm{d}x$,
(U2) $\int (cf)(x)\mathrm{d}x = c \cdot \int f(x)\mathrm{d}x \quad (c \in \mathbb{R})$,
(U3) $\int f'(x)\mathrm{d}x = f(x)$.

Für die Produktfunktion $f \cdot g$ ergibt sich keine (U1) entsprechende Regel. Vielmehr erhält man für stetig differenzierbare Funktionen f und g mit Hilfe der *Produktregel* der Differentialrechnung (S. 293) und der Regeln (U1) und (U3):

$\int (f(x)\cdot g(x))'\,\mathrm{d}x = f(x)\cdot g(x)$, d. h.
$\int f'(x)\cdot g(x)\mathrm{d}x + \int f(x)\cdot g'(x)\mathrm{d}x = f(x)\cdot g(x)$.

Daraus ergibt sich die Regel, die der **partiellen Integration** zugrundeliegt:

(U4) $\int f'(x)\cdot g(x)\mathrm{d}x = f(x)\cdot g(x) - \int f(x)\cdot g'(x)\mathrm{d}x$.

Diese Regel wendet man häufig mit Erfolg an, wenn eine Stammfunktion einer Produktfunktion gesucht und eine Stammfunktion eines Faktors bekannt ist. Allerdings liefert die Regel nicht direkt eine Stammfunktion für das Produkt, sondern verlagert zunächst nur die Aufgabe. Statt $\int f'(x)\cdot g(x)\mathrm{d}x$ ist $\int f(x) \cdot g'(x)\mathrm{d}x$ zu ermitteln, was aber in vielen Fällen einfacher ist.
Beispiele: Abb. A_1, A_2.

Mit Hilfe der *Kettenregel* der Differentialrechnung (S. 295) gelangt man zu einer weiteren Integrationsmethode. Ist $f:(a;b)\to\mathbb{R}$ def. durch $x\mapsto f(x)$ stetig, $\varphi:(c;d)\to W_\varphi (W_\varphi \subseteq \mathbb{R})$ def. durch $t\mapsto\varphi(t)$ stetig differenzierbar und existiert auch die Komposition $f\circ\varphi:(c;d)\to\mathbb{R}$, so existiert auch die Komposition $F\circ\varphi:(c;d)\to\mathbb{R}$, wobei F eine Stammfunktion zu f ist. Nach der Kettenregel ist dann $F\circ\varphi$ eine Stammfunktion zu $(F'\circ\varphi)\cdot\varphi'$, d. h. zu $(f\circ\varphi)\cdot\varphi'$. Diese Aussage kann auf zweifache Weise genutzt werden, um unbestimmte Integrale zu lösen.

a) Es sei eine Integrandfunktion der Form $(f\circ\varphi)\cdot\varphi'$ mit den oben genannten Voraussetzungen für f und φ vorgegeben. Dann bestimmt man zunächst F, d. h. löst $\int f(x)\mathrm{d}x$, und bildet anschließend die Komposition $F\circ\varphi$. Diesen Vorgang kann man symbolisch durch die Schreibweise $[\int f(x)\mathrm{d}x]_{x=\varphi(t)}$ wiedergeben. Man erhält die Regel

(U5) $\int (f\circ\varphi)(t)\cdot\varphi'(t)\mathrm{d}t = [\int f(x)\mathrm{d}x]_{x=\varphi(t)}$,

die besonders vorteilhaft bei Produktfunktionen angewendet werden kann.
Beispiel: Abb. A_3.

b) Es sei eine stetige Integrandfunktion $f:(a;b)\to\mathbb{R}$ vorgegeben. Dann wählt man eine Funktion φ mit den oben genannten Eigenschaften und der *zusätzlichen Eigenschaft* $\varphi'(x)>0$ bzw. $\varphi'(x)<0$ in $(a;b)$. Man bestimmt $(f\circ\varphi)\cdot\varphi'$ und eine Stammfunktion $F\circ\varphi$ zu $(f\circ\varphi)\cdot\varphi'$, d. h. löst $\int (f\circ\varphi)(t)\cdot\varphi'(t)\mathrm{d}t$. Nun bildet man $F\circ\varphi\circ\varphi^{-1}$, wodurch man eine Stammfunktion F zu f erhält. Diesen Vorgang kann man symbolisch durch die Schreibweise

$[\int (f\circ\varphi)(t)\cdot\varphi'(t)\mathrm{d}t]_{t=\varphi^{-1}(x)}$

wiedergeben. Man erhält die Regel

(U6) $\int f(x)\mathrm{d}x = [\int (f\circ\varphi)(t)\cdot\varphi'(t)\mathrm{d}t]_{t=\varphi^{-1}(x)}$,

die auch als **Substitutionsregel** bezeichnet wird, weil man – in nachlässiger Sprechweise – x durch $\varphi(t)$, $\mathrm{d}x$ durch $\varphi'(t)\mathrm{d}t$ und nach der Integration t durch $\varphi^{-1}(x)$ ersetzt.
Beispiele: Abb. A_4, A_5.

Entscheidend für die Wirksamkeit der Substitutionsmethode ist die geeignete Wahl von φ; häufig verwendete Funktionen enthält Abb. B. Für Quotientenfunktionen der Form $\frac{\varphi'}{\varphi}$ ergibt sich die Regel:

(U7) $\int \frac{\varphi'(x)}{\varphi(x)}\mathrm{d}x = \ln|\varphi(x)|$.

Beispiele: Abb. A_6

Mit den angeführten Regeln lassen sich z. B. alle rationalen Funktionen integrieren (Partialbruchzerlegung, S. 305), aber auch viele nichtrationale Funktionen. Die wichtigsten unbestimmten Integrale sind in den Tabellen auf S. 338/339 aufgeführt.

Integration von Reihen

Die Berechnung des Umfangs einer Ellipse mit den Halbachsen a und b (S. 346, Abb. C) führt auf das elliptische Integral $4a\cdot\int\limits_0^{\frac{\pi}{2}}\sqrt{1-\varepsilon^2\cos^2 t}\,dt$ mit $\varepsilon := \sqrt{1-\left(\frac{b}{a}\right)^2}$, das sich nicht nach dem Hauptsatz behandeln läßt, da keine Stammfunktion in geschlossener Form gefunden werden kann. Nun läßt sich aber der Term $\sqrt{1-x}$ $(x:=\varepsilon^2\cos^2 t, |x|<1)$ als Potenzreihe darstellen (S. 300, Abb. C), deren Glieder auf bekannte bestimmte Integrale führen, wenn man Integration und Summation vertauscht. Es stellt sich allerdings die Frage, ob man ohne weiteres vertauschen (»gliedweise integrieren«) darf, d. h. ob $\int\limits_a^b\left(\sum\limits_{v=0}^{\infty} f_v(x)\right)\mathrm{d}x = \sum\limits_{v=0}^{\infty}\int\limits_a^b f_v(x)\mathrm{d}x$ gilt.

Allgemein kann man das Problem der *gliedweisen Integration* folgendermaßen formulieren: Gegeben sei eine Folge (f_n) von auf $(a;b)$ R-integrierbaren Funktionen. Die zugehörige Reihe $\sum\limits_{v=0}^{\infty} f_v$ möge gegen $f:(a;b)\to\mathbb{R}$ konvergieren. Existiert dann $\int\limits_a^b\left(\sum\limits_{v=0}^{\infty} f_v(x)\right)\mathrm{d}x$ und konvergiert $\sum\limits_{v=0}^{\infty}\int\limits_a^b f_v(x)\mathrm{d}x$ gegen den Wert dieses Integrals? I. a. ist dies nicht der Fall. Es gilt aber

Satz: *Konvergiert die Reihe* $\sum\limits_{v=0}^{\infty} f_v$ *der R-integrierbaren Funktionen* $f_v:(a;b)\to\mathbb{R}$ *gleichmäßig* (S. 289), *so ist:*

$$\int\limits_a^b\left(\sum_{v=0}^{\infty} f_v(x)\right)\mathrm{d}x = \sum_{v=0}^{\infty}\int\limits_a^b f_v(x)\mathrm{d}x\,.$$

Anwendung: Abb. C.

① $\int (ax+b)^n \,dx = \frac{1}{a(n+1)}(ax+b)^{n+1} \quad (n \in \mathbb{Z} \setminus \{-1\})$

② $\int \frac{1}{ax+b}\,dx = \frac{1}{a}\ln|ax+b|$

③ $\int \frac{1}{ax^2+bx+c}\,dx = \begin{cases} \frac{2}{\sqrt{-D}}\arctan\frac{2ax+b}{\sqrt{-D}} & \text{für } D<0 \\ -\frac{2}{2ax+b} & \text{für } D=0 \\ \frac{1}{\sqrt{D}}\ln\left|\frac{2ax+b-\sqrt{D}}{2ax+b+\sqrt{D}}\right| = \frac{2}{\sqrt{D}}\operatorname{artanh}\frac{2ax+b}{\sqrt{D}} & \text{für } D>0 \end{cases}$ $\quad (D := b^2-4ac)$

④ $\int \frac{x}{ax^2+bx+c}\,dx = \frac{1}{2a}\ln|ax^2+bx+c| - \frac{b}{2a}\int\frac{1}{ax^2+bx+c}\,dx$

⑤ $\int \frac{1}{(ax^2+bx+c)^n}\,dx = \frac{2ax+b}{(-D)(n-1)(ax^2+bx+c)^{n-1}} + \frac{2a(2n-3)}{(-D)(n-1)}\int\frac{1}{(ax^2+bx+c)^{n-1}}\,dx$
$(n \in \mathbb{N}\setminus\{0,1\},\ D<0)$

⑥ $\int \frac{x}{(ax^2+bx+c)^n}\,dx = \frac{bx+2c}{D(n-1)(ax^2+bx+c)^{n-1}} + \frac{b(2n-3)}{D(n-1)}\int\frac{1}{(ax^2+bx+c)^{n-1}}\,dx$
$(n \in \mathbb{N}\setminus\{0,1\},\ D<0)$

A

Unbestimmte Integrale rationaler Funktionen ($a \neq 0$)

⑦ $\int (ax+b)^r \,dx = \frac{1}{a(r+1)}(ax+b)^{r+1} \quad (r \neq -1)$

⑧ $\int \frac{1}{\sqrt{ax^2+bx+c}}\,dx$
$= \frac{1}{\sqrt{a}}\ln\left|2\sqrt{a(ax^2+bx+c)}+2ax+b\right| = \begin{cases} \frac{1}{\sqrt{a}}\operatorname{arsinh}\frac{2ax+b}{\sqrt{-D}} & \text{für } D<0,\ a>0 \\ \frac{1}{\sqrt{a}}\ln|2ax+b| & \text{für } D=0,\ a>0 \\ -\frac{1}{\sqrt{-a}}\arcsin\frac{2ax+b}{\sqrt{D}} & \text{für } D>0,\ a<0 \end{cases}$

⑨ $\int \frac{a_0+a_1x+\cdots+a_nx^n}{\sqrt{ax^2+bx+c}}\,dx = (b_0+b_1x+\cdots+b_{n-1}x^{n-1})\sqrt{ax^2+bx+c} + b_n\int\frac{1}{\sqrt{ax^2+bx+c}}\,dx\,.$

Im konkreten Fall kann man zu den vorgegebenen $a_0, a_1, \ldots, a_n$ die $b_0, b_1, \ldots, b_n$ aus der Gleichung

$\frac{a_0+a_1x+\cdots+a_nx^n}{\sqrt{ax^2+bx+c}} = \frac{d}{dx}\left[(b_0+b_1x+\cdots+b_{n-1}x^{n-1})\sqrt{ax^2+bx+c}\right] + \frac{b_n}{\sqrt{ax^2+bx+c}}$

durch Koeffizientenvergleich bestimmen.

⑩ $\int \sqrt{ax^2+bx+c}\,dx = \frac{2ax+b}{4a}\sqrt{ax^2+bx+c} - \frac{D}{8a}\int\frac{1}{\sqrt{ax^2+bx+c}}\,dx$

⑪ $\int \frac{x}{\sqrt{ax^2+bx+c}}\,dx = \frac{\sqrt{ax^2+bx+c}}{a} - \frac{b}{2a}\int\frac{1}{\sqrt{ax^2+bx+c}}\,dx$

⑫ $\int \frac{1}{\sqrt{a^2-x^2}}\,dx = \arcsin\frac{x}{a}$

⑬ $\int \sqrt{a^2-x^2}\,dx = \frac{x}{2}\sqrt{a^2-x^2} + \frac{a^2}{2}\arcsin\frac{x}{a}$

⑭ $\int \frac{1}{\sqrt{a^2+x^2}}\,dx = \operatorname{arsinh}\frac{x}{a}$

⑮ $\int \sqrt{a^2+x^2}\,dx = \frac{x}{2}\sqrt{a^2+x^2} + \frac{a^2}{2}\operatorname{arsinh}\frac{x}{a}$

⑯ $\int \frac{1}{\sqrt{x^2-a^2}}\,dx = \operatorname{arcosh}\frac{x}{a}$

⑰ $\int \sqrt{x^2-a^2}\,dx = \frac{x}{2}\sqrt{x^2-a^2} - \frac{a^2}{2}\operatorname{arcosh}\frac{x}{a}$

⑱ $\int x\sqrt{a^2\pm x^2}\,dx = \pm\frac{1}{3}\sqrt{(a^2\pm x^2)^3}$

⑲ $\int \frac{1}{x}\sqrt{a^2\pm x^2}\,dx = \sqrt{a^2\pm x^2} - a\ln\left|\frac{1}{x}(a+\sqrt{a^2\pm x^2})\right|$

⑳ $\int x\sqrt{x^2-a^2}\,dx = \frac{1}{3}\sqrt{(x^2-a^2)^3}$

㉑ $\int \frac{1}{x}\sqrt{x^2-a^2}\,dx = \sqrt{x^2-a^2} - a\arccos\frac{a}{x}$

㉒ $\int \frac{x}{\sqrt{a^2-x^2}}\,dx = -\sqrt{a^2-x^2}$

㉓ $\int \frac{x^2}{\sqrt{a^2-x^2}}\,dx = -\frac{x}{2}\sqrt{a^2-x^2} + \frac{a^2}{2}\arcsin\frac{x}{a}$

㉔ $\int \frac{x}{\sqrt{a^2+x^2}}\,dx = \sqrt{a^2+x^2}$

㉕ $\int \frac{x^2}{\sqrt{a^2+x^2}}\,dx = \frac{x}{2}\sqrt{a^2+x^2} - \frac{a^2}{2}\operatorname{arsinh}\frac{x}{a}$

㉖ $\int \frac{x}{\sqrt{x^2-a^2}}\,dx = \sqrt{x^2-a^2}$

㉗ $\int \frac{x^2}{\sqrt{x^2-a^2}}\,dx = \frac{x}{2}\sqrt{x^2-a^2} + \frac{a^2}{2}\operatorname{arcosh}\frac{x}{a}$

B

Unbestimmte Integrale spezieller algebraischer Funktionen ($a \neq 0$)

① $\int e^{ax}\,dx = \frac{1}{a}e^{ax}$

② $\int \frac{e^{ax}}{x}\,dx = \ln|x| + \sum_{\nu=1}^{\infty}\frac{(ax)^{\nu}}{\nu\cdot\nu!}$

*③ $\int x^n e^{ax}\,dx = \frac{1}{a}x^n e^{ax} - \frac{n}{a}\int x^{n-1}e^{ax}\,dx \quad (n\in\mathbb{Z}\setminus\{-1\})$

④ $\int g(x)\cdot e^{ax}\,dx = \frac{1}{a}g(x)e^{ax} - \frac{1}{a}\int g'(x)e^{ax}\,dx$ (g ganzrationale Funktion)

⑤ $\int \ln x\,dx = x\ln x - x \quad (x>0)$

⑥ $\int \frac{1}{\ln x}\,dx = \ln|\ln x| + \sum_{\nu=1}^{\infty}\frac{(\ln x)^{\nu}}{\nu\cdot\nu!} \quad (x>0)$

⑦ $\int \frac{1}{x\ln x}\,dx = \ln|\ln x| \quad (x>0)$

⑧ $\int \frac{(\ln x)^n}{x}\,dx = \frac{1}{n+1}(\ln x)^{n+1} \quad (n\in\mathbb{Z}\setminus\{-1\},\ x>0)$

⑨ $\int \frac{x^m}{\ln x}\,dx = \ln|\ln x| + \sum_{\nu=1}^{\infty}\frac{(m+1)^{\nu}(\ln x)^{\nu}}{\nu\cdot\nu!} \quad (m\in\mathbb{Z}\setminus\{-1\},\ x>0)$

⑩ $\int x^m(\ln x)^n\,dx = \frac{x^{m+1}(\ln x)^n}{m+1} - \frac{n}{m+1}\int x^m(\ln x)^{n-1}\,dx \quad (m,n\in\mathbb{Z}\setminus\{-1\},\ x>0)$

⑪ $\int e^{ax}\ln x\,dx = \frac{1}{a}e^{ax}\ln|x| - \frac{1}{a}\int\frac{e^{ax}}{x}\,dx$

⑫ $\int \sin ax\,dx = -\frac{1}{a}\cos ax$

⑬ $\int \cos ax\,dx = \frac{1}{a}\sin ax$

⑭ $\int \tan ax\,dx = -\frac{1}{a}\ln|\cos ax|$

⑮ $\int \cot ax\,dx = \frac{1}{a}\ln|\sin ax|$

⑯ $\int \frac{1}{\sin ax}\,dx = \frac{1}{a}\ln\left|\tan\frac{ax}{2}\right|$

⑰ $\int \frac{1}{\cos ax}\,dx = \frac{1}{a}\ln\left|\tan\left(\frac{ax}{2}-\frac{\pi}{4}\right)\right|$

*⑱ $\int \sin^n ax\,dx = -\frac{1}{na}\sin^{n-1}ax\cos ax + \frac{n-1}{n}\int\sin^{n-2}ax\,dx \quad (n\in\mathbb{Z}\setminus\{0,-1\})$

*⑲ $\int \cos^n ax\,dx = \frac{1}{na}\cos^{n-1}ax\sin ax + \frac{n-1}{n}\int\cos^{n-2}ax\,dx \quad (n\in\mathbb{Z}\setminus\{0,-1\})$

* Für negative Exponenten nach dem rechts stehenden Integral auflösen.

⑳ $\int \tan^n ax\,dx = \frac{1}{a(n-1)}\tan^{n-1}ax - \int\tan^{n-2}ax\,dx \quad (n\in\mathbb{N}\setminus\{0,1\})$

㉑ $\int \cot^n ax\,dx = -\frac{1}{a(n-1)}\cot^{n-1}ax - \int\cot^{n-2}ax\,dx \quad (n\in\mathbb{N}\setminus\{0,1\})$

㉒ $\int \frac{\sin ax}{x}\,dx = \sum_{\nu=0}^{\infty}(-1)^{\nu}\frac{(ax)^{2\nu+1}}{(2\nu+1)(2\nu+1)!}$

㉓ $\int \frac{\cos ax}{x}\,dx = \ln|ax| + \sum_{\nu=1}^{\infty}(-1)^{\nu}\frac{(ax)^{2\nu}}{2\nu(2\nu)!}$

*㉔ $\int x^n\sin ax\,dx = -\frac{1}{a}x^n\cos ax + \frac{n}{a}\int x^{n-1}\cos ax\,dx \quad (n\in\mathbb{Z}\setminus\{-1\})$

*㉕ $\int x^n\cos ax\,dx = \frac{1}{a}x^n\sin ax - \frac{n}{a}\int x^{n-1}\sin ax\,dx \quad (n\in\mathbb{Z}\setminus\{-1\})$

㉖ $\int \frac{1}{1+\sin ax}\,dx = \frac{1}{a}\tan\left(\frac{ax}{2}-\frac{\pi}{4}\right)$

㉗ $\int \frac{1}{1-\sin ax}\,dx = \frac{1}{a}\tan\left(\frac{ax}{2}+\frac{\pi}{4}\right)$

㉘ $\int \frac{1}{1+\cos ax}\,dx = \frac{1}{a}\tan\frac{ax}{2}$

㉙ $\int \frac{1}{1-\cos ax}\,dx = -\frac{1}{a}\cot\frac{ax}{2}$

㉚ $\int \sinh ax\,dx = \frac{1}{a}\cosh ax$

㉛ $\int \cosh ax\,dx = \frac{1}{a}\sinh ax$

㉜ $\int \tanh ax\,dx = \frac{1}{a}\ln|\cosh ax|$

㉝ $\int \coth ax\,dx = \frac{1}{a}\ln|\sinh ax|$

㉞ $\int \arcsin\frac{x}{a}\,dx = x\arcsin\frac{x}{a} + \sqrt{a^2-x^2}$

㉟ $\int \arccos\frac{x}{a}\,dx = x\arccos\frac{x}{a} - \sqrt{a^2-x^2}$

㊱ $\int \arctan\frac{x}{a}\,dx = x\arctan\frac{x}{a} - \frac{a}{2}\ln(x^2+a^2)$

㊲ $\int \operatorname{arccot}\frac{x}{a}\,dx = x\operatorname{arccot}\frac{x}{a} + \frac{a}{2}\ln(x^2+a^2)$

㊳ $\int \operatorname{arsinh}\frac{x}{a}\,dx = x\operatorname{arsinh}\frac{x}{a} - \sqrt{x^2+a^2}$

㊴ $\int \operatorname{arcosh}\frac{x}{a}\,dx = x\operatorname{arcosh}\frac{x}{a} - \sqrt{x^2-a^2}$

㊵ $\int \operatorname{artanh}\frac{x}{a}\,dx = x\operatorname{artanh}\frac{x}{a} + \frac{a}{2}\ln(a^2-x^2)$

㊶ $\int \operatorname{arcoth}\frac{x}{a}\,dx = x\operatorname{arcoth}\frac{x}{a} + \frac{a}{2}\ln(x^2-a^2)$

Unbestimmte Integrale spezieller transzendenter Funktionen.

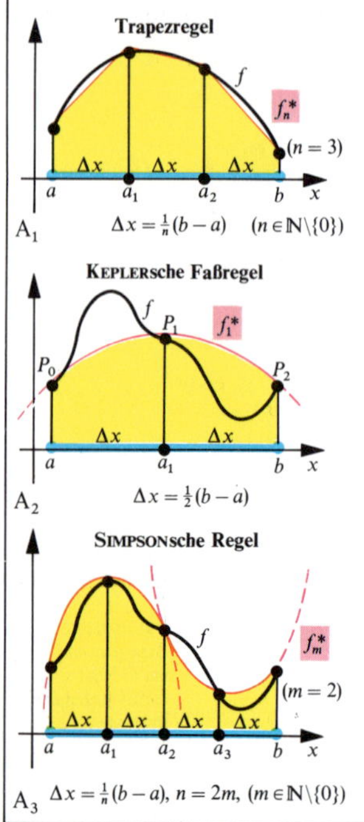

$$\int_a^b f_n^*(x)\,dx = \frac{b-a}{n}\left[\tfrac{1}{2}f(a) + f(a_1) + \dots + f(a_{n-1}) + \tfrac{1}{2}f(b)\right]$$

Genauigkeit: $|R_n| := \left|\int_a^b f(x)\,dx - \int_a^b f_n^*(x)\,dx\right| \leqq \frac{3M(b-a)^3}{4n^2}$

($M := \text{grEl}\,\{|f''(x)| \mid x \in (a;b)\}$, f zweimal stetig differenzierbar)

Durch die drei Punkte P_0, P_1 und P_2 wird genau eine Parabel festgelegt. Es gilt:

$$\int_a^b f_1^*(x)\,dx = \frac{b-a}{6}\left[f(a) + 4f(a_1) + f(b)\right]$$

Genauigkeit: $|R_1| := \left|\int_a^b f(x)\,dx - \int_a^b f_1^*(x)\,dx\right| \leqq \frac{M(b-a)^5}{2880}$

($M := \text{grEl}\,\{|f^{(4)}(x)| \mid x \in (a;b)\}$, f viermal stetig differenzierbar)

Für ganzrationale Funktionen höchstens 3. Grades gilt $R_1 = 0$. Für andere Funktionen liefert die durch mehrmalige Anwendung der KEPLERschen Faßregel sich ergebende SIMPSONsche Regel eine größere Genauigkeit:

$$\int_a^b f_m^*(x)\,dx = \frac{b-a}{3m}\left[f(a) + 4f(a_1) + 2f(a_2) + \dots + 4f(a_{m-3}) + 2f(a_{m-2}) + 4f(a_{m-1}) + f(b)\right]$$

Genauigkeit: $|R_m| := \left|\int_a^b f(x)\,dx - \int_a^b f_m^*(x)\,dx\right| \leqq \frac{M(b-a)^5}{2880(2m)^4}$

($M := \text{grEl}\,\{|f^{(4)}(x)| \mid x \in (a;b)\}$, f viermal stetig differenzierbar)

Näherungsverfahren

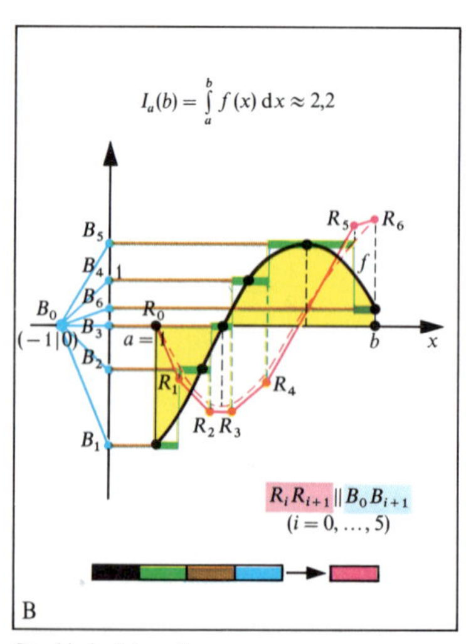

Graphische Integration

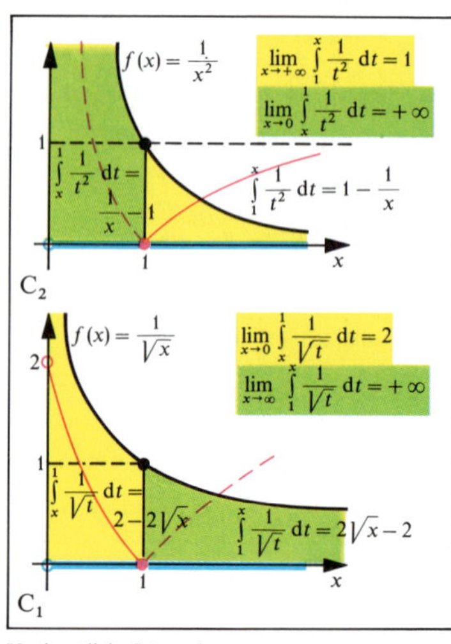

Uneigentliche Integrale

Näherungsverfahren

In der Praxis begnügt man sich häufig damit, Integrale mit einer vorgeschriebenen Genauigkeit angenähert zu berechnen. Dabei setzt man *numerische* (Rechenautomaten), *instrumentelle* (Planimeter, Integrimeter, Integraphen) und *graphische Methoden* ein. Die Anwendung numerischer Methoden (z. B. nach Abb. A) setzt die Kenntnis einer endl. Anzahl von Funktionswerten der zu integrierenden Funktion voraus. Die Genauigkeit vergrößert sich mit der Anzahl verwendeter Funktionswerte.

In Abb. B ist die *graphische Integration* an einem Beispiel durchgeführt. Dabei wird der Graph der Integralfunktion I_a angenähert bestimmt. Man unterteilt zunächst den Graphen von f durch eine Anzahl von Punkten (Null- und Extremalstellen berücksichtigen!) und zeichnet den Graphen einer Treppenfunktion, so daß für je zwei aufeinanderfolgende Punkte die zwischen den Graphen gelegenen Flächenstücke gleich groß erscheinen. Im Anschluß an die Konstruktion von $B_1, B_2 \ldots$ ergeben sich $R_1, R_2 \ldots$ der Reihe nach mit Hilfe der Bedingung $R_i R_{i+1} \parallel B_0 B_{i+1}$.

Uneigentliche Integrale

Das RIEMANN-Integral (S. 331) ist nur für spezielle beschränkte, auf *abgeschlossenen* Intervallen $[a;b]$ def. Funktionen erklärt. Deshalb hat z. B. die Schreibweise $\int\limits_0^1 \frac{1}{\sqrt{x}}\,\mathrm{d}x$ zunächst keinen Sinn. Nun existiert $\int\limits_x^1 \frac{1}{\sqrt{t}}\,\mathrm{d}t$ für alle $x \in]0;1]$, so daß durch $\int\limits_x^1 \frac{1}{\sqrt{t}}\,\mathrm{d}t$ auf $]0;1]$ eine Funktion def. wird, für die der Grenzwert $\lim\limits_{x\to 0} \int\limits_x^1 \frac{1}{\sqrt{t}}\,\mathrm{d}t$ existiert (Abb. C_1). Dieser Grenzwert wird uneigentliches Integral auf $]0;1]$ genannt und mit $\int\limits_0^1 \frac{1}{\sqrt{x}}\,\mathrm{d}x$ bezeichnet.

Entsprechend bezeichnet $\int\limits_1^{+\infty} \frac{1}{x^2}\,\mathrm{d}x$ den existierenden Grenzwert $\lim\limits_{x\to+\infty} \int\limits_1^x \frac{1}{t^2}\,\mathrm{d}t$ (Abb. C_2). Dagegen gilt $\lim\limits_{x\to+\infty} \int\limits_1^x \frac{1}{\sqrt{t}}\,\mathrm{d}t = +\infty$ und $\lim\limits_{x\to 0} \int\limits_x^1 \frac{1}{t^2}\,\mathrm{d}t = +\infty$. Man sagt: $\int\limits_1^{+\infty} \frac{1}{\sqrt{x}}\,\mathrm{d}x$ und $\int\limits_0^1 \frac{1}{x^2}\,\mathrm{d}x$ existieren nicht oder schreibt $\int\limits_1^{+\infty} \frac{1}{\sqrt{x}}\,\mathrm{d}x = +\infty$ bzw. $\int\limits_0^1 \frac{1}{x^2}\,\mathrm{d}x = +\infty$.

Bem.: In Erweiterung des JORDANschen Inhaltsbegriffs auf spez. unbeschränkte Punktmengen (S. 359) lassen sich obige Integrale als Inhalte der Ordinatenmengen auffassen.

Für beliebige, auf *halboffenen* Intervallen def. Funktionen legt man nun fest:

Def. 1: $f: [a;b[\to \mathbb{R}$ sei vorgegeben. Existiert $\int\limits_a^x f(t)\,\mathrm{d}t$ für alle $x \in [a;b[$ und $\lim\limits_{x\to b} \int\limits_a^x f(t)\,\mathrm{d}t$, so heißt der Grenzwert *uneigentliches Integral von f auf $[a;b[$*:

$$(1)\quad \int\limits_a^b f(x)\,\mathrm{d}x := \lim_{x\to b} \int\limits_a^x f(t)\,\mathrm{d}t\,.$$

Entsprechend def. man für $f:]a;b] \to \mathbb{R}$ das *uneigentliche Integral von f auf $]a;b]$*:

$$(2)\quad \int\limits_a^b f(x)\,\mathrm{d}x := \lim_{x\to a} \int\limits_x^b f(t)\,\mathrm{d}t\,.$$

Ersetzt man b in (1) durch $+\infty$ und a in (2) durch $-\infty$, so ergibt sich die Def. für $\int\limits_a^{+\infty} f(x)\,\mathrm{d}x$ bzw. $\int\limits_{-\infty}^b f(x)\,\mathrm{d}x$.

Beispiele: $\int\limits_0^1 \frac{1}{x^r}\,\mathrm{d}x = \frac{1}{1-r}\;(0<r<1)$,

$\int\limits_0^a \frac{1}{\sqrt{a^2-x^2}}\,\mathrm{d}x = \frac{\pi}{2}$, $\quad \int\limits_1^{+\infty} \frac{1}{x^r}\,\mathrm{d}x = \frac{1}{r-1}\;(r>1)$,

$\int\limits_{-\infty}^0 \mathrm{e}^x\,\mathrm{d}x = 1$, $\quad \int\limits_0^{+\infty} \mathrm{e}^{-x} x^n\,\mathrm{d}x = n!\;(n \in \mathbb{N})$.

Mit Hilfe von Def. 1 läßt sich unter bestimmten Voraussetzungen auch ein uneigentliches Integral auf *offenen* Intervallen $]a;b[$ definieren.

Def. 2: $f:]a;b[\to \mathbb{R}$ sei vorgegeben. Existieren für ein $c \in]a;b[$ die uneigentlichen Integrale von f auf $]a;c]$ und $[c;b[$, so heißt $\int\limits_a^c f(x)\,\mathrm{d}x + \int\limits_c^b f(x)\,\mathrm{d}x$ *uneigentliches Integral von f auf $]a;b[$*:

$$(3)\quad \int\limits_a^b f(x)\,\mathrm{d}x := \int\limits_a^c f(x)\,\mathrm{d}x + \int\limits_c^b f(x)\,\mathrm{d}x\,.$$

Existiert das uneigentliche Integral auf $]a;b[$, so ist sein Wert von c unabhängig.

Ersetzt man in (3) a durch $-\infty$ und b durch $+\infty$, so ergibt sich die Def. für $\int\limits_{-\infty}^{+\infty} f(x)\,\mathrm{d}x$.

Beispiele: $\int\limits_a^b \frac{1}{\sqrt{(x-a)(b-x)}}\,\mathrm{d}x = \pi$,

$\int\limits_0^{+\infty} \frac{\sin x}{x}\,\mathrm{d}x = \frac{\pi}{2}$, $\quad \int\limits_{-\infty}^{+\infty} \frac{1}{1+x^2}\,\mathrm{d}x = \pi$.

Ist eine auf $[a;b]$ R-integrierbare Funktion f vorgegeben, so existieren auch die uneigentlichen Integrale der Einschränkungen von f auf $[a;b[$, $]a;b]$ bzw. $]a;b[$. Ihr Wert stimmt jeweils mit dem des RIEMANN-Integrals auf $[a;b]$ überein. Die Begriffsbildung des uneigentlichen Integrals harmoniert also mit der des RIEMANN-Integrals.

CAUCHY-Integralkriterium

Uneigentliche Integrale können auch zum Nachweis der Konvergenz von Reihen dienen. Es gilt:

Satz (CAUCHY-Integralkriterium): *Ist $f: [a;+\infty[\to \mathbb{R}_0^+$ $(a \in \mathbb{N})$ monoton fallend, so konv. die Reihe $\sum\limits_{\nu=a}^{\infty} f(\nu)$ genau dann, wenn $\int\limits_a^{+\infty} f(x)\,\mathrm{d}x$ existiert.*

Anwendung: $\sum\limits_{\nu=1}^{\infty} \frac{1}{\nu^r}$ konvergiert für $r>1$, weil $\int\limits_1^{+\infty} \frac{1}{x^r}\,\mathrm{d}x$ existiert (s. o.).

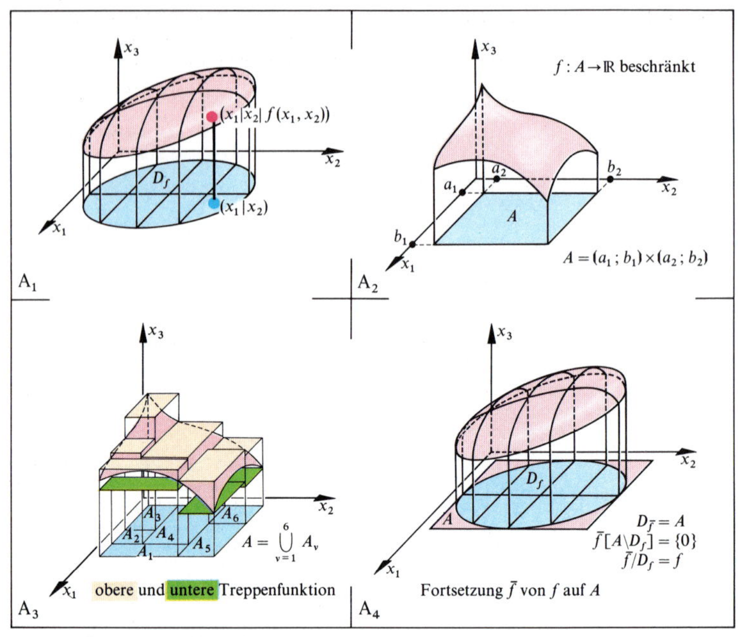

Zum Begriff des Riemann-Integrals

(RR 1) $\int\limits_D (f+g)(\boldsymbol{x})\,\mathrm{d}\boldsymbol{x} = \int\limits_D f(\boldsymbol{x})\,\mathrm{d}\boldsymbol{x} + \int\limits_D g(\boldsymbol{x})\,\mathrm{d}\boldsymbol{x}$, wenn f und g auf D R-integrierbar sind.

(RR 2) $\int\limits_{D_f} (c \cdot f)(\boldsymbol{x})\,\mathrm{d}\boldsymbol{x} = c \cdot \int\limits_{D_f} f(\boldsymbol{x})\,\mathrm{d}\boldsymbol{x}$ ($c \in \mathbb{R}$), wenn f auf D_f R-integrierbar ist.

(RR 3) $\int\limits_D f(\boldsymbol{x})\,\mathrm{d}\boldsymbol{x} \leqq \int\limits_D g(\boldsymbol{x})\,\mathrm{d}\boldsymbol{x}$, wenn f und g auf D R-integrierbar sind und $f(\boldsymbol{x}) \leqq g(\boldsymbol{x})$ für alle $\boldsymbol{x} \in D$ gilt.

(RR 4) $\int\limits_{D_1 \cup D_2} f(\boldsymbol{x})\,\mathrm{d}\boldsymbol{x} = \int\limits_{D_1} f(\boldsymbol{x})\,\mathrm{d}\boldsymbol{x} + \int\limits_{D_2} f(\boldsymbol{x})\,\mathrm{d}\boldsymbol{x}$, wenn f auf D_1 und auf D_2 R-integrierbar ist und $D_1 \cap D_2 = \emptyset$ gilt.

(RR 4*) $\int\limits_{D_2} f(\boldsymbol{x})\,\mathrm{d}\boldsymbol{x}$ existiert, wenn f auf D_1 R-integrierbar und D_2 Jordan-meßbar ist und $D_2 \subseteq D_1$ gilt.

(RR 4**) $\int\limits_{D_1 \setminus D_2} f(\boldsymbol{x})\,\mathrm{d}\boldsymbol{x} = \int\limits_{D_1} f(\boldsymbol{x})\,\mathrm{d}\boldsymbol{x} - \int\limits_{D_2} f(\boldsymbol{x})\,\mathrm{d}\boldsymbol{x}$, wenn f auf D_1 und auf D_2 R-integrierbar ist und $D_2 \subseteq D_1$ gilt.

(RR 5) $m \cdot I_J(D_f) \leqq \int\limits_{D_f} f(\boldsymbol{x})\,\mathrm{d}\boldsymbol{x} \leqq M \cdot I_J(D_f)$, wenn f auf D_f R-integrierbar ist und m, M Schranken von $f[D_f]$ nach unten bzw. nach oben sind.

(RR 5*) $\left|\int\limits_{D_f} f(\boldsymbol{x})\,\mathrm{d}\boldsymbol{x}\right| \leqq M \cdot I_J(D_f)$, wenn f auf D_f R-integrierbar ist und $|f(\boldsymbol{x})| \leqq M$ für alle $\boldsymbol{x} \in D_f$ gilt.

Folgerung: $\int\limits_{D_f} \mathrm{d}\boldsymbol{x} = I_J(D_f)$.

(RR 6) Ist $f: D_f \to \mathbb{R}$ stetig und D_f kompakt und zusammenhängend, so existiert ein $(c_1, c_2) \in D_f$ mit: $\int\limits_{D_f} f(\boldsymbol{x})\,\mathrm{d}\boldsymbol{x} = f(c_1, c_2) \cdot I_J(D_f)$.

(RR 7) $\int\limits_N f(\boldsymbol{x})\,\mathrm{d}\boldsymbol{x} = 0$, wenn f auf N beschränkt und N eine Nullmenge ist.

(RR 7*) $\int\limits_{D_f \cup N} \bar{f}(\boldsymbol{x})\,\mathrm{d}\boldsymbol{x} = \int\limits_{D_f} f(\boldsymbol{x})\,\mathrm{d}\boldsymbol{x}$, wenn f auf D_f R-integrierbar, N eine Nullmenge und $\bar{f}$ auf $D_f \cup N$ beschränkt ist und $f = \bar{f}$ auf $D_f \setminus (D_f \cap N)$ gilt.

B

Integrationsregeln und Sätze

Ausgangspunkt für den Begriff des RIEMANN-Integrals (S. 331) war das Problem der Inhaltsmessung von Ordinatenmengen. Ein entsprechendes Problem ergibt sich, wenn man nichtnegative, beschränkte, reellwertige Funktionen mit zwei Variablen betrachtet und deren Ordinatenmengen einen Inhalt (Volumen) zuzuordnen sucht (Abb. A_1). Aus dieser Problemstellung hat sich das RIEMANN-Integral auf Teilmengen des $\mathbb{R}^2$ entwickelt (in der Literatur spricht man auch häufig vom Gebiets- bzw. Bereichsintegral).

Wenn sich die Darstellung auf Funktionen mit zwei Variablen beschränkt, so ist dies keine wesentliche Einschränkung. Man kann sämtliche Begriffsbildungen auf Funktionen mit n Variablen übertragen und erhält analoge Ergebnisse (s. u.).

RIEMANN-Integral auf achsenparallelen Rechtecken des $\mathbb{R}^2$

Dieser Begriff entspricht dem des RIEMANN-Integrals auf abgeschlossenen Intervallen (S. 331). Man betrachtet beschränkte Funktionen $f: A \to \mathbb{R}$, wobei A ein achsenparalleles Rechteck $(a_1; b_1) \times (a_2; b_2)$ ist (Abb. A_2), und definiert analog zu S. 331:

$(A_1, \ldots, A_m)$ heißt *Zerlegung* von A, wenn die A_ν achsenparallele Rechtecke mit paarweise disjunkten offenen Kernen (S. 214) sind und $A = \bigcup_{\nu=1}^{m} A_\nu$ gilt.

$t: A \to \mathbb{R}$ heißt *Treppenfunktion*, wenn es eine Zerlegung $(A_1, \ldots, A_m)$ von A gibt, so daß t auf den offenen Kernen der A_ν konstant ist (Abb. A_3). Die Begriffe *obere und untere Treppenfunktion* werden wie in Def. 2, S. 331, gefaßt.

Das *Integral einer Treppenfunktion* $t: A \to \mathbb{R}$ mit der Zerlegung $(A_1, \ldots, A_m)$ def. man in Übereinstimmung mit der Anschauung (für nichtnegative Treppenfunktionen handelt es sich um das Volumen des im $\mathbb{R}^3$ entstehenden »Treppenkörpers«, Abb. A_3) durch $\int_A t(\boldsymbol{x})\,\mathrm{d}\boldsymbol{x} := \sum_{\nu=1}^{m} c_\nu I_J(A_\nu)$. Dabei ist c_ν der Funktionswert von t auf dem offenen Kern von A_ν und $I_J(A_\nu)$ (vgl. S. 357) der Flächeninhalt von A_ν ($\nu = 1, \ldots, m$).

Zu einer beschränkten Funktion $f: A \to \mathbb{R}$ gibt es obere und untere Treppenfunktionen. Ist nun $\mathfrak{O}$ die Menge aller oberen Treppenfunktionen von f, $\mathfrak{U}$ die Menge aller unteren Treppenfunktionen von f, so existieren das *Ober-* und das *Unterintegral*

$$\overline{\int_A} f(\boldsymbol{x})\,\mathrm{d}\boldsymbol{x} := \mathrm{unGr}\left\{\int_A t(\boldsymbol{x})\,\mathrm{d}\boldsymbol{x} \mid t \in \mathfrak{O}\right\},$$

$$\underline{\int_A} f(\boldsymbol{x})\,\mathrm{d}\boldsymbol{x} := \mathrm{obGr}\left\{\int_A t(\boldsymbol{x})\,\mathrm{d}\boldsymbol{x} \mid t \in \mathfrak{U}\right\}.$$

Def. 1: Stimmen für eine beschränkte Funktion $f: A \to \mathbb{R}$ Ober- und Unterintegral überein, so heißt f RIEMANN-*integrierbar auf* A (kurz: *R-integrierbar*). Der gemeinsame Wert wird mit $\int_A f(\boldsymbol{x})\,\mathrm{d}\boldsymbol{x}$ bezeichnet und heißt RIEMANN-*Integral* auf A.

Das Integral existiert, wenn f auf A *stetig* ist. Die Stetigkeit ist jedoch keine notwendige Bedingung, denn es gilt die schärfere Aussage:

Satz 1: *$f: A \to \mathbb{R}$ ist R-integrierbar, wenn die Menge der Unstetigkeitsstellen von f eine Nullmenge im Sinne des* LEBESGUE-*Maßes (S. 359) ist.*

RIEMANN-Integral auf JORDAN-meßbaren Teilmengen des $\mathbb{R}^2$

Ist der Definitionsbereich von $f: D_f \to \mathbb{R}$ beschränkt, so kann man ein *achsenparalleles Rechteck* A mit $A \supseteq D_f$ vorgeben. Statt f betrachtet man nun die Fortsetzung $\bar{f}: A \to \mathbb{R}$ def. durch

$$\boldsymbol{x} \mapsto \bar{f}(\boldsymbol{x}) = \begin{cases} f(\boldsymbol{x}) & \text{für } \boldsymbol{x} \in D_f \\ 0 & \text{für } \boldsymbol{x} \in A \setminus D_f \end{cases} \qquad (\text{Abb. } A_4).$$

Für eine Ausweitung des Integralbegriffs bietet dann der folgende Satz die Grundlage:

Satz 2: *$f: D_f \to \mathbb{R}$ sei eine beschränkte Funktion und D_f eine* JORDAN-*meßbare Teilmenge des $\mathbb{R}^2$* (vgl. S. 357). *Ist dann die Menge der Unstetigkeitsstellen von f eine Nullmenge, so existiert $\int_A \bar{f}(\boldsymbol{x})\,\mathrm{d}\boldsymbol{x}$ für $A \supseteq D_f$, und zwar ist der Wert von der Wahl des achsenparallelen Rechtecks* ***unabhängig.***

Der Beweis wird mit Satz 1 geführt, wobei zu beachten ist, daß der Rand JORDAN-meßbarer Punktmengen eine Nullmenge ist und die Vereinigung zweier Nullmengen eine Nullmenge ist (S. 357).

Aufgrund von Satz 2 ist es nun sinnvoll zu definieren:

Def. 2: Eine beschränkte Funktion $f: D_f \to \mathbb{R}$ heißt RIEMANN-*integrierbar auf* D_f (kurz: *R-integrierbar*), wenn D_f JORDAN-meßbar ist und $\int_A \bar{f}(\boldsymbol{x})\,\mathrm{d}\boldsymbol{x}$ für $A \supseteq D_f$ existiert. Das RIEMANN-*Integral auf* D_f wird mit $\int_{D_f} f(\boldsymbol{x})\,\mathrm{d}\boldsymbol{x}$ bezeichnet:

$$\int_{D_f} f(\boldsymbol{x})\,\mathrm{d}\boldsymbol{x} := \int_A \bar{f}(\boldsymbol{x})\,\mathrm{d}\boldsymbol{x}.$$

Durch Satz 2 wird eine wichtige Existenzaussage zum RIEMANN-Integral gemacht. Gleichzeitig wird deutlich, daß der *Rand des Definitionsbereiches* keinen Einfluß auf die Existenz hat (vgl. Abb. B, (RR7*)). Dies erklärt, warum in der Literatur häufig *offene* Definitionsmengen vorgegeben werden.

Bem.: Die wichtigsten Integrationsregeln und Sätze enthält die Abb. B.

RIEMANN-Integral und Volumen

Ist $f: D_f \to \mathbb{R}$ eine beschränkte, nichtnegative Funktion, D_f eine JORDAN-meßbare Teilmenge des $\mathbb{R}^2$ und existiert das RIEMANN-Integral auf D_f, so wird der im $\mathbb{R}^3$ dargestellten Ordinatenmenge in Übereinstimmung mit der Anschauung der Wert des Integrals als Maßzahl des Inhalts (Volumens) zugeordnet. Beispiele: S. 345.

RIEMANN-Integral von Funktionen mit n Variablen

An die Stelle von achsenparallelen Rechtecken im $\mathbb{R}^2$ und abgeschlossenen Intervallen im $\mathbb{R}^1$ treten im $\mathbb{R}^n$ sog. n-dimensionale Quader $(a_1; b_1) \times \cdots \times (a_n; b_n)$, denen als Inhalt $\prod_{\nu=1}^{n} (b_\nu - a_\nu)$ zugeordnet wird. Durch Übertragung sämtlicher Begriffe gelangt man zum RIEMANN-Integral auf beschränkten Punktmengen des $\mathbb{R}^n$.

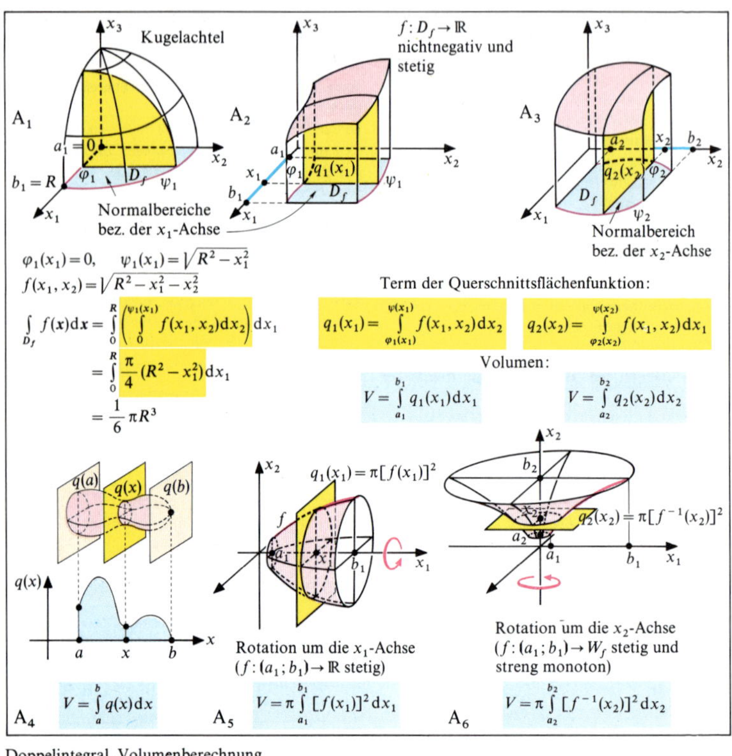

Doppelintegral, Volumenberechnung

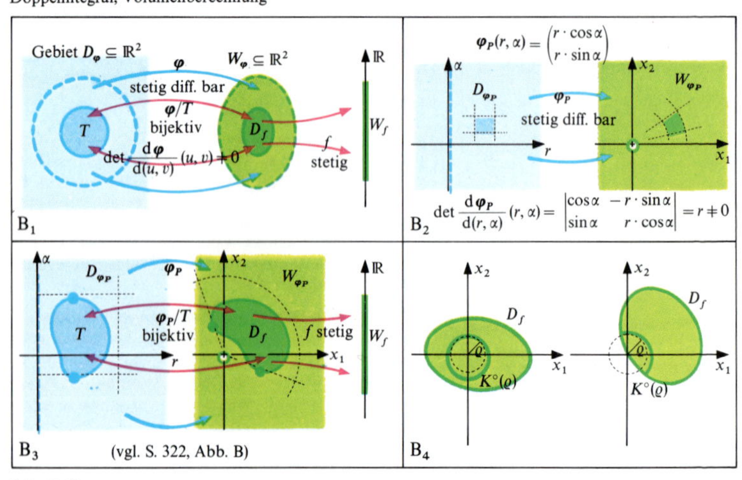

Substitution

Existenzsätze und Integrationsregeln (S. 343) liefern noch kein praktikables Verfahren zur Berechnung des RIEMANN-Integrals von Funktionen mit mehreren Variablen. Insbesondere ist man daran interessiert, die Berechnung mit Hilfe der Integraltheorie für Funktionen mit *einer* Variablen durchführen zu können. Für eine spez. Klasse von Funktionen, durch die die meisten in der Praxis auftretenden Fälle erfaßt werden, ist dies möglich. Das RIEMANN-Integral läßt sich zum sog. mehrfachen Integral reduzieren.

Normalbereiche, Doppelintegral

Def. 1: Sind $\varphi_1:(a_1;b_1)\to\mathbb{R}$ und $\psi_1:(a_1;b_1)\to\mathbb{R}$ stetige Funktionen mit $\varphi_1(x_1)\leqq\psi_1(x_1)$ für alle $x_1\in(a_1;b_1)$, so heißt die Punktmenge $\{(x_1,x_2)\mid x_1\in(a_1;b_1)\wedge x_2\in(\varphi_1(x_1);\psi_1(x_1))\}$ *Normalbereich bez. der x_1-Achse* (Abb. A_1, A_2).

Analog ist ein *Normalbereich bez. der x_2-Achse* definiert (Abb. A_3).

Für die Berechnung von Integralen ist nun der folgende Satz von großer Bedeutung:

Satz 1: *Ist $f:D_f\to\mathbb{R}$ stetig und D_f ein Normalbereich bez. der x_1-Achse, so ist f R-integrierbar und es gilt:*

$$\int_{D_f} f(\boldsymbol{x})\,\mathrm{d}\boldsymbol{x}=\int_{a_1}^{b_1}\left(\int_{\varphi_1(x_1)}^{\psi_1(x_1)} f(x_1,x_2)\,\mathrm{d}x_2\right)\mathrm{d}x_1\,.$$

Das rechtsstehende Integral nennt man *Doppelintegral*. Es wird berechnet, indem man zunächst das in den Klammern stehende Integral bestimmt.

Ein entsprechender Satz ergibt sich, wenn D_f ein Normalbereich bez. der x_2-Achse ist:

$$\int_{D_f} f(\boldsymbol{x})\,\mathrm{d}\boldsymbol{x}=\int_{a_2}^{b_2}\left(\int_{\varphi_2(x_2)}^{\psi_2(x_2)} f(x_1,x_2)\,\mathrm{d}x_1\right)\mathrm{d}x_2\,.$$

Anwendung: Abb. A_1.

Volumenberechnungen

Der Ordinatenmenge einer nichtnegativen, R-integrierbaren Funktion zweier Variabler mit JORDAN-meßbarem Definitionsbereich ordnet man $\int_{D_f} f(\boldsymbol{x})\mathrm{d}\boldsymbol{x}$ als *Volumen* zu (S. 343). Für nichtnegative, stetige Funktionen, deren Definitionsbereich ein Normalbereich ist, kann das Volumen nach Satz 1 als Doppelintegral berechnet werden. Für das Kugelvolumen erhält man gemäß Abb. A_1 dann $V_K=\frac{4}{3}\pi R^3$. Wie man auch am Beispiel der Abb. A_1 (gelbe Unterlegung) erkennt, kommt dem in Klammern stehenden Integral eine besondere geom. Bedeutung zu. Es kann als Inhalt der *Querschnittsfläche* bei Schnitten parallel zur x_2x_3-Ebene bzw. x_1x_3-Ebene gedeutet werden. Im allgemeinen Fall ergeben sich die Berechnungsformeln der Abb. A_2 und A_3.

Diese Formeln lassen sich auch als Spezialfall aus dem folgenden Satz herleiten.

Satz 2: *Besitzt eine beschränkte Teilmenge B des $\mathbb{R}^3$, die zwischen zwei parallelen Ebenen liegt, ein Volumen V und hat der Durchschnitt von B mit jeder parallelen Zwischenebene einen Flächeninhalt, so läßt sich V nach der Formel in Abb. A_4 berechnen.*

Anwendung: Volumen von Rotationskörpern (Abb. A_5, A_6).

Als Folgerung aus Satz 2 ergibt sich, daß Körper, die in gleichen Höhen über einer gedachten gemeinsamen Grundebene gleich große Querschnittsflächen besitzen, volumengleich sind (*Satz von* CAVALIERI).

Beispiel: S. 172, Abb. B, oben.

Substitution

Nach der auf S. 337, (U6), notierten Substitutionsregel gilt unter den dort angeführten Voraussetzungen $\int_a^b f(x)\,\mathrm{d}x=\int_{\varphi^{-1}(a)}^{\varphi^{-1}(b)}(f\circ\varphi)(t)\cdot\varphi'(t)\,\mathrm{d}t$. Dieser Integraltransformation entspricht bei RIEMANN-Integralen auf Teilmengen des $\mathbb{R}^2$ die im folgenden Satz angegebene Transformation.

Satz 3: *Gibt es zu einer stetigen, nach ∂D_f stetig fortsetzbaren Funktion $f:D_f\to\mathbb{R}$ eine auf einem Gebiet $D_{\boldsymbol{\varphi}}\subseteq\mathbb{R}^2$ stetig differenzierbare $\mathbb{R}^2$-$\mathbb{R}^2$-Funktion $\boldsymbol{\varphi}:D_{\boldsymbol{\varphi}}\to\mathbb{R}^2$ def. durch $(u,v)\mapsto\boldsymbol{\varphi}(u,v)=\begin{pmatrix}\varphi_1(u,v)\\ \varphi_2(u,v)\end{pmatrix}$, und gibt es eine einschließlich ihres Randes in $D_{\boldsymbol{\varphi}}$ gelegene,* JORDAN-*meßbare Teilmenge T, so daß die Einschränkung $\boldsymbol{\varphi}/T:T\to D_f$ bijektiv und die Funktionaldeterminante $\det\frac{\mathrm{d}\boldsymbol{\varphi}}{\mathrm{d}(u,v)}(u,v)$ (vgl. S. 323) für alle $(u,v)\in T$ von 0 verschieden ist* (Abb. B_1), *so gilt:*

$$\int_{D_f} f(\boldsymbol{x})\,\mathrm{d}\boldsymbol{x}=\int_T(f\circ\boldsymbol{\varphi})(u,v)\cdot\left|\det\frac{\mathrm{d}\boldsymbol{\varphi}}{\mathrm{d}(u,v)}(u,v)\right|\mathrm{d}(u,v)\,.$$

Bem.: Die in Satz 3 ausgesprochene Substitutionsregel läßt sich ohne weiteres auf den $\mathbb{R}^3$ bzw. auf den $\mathbb{R}^n$ übertragen. Der Beweis des Satzes ist nicht einfach.

Die Wirkung der $\mathbb{R}^2$-$\mathbb{R}^2$-Funktion $\boldsymbol{\varphi}$ kann als Einführung *krummliniger Koordinaten* in D_f anstelle der kartesischen Koordinaten interpretiert werden. Ein häufig verwendeter Spezialfall ist die *Einführung von Polarkoordinaten* durch

$$x_1=r\cdot\cos\alpha \quad\text{und}\quad x_2=r\cdot\sin\alpha \qquad (r\geqq 0)\,.$$

Die Voraussetzungen des Satzes 3 sind ohne weiteres erfüllbar, wenn $f:D_f\to\mathbb{R}$ stetig und D_f eine kompakte Teilmenge des $\mathbb{R}^2$ ist, die den Ursprung nicht enthält. Man wählt die durch $\boldsymbol{\varphi}_P(r,\alpha)=\begin{pmatrix}r\cdot\cos\alpha\\ r\cdot\sin\alpha\end{pmatrix}$ mit $r>0$ def. $\mathbb{R}^2$-$\mathbb{R}^2$-Funktion $\boldsymbol{\varphi}_P$ (Abb. B_2) und kann eine Teilmenge T der $r\alpha$-Ebene bestimmen, bez. der die Bedingungen des Satz 3 für $\boldsymbol{\varphi}_P$ erfüllt sind (Abb. B_3). Es ergibt sich:

$$\int_{D_f} f(\boldsymbol{x})\,\mathrm{d}\boldsymbol{x}=\int_T(f\circ\boldsymbol{\varphi}_P)(r,\alpha)\cdot r\,\mathrm{d}(r,\alpha)\,.$$

Enthält D_f den Ursprung, so sind die Fälle in Abb. B_4 möglich. Man schneidet D_f mit einer offenen Kreisscheibe $K^0(\varrho)$ und betrachtet $D_f\backslash K^0(\varrho)$. Hinsichtlich dieses Definitionsbereiches ist Satz 3 wieder anwendbar. Der Grenzübergang $\varrho\to 0$ bestätigt obige Transformationsformel auch für den Fall, daß D_f den Ursprung enthält.

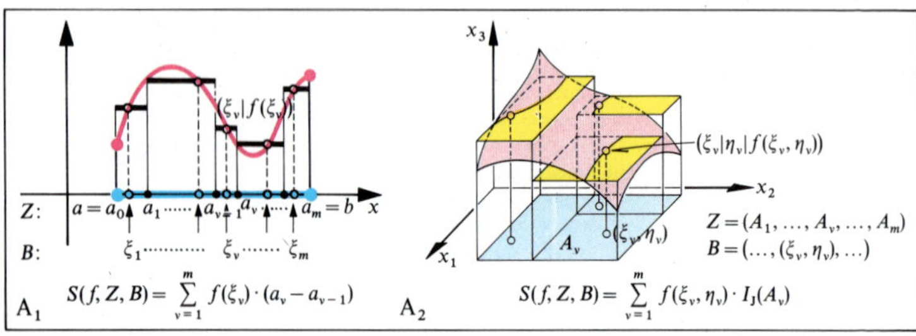

A₁: $S(f, Z, B) = \sum_{\nu=1}^{m} f(\xi_\nu) \cdot (a_\nu - a_{\nu-1})$

A₂: $Z = (A_1, \ldots, A_\nu, \ldots, A_m)$, $B = (\ldots, (\xi_\nu, \eta_\nu), \ldots)$

$S(f, Z, B) = \sum_{\nu=1}^{m} f(\xi_\nu, \eta_\nu) \cdot I_J(A_\nu)$

RIEMANNsche Summen

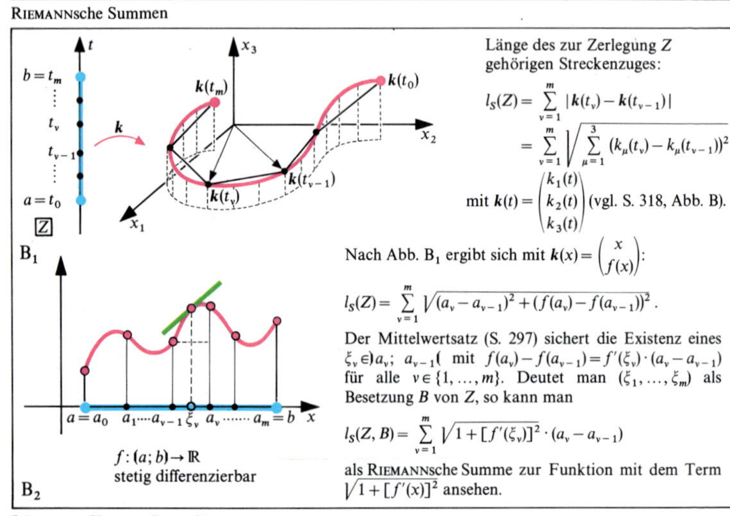

Länge des zur Zerlegung Z gehörigen Streckenzuges:

$$l_S(Z) = \sum_{\nu=1}^{m} |\boldsymbol{k}(t_\nu) - \boldsymbol{k}(t_{\nu-1})| = \sum_{\nu=1}^{m} \sqrt{\sum_{\mu=1}^{3} (k_\mu(t_\nu) - k_\mu(t_{\nu-1}))^2}$$

mit $\boldsymbol{k}(t) = \begin{pmatrix} k_1(t) \\ k_2(t) \\ k_3(t) \end{pmatrix}$ (vgl. S. 318, Abb. B).

Nach Abb. B₁ ergibt sich mit $\boldsymbol{k}(x) = \begin{pmatrix} x \\ f(x) \end{pmatrix}$:

$$l_S(Z) = \sum_{\nu=1}^{m} \sqrt{(a_\nu - a_{\nu-1})^2 + (f(a_\nu) - f(a_{\nu-1}))^2}.$$

Der Mittelwertsatz (S. 297) sichert die Existenz eines $\xi_\nu \in]a_\nu; a_{\nu-1}[$ mit $f(a_\nu) - f(a_{\nu-1}) = f'(\xi_\nu) \cdot (a_\nu - a_{\nu-1})$ für alle $\nu \in \{1, \ldots, m\}$. Deutet man $(\xi_1, \ldots, \xi_m)$ als Besetzung B von Z, so kann man

$$l_S(Z, B) = \sum_{\nu=1}^{m} \sqrt{1 + [f'(\xi_\nu)]^2} \cdot (a_\nu - a_{\nu-1})$$

als RIEMANNsche Summe zur Funktion mit dem Term $\sqrt{1 + [f'(x)]^2}$ ansehen.

Länge von Kurven, Bogenlänge

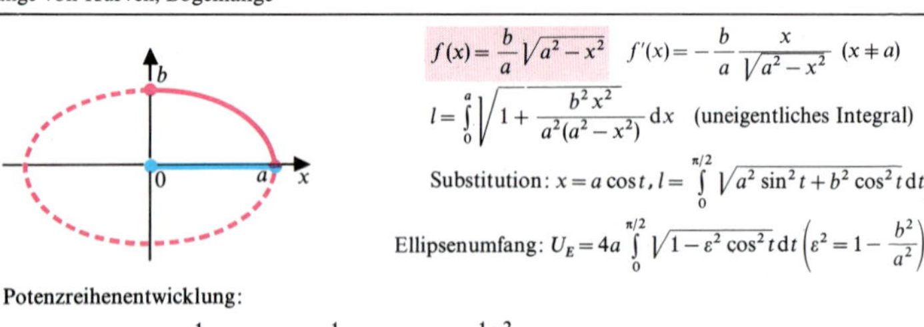

$f(x) = \frac{b}{a}\sqrt{a^2 - x^2}$ $\quad f'(x) = -\frac{b}{a} \frac{x}{\sqrt{a^2 - x^2}}$ $(x \neq a)$

$l = \int_0^a \sqrt{1 + \frac{b^2 x^2}{a^2(a^2 - x^2)}}\, dx$ (uneigentliches Integral)

Substitution: $x = a \cos t$, $l = \int_0^{\pi/2} \sqrt{a^2 \sin^2 t + b^2 \cos^2 t}\, dt$

Ellipsenumfang: $U_E = 4a \int_0^{\pi/2} \sqrt{1 - \varepsilon^2 \cos^2 t}\, dt \left(\varepsilon^2 = 1 - \frac{b^2}{a^2}\right)$

Potenzreihenentwicklung:

$$\sqrt{1 - \varepsilon^2 \cos^2 t} = 1 - \frac{1}{2}\varepsilon^2 \cos^2 t - \frac{1}{2 \cdot 4}\varepsilon^4 \cos^4 t - \frac{1 \cdot 3}{2 \cdot 4 \cdot 6}\varepsilon^6 \cos^6 t - \ldots \quad \text{(S. 300, Abb. C)}$$

$$U_E = 4a \left[\int_0^{\pi/2} dt - \frac{1}{2}\varepsilon^2 \int_0^{\pi/2} \cos^2 t\, dt - \frac{1}{2 \cdot 4}\varepsilon^4 \int_0^{\pi/2} \cos^4 t\, dt - \frac{1 \cdot 3}{2 \cdot 4 \cdot 6}\varepsilon^6 \int_0^{\pi/2} \cos^6 t\, dt - \ldots\right] \quad \text{(S. 337, Satz 2)}$$

$$\int_0^{\pi/2} \cos^{2k} t\, dt = \frac{(2k-1)(2k-3) \cdot \ldots \cdot 1}{2k(2k-2) \cdot \ldots \cdot 2} \cdot \frac{\pi}{2} \quad \text{(nach } k\text{-maliger Anwendung von ⑲, S. 339)}$$

C

$$U_E = 2\pi a \left[1 - \left(\frac{1}{2}\right)^2 \varepsilon^2 - \frac{1}{3}\left(\frac{1 \cdot 3}{2 \cdot 4}\right)^2 \varepsilon^4 - \frac{1}{5}\left(\frac{1 \cdot 3 \cdot 5}{2 \cdot 4 \cdot 6}\right)^2 \varepsilon^6 - \ldots\right] \quad \left(\varepsilon^2 = 1 - \frac{b^2}{a^2}\right)$$

Umfang einer Ellipse

RIEMANNsche Summen

Zur approximativen Berechnung von RIEMANN-Integralen kann man aufgrund ihrer Definition (S. 331, S. 343) auf Integrale von oberen und unteren Treppenfunktionen zurückgreifen. Man kann aber auch die sog. RIEMANNschen Summen verwenden.

a) $f:(a;b)\to\mathbb{R}$

Wählt man zu einer Zerlegung $Z=(a_0,\ldots,a_m)$ von $(a;b)$ eine sog. *Besetzung* $B=(\xi_1,\ldots,\xi_m)$ mit $\xi_\nu\in)a_{\nu-1};a_\nu($, so heißt die Summe

$$S(f,Z,B):=\sum_{\nu=1}^{m} f(\xi_\nu)\cdot(a_\nu-a_{\nu-1})$$

RIEMANN*sche Summe* von f bez. Z und B (Abb. A_1).

Betrachtet man nun eine Folge (Z_μ) von Zerlegungen und ordnet ihr eine Folge (B_μ) von Besetzungen zu (B_μ Besetzung von Z_μ), so ergibt sich eine Folge $(S(f,Z_\mu,B_\mu))$ von RIEMANNschen Summen.

Fordert man von der Zerlegungsfolge (Z_μ), daß die zugehörige Folge der maximalen Teilintervallängen eine Nullfolge ist, so spricht man von einer *ausgezeichneten Zerlegungsfolge*. Es ergibt sich:

Ist $f:(a;b)\to\mathbb{R}$ R-integrierbar, so konvergiert für jede ausgezeichnete Zerlegungsfolge (Z_μ) die Folge $(S(f,Z_\mu,B_\mu))$ gegen $\int_a^b f(x)\,dx$, und zwar unabhängig von der Wahl der Besetzungsfolge (B_μ).

Man sagt auch kurz: *die* RIEMANN*schen Summen konvergieren.*

Das RIEMANN-Integral läßt sich also durch RIEMANNsche Summen beliebig genau approximieren. Häufig verwendet man dabei Zerlegungsfolgen mit äquidistanten Teilintervallen.

b) $f:D_f\to\mathbb{R}$ $(D_f\subseteq\mathbb{R}^2)$

Analog zu a) kann man auch für R-integrierbare Funktionen zweier Variabler RIEMANNsche Summen definieren. Dabei sei der Definitionsbereich zunächst ein achsenparalleles Rechteck A (vgl. S. 343). Ist $Z=(A_1,\ldots,A_m)$ eine Zerlegung von A in achsenparallele Rechtecke, so heißt $B=((\xi_1,\eta_1),\ldots,(\xi_m,\eta_m))$ eine *Besetzung* von Z, wenn $(\xi_\nu,\eta_\nu)\in A_\nu^0$ gilt. Als RIEMANN*sche Summe* der Funktion $f:A\to\mathbb{R}$ bez. Z und B definiert man:

$$S(f,Z,B):=\sum_{\nu=1}^{m} f(\xi_\nu,\eta_\nu)\cdot I_J(A_\nu)$$

mit $I_J(A_\nu)$ als JORDAN-Inhalt von A_ν (Abb. A_2).

Eine Folge (Z_μ) von Zerlegungen von A heißt *ausgezeichnete Zerlegungsfolge*, wenn die Folge der maximalen Diagonalenlängen der Teilrechtecke eine Nullfolge ist. Es gilt:

Ist $f:A\to\mathbb{R}$ R-integrierbar, so konvergiert für jede ausgezeichnete Zerlegungsfolge (Z_μ) die Folge $(S(f,Z_\mu,B_\mu))$ der RIEMANN*schen Summen gegen $\int_A f(\mathbf{x})\,d\mathbf{x}$, und zwar unabhängig von der Wahl der zugehörigen Besetzungsfolge (B_μ).*

Ist der Definitionsbereich der R-integrierbaren Funktion $f:D_f\to\mathbb{R}$ kein achsenparalleles Rechteck, so wählt man (vgl. S. 343) die Fortsetzung $\bar{f}$ von f auf ein achsenparalleles Rechteck A mit $A\supseteq D_f$ und $\bar{f}(x)=0$ für alle $x\in A\setminus D_f$. Jede zu $\bar{f}$ bildbare RIEMANNsche Summe wird als RIEMANNsche Summe von f angesehen. Dabei sind diejenigen Summanden 0, für die $(\xi_\nu,\eta_\nu)\notin D_f$ gilt. Die RIEMANNschen Summen von f konvergieren dann gegen $\int_{D_f} f(\mathbf{x})\,d\mathbf{x}$.

Länge von Kurven im $\mathbb{R}^3(\mathbb{R}^2)$

Die Länge von Strecken, und damit auch die von Streckenzügen, ist definiert (S. 193). Es ist also naheliegend, Kurven im $\mathbb{R}^3$ durch Streckenzüge zu approximieren, um ein Verfahren zu gewinnen, das den Begriff Länge einer Kurve definiert.

Def. 1: Eine durch $\mathbf{k}:(a;b)\to\mathbb{R}^3$ $(\mathbb{R}^2)$ beschriebene Kurve heißt *rektifizierbar*, wenn für jede ausgezeichnete Zerlegungsfolge von $(a;b)$ die Folge der zugehörigen Streckenzuglängen (Abb. B_1) gegen $l\in\mathbb{R}^+$ konvergiert. l heißt *Länge der Kurve*.

Bei den im folgenden zu untersuchenden stetig differenzierbaren Kurven (S. 393), die ohne Ausnahme rektifizierbar sind, spricht man von der *Bogenlänge*.

Bogenlänge

a) Stetig differenzierbare Kurven im $\mathbb{R}^2$ in expliziter Darstellung

Die Kurve ist dann der Graph einer stetig differenzierbaren Funktion $f:(a;b)\to\mathbb{R}$ (vgl. S. 403). Zu jeder Zerlegung von $(a;b)$ ergibt sich als Streckenzuglänge eine RIEMANNsche Summe zur Funktion mit dem Term $\sqrt{1+[f'(x)]^2}$ (Abb. B_2). Da diese Funktion auf $(a;b)$ stetig und damit R-integrierbar ist, konvergiert für jede ausgezeichnete Zerlegungsfolge die Folge der RIEMANNschen Summen gegen $\int_a^b\sqrt{1+[f'(x)]^2}\,dx$. Dies Integral gibt also die Länge der Kurve an.

Beispiel: Abb. C enthält die Berechnung des Umfangs einer Ellipse. Das elliptische Integral kann näherungsweise über eine Potenzreihenentwicklung berechnet werden.

b) Stetig differenzierbare Kurven in Parameterdarstellung

$\mathbf{k}:(a;b)\to\mathbb{R}^3$ mit $t\mapsto\mathbf{k}(t)=\begin{pmatrix}k_1(t)\\k_2(t)\\k_3(t)\end{pmatrix}$ und stetig differenzierbaren Funktionen $k_i:(a;b)\to\mathbb{R}$ sei vorgegeben (vgl. S. 393). Man verfährt analog zu a), jedoch ist die zu einer Zerlegung von $(a;b)$ gehörige Streckenzuglänge i. a. keine RIEMANNsche Summe. Es läßt sich aber wegen der gleichmäßigen Stetigkeit der k_i der Unterschied zur RIEMANNschen Summe der Funktion mit dem Term $\sqrt{[k_1'(t)]^2+[k_2'(t)]^2+[k_3'(t)]^2}$ beliebig klein machen, so daß sich als *Bogenlänge*

$$l=\int_a^b\sqrt{[k_1'(t)]^2+[k_2'(t)]^2+[k_3'(t)]^2}\,dt$$

ergibt. Mit der Schreibweise $\mathbf{k}'(t)=\begin{pmatrix}k_1'(t)\\k_2'(t)\\k_3'(t)\end{pmatrix}$ erhält man: $l=\int_a^b\sqrt{\langle\mathbf{k}'(t),\mathbf{k}'(t)\rangle}\,dt$.

Bem.: Die durch $s(x)=\int_a^x\sqrt{\langle\mathbf{k}'(t),\mathbf{k}'(t)\rangle}\,dt$ definierte Integralfunktion eignet sich auch zur Substitution bei Integralen.

$ds=\sqrt{\langle\mathbf{k}'(t),\mathbf{k}'(t)\rangle}\,dt$ heißt *Bogendifferential*.

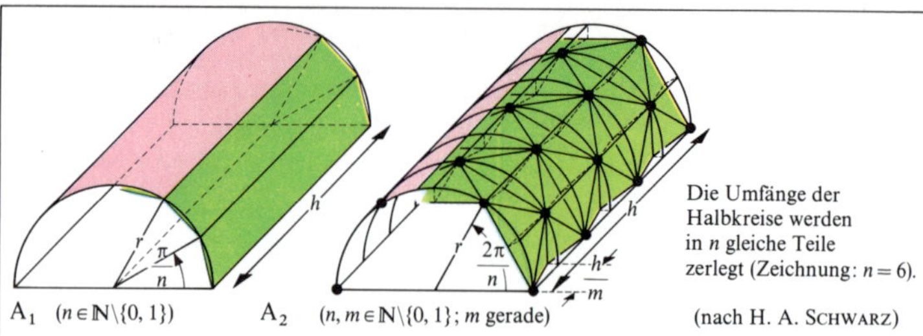

Approximiert man die Oberfläche eines Halbzylinders wie in Abb. A_1 durch die grün gezeichneten Seitenflächen der einbeschriebenen Prismen, so ergibt sich für die Polyederfläche der Inhalt: $I_J(P) = 2nrh \sin\frac{\pi}{2n}$. Mit $\lim\limits_{x\to 0}\frac{\sin x}{x} = 1$ erhält man: $\lim\limits_{n\to\infty} I_J(P) = \pi rh$ (vgl. S. 172, Abb. C).

Approximiert man dagegen durch die in Abb. A_2 dargestellte Polyederfläche, so ergibt sich:

$$I_J(\bar{P}) = nmr \sin\frac{\pi}{n}\sqrt{\left(\frac{h}{m}\right)^2 + \left(r - r\cos\frac{\pi}{n}\right)^2} = \pi r \frac{\sin\frac{\pi}{n}}{\frac{\pi}{n}}\sqrt{h^2 + \frac{1}{4}\pi^4 r^2 \frac{m^2}{n^4}\left[\frac{\sin\frac{\pi}{n}}{\frac{\pi}{n}}\right]^4}.$$

Wählt man $m = n^2$, so ergibt sich: $\lim\limits_{\substack{n\to\infty\\ m\to\infty}} I_J(\bar{P}) = \pi r\sqrt{h^2 + \frac{1}{4}\pi^4 r^2}$. Für $m = n^3$ erhält man sogar $\lim\limits_{\substack{n\to\infty\\ m\to\infty}} I_J(\bar{P}) = +\infty$. Nur wenn die Wahl von n und m so getroffen wird, daß $\lim\limits_{\substack{n\to\infty\\ m\to\infty}} \frac{m^2}{n^4} = 0$ gilt, ist $\lim\limits_{\substack{n\to\infty\\ m\to\infty}} I_J(\bar{P}) = \pi rh$.

Zur Problematik der Definition des Flächeninhalts gekrümmter Flächen

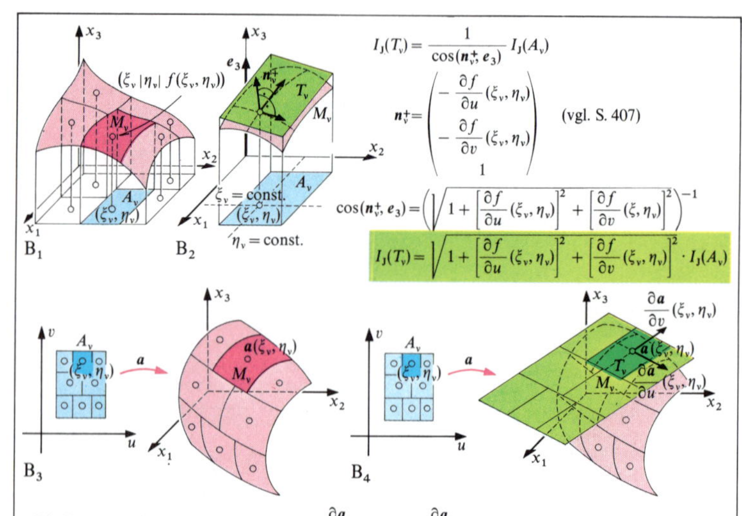

Die Parameterdarstellung $\boldsymbol{x} = \boldsymbol{a}(\xi_\nu, \eta_\nu) + \lambda\frac{\partial \boldsymbol{a}}{\partial u}(\xi_\nu, \eta_\nu) + \mu\frac{\partial \boldsymbol{a}}{\partial v}(\xi_\nu, \eta_\nu)$ der Tangentialebene in $\boldsymbol{a}(\xi_\nu, \eta_\nu)$ vermittelt bei geeigneter Wahl von λ und μ eine Abbildung der Teilrechtecke in die Tangentialebene. Das Bild von A_ν ist ein Parallelogramm T_ν, das die Masche M_ν angenähert beschreibt.

Zur Definition des Inhalts glatter Flächenstücke

Problematik der Definition des Flächeninhalts gekrümmter Flächen

Eine Verallgemeinerung des Flächenmaßproblems von Punktmengen im $\mathbb{R}^2$ (S. 357) ist die Fragestellung, welchen gekrümmten Flächen im $\mathbb{R}^3$ ein Flächeninhalt zugeordnet werden kann. In Analogie zum Längenmaßproblem bei Kurven (S. 347) wäre es naheliegend, bei der Definition des Flächeninhalts auf approximierende Polyederflächen zurückzugreifen. Aber schon bei verhältnismäßig einfachen Flächen (Abb. A) versagt das Verfahren, wenn den verwendeten Polyederflächen nicht gewisse Einschränkungen auferlegt werden. Hierzu muß auf die Literatur verwiesen werden. Statt dessen wird eine Integraldefinition des Flächeninhalts für die spezielle Klasse der glatten Flächenstücke (S. 405) gegeben. Für die meisten praktischen Probleme ist sie völlig ausreichend.

Flächeninhalt glatter Flächenstücke

Def. 2: Es sei $\boldsymbol{a}: G \to \mathbb{R}^3$ def. durch $(u, v) \mapsto \boldsymbol{a}(u, v)$ $= \begin{pmatrix} a_1(u, v) \\ a_2(u, v) \\ a_3(u, v) \end{pmatrix}$ eine Parameterdarstellung eines glatten Flächenstücks (S. 405). Dann heißt

$$O := \int_G \left| \frac{\partial \boldsymbol{a}}{\partial u}(u, v) \times \frac{\partial \boldsymbol{a}}{dv}(u, v) \right| \mathrm{d}(u, v) \quad \text{mit}$$

$$\frac{\partial \boldsymbol{a}}{\partial u}(u, v) = \begin{pmatrix} \frac{\partial a_1}{\partial u}(u, v) \\ \frac{\partial a_2}{\partial u}(u, v) \\ \frac{\partial a_3}{\partial u}(u, v) \end{pmatrix}, \quad \frac{\partial \boldsymbol{a}}{\partial v}(u, v) = \begin{pmatrix} \frac{\partial a_1}{\partial v}(u, v) \\ \frac{\partial a_2}{\partial v}(u, v) \\ \frac{\partial a_3}{\partial v}(u, v) \end{pmatrix}$$

Flächeninhalt des Flächenstücks, falls das Integral existiert.

$\mathrm{d}O = \left| \frac{\partial \boldsymbol{a}}{\partial u}(u, v) \times \frac{\partial \boldsymbol{a}}{\partial v}(u, v) \right| \mathrm{d}(u, v)$ heißt *Oberflächendifferential.*

Für ein glattes Flächenstück *in expliziter Darstellung* $f: G \to \mathbb{R}$ (S. 405) ergibt sich dann:

$$O = \int_G \sqrt{1 + \left[\frac{\partial f}{\partial u}(u, v)\right]^2 + \left[\frac{\partial f}{\partial v}(u, v)\right]^2} \, \mathrm{d}(u, v).$$

Bem.: Aufgrund der Voraussetzungen in Def. 2 ist die Integrandfunktion stetig, so daß das Integral existiert, wenn G wie in den meisten praktischen Fällen ein Normalbereich ist. Dann wird die Berechnung über ein Doppelintegral möglich (S. 345).

Durch die folgenden Ausführungen wird gezeigt, daß Def. 2 geometrisch sinnvoll ist.

a) Glattes Flächenstück in expliziter Darstellung

In diesem Fall ist der Graph einer auf einem geeigneten Gebiet G definierten Funktion $f: G \to \mathbb{R}$ mit stetigen partiellen Ableitungen erster Ordnung zu untersuchen (vgl. S. 405).

G sei zunächst ein achsenparalleles Rechteck. Zu jeder Zerlegung $Z = (A_1, \ldots, A_m)$ von G gehört eine Zerlegung der Fläche in Maschen $M_1, \ldots, M_m$. Wählt man nun eine Besetzung $B = ((\xi_1, \eta_1), \ldots, (\xi_m, \eta_m))$ von Z, so wird in jeder Masche M_ν der Punkt $(\xi_\nu | \eta_\nu | f(\xi_\nu, \eta_\nu))$ ausgezeichnet (Abb. B_1). In diesen Punkten werden die Tangentialebenen an die Fläche bestimmt, in die die Teilrechtecke A_ν längs der dritten Achse projiziert werden (Abb. B_2). Für die herausgeschnittenen Parallelogramme T_ν ergibt sich als Inhalt

$$I_J(T_\nu) = \sqrt{1 + \left[\frac{\partial f}{\partial u}(\xi_\nu, \eta_\nu)\right]^2 + \left[\frac{\partial f}{\partial v}(\xi_\nu, \eta_\nu)\right]^2} \cdot I_J(A_\nu).$$

Für den Inhalt aller Parallelogramme, die zu einer Zerlegung gehören, erhält man die Summe

$$\sum_{\nu=1}^{m} \sqrt{1 + \left[\frac{\partial f}{\partial u}(\xi_\nu, \eta_\nu)\right]^2 + \left[\frac{\partial f}{\partial v}(\xi_\nu, \eta_\nu)\right]^2} \cdot I_J(A_\nu).$$

Sie kann als eine RIEMANNsche Summe zu der durch $\sqrt{1 + \left[\frac{\partial f}{\partial u}(u, v)\right]^2 + \left[\frac{\partial f}{\partial v}(u, v)\right]^2}$ auf G definierten Funktion angesehen werden. Wegen der Stetigkeit von $\frac{\partial f}{\partial u}$ und $\frac{\partial f}{\partial v}$ ist diese Funktion stetig auf G und damit R-integrierbar, so daß für jede ausgezeichnete Zerlegungsfolge die RIEMANNschen Summen gegen $\int_G \sqrt{1 + \left[\frac{\partial f}{\partial u}(u, v)\right]^2 + \left[\frac{\partial f}{\partial v}(u, v)\right]^2} \, \mathrm{d}(u, v)$ konvergieren.

Für den Fall, daß G kein achsenparalleles Rechteck ist, kann man analog verfahren, indem man ein G umfassendes achsenparalleles Rechteck vorgibt und bei jeder Zerlegung diejenigen Teilrechtecke unberücksichtigt läßt, die außerhalb von G liegen.

b) Glattes Flächenstück mit Parameterdarstellung

Ist durch $\boldsymbol{a}(u, v)$ eine Parameterdarstellung vorgegeben, so verfährt man zunächst wie in a). Zu jeder Zerlegung Z gibt man eine Besetzung B vor und erhält eine Zerlegung des Flächenstücks in Maschen M_ν (Abb. B_3). Ziel ist wieder die Annäherung der Maschen M_ν durch geeignete Parallelogramme T_ν. Dazu geht man wie in Abb. B_4 vor und erhält:

$$I_J(T_\nu) = \left| \frac{\partial \boldsymbol{a}}{\partial u}(\xi_\nu, \eta_\nu) \times \frac{\partial \boldsymbol{a}}{\partial v}(\xi_\nu, \eta_\nu) \right| \cdot I_J(A_\nu).$$

Führt man den Vorgang für jedes Teilrechteck mit der entsprechenden Tangentialebene durch, so erhält man die Summe

$$\sum_{\nu=1}^{m} \left| \frac{\partial \boldsymbol{a}}{\partial u}(\xi_\nu, \eta_\nu) \times \frac{\partial \boldsymbol{a}}{\partial v}(\xi_\nu, \eta_\nu) \right| \cdot I_J(A_\nu).$$

Die Interpretation dieser Summe als RIEMANNsche Summe führt unmittelbar auf den Inhalt der Def. 2.

Bem.: Man kann zeigen, daß der Wert des Integrals von der spez. Parameterdarstellung unabhängig ist.

Oberfläche von Rotationskörpern

Rotiert der Graph einer stetig differenzierbaren Funktion $f: (a; b) \to \mathbb{R}$ mit $x_1 \mapsto f(x_1)$ um die x_1-Achse, so entsteht ein Rotationskörper (vgl. Abb. A_5, S. 344) mit berechenbarem Oberflächeninhalt. Die Anwendung von Def. 2 und die Überführung des Integrals in ein Doppelintegral liefert das Ergebnis:

$$O = 2\pi \int_a^b f(x_1) \cdot \sqrt{1 + [f'(x_1)]^2} \, \mathrm{d}x_1.$$

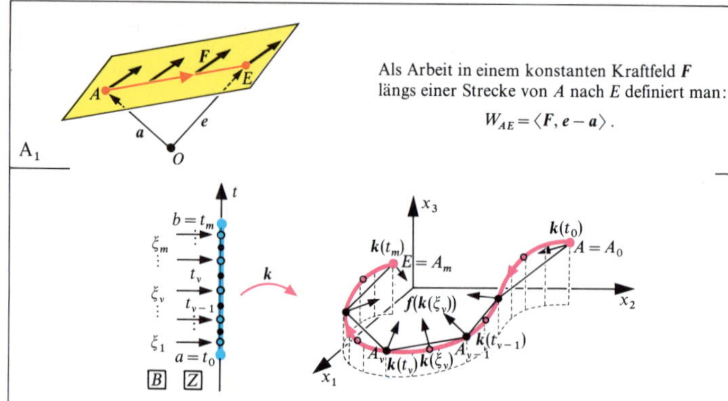

Als Arbeit in einem konstanten Kraftfeld $\boldsymbol{F}$ längs einer Strecke von A nach E definiert man:

$$W_{AE} = \langle \boldsymbol{F}, \boldsymbol{e} - \boldsymbol{a} \rangle .$$

Ein beliebiges Kraftfeld wird durch eine $\mathbb{R}^3$-$\mathbb{R}^3$-Funktion $f: D_f \to \mathbb{R}^3$ beschrieben, die als stetig angenommen wird. Durch $\boldsymbol{k}:]a; b[\to D_f$ mit $t \to \boldsymbol{k}(t) = (k_1(t), k_2(t), k_3(t))$ sei eine stetig differenzierbare Kurve beschrieben, wobei $\boldsymbol{k}(a)$ den Anfangspunkt A und $\boldsymbol{k}(b)$ den Endpunkt E festlegt. Um die Arbeit im Kraftfeld längs der Kurve von A nach E zu approximieren, wählt man eine Zerlegung $Z = (t_0, \ldots, t_m)$ von $]a; b[$, die einen Streckenzug $A A_1 \ldots A_{m-1} E$ bestimmt. Man gibt nun eine Besetzung $B = (\xi_1, \ldots, \xi_m)$ von Z vor und berechnet die Arbeit längs des Streckenzuges unter der Voraussetzung, daß längs der Strecken $A_{\nu-1} A_\nu$ die konstante Kraft $\boldsymbol{f}(\boldsymbol{k}(\xi_\nu))$ wirke.

$$W_{\text{app}}(Z, B) = \sum_{\nu=1}^{m} \langle \boldsymbol{f}(\boldsymbol{k}(\xi_\nu)), \boldsymbol{k}(t_\nu) - \boldsymbol{k}(t_{\nu-1}) \rangle \qquad \text{(vgl. Abb. A}_1\text{)}.$$

Durch dreimalige Anwendung des Mittelwertsatzes auf die k_i (vgl. S. 346, Abb. B_2) erhält man:

$$W_{\text{app}}(Z, B) = \sum_{\nu=1}^{m} \left\langle \boldsymbol{f}(\boldsymbol{k}(\xi_\nu)), \begin{pmatrix} k_1'(\xi_{\nu 1}) \\ k_2'(\xi_{\nu 2}) \\ k_3'(\xi_{\nu 3}) \end{pmatrix} \right\rangle \cdot (t_\nu - t_{\nu-1}) \quad \text{mit} \quad \xi_{\nu i} \in]t_{\nu-1}; t_\nu[\text{ für } i = 1, 2, 3$$

Durch geeignete Wahl von Z und B läßt sich der Unterschied dieser Summe zur RIEMANNschen Summe $\sum_{\nu=1}^{m} \langle \boldsymbol{f}(\boldsymbol{k}(\xi_\nu)), \boldsymbol{k}'(\xi_\nu) \rangle \cdot (t_\nu - t_{\nu-1})$ der durch $\langle \boldsymbol{f}(\boldsymbol{k}(t)), \boldsymbol{k}'(t) \rangle$ auf $]a; b[$ definierten, stetigen Funktion beliebig klein machen.

Da das zugehörige RIEMANN-Integral existiert, definiert man: $W_{AE} := \int_a^b \langle \boldsymbol{f}(\boldsymbol{k}(t)), \boldsymbol{k}'(t) \rangle \mathrm{d}t$.

A_2

Arbeit in einem Kraftfeld längs einer Kurve

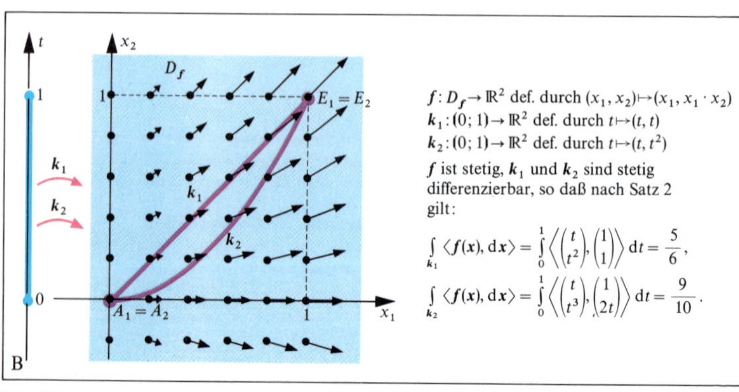

$f: D_f \to \mathbb{R}^2$ def. durch $(x_1, x_2) \mapsto (x_1, x_1 \cdot x_2)$
$\boldsymbol{k}_1:]0; 1[\to \mathbb{R}^2$ def. durch $t \mapsto (t, t)$
$\boldsymbol{k}_2:]0; 1[\to \mathbb{R}^2$ def. durch $t \mapsto (t, t^2)$

$\boldsymbol{f}$ ist stetig, $\boldsymbol{k}_1$ und $\boldsymbol{k}_2$ sind stetig differenzierbar, so daß nach Satz 2 gilt:

$$\int_{\boldsymbol{k}_1} \langle \boldsymbol{f}(\boldsymbol{x}), \mathrm{d}\boldsymbol{x} \rangle = \int_0^1 \left\langle \begin{pmatrix} t \\ t^2 \end{pmatrix}, \begin{pmatrix} 1 \\ 1 \end{pmatrix} \right\rangle \mathrm{d}t = \frac{5}{6},$$

$$\int_{\boldsymbol{k}_2} \langle \boldsymbol{f}(\boldsymbol{x}), \mathrm{d}\boldsymbol{x} \rangle = \int_0^1 \left\langle \begin{pmatrix} t \\ t^3 \end{pmatrix}, \begin{pmatrix} 1 \\ 2t \end{pmatrix} \right\rangle \mathrm{d}t = \frac{9}{10}.$$

Beispiel

Kurvenintegrale

Ein häufig in der theoretischen Physik auftretender Vorgang ist die sog. »Integration eines Vektorfeldes längs einer Kurve«, z. B. die Integration eines Kraftfeldes längs einer Kurve, die zum Begriff der Arbeit führt (Abb. A).

Sieht man von der speziellen physikalischen Interpretation ab, so handelt es sich um folgenden Vorgang: Vorgegeben sind eine $\mathbb{R}^3$-$\mathbb{R}^3$-Funktion $f: D_f \to \mathbb{R}^3$ (D_f Gebiet im $\mathbb{R}^3$) und eine rektifizierbare, durch $k: (a; b) \to D_f$ parametrisierte Kurve, die den Anfangspunkt $A(k(a))$ und den Endpunkt $E(k(b))$ hat. Mit jeder Zerlegung $Z = (t_0, \ldots, t_m)$ von $(a; b)$ wird durch $(k(t_0), \ldots, k(t_m))$ eine Zerlegung der Kurve herbeigeführt, die einen Streckenzug festlegt (vgl. Abb. A_2). Zu jeder Besetzung $B = (\xi_1, \ldots, \xi_m)$ von Z kann man $(k(\xi_1), \ldots, k(\xi_m))$ als Besetzung der zugehörigen Kurvenzerlegung auffassen. Dann kann man die folgende Summe bilden:

$$S(k, f, Z, B) := \sum_{\nu=1}^{m} \langle f(k(\xi_\nu)), k(t_\nu) - k(t_{\nu-1}) \rangle .$$

Setzt man $x_\nu := k(\xi_\nu)$ und $a_\nu := k(t_\nu)$, so ergibt sich die Schreibweise

$$S(k, f, Z, B) = \sum_{\nu=1}^{m} \langle f(x_\nu), a_\nu - a_{\nu-1} \rangle ,$$

die an die der RIEMANNschen Summe (S. 347) erinnert.

Def. 1: Konvergiert für jede ausgezeichnete Zerlegungsfolge (Z_μ) von $(a; b)$ die Folge $(S(k, f, Z_\mu, B_\mu))$ gegen dieselbe reelle Zahl, und zwar unabhängig von der Folge (B_μ) der Besetzungen, so heißt der Grenzwert *Kurven-(Linien-)integral von f längs der Kurve k*. Er wird mit $\int_k \langle f(x), dx \rangle$ bezeichnet, im Fall einer geschlossenen Kurve mit $\oint_k \langle f(x), dx \rangle$.

Der folgende Satz macht eine Existenzaussage, die in Zusammenhang mit den unten aufgeführten Regeln für die meisten praktischen Probleme ausreicht.

Satz 1: *Das Kurvenintegral einer auf einem Gebiet stetigen $\mathbb{R}^3$-$\mathbb{R}^3$-Funktion f längs einer rektifizierbaren, stetigen Kurve k existiert.*

Bem.: Es genügt, die Stetigkeit von f auf der Bildmenge von k zu fordern:

Unmittelbar aus Def. 1 lassen sich die folgenden Regeln herleiten (hinsichtlich der Def. von $f + g$, $c \cdot f$, $k_1 + k_2$ und $-k$ wird auf die Seiten 283 und 395 verwiesen):

(K1) $\int_k \langle (f+g)(x), dx \rangle = \int_k \langle f(x), dx \rangle + \int_k \langle g(x), dx \rangle$,

(K2) $\int_k \langle (c \cdot f)(x), dx \rangle = c \cdot \int_k \langle f(x), dx \rangle \quad (c \in \mathbb{R})$,

(K3) $\int_{-k} \langle f(x), dx \rangle = -\int_k \langle f(x), dx \rangle$,

(K4) $\int_{k_1+k_2} \langle f(x), dx \rangle = \int_{k_1} \langle f(x), dx \rangle + \int_{k_2} \langle f(x), dx \rangle$.

Bem.: Regel (K3) macht deutlich, daß es auf die Orientierung der Kurve ankommt.

Nach Satz 1 existiert auch das Kurvenintegral einer stetigen $\mathbb{R}^3$-$\mathbb{R}^3$-Funktion längs einer stetig differenzierbaren Kurve (vgl. S. 347). Darüber hinaus läßt sich das Kurvenintegral in ein RIEMANN-Integral auf $(a; b)$ überführen, was seine Berechnung erleichtert.

Satz 2: *Für das Kurvenintegral einer auf einem Gebiet stetigen $\mathbb{R}^3$-$\mathbb{R}^3$-Funktion f längs einer durch $k: (a; b) \to D_f$ parametrisierten, stetig differenzierbaren Kurve gilt:* $\int_k \langle f(x), dx \rangle = \int_a^b \langle f(k(t)), k'(t) \rangle dt$.

Bem.: Der Begriff des Kurvenintegrals im $\mathbb{R}^3$ läßt sich ohne weiteres auf Kurven im $\mathbb{R}^n$, insbesondere auf Kurven im $\mathbb{R}^2$ übertragen. Die Aussagen der Sätze 1 und 2 und die Regeln (K 1) bis (K 4) behalten in der entsprechenden Formulierung ihre Gültigkeit.

Beispiel: Abb. B

Kurvenintegrale reellwertiger Funktionen

Gibt man eine $\mathbb{R}^3$-$\mathbb{R}^3$-Funktion $f: D_f \to \mathbb{R}^3$ in der Komponentendarstellung $f(x) = \sum_{i=1}^{3} f_i(x) \cdot e_i$ vor (vgl. S. 319), so erhält man nach Regel (K1) die Darstellung: $\int_k \langle f(x), dx \rangle = \sum_{i=1}^{3} \int_k \langle f_i(x) \cdot e_i, dx \rangle$. Die rechtsstehenden Kurvenintegrale geben jeweils die Anteile bez. der einzelnen Achsen an. Sie sind von der Form $\int_k \langle g(x) \cdot e_i, dx \rangle$, wobei g eine reellwertige Funktion ist. Man def.:

Def. 2: Existiert zu $g: D_g \to \mathbb{R}$ (D_g Gebiet im $\mathbb{R}^3$) und $k: (a; b) \to D_g$ das Integral $\int_k \langle g(x) \cdot e_i, dx \rangle$, so spricht man vom *Kurvenintegral von g bez. der i-ten Koordinatenachse.*

In der Literatur ist für dieses Integral auch die Schreibweise $\int_k g(x) dx_i$ üblich, d. h.

$$\int_k g(x) dx_i := \int_k \langle g(x) \cdot e_i, dx \rangle .$$

Für das Kurvenintegral einer $\mathbb{R}^3$-$\mathbb{R}^3$-Funktion in Komponentendarstellung ergibt sich daher:

$$\int_k \langle f(x), dx \rangle = \int_k f_1(x) dx_1 + \int_k f_2(x) dx_2 + \int_k f_3(x) dx_3 .$$

Häufig geht man zu der Schreibweise

$$\int_k \langle f(x), dx \rangle = \int_k (f_1(x) dx_1 + f_2(x) dx_2 + f_3(x) dx_3)$$

über, und gibt Kurvenintegrale in der rechtsstehenden Form an.

Für die Kurvenintegrale reellwertiger Funktionen gelten Satz 1, Satz 2 und die Regeln (K 1) bis (K 4) in entsprechender Umformulierung. Unter den Voraussetzungen von Satz 2 gilt dann:

$$\int_k g(x) dx_i = \int_a^b g(k(t)) \cdot k_i'(t) dt .$$

Bem.: Eine Verallgemeinerung auf den $\mathbb{R}^n$ ist natürlich auch hier ohne weiteres möglich.

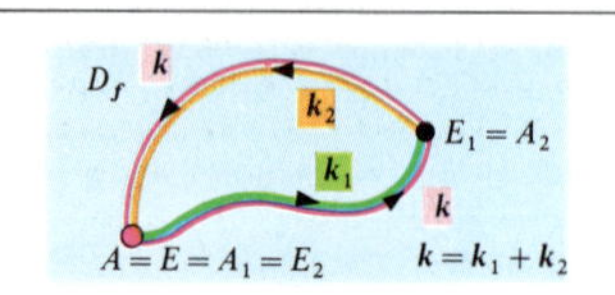

Die Wegunabhängigkeit sei in D_f erfüllt. Dann gilt mit Regel (K3), S. 351:

$$\int_{k_1} \langle f(x), dx \rangle = - \int_{k_2} \langle f(x), dx \rangle, \quad \text{d. h.}$$

$$\oint_k \langle f(x), dx \rangle = \int_{k_1+k_2} \langle f(x), dx \rangle$$

$$= \int_{k_1} \langle f(x), dx \rangle + \int_{k_2} \langle f(x), dx \rangle$$

(Regel (K4), S. 351)

$$= 0.$$

A Die Umkehrung beweist man ähnlich.

Wegunabhängigkeit

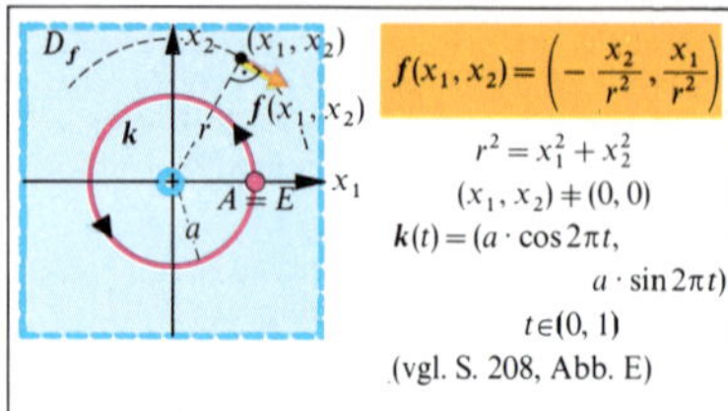

$$f(x_1, x_2) = \left(-\frac{x_2}{r^2}, \frac{x_1}{r^2}\right)$$

$r^2 = x_1^2 + x_2^2$

$(x_1, x_2) \neq (0, 0)$

$k(t) = (a \cdot \cos 2\pi t,$
$a \cdot \sin 2\pi t)$

$t \in (0, 1)$

(vgl. S. 208, Abb. E)

Die Integrabilitätsbedingungen sind erfüllt, denn es gilt:

$$\frac{\partial f_2}{\partial x_1}(x_1, x_2) = \frac{x_2^2 - x_1^2}{r^4} = \frac{\partial f_1}{\partial x_2}(x_1, x_2).$$

Wegen $\int_k \langle f(x), dx \rangle = 2\pi \neq 0$ ist das Kurvenintegral jedoch wegabhängig, d. h. es gibt

B nach Satz 3 keine Stammfunktion von f in D_f.

Gegenbeispiel

Die Integrabilitätsbedingungen seien erfüllt; D_f sei einfach zusammenhängend.

Beispiel: $f(x_1, x_2) = (x_2^2 + 1, 2x_1 x_2 - 1), \quad D_f = \mathbb{R}^2$

$$\frac{\partial f_2}{\partial x_1}(x_1, x_2) = 2x_2 = \frac{\partial f_1}{\partial x_2}(x_1, x_2)$$

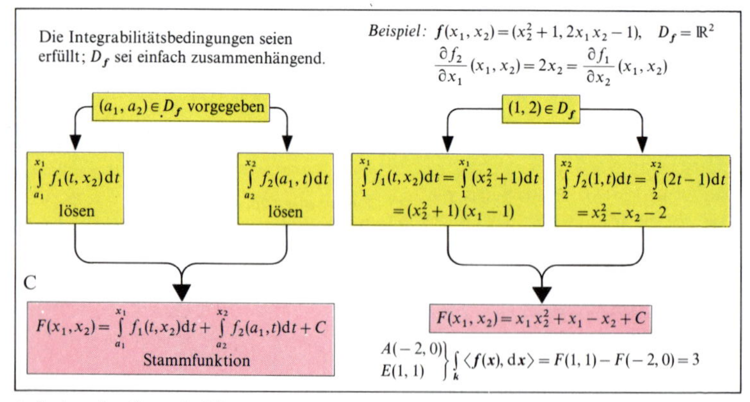

$$\left.\begin{array}{l} A(-2, 0) \\ E(1, 1) \end{array}\right\} \int_k \langle f(x), dx \rangle = F(1, 1) - F(-2, 0) = 3$$

Aufsuchen einer Stammfunktion

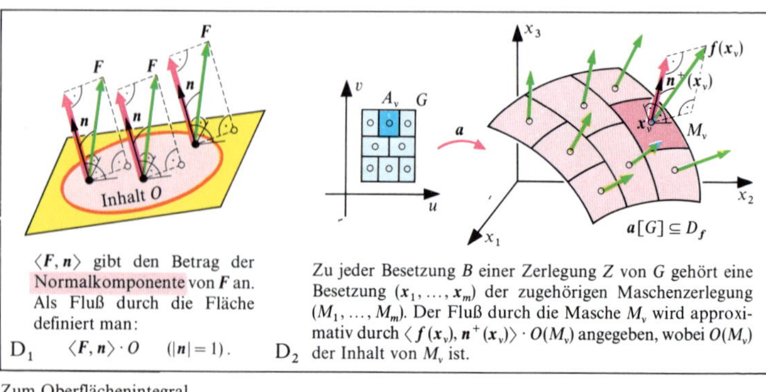

$\langle F, n \rangle$ gibt den Betrag der Normalkomponente von F an. Als Fluß durch die Fläche definiert man:

D$_1$ $\quad \langle F, n \rangle \cdot O \quad (|n| = 1)$.

D$_2$ Zu jeder Besetzung B einer Zerlegung Z von G gehört eine Besetzung $(x_1, \dots, x_m)$ der zugehörigen Maschenzerlegung $(M_1, \dots, M_m)$. Der Fluß durch die Masche M_ν wird approximativ durch $\langle f(x_\nu), n^+(x_\nu) \rangle \cdot O(M_\nu)$ angegeben, wobei $O(M_\nu)$ der Inhalt von M_ν ist.

Zum Oberflächenintegral

Wegunabhängigkeit, Stammfunktion

Die Rechnung in Abb. B, S. 350, macht deutlich, daß der Wert eines Kurvenintegrals nicht nur vom Anfangs- und Endpunkt der Kurve abhängt, sondern sich i. a. ändert, wenn man zu einer anderen Kurve mit gleichem Anfangs- und Endpunkt übergeht. Es gibt aber $\mathbb{R}^3$-$\mathbb{R}^3$-Funktionen, für die der Wert eines Kurvenintegrals nur vom gewählten Anfangs- und Endpunkt abhängt, nicht aber von der A und E verbindenden, ganz in D_f gelegenen Kurve (vorausgesetzt das Kurvenintegral existiert). Gilt diese Eigenschaft für jedes Paar (A, E) von in D_f wählbaren Punkten, so spricht man von der ***Wegunabhängigkeit*** *des Kurvenintegrals in* D_f.

Die Wegunabhängigkeit läßt sich folgendermaßen charakterisieren:

Satz 3: *Die Wegunabhängigkeit des Kurvenintegrals in* D_f *gilt genau dann, wenn für alle geschlossenen Kurven in* D_f, *für die das Kurvenintegral existiert, gilt:* $\oint_k \langle f(x), \mathrm{d}x\rangle = 0$ (Abb. A).

Selbst bei stetigen $\mathbb{R}^3$-$\mathbb{R}^3$-Funktionen ist allerdings die Wegunabhängigkeit in D_f i.a. nicht erfüllt, so daß man nach einer anderen Eigenschaft der $\mathbb{R}^3$-$\mathbb{R}^3$-Funktion sucht, die die Wegunabhängigkeit garantiert. Man def. zunächst:

Def. 3: Eine $\mathbb{R}^3$-$\mathbb{R}$-Funktion $F: D_F \to \mathbb{R}$ heißt *Stammfunktion* zur $\mathbb{R}^3$-$\mathbb{R}^3$-Funktion $f: D_f \to \mathbb{R}^3$, wenn $D_F = D_f$ und $f = \operatorname{grad} F$ (vgl. S. 321) gilt.

Dann ergibt sich der

Satz 4: *Die* $\mathbb{R}^3$-$\mathbb{R}^3$-*Funktion* $f: D_f \to \mathbb{R}^3$ *sei auf dem Gebiet* D_f *stetig. Genau dann gilt die Wegunabhängigkeit des Kurvenintegrals in* D_f, *wenn* f *eine Stammfunktion* F *besitzt.*

Existiert eine Stammfunktion, so ergibt sich ein dem Hauptsatz (Satz 6, S. 333) entsprechender Satz, der die *alleinige* Abhängigkeit des Kurvenintegrals vom Anfangs- und Endpunkt deutlich widerspiegelt:

Satz 5: *Die* $\mathbb{R}^3$-$\mathbb{R}^3$-*Funktion* $f: D_f \to \mathbb{R}^3$ *sei auf dem Gebiet* D_f *stetig. Gibt es dann eine Stammfunktion* F *zu* f, *so gilt für jedes Paar* (A, E) *und jede stetig differenzierbare Kurve (Parameterdarstellung* k*), die ganz in* D_f *liegt und* A *als Anfangs- und* E *als Endpunkt mit den Ortsvektoren* a *bzw.* e *besitzt:*
$\int_k \langle f(x), \mathrm{d}x\rangle = F(e) - F(a)$.

Für die praktische Nutzung von Satz 5 ist es natürlich wichtig zu wissen, unter welchen Bedingungen für die $\mathbb{R}^3$-$\mathbb{R}^3$-Funktion f eine Stammfunktion existiert und wie man ggf. eine Stammfunktion bestimmt.

Für die Existenz einer Stammfunktion zu einer stetig differenzierbaren $\mathbb{R}^3$-$\mathbb{R}^3$-Funktion f ist die Erfüllung der sog. *Integrabilitätsbedingungen*

$$\frac{\partial f_\nu}{\partial x_\mu} = \frac{\partial f_\mu}{\partial x_\nu} \quad (\nu, \mu \in \{1, 2, 3\}, \nu \neq \mu)$$

in D_f *notwendig*. Die Bedingungen sind jedoch i. a. *nicht hinreichend* (Abb. B). Sie sind hinreichend, wenn D_f das Innere einer Kugel oder allgemeiner ein sternförmiges Gebiet ist (in D_f gibt es dann einen Punkt, so daß die Verbindungsstrecken mit jedem beliebigen Punkt von D_f ganz in D_f liegen). Sie sind auch hinreichend für einfach zusammenhängende Gebiete (S. 213, 239). Für den $\mathbb{R}^2$ folgt dies unmittelbar aus dem Greenschen Integralsatz (S. 355).

Bem.: Das Gebiet in Abb. B ist nicht einfach zusammenhängend, weil $(0, 0)$ nicht zu D_f gehört.

Hat man sich von der Existenz einer Stammfunktion überzeugt, so kann man z. B. nach dem in Abb. C skizzierten Verfahren eine Stammfunktion ermitteln.

Oberflächenintegral

Bei vielen physikalischen Begriffsbildungen ist vom Fluß eines Vektorfeldes durch eine Fläche die Rede. Im einfachsten Fall, wenn nämlich das Vektorfeld konstant ist und eine ebene Fläche vorliegt, definiert man den Fluß wie in Abb. D_1. Im allgemeinen Fall liegen eine $\mathbb{R}^3$-$\mathbb{R}^3$-Funktion $f: D_f \to \mathbb{R}^3$ (D_f Gebiet im $\mathbb{R}^3$) und ein durch $a: G \to \mathbb{R}^3$ parametrisiertes, glattes und durch n^+ orientiertes Flächenstück (S. 407) vor, das man wie in Abb. D_2 approximiert. Die Summe

$$S(a, f, Z, B) := \sum_{\nu=1}^{m} \langle f(x_\nu), n^+(x_\nu)\rangle \cdot O(M_\nu)$$

erinnert an eine Riemannsche Summe. Man def.:

Def. 4: Konvergiert für jede ausgezeichnete Zerlegungsfolge (Z_μ) von G die Folge $(S(a, f, Z_\mu, B_\mu))$ gegen dieselbe reelle Zahl, und zwar unabhängig von der Folge (B_μ) der Besetzungen, so heißt der Grenzwert *Oberflächenintegral*. Er wird mit $\int_a \langle f(x), n^+(x)\rangle \,\mathrm{d}O$ bezeichnet.

Für stetige $\mathbb{R}^3$-$\mathbb{R}^3$-Funktionen f existiert das Oberflächenintegral, und es läßt sich in ein Riemann-Integral auf G überführen:

$$\int_a \langle f(x), n^+(x)\rangle \,\mathrm{d}O = \int_G \langle f(a(u, v)), n^+(a(u, v))\rangle \cdot \left|\frac{\partial a}{\partial u}(u, v) \times \frac{\partial a}{\partial v}(u, v)\right| \mathrm{d}(u, v)$$

(vgl. Oberflächendifferential, S. 349).

Wegen

$$\frac{\partial a}{\partial u}(u, v) \times \frac{\partial a}{\partial v}(u, v) = \left|\frac{\partial a}{\partial u}(u, v) \times \frac{\partial a}{\partial v}(u, v)\right| \cdot n^+(a(u, v))$$

erhält man:

$$\int_a \langle f(x), n^+(x)\rangle \,\mathrm{d}O = \int_G \left\langle f(a(u, v)), \frac{\partial a}{\partial u}(u, v) \times \frac{\partial a}{\partial v}(u, v)\right\rangle \mathrm{d}(u, v).$$

In den meisten Anwendungen ist G ein Normalbereich (S. 345), so daß sich das Oberflächenintegral als Doppelintegral (S. 345) berechnen läßt.

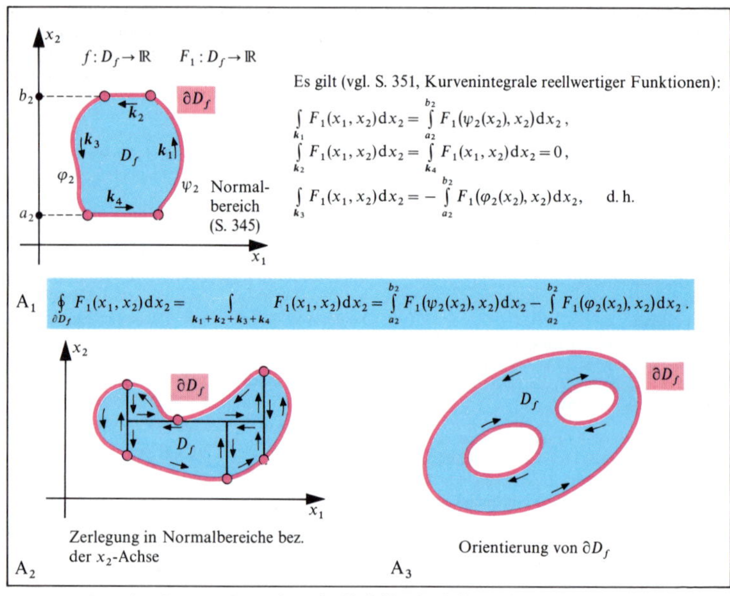

Zur Darstellung eines Riemann-Integrals zweier Variabler durch Kurvenintegrale

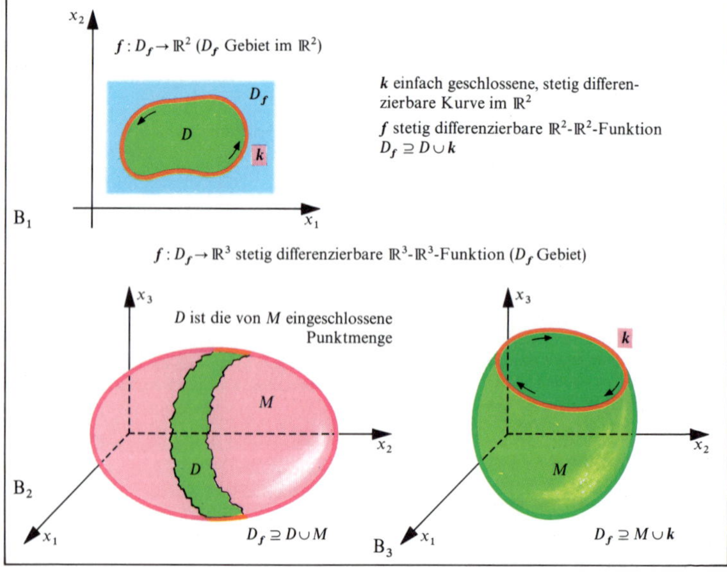

Zum Divergenzsatz und Stokesschen Integralsatz

Auf stetige Funktionen $f:(a;b) \to \mathbb{R}$ ist der Hauptsatz (S. 333) anwendbar, denn es existiert eine Stammfunktion F zu f (S. 335). Man erhält:

$$\int_a^b f(x)\,dx = F(b) - F(a).$$

Das RIEMANN-Integral auf $(a;b)$ ist also bereits eindeutig bestimmt durch die Funktionswerte von F auf dem Rand des Definitionsbereiches. Ähnliche Aussagen lassen sich für RIEMANN-Integrale auf Teilmengen des $\mathbb{R}^2$ bzw. $\mathbb{R}^3$ gewinnen. Unter gewissen Voraussetzungen kann man derartige Integrale durch Kurvenintegrale längs des Randes der Definitionsbereiche ausdrücken. Der Einfachheit halber werden bei der Herleitung stärkere Voraussetzungen über die Definitionsbereiche gemacht, als eigentlich erforderlich sind.

Darstellung eines RIEMANN-Integrals zweier Variabler durch Kurvenintegrale längs des Randes von D_f

$f:D_f \to \mathbb{R}$ ($D_f \subset \mathbb{R}^2$) sei stetig und D_f ein Normalbereich bez. der x_2-Achse (Abb. A_1). Es gibt dann eine Funktion $F_1:D_f \to \mathbb{R}$ mit $\frac{\partial F_1}{\partial x_1}(x_1,x_2) = f(x_1,x_2)$, so daß gilt:

$$\int_{D_f} f(x_1,x_2)\,d(x_1,x_2) = \int_{D_f} \frac{\partial F_1}{\partial x_1}(x_1,x_2)\,d(x_1,x_2).$$

Das rechtsstehende Integral läßt sich in ein Doppelintegral überführen (S. 345). Die Integration liefert:

$$\int_{D_f} f(x_1,x_2)\,d(x_1,x_2) = \int_{a_2}^{b_2} [F_1(\psi_2(x_2),x_2) - F_1(\varphi_2(x_2),x_2)]\,dx_2.$$

Mit Hilfe der Ergebnisse aus Abb. A_1 folgt:

(1) $$\int_{D_f} f(x_1,x_2)\,d(x_1,x_2) = \oint_{\partial D_f} F_1(x_1,x_2)\,dx_2$$

mit $\frac{\partial F_1}{\partial x_1}(x_1,x_2) = f(x_1,x_2)$.

Diese Darstellung eines RIEMANN-Integrals durch ein Kurvenintegral bez. der x_2-Achse behält auch Gültigkeit, wenn D_f selbst kein Normalbereich ist, aber in endlich viele Normalbereiche bez. der x_2-Achse zerlegbar ist (Abb. A_2).

Setzt man von D_f die Zerlegbarkeit in endlich viele Normalbereiche bez. der x_1-Achse voraus, so ergibt sich analog:

(2) $$\int_{D_f} f(x_1,x_2)\,d(x_1,x_2) = -\oint_{\partial D_f} F_2(x_1,x_2)\,dx_1$$

mit $\frac{\partial F_2}{\partial x_2}(x_1,x_2) = f(x_1,x_2)$.

Ist f stetig differenzierbar, so erhält man aus (1) und (2), wenn f durch $\frac{\partial f}{\partial x_i}$ und F_i durch f ersetzt wird:

(1*) $$\int_{D_f} \frac{\partial f}{\partial x_1}(x_1,x_2)\,d(x_1,x_2) = \oint_{\partial D_f} f(x_1,x_2)\,dx_2,$$

(2*) $$\int_{D_f} \frac{\partial f}{\partial x_2}(x_1,x_2)\,d(x_1,x_2) = -\oint_{\partial D_f} f(x_1,x_2)\,dx_1.$$

GREENscher Integralsatz

$f:D_f \to \mathbb{R}^2$ (D_f Gebiet) sei eine stetig differenzierbare $\mathbb{R}^2$-$\mathbb{R}^2$-Funktion mit der Komponentendarstellung $f(x_1,x_2) = (f_1(x_1,x_2), f_2(x_1,x_2))$. Setzt man für eine Teilmenge D von D_f voraus, daß sowohl eine Zerlegung in endlich viele Normalbereiche bez. der x_1-Achse als auch eine in endlich viele Normalbereiche bez. der x_2-Achse möglich ist, so kann man (1*) und (2*) auf die Komponenten f_1 bzw. f_2 anwenden:

$$\int_D \frac{\partial f_2}{\partial x_1}(x_1,x_2)\,d(x_1,x_2) = \oint_{\partial D} f_2(x_1,x_2)\,dx_2 \quad \text{und}$$

$$\int_D \frac{\partial f_1}{\partial x_2}(x_1,x_2)\,d(x_1,x_2) = -\oint_{\partial D} f_1(x_1,x_2)\,dx_1.$$

Wegen $\oint_{\partial D} \langle f(x_1,x_2), d(x_1,x_2)\rangle = \oint_{\partial D} f_1(x_1,x_2)dx_1 + \oint_{\partial D} f_2(x_1,x_2)\,dx_2$

ergibt sich dann:

(3) $$\int_D \left[\frac{\partial f_2}{\partial x_1}(x_1,x_2) - \frac{\partial f_1}{\partial x_2}(x_1,x_2)\right] d(x_1,x_2) = \oint_{\partial D} \langle f(x_1,x_2), d(x_1,x_2)\rangle.$$

Die durch (3) ausgedrückte Überführbarkeit des RIEMANN-Integrals auf D in ein Kurvenintegral längs des Randes von D (und umgekehrt) wird als GREEN*scher Integralsatz* bezeichnet.

Bem.: Gleichung (3) gilt auch dann, wenn man von D den Zusammenhang fordert und von dem Rand ∂D voraussetzt, daß er zu D_f gehört und aus endlich vielen stückweise stetig differenzierbaren Kurven besteht (die Orientierung ist dabei wie in Abb. A_3 vorzunehmen).

Divergenzsatz, STOKESscher Integralsatz

Die Voraussetzungen für die Anwendung des GREENschen Integralsatzes sind z. B. erfüllt, wenn die in Abb. B_1 beschriebene Situation zugrundeliegt. Eine Übertragung in den $\mathbb{R}^3$ ist auf zweifache Weise möglich.

a) Man gibt eine geschlossene, glatte, durch $\boldsymbol{n}^+$ orientierte Fläche im $\mathbb{R}^3$ (S. 407) mit der Parameterdarstellung $\boldsymbol{a}$ vor. D sei das Innere dieser Fläche (Abb. B_2). Ist dann $f:D_f \to \mathbb{R}^3$ (D_f Gebiet im $\mathbb{R}^3$) eine stetig differenzierbare $\mathbb{R}^3$-$\mathbb{R}^3$-Funktion, wobei D_f die Fläche und D umfaßt, so gilt:

(4) $$\int_D \operatorname{div} f(x)\,dx = \int_{\boldsymbol{a}} \langle f(x), \boldsymbol{n}^+(x)\rangle\,dO.$$

Die durch (4) beschriebene Überführung des RIEMANN-Integrals auf D in ein Oberflächenintegral (und umgekehrt) wird als *Divergenzsatz* bezeichnet ($\operatorname{div} f(x)$, s. S. 327).

b) Man gibt eine einfach geschlossene, stetig differenzierbare Kurve $\boldsymbol{k}$ im $\mathbb{R}^3$ vor, die als Rand eines glatten, durch $\boldsymbol{n}^+$ orientierten Flächenstücks auftritt (Abb. B_3). Ist dann $f:D_f \to \mathbb{R}^3$ (D_f Gebiet im $\mathbb{R}^3$) eine stetig differenzierbare $\mathbb{R}^3$-$\mathbb{R}^3$-Funktion, wobei D_f das Flächenstück und $\boldsymbol{k}$ umfaßt, so gilt:

(5) $$\int_{\boldsymbol{a}} \langle \operatorname{rot} f(x), \boldsymbol{n}^+(x)\rangle\,dO = \oint_{\boldsymbol{k}} \langle f(x), dx\rangle.$$

Die Überführung des Oberflächenintegrals in ein Kurvenintegral längs des Randes (und umgekehrt) wird als STOKES*scher Integralsatz* bezeichnet ($\operatorname{rot} f(x)$, s. S. 327).

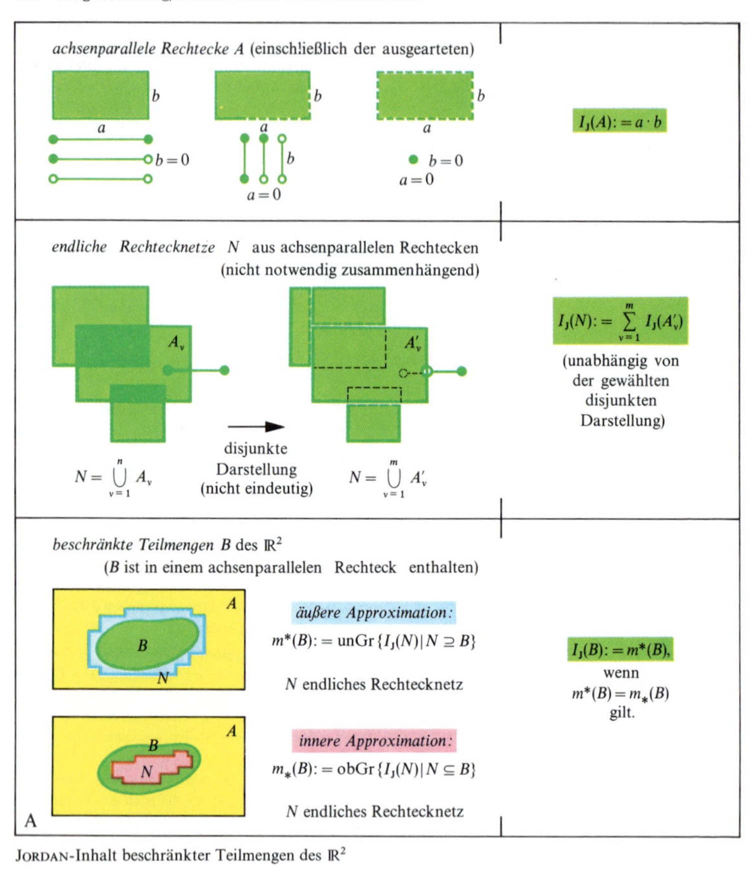

JORDAN-Inhalt beschränkter Teilmengen des $\mathbb{R}^2$

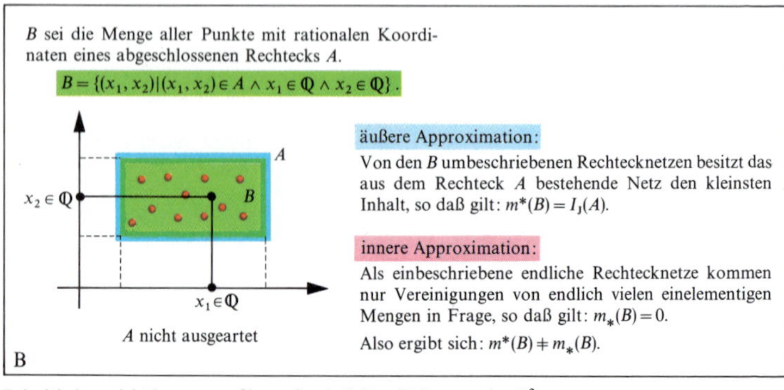

Beispiel einer nicht JORDAN-meßbaren beschränkten Teilmenge des $\mathbb{R}^2$

Problemstellung

In der Elementargeometrie sucht man geradlinig begrenzten, ebenen Figuren einen Flächeninhalt zuzuordnen. Dabei geht man von Rechtecken aus und führt durch geeignete Zerlegungen oder Ergänzungen den Inhalt von n-Ecken (Polygonen) auf den von Rechtecken zurück (S. 161). Spezielle krummlinig begrenzte Figuren, z. B. die Kreisfläche, werden durch einbeschriebene und umbeschriebene n-Ecke approximiert (vgl. S. 171).

Formal gesehen geht es darum (vgl. S. 161), zu einem möglichst umfangreichen Mengensystem $\mathfrak{M}$ von Teilmengen des $\mathbb{R}^2$ eine Abbildung $I:\mathfrak{M}\to\mathbb{R}_0^+$ anzugeben, die folgenden Bedingungen genügt:

(I1) $A, B\in\mathfrak{M} \wedge A\equiv B \Rightarrow I(A)=I(B)$,
(Kongruenzinvarianz)

(I2) $A, B\in\mathfrak{M} \wedge A\cap B=\emptyset \Rightarrow I(A\cup B)=I(A)+I(B)$,
(Additivität)

(I3) $I(E)=1$ für ein Quadrat der Kantenlänge 1.

$I(A)$ heißt *Inhalt* von A, I heißt *Inhaltsfunktion*.

An das Mengensystem $\mathfrak{M}$ wird man gewisse Mindestanforderungen stellen. Es soll gewährleistet sein, daß man wie bei den Figuren der Elementargeometrie »Zerlegungen« und »Zusammensetzungen« in *endlich* vielen Schritten vornehmen darf. Diese Vorgänge lassen sich auf die mengentheoretischen Operationen »$\cup$«, »$\setminus$« und »$\cap$« zurückführen. Man wird daher die Abgeschlossenheit von $\mathfrak{M}$ gegenüber diesen Operationen fordern. Es genügt jedoch, die Abgeschlossenheit gegenüber »$\cup$« und »$\setminus$« zu fordern, d. h. $A\cup B\in\mathfrak{M}$ und $A\setminus B\in\mathfrak{M}$ für alle A und $B\in\mathfrak{M}$, wodurch $\mathfrak{M}$ zu einem *Mengenring* wird. Die Abgeschlossenheit gegenüber »$\cap$« ergibt sich dann nämlich unmittelbar wegen $A\cap B=A\setminus(A\setminus B)$. Durch vollständige Induktion zeigt man weiter, daß auch *endliche* Vereinigungen und *endliche* Durchschnitte von Elementen aus $\mathfrak{M}$ wieder zu $\mathfrak{M}$ gehören.

Ist eine auf einem Mengenring $\mathfrak{M}$ definierte Inhaltsfunktion I vorgegeben, so sind wesentliche weitere Eigenschaften, die ein Inhalt besitzen sollte, beweisbar. So gilt für *endlich viele, paarweise disjunkte* Elemente $A_\nu\in\mathfrak{M}$: $I\left(\bigcup_{\nu=1}^{n} A_\nu\right)=\sum_{\nu=1}^{n} I(A_\nu)$ *(endliche Additivität)*. Für alle $A, B\in\mathfrak{M}$ mit $A\subseteq B$ gilt: $I(A)\leq I(B)$ *(Monotonie)*.

Die Maßtheorie stellt die Frage nach der Existenz und dem Umfang von Mengenringen und nach der Existenz und Eindeutigkeit von Inhaltsfunktionen. Sie weitet die Fragestellung dahingehend aus, ob sich die endliche Additivität zur *abzählbaren Additivität (Totaladditivität)* ausweiten läßt, d. h. ob $I\left(\bigcup_{\nu=1}^{\infty} A_\nu\right)=\sum_{\nu=1}^{\infty} I(A_\nu)$ gilt, falls abzählbar viele, paarweise disjunkte A_ν aus $\mathfrak{M}$ vorliegen.

Darüber hinaus strebt die Maßtheorie eine einheitliche Theorie für Längen, Flächeninhalte und Volumina an, d. h. eine Theorie der Inhalte im $\mathbb{R}^n$ ($n\geq 1$), was ohne weiteres möglich ist. Die folgende Darstellung wird sich damit begnügen, den JORDAN-Inhalt und das LEBESGUE-Maß *beschränkter* Teilmengen des $\mathbb{R}^2$ zu entwickeln. Eine Verallgemeinerung auf den $\mathbb{R}^n$ ergibt sich dadurch, daß man im Text »Rechteck« durch »n-dimensionaler Quader« ersetzt (Intervall im $\mathbb{R}^1$, Quader im $\mathbb{R}^3$).

Bem.: In der neueren Entwicklung der Maßtheorie wählt man neben den $\mathbb{R}^n$ allgemeinere Räume als Trägermenge für Mengensysteme, auf denen Inhalte bzw. Maße definiert werden. Die Ergebnisse dieser Untersuchungen sind z. B. für den Aufbau der Wahrscheinlichkeitstheorie sehr nützlich.

JORDAN-Inhalt

Um zum JORDANschen Inhaltsbegriff zu gelangen, legt man zunächst den Inhalt von Rechtecken (einschließlich der ausgearteten) und Rechtecknetzen fest (Abb. A). Jede beschränkte Teilmenge des $\mathbb{R}^2$ läßt sich dann von »außen« und von »innen« durch Rechtecknetze approximieren (Abb. A). Die in Abb. A definierten nichtnegativen reellen Zahlen $m^*(B)$ und $m_*(B)$ heißen *äußeres Maß* bzw. *inneres Maß* von B. Stimmen beide Maße überein, so soll B einen Inhalt besitzen.

Def. 1: $B\subseteq\mathbb{R}^2$ heißt JORDAN-*meßbar*, wenn B beschränkt ist und $m^*(B)=m_*(B)$ gilt. Der gemeinsame Wert heißt JORDAN-*Inhalt von B* und wird mit $I_J(B)$ bezeichnet.

Man kann nun zeigen, daß das Mengensystem $\mathfrak{M}_J$ aller JORDAN-meßbaren Teilmengen des $\mathbb{R}^2$ ein Mengenring ist und daß die Eigenschaften (I1) bis (I3) gelten. $I_J:\mathfrak{M}_J\to\mathbb{R}_0^+$ def. durch $B\mapsto I_J(B)=m^*(B)$ ist dann eine auf dem Mengenring $\mathfrak{M}_J$ definierte Inhaltsfunktion.

Die meisten Inhaltsprobleme der Geometrie und Praxis lassen sich zwar mit dem JORDANschen Inhaltsbegriff bewältigen, jedoch *ist nicht jede beschränkte Teilmenge des* $\mathbb{R}^2$ JORDAN-*meßbar* (Abb. B).

Von besonderer Bedeutung für die Charakterisierung JORDAN-meßbarer Teilmengen sind die sog. *Nullmengen*, d. h. Teilmengen mit dem Inhalt 0. Zu den Nullmengen gehören z. B. die leere Menge, alle endlichen Mengen, Strecken und rektifizierbare Kurven im $\mathbb{R}^2$. Teilmengen von Nullmengen, endliche Durchschnitte und endliche Vereinigungen von Nullmengen sind wieder Nullmengen. Insbesondere gilt der

Satz 1: *Eine beschränkte Teilmenge des* $\mathbb{R}^2$ *ist genau dann* JORDAN-*meßbar, wenn der Rand eine Nullmenge ist.*

Es folgt, daß mit $A\in\mathfrak{M}_J$ auch jede Menge Z mit $A^0\subseteq Z\subseteq\bar{A}$ zu $\mathfrak{M}_J$ gehört und denselben Inhalt wie A besitzt (A^0, $\bar{A}$ gemäß S. 214, Abb. C).

Den Zusammenhang zwischen JORDAN-Inhalt und R-Integrierbarkeit macht der folgende Satz deutlich.

Satz 2: *Die Ordinatenmenge B* (S. 331) *einer beschränkten Funktion* $f:(a;b)\to\mathbb{R}_0^+$ *ist genau dann* JORDAN-*meßbar, wenn f R-integrierbar ist. Es gilt:*

$$I_J(B)=\int_a^b f(x)\,\mathrm{d}x.$$

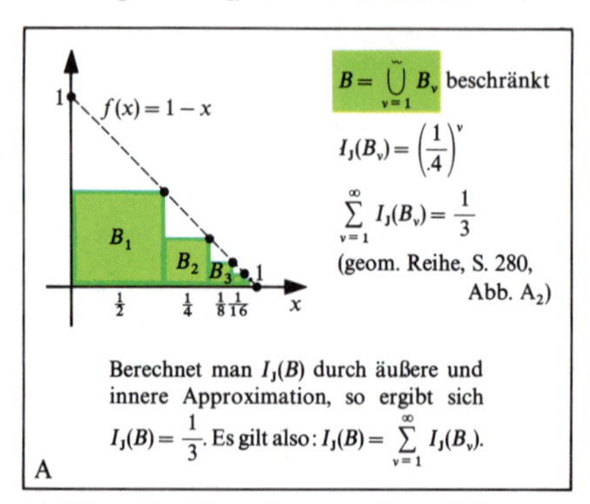

$B = \bigcup_{\nu=1}^{\infty} B_\nu$ beschränkt
$I_J(B_\nu) = \left(\frac{1}{4}\right)^\nu$
$\sum_{\nu=1}^{\infty} I_J(B_\nu) = \frac{1}{3}$
(geom. Reihe, S. 280, Abb. A_2)
$f(x) = 1 - x$
B_1
B_2
B_3
Berechnet man $I_J(B)$ durch äußere und innere Approximation, so ergibt sich $I_J(B) = \frac{1}{3}$. Es gilt also: $I_J(B) = \sum_{\nu=1}^{\infty} I_J(B_\nu)$.
A

Abzählbare Vereinigung JORDAN-meßbarer Teilmengen des $\mathbb{R}^2$

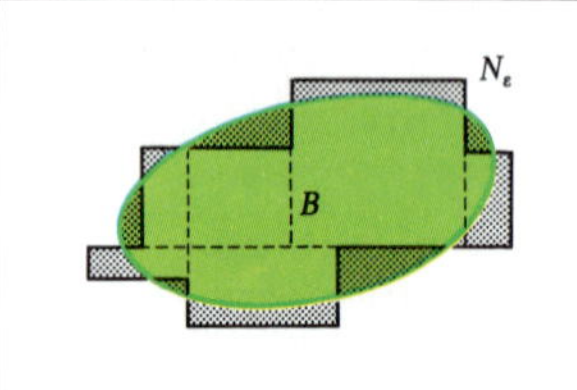

Zu jedem $\varepsilon \in \mathbb{R}^+$ ist ein endliches Rechtecknetz N_ε anzugeben, so daß gilt: $\mu^*(B \setminus N_\varepsilon \cup N_\varepsilon \setminus B) < \varepsilon$.

B

Approximation LEBESGUE-meßbarer Teilmengen durch endliche Rechtecknetze

achsenparallele Rechtecke A (einschließlich der ausgearteten)	$\mu(A) := I_J(A)$
endliche Rechtecknetze N *beschränkte abzählbare Rechtecknetze* N^∞ $N^\infty = \bigcup_{\nu=1}^{\infty} A_\nu \longrightarrow N^\infty = \bigcup_{\nu=1}^{\infty} A'_\nu$ disjunkte Darstellung (evtl. eine endliche Darstellung)	$\mu(N) := I_J(N)$ $\mu(N^\infty) := \sum_{\nu=1}^{\infty} \mu(A'_\nu)$ (Die Reihe konvergiert, weil die Partialsummenfolge wegen der Beschränktheit von N^∞ beschränkt ist.)
beschränkte Teilmenge B des $\mathbb{R}^2$ (B ist in einem achsenparallelen Rechteck A enthalten) *äußere Approximation:* $\mu^*(B) := \text{unGr}\{\mu(N^\infty) \mid N^\infty \supseteq B\}$ *innere Approximation:* $\mu_*(B) := \mu(A) - \mu^*(A \setminus B)$ C	$\mu(B) := \mu^*(B)$, wenn $\mu^*(B) = \mu_*(B)$ gilt.

LEBESGUE-Maß beschränkter Teilmengen des $\mathbb{R}^2$

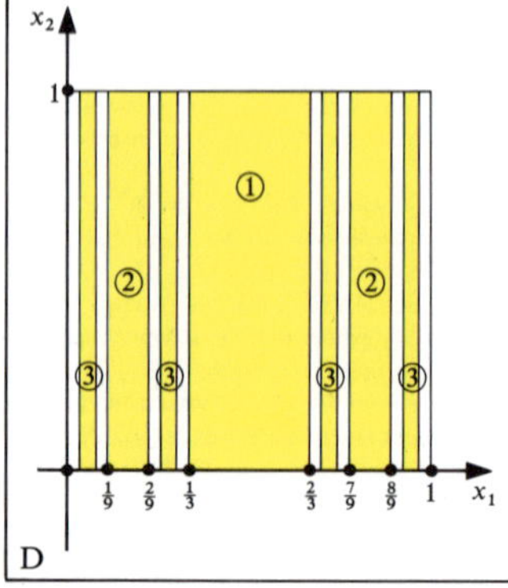

① Aus dem Quadrat $(0;1)^2$ wird zunächst aus der Mitte ein Drittelstreifen geschnitten.

② Aus den beiden verbleibenden Streifen wird ebenfalls jeweils aus der Mitte ein Drittelstreifen entfernt. Dies Verfahren kann man fortsetzen. Im n-ten Schritt werden 2^{n-1} Streifen der Breite $(\frac{1}{3})^n$ entfernt. (die herausgeschnittenen Streifen sind offen zu wählen)

Alle herausgeschnittenen Streifen bilden ein beschränktes abzählbares Rechtecknetz N^∞ mit

$$\mu(N^\infty) = \sum_{\nu=1}^{\infty} \frac{1}{3}\left(\frac{2}{3}\right)^{\nu-1} = 1 \quad \text{(geom. Reihe).}$$

Die Restmenge $(0;1)^2 \setminus N^\infty$ hat also das Maß 0. Sie ist überabzählbar. Dazu zeigt man, daß die Teilmenge der auf der x_1-Achse gelegenen Punkte (CANTORsches Diskontinuum $\mathbb{D}$ genannt) bereits überabzählbar ist.

D

Beispiel einer überabzählbaren Nullmenge

Grenzen des JORDANschen Inhaltsbegriffs

Der Abb. A entnimmt man, daß es sinnvoll wäre, auch für beschränkte *abzählbare* Vereinigungen von JORDAN-meßbaren Teilmengen des $\mathbb{R}^2$ einen Inhalt anzugeben. Das Beispiel der Abb. B, S. 356, zeigt jedoch, daß *nicht jede* beschränkte Vereinigung abzählbar vieler JORDAN-meßbarer Teilmengen (dort: einelementige Teilmengen mit dem Inhalt 0) JORDAN-meßbar ist. Zumindest gilt aber die abzählbare Additivität (S. 357), falls die Vereinigung abzählbar vieler, paarweise disjunkter, JORDAN-meßbarer Teilmengen JORDAN-meßbar ist. Die Ursache für die Abweichung des äußeren vom inneren Maß beim Beispiel der Abb. B, S. 356, kann man darin sehen, daß man mit endlichen Rechtecknetzen der zugelassenen Art von außen nicht »fein« genug approximieren kann; es bleibt zuviel »Zwischenraum«. Zu einer »Verfeinerung« der Inhaltsmessung gelangt man, wenn man neben endlichen Rechtecknetzen auch solche aus *abzählbar unendlich vielen* Rechtecken zuläßt. Dies führt zum LEBESGUE-Maß von Teilmengen des $\mathbb{R}^2$.

LEBESGUE-Maß

Zur Unterscheidung vom JORDAN-Inhalt wird nun vom *Maß* einer Teilmenge des $\mathbb{R}^2$ gesprochen. Rechtecken (einschließlich der ausgearteten) und endlichen Rechtecknetzen wird als Maß ihr JORDAN-Inhalt zugeordnet. Bei beschränkten *abzählbaren Rechtecknetzen* definiert man wie in Abb. C. Diese Festlegung hat zur Folge, daß z. B. die Teilmenge der Abb. B, S. 356, nunmehr das Maß 0 hat und daß bei JORDAN-meßbaren abzählbaren Rechtecknetzen das Maß mit dem JORDAN-Inhalt übereinstimmt.

Jeder beschränkten Teilmenge B des $\mathbb{R}^2$ wird nun wie in Abb. C ein *äußeres Maß* $\mu^*(B)$ und ein *inneres Maß* $\mu_*(B)$ zugeordnet. Stimmen beide überein, so soll B meßbar sein.

Def. 2: $B \subseteq \mathbb{R}^2$ heißt LEBESGUE-*meßbar*, wenn B beschränkt ist und $\mu^*(B) = \mu_*(B)$ gilt. Der gemeinsame Wert heißt LEBESGUE-*Maß* von B und wird mit $\mu(B)$ bezeichnet.

Das Mengensystem $\mathfrak{M}_L$ aller LEBESGUE-meßbaren Teilmengen des $\mathbb{R}^2$ ist wie $\mathfrak{M}_J$ ein Mengenring. $\mu: \mathfrak{M}_L \to \mathbb{R}_0^+$ def. durch $B \mapsto \mu(B) = \mu^*(B)$ ist eine Inhaltsfunktion.

Daß $\mathfrak{M}_J \subseteq \mathfrak{M}_L$ gilt, ergibt sich aus

Satz 3: *Jede* JORDAN-*meßbare Teilmenge des* $\mathbb{R}^2$ *ist* LEBESGUE-*meßbar.*

Daß $\mathfrak{M}_J$ eine echte Teilmenge von $\mathfrak{M}_L$ ist, zeigt schon das Beispiel der Abb. B, S. 356. Offensichtlich liefert die »feinere« Approximation *mehr Nullmengen*, diesmal durch das LEBESGUE-Maß 0 definiert, als das beim JORDANschen Inhaltsbegriff der Fall war.

Eine Charakterisierung LEBESGUE-meßbarer Teilmengen des $\mathbb{R}^2$ ermöglicht

Satz 4: *Eine beschränkte Teilmenge* B *des* $\mathbb{R}^2$ *ist genau dann* LEBESGUE-*meßbar, wenn es zu jedem* $\varepsilon \in \mathbb{R}^+$ *ein endliches Rechtecknetz* N_ε *gibt, so daß* $\mu^*(B \setminus N_\varepsilon \cup N_\varepsilon \setminus B) < \varepsilon$ *gilt.*

Man kann also sagen, daß diejenigen Teilmengen des $\mathbb{R}^2$ LEBESGUE-meßbar sind, die sich beliebig genau durch endliche Rechtecknetze approximieren lassen, wobei zu bemerken ist, daß es sich hierbei i. a. nicht mehr nur um umbeschriebene oder einbeschriebene Netze handeln kann (Abb. B).

Das LEBESGUE-Maß ist auch hinsichtlich der *abzählbaren Additivität* (S. 357) eine Erweiterung des JORDAN-Inhalts. Jede beschränkte Teilmenge B des $\mathbb{R}^2$, die sich als abzählbare Vereinigung von LEBESGUE-meßbaren Teilmengen B_ν darstellen läßt, ist nunmehr LEBESGUE-meßbar, und es gilt $\mu(B) = \sum_{\nu=1}^{\infty} \mu(B_\nu)$, falls die B_ν paarweise disjunkt sind.

Daraus folgt z. B., daß jede abzählbare Teilmenge des $\mathbb{R}^2$ eine Nullmenge ist. Es gibt auch überabzählbare Nullmengen, Abb. D.

Zu den LEBESGUE-meßbaren Teilmengen des $\mathbb{R}^2$ gehören nun alle beschränkten offenen und alle beschränkten abgeschlossenen Teilmengen. Bildet man abzählbare Vereinigungen von abgeschlossenen Teilmengen (sog. F_σ-*Mengen*) oder abzählbare Durchschnitte von offenen Teilmengen (sog. G_δ-*Mengen*), so sind diese im Falle der Beschränktheit ebenfalls LEBESGUE-meßbar. Die F_σ- und G_δ-Mengen gehören zu den sog. BOREL-*Mengen*, die man durch abzählbar viele Vereinigungen oder Durchschnitte von offenen oder abgeschlossenen Teilmengen erhält. Beschränkte BOREL-Mengen sind ebenfalls LEBESGUE-meßbar. Damit sind aber keineswegs alle LEBESGUE-meßbaren Teilmengen des $\mathbb{R}^2$ erfaßt.

Man kann die LEBESGUE-meßbaren Teilmengen des $\mathbb{R}^2$ aber dahingehend abgrenzen, daß jede LEBESGUE-meßbare Teilmenge bis auf eine Nullmenge eine BOREL-Menge ist.

Nicht jede beschränkte Teilmenge des $\mathbb{R}^2$ ist LEBESGUE-meßbar. Beim Nachweis benutzt man wesentlich das Auswahlaxiom (S. 29). Man kann sogar zeigen, daß es 2^c nicht LEBESGUE-meßbare Teilmengen des $\mathbb{R}^2$ gibt. Auf die tiefgehenden Verbindungen zwischen der Maßtheorie und den Grundlagenfragen der Mathematik kann hier jedoch nicht näher eingegangen werden.

Inhalt und Maß unbeschränkter Teilmengen

Eine Erweiterung des JORDAN-Inhalts bzw. des LEBESGUE-Maßes auf unbeschränkte Teilmengen des $\mathbb{R}^2$ ist ohne weiteres möglich, z. B. durch

Def. 3: Eine *unbeschränkte* Teilmenge U des $\mathbb{R}^2$ heißt JORDAN-*meßbar* (LEBESGUE-*meßbar*), wenn der Durchschnitt von U mit jedem achsenparallelen Quadrat Q_ν ganzzahliger Kantenlänge 2ν, das den Ursprung als Mittelpunkt hat, JORDAN-meßbar (LEBESGUE-meßbar) ist. Es gelte:

$$I_J(U) := \lim_{\nu \to \infty} I_J(U \cap Q_\nu) \quad \text{bzw.}$$

$$\mu(U) := \lim_{\nu \to \infty} \mu(U \cap Q_\nu).$$

Inhalt und Maß können nun natürlich Werte aus $\mathbb{R}_0^+ \cup \{+\infty\}$ annehmen.

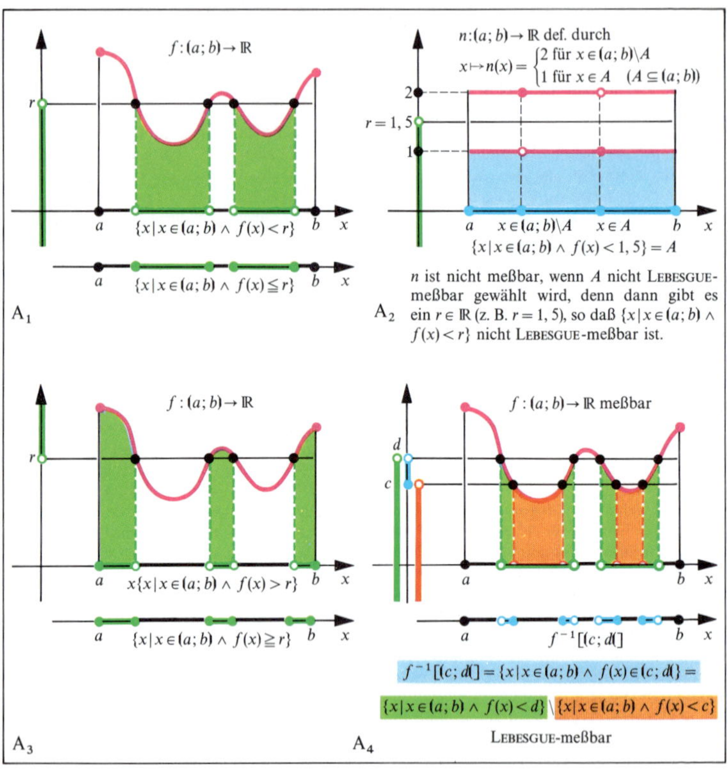

Zur Meßbarkeit von Funktionen

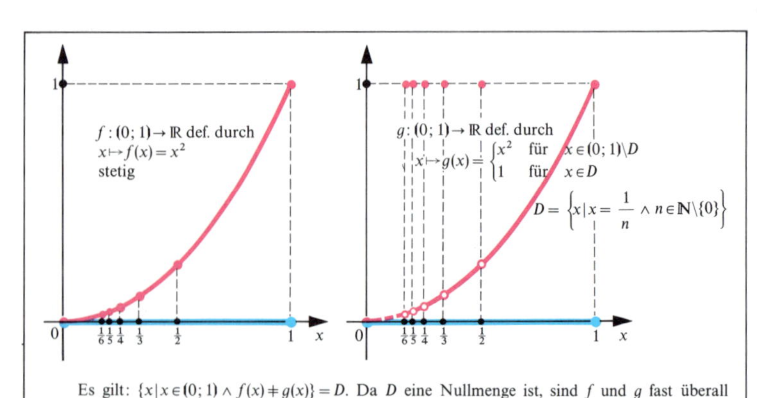

Beispiel äquivalenter Funktionen

Meßbare Funktionen

Im Hinblick auf die Theorie des LEBESGUE-Integrals ist eine die stetigen Funktionen umfassende Funktionenklasse von besonderer Bedeutung; es handelt sich um die der meßbaren Funktionen.

Def. 1: Eine beschränkte Funktion $f:(a;b)\to\mathbb{R}$ heißt *meßbar*, wenn für alle $r\in\mathbb{R}$ gilt: $\{x\,|\,x\in(a;b)\wedge f(x)<r\}$ (Abb. A_1) ist LEBESGUE-meßbar.

Bem.: Das LEBESGUE-Maß beschränkter Teilmengen aus $\mathbb{R}$ entwickelt man analog zum LEBESGUE-Maß im $\mathbb{R}^2$ (S. 357f.), indem man anstelle der Rechtecke *Intervalle* heranzieht.

Es gibt nichtmeßbare Funktionen (Abb. A_2).

Beim Nachweis der Meßbarkeit einer Funktion kann man sich auf $r\in\mathbb{Q}$ beschränken. Weiter gilt, daß die Meßbarkeit genau dann vorliegt, wenn für alle $r\in\mathbb{R}$ gilt: $\{x|x\in(a;b)\wedge f(x)\leqq r\}$ bzw. $\{x|x\in(a;b)\wedge f(x)>r\}$ bzw. $\{x|x\in(a;b)\wedge f(x)\geqq r\}$ (Abb. A_1, A_3) ist LEBESGUE-meßbar. Liegt also eine meßbare Funktion f vor, so sind z. B. die Urbildmengen von Intervallen stets LEBESGUE-meßbar (Abb. A_4).

Die Meßbarkeit von Funktionen ist invariant gegenüber der Anwendung rationaler Operationen, denn es gilt

Satz 1: *Sind $f, g:(a;b)\to\mathbb{R}$ meßbar, so sind auch $f+g$, $f-g$, $f\cdot g$ meßbar und, falls $g(x)\neq 0$ für alle $x\in(a;b)$ ist, gilt dies auch für $\dfrac{f}{g}$.*

Da jede auf $(a;b)$ definierte, konstante Funktion c meßbar ist, folgt aus Satz 1, daß $c\cdot f$ für alle meßbaren Funktionen $f:(a;b)\to\mathbb{R}$ meßbar ist. Dagegen braucht die Komposition zweier meßbarer Funktionen nicht meßbar zu sein.

Eine besondere Rolle bei der Untersuchung meßbarer Funktionen spielen Nullmengen im Sinne des LEBESGUE-Maßes. So gilt z. B. die wichtige Eigenschaft:

Sind zwei beschränkte Funktionen f, $g:(a;b)\to\mathbb{R}$ außerhalb einer Nullmenge aus $(a;b)$ gleich, d. h. ist $\{x\,|\,x\in(a;b)\wedge f(x)\neq g(x)\}$ eine Nullmenge, so sind entweder beide Funktionen meßbar oder beide nicht meßbar.

Statt des Satzteils »*außerhalb einer Nullmenge*« verwendet man auch die Sprechweise »*fast überall*«. Fast überall gleiche, meßbare Funktionen heißen auch *äquivalent* (Beispiel: Abb. B).

Während die Grenzfunktion einer konvergenten Folge (f_n) stetiger Funktionen i. a. nicht stetig ist (vgl. S. 289), ist im Falle meßbarer Funktionen die Grenzfunktion ebenfalls meßbar. Definiert man, daß eine Folge (f_n) von Funktionen *fast überall konvergent gegen* f ist, wenn $\lim\limits_{n\to\infty} f_n(x)=f(x)$ fast überall gilt, so erhält man den

Satz 2: *Konvergiert eine Folge meßbarer Funktionen fast überall gegen f, so ist f meßbar.*

Bem.: Die Grenzfunktion ist bei dieser abgeschwächten Konvergenzdefinition natürlich nur bis auf äquivalente Funktionen eindeutig. Der *Satz von* EGOROFF besagt, daß die Konvergenz auf gewissen Teilmengen, deren Maß sich beliebig wenig von dem des Definitionsbereiches unterscheidet, sogar gleichmäßig ist (vgl. S. 289, Def. 12).

Bem.: Die Meßbarkeit von Funktionen, deren Definitionsbereich kein Intervall ist, läßt sich analog zu Def. 1 fassen. Allerdings fordert man, daß der Definitionsbereich LEBESGUE-meßbar ist. Die übrigen Ausführungen behalten ihre Gültigkeit.

Meßbare Funktionen und stetige Funktionen

Zunächst kann man beweisen, daß jede stetige Funktion $f:(a;b)\to\mathbb{R}$ meßbar ist. Die Klasse der meßbaren Funktionen umfaßt die der stetigen Funktionen, denn es gibt nichtstetige, meßbare Funktionen (Abb. B). Jedoch lassen sich nichtstetige, meßbare Funktionen fast überall durch stetige Funktionen approximieren. Das geht hervor aus

Satz 3: *Zu jeder meßbaren Funktion $f:(a;b)\to\mathbb{R}$ gibt es eine Folge (f_n) stetiger Funktionen, die fast überall gegen f konvergiert.*

Die Frage, ob zu jeder meßbaren Funktion $f:(a;b)\to\mathbb{R}$ vielleicht sogar eine äquivalente stetige Funktion $g:(a;b)\to\mathbb{R}$ existiert, muß verneint werden. Es gilt jedoch

Satz 4: *Ist $f:(a;b)\to\mathbb{R}$ eine meßbare Funktion, so gibt es zu jedem $\varepsilon\in\mathbb{R}^+$ eine stetige Funktion $g_\varepsilon:(a;b)\to\mathbb{R}$ mit $\mu(\{x\,|\,x\in(a;b)\wedge f(x)\neq g_\varepsilon(x)\})<\varepsilon$.*

Definition des LEBESGUE-Integrals

In der Integralrechnung geht es u. a. darum, der Ordinatenmenge $B=\{(x|y)\,|\,x\in(a;b)\wedge y\in(0;f(x))\}$ einer beschränkten, nichtnegativen Funktion $f:(a;b)\to\mathbb{R}$ durch ein Integral einen Inhalt zuzuordnen (vgl. S. 331). Legt man den JORDANschen Inhaltsbegriff zugrunde, so besitzt B genau dann einen Inhalt, wenn f RIEMANN-integrierbar ist (S. 357, Satz 2). Ist f RIEMANN-integrierbar, so ist $I_J(B)$ gleich dem RIEMANN-Integral.

Nun gibt es beschränkte, nichtnegative Funktionen, die nicht RIEMANN-integrierbar sind und deren Ordinatenmengen also nicht im JORDANschen Sinne meßbar sind (S. 331), die aber wohl im LEBESGUEschen Sinne meßbar sind (S. 359). Es stellt sich daher die Frage, ob auf der Grundlage des LEBESGUE-Maßes eine Verallgemeinerung des RIEMANNschen Integralbegriffs möglich ist, so daß auch das Maß LEBESGUE-meßbarer Ordinatenmengen durch ein Integral bestimmt werden kann. Diese Fragestellung führt auf die Theorie des LEBESGUE-Integrals, wobei die Beschränkung auf nichtnegative Funktionen fallen gelassen wird.

Der RIEMANNsche Integralbegriff wurde auf S. 331 mit Hilfe von oberen und unteren Treppenfunktionen gefaßt. Dabei geht man von Zerlegungen Z des *Definitionsbereiches* in endlich viele Teilintervalle aus.

Eine Möglichkeit, zum LEBESGUEschen Integralbegriff zu gelangen, besteht nun darin, statt dessen Zerlegungen eines die *Bildmenge* von f beiderseits echt umfassenden Intervalls zu wählen. Zur Unterscheidung seien diese mit Z_L bezeichnet.

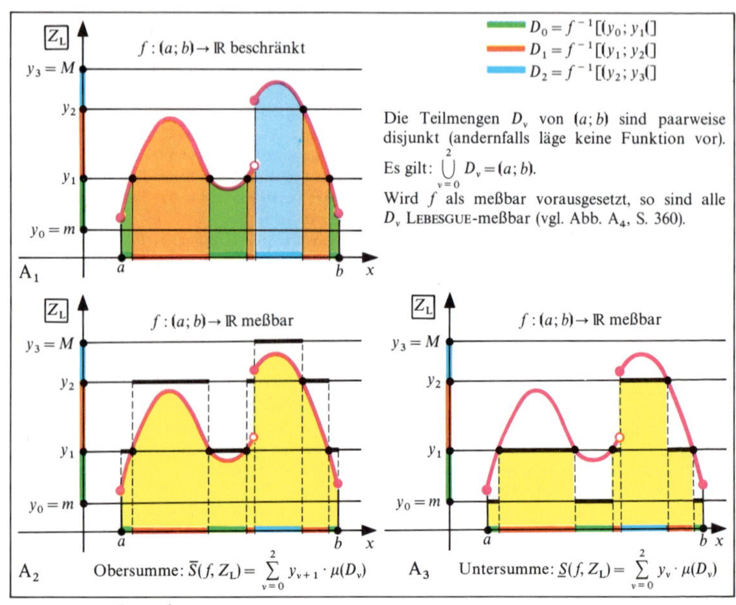

Zum Lebesgue-Integral

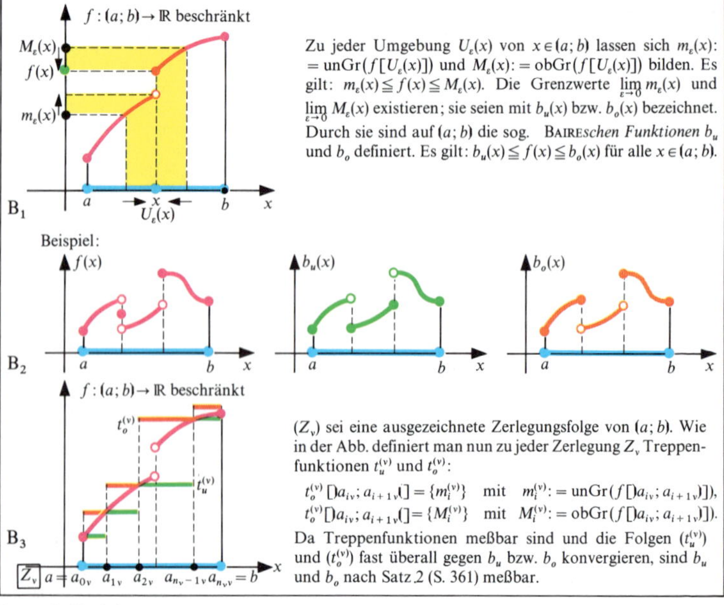

$f:(a;b)\to\mathbb{R}$ beschränkt
$M_\varepsilon(x)$
$f(x)$
$m_\varepsilon(x)$
a x b x
$U_\varepsilon(x)$
B_1
Zu jeder Umgebung $U_\varepsilon(x)$ von $x\in(a;b)$ lassen sich $m_\varepsilon(x) := \text{unGr}(f[U_\varepsilon(x)])$ und $M_\varepsilon(x) := \text{obGr}(f[U_\varepsilon(x)])$ bilden. Es gilt: $m_\varepsilon(x)\leqq f(x)\leqq M_\varepsilon(x)$. Die Grenzwerte $\lim_{\varepsilon\to 0} m_\varepsilon(x)$ und $\lim_{\varepsilon\to 0} M_\varepsilon(x)$ existieren; sie seien mit $b_u(x)$ bzw. $b_o(x)$ bezeichnet. Durch sie sind auf $(a;b)$ die sog. *Baireschen Funktionen* b_u und b_o definiert. Es gilt: $b_u(x)\leqq f(x)\leqq b_o(x)$ für alle $x\in(a;b)$.
Beispiel:
$f(x)$
$b_u(x)$
$b_o(x)$
B_2
$f:(a;b)\to\mathbb{R}$ beschränkt
$t_o^{(\nu)}$
$t_u^{(\nu)}$
B_3
Z_ν $a = a_{0\nu}$ $a_{1\nu}$ $a_{2\nu}$ $a_{n_\nu-1\,\nu}$ $a_{n_\nu\nu} = b$ x
(Z_ν) sei eine ausgezeichnete Zerlegungsfolge von $(a;b)$. Wie in der Abb. definiert man nun zu jeder Zerlegung Z_ν Treppenfunktionen $t_u^{(\nu)}$ und $t_o^{(\nu)}$:
$t_o^{(\nu)}[]a_{i\nu};a_{i+1\,\nu}[] = \{m_i^{(\nu)}\}$ mit $m_i^{(\nu)} := \text{unGr}(f[]a_{i\nu};a_{i+1\,\nu}[])$,
$t_o^{(\nu)}[]a_{i\nu};a_{i+1\,\nu}[] = \{M_i^{(\nu)}\}$ mit $M_i^{(\nu)} := \text{obGr}(f[]a_{i\nu};a_{i+1\,\nu}[])$.
Da Treppenfunktionen meßbar sind und die Folgen $(t_u^{(\nu)})$ und $(t_o^{(\nu)})$ fast überall gegen b_u bzw. b_o konvergieren, sind b_u und b_o nach Satz 2 (S. 361) meßbar.

Bairesche Funktionen

Ist $f:(a;b)\to\mathbb{R}$ eine beschränkte Funktion, so gibt es ein Intervall $(m;M)$ mit $m<f(x)<M$ für alle $x\in(a;b)$. Es sei nun $Z_L=(y_0,\ldots,y_n)$ mit $y_0=m$ und $y_n=M$ eine Zerlegung von $(m;M)$. Dann bildet man die Teilmengen $D_\nu:=f^{-1}[(y_\nu;y_{\nu+1}(]$ von $(a;b)$ ($\nu\in\{0,\ldots,n-1\}$). Die D_ν sind paarweise disjunkt und ihre Vereinigung ist $(a;b)$, aber i. a. handelt es sich nicht um Intervalle (Abb. A_1). Sie brauchen nicht einmal JORDAN-meßbar zu sein. Sind nun die zu jeder Zerlegung Z_L von $(m;M)$ gehörigen Teilmengen D_ν LEBESGUE-meßbar – das ist der Fall, wenn f meßbar ist (S. 361) –, so existieren zu jeder Zerlegung Z_L von $(m;M)$ (Abb. A_2, A_3)

$$\bar{S}(f,Z_L):=\sum_{\nu=0}^{n-1} y_{\nu+1}\cdot\mu(D_\nu)\quad (\textit{Obersumme}\text{ bez. } Z_L),$$

$$\underline{S}(f,Z_L):=\sum_{\nu=0}^{n-1} y_\nu\cdot\mu(D_\nu)\quad (\textit{Untersumme}\text{ bez. } Z_L).$$

Bei jeder Verfeinerung einer vorgegebenen Zerlegung (Hinzunahme weiterer Teilungspunkte) wird die neue Obersumme nicht größer als $\bar{S}(f,Z_L)$, die neue Untersumme nicht kleiner als $\underline{S}(f,Z_L)$. Insbesondere gilt dann für je zwei Zerlegungen Z_L und $\hat{Z}_L$: $\underline{S}(f,Z_L)\leqq\bar{S}(f,\hat{Z}_L)$. Daher ist die Menge aller Obersummen nach unten, die Menge aller Untersummen nach oben beschränkt. Es existiert also die dem Oberintegral (im RIEMANNschen Sinne) entsprechende untere Grenze der Menge aller Obersummen und die dem Unterintegral entsprechende obere Grenze aller Untersummen. Im Falle einer meßbaren Funktion sind beide Werte gleich, so daß man definiert:

Def. 2: Die obere Grenze der Menge aller Untersummen einer meßbaren Funktion $f:(a;b)\to\mathbb{R}$ heißt LEBESGUE-*Integral*. In Zeichen:

$$(\mathrm{L})\int_a^b f(x)\,dx:=\operatorname{obGr}\{\underline{S}(f,Z_L)\mid\underline{S}(f,Z_L)\text{ Untersumme}\}.$$

Bem.: Das vorgesetzte (L) dient zur Unterscheidung vom RIEMANN-Integral, das man auch mit vorgesetztem (R) geschrieben findet.

Der Wert des LEBESGUE-Integrals ist von der Wahl des den Wertebereich umfassenden Intervalls unabhängig.

Analog läßt sich der Begriff des LEBESGUE-Integrals einer meßbaren Funktion $f:D_f\to\mathbb{R}$ ($D_f\subseteq\mathbb{R}$) fassen, wenn D_f kein Intervall, sondern eine beliebige LEBESGUE-meßbare Teilmenge ist. Man verwendet dann das Zeichen $(\mathrm{L})\int_{D_f} f(x)\,dx$.

Auch eine Verallgemeinerung auf Funktionen mit mehreren Variablen ist möglich.

Eigenschaften des LEBESGUE-Integrals

Die auftretenden Integrandfunktionen seien meßbar.

(L1) $(\mathrm{L})\int_D (f+g)(x)\,dx=(\mathrm{L})\int_D f(x)\,dx+(\mathrm{L})\int_D g(x)\,dx,$

(L2) $(\mathrm{L})\int_{D_f}(c\cdot f)(x)\,dx=c\cdot(\mathrm{L})\int_{D_f} f(x)\,dx\quad(c\in\mathbb{R}).$

(L3) $(\mathrm{L})\int_D f(x)\,dx\leqq(\mathrm{L})\int_D g(x)\,dx,$ wenn $f(x)\leqq g(x)$ für alle $x\in D$ gilt.

(L4) $(\mathrm{L})\int_D f(x)\,dx=\sum_{\nu=0}^{\infty}(\mathrm{L})\int_{D_\nu} f(x)\,dx$, wenn die D_ν paarweise disjunkt und LEBESGUE-meßbar sind und $D=\bigcup_{\nu=0}^{\infty} D_\nu$ gilt.

(L5) $m\cdot\mu(D_f)\leqq(\mathrm{L})\int_{D_f} f(x)\,dx\leqq M\cdot\mu(D_f)$, wenn m eine untere, M eine obere Schranke von $f[D_f]$ ist.

Folgerungen: $(\mathrm{L})\int_{D_f} f(x)\,dx=0$, wenn $\mu(D_f)=0$ gilt.
$(\mathrm{L})\int_D dx=\mu(D)$

(L6) $(\mathrm{L})\int_D f(x)\,dx=(\mathrm{L})\int_D g(x)\,dx$, wenn f und g äquivalent sind.

(L6*) f ist äquivalent zur Nullfunktion, wenn f nichtnegativ ist und $(\mathrm{L})\int_{D_f} f(x)\,dx=0$ gilt.

LEBESGUE-Integral und RIEMANN-Integral

Die Konstruktion des LEBESGUE-Integrals kann nur als echte Erweiterung des RIEMANNschen Integralbegriffes angesehen werden, wenn für jede R-integrierbare Funktion das LEBESGUE-Integral existiert und mit dem RIEMANN-Integral übereinstimmt. Dies ist tatsächlich der Fall. Darüber hinaus ermöglichen die Mittel der Maßtheorie eine vollständige Charakterisierung R-integrierbarer Funktionen als diejenigen Funktionen, bei denen die Menge der Unstetigkeitsstellen nicht »zu groß« ist. Es gilt:

Satz 5: *Eine beschränkte Funktion $f:(a;b)\to\mathbb{R}$ ist genau dann R-integrierbar, wenn f fast überall stetig ist, d. h. wenn die Menge der Unstetigkeitsstellen eine Nullmenge ist. Jede R-integrierbare Funktion $f:(a;b)\to\mathbb{R}$ ist meßbar und es gilt:*

$$(\mathrm{R})\int_a^b f(x)\,dx=(\mathrm{L})\int_a^b f(x)\,dx.$$

Beim Beweis greift man auf die BAIRE*schen Funktionen* b_o und b_o (Abb. B_1) zurück und zeigt:

(1) f ist stetig in $x\in(a;b)$ genau dann, wenn $b_u(x)=b_0(x)$ gilt (vgl. Abb. B_2).

Im nächsten Schritt zeigt man, daß b_u und b_o meßbar sind (Abb. B_3), so daß $(\mathrm{L})\int_a^b(b_o-b_u)(x)\,dx$ existiert.

Dieses Integral ist genau dann 0, wenn f R-integrierbar ist.

Andererseits ergibt sich mit Hilfe der Eigenschaften (L6) und (L6*), daß das Integral genau dann 0 ist, wenn b_u und b_o äquivalent sind (b_o-b_u ist nichtnegativ). Man erhält also:

(2) f ist R-integrierbar genau dann, wenn $b_u(x)=b_o(x)$ fast überall gilt.

Faßt man (1) und (2) zusammen, so ist der erste Teil des Satzes bewiesen.

Beim zweiten Teil des Satzes kann man die Äquivalenz von b_u und b_o voraussetzen, so daß wegen $b_u(x)\leqq f(x)\leqq b_o(x)$ auch b_u (bzw. b_o) und f äquivalent sind. f ist also meßbar.

Zum Nachweis der Gleichheit der beiden Integrale greift man auf die Treppenfunktionen der Abb. B_3 zurück.

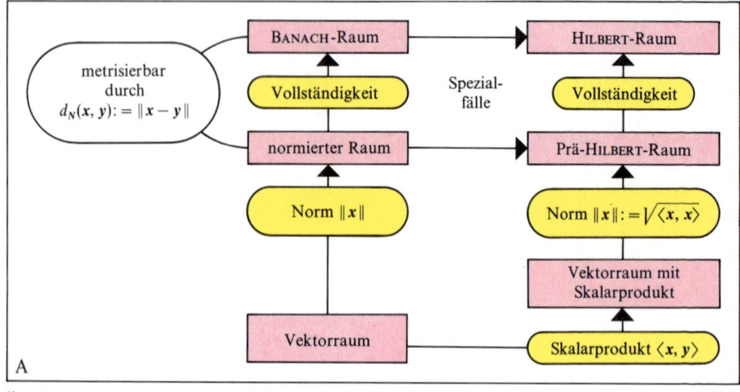

Überblick

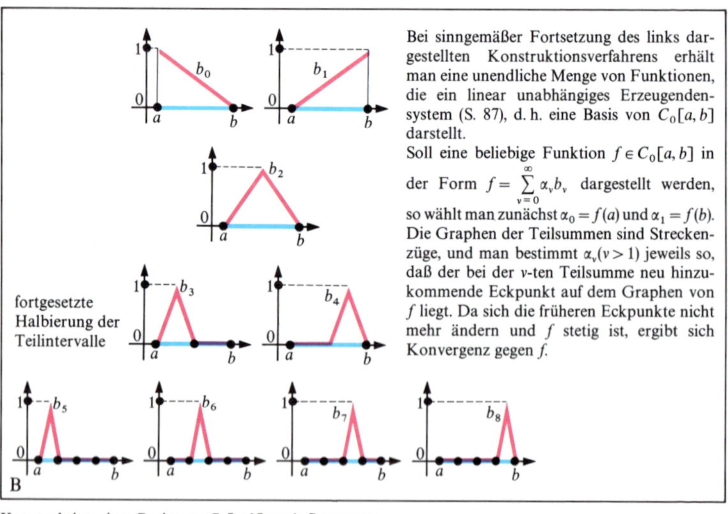

Bei sinngemäßer Fortsetzung des links dargestellten Konstruktionsverfahrens erhält man eine unendliche Menge von Funktionen, die ein linear unabhängiges Erzeugendensystem (S. 87), d. h. eine Basis von $C_0[a, b]$ darstellt.
Soll eine beliebige Funktion $f \in C_0[a, b]$ in der Form $f = \sum_{\nu=0}^{\infty} \alpha_\nu b_\nu$ dargestellt werden, so wählt man zunächst $\alpha_0 = f(a)$ und $\alpha_1 = f(b)$. Die Graphen der Teilsummen sind Streckenzüge, und man bestimmt $\alpha_\nu (\nu > 1)$ jeweils so, daß der bei der ν-ten Teilsumme neu hinzukommende Eckpunkt auf dem Graphen von f liegt. Da sich die früheren Eckpunkte nicht mehr ändern und f stetig ist, ergibt sich Konvergenz gegen f.

Konstruktion einer Basis von $C_0[a, b]$ nach SCHAUDER

$$\mathbb{R}^\infty := \left\{ x \mid x = (x_\nu) \wedge x_\nu \in \mathbb{R} \wedge \sum_{\nu=1}^{\infty} x_\nu^2 \text{ konvergent} \right\}$$ (vgl. S. 230, A)

Für irgend zwei Elemente $x = (x_\nu)$ und $y = (y_\nu)$ aus $\mathbb{R}^\infty$ definiert man ein Skalarprodukt und mit diesem eine Norm durch

$$\langle x, y\rangle := \sum_{\nu=1}^{\infty} x_\nu y_\nu \quad \text{und} \quad \|x\|_2 := \sqrt{\langle x, x\rangle}.$$

$\mathbb{R}^\infty$ wird damit zu einem Prä-HILBERT-Raum.

Bem.: Aus der Vollständigkeit von $\mathbb{R}$ läßt sich auf diejenige von $\mathbb{R}^\infty$ schließen, so daß $\mathbb{R}^\infty$ sogar ein HILBERT-Raum ist (vgl. S. 366).

C

Beispiel für einen Prä-HILBERT-Raum (HILBERT-Raum)

In der Differentialrechnung und Integralrechnung werden reellwertige Funktionen auf Teilmengen von $\mathbb{R}$ untersucht (S. 290ff.). Die Methoden sind verallgemeinerungsfähig auf $\mathbb{R}^n$-$\mathbb{R}^m$-Funktionen (S. 323), aber auch auf komplexe Zahlenräume (S. 418ff.). Die *Funktionalanalysis* betrachtet noch allgemeinere Räume, insbesondere solche, deren Elemente selbst Funktionen sind.

Der Anstoß zur Entwicklung der Funktionalanalysis waren Extremalprobleme bei sog. reellwertigen *Funktionalen*, d.h. reellwertigen Funktionen auf Funktionenmengen. So kann man z.B. alle durch zwei Punkte A und B einer vertikalen Ebene laufenden Kurvenbögen (S. 235) betrachten, auf denen ein Massenpunkt unter dem alleinigen Einfluß der Schwerkraft von A nach B gelangen kann, und ihnen als Funktionswert die Maßzahl der hierfür benötigten Zeit zuordnen. Gesucht ist die Kurve, für die die Zeit minimal wird (*Brachistochrone, S.* 369).

Vektorräume

Die Räume der Funktionalanalysis sollen i.a. die algebraische Struktur eines *Vektorraumes* tragen.

Der Begriff des Vektorraumes V über einem Körper K ist bereits auf S. 41 entwickelt worden (vgl. auch S. 87f.). Als Körper K kommen hier die Körper $\mathbb{R}$ und $\mathbb{C}$ in Betracht. $\mathbb{R}^n$ und $\mathbb{C}^n$ sind Beispiele für Vektorräume, aber auch die Räume $\mathbb{R}^{\mathbb{N}}$ bzw. $\mathbb{C}^{\mathbb{N}}$ aller reellen bzw. komplexen Zahlenfolgen, wobei die Addition von Elementen und ihre Multiplikation mit Skalaren komponentenweise ausgeführt werden sollen. Die Elemente eines anderen Vektorraumes über $\mathbb{R}$ sind die auf einem Intervall $(a;b)$ def. stetigen Funktionen. Die Summe zweier Elemente f und g ist durch $(f+g)(t):=f(t)+g(t)$ für alle $t\in(a;b)$ def., das Produkt von f mit einer reellen Zahl α durch $(\alpha f)(t):=\alpha(f(t))$ für alle $t\in(a;b)$. Dieser Vektorraum wird mit $C_0[a,b]$ bezeichnet.

Der Begriff der *Basis* eines Vektorraumes ist in Def. 8, S. 87, gegeben. Der Dimensionsbegriff von Def. 10, S. 87, läßt sich auf beliebige Vektorräume erweitern, wenn man die *Dimension* als die Mächtigkeit einer Basis definiert. Ein Vektorraum heißt *unendlichdimensional*, wenn seine Dimension eine transfinite Kardinalzahl ist (Beispiel in Abb. B).

Eine lineare Abb. $f: V\to K$ (S. 89) heißt auch *lineares Funktional* auf V. Der Raum aller linearen Funktionale auf V bildet selbst einen Vektorraum, den zu *V dualen Vektorraum* $\mathfrak{L}(V,K)$ (Def. 12, S. 89).

Normierte Räume

Um in einem Vektorraum Methoden der Analysis entwickeln zu können, muß er eine topologische Struktur tragen. Eine wichtige Klasse von Räumen dieser Art bilden die normierten Räume.

Def. 1: $(V, \|\ \|)$ heißt *normierter Vektorraum*, wenn V ein Vektorraum über K (mit $K=\mathbb{R}$ oder $K=\mathbb{C}$) ist und auf V eine *Norm* genannte Funktion $\|\ \|: V\to\mathbb{R}_0^+$ def. ist mit folgenden Eigenschaften:

(N1) $\|x\|=0 \Leftrightarrow x=o$,

(N2) $\|\alpha x\|=|\alpha|\,\|x\|$ für alle $\alpha\in K$, $x\in V$,

(N3) $\|x+y\|\leqq\|x\|+\|y\|$ für alle $x,y\in V$.

Mittels der Norm läßt sich eine Metrik (S. 51) def.: $d_N(x,y):=\|x-y\|$. Die normierten Räume gehören also zu den metrischen Räumen (S. 217), in denen Begriffe wie Stetigkeit und Kompaktheit mittels Folgen erfaßbar sind (vgl. S. 285).

Beispiele:

(1) In $\mathbb{R}$ stellt der absolute Betrag eine Norm dar.

(2) Der Vektorraum $\mathbb{R}^n$ läßt sich auf verschiedene Weise normieren. Die wichtigsten Möglichkeiten sind: $\|x\|_0:=\operatorname{grEl}(\{|x_1|,\dots,|x_n|\})$, $\|x\|_1:=\sum_{\nu=1}^{n}|x_\nu|$, $\|x\|_2:=\sqrt{\sum_{\nu=1}^{n}x_\nu^2}$. $\|\ \|_0$ heißt ČEBYŠEV-*Norm*, $\|\ \|_2$ euklidische Norm ($x=(x_1,\dots,x_n)$).

(3) Der oben eingeführte Vektorraum $C_0[a,b]$ läßt sich z.B. durch $\|f\|_0:=\operatorname{grEl}(\{|f(t)|\,|\,t\in(a;b)\})$ (ČEBYŠEV-*Norm*) normieren.

(4) Der Vektorraum aller beschränkten, reellwertigen Folgen (x_ν) kann durch $\|(x_\nu)\|:=\operatorname{obGr}(\{|x_\nu|\,|\,\nu\in\mathbb{N}\})$ normiert werden.

Prä-HILBERT-Räume

Im Vektorraum $\mathbb{R}^n$ läßt sich die *euklidische Norm* $\|\ \|_2$ über das Skalarprodukt durch $\|x\|_2=\sqrt{\langle x,x\rangle}$ einführen. Man def. allgemein:

Def. 2: Ist V ein Vektorraum über K ($K=\mathbb{R}$ oder $K=\mathbb{C}$), so heißt $\langle,\rangle: V\times V\to K$ *Skalarprodukt*, wenn gilt

(S1) $\langle x,y\rangle=\overline{\langle y,x\rangle}$ für alle $x,y\in V$,

(S2) $\langle x_1+x_2,y\rangle=\langle x_1,y\rangle+\langle x_2,y\rangle$ für alle $x_1,x_2,y\in V$,

(S3) $\langle \alpha x,y\rangle=\alpha\langle x,y\rangle$ für alle $x,y\in V$, $\alpha\in K$,

(S4) $\langle x,x\rangle\in\mathbb{R}^+$ für alle $x\neq o$.

Bem.: Der Querstrich in (S1) deutet für $K=\mathbb{C}$ den Übergang zum konjugiert-komplexen Wert an.

Satz 1: *In jedem Vektorraum mit Skalarprodukt läßt sich durch* $\|x\|:=\sqrt{\langle x,x\rangle}$ *eine Norm definieren.*

Der Beweis ist einfach bis auf den Nachweis, daß (N3) erfüllt ist. Dazu formt man zunächst um:

$$\begin{aligned}\langle x+\alpha y, x+\alpha y\rangle &= \langle x, x+\alpha y\rangle+\langle \alpha y, x+\alpha y\rangle\\ &=\overline{\langle x+\alpha y, x\rangle}+\alpha\overline{\langle x+\alpha y, y\rangle}\\ &=\overline{\langle x,x\rangle}+\bar\alpha\overline{\langle y,x\rangle}+\alpha\overline{\langle x,y\rangle}+\alpha\bar\alpha\overline{\langle y,y\rangle}\\ &=\|x\|^2+\bar\alpha\langle x,y\rangle+\alpha\langle y,x\rangle+\alpha\bar\alpha\|y\|^2\geqq 0.\end{aligned}$$

Setzt man $\alpha=-\dfrac{\langle x,y\rangle}{\|y\|^2}$, so heben sich der zweite und vierte Summand weg, und es bleibt

$$\|x\|^2-\frac{\langle x,y\rangle\cdot\langle y,x\rangle}{\|y\|^2}\geqq 0 \quad\text{oder}$$

$$|\langle x,y\rangle|^2\leqq\|x\|^2\cdot\|y\|^2.$$

Aus dieser sog. SCHWARZ*schen Ungleichung* folgt

$$\begin{aligned}\|x+y\|^2&=\langle x+y,x+y\rangle\\ &=\langle x,x\rangle+\langle x,y\rangle+\langle y,x\rangle+\langle y,y\rangle\\ &\leqq\|x\|^2+|\langle x,y\rangle|+|\langle y,x\rangle|+\|y\|^2\\ &\leqq\|x\|^2+\|y\|^2+2\|x\|\cdot\|y\|\\ &=(\|x\|+\|y\|)^2,\end{aligned}$$

so daß (N3) erfüllt ist.

Def. 3: Ein normierter Raum, dessen Norm durch ein Skalarprodukt def. ist, heißt *Prä-*HILBERT-*Raum* (Abb. C).

BANACH-Räume und HILBERT-Räume

In normierten Räumen läßt sich die Konvergenz von Folgen definieren. $x \in V$ heißt dabei *Grenzwert* der Folge (x_n), wenn es zu jedem $\varepsilon \in \mathbb{R}^+$ ein $n_0 \in \mathbb{N}$ gibt, so daß $\|x - x_n\| < \varepsilon$ für alle $n \geqq n_0$ gilt. Wie auf S. 61 kann man auch Fundamentalfolgen betrachten, die dadurch gekennzeichnet sind, daß es zu jedem $\varepsilon \in \mathbb{R}^+$ ein $n_1 \in \mathbb{N}$ gibt, so daß $\|x_n - x_m\| < \varepsilon$ gilt für alle $n \geqq n_1$ und $m \geqq n_1$. Während jede konvergente Folge Fundamentalfolge ist, gilt das Umgekehrte nicht in jedem normierten Raum. Doch läßt sich, nach dem auf S. 61 beschriebenen Verfahren von CANTOR, zu jedem normierten Raum ein ebenfalls normierter Oberraum, die vollständige Hülle, konstruieren, in dem jede Fundamentalfolge konvergiert.

Def. 4: Ein vollständiger, normierter Raum, d. h. ein normierter Raum, in dem jede Fundamentalfolge konvergiert, heißt BANACH-*Raum*, ein vollständiger Prä-HILBERT-Raum heißt HILBERT-*Raum*.

Der Raum $C_0[a, b]$ mit der ČEBYŠEV-Norm (S. 365) ist vollständig, also ein BANACH-Raum. Denn ist (f_n) eine Fundamentalfolge mit Elementen aus $C_0[a, b]$ und $t \in (a; b)$, so ist $(f_n(t))$ eine Fundamentalfolge in $\mathbb{R}$, die wegen der Vollständigkeit von $\mathbb{R}$ einen Grenzwert $f(t)$ besitzt. Durch $t \mapsto f(t)$ wird eine Funktion def., gegen die (f_n) wegen $\|f_n - f_m\|_0 = \operatorname{grEl}(\{|f_n(t) - f_m(t)| \mid t \in (a; b)\})$ gleichmäßig konvergiert. Nach Satz 16, S. 289, ist f stetig, gehört also zu $C_0[a, b]$.

Auch der Raum in Beispiel (4), S. 365, ist ein BANACH-Raum, $\mathbb{R}^\infty$ (S. 364, C) sogar ein HILBERT-Raum.

Die Räume $C_n[a, b]$

Neben $C_0[a, b]$ lassen sich weitere BANACH-Räume konstruieren, deren Elemente Funktionen auf $(a; b)$ sind, wenn man statt der Stetigkeit der Funktionen Differenzierbarkeitseigenschaften fordert.

Def. 5: Die Menge der auf $(a; b) \subset \mathbb{R}$ def., n-mal stetig differenzierbaren, reellwertigen Funktionen f ($n \in \mathbb{N} \setminus \{0\}$) mit der Norm
$\|f\|_n := \operatorname{grEl}(\{\|f^{(k)}\|_0 \mid k \in \{0, 1, \ldots, n\}\})$
und den üblichen Verknüpfungen wird mit $C_n[a, b]$ bezeichnet ($f^{(k)}$ k-te Ableitung von f).

Bem.: Hier und im folgenden handelt es sich bei den Verknüpfungen um die Addition von Funktionen und ihre Multiplikation mit Elementen aus K.

Satz 2: *Die Räume $C_n[a, b]$ sind* BANACH-*Räume*.

Denn ist (f_ν) eine Fundamentalfolge aus $C_n[a, b]$, so sind die $n+1$ Folgen $(f_\nu^{(k)})$ der k-ten Ableitungen ($k \in \{0, 1, \ldots, n\}$) Fundamentalfolgen in $C_0[a, b]$ und konvergieren dort gleichmäßig gegen Elemente $g_k \in C_0[a, b]$. Es läßt sich zeigen, daß g_k für $k \in \{1, \ldots, n\}$ die Ableitung von g_{k-1} ist. g_0 ist damit auch in $C_n[a, b]$ Grenzwert der Funktionenfolge (f_ν).

Die Räume $L^p[a, b]$

Def. 6: Die Menge der auf $(a; b) \subset \mathbb{R}$ def. K-wertigen Funktionen f ($K = \mathbb{R}$ oder $K = \mathbb{C}$), für die bei festem $p \in \mathbb{R}^+$ die LEBESGUE-Integrale (S. 363) $(L)\int_a^b |f(t)|^p\,dt$ existieren, und die mit den üblichen Verknüpfungen versehen ist, wird mit $\tilde{L}^p[a, b]$ bezeichnet.

$\tilde{L}^p[a, b]$ ist ein Vektorraum. In ihm läßt sich durch $\|f\|_p := \left((L)\int_a^b |f(t)|^p\,dt\right)^{\frac{1}{p}}$ eine reellwertige Funktion def., die aber noch keine Norm ist, da $\|f\|_p = 0$ für jede Funktion gilt, die fast überall (S. 361), d. h. überall bis auf eine **Nullmenge**, den Wert 0 hat. N sei die Menge derjenigen Funktionen von $\tilde{L}^p[a, b]$, die fast überall den Wert 0 haben. N ist ein Unterraum (S. 87/85).

Satz 3: *Der Quotientenraum $L^p[a, b] := \tilde{L}^p[a, b]/N$ ist für $p \in \mathbb{R}^+ \setminus)0; 1($ ein* BANACH-*Raum.*

Die Norm in $L^p[a, b]$ wird ebenfalls mit $\| \; \|_p$ bezeichnet. Es gilt $\|[\![f]\!]\|_p = \|f\|_p$. Der Nachweis der Normeigenschaften für $\| \; \|_p$ und der Vollständigkeit des Raumes bez. dieser Norm ist recht mühsam.

Für $p \in)0; 1($ sind die entsprechenden Räume nicht mehr vollständig.

Der spezielle Raum $L^2[a, b]$ der sog. *quadratintegrierbaren Funktionen* ist sogar ein HILBERT-Raum. Sind nämlich f_1, f_2 die Repräsentanten zweier Äquivalenzklassen aus $L^2[a, b]$, so kann durch $\langle [\![f_1]\!], [\![f_2]\!] \rangle := (L)\int_a^b f_1(t)\overline{f_2(t)}\,dt$ in $L^2[a, b]$ ein Skalarprodukt def. werden, das mittels $\|[\![f]\!]\|_2 = \sqrt{\langle [\![f]\!], [\![f]\!] \rangle}$ die Norm in $L^2[a, b]$ erzeugt.

Der Raum $L^\infty[a, b]$

Def. 7: Ist $f : (a; b) \to K$ eine meßbare Funktion (S. 361), so heißt $c \in \mathbb{R}_0^+$ eine *wesentliche Schranke* von f, wenn $|f(t)| \leqq c$ fast überall auf $(a; b)$ gilt.

Def. 8: Die Menge aller auf $(a; b)$ def., wesentlich beschränkten Funktionen mit den üblichen Verknüpfungen wird mit $\tilde{L}^\infty[a, b]$ bezeichnet.

Man def. nun $\|f\|_\infty$ als untere Grenze aller wesentlichen Schranken von f. Wie bei den Räumen $\tilde{L}^p[a, b]$ erhält man so noch keinen normierten Raum. Vielmehr ist es auch hier nötig, zum Quotientenraum nach dem Unterraum N der fast überall verschwindenden Funktionen von $\tilde{L}^\infty[a, b]$ überzugehen, dessen Norm dann ebenfalls mit $\| \; \|_\infty$ bezeichnet wird.

Satz 4: *Der Quotientenraum $L^\infty[a, b] := \tilde{L}^\infty[a, b]/N$ ist ein* BANACH-*Raum.*

Zwischen den hier konstruierten BANACH-Räumen bestehen die Beziehungen: $L^p[a, b] \supset L^q[a, b] \supset C_n[a, b] \supset C_m[a, b]$ für alle $p, q \in \mathbb{R} \cup \{\infty\}$ mit $1 \leqq p < q \leqq \infty$ und alle $n, m \in \mathbb{N}$ mit $n < m$.

Während $C_0[a, b]$ noch abzählbare Dimension hat (Abb. B, S. 364), sind $L^\infty[a, b]$ und der Raum in Beispiel (4), S. 365, von überabzählbarer Dimension. Wegen ihrer unendlichen Dimension zeigen aber alle diese Räume gegenüber den Räumen $\mathbb{R}^n$ und $\mathbb{C}^n$ der reellen und komplexen Analysis ein stark abweichendes Verhalten. Nach einem Satz von BANACH ist z. B. ein BANACH-Raum genau dann lokalkompakt (S. 229), wenn er endlich-dimensional ist. Da bei vielen Beweisen der reellen und komplexen Analysis Kompaktheitseigenschaften gebraucht werden, erschwert dieser Umstand den Aufbau einer Analysis in beliebigen BANACH-Räumen.

Lineare beschränkte Operatoren

Wie bei der Untersuchung von beliebigen Vektorräumen mittels linearer Abbildungen in der linearen Algebra (S. 89/85) kann man auch lineare Abbildungen zwischen BANACH-Räumen betrachten.

Def. 1: Eine lineare Abb. $F: B_1 \to B_2$ (B_1, B_2 BANACH-Räume) heißt *linearer Operator*. F heißt *beschränkt*, wenn es eine Zahl $c \in \mathbb{R}^+$ gibt, so daß $\|F(x)\| \leqq c\|x\|$ für alle $x \in B_1$ gilt. Die Menge aller linearen, beschränkten Operatoren mit den üblichen Verknüpfungen (S. 366) wird mit $[B_1, B_2]$ bezeichnet.

$[B_1, B_2]$ ist ein Vektorraum über K ($K = \mathbb{R}$ oder $K = \mathbb{C}$). Zu jedem $F \in [B_1, B_2]$ existiert $\|F\| := \text{unGr}(\{c | c \text{ Schranke von } F\})$. Dadurch wird eine Norm im Sinne von Def. 1, S. 365, def. und $[B_1, B_2]$ zu einem normierten Raum, der sich sogar als BANACH-Raum erweist. Dies ist insofern von Bedeutung, als damit die Operatoren eine Menge mit der gleichen Struktur bilden, wie die Räume, zwischen denen sie eine Beziehung herstellen.

Differenzierbare Operatoren

Def. 2: Jede Abb. $F: D_F \to B_2$ mit $D_F \subseteq B_1$ (B_1, B_2 BANACH-Räume) heißt *Operator*.

Dieser Begriff umfaßt die linearen Operatoren nach Def. 1. Wie bei den Funktionen der reellen Analysis und der Funktionentheorie kann man jetzt durch eine geeignete Definition differenzierbare Operatoren auszeichnen. Man def. analog zu Def. 5, S. 323:

Def. 3: Ein Operator $F: D_F \to B_2$ mit $D_F \subseteq B_1$, (B_1, B_2 BANACH-Räume) heißt *differenzierbar* an der Stelle $a \in D_F$, wenn a Häufungspunkt von D_F ist und es einen linearen beschränkten Operator $\frac{\delta F}{\delta x}(a) \in [B_1, B_2]$ gibt, so daß für $a + h \in D_F$ gilt

$$\lim_{\|h\| \to 0} \frac{\left\| F(a+h) - F(a) - \frac{\delta F}{\delta x}(a)(h) \right\|}{\|h\|} = 0.$$

Die Norm im Zähler ist dabei diejenige von B_2, die im Nenner diejenige von B_1.

FRÉCHET-Ableitung

Ist $D_{F'}$ die Menge aller Stellen von D_F, an denen F differenzierbar ist, so kann man $\frac{\delta F}{\delta x}(a)$ auffassen als Funktionswert eines Operators $\frac{\delta F}{\delta x}: D_{F'} \to [B_1, B_2]$ an der Stelle $a \in D_{F'}$.

$\frac{\delta F}{\delta x}$ heißt FRÉCHET-*Ableitung* oder *Variationsableitung* von F. Der Funktionswert $\frac{\delta F}{\delta x}(a)$ heißt auch FRÉCHET-*Differential* von F bez. a.

Bem.: Ist $F: B_1 \to B_2$ linear und beschränkt, so gilt $F(a+h) - F(a) = F(h)$, d. h. $\frac{\delta F}{\delta x}(a) = F$ für alle $a \in B_1$. Also ist $\frac{\delta F}{\delta x}$ konstant.

Es ist leicht nachzuweisen, daß ein differenzierbarer Operator stetig ist. Das Umgekehrte gilt nicht allgemein. Für die FRÉCHET-Ableitung gelten ähnliche Regeln wie für die Ableitung einer reellen Funktion oder einer $\mathbb{R}^n$-$\mathbb{R}^m$-Funktion. Insbesondere gilt die Kettenregel analog zu Satz 4, S. 323. Der Operator $\frac{\delta F}{\delta x}$ kann selbst wieder differenzierbar sein. Seine FRÉCHET-Ableitung wird auch $\frac{\delta^2 F}{\delta x^2}$ geschrieben. Entsprechend lassen sich gegebenenfalls höhere Ableitungen bilden.

Umkehrbare Operatoren

Sind B_1 und B_2 gleich, so stellt sich das Problem der *Umkehrbarkeit eines Operators* wie bei $\mathbb{R}^n$-$\mathbb{R}^n$-Funktionen (S. 323). Notwendig und hinreichend für die lokale Umkehrbarkeit eines differenzierbaren Operators F an der Stelle a ist, daß das FRÉCHET-Differential $\frac{\delta F}{\delta x}(a)$ umkehrbar ist. Das Umkehrproblem für einen beliebigen differenzierbaren Operator ist damit zurückführbar auf das einfachere für einen linearen beschränkten Operator.

GATEAUX-Ableitung

Oft genügt es, für einen Operator F den Grenzwert $\lim_{\lambda \to 0} \frac{F(a + \lambda h) - F(a)}{\lambda}$ mit $\lambda \in K \setminus \{0\}$ zu betrachten (a und h fest). Existiert dieser und ist er linear in h, so schreibt man ihn als $\frac{\partial F}{\partial x}(a)(h)$ und nennt den linearen Operator $\frac{\partial F}{\partial x}(a)$ die GATEAUX-*Ableitung* von F an der Stelle a.

Ist F differenzierbar, so existiert auch die GATEAUX-Ableitung. Umgekehrt reicht deren Existenz für die Differenzierbarkeit nicht hin. Vielmehr ist dafür zusätzlich die Stetigkeit in h erforderlich.

Fixpunktsätze

Für die Anwendungen der Funktionalanalysis auf Approximationsprobleme sind *Fixpunktsätze* wichtig, die für einen Operator F, der eine Teilmenge D eines BANACH-Raumes B in sich abbildet, die Existenz eines sog. *Fixpunktes* $x_0 \in D$ mit $F(x_0) = x_0$ garantieren. Ein Beispiel ist der wichtige

Fixpunktsatz von BANACH: *Gibt es zum Operator $F: D \to B$ mit $D \subseteq B$ (B BANACH-Raum) ein $c \in]0;1[$ mit $\|F(x_2) - F(x_1)\| \leqq c\|x_2 - x_1\|$ für alle x_1, $x_2 \in D$, so besitzt F genau einen Fixpunkt x_0 in D.*

Zum Beweis wählt man $x_1 \in D$ beliebig und bildet die durch $x_{n+1} := F(x_n)$, $n \in \mathbb{N} \setminus \{0\}$, induktiv def. Folge. Man zeigt dann

$$\|x_{n+1} - x_n\| = \|F(x_n) - F(x_{n-1})\| \leqq c^{n-1} \cdot \|x_2 - x_1\|$$

und schließlich durch wiederholte Anwendung der Dreiecksungleichung und Vergleich mit einer geometrischen Reihe: $\|x_m - x_n\| \leqq c^{n-1} \frac{\|x_2 - x_1\|}{1-c}$ für alle $m > n$. (x_n) ist damit Fundamentalfolge und ihr Grenzwert erfüllt die Bedingungen für einen Fixpunkt. Der Nachweis der Eindeutigkeit des Fixpunktes ist nun leicht zu erbringen.

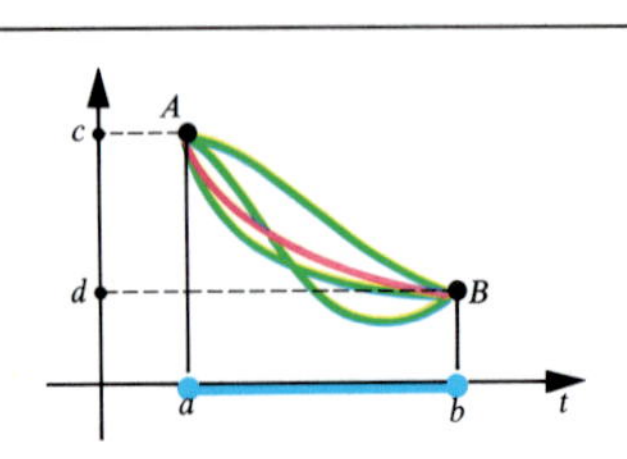

Aufgabe: Es ist diejenige Kurve zu bestimmen, auf der ein Körper unter dem alleinigen Einfluß der Schwerkraft in kürzester Zeit von A nach B gelangen kann.

Lösung: Zykloidenbogen

A

Brachistochrone

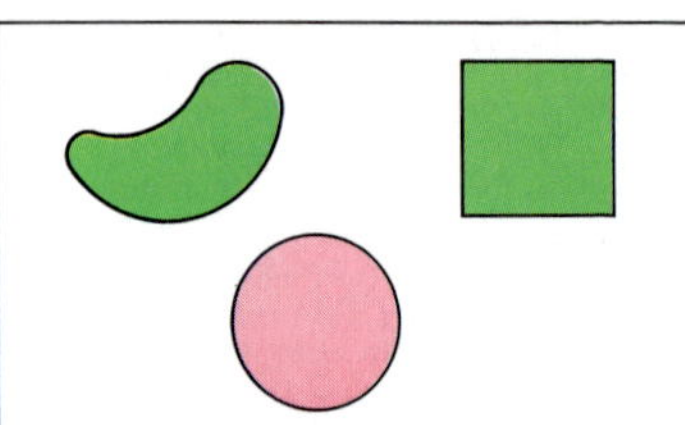

Aufgabe: Eine geschlossene ebene Kurve vorgeschriebener Länge soll eine möglichst große Fläche einschließen.

Lösung: Kreis.

B

Isoperimetrisches Problem

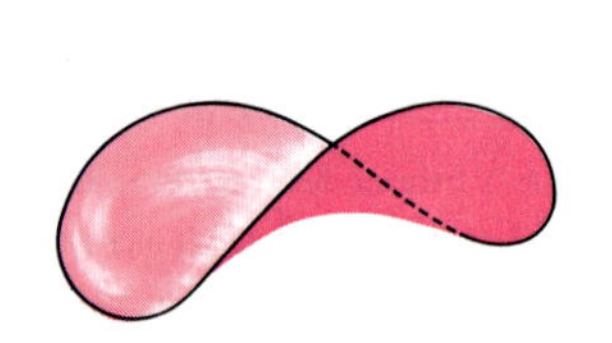

Aufgabe: In eine räumliche Kurve als Rand ist die Fläche kleinsten Inhalts einzuspannen.

Lösung: Fläche mit verschwindender mittlerer Krümmung (S. 415).

C

Minimalflächen

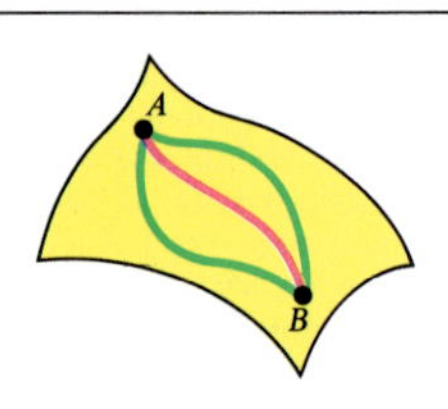

Aufgabe: Durch zwei Punkte A und B einer Fläche ist die kürzeste in der Fläche gelegene Verbindungslinie zu legen.

Lösung: Kurve, für die in jedem Punkt der Hauptnormalenvektor (S. 395) auch Flächennormalenvektor (S. 407) ist.

D

Geodätische Linien

Def.: Für $f_0 \in C_1[a, b]$ und $\varepsilon \in \mathbb{R}^+$ heißt

$\{f \mid f \in C_1[a, b] \wedge \|f - f_0\|_0 < \varepsilon\}$ weitere ε-Umgebung von f_0 und
$\{f \mid f \in C_1[a, b] \wedge \|f - f_0\|_1 < \varepsilon\}$ engere ε-Umgebung von f_0.

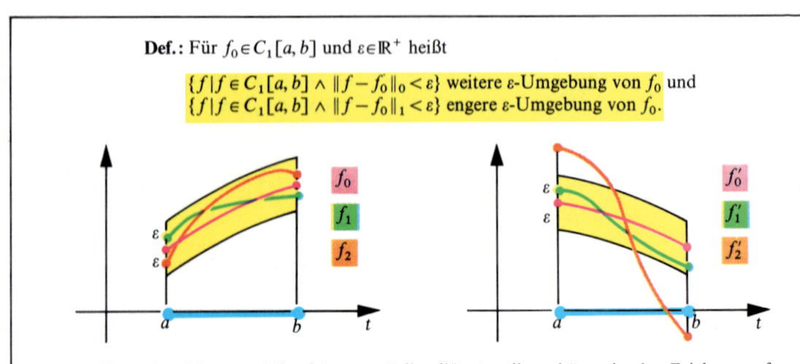

Da $\|f - f_0\|_1 < \varepsilon \Leftrightarrow \|f - f_0\|_0 < \varepsilon \wedge \|f' - f_0'\|_0 < \varepsilon$ gilt, gehören in der Zeichnung f_1 und f_2 zur weiteren ε-Umgebung von f_0, aber nur f_1 zur engeren ε-Umgebung von f_0.

E

Weitere und engere ε-Umgebungen in $C_1[a, b]$

Die Funktionalanalysis findet Anwendung auf die verschiedensten Probleme der praktischen Mathematik. So stellen die auf S. 313 behandelten Approximationsaufgaben Konvergenzprobleme in den BANACH-Räumen $C_0[a,b]$ bzw. $L^2[a,b]$ dar.

In der *Variationsrechnung* geht es um Extremalprobleme für auf BANACH-Räumen def. Funktionale.

Beispiele für Variationsprobleme

a) Schon auf S. 365 wurde das Problem der *Brachistochrone* erwähnt, bei dem diejenige Kurve zu bestimmen ist, auf der ein Körper reibungsfrei unter dem Einfluß der Schwerkraft in kürzester Zeit von $A(a,c)$ nach $B(b,d)$ gelangen kann (Abb. A). Sind die zulässigen Kurven Graphen stetig differenzierbarer Funktionen $f \in C_1[a,b]$ mit $f(a)=c$ und $f(b)=d$, so gilt für die Geschwindigkeit nach dem Energiesatz $v(t)=\sqrt{2g(c-f(t))}$. Es folgt für den zurückgelegten Weg $s(t)=\int\limits_a^b \sqrt{1+(f'(t))^2}\,dt$ und für die Zeit $T(f) = \frac{1}{2g}\int\limits_a^b \sqrt{\frac{1+(f'(t))^2}{c-f(t)}}\,dt$. Das durch $T(f)$ def. Funktional ist zu minimalisieren.

b) Ein noch älteres Problem ist das *isoperimetrische*, bei dem eine stückweise stetig differenzierbare, einfach-geschlossene, ebene Kurve vorgeschriebener Länge l eine möglichst große Fläche einschließen soll (Abb. B). Wählt man für die Kurve eine Parameterdarstellung $(k_1(t), k_2(t))$ (S. 403), so def. der durch $A(k_1,k_2)=\frac{1}{2}\int\limits_0^{2\pi}(k_1(t)\cdot k_2'(t)-k_1'(t)\cdot k_2(t))\,dt$ gegebene Flächeninhalt ein Funktional, für das unter der Nebenbedingung $\int\limits_0^{2\pi}\sqrt{(k_1'(t))^2+(k_2'(t))^2}\,dt=l$ (S. 349) das Maximum bestimmt werden soll.

c) Beim Problem der *Minimalflächen* geht es darum, unter allen Flächen des Raumes mit vorgegebenem Rand diejenige mit kleinstem Inhalt zu finden. Beschränkt man sich auf Flächen über einem Gebiet G der t_1-t_2-Ebene, die Graphen stetig differenzierbarer Funktionen $f: G \to \mathbb{R}$ sind, so definiert

$$A(f)=\int\limits_G \sqrt{1+\left(\frac{\partial f}{\partial t_1}(t_1,t_2)\right)^2+\left(\frac{\partial f}{\partial t_2}(t_1,t_2)\right)^2}\cdot d(t_1,t_2)$$

(S. 349) ein Funktional, dessen Minimum gesucht ist. Die Lösung kann durch eine Seifenhaut in einem Drahtrahmen realisiert werden (Oberflächenspannung!, Abb. C).

d) Ein weiteres Problem ist die Bestimmung der kürzesten Verbindung zweier Punkte A und B, sog. *geodätische Linie* (S. 411), unter der Nebenbedingung, daß alle zulässigen Kurven in einer vorgegebenen, A und B enthaltenden Fläche liegen (Abb. D).

EULERsche Differentialgleichung

Die Beispiele führen auf Extremalprobleme für Funktionale, die durch Integrale der Form

$$I(f)=\int\limits_a^b L(t,f(t),f'(t))\,dt \quad \text{def. sind.}$$

Probleme mit Nebenbedingungen lassen sich auch hier durch Einführung von LAGRANGEschen Multiplikatoren (vgl. S. 327) auf solche ohne Nebenbedingungen reduzieren. Der Gedankengang der weiteren Zurückführung einer Variationsaufgabe auf eine Differentialgleichung zweiter Ordnung kann hier nur in groben Zügen angegeben werden.

Als notwendig für ein Extremum von I an der Stelle f_0 erweist sich das Verschwinden der GATEAUX-Ableitung $\frac{\partial I}{\partial f}(f_0)(h)$ (S. 367), auch *erste Variation* von I genannt. $f_0+\lambda h$ ist unter der Randbedingung $h(a)=h(b)=0$ als zu f_0 benachbarte, zur Konkurrenz zugelassene Funktion zu betrachten, so daß gilt:

$$\begin{aligned}\frac{\partial I}{\partial f}(f_0)(h) &= \lim_{\lambda\to 0}\int\limits_a^b \frac{L(t,f_0(t)+\lambda h(t),f_0'(t)+\lambda h'(t))-L(t,f_0(t),f_0'(t))}{\lambda}\,dt\\ &= \int\limits_a^b\Big(\frac{\partial L}{\partial f}(t,f_0(t),f_0'(t))h(t) + \frac{\partial L}{\partial f'}(t,f_0(t),f_0'(t))h'(t)\Big)\,dt=0.\end{aligned}$$

Durch partielle Integration ergibt sich:

$$\int\limits_a^b\Big(\frac{\partial L}{\partial f}(t,f_0(t),f_0'(t))h(t)-\frac{d}{dt}\frac{\partial L}{\partial f'}(t,f_0(t),f_0'(t))h(t)\Big)dt + \Big[\frac{\partial L}{\partial f'}(t,f_0(t),f_0'(t))h(t)\Big]_a^b=0.$$

Der letzte Summand ist 0 wegen der Randbedingung. Das Integral ist 0, wenn gilt

$$\frac{\partial L}{\partial f}(t,f,f')-\frac{d}{dt}\frac{\partial L}{\partial f'}(t,f,f')=0.$$

Führt man die Differentiation nach t durch, so erhält man die sog. EULER*sche Differentialgleichung*

$$\left(\frac{\partial L}{\partial f}-\frac{\partial^2 L}{\partial t\,\partial f'}-f'\frac{\partial^2 L}{\partial f\,\partial f'}-f''\frac{\partial^2 L}{(\partial f')^2}\right)(t,f,f')=0.$$

Im Falle des Problems der Brachistochrone lautet diese speziell $1+(f')^2-2(c-f)f''=0$.

Die Lösungen sind hier Zykloidenbögen, die in der Parameterform

$$t=a+r(\alpha-\sin\alpha), \quad f(t)=c-r(1-\cos\alpha)$$

darstellbar sind, wobei die Konstante r noch aus der Randbedingung $f(b)=d$ zu bestimmen ist.

Um auch hinreichende Bedingungen für Extrema von Funktionalen zu formulieren, muß man auch die zweite GATEAUX-Ableitung heranziehen.

Schwache und starke Extrema

Eine Verfeinerung der Untersuchungen unterscheidet noch zwischen *starken* und *schwachen Extrema.* Man sagt, daß ein auf einer Teilmenge D von $C_1[a,b]$ def. Funktional I an der Stelle f_0 ein starkes lokales Minimum hat, wenn es ein $\varepsilon \in \mathbb{R}^+$ gibt, so daß $I(f) \geqq I(f_0)$ für alle $f \in D$ mit $\|f-f_0\|_0 < \varepsilon$ gilt. Für ein schwaches lokales Minimum fordert man dieselbe Ungleichung für alle $f \in D$ mit $\|f-f_0\|_1 < \varepsilon$. Entsprechend kann man lokale Maxima definieren. Eine ε-Umgebung bez. $\|\;\|_0$ ist umfassender als eine solche bez. $\|\;\|_1$ (Abb. E). Die durch $\|\;\|_0$ erzeugte Topologie ist daher gröber (S. 215) als die durch $\|\;\|_1$ erzeugte. Jedes starke Extremum ist also zugleich ein schwaches, aber nicht umgekehrt.

Die reellwertige (komplexwertige) Funktion K sei auf $(a, b)^2$ durch $(s, t) \mapsto K(s, t)$ definiert. Es existiere ferner

$(L) \int_a^b |K(s, t)|^2 \, ds$ für alle $t \in (a, b)$ und

$(L) \int_a^b |K(s, t)|^2 \, dt$ für alle $s \in (a, b)$.

Für $f \in L^2[a, b]$ existiert dann auch $(L) \int_a^b K(s, t) f(t) \, dt$ für alle $s \in (a, b)$. Zu jeder Funktion $f \in L^2[a, b]$ läßt sich dann durch $s \mapsto (L) \int_a^b K(s, t) f(t) \, dt$ eine Funktion $\boldsymbol{K}(f)$ def., die ebenfalls zu $L^2[a, b]$ gehört.

Der Integraloperator $\boldsymbol{K}: L^2[a, b] \to L^2[a, b]$, def. durch $f \to \boldsymbol{K}(f)$ ist linear und beschränkt.

A_1

Gleichungen der Form $gx = h + \lambda \boldsymbol{K}(x)$ mit $x, g, h \in L^2[a, b]$, $\lambda \in \mathbb{R}(\mathbb{C})$, heißen lineare Integralgleichungen.

Je nach der speziellen Gestalt der Funktionen g und h unterscheidet man folgende Arten von linearen Integralgleichungen:

$0 = h + \lambda \boldsymbol{K}(x)$	Integralgleichung 1. Art
$x = \lambda \boldsymbol{K}(x)$	homogene Integralgleichung 2. Art
$x = h + \lambda \boldsymbol{K}(x)$, $h \neq 0$	inhomogene Integralgleichung 2. Art
$gx = h + \lambda \boldsymbol{K}(x)$, g nicht konstant	Integralgleichung 3. Art

A_2

Integraloperatoren, Integralgleichungen und ihre Klassifizierung

Hat der Kern einer Integralgleichung die spezielle Form $K(s, t) = st$, so lassen sich die Lösungen der Gleichungen 1. und 2. Art leicht angeben.

Integralgleichung 1. Art: $0 = h(s) + \lambda s \int_a^b t x(t) \, dt$.

Nur für lineare Funktionen h, def. durch $h(s) = cs$, ist die Gleichung lösbar. Sie besitzt unendlich viele Lösungen x; es ist nur $-\dfrac{c}{\lambda} = \int_a^b t x(t) \, dt$ zu erfüllen.

Homogene Integralgleichung 2. Art: $x(s) = \lambda s \int_a^b t x(t) \, dt$.

In diesem Fall müssen die Lösungsfunktionen x die Bedingung $x(s) = cs$ erfüllen. Man erhält

$$cs = \lambda s \int_a^b ct^2 \, dt = \lambda sc \frac{b^3 - a^3}{3}$$

und damit den einzigen Eigenwert $\lambda_1 = \dfrac{3}{b^3 - a^3}$.

Nur für diesen Wert von λ gibt es nichttriviale Lösungen x mit $x(s) = cs$ (c beliebig), während sonst notwendig $c = 0$ sein muß.

Inhomogene Integralgleichung 2. Art: $x(s) = h(s) + \lambda s \int_a^b t x(t) \, dt$.

Mit den Lösungen der homogenen Gleichung schließt man hier auf

$$x(s) = h(s) + cs.$$

Durch Einsetzen folgt

$$h(s) + cs = h(s) + \lambda s \int_a^b (t h(t) + ct^2) \, dt,$$

$$cs = \lambda s \int_a^b t h(t) \, dt + \lambda sc \cdot \frac{b^3 - a^3}{3},$$

$$c\left(1 - \lambda \frac{b^3 - a^3}{3}\right) = \lambda \int_a^b t h(t) \, dt.$$

Für $\lambda \neq \lambda_1$ ist c eindeutig bestimmt, andernfalls muß $\int_a^b t h(t) \, dt = 0$ sein, damit überhaupt Lösungen existieren, dann aber kann c beliebig sein.

B

Integralgleichungen mit dem speziellen Kern $K(s, t) = st$

Differential- und Integraloperatoren

Weitere Anwendungen der Funktionalanalysis beruhen auf der Tatsache, daß sich Differentiation und Integration einer Funktion f als Anwendung linearer Operatoren beschreiben lassen. So läßt sich etwa ein *Differentialoperator* $\boldsymbol{D}: C_1[a,b] \to C_0[a,b]$ durch $\boldsymbol{D}(f) = \frac{\mathrm{d}f}{\mathrm{d}t}$ definieren. Aus den Regeln der Differentialrechnung folgt die Linearität von $\boldsymbol{D}$. Allerdings ist $\boldsymbol{D}$ nicht beschränkt.

Daneben kann man *Integraloperatoren* $\boldsymbol{K}$ bilden, die einer Funktion f durch eine Integrationsvorschrift eine neue Funktion $\boldsymbol{K}(f)$ zuordnen. Sei etwa $K: (a;b)^2 \to \mathbb{R}$ eine stetige Funktion, so wird durch $\boldsymbol{K}(f)(s) := \int_a^b K(s,t) \cdot f(t)\,\mathrm{d}t$ ein Operator $\boldsymbol{K}: C_0[a,b] \to C_0[a,b]$ def., der linear und beschränkt ist. Denn es gilt:

$$|\boldsymbol{K}(f)(s)| \leqq |b-a| \cdot \mathrm{grEl}(\{|K(s,t)| \mid (s,t) \in (a;b)^2\}) \cdot$$
$$\cdot\, \mathrm{grEl}(\{|f(t)| \mid t \in (a;b)\}),$$
$$\|\boldsymbol{K}(f)\|_0 \leqq |b-a| \cdot$$
$$\cdot\, \mathrm{grEl}(\{|K(s,t)| \mid (s,t) \in (a;b)^2\}) \cdot \|f\|_0 .$$

Für die Norm von $\boldsymbol{K}$ gilt:

$$\|\boldsymbol{K}\|_0 \leqq |b-a| \cdot \mathrm{grEl}(\{|K(s,t)| \mid (s,t) \in (a;b)^2\}).$$

Auch auf dem HILBERT-Raum $L^2[a,b]$ (S. 366) kann entsprechend durch eine geeignete Funktion $\boldsymbol{K}: L^2[a,b] \to L^2[a,b]$ ein Operator def. werden, der linear und beschränkt ist (Abb. A_1).

Wegen der Beschränktheit sind solche Integraloperatoren den Methoden der Funktionalanalysis in besonderer Weise zugänglich.

$K(s,t)$ heißt *Kern* des Integraloperators $\boldsymbol{K}$. Der Kern heißt *symmetrisch*, wenn $K(s,t) = K(t,s)$ für alle $s, t \in (a;b)$ gilt.

Integralgleichungen

In der Theorie der Integralgleichungen geht es nun nicht darum, bei vorgegebenem Integraloperator $\boldsymbol{K}$ zu einer Funktion f die Funktion $\boldsymbol{K}(f)$ zu bestimmen, sondern umgekehrt zu vorgegebenem $\boldsymbol{K}$ und $h \in \boldsymbol{K}[L^2[a,b]]$ die Lösungsmenge $\boldsymbol{K}^{-1}[\{h\}]$ der Gleichung $h - \boldsymbol{K}(x) = 0$ zu finden. Die Funktionen x sind also so zu bestimmen, daß für alle $s \in (a;b)$ gilt: $h(s) = (\mathrm{L}) \int_a^b K(s,t)\,x(t)\,\mathrm{d}t$. Gleichungen der Form $g \cdot x = h + \lambda \boldsymbol{K}(x)$ heißen *lineare Integralgleichungen*, wobei g und h vorgegebene Funktionen sind. Die obige Gleichung $h - \boldsymbol{K}(x) = 0$ ist darin als Spezialfall erfaßt. Für $g = 0$ nennt man die Gleichung von *1. Art*, für $g = 1$ von *2. Art*, bei nicht konstantem g von *3. Art* (Abb. A_2).

Es gibt noch allgemeinere Typen von Integralgleichungen. Am gründlichsten untersucht sind jedoch lineare Integralgleichungen von 2. Art.

Integralgleichungen 2. Art

Über die Existenz von Lösungen macht der folgende Satz von FREDHOLM eine wichtige Aussage. Alle Funktionen mögen dem Raum $L^2[a,b]$ angehören.

Satz: *Eine lineare Integralgleichung 2. Art $x = h + \lambda \boldsymbol{K}(x)$ hat entweder zu jedem h eine eindeutig bestimmte Lösung x (Fall I), oder es gibt nur zu speziellen h Lösungen, dann aber jeweils unendlich viele (Fall II).*

Um festzustellen, welcher Fall vorliegt, sucht man die sog. *homogene Gleichung* $x = \lambda \boldsymbol{K}(x)$ zu lösen. Hat sie nur die triviale Lösung $x = 0$, so liegt Fall I vor, sonst Fall II.

Man nennt diejenigen λ, für die nichttriviale Lösungen existieren, *Eigenwerte*, die zugehörigen Lösungen *Eigenfunktionen* von $\boldsymbol{K}$. Ist λ nicht Eigenwert, d. h. hat die hom. Gleichung nur die Lösung $x = 0$, so besitzt auch die *inhomogene Gleichung* $x = h + \lambda \boldsymbol{K}(x)$ eine eindeutige Lösung. Zu ihrer Bestimmung setzt man auf der rechten Seite der Gleichung $x = h + \lambda \boldsymbol{K}(x)$ für x den durch diese Gleichung gelieferten Wert ein:

$$x = h + \lambda \boldsymbol{K}(h + \lambda \boldsymbol{K}(x)) = h + \lambda \boldsymbol{K}(h) + \lambda^2 \boldsymbol{K}^2(x).$$

Wiederholung des Verfahrens führt zu:

$$x = h + \lambda \boldsymbol{K}(h) + \lambda^2 \boldsymbol{K}^2(h) + \lambda^3 \boldsymbol{K}^3(x),$$
$$= h + \lambda(\boldsymbol{K} + \lambda \boldsymbol{K}^2)(h) + \lambda^3 \boldsymbol{K}^3(x) \quad \text{etc.}$$

Für $\|\lambda \boldsymbol{K}\| < 1$, d, h, $|\lambda| < \|\boldsymbol{K}\|^{-1}$, wird schließlich durch $\boldsymbol{R} := \boldsymbol{K} + \lambda \boldsymbol{K}^2 + \lambda^2 \boldsymbol{K}^3 + \cdots$ ein Operator def., der als *Resolvente* bezeichnet wird. Mittels der Resolvente läßt sich die Lösung von $x = h + \lambda \boldsymbol{K}(x)$ in der Form $x = h + \lambda \boldsymbol{R}(h)$ schreiben.

Der Kern von $\boldsymbol{R}$ ist aus dem Kern $K(s,t)$ von $\boldsymbol{K}$ durch wiederholte Integrationen mit beliebiger Genauigkeit berechenbar. So hat z. B. $\boldsymbol{K}^2$ den Kern $\int_a^b K(s,r)\,K(r,t)\,\mathrm{d}r$.

Wie in der Funktionentheorie Potenzreihenentwicklungen von Funktionen u. U. eine analytische Fortsetzung (S. 437) gestatten, lassen auch die Entwicklungen von Lösungsfunktionen mittels der Resolvente i. a. eine analytische Fortsetzung für Werte von λ zu, die nicht mehr der Ungleichung $|\lambda| < \|\boldsymbol{K}\|^{-1}$ genügen. Die Eigenwerte entsprechen dabei den Polstellen der analytischen Funktionen.

Abb. B zeigt Lösungen für den speziellen Kern $K(s,t) = st$.

Was die Existenz von Eigenwerten betrifft, so läßt sich zeigen, daß bei symmetrischen Kernen stets mindestens ein Eigenwert existiert. Bei reellem symmetrischem Kern sind Eigenfunktionen zu verschiedenen Eigenwerten λ_1 und λ_2 stets orthogonal in dem Sinne, daß ihr Skalarprodukt den Wert 0 hat.

Anwendungen

Integralgleichungen 1. Art treten bei den verschiedensten physikalischen Problemen auf, z. B. in der Elastizitätstheorie.

Integralgleichungen 2. Art kommen oft durch Umformung von Differentialgleichungen zustande, die damit einem Lösungsverfahren zugänglich werden, z. B. beim Problem der erzwungenen Schwingung einer Saite. Die Eigenwerte hängen dabei mit den Eigenfrequenzen zusammen, während die Eigenfunktionen der homogenen Gleichung der sinusförmigen Grundschwingung und den harmonischen Oberschwingungen entsprechen.

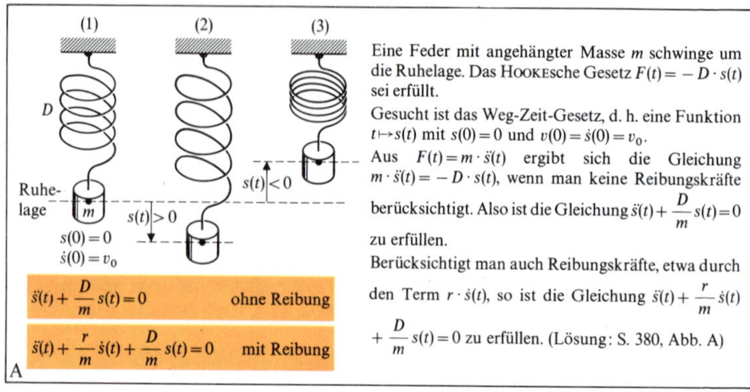

Eine Feder mit angehängter Masse m schwinge um die Ruhelage. Das HOOKEsche Gesetz $F(t)=-D\cdot s(t)$ sei erfüllt.

Gesucht ist das Weg-Zeit-Gesetz, d. h. eine Funktion $t\mapsto s(t)$ mit $s(0)=0$ und $v(0)=\dot{s}(0)=v_0$.

Aus $F(t)=m\cdot\ddot{s}(t)$ ergibt sich die Gleichung $m\cdot\ddot{s}(t)=-D\cdot s(t)$, wenn man keine Reibungskräfte berücksichtigt. Also ist die Gleichung $\ddot{s}(t)+\frac{D}{m}s(t)=0$ zu erfüllen.

Berücksichtigt man auch Reibungskräfte, etwa durch den Term $r\cdot\dot{s}(t)$, so ist die Gleichung $\ddot{s}(t)+\frac{r}{m}\dot{s}(t)+\frac{D}{m}s(t)=0$ zu erfüllen. (Lösung: S. 380, Abb. A)

Weg-Zeit-Gesetz eines Federpendels

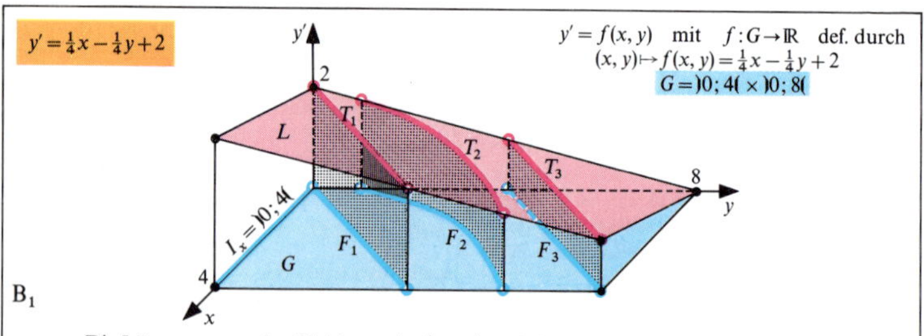

$y'=f(x,y)$ mit $f:G\to\mathbb{R}$ def. durch $(x,y)\mapsto f(x,y)=\frac{1}{4}x-\frac{1}{4}y+2$

$G=]0;4[\times]0;8[$

Die Lösungsmenge der Gleichung $y'=\frac{1}{4}x-\frac{1}{4}y+2$ (im Sinne der Gleichungslehre) ist:

$$L=\left\{(x,y,y')\mid(x,y)\in G\wedge\frac{x}{-8}+\frac{y}{8}+\frac{y'}{2}=1\right\}.$$

Spezielle Teilmengen von L, für die die Paare (x,y) Funktionen $F_i:]0;4[\to\mathbb{R}$ definieren, sind etwa:

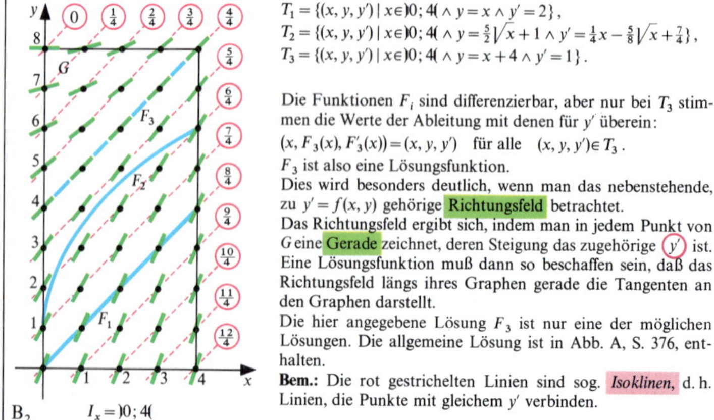

$T_1=\{(x,y,y')\mid x\in]0;4[\wedge y=x\wedge y'=2\}$,

$T_2=\{(x,y,y')\mid x\in]0;4[\wedge y=\frac{5}{2}\sqrt{x}+1\wedge y'=\frac{1}{4}x-\frac{5}{8}\sqrt{x}+\frac{7}{4}\}$,

$T_3=\{(x,y,y')\mid x\in]0;4[\wedge y=x+4\wedge y'=1\}$.

Die Funktionen F_i sind differenzierbar, aber nur bei T_3 stimmen die Werte der Ableitung mit denen für y' überein:

$(x,F_3(x),F_3'(x))=(x,y,y')$ für alle $(x,y,y')\in T_3$.

F_3 ist also eine Lösungsfunktion.

Dies wird besonders deutlich, wenn man das nebenstehende, zu $y'=f(x,y)$ gehörige Richtungsfeld betrachtet.

Das Richtungsfeld ergibt sich, indem man in jedem Punkt von G eine Gerade zeichnet, deren Steigung das zugehörige y' ist. Eine Lösungsfunktion muß dann so beschaffen sein, daß das Richtungsfeld längs ihres Graphen gerade die Tangenten an den Graphen darstellt.

Die hier angegebene Lösung F_3 ist nur eine der möglichen Lösungen. Die allgemeine Lösung ist in Abb. A, S. 376, enthalten.

Bem.: Die rot gestrichelten Linien sind sog. *Isoklinen,* d. h. Linien, die Punkte mit gleichem y' verbinden.

Zum Begriff der Lösung einer Differentialgleichung

Differentialgleichungen spielen in der reinen und angewandten Mathematik eine bedeutsame Rolle und dienen dem Naturwissenschaftler und Techniker dazu, gewisse Probleme mathematisch zu beschreiben und zu lösen. Hier ist vor allen Dingen die theoretische Physik zu nennen (Abb. A).
Beispiele für Differentialgleichungen sind

$$y' = \tfrac{1}{2}x\,, \quad y' = x(y-2)\,, \quad y' = \frac{x+2y}{x}\,,$$
$$y' = \tfrac{1}{3}x - \tfrac{1}{2}y + 2\,, \quad y'' + 2xy' - y = \cos 2x\,.$$

Begriff der Differentialgleichung

Bei den obigen Beispielen handelt es sich um Gleichungen, die in der Form

$$y^{(n)} = f(x, y, y', \ldots, y^{(n-1)})$$

geschrieben werden können, wobei f eine auf einem Gebiet G des $\mathbb{R}^{n+1}$ definierte reellwertige Funktion sein soll.
Behandelt man eine derartige Gleichung im Sinne der Gleichungslehre, so sind die auftretenden Variablen unabhängig voneinander und gewisse $(n+2)$-Tupel des $\mathbb{R}^{n+2}$ bilden die Lösungsmenge der Gleichung.
Im Rahmen der Theorie der Differentialgleichungen ist man nun daran interessiert, Teilmengen T der Lösungsmenge ausfindig zu machen, die der folgenden Bedingung genügen:

(I) *Die Paare* (x, y) *definieren eine n-mal differenzierbare Intervallfunktion* $F: I_x \to \mathbb{R}$, *so daß*
$(x, F(x), F'(x), \ldots, F^{(n)}(x)) = (x, y, y', \ldots, y^{(n)})$
für alle $(x, y, y', \ldots, y^{(n)}) \in T$ *gilt.*

Gibt es eine derartige Teilmenge der Lösungsmenge, so heißt die zugehörige Intervallfunktion F *Lösungsfunktion* (kurz: *Lösung*).
Beispiel: Abb. B
Interessiert man sich also für diese Art von Lösungen, so wird der Name Differentialgleichung verständlich, und die besondere Bezeichnung der Variablen mit den Ableitungssymbolen erscheint nachträglich motiviert. Die Bezeichnung der Variablen ist aber auch aus einem anderen Grunde sinnvoll gewählt. Sie ist einem kalkülhaften Lösen von Differentialgleichungen angepaßt.

Bem.: In der Bedingung (I) ist nichts über die »Größe« des Intervalls I_x ausgesagt. Man wird natürlich bestrebt sein, Lösungen zu finden, die auf einem möglichst großen Intervall definiert sind (das Intervall kann offen, d. h. auch ganz $\mathbb{R}$, abgeschlossen oder halboffen sein).

Wird, wie oben dargestellt, nur nach Lösungsfunktionen mit *einer* Variablen gesucht, so spricht man von einer *gewöhnlichen Differentialgleichung* (im folgenden kurz: DG). Davon zu unterscheiden sind die sog. *partiellen Differentialgleichungen*, bei denen Lösungsfunktionen mit mehreren Variablen auftreten und damit partielle Ableitungen eine Rolle spielen. Auf partielle Differentialgleichungen, zu denen eine weitaus schwierigere Theorie gehört, kann hier nicht eingegangen werden.

Liegt eine DG in der Form $y^{(n)} = f(x, y, y', \ldots, y^{(n-1)})$ vor, so spricht man auch von einer DG n-ter *Ordnung* in *expliziter Darstellung*. Von implizit dargestellten DGen wird lediglich auf S. 379 die Rede sein.

Anfangswerteproblem

Bei den Anwendungen geht es i. a. nicht nur darum, Lösungen einer DG aufzusuchen, sondern es sind Lösungen gesucht, die zusätzlichen Bedingungen genügen, wie z. B. in Abb. A. Eine häufig auftretende Bedingung ist die folgende:

(II) *Zu* $(x_0, y_0, y'_0, \ldots, y_0^{(n-1)}) \in G$ *ist eine Lösung* F_A *der DG zu bestimmen, so daß gilt:*
$(x_0, F_A(x_0), F'_A(x_0), \ldots, F_A^{(n-1)}(x_0))$
$= (x_0, y_0, y'_0, \ldots, y_0^{(n-1)})$.

Die im $(n+1)$-Tupel $(x_0, y_0, y'_0, \ldots, y_0^{(n-1)}) \in G$ fest vorgegebenen reellen Zahlen sollen *Anfangswerte* heißen. Die Aufgabe, eine Lösung F_A zu vorgegebenen Anfangswerten $x_0, y_0, y'_0, \ldots, y_0^{(n-1)}$ zu bestimmen, soll als *Anfangswerteproblem* bez. $(x_0, y_0, y'_0, \ldots, y_0^{(n-1)}) \in G$ bezeichnet werden. Ist die Aufgabe lösbar, so soll F_A *Lösung des Anfangswerteproblems* heißen.

Aufgabenstellung

Eine systematische Behandlung von DGen muß auf folgende Fragen eine Antwort suchen:

a) Unter welchen Voraussetzungen besitzt eine DG eine Lösung? Unter welchen Voraussetzungen besitzt ein Anfangswerteproblem einer DG eine Lösung, unter welchen sogar eine eindeutig bestimmte?
b) Mit welchen Verfahren lassen sich, möglichst kalkülmäßig, Lösungen einer DG ermitteln?

Bezüglich der Fragen unter a) sei hier nur angemerkt (eingehendere Untersuchungen s. S. 389), daß die *Stetigkeit von f hinreichend für die Lösbarkeit jedes Anfangswerteproblems* ist.
Im folgenden wird das Schwergewicht zunächst auf b) liegen. Es muß vorausgeschickt werden, daß die Ermittlung von Lösungen im konkreten Einzelfall beträchtliche Schwierigkeiten bereiten kann, auch wenn Existenz und sogar Eindeutigkeit gesichert sind. Existenz- und Eindeutigkeitssätze geben nämlich in der Regel keine Hinweise, wie im speziellen Fall möglichst einfach Lösungen zu ermitteln sind. Versagt kalkülhaftes Vorgehen, so wählt man in der Regel Näherungsverfahren zur Approximation von Lösungen. Bevorzugt sind hier natürlich Verfahren, die auf automatische Rechenanlagen zugeschnitten sind (S. 391).
Im Vordergrund der folgenden Darstellung über gewöhnliche DGen stehen die sog. linearen DGen, bei denen die Theorie noch recht gut überschaubar ist. Auf andere, nicht minder wichtige Typen von DGen kann nicht eingegangen werden.

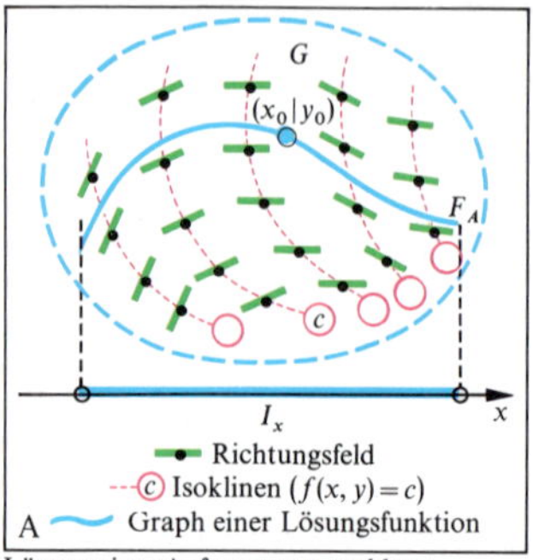

Lösung eines Anfangswerteproblems

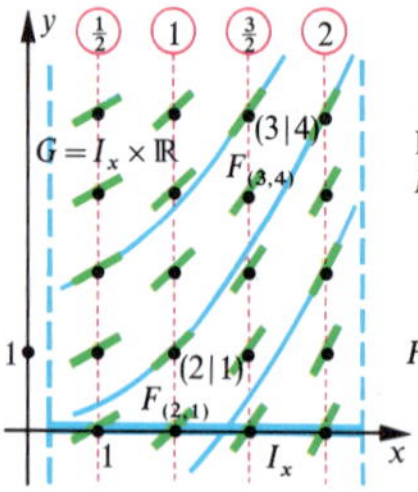

B

$y' = \frac{1}{2}x$

Mit $g(x) = \frac{1}{2}x$ ergibt sich:
$F(x) = \int \frac{1}{2}x\,dx$, d. h.

$F(x) = \frac{1}{4}x^2 + C$
$(C \in \mathbb{R})$

$F_{(x_0,y_0)}(x) = \frac{1}{4}x^2 + y_0 - \frac{1}{4}x_0^2$
$F_{(2,1)}(x) = \frac{1}{4}x^2$
$F_{(3,4)}(x) = \frac{1}{4}x^2 + \frac{7}{4}$

Differentialgleichungstyp $y' = g(x)$

C₁

$y' = \sqrt[3]{9(y-2)^2}$

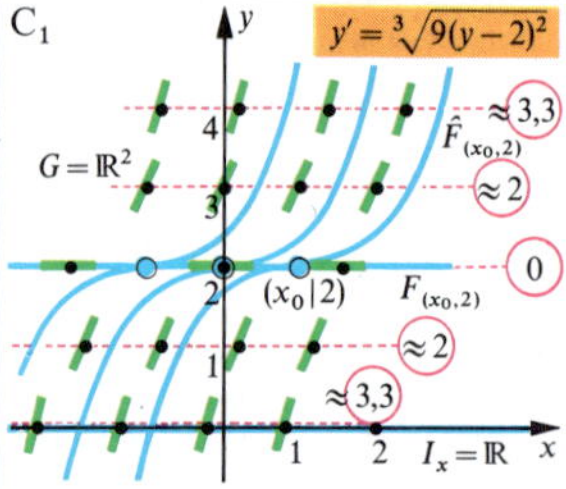

Setzt man $h(y) = \sqrt[3]{9(y-2)^2}$, so gilt: $h(2) = 0$.
Das Anfangswerteproblem bez. $(x_0, 2) \in G$ hat die durch

$F_{(x_0,2)}(x) = 2$ und
$\hat{F}_{(x_0,2)}(x) = \frac{1}{3}(x - x_0)^3 + 2$

def. Lösungen.

C₂

$y' = x(y-2)$

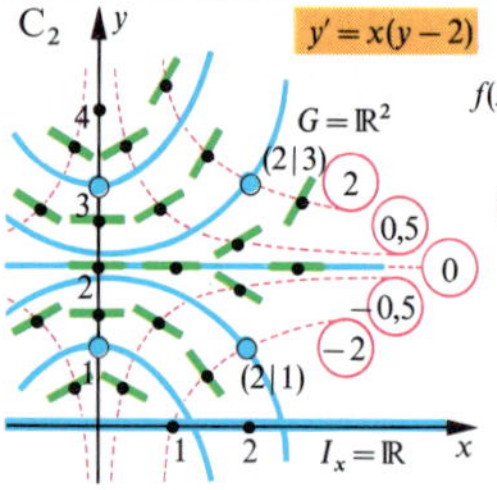

$f(x, y) = g(x) \cdot h(y)$ mit
$g(x) = x$ und $h(y) = y - 2$

(1) Es gilt $h(2) = 0$, d. h. das Anfangswerteproblem $(x_0, 2) \in G$ hat die durch

$F_{(x_0,2)}(x) = 2$

def. Lösung.

(2) Ist $(x_0, y_0) \in G$ vorgegeben mit $y_0 \neq 2$, so muß man $y_0 > 2$ und $y_0 < 2$ unterscheiden. Im ersten Fall kann $\hat{I}_y =]2; +\infty[$, $\hat{I}_x = \mathbb{R}$, im zweiten Fall $\hat{I}_y =]-\infty; 2[$, $\hat{I}_x = \mathbb{R}$ gewählt werden.

Führt man die Integration bei $\int\limits_{y_0}^{F_A(x)} \frac{1}{y-2}\,dy = \int\limits_{x_0}^{x} t\,dt$ aus, so erhält man:

$F_{(x_0,y_0)}(x) = 2 + (y_0 - 2)e^{\frac{1}{2}(x^2 - x_0^2)}$ für $y_0 > 2$,
$F_{(x_0,y_0)}(x) = 2 - (y_0 - 2)e^{\frac{1}{2}(x^2 - x_0^2)}$ für $y_0 < 2$.

Differentialgleichung mit getrennten Variablen

$y' = \frac{x + 2y}{x}$, d. h. $-x - 2y + x \cdot y' = 0 \quad (x \neq 0)$

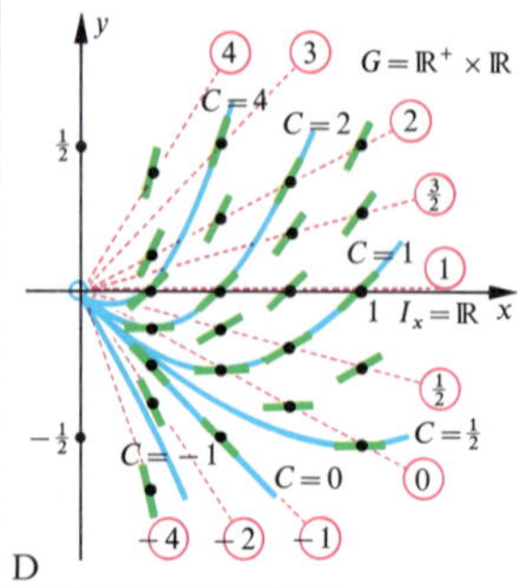

Die DG ist nicht exakt auf $\mathbb{R}^+ \times \mathbb{R}$ (bzw. $\mathbb{R}^- \times \mathbb{R}$), denn für $f_1(x, y) = -x - 2y$ und $f_2(x, y) = x$ ergibt sich:

$$\frac{\partial f_1}{\partial y}(x, y) = -2 \quad \text{und} \quad \frac{\partial f_2}{\partial x}(x, y) = 1\,.$$

Dagegen ist $\frac{1}{x^3}(-x - 2y) + \frac{1}{x^3} \cdot x \cdot y' = 0$ $\left(\text{integrierender Faktor } \frac{1}{x^3}\right)$ auf $\mathbb{R}^+ \times \mathbb{R}$ (bzw. $\mathbb{R}^- \times \mathbb{R}$) exakt. Mit Hilfe des Verfahrens in Abb. C, S. 352, erhält man eine Stammfunktion, z.B.:

$$\Phi(x, y) = \frac{1}{x} + \frac{y}{x^2}\,.$$

Die Lösungen der DG ergeben sich aus: $\Phi(x, F(x)) = C$, d. h.

$F(x) = Cx^2 - x \quad (I_x = \mathbb{R}^+ \text{ bzw. } I_x = \mathbb{R}^-)$.

(Parabelschar mit den Scheitelpunkten auf der Isokline ⓪)

Integrierender Faktor

DG 1. Ordnung

Eine *DG 1. Ordnung in expliziter Darstellung* ist von der Form

$y' = f(x, y)$,

wobei $f: G \to \mathbb{R}$ eine auf einem Gebiet G der xy-Ebene definierte Funktion ist.

Differenzierbare Intervallfunktionen $F: I_x \to \mathbb{R}$ def. durch $x \mapsto y = F(x)$ heißen gemäß (I), S. 373, *Lösungen* der DG, wenn für alle $x \in I_x$ gilt:

$(x, F(x)) \in G$ und $F'(x) = f(x, F(x))$.

Eine Lösung F_A, auch $F_{(x_0, y_0)}$ geschrieben, ist *Lösung des Anfangswerteproblems* bez. $(x_0, y_0) \in G$, wenn nach (II), S. 373, gilt:

$F_A(x_0) = y_0 \quad (F_{(x_0, y_0)}(x_0) = y_0)$.

Bem.: Bei DGen 1. Ordnung werden zur Veranschaulichung häufig die zugehörigen *Richtungsfelder* (vgl. S. 372, Abb. B) verwendet.
Der Graph der Lösung eines Anfangswerteproblems bez. (x_0, y_0) muß einerseits das Richtungsfeld respektieren, andererseits den Punkt $(x_0 | y_0)$ enthalten (Abb. A).

Unter den DGen 1. Ordnung gibt es Typen, die sich mit Hilfe elementarer Lösungsmethoden (im wesentlichen Integrationsmethoden) lösen lassen, aber es gibt auch Typen, die erhebliche Schwierigkeiten bereiten, so daß man z. B. auf Näherungsverfahren zurückgreift.

Spezielle DGen 1. Ordnung

a) $\boldsymbol{y' = g(x)}$ ($g: I_x \to \mathbb{R}$ stetig, I_x offen).

In diesem einfachen Fall ist $f(x, y) = g(x)$ mit $G = I_x \times \mathbb{R}$ (Abb. B). Offensichtlich ist jede Stammfunktion F von g, d. h. $F(x) = \int g(x)\,dx$ (vgl. S. 333f.), eine Lösung der DG, denn für diese gilt: $F'(x) = g(x)$ für alle $x \in I_x$. Jedes Anfangswerteproblem bez. $(x_0, y_0) \in G$ besitzt eine auf I_x def., eindeutig bestimmte Lösung F_A mit $F_A(x) = y_0 + \int_{x_0}^{x} g(t)\,dt$.

Beispiel: Abb. B

b) $\boldsymbol{y' = g(x) \cdot h(y)}$ ($g: I_x \to \mathbb{R}$ stetig, $h: I_y \to \mathbb{R}$ stetig, I_x und I_y offen).

Man spricht von einer *DG mit getrennten Variablen.* Durch $f(x, y) = g(x) \cdot h(y)$ ist eine auf $G = I_x \times I_y$ stetige Funktion definiert. Der Spezialfall $y' = h(y)$ ergibt sich, wenn $g(x) = 1$ gewählt wird.

(1) Ist ein Anfangswerteproblem $(x_0, y_0) \in G$ so vorgegeben, daß $h(y_0) = 0$ gilt, so ist die durch $F_A(x) = y_0$ definierte konstante Funktion eine Lösung. Das Anfangswerteproblem ist allerdings nicht immer eindeutig lösbar (Abb. C_1).

(2) Nun sei ein Anfangswerteproblem $(x_0, y_0) \in G$ mit $h(y_0) \neq 0$ vorgegeben. Wegen der Stetigkeit von h gibt es ein Intervall $\hat{I}_y$, das y_0 umfaßt, und in dem entweder $h(y) < 0$ oder $h(y) > 0$ gilt. Nimmt man nun an, daß eine Lösung F_A existiert, die auf einem x_0 enthaltenden Intervall $\hat{I}_x$ definiert ist, so daß $F_A[\hat{I}_x] \subseteq \hat{I}_y$ gilt, dann muß F_A die folgende *notwendige* Bedingung erfüllen: $\dfrac{F_A'(x)}{h(F_A(x))} = g(x)$. Man integriert und erhält:

$$\int_{x_0}^{x} \frac{F_A'(t)}{h(F_A(t))}\,dt = \int_{x_0}^{x} g(t)\,dt\,.$$

Nach Regel (U 5), S. 337, ergibt sich:

$$\int_{y_0}^{F_A(x)} \frac{1}{h(y)}\,dy = \int_{x_0}^{x} g(t)\,dt\,.$$

Führt man im speziellen Fall die Integration aus, so ergibt sich eine auf einem Intervall $\hat{I}_x$ definierte, eindeutig bestimmte Lösung.

Beispiel: Abb. C_2

c) Exakte DG

Eine DG der Form

$f_1(x, y) + f_2(x, y) \cdot y' = 0$

mit reellwertigen, auf einem Gebiet G des $\mathbb{R}^2$ stetigen Funktionen f_1 und f_2 ($f_2(x, y) \neq 0$) heißt *exakt auf* G, wenn es eine auf G partiell differenzierbare $\mathbb{R}^2$-$\mathbb{R}$-Funktion Φ gibt, so daß gilt:

$$\frac{\partial \Phi}{\partial x}(x, y) = f_1(x, y) \quad \text{und} \quad \frac{\partial \Phi}{\partial y}(x, y) = f_2(x, y)$$

für alle $(x, y) \in G$.

Bem.: Φ ist also eine Stammfunktion (vgl. S. 353) zu der durch die Komponenten f_1 und f_2 definierten $\mathbb{R}^2$-$\mathbb{R}^2$-Funktion $\boldsymbol{f}$ mit $\boldsymbol{f}(x, y) = (f_1(x, y), f_2(x, y))$ und $D_{\boldsymbol{f}} = G$. Ist G *einfach zusammenhängend* und $\boldsymbol{f}$ *stetig differenzierbar*, was im folgenden vorausgesetzt wird, so ist die Existenz einer Stammfunktion zu $\boldsymbol{f}$ genau dann gesichert, wenn die folgende Bedingung erfüllt ist (vgl. S. 353):

$$\frac{\partial f_1}{\partial y}(x, y) = \frac{\partial f_2}{\partial x}(x, y) \text{ für alle } (x, y) \in G.$$

Ist F eine Lösung einer exakten DG, so gilt:

$$\frac{\partial \Phi}{\partial x}(x, F(x)) + \frac{\partial \Phi}{\partial y}(x, F(x)) \cdot F'(x) = 0, \text{ d. h.}$$

$\Phi(x, F(x)) = C$ mit $C \in \mathbb{R}$.

Umgekehrt ist jede durch $\Phi(x, y) = C$ ($C \in \mathbb{R}$) implizit definierte Funktion F (vgl. S. 325) mit $y = F(x)$ Lösung der DG, so daß man zu Lösungen einer exakten DG gelangt, indem man eine Stammfunktion $\boldsymbol{\Phi}$ bestimmt (etwa wie in Abb. C, S. 352) und dann $\boldsymbol{\Phi}(x, F(x)) = C$ löst.

Ist eine DG der Form $f_1(x, y) + f_2(x, y) \cdot y' = 0$ nicht exakt, so kann man nach einem Term $g(x, y) \neq 0$ suchen, so daß die DG

$g(x, y) \cdot f_1(x, y) + g(x, y) \cdot f_2(x, y) \cdot y' = 0$

exakt ist. $g(x, y)$ heißt *integrierender Faktor* (auch EULER*scher Multiplikator*). Für seine Ermittlung gibt es kein allgemein anwendbares Verfahren.

Die Einführung eines integrierenden Faktors ändert die Lösungsmannigfaltigkeit nicht.

Beispiel: Abb. D

Eine Lösung des Anfangswerteproblems bez. $(x_0, y_0) \in G$ einer exakten DG wird aus $\Phi(x, F(x)) = \Phi(x_0, y_0)$ gewonnen.

Bem.: In der Literatur findet man exakte DGen auch in der Form $f_1(x, y)dx + f_2(x, y)dy = 0$. Diese Schreibweise soll an das Differential $d\boldsymbol{\Phi}$ erinnern. Eine formale Integration liefert dann sofort:

$$\Phi(x, y) = \int_{x_0}^{x} f_1(t, y)\,dt + \int_{y_0}^{y} f_2(x_0, t)\,dt = C\,.$$

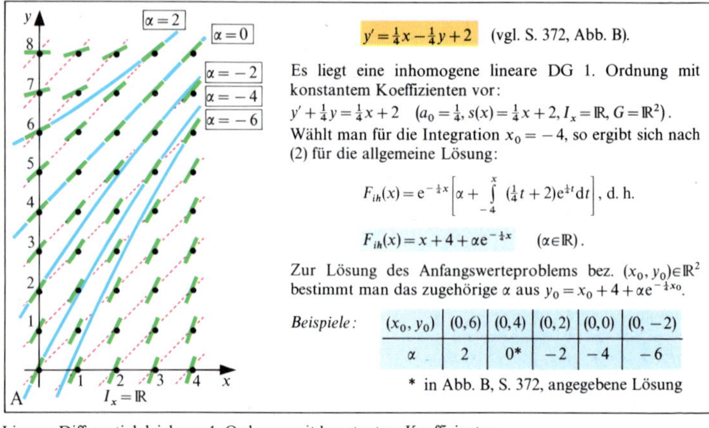

$\alpha = 2$
$\alpha = 0$
$\alpha = -2$
$\alpha = -4$
$\alpha = -6$
A
$I_x = \mathbb{R}$
$y' = \frac{1}{4}x - \frac{1}{4}y + 2$ (vgl. S. 372, Abb. B).
Es liegt eine inhomogene lineare DG 1. Ordnung mit konstantem Koeffizienten vor:
$y' + \frac{1}{4}y = \frac{1}{4}x + 2$ $(a_0 = \frac{1}{4}, s(x) = \frac{1}{4}x + 2, I_x = \mathbb{R}, G = \mathbb{R}^2)$.
Wählt man für die Integration $x_0 = -4$, so ergibt sich nach (2) für die allgemeine Lösung:
$F_{ih}(x) = e^{-\frac{1}{4}x}\left[\alpha + \int_{-4}^{x} (\frac{1}{4}t + 2)e^{\frac{1}{4}t}dt\right]$, d. h.
$F_{ih}(x) = x + 4 + \alpha e^{-\frac{1}{4}x}$ $(\alpha \in \mathbb{R})$.
Zur Lösung des Anfangswerteproblems bez. $(x_0, y_0) \in \mathbb{R}^2$ bestimmt man das zugehörige α aus $y_0 = x_0 + 4 + \alpha e^{-\frac{1}{4}x_0}$.
Beispiele:
(x_0, y_0)	(0,6)	(0,4)	(0,2)	(0,0)	(0,−2)
α	2	0*	−2	−4	−6
* in Abb. B, S. 372, angegebene Lösung

Lineare Differentialgleichung 1. Ordnung mit konstantem Koeffizienten

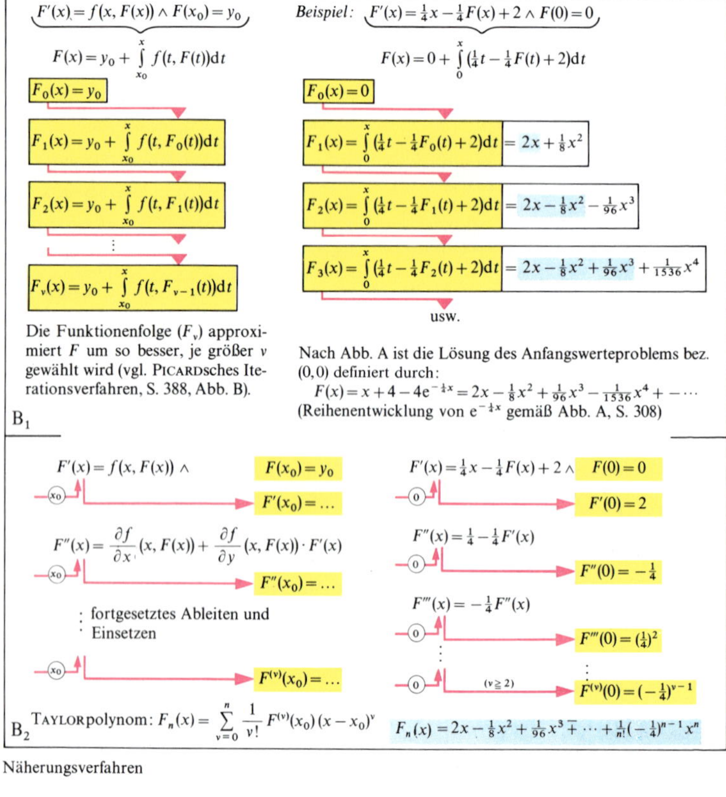

Näherungsverfahren

d) Substitution

Häufig gelingt es, durch Einführung einer neuen Variablen eine gegebene DG in eine DG zu überführen, für die ein Lösungsverfahren bereits vorliegt.

Eine DG der Form $y' = f(ax+by+c)$ mit $a, b, c \in \mathbb{R}$ kann durch Substitution von $z = ax+by+c$, d. h. $z' = a+by'$, in die DG $z' = a+b \cdot f(z)$ überführt werden. Diese DG kann nach dem Verfahren unter b), S. 375, gelöst werden; anschließend berücksichtigt man noch $z = ax+by+c$.

Beispiel: DG in Abb. B, S. 372; hier kann $z = \frac{1}{4}x - \frac{1}{4}y + 2$ gewählt werden, so daß sich $z' = \frac{1}{4} - \frac{1}{4}z$ ergibt.

Ähnlich verfährt man bei DGen der Form $y' = f(\frac{y}{x})$. Man substituiert $z = \frac{y}{x}$ und erhält die DG $z' = \frac{1}{x}(f(z) - z)$. Diese DG kann wiederum wie unter b), S. 375, gelöst werden; anschließend ist $z = \frac{y}{x}$ zu beachten.

Beispiel: DG in Abb. D, S. 374; sie geht durch Substitution $z = \frac{y}{x}$ über in $z' = \frac{1}{x}(z+1)$.

e) Lineare DG 1. Ordnung

Eine DG der Form

$$y' + a_0(x) \cdot y = s(x)\,,$$

wobei a_0 und s auf dem offenen Intervall I_x definierte, stetige und reellwertige Funktionen sind, heißt *lineare DG 1. Ordnung*. Ist s auf ganz I_x die Nullfunktion, so heißt die DG *homogen*, im anderen Fall *inhomogen*. s heißt auch *Störfunktion*.

Über die allgemeine Lösung einer derartigen DG gibt der folgende Satz Aufschluß.

Satz:

(1) ***Die auf I_x durch*** $F_1(x) = e^{-\int_{x_0}^{x} a_0(t)\,dt}$ $(x_0 \in I_x)$ *definierte Funktion ist eine Lösung der zugehörigen* ***homogenen*** DG $y' + a_0(x)y = 0$.
Genau alle Funktionen F_h mit
$F_h = \alpha \cdot F_1 (\alpha \in \mathbb{R})$ *(allgemeine Lösung)*
sind Lösungen der homogenen DG.

(2) ***Es gibt eine auf I_x definierte Lösung F_p*** *(sog. partikuläre Lösung) der inhomogenen* DG, *z. B.*

$$F_p(x) = e^{-\int_{x_0}^{x} a_0(t)\,dt} \cdot \int_{x_0}^{x} s(t) \cdot e^{\int_{x_0}^{t} a_0(u)\,du}\,dt \quad (x_0 \in I_x).$$

Genau alle Funktionen F_{ih} mit
$F_{ih} = F_p + F_h$ *(allgemeine Lösung)*
sind Lösung der inhomogenen DG.

Beim Beweis von (1) setzt man $g(x) = -a_0(x)$ und $h(y) = y$ und wendet für $(x_0, 1) \in G$ das Verfahren unter b), S. 375, an. Man erhält die oben angegebene Lösung F_1 und bestätigt leicht, daß $\alpha \cdot F_1 (\alpha \in \mathbb{R})$ ebenfalls eine Lösung ist. Ist nun F_h irgendeine Lösung, so ergibt sich $\left(\frac{F_h}{F_1}\right)' = 0$, woraus (mit Hilfe von Satz 8, S. 297) $F_h = \alpha \cdot F_1$ folgt.

Um die Existenz der im Teil (2) angegebenen partikulären Lösung F_p nachzuweisen, wendet man das »*Variation der Konstanten*« genannte Verfahren an. Man setzt $F_p(x) = v(x) \cdot F_1(x)$, wobei F_1 obige Lösung der zugehörigen homogenen DG ist. v ist so zu bestimmen, daß F_p eine Lösung der inhomogenen DG ist. Als notwendige Bedingung erhält man: $v'(x) = \frac{s(x)}{F_1(x)}$.

Die zugehörige DG wird nach a), S. 375, z. B. durch

$$v(x) = \int_{x_0}^{x} \frac{s(t)}{F_1(t)}\,dt \quad (x_0 \in I_x)$$

gelöst. Man weist nach, daß $v \cdot F_1$ tatsächlich eine Lösung der inhomogenen DG ist. Sie läßt sich in der unter (2) angegebenen Form schreiben. Daß $F_p + F_h$ auch eine Lösung ist, zeigt man leicht durch Nachrechnen. Ist nun F_{ih} irgendeine Lösung der inhomogenen DG, so ergibt sich, daß $F_{ih} - F_p$ eine Lösung der zugehörigen homogenen DG ist, d. h. $F_{ih} - F_p = F_h$ gilt.

Jedes *Anfangswerteproblem* bez. $(x_0, y_0) \in I_x \times \mathbb{R}$ ist eindeutig lösbar, und zwar im Falle der homogenen DG durch $F_A(x) = y_0 F_1(x)$, im Falle der inhomogenen DG durch $F_A(x) = F_p(x) + y_0 F_1(x)$.

f) Lineare DG 1. Ordnung mit konstantem Koeffizienten

Diese spezielle lineare DG 1. Ordnung liegt vor, wenn a_0 eine *konstante* Funktion ist:

$$y' + a_0 \cdot y = s(x) \qquad (a_0 \in \mathbb{R}, s: I_x \to \mathbb{R})\,.$$

Im Falle einer homogener DG kann man $I_x = \mathbb{R}$ wählen, im inhomogenen Fall ist natürlich der Definitionsbereich der Lösungen gleich dem von s.

Aus dem oben angegebenen Satz folgt:

(1) $F_h(x) = \alpha \cdot e^{-a_0 x} (\alpha \in \mathbb{R})$ *definiert die allgemeine Lösung der homogenen DG* $y' + a_0 \cdot y = 0$.
Das Anfangswerteproblem bez. $(x_0, y_0) \in \mathbb{R}^2$ *wird eindeutig gelöst durch*
$F_A(x) = y_0 \cdot e^{-a_0(x-x_0)}$.

(2) $F_{ih}(x) = e^{-a_0 x} \cdot \left(\alpha + \int_{x_0}^{x} s(t) \cdot e^{a_0 t}\,dt\right) (\alpha \in \mathbb{R}, x_0 \in I_x)$
definiert die allgemeine Lösung der inhomogenen DG $y' + a \cdot y = s(x)$.
Das Anfangswerteproblem bez. $(x_0, y_0) \in I_x \times \mathbb{R}$ *wird eindeutig gelöst durch*

$$F_A(x) = e^{-a_0(x-x_0)} \cdot \left(y_0 + \int_{x_0}^{x} s(t) \cdot e^{a_0(t-x_0)}\,dt\right).$$

Beispiel: Abb. A

g) Näherungsverfahren

Um die Lösung eines Anfangswerteproblems einer DG 1. Ordnung $y' = f(x, y)$ approximativ zu ermitteln, kann man sich z. B. des Verfahrens in Abb. B_1 bedienen. Dabei nutzt man aus, daß die Lösung F auch als Lösung der Integralgleichung

$$F(x) = y_0 + \int_{x_0}^{x} f(t, F(t))\,dt$$

gewonnen werden kann (vgl. S. 388, Abb. B).

Man kann aber auch bei beliebig oft differenzierbarem f durch fortgesetztes Ableiten von f und durch Einsetzen von (x_0, y_0) die Werte $F(x_0)$, $F'(x_0)$, $F''(x_0)$, ... ermitteln (Abb. B_2), so daß eine Approximation durch ein TAYLORpolynom (S. 299) möglich wird: $F_n(x) = \sum_{\nu=0}^{n} \frac{1}{\nu!} F^{(\nu)}(x_0) \cdot (x - x_0)^{\nu}$.

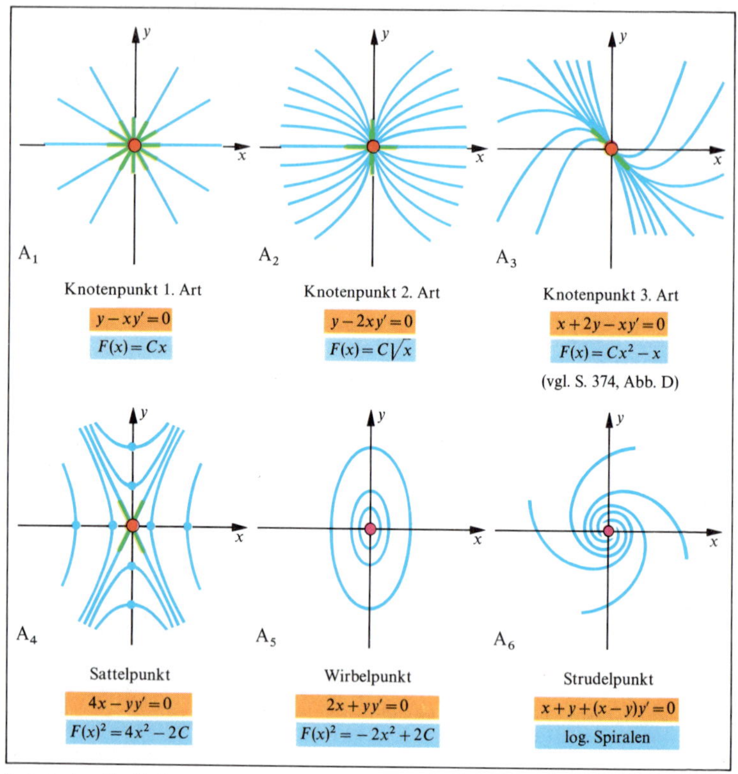

Isolierte singuläre Punkte

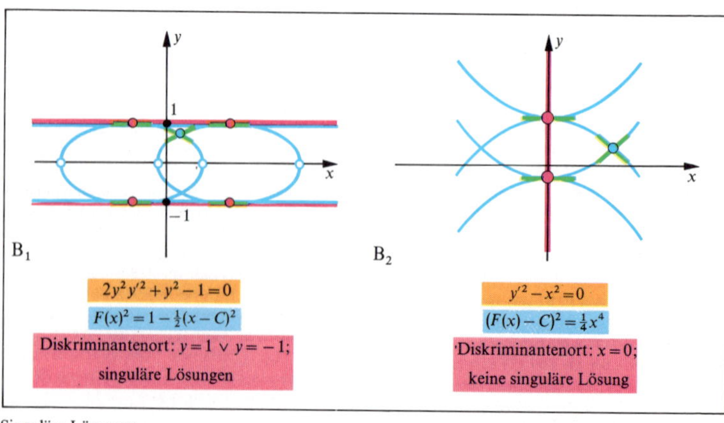

Singuläre Lösungen

Implizit dargestellte DG 1. Ordnung

Gibt man eine DG 1. Ordnung in der Form

$g(x, y, y') = 0$

an, wobei g eine auf M definierte $\mathbb{R}^3$-$\mathbb{R}$-Funktion ist, so spricht man von einer *impliziten Darstellung* der DG. Die Tripel (x, y, y') aus M, veranschaulicht im Richtungsfeld (vgl. S. 372, Abb. B), heißen *Linienelemente*, die Punkte $(x|y)$ *Trägerpunkte*.

Beispiele: $y' - f(x, y) = 0$, $f_1(x, y) + f_2(x, y)\,y' = 0$, $y - xy' = 0$, $y'^2 - \frac{1}{4}x^2 = 0$.

Natürlich ist man bestrebt, eine implizit dargestellte DG in die explizite Form zu überführen, d. h. die DG »nach y' aufzulösen«, was jedoch in vielen Fällen, wie z. B. bei $y - xy' = 0$, nicht ohne Einschränkungen möglich ist.

Ist eine Auflösung wenigstens lokal, d. h. in der Umgebung eines Linienelementes (x_0, y_0, y'_0) möglich, so soll das Linienelement (x_0, y_0, y'_0) *regulär* genannt werden; andernfalls soll von *singulären Linienelementen* gesprochen werden.

Selbst bei stetiger Auflösbarkeit in einer Umgebung von (x_0, y_0, y'_0) braucht allerdings das Anfangswerteproblem bez. (x_0, y_0) nicht eindeutig lösbar zu sein. Der Einfachheit halber verlangt man häufig von g folgende Voraussetzungen: g und die partiellen Ableitungen seien in einer Umgebung von (x_0, y_0, y'_0) stetig. Unter diesen Voraussetzungen ist dann die Bedingung

$$(1)\quad g(x_0, y_0, y'_0) = 0 \wedge \frac{\partial g}{\partial y'}(x_0, y_0, y'_0) \neq 0$$

hinreichend für die Regularität von (x_0, y_0, y'_0). Gleichzeitig ist aber auch das Anfangswerteproblem bez. (x_0, y_0) eindeutig lösbar.

Singuläre Linienelemente können nur vorliegen, wenn die Bedingung

$$(2)\quad g(x, y, y') = 0 \wedge \frac{\partial g}{\partial y'}(x, y, y') = 0$$

erfüllt wird. Diese Bedingung ist zwar nur notwendig für die Singularität, ist aber dennoch ein wertvolles Mittel, um singuläre Linienelemente ausfindig zu machen. Durch Elimination von y' kann insbesondere der Ort singulärer Linienelemente ermittelt werden. Man spricht vom sog. *Diskriminantenort* der DG.

Beispiel: Der Diskriminantenort der DG $y - xy' = 0$ ergibt sich nach Anwendung von (2) als Lösungsmenge des Gleichungssystems $y - xy' = 0 \wedge x = 0$. Es handelt sich in diesem Fall um den Punkt $(0|0)$. Tatsächlich sind die Linienelemente $(0, 0, y')$ singulär.

Den Diskriminantenort der DG $2y^2y'^2 + y^2 - 1 = 0$ erhält man entsprechend nach Anwendung von (2) aus dem Gleichungssystem $2y^2y'^2 + y^2 - 1 = 0 \wedge 4y^2y' = 0$. Es handelt sich um die Punkte $(x|y)$, für die $y = 1 \vee y = -1$ gilt (vgl. Abb. B_1).

Trägerpunkte mit singulärem Linienelement heißen auch *singuläre Punkte*. Eine *Lösung* F der DG heißt *singulär*, wenn die Tripel $(x, F(x), F'(x))$ für alle $x \in I_x$ singuläre Linienelemente der DG sind.

Isolierte singuläre Lösungen

Besteht der Diskriminantenort aus einem isolierten Punkt, so zeigen die Lösungsgraphen in der Umgebung des singulären Punktes ein besonders typisches Verhalten. Bei den Beispielen in Abb. A ist o.B.d.A. jeweils der Ursprung als isolierter singulärer Punkt gewählt worden.

a) Knotenpunkt

Münden die Graphen sämtlicher Lösungen einer DG in einen isolierten singulären Punkt ein, wie das in den Abb. A_1 bis A_3 der Fall ist, so spricht man von einem *Knotenpunkt*.

Die Abbildungen machen deutlich, daß Knotenpunkte hinsichtlich der Anzahl der auftretenden Tangentensteigungen noch Unterschiede aufweisen können.

Man unterscheidet *Knotenpunkte 1., 2. und 3. Art*, wobei beim Knotenpunkt 2. Art auch mehr als zwei, aber nur endlich viele Tangentensteigungen zugelassen sind.

b) Sattelpunkt

Münden die Graphen endlich vieler Lösungen einer DG in einen isolierten singulären Punkt ein, während die übrigen sich zu Kurven zusammensetzen, die am singulären Punkt vorbeilaufen, so spricht man von einem *Sattelpunkt* (Abb. A_4).

c) Wirbelpunkt

Setzen sich die Graphen der Lösungen einer DG zu geschlossenen JORDAN-Kurven zusammen, die sämtlich einen isolierten singulären Punkt im Inneren einschließen, so spricht man von einem *Wirbelpunkt* (Abb. A_5).

d) Strudelpunkt

Lassen sich die Graphen der Lösungen einer DG so zu Kurven zusammensetzen, daß diese einen isolierten singulären Punkt beliebig oft umlaufen und dem Punkt dabei beliebig nahekommen, ohne mit einer bestimmten Tangentenrichtung in ihn einzumünden, so spricht man von einem *Strudelpunkt* (Abb. A_6).

Singuläre Lösungen

Besteht der Diskriminantenort nicht aus isolierten Punkten, sondern z. B. aus einer stetig differenzierbaren Kurve, so stellt sich die Frage, ob durch sie eventuell eine singuläre Lösung festgelegt ist. Beim Beispiel der Abb. B_1 ist das der Fall. Entsprechendes gilt immer, wenn der Diskriminantenort Einhüllende der Lösungsgraphen ist.

Nicht immer beschreibt der Diskriminantenort Lösungen. Bei dem in Abb. B_2 aufgeführten Beispiel ist jedoch ein deutlicher Zusammenhang mit den Graphen der Lösungen zu erkennen.

Bem.: Übrigens machen die beiden Beispiele der Abb. B deutlich, daß Regularität nicht ohne weiteres die eindeutige Lösbarkeit von Anfangswerteproblemen nach sich zieht. Bei den Beispielen gibt es zu jedem regulären Punkt genau zwei Lösungen. In der Literatur findet man häufig auch einen Regularitätsbegriff, der die Eindeutigkeit einschließt.

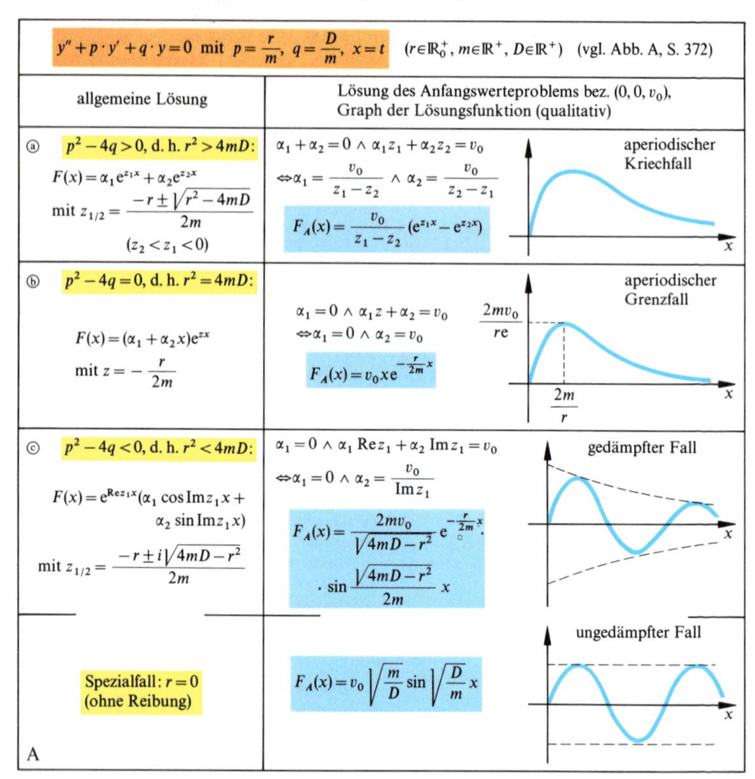

$y''+p\cdot y'+q\cdot y=0$ mit $p=\frac{r}{m}$, $q=\frac{D}{m}$, $x=t$ $(r\in\mathbb{R}_0^+,\ m\in\mathbb{R}^+,\ D\in\mathbb{R}^+)$ (vgl. Abb. A, S. 372)

allgemeine Lösung	Lösung des Anfangswerteproblems bez. $(0,0,v_0)$, Graph der Lösungsfunktion (qualitativ)	
ⓐ $p^2-4q>0$, d. h. $r^2>4mD$: $F(x)=\alpha_1 e^{z_1x}+\alpha_2 e^{z_2x}$ mit $z_{1/2}=\frac{-r\pm\sqrt{r^2-4mD}}{2m}$ $(z_2<z_1<0)$	$\alpha_1+\alpha_2=0 \wedge \alpha_1 z_1+\alpha_2 z_2=v_0$ $\Leftrightarrow \alpha_1=\frac{v_0}{z_1-z_2} \wedge \alpha_2=\frac{v_0}{z_2-z_1}$ $F_A(x)=\frac{v_0}{z_1-z_2}(e^{z_1x}-e^{z_2x})$	aperiodischer Kriechfall
ⓑ $p^2-4q=0$, d. h. $r^2=4mD$: $F(x)=(\alpha_1+\alpha_2 x)e^{zx}$ mit $z=-\frac{r}{2m}$	$\alpha_1=0 \wedge \alpha_1 z+\alpha_2=v_0$ $\Leftrightarrow \alpha_1=0 \wedge \alpha_2=v_0$ $F_A(x)=v_0 x e^{-\frac{r}{2m}x}$	aperiodischer Grenzfall; $\frac{2mv_0}{re}$; $\frac{2m}{r}$
ⓒ $p^2-4q<0$, d. h. $r^2<4mD$: $F(x)=e^{\operatorname{Re}z_1x}(\alpha_1\cos\operatorname{Im}z_1x+\alpha_2\sin\operatorname{Im}z_1x)$ mit $z_{1/2}=\frac{-r\pm i\sqrt{4mD-r^2}}{2m}$	$\alpha_1=0 \wedge \alpha_1\operatorname{Re}z_1+\alpha_2\operatorname{Im}z_1=v_0$ $\Leftrightarrow \alpha_1=0 \wedge \alpha_2=\frac{v_0}{\operatorname{Im}z_1}$ $F_A(x)=\frac{2mv_0}{\sqrt{4mD-r^2}}e^{-\frac{r}{2m}x}\cdot\sin\frac{\sqrt{4mD-r^2}}{2m}x$	gedämpfter Fall
Spezialfall: $r=0$ (ohne Reibung)	$F_A(x)=v_0\sqrt{\frac{m}{D}}\sin\sqrt{\frac{D}{m}}x$	ungedämpfter Fall

A

Homogene lineare Differentialgleichung 2. Ordnung mit konstanten Koeffizienten

Um eine partikuläre Lösung von $y''+p\cdot y'+q\cdot y=s(x)$ zu finden, wählt man den zu $s(x)$ gehörigen Lösungsansatz, differenziert zweimal, setzt in die linke Seite der DG ein und macht einen Koeffizientenvergleich.

	$s(x)$	Lösungsansatz für $F_p(x)$
①	$\sum_{\nu=0}^{n} a_\nu x^\nu$	$\sum_{\nu=0}^{n} b_\nu x^\nu$ (Im Falle $q=0$ substituiert man zunächst $y'=z$.)
②	$e^{rx}\cdot\sum_{\nu=0}^{n} a_\nu x^\nu$	$e^{rx}\cdot\sum_{\nu=0}^{n} b_\nu x^\nu$, falls r keine $x\cdot e^{rx}\cdot\sum_{\nu=0}^{n} b_\nu x^\nu$, falls r eine einfache $x^2\cdot e^{rx}\cdot\sum_{\nu=0}^{n} b_\nu x^\nu$, falls r eine zweifache } Lösung der charakteristischen Gleichung ist.
③	$a_1\sin rx$ $a_2\cos rx$ $a_1\sin rx+a_2\cos rx$	$b_1\sin rx+b_2\cos rx$, falls $(q-r^2)^2+p^2r^2\neq 0$ $x(b_1\sin rx+b_2\cos rx)$, falls $(q-r^2)^2+p^2r^2=0$

B Entsprechend kann man z.B. für das Produkt von Termen aus ① und ③ vorgehen.

Partikuläre Lösung für spezielle Störfunktionen

DG 2. Ordnung

Bei *DGen 2. Ordnung in expliziter Darstellung* handelt es sich um Gleichungen der Form

$$y'' = f(x, y, y'),$$

wobei $f: G \to \mathbb{R}$ eine $\mathbb{R}^3$-$\mathbb{R}$-Funktion auf einem Gebiet G des $\mathbb{R}^3$ ist.

Mindestens zweimal differenzierbare Intervallfunktionen $F: I_x \to \mathbb{R}$ def. durch $x \mapsto y = F(x)$ heißen gemäß I, S. 373, *Lösungen der DG*, wenn für alle $x \in I_x$ gilt:

$$(x, F(x), F'(x)) \in G \quad \text{und} \quad F''(x) = f(x, F(x), F'(x)).$$

Eine Lösung F_A der DG heißt *Lösung des Anfangswerteproblems* bez. $(x_0, y_0, y_0') \in G$, wenn nach II, S. 373, zusätzlich gilt:

$$(x_0, F_A(x_0), F_A'(x_0)) = (x_0, y_0, y_0').$$

Die Behandlung der DGen 2. Ordnung ist bereits erheblich schwieriger als die der DGen 1. Ordnung. Es gibt eine Reihe von Lösungsverfahren für sehr spezielle Typen. Dabei versucht man z. B., eine DG 2. Ordnung durch geeignete Substitution in ein System von DGen 1. Ordnung zu überführen (*Reduktion der Ordnung durch Substitution*).

Im folgenden wird ausführlich nur die sog. lineare DG 2. Ordnung behandelt.

Lineare DG 2. Ordnung, allgemeine Lösung

Eine DG der Form

$$y'' + a_1(x) \cdot y' + a_0(x) \cdot y = s(x)$$

mit auf I_x definierten, stetigen und reellwertigen Funktionen a_1, a_0 und s heißt *lineare DG 2. Ordnung*. Ist s auf ganz I_x die Nullfunktion, so spricht man von einer *homogenen*, sonst von einer *inhomogenen* linearen DG. s heißt *Störfunktion*.

Für die allg. Lösung braucht man den Begriff der linearen Unabhängigkeit zweier Funktionen $F_1: I_x \to \mathbb{R}$ und $F_2: I_x \to \mathbb{R}$:

F_1 und F_2 heißen *linear unabhängig* über $\mathbb{R}$, wenn aus der Gültigkeit von $c_1 \cdot F_1 + c_2 \cdot F_2 = 0$ in $I_x (c_1, c_2 \in \mathbb{R})$ folgt: $(c_1, c_2) = (0, 0)$.

Zwei auf I_x definierte *Lösungen* F_1 und F_2 der DG sind genau dann linear unabhängig über $\mathbb{R}$, wenn $W(F_1, F_2)(x) \neq 0$ für alle $x \in I_x$ gilt, wobei die sog. WRONSKI-Determinante $W(F_1, F_2)(x)$ (vgl. S. 382, Abb. A_1) definiert ist durch:

$$W(F_1, F_2)(x) := F_1(x) \cdot F_2'(x) - F_1'(x) \cdot F_2(x).$$

Es ergibt sich nun der

Satz:

(1) *Es gibt zwei auf I_x definierte, linear unabhängige Lösungen F_1 und F_2 der zugehörigen homogenen DG $y'' + a_1(x) \cdot y' + a_0(x) \cdot y = 0$.*
Genau alle Funktionen F_h mit $\alpha_1, \alpha_2 \in \mathbb{R}$ und
$F_h = \alpha_1 \cdot F_1 + \alpha_2 \cdot F_2$ *(allgemeine Lösung)*
sind Lösungen der homogenen DG.

(2) *Es gibt eine auf I_x definierte Lösung F_p (sog. partikuläre Lösung) der inhomogenen DG.*
Genau alle Funktionen F_{ih} mit $\alpha_1, \alpha_2 \in \mathbb{R}$ und
$F_{ih} = F_p + F_h$
$= F_p + \alpha_1 \cdot F_1 + \alpha_2 \cdot F_2$ *(allgemeine Lösung)*
sind Lösungen der inhomogenen DG.

Bem.: Bezüglich des Beweises wird auf den Fall der lin. DG n-ter Ordnung (S. 383) verwiesen.

Jedes *Anfangswerteproblem* bez. (x_0, y_0, y_0') ist eindeutig lösbar.

Lösungsverfahren der homogenen linearen DG

Es geht darum, zwei linear unabhängige Lösungen zu finden. Kennt man nicht schon eine Lösung, so können beträchtliche Schwierigkeiten entstehen. Häufig begnügt man sich daher in der Praxis, wenn Tafeln oder Probieren nicht weiterhelfen, mit einer Näherungslösung (vgl. S. 391). Ist dagegen eine Lösung F_1 bekannt, die auf I_x keine Nullstellen besitzt, so liefert die folgende Methode eine zweite, dazu linear unabhängige Lösung F_2:

Man setzt $F_2(x) = v(x) \cdot F_1(x)$ und bestimmt v so als Lösung der DG $v'' = -\left(2 \frac{F_1'(x)}{F_1(x)} + a_1(x)\right) \cdot v'$ (Substitution möglich), daß auch v auf I_x keine Nullstellen besitzt. Man erhält:

$$F_2(x) = F_1(x) \cdot \int_{x_0}^{x} \frac{1}{[F_1(t)]^2} \cdot e^{-\int_{x_0}^{t} a_1(u)\,du} \, dt \quad (x_0 \in I_x).$$

Ermittlung einer partikulären Lösung der inhomogenen linearen DG

Sind F_1 und F_2 linear unabhängige Lösungen der zugehörigen homogenen DG, so kann man mit dem Ansatz $F_p(x) = v_1(x) F_1(x) + v_2(x) F_2(x)$ eine partikuläre Lösung bestimmen (*Variation der Konstanten*). Man löst die DGen

$$v_1' = -\frac{s(x) F_2(x)}{W(F_1, F_2)(x)} \quad \text{und} \quad v_2' = \frac{s(x) F_1(x)}{W(F_1, F_2)(x)}$$

nach dem Verfahren a), S. 375, für $x_0 \in I_x$ und setzt ein.

Lineare DG 2. Ordnung mit konstanten Koeffizienten

Bei diesem Spezialfall

$$y'' + p \cdot y' + q \cdot y = s(x) \quad (p, q \in \mathbb{R}, s: I_x \to \mathbb{R})$$

sind p und q Konstante.

Zunächst wird die zugehörige homogene DG $y'' + p \cdot y' + q \cdot y = 0$ gelöst. Dazu bestimmt man die Lösungen der sog. *charakteristischen Gleichung* $z^2 + pz + q = 0\ (z \in \mathbb{C})$ und unterscheidet die folgenden Fälle (vgl. S. 383):

(a) $p^2 - 4q > 0$: es gibt *zwei verschiedene reelle* Lösungen z_1 und z_2,

(b) $p^2 - 4q = 0$: es gibt *genau eine reelle* Lösung z,

(c) $p^2 - 4q < 0$: es gibt *zwei zueinander konjugiert komplexe* Lösungen z_1 und $\bar{z}_1$.

Als allgemeine Lösung der homogenen DG erhält man dann $(\alpha_1, \alpha_2 \in \mathbb{R}, x \in \mathbb{R})$:

(a) $F_h(x) = \alpha_1 e^{z_1 x} + \alpha_2 e^{z_2 x}$,

(b) $F_h(x) = (\alpha_1 + \alpha_2 x) e^{z x}$,

(c) $F_h(x) = e^{\operatorname{Re} z_1 x}(\alpha_1 \cos \operatorname{Im} z_1 x + \alpha_2 \sin \operatorname{Im} z_1 x)$.

Beispiel: Abb. A

Man muß nun noch eine *partikuläre Lösung* finden, etwa durch Variation der Konstanten. Es gibt aber auch einfachere Methoden, insbesondere dann, wenn s eine ganzrationale, trigonometrische oder Exponentialfunktion ist (Abb. B).

$F_1, \ldots, F_n$ seien paarweise verschiedene, auf I_x definierte Lösungen der homogenen linearen DG n-ter Ordnung.

$$
\begin{aligned}
& F_1(x)\cdot c_1 + \cdots + F_n(x)\cdot c_n = 0 \\
\wedge\ & F_1'(x)\cdot c_1 + \cdots + F_n'(x)\cdot c_n = 0 \\
& \vdots \\
\wedge\ & F_1^{(n-1)}(x)\cdot c_1 + \cdots + F_n^{(n-1)}(x)\cdot c_n = 0
\end{aligned}
$$

$$
\Leftrightarrow \begin{pmatrix} F_1(x) & \cdots & F_n(x) \\ F_1'(x) & \cdots & F_n'(x) \\ \vdots & & \vdots \\ F_1^{(n-1)}(x) & \cdots & F_n^{(n-1)}(x) \end{pmatrix} \cdot \begin{pmatrix} c_1 \\ \vdots \\ c_n \end{pmatrix} = \begin{pmatrix} 0 \\ \vdots \\ 0 \end{pmatrix}
$$

WRONSKI-*Matrix*

Die Determinante der WRONSKI-Matrix, die sog. WRONSKI-*Determinante*, werde mit $W(F_1, \ldots, F_n)(x)$ bezeichnet ($x \in I_x$).

A_1

(1) $F_1, \ldots, F_n$ sind linear unabhängig über $\mathbb{R}$ genau dann, wenn aus $c_1 F_1 + \cdots + c_n F_n = 0$ ($c_\nu \in \mathbb{R}$) folgt: $(c_1, \ldots, c_n) = (0, \ldots, 0)$.

(2) Gilt $W(F_1, \ldots, F_n)(x_0) \neq 0$ für ein $x_0 \in I_x$, so sind $F_1, \ldots, F_n$ linear unabhängig über $\mathbb{R}$.

(3) Sind $F_1, \ldots, F_n$ linear unabhängig über $\mathbb{R}$, so gilt: $W(F_1, \ldots, F_n)(x) \neq 0$ für alle $x \in I_x$.

(4) $W(F_1, \ldots, F_n)$ ist eine auf I_x definierte differenzierbare Funktion, für die gilt:

$$W(F_1, \ldots, F_n)'(x) = -a_{n-1}(x) \cdot W(F_1, \ldots, F_n)(x).$$

Also gilt:

$$W(F_1, \ldots, F_n)(x) = W(F_1, \ldots, F_n)(x_0) \cdot e^{-\int_{x_0}^{x} a_{n-1}(t)\,dt} \quad (x_0 \in I_x).$$

Ist $\{F_1, \ldots, F_n\}$ ein Fundamentalsystem, so ist $F_p = F_1 \cdot v_1 + \cdots + F_n \cdot v_n$ sicherlich dann eine part. Lösung (wie man durch Differenzieren bis zur n-ten Ableitung und Einsetzen in die DG zeigen kann), wenn die Ableitungen $v_1', \ldots, v_n'$ das folgende Gleichungssystem erfüllen ($x \in I_x$):

$$
\begin{pmatrix} F_1(x) & \ldots & F_n(x) \\ F_1'(x) & \ldots & F_n'(x) \\ \vdots & & \vdots \\ F_1^{(n-1)}(x) & \ldots & F_n^{(n-1)}(x) \end{pmatrix} \cdot \begin{pmatrix} v_1'(x) \\ \vdots \\ v_n'(x) \end{pmatrix} = \begin{pmatrix} 0 \\ \vdots \\ 0 \\ s(x) \end{pmatrix}
$$

$W(F_1, \ldots, F_n)(x) \neq 0$ für alle $x \in I_x$ [wegen (3) in Abb. A_1].

Mit der CRAMERschen Regel (S. 93) und der Eigenschaft (4) in Abb. A_1 ergibt sich ($k \in \{1, \ldots, n\}$):

$$
v_k'(x) = \frac{1}{W(F_1, \ldots, F_n)(x_0)} \cdot \begin{vmatrix} \ldots & 0 & \ldots \\ & \vdots & \\ \ldots & 0 & \ldots \\ \ldots & s(x) & \ldots \end{vmatrix} \cdot e^{-\int_{x_0}^{x} a_{n-1}(t)\,dt}
$$

k-te Zeile

Damit ist das Problem auf DGen 1. Ordnung zurückgeführt.

A_2

Lineare Unabhängigkeit und WRONSKI-Determinante, partikuläre Lösung

$c(X)$ zerfällt in $\mathbb{C}[X]$ in Linearfaktoren (S. 96):

$$c(X) = \prod_{\nu=1}^{s} (X - \lambda_\nu)^{m_\nu}.$$

Nullstellen: $\lambda_1, \ldots, \lambda_s$ mit den Vielfachheiten $m_1, \ldots, m_s$.

Beispiel:

$$c(X) = X^6 - 4X^5 + 8X^4 - 8X^3 + 4X^2$$
$$c(X) = X^2(X-(1+\mathrm{i}))^2(X-(1-\mathrm{i}))^2$$

Nullstellen: $\lambda_1 = 0$ ($m_1 = 2$), $\lambda_2 = 1 + \mathrm{i}$ ($m_2 = 2$), $\lambda_3 = 1 - \mathrm{i}$ ($m_3 = 2$).

Man notiert zunächst die Menge der zu den Nullstellen gehörigen Terme: $\{e^{\lambda_1 x}, \ldots, e^{\lambda_s x}\}$.

① Ist λ_ν eine m_ν-fache Nullstelle, so ersetzt man den Term $e^{\lambda_\nu x}$ durch die Terme $e^{\lambda_\nu x}, x \cdot e^{\lambda_\nu x}, \ldots, x^{m_\nu - 1} \cdot e^{\lambda_\nu x}$.

② Ist $\lambda_\nu \in \mathbb{C} \setminus \mathbb{R}$, so gehört auch die konjugiert komplexe Zahl $\bar{\lambda}_\nu$ zur Nullstellenmenge. Man ersetzt an allen Stellen $e^{\lambda_\nu x}$ durch $e^{\mathrm{Re}\,\lambda_\nu x} \cdot \cos \mathrm{Im}\,\lambda_\nu x$ und $e^{\bar{\lambda}_\nu x}$ durch $e^{\mathrm{Re}\,\lambda_\nu x} \cdot \sin \mathrm{Im}\,\lambda_\nu x$. Es ergibt sich ein Fundamentalsystem.

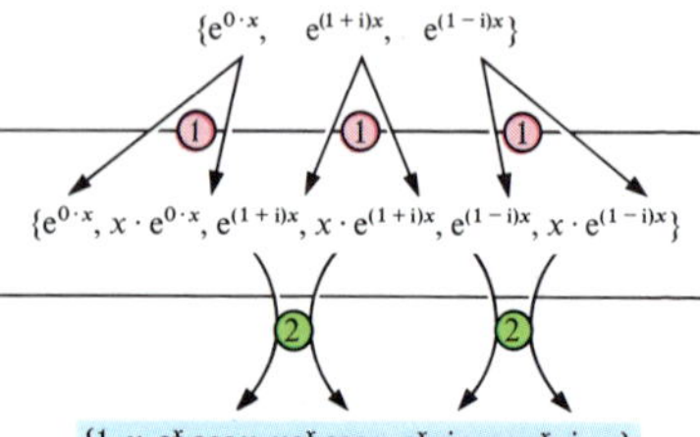

{e^{0·x}, e^{(1+i)x}, e^{(1−i)x}}
1
{e^{0·x}, x · e^{0·x}, e^{(1+i)x}, x · e^{(1+i)x}, e^{(1−i)x}, x · e^{(1−i)x}}
2
{1, x, e^x cos x, xe^x cos x, e^x sin x, xe^x sin x}
Fundamentalsystem

B

Fundamentalsystem

Homogene lineare DG n-ter Ordnung

Eine DG der Form

$$y^{(n)} + a_{n-1}(x) \cdot y^{(n-1)} + \dots + a_1(x) \cdot y' + a_0(x) \cdot y = 0$$

heißt *homogene lineare DG n-ter Ordnung* ($n \in \mathbb{N} \setminus \{0\}$); dabei werden die Funktionen $a_0, a_1, \dots, a_{n-1}$ auf einem offenen Intervall I_x als *stetig* vorausgesetzt. Jedes Anfangswerteproblem (S. 373) ist dann eindeutig lösbar (vgl. S. 389) und die Lösung auf I_x definiert.

Als Lösungen der DG kommen nur spezielle n-mal differenzierbare, auf I_x definierte Funktionen in Frage. Man zeigt nun leicht durch Nachrechnen, daß mit je zwei Lösungen F und $\hat{F}$ auch $F + \hat{F}$ und $\alpha \cdot F (\alpha \in \mathbb{R})$ Lösungen der DG sind. Damit ist die Menge $\mathfrak{L}_h$ aller Lösungen bez. der Verknüpfungen »+« und »·« ein *Vektorraum über* $\mathbb{R}$, und zwar ein Unterraum (S. 87f.) des von allen n-mal differenzierbaren, auf I_x definierten Funktionen gebildeten Vektorraumes über $\mathbb{R}$.

Um die *Dimension* von $\mathfrak{L}_h$ zu bestimmen, sucht man eine Basis, die in diesem Zusammenhang auch *Fundamentalsystem* genannt wird. Die lineare Unabhängigkeit von Lösungen kann sehr vorteilhaft durch die sog. WRONSKI-*Determinante* charakterisiert werden (Abb. A_1). Man zeigt, daß es n linear unabhängige Lösungen gibt, und daß $n+1$ paarweise verschiedene Lösungen stets linear abhängig sind. Die Dimension von $\mathfrak{L}_h$ ist damit gleich der Ordnung der DG.

Damit ergibt sich der folgende

Satz 1: *Die Dimension des Lösungsraumes $\mathfrak{L}_h$ einer homogenen linearen DG n-ter Ordnung ist n, d. h. es gilt:*

$$\mathfrak{L}_h = \{F_h | F_h = \sum_{\nu=1}^{n} \alpha_\nu \cdot F_\nu \wedge \alpha_\nu \in \mathbb{R} \wedge \{F_1, \dots, F_n\} \textit{ Basis}\}.$$

$F_h = \alpha_1 \cdot F_1 + \dots + \alpha_n \cdot F_n$ ($\alpha_\nu \in \mathbb{R}$) heißt *allgemeine Lösung*.

Die Aufgabe, eine homogene lineare DG n-ter Ordnung vollständig zu lösen, ist damit zurückgeführt auf die Aufgabe, ein Fundamentalsystem von Lösungen zu finden. Aber auch diese Aufgabe ist nur bei speziellen DGen mit elementaren Mitteln lösbar.

Homogene lineare DG n-ter Ordnung mit konstanten Koeffizienten

Bei diesem Spezialfall sind die Funktionen a_0, $a_1, \dots, a_{n-1}$ *konstant*. Es ist also zur DG

$$y^{(n)} + a_{n-1} \cdot y^{(n-1)} + \dots + a_1 \cdot y' + a_0 \cdot y = 0$$

mit $a_\nu \in \mathbb{R}$ ein Fundamentalsystem von Lösungen zu suchen.

Der Versuch, diese DG durch den Ansatz $F(x) = e^{\lambda x}$ zu lösen, führt auf die Bedingung

$$\lambda^n + a_{n-1} \cdot \lambda^{n-1} + \dots + a_1 \cdot \lambda + a_0 = 0$$

(*charakteristische Gleichung*). Das zugehörige Polynom $c(X) = X^n + a_{n-1} X^{n-1} + \dots + a_1 X + a_0$ heißt *charakteristisches Polynom*.

Gibt es nun eine reelle Nullstelle λ_1 von $c(X)$, so ist F_1 mit $F_1(x) = e^{\lambda_1 x}$ sicherlich eine Lösung der DG. Dasselbe gilt für jede weitere reelle Nullstelle. Die Lösungen, die zu paarweise verschiedenen reellen Nullstellen gehören, sind sogar linear unabhängig über $\mathbb{R}$, so daß man ohne weiteres ein Fundamentalsystem erhält, wenn $c(X)$ nur einfache reelle Nullstellen besitzt. Die zuletzt genannte Bedingung ist jedoch i. a. nicht erfüllt (vgl. S. 96). Man muß daher die Menge der lin. unabhängigen Lösungen, die man aus den einfachen reellen Nullstellen von $c(X)$ erhält (die Menge kann durchaus leer sein), durch geeignete Funktionen zu einem Fundamentalsystem ergänzen. Dabei kann man wie in Abb. B vorgehen.

Inhomogene lineare DG n-ter Ordnung

Eine DG der Form

$$y^{(n)} + a_{n-1}(x) \cdot y^{(n-1)} + \dots + a_1(x) \cdot y' + a_0(x) \cdot y = s(x)$$

heißt *inhomogene lineare DG n-ter Ordnung* mit der *Störfunktion s*, wenn s nicht die Nullfunktion ist; alle auftretenden Funktionen seien auf I_x stetig.

Hat man eine Lösung F_p der inhomogenen linearen DG gefunden, eine sog. *partikuläre Lösung*, so läßt sich der Lösungsraum $\mathfrak{L}_{ih}$ mit Hilfe desjenigen der zugehörigen homogenen DG

$$y^{(n)} + a_{n-1}(x) \cdot y^{(n-1)} + \dots + a_1(x) \cdot y' + a_0(x) \cdot y = 0$$

verhältnismäßig einfach angeben.

Ist nämlich F_{ih} eine beliebige Lösung der inhomogenen DG, so bestätigt man leicht durch Nachrechnen, daß $F_{ih} - F_p$ eine Lösung der zugehörigen homogenen DG ist. Es gilt also: $F_{ih} \in F_p + \mathfrak{L}_h$ (Nebenklasse von $\mathfrak{L}_h$), d. h. $\mathfrak{L}_{ih} \subseteq F_p + \mathfrak{L}_h$. Umgekehrt ist aber jede Funktion aus $F_p + \mathfrak{L}_h$ auch Lösung der inhomogenen DG, so daß $\mathfrak{L}_{ih} = F_p + \mathfrak{L}_h$ gilt. Es ergibt sich

Satz 2: *Für den Lösungsraum $\mathfrak{L}_{ih}$ der inhomogenen linearen DG n-ter Ordnung gilt:*

$$\mathfrak{L}_{ih} = \{F_{ih} | F_{ih} = F_p + F_h \wedge F_h \in \mathfrak{L}_h \wedge F_p \textit{ part. Lösung}\}.$$

$F_{ih} = F_p + \alpha_1 \cdot F_1 + \dots + \alpha_n \cdot F_n$ ($\alpha_\nu \in \mathbb{R}$, $\{F_1, \dots, F_n\}$ Basis von $\mathfrak{L}_h$) heißt *allgemeine Lösung* der inhomogenen linearen DG n-ter Ordnung.

Der Lösungsraum einer inhomogenen linearen DG ist also bekannt, wenn man über den Lösungsraum der zugehörigen homogenen DG hinaus eine partikuläre Lösung kennt. Es gibt eine Methode, *Variation der Konstanten* genannt, mit deren Hilfe man eine partikuläre Lösung bestimmen kann:

> Man setzt $F_p(x) = F_1(x) \cdot v_1(x) + \dots + F_n(x) \cdot v_n(x)$, wobei $\{F_1, \dots, F_n\}$ ein Fundamentalsystem der zugehörigen homogenen DG ist, und bestimmt wie in Abb. A_2 die Funktionen $v_1, \dots, v_n$ so, daß F_p eine Lösung der inhomogenen DG ist.

Dies Verfahren ist zwar allgemein anwendbar, setzt aber ein Fundamentalsystem der zugehörigen homogenen DG voraus. Da hier die besonderen Schwierigkeiten liegen, verwendet man, insbesondere wenn Anfangswerteprobleme zu lösen sind, bei denen es nicht auf die allgemeine Lösung ankommt, andere Verfahren, z. B. Potenzreihenansätze, LAPLACE-Transformationen usw., worauf hier jedoch nicht eingegangen werden kann. Für die Praxis sind Näherungsverfahren (S. 391) von bes. Interesse.

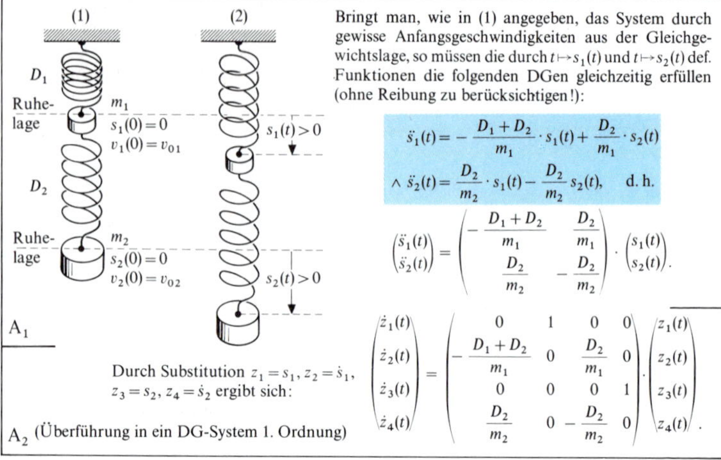

Bringt man, wie in (1) angegeben, das System durch gewisse Anfangsgeschwindigkeiten aus der Gleichgewichtslage, so müssen die durch $t \mapsto s_1(t)$ und $t \mapsto s_2(t)$ def. Funktionen die folgenden DGen gleichzeitig erfüllen (ohne Reibung zu berücksichtigen!):

$$\ddot{s}_1(t) = -\frac{D_1+D_2}{m_1}\cdot s_1(t) + \frac{D_2}{m_1}\cdot s_2(t)$$

$$\wedge\ \ddot{s}_2(t) = \frac{D_2}{m_2}\cdot s_1(t) - \frac{D_2}{m_2} s_2(t), \quad \text{d. h.}$$

$$\begin{pmatrix}\ddot{s}_1(t)\\ \ddot{s}_2(t)\end{pmatrix} = \begin{pmatrix}-\frac{D_1+D_2}{m_1} & \frac{D_2}{m_1}\\ \frac{D_2}{m_2} & -\frac{D_2}{m_2}\end{pmatrix}\cdot\begin{pmatrix}s_1(t)\\ s_2(t)\end{pmatrix}.$$

Durch Substitution $z_1 = s_1$, $z_2 = \dot{s}_1$, $z_3 = s_2$, $z_4 = \dot{s}_2$ ergibt sich:

$$\begin{pmatrix}\dot{z}_1(t)\\ \dot{z}_2(t)\\ \dot{z}_3(t)\\ \dot{z}_4(t)\end{pmatrix} = \begin{pmatrix}0 & 1 & 0 & 0\\ -\frac{D_1+D_2}{m_1} & 0 & \frac{D_2}{m_1} & 0\\ 0 & 0 & 0 & 1\\ \frac{D_2}{m_2} & 0 & -\frac{D_2}{m_2} & 0\end{pmatrix}\cdot\begin{pmatrix}z_1(t)\\ z_2(t)\\ z_3(t)\\ z_4(t)\end{pmatrix}.$$

A₂ (Überführung in ein DG-System 1. Ordnung)

Beispiel eines Differentialgleichungssystems 2. Ordnung, Überführung in ein Differentialgleichungssystem 1. Ordnung

$$A(x) = \begin{pmatrix}a_{11}(x)\dots a_{1n}(x)\\ \vdots \qquad \vdots\\ a_{n1}(x)\dots a_{nn}(x)\end{pmatrix} \qquad a_{ik}: I_x \to \mathbb{R} \text{ def. durch } x \mapsto a_{ik}(x) \text{ differenzierbar}$$

$$A'(x) := (a'_{ik}(x))$$

Ableitung einer Matrix

$$\int_{x_0}^{x} A(t)\,\mathrm{d}t := \left(\int_{x_0}^{x} a_{ik}(t)\,\mathrm{d}t\right)$$

Integral einer Matrix

Regeln: (1) $(A(x)+B(x))' = A'(x)+B'(x)$

(2) $\int_{x_0}^{x} (A(t)+B(t))\,\mathrm{d}t = \int_{x_0}^{x} A(t)\,\mathrm{d}t + \int_{x_0}^{x} B(t)\,\mathrm{d}t$

(3) $(A(x)\cdot B(x))' = A'(x)\cdot B(x) + A(x)\cdot B'(x)$

(4) $A(x)\cdot A'(x) = A'(x)\cdot A(x) \Rightarrow ([A(x)]^n)' = nA'(x)\cdot[A(x)]^{n-1}$ $\quad (n\in\mathbb{N}\setminus\{0\})$

($A^0 := E$, E Einheitsmatrix)

B

Ableitung und Integral einer Matrix

Führt man im Vektorraum $M_{n,n}(\mathbb{R})$ der reellen (n,n)-Matrizen (S. 89) durch $\|A\| := \operatorname{grEl}\{|a_{ik}| \mid i,k\in\{1,\dots,n\}\}$ eine Norm (S. 365) ein, so wird $M_{n,n}(\mathbb{R})$ zu einem normierten Vektorraum, in dem die Konvergenz von Matrizenfolgen definiert ist (S. 367). Man kann daher analog zu reellen Reihen (S. 279f.) auch Matrizenreihen auf Konvergenz untersuchen. Insbesondere kann man zeigen, daß die Reihe

$$\sum_{\nu=0}^{\infty}\frac{A^\nu}{\nu!} = E + \frac{A}{1!} + \frac{A^2}{2!} + \frac{A^3}{3!} + \cdots (A^0 = E) \qquad (\textit{Exponentialreihe für Matrizen})$$

für alle $A\in M_{n,n}(\mathbb{R})$ konvergiert.

Für $n=1$ liegt gerade die Reihendarstellung von $\mathrm{e}^{a_{11}}$ vor, so daß es sinnvoll erscheint, die folgende Schreibweise einzuführen:

$$\mathrm{e}^A := \sum_{\nu=0}^{\infty}\frac{A^\nu}{\nu!}.$$

Regeln: (1) $\mathrm{e}^A \neq O$ (O Nullmatrix) (2) $\mathrm{e}^O = E$

(3) $A\cdot B = B\cdot A \Rightarrow \mathrm{e}^A\cdot\mathrm{e}^B = \mathrm{e}^{A+B}$ (4) $\mathrm{e}^A\cdot\mathrm{e}^{-A} = E$, $\quad \mathrm{e}^{-A} = (\mathrm{e}^A)^{-1}$

(5) $\det \mathrm{e}^A \neq 0$ (6) $\mathrm{e}^{nA} = (\mathrm{e}^A)^n$ $\quad (n\in\mathbb{N})$

(7) $B(x)\cdot B'(x) = B'(x)\cdot B(x) \Rightarrow (\mathrm{e}^{B(x)})' = B'(x)\cdot\mathrm{e}^{B(x)} = \mathrm{e}^{B(x)}\cdot B'(x)$

(8) $(\mathrm{e}^{xA})' = A\cdot\mathrm{e}^{xA} = \mathrm{e}^{xA}\cdot A$ $\quad (x\in\mathbb{R})$

C

Exponentialreihe für Matrizen

Das Beispiel in Abb. A_1 verdeutlicht, daß Probleme der Anwendung nicht nur auf einzelne DGen führen, sondern daß mehrere DGen auftreten können, die gleichzeitig zu erfüllen sind. Man spricht dann von DG-Systemen.

DG-System 1. Ordnung

Unter einem *DG-System 1. Ordnung* versteht man ein System der Form

$$\begin{aligned} & y_1' = f_1(x, y_1, \ldots, y_n) \\ \wedge\ & y_2' = f_2(x, y_1, \ldots, y_n) \qquad (n \in \mathbb{N}\setminus\{0\}) \\ & \ \vdots \qquad \vdots \\ \wedge\ & y_n' = f_n(x, y_1, \ldots, y_n), \end{aligned}$$

wobei die Funktionen $f_1, \ldots, f_n$ auf einem Gebiet G des $\mathbb{R}^{n+1}$ definierte $\mathbb{R}^{n+1}$-$\mathbb{R}$-Funktionen sind. Faßt man $y_1, \ldots, y_n$ und $y_1', \ldots, y_n'$ zu n-Tupeln des $\mathbb{R}^n$ zusammen, so ergibt sich die folgende knappere Schreibweise des obigen Systems:

$$\boldsymbol{y}' = \boldsymbol{f}(x, \boldsymbol{y}) \quad \text{mit} \quad \boldsymbol{y} = \begin{pmatrix} y_1 \\ \vdots \\ y_n \end{pmatrix} \quad \text{und} \quad \boldsymbol{y}' = \begin{pmatrix} y_1' \\ \vdots \\ y_n' \end{pmatrix}.$$

Dabei ist $\boldsymbol{f}$ eine auf G definierte $\mathbb{R}^{n+1}$-$\mathbb{R}^n$-Funktion mit der Komponentendarstellung $\boldsymbol{f} = (f_1, \ldots, f_n)$.

Lösungen eines DG-Systems 1. Ordnung sollen differenzierbare $\mathbb{R}$-$\mathbb{R}^n$-Funktionen $\boldsymbol{F}$ mit der Komponentendarstellung $\boldsymbol{F} = (F_1, \ldots, F_n)$ sein, wobei sämtliche Komponenten auf I_x definierte, reellwertige Funktionen sind, so daß für alle $x \in I_x$ gilt:

$$(x, \boldsymbol{F}(x)) \in G \quad \text{und} \quad \boldsymbol{F}'(x) = \boldsymbol{f}(x, \boldsymbol{F}(x)).$$

Eine Lösung $\boldsymbol{F}_A$ ist Lösung eines *Anfangswerteproblems* bez. $(x_0, \boldsymbol{y}_0) \in G$, wenn zusätzlich $\boldsymbol{F}_A(x_0) = \boldsymbol{y}_0$ gilt.

Auch wenn die Existenz- und Eindeutigkeitssätze (S. 389) erfüllt sind, was im folgenden vorausgesetzt wird, bereitet das Lösen von DG-Systemen 1. Ordnung bereits bei sehr speziellen Fällen (s. u.) große Schwierigkeiten. Schon für $n = 2$ kann man keine elementaren Lösungsverfahren erwarten.

DG-Systeme höherer Ordnung

Das Beispiel in Abb. A ist ein DG-System 2. Ordnung, das sich in ein DG-System 1. Ordnung überführen läßt. Eine derartige Überführung ist bei entsprechender Substitution auch für DG-Systeme anderer Ordnung möglich.

Die Theorie der DG-Systeme läßt sich also auf diejenige für DG-Systeme 1. Ordnung reduzieren.

Lineare DG-Systeme 1. Ordnung

Hat ein DG-System 1. Ordnung die folgende Form

$$\begin{aligned} & y_1' = a_{11}(x) \cdot y_1 + \cdots + a_{1n}(x) \cdot y_n + s_1(x) \\ & \ \vdots \qquad \vdots \qquad\qquad \vdots \qquad\quad \vdots \\ \wedge\ & y_n' = a_{n1}(x) \cdot y_1 + \cdots + a_{nn}(x) \cdot y_n + s_n(x), \end{aligned}$$

wobei die Funktionen a_{ik} $(i, k \in \{1, \ldots, n\})$ sämtlich auf I_x definiert, reellwertig und stetig sind, so heißt das System *linear*.

Ein derartiges System gibt man vorteilhaft in Matrizenschreibweise an:

$$\begin{pmatrix} y_1' \\ \vdots \\ y_n' \end{pmatrix} = \begin{pmatrix} a_{11}(x) \ldots a_{1n}(x) \\ \vdots \qquad \vdots \\ a_{n1}(x) \ldots a_{nn}(x) \end{pmatrix} \cdot \begin{pmatrix} y_1 \\ \vdots \\ y_n \end{pmatrix} + \begin{pmatrix} s_1(x) \\ \vdots \\ s_n(x) \end{pmatrix},$$

d. h. $\boldsymbol{y}' = A(x) \cdot \boldsymbol{y} + \boldsymbol{s}(x)$ $(x \in I_x)$, wobei $A(x) := (a_{ik}(x))$ und $\boldsymbol{s} = (s_1, \ldots, s_n)$ gilt. $A(x)$ heißt *Koeffizientenmatrix*, $\boldsymbol{s}$ *Störfunktion*. Ist $\boldsymbol{s}$ nicht die Nullfunktion, so spricht man von einem *inhomogenen*, andernfalls von einem *homogenen System*.

a) Homogenes lineares DG-System 1. Ordnung

Jede Linearkombination von Lösungen des homogenen linearen DG-Systems 1. Ordnung

$$\boldsymbol{y}' = A(x) \cdot \boldsymbol{y}$$

ist wieder eine Lösung des Systems. Die Lösungen bilden daher einen Vektorraum über $\mathbb{R}$, und zwar einen Unterraum des Vektorraums aller auf I_x definierten, differenzierbaren $\mathbb{R}$-$\mathbb{R}^n$-Funktionen (versehen mit den üblichen Verknüpfungen).

Überträgt man den Begriff der linearen Unabhängigkeit auf Elemente dieses Vektorraumes (vgl. S. 383), so läßt sich zeigen, daß es n über $\mathbb{R}$ linear unabhängige Lösungen gibt und $n+1$ Lösungen stets linear abhängig sind. Die Dimension des Lösungsraumes ist also n.

Ist $\{\boldsymbol{F}_1, \ldots, \boldsymbol{F}_n\}$ eine Basis, ein sog. *Fundamentalsystem*, so gilt für die *allgemeine Lösung*:

$$\boldsymbol{F}_h = c_1 \cdot \boldsymbol{F}_1 + \cdots + c_n \cdot \boldsymbol{F}_n \ (c_\nu \in \mathbb{R}).$$

Um nachzuprüfen, ob n Lösungen $\boldsymbol{F}_1, \ldots, \boldsymbol{F}_n$ linear unabhängig über $\mathbb{R}$ sind, kann man mit Hilfe der Komponentendarstellungen $\boldsymbol{F}_k = (F_{1k}, \ldots, F_{nk})$ $(k \in \{1, \ldots, n\})$ zur *Lösungsmatrix*

$$(\boldsymbol{F}_1 \boldsymbol{F}_2 \ldots \boldsymbol{F}_n)(x) = (F_{ik}(x)) = \begin{pmatrix} F_{11}(x) \ldots F_{1n}(x) \\ \vdots \qquad \vdots \\ F_{n1}(x) \ldots F_{nn}(x) \end{pmatrix}$$

übergehen und ihre Determinante untersuchen. Ist die Determinante für ein $x_0 \in I_x$ von Null verschieden, so ist $\{\boldsymbol{F}_1, \ldots, \boldsymbol{F}_n\}$ ein Fundamentalsystem. Die Lösungsmatrix eines Fundamentalsystems heißt auch *Fundamentalmatrix*. Sie wird mit $\mathfrak{F}(x)$ bezeichnet. Es gilt: $\det \mathfrak{F}(x) \neq 0$ für alle $x \in I_x$.

Faßt man die reellen Zahlen $c_1, \ldots, c_n$ zu einem n-Tupel $\boldsymbol{c}$ aus $\mathbb{R}^n$ zusammen, so läßt sich die allgemeine Lösung auch in Matrizenform notieren:

$$\boldsymbol{F}_h(x) = \mathfrak{F}(x) \cdot \boldsymbol{c} \quad (\boldsymbol{c} \in \mathbb{R}^n).$$

Das homogene lineare DG-System ist also gelöst, wenn man eine Fundamentalmatrix angeben kann. Aus ihr lassen sich spaltenweise die n linear unabhängigen Lösungen ablesen.

Man löst daher statt $\boldsymbol{y}' = A(x) \cdot \boldsymbol{y}$ die Gleichung $\mathfrak{F}'(x) = A(x) \cdot \mathfrak{F}(x)$, wobei $\mathfrak{F}'(x)$ wie in Abb. B def. ist.

Mit $\mathfrak{F}(x)$ ist auch $\mathfrak{F}(x) \cdot C$ eine Fundamentalmatrix, wenn $C \in M_{n,n}(\mathbb{R})$ regulär (S. 91) ist. Es läßt sich zeigen, daß durch den Matrizenterm $\mathfrak{F}(x) \cdot C$ jede Fundamentalmatrix beschreibbar ist.

Mit den Definitionen und Aussagen von Abb. B und C ergibt sich der folgende

Satz: *Gibt es zum homogenen linearen DG-System* $\boldsymbol{y}' = A(x) \cdot \boldsymbol{y}$ *eine Matrix* $B(x)$ *mit* $B'(x) = A(x)$ *und* $B(x) \cdot B'(x) = B'(x) \cdot B(x)$ *für alle* $x \in I_x$, *so ist* $e^{B(x)}$ *eine Fundamentalmatrix. Es gilt also:* $\mathfrak{F}(x) = e^{B(x)} \cdot C$ $(C \in M_{n,n}(\mathbb{R}), \det C \neq 0)$.

Bem.: Die gesamten Ausführungen lassen sich ohne weiteres auf DG-Systeme mit *komplexer* Koeffizientenmatrix übertragen.

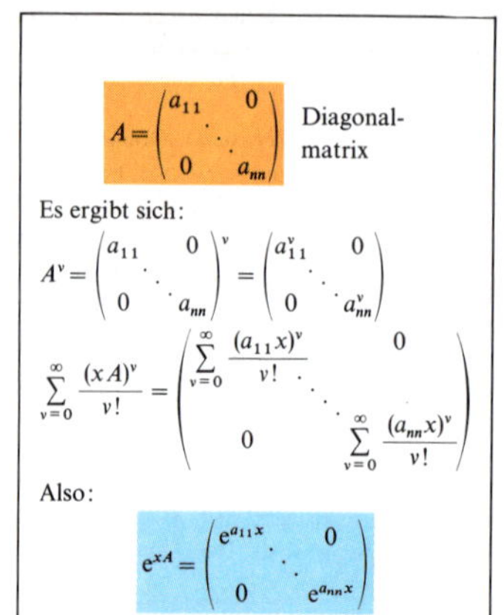

$$A = \begin{pmatrix} a_{11} & & 0 \\ & \ddots & \\ 0 & & a_{nn} \end{pmatrix} \quad \text{Diagonal-matrix}$$

Es ergibt sich:

$$A^\nu = \begin{pmatrix} a_{11} & & 0 \\ & \ddots & \\ 0 & & a_{nn} \end{pmatrix}^\nu = \begin{pmatrix} a_{11}^\nu & & 0 \\ & \ddots & \\ 0 & & a_{nn}^\nu \end{pmatrix}$$

$$\sum_{\nu=0}^{\infty} \frac{(xA)^\nu}{\nu!} = \begin{pmatrix} \sum_{\nu=0}^{\infty} \frac{(a_{11}x)^\nu}{\nu!} & & 0 \\ & \ddots & \\ 0 & & \sum_{\nu=0}^{\infty} \frac{(a_{nn}x)^\nu}{\nu!} \end{pmatrix}$$

Also:

$$e^{xA} = \begin{pmatrix} e^{a_{11}x} & & 0 \\ & \ddots & \\ 0 & & e^{a_{nn}x} \end{pmatrix}$$

A

Beispiel einer Fundamentalmatrix

$$\det(A - XE) = \begin{vmatrix} a_{11} - X & a_{12} \dots a_{1n} \\ a_{21} & \ddots & \vdots \\ \vdots & \ddots & a_{n-1\,n} \\ a_{n1} \dots a_{n\,n-1} & a_{nn} - X \end{vmatrix} = \sum_{\nu=0}^{n} r_\nu \cdot X^\nu$$

Die Koeffizienten r_ν lassen sich sukzessiv berechnen. Dazu benötigt man den Begriff der *Spur einer Matrix*:

$$\mathrm{Sp}(A) := a_{11} + a_{22} + \dots + a_{nn} \text{ für } A = (a_{ik}).$$

Es gilt dann:

$$r_n = (-1)^n$$
$$r_{n-1} = -r_n \,\mathrm{Sp}(A)$$
$$r_{n-2} = -\tfrac{1}{2}(r_{n-1}\mathrm{Sp}(A) + r_n \mathrm{Sp}(A^2))$$
$$r_{n-3} = -\tfrac{1}{3}(r_{n-2}\mathrm{Sp}(A) + r_{n-1}\mathrm{Sp}(A^2) + r_n \mathrm{Sp}(A^3))$$
$$\vdots$$
$$r_0 = -\frac{1}{n}\left(\sum_{\mu=0}^{n-1} r_{n-\mu}\mathrm{Sp}(A^\mu)\right)$$

B

Charakteristische Gleichung

Beispiel: $y' = \begin{pmatrix} 4 & -4 & 0 \\ 1 & 2 & 1 \\ 0 & 2 & 4 \end{pmatrix} \cdot y$

Charakteristische Gleichung:

$$\begin{vmatrix} 4-x & -4 & 0 \\ 1 & 2-x & 1 \\ 0 & 2 & 4-x \end{vmatrix} = 0$$

$$\Leftrightarrow (x-(3+i))\,(x-(3-i))\,(x-4) = 0$$

Eigenwerte: $\lambda_1 = 3+i,\ \lambda_2 = 3-i,\ \lambda_3 = 4$

Eigenvektoren:

$$(A - \lambda_1 E)x = o \qquad (A - \lambda_3 E)x = o$$

$$\begin{pmatrix} 1-i & -4 & 0 \\ 1 & -1-i & 1 \\ 0 & 2 & 1-i \end{pmatrix} x = o \qquad \begin{pmatrix} 0 & -4 & 0 \\ 1 & -2 & 1 \\ 0 & 2 & 0 \end{pmatrix} x = o$$

$$v_1 = \begin{pmatrix} 4 \\ 1+i \\ -2 \end{pmatrix}, \quad v_2 = \bar{v}_1 = \begin{pmatrix} 4 \\ 1-i \\ -2 \end{pmatrix}, \quad v_3 = \begin{pmatrix} 1 \\ 0 \\ -1 \end{pmatrix}$$

Fundamentalmatrix (komplex):

$$\begin{pmatrix} 4e^{(3+i)x} & 4e^{(3-i)x} & e^{4x} \\ (1-i)e^{(3+i)x} & (1+i)e^{(3-i)x} & 0 \\ -2e^{(3+i)x} & -2e^{(3-i)x} & -e^{4x} \end{pmatrix}$$

Fundamentalmatrix (reell):

$$\begin{pmatrix} 4\cos x \cdot e^{3x} & 4\sin x \cdot e^{3x} & e^{4x} \\ (\sin x + \cos x)e^{3x} & (\sin x - \cos x)e^{3x} & 0 \\ -2\cos x \cdot e^{3x} & -2\sin x \cdot e^{3x} & -e^{4x} \end{pmatrix}$$

C_1

Beispiel: $y' = \begin{pmatrix} 1 & -1 & 2 \\ 2 & -2 & 1 \\ 1 & -1 & -1 \end{pmatrix} \cdot y$

Charakteristische Gleichung:

$$\begin{vmatrix} 1-x & -1 & 2 \\ 2 & -2-x & 1 \\ 1 & -1 & -1-x \end{vmatrix} = 0$$

$$\Leftrightarrow x^2(x+2) = 0$$

Eigenwerte: $\lambda_1 = 0\ (m_1 = 2),\ \lambda_2 = -2\ (m_2 = 1)$

$$(A - \lambda_1 E)^2 x = o \qquad (A - \lambda_2 E)x = o$$

$$\begin{pmatrix} 1 & 1 & -1 \\ -1 & 1 & 1 \\ -2 & 2 & 2 \end{pmatrix} x = o \qquad \begin{pmatrix} 3 & -1 & 2 \\ 2 & 0 & 1 \\ 1 & -1 & 1 \end{pmatrix} x = o$$

$$w_{11} = \begin{pmatrix} 1 \\ 1 \\ 0 \end{pmatrix}, \quad w_{12} = \begin{pmatrix} 1 \\ 0 \\ 1 \end{pmatrix}, \quad w_2 = \begin{pmatrix} 1 \\ -1 \\ -2 \end{pmatrix}$$

Lösungsterme:

$$e^{\lambda_1 x}(w_{11} + (A - \lambda_1 E)w_{11}x) = \begin{pmatrix} 1 \\ 1 \\ 0 \end{pmatrix} \qquad e^{\lambda_1 x}(w_{12} + (A - \lambda_1 E)w_{12}x) = \begin{pmatrix} 1+3x \\ 3x \\ 1 \end{pmatrix}$$

Fundamentalmatrix (reell):

$$\begin{pmatrix} 1 & 1+3x & e^{-2x} \\ 1 & 3x & -e^{-2x} \\ 0 & 1 & -2e^{-2x} \end{pmatrix}$$

C_2

Differentialgleichungssysteme 1. Ordnung mit konstanten Koeffizienten

Homogenes lineares DG-System 1. Ordnung mit konstanten Koeffizienten

Ein derartiges System liegt in Abb. A_2, S. 384, vor. Allgemein handelt es sich um ein System der Form

$$\boldsymbol{y}' = A \cdot \boldsymbol{y} \quad \text{mit} \quad A \in M_{n,n}(\mathbb{R}).$$

Das System ist gelöst, wenn eine Fundamentalmatrix bekannt ist. Nun gibt es zu A eine Matrix $B(x)$, und zwar $B(x) = x \cdot A$, so daß $B'(x) = A$ und $B(x) \cdot B'(x) = B'(x) \cdot B(x)$ für alle $x \in \mathbb{R}$ gilt. Nach dem Satz auf S. 385 ist also $e^{x \cdot A}$ eine Fundamentalmatrix, d. h. es gilt für alle $x \in \mathbb{R}$:

$$\mathfrak{F}(x) = e^{x \cdot A} \cdot C \quad (C \in M_{n,n}(\mathbb{R}), \det C \neq 0).$$

In einfachen Fällen, wie in Abb. A, kann man $e^{x \cdot A}$ leicht angeben. I. a. benötigt man jedoch bei der Berechnung als Hilfsmittel die Begriffe Eigenwert und Eigenvektor (vgl. S. 201).

Eigenwerte, Eigenvektoren

Ist $A \in M_{n,n}(\mathbb{R})$, so heißen die Lösungen der sog. *charakteristischen Gleichung* $\det(A - xE) = 0$ *Eigenwerte* von A.

Da das zugehörige Polynom $\det(A - XE)$ in $\mathbb{C}[X]$ vollständig in Linearfaktoren zerfällt (S. 96) und von n-tem Grade ist (Abb. B), liegen sämtliche Nullstellen in $\mathbb{C}$ und die Summe ihrer Vielfachheiten ist gleich n. Man spricht von *reellen* und *nichtreellen*, von *einfachen* und *mehrfachen* Eigenwerten der Matrix A. Tritt ein nichtreeller Eigenwert λ auf, so ist die konjugiert komplexe Zahl $\bar{\lambda}$ ebenfalls Eigenwert, und zwar mit derselben Vielfachheit.

Ist λ ein Eigenwert zur Matrix A, so hat das Gleichungssystem $(A - \lambda E)\,\boldsymbol{x} = \boldsymbol{o}$ wegen $\det(A - \lambda E) = 0$ von $\boldsymbol{o}$ verschiedene Lösungen aus $\mathbb{C}^n$. Jede derartige Lösung heißt *Eigenvektor* zum Eigenwert λ von A.

Genau dann, wenn ein Eigenwert reell ist, sind die zugehörigen Eigenvektoren aus $\mathbb{R}^n$. Ist $\boldsymbol{v} \in \mathbb{C}^n \setminus \mathbb{R}^n$ ein Eigenvektor zu $\lambda \in \mathbb{C} \setminus \mathbb{R}$, so ist $\bar{\boldsymbol{v}}$ (Übergang zu konjugiert komplexen Komponenten) ein zu $\bar{\lambda}$ gehöriger Eigenvektor.

Wählt man zu paarweise verschiedenen Eigenwerten von A je einen zugehörigen Eigenvektor, so sind diese über $\mathbb{C}$ linear unabhängig. Ist λ ein m-facher Eigenwert von A, so gibt es höchstens m über $\mathbb{C}$ linear unabhängige, zu λ gehörige Eigenvektoren.

Fundamentalmatrix

(1) Es ist leicht nachzuweisen, daß für jeden Eigenwert λ von A und jeden zu λ gehörigen Eigenvektor $\boldsymbol{v}$ die durch den Term $e^{\lambda x} \cdot \boldsymbol{v}$ definierte Funktion eine evtl. komplexe Lösung von $\boldsymbol{y}' = A \cdot \boldsymbol{y}$ ist.

Hat A nun *nur einfache Eigenwerte* $\lambda_1, \dots, \lambda_n$ und sind $\boldsymbol{v}_1, \dots, \boldsymbol{v}_n$ zugehörige Eigenvektoren (sie sind lin. unabhängig über $\mathbb{C}$), so ist die Matrix

$$(e^{\lambda_1 x} \cdot \boldsymbol{v}_1 \dots e^{\lambda_n x} \cdot \boldsymbol{v}_n)$$

mit den Spalten $e^{\lambda_\nu x} \cdot \boldsymbol{v}_\nu$ eine evtl. *komplexe Fundamentalmatrix* zu $\boldsymbol{y}' = A \cdot \boldsymbol{y}$.

Der Übergang zu einer reellen Fundamentalmatrix muß noch vollzogen werden, falls nichtreelle Eigenwerte auftreten. O.B.d.A. seien $\lambda_1, \dots, \lambda_{2k}$ sämtliche Eigenwerte von A aus $\mathbb{C} \setminus \mathbb{R}$, und zwar so geordnet, daß $\lambda_2 = \bar{\lambda}_1, \dots, \lambda_{2k} = \bar{\lambda}_{2k-1}$ gilt. Dann ersetzt man in obiger Fundamentalmatrix die ersten $2k$ Spalten der Reihe nach durch

$$\mathrm{Re}(e^{\lambda_1 x} \cdot \boldsymbol{v}_1), \mathrm{Im}(e^{\lambda_1 x} \cdot \boldsymbol{v}_1), \dots$$
$$\dots, \mathrm{Re}(e^{\lambda_{2k-1} x} \cdot \boldsymbol{v}_{2k-1}), \mathrm{Im}(e^{\lambda_{2k-1} x} \cdot \boldsymbol{v}_{2k-1})$$

und erhält eine *reelle Fundamentalmatrix* zu $\boldsymbol{y}' = A\boldsymbol{y}$. Der Real- bzw. Imaginärteil eines Vektors wird dabei komponentenweise gebildet.

Beispiel: Abb. C_1

(2) In der Regel werden *mehrfache Eigenwerte* auftreten. Dann sind die Verhältnisse verwickelter, weil sich nicht immer n lin. unabhängige Eigenvektoren angeben lassen.

Sind $\lambda_1, \dots, \lambda_s$ die Eigenwerte von A und m_i die Vielfachheiten $\left(\sum_{i=1}^{s} m_i = n\right)$, so zeigt man, daß durch die Terme

$$e^{\lambda_i x} \cdot \sum_{\nu=0}^{m_i - 1} \frac{(A - \lambda_i E)^\nu \cdot \boldsymbol{w}_i}{\nu!} x^\nu \quad (i \in \{1, \dots, s\})$$

evtl. komplexe Lösungen von $\boldsymbol{y}' = A \cdot \boldsymbol{y}$ definiert sind, wobei die $\boldsymbol{w}_i$ von $\boldsymbol{o}$ verschiedene Lösungen der Gleichungssysteme $(A - \lambda_i E)^{m_i} \boldsymbol{x} = \boldsymbol{o}$ sein müssen. Nutzt man nun die Eigenschaft, daß es jeweils m_i lin. unabhängige Lösungen $\boldsymbol{w}_{i1}, \dots, \boldsymbol{w}_{im_i}$ dieser Gleichungssysteme gibt, so erhält man insgesamt n Lösungen von $\boldsymbol{y}' = A \cdot \boldsymbol{y}$, die eine evtl. komplexe Fundamentalmatrix bilden.

Den Übergang zu einer reellen Fundamentalmatrix nimmt man dann wie unter (1) beschrieben vor.

Beispiel: Abb. C_2

b) Inhomogenes lineares DG-System 1. Ordnung

Ist $\boldsymbol{F}_p$ eine beliebige, sog. *partikuläre Lösung* des inhomogenen linearen DG-Systems

$$\boldsymbol{y}' = A(x) \cdot \boldsymbol{y} + \boldsymbol{s}(x),$$

so lautet die *allgemeine Lösung*

$$\boldsymbol{F}_{ih}(x) = \boldsymbol{F}_p(x) + \mathfrak{F}(x) \cdot \boldsymbol{c} \quad (\boldsymbol{c} \in \mathbb{R}^n),$$

wobei $\mathfrak{F}(x)$ eine Fundamentalmatrix des zugehörigen homogenen Systems $\boldsymbol{y}' = A(x) \cdot \boldsymbol{y}$ ist.

Eine partikuläre Lösung kann man z. B. über den Ansatz $\boldsymbol{F}_p(x) = \mathfrak{F}(x) \cdot \boldsymbol{v}(x)$ (sog. *Variation der Konstanten*) bestimmen, wobei $\boldsymbol{v}$ geeignet berechnet werden muß. Es ergibt sich dann

$$\boldsymbol{F}_{ih}(x) = \mathfrak{F}(x) \cdot \int_{x_0}^{x} \mathfrak{F}(t)^{-1} \cdot \boldsymbol{s}(t)\,\mathrm{d}t + \mathfrak{F}(x) \cdot \boldsymbol{c}.$$

Bem.: Das auftretende Integral ist wie in Abb. B, S. 384, definiert.

Anfangswerteprobleme

Für ein Anfangswerteproblem bez. $(x_0, \boldsymbol{y}_0) \in G$ muß gelten:

$$\boldsymbol{F}_A(x) = \mathfrak{F}(x) \cdot \int_{x_0}^{x} \mathfrak{F}(t)^{-1} \cdot \boldsymbol{s}(t)\,\mathrm{d}t + \mathfrak{F}(x) \cdot \boldsymbol{c}$$

und $\boldsymbol{F}_A(x_0) = \boldsymbol{y}_0$.

Durch Einsetzen von x_0 in die erste Gleichung erhält man $\boldsymbol{c} = \mathfrak{F}(x_0)^{-1} \cdot \boldsymbol{y}_0$. Daraus ergibt sich als eindeutige Lösung des Anfangswerteproblems:

$$\boldsymbol{F}_A(x) = \mathfrak{F}(x) \cdot \int_{x_0}^{x} \mathfrak{F}(t)^{-1} \cdot \boldsymbol{s}(t)\mathrm{d}t + \mathfrak{F}(x) \cdot \mathfrak{F}(x_0)^{-1} \cdot \boldsymbol{y}_0.$$

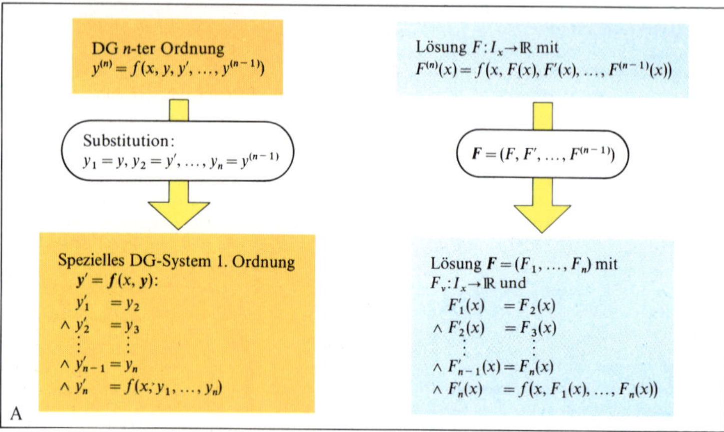

Differentialgleichung n-ter Ordnung und Differentialgleichungssystem 1. Ordnung

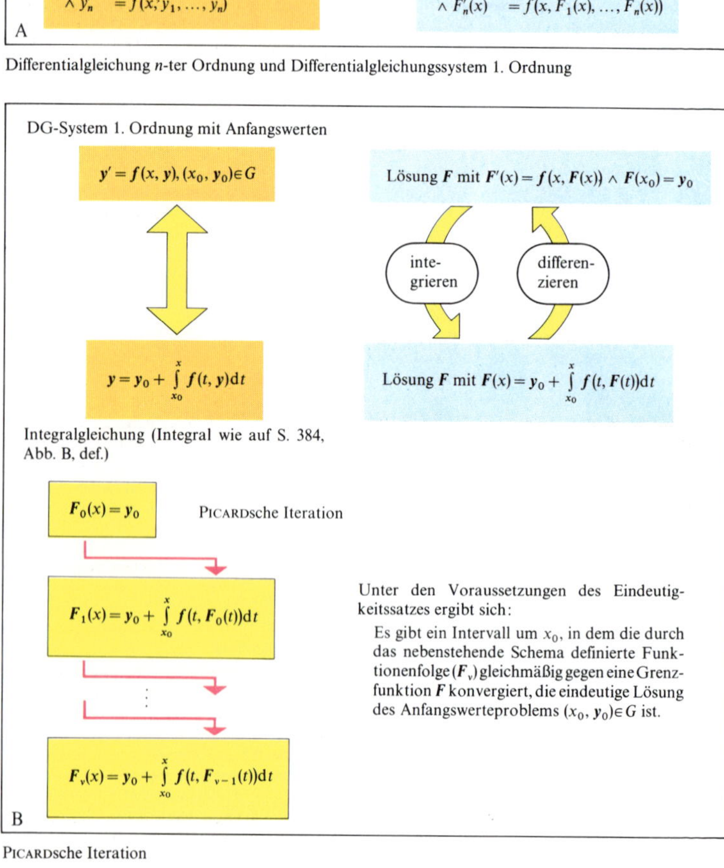

PICARDsche Iteration

In den vorangegangenen Abschnitten über DGen und DG-Systeme wurde hinsichtlich der Lösbarkeit bzw. eindeutigen Lösbarkeit von Anfangswerteproblemen in der Regel auf gewisse Existenz- und Eindeutigkeitssätze verwiesen.

Für den Beweis derartiger Sätze ist es ein Vorteil, daß man jede DG n-ter Ordnung mit expliziter Darstellung in ein DG-System 1. Ordnung überführen kann (Abb. A). Darüberhinaus sind DG-Systeme höherer Ordnung reduzierbar auf DG-Systeme 1. Ordnung (S. 385), so daß es ausreicht, Existenz- und Eindeutigkeitssätze für DG-Systeme 1. Ordnung zu formulieren.

Es werden also Systeme der Form (vgl. S. 385)

$$\mathbf{y}' = \mathbf{f}(x, \mathbf{y})$$

betrachtet, wobei $\mathbf{f}$ eine auf einem Gebiet G des $\mathbb{R}^{n+1}$ definierte $\mathbb{R}^{n+1}$-$\mathbb{R}^n$-Funktion mit der Komponentendarstellung $\mathbf{f} = (f_1, \ldots, f_n)$ ist.

Für $n = 1$ liegt eine explizit dargestellte DG 1. Ordnung

$$y' = f(x, y), \quad f: G \to \mathbb{R} \quad (G \subseteq \mathbb{R}^2),$$

vor.

Existenzsatz

Das Existenzproblem kann folgendermaßen gestellt werden:

Unter welchen Bedingungen für $\mathbf{f}$ gibt es zu einem Anfangswerteproblem $(x_0, \mathbf{y}_0) \in G$ eine Lösung?

Dabei wird nicht nach der »Größe« des Intervalls gefragt, das zu einer ggf. vorhandenen Lösungsfunktion gehört. Inwieweit sich Lösungen auf umfassende Intervalle fortsetzen lassen, wird gesondert im Fortsetzungsproblem (s. u.) behandelt.

Eine Antwort zum Existenzproblem ist der folgende

Existenzsatz von PEANO:

Ist $\mathbf{y}' = \mathbf{f}(x, \mathbf{y})$ ein DG-System 1. Ordnung und $\mathbf{f}$ auf G stetig, so ist jedes Anfangswerteproblem bez. $(x_0, \mathbf{y}_0) \in G$ lösbar.

Die Stetigkeit von $\mathbf{f}$ ist also hinreichend für die Lösbarkeit jedes Anfangswerteproblems, jedoch *nicht hinreichend* für die *eindeutige* Lösbarkeit, wie z. B. am Beispiel in Abb. C_1, S. 374, deutlich wird.

Eindeutigkeitssatz

Das Eindeutigkeitsproblem lautet:

Unter welchen Bedingungen von $\mathbf{f}$ gibt es zu jedem Anfangswerteproblem $(x_0, \mathbf{y}_0) \in G$ ein Intervall I_x und eine auf I_x definierte, eindeutig bestimmte Lösung des Anfangswerteproblems?

Auch hier werden an die »Größe« des Intervalls keine Forderungen gestellt.

Um das Eindeutigkeitsproblem zu lösen, muß man sicherlich nach einer schärferen Bedingung als die der Stetigkeit von $\mathbf{f}$ suchen. Eine nicht notwendige, aber hinreichende Bedingung ist die sog. lokale LIPSCHITZ-Bedingung zusammen mit der Stetigkeit von $\mathbf{f}$.

Def.: $\mathbf{f}: G \to \mathbb{R}^n$ $(G \subseteq \mathbb{R}^{n+1})$ erfüllt in G die *globale* LIPSCHITZ-*Bedingung*, wenn es ein $S \in \mathbb{R}^+$ gibt, so daß für alle $(x, \mathbf{y}), (x, \bar{\mathbf{y}}) \in G$ gilt:

$$|\mathbf{f}(x, \mathbf{y}) - \mathbf{f}(x, \bar{\mathbf{y}})| \leqq S \cdot |\mathbf{y} - \bar{\mathbf{y}}|.$$

$\mathbf{f}$ erfüllt die *lokale* LIPSCHITZ-*Bedingung* in G, wenn es zu jedem $(x, \mathbf{y}) \in G$ eine in G gelegene Umgebung von $(x, \mathbf{y})$ gibt, in der die globale LIPSCHITZ-Bedingung erfüllt ist.

Ist die globale LIPSCHITZ-Bedingung erfüllt, so auch die lokale, falls G ein Gebiet ist.

Es ergibt sich der folgende

Eindeutigkeitssatz: *Ist $\mathbf{y}' = \mathbf{f}(x, \mathbf{y})$ ein DG-System 1. Ordnung, $\mathbf{f}$ auf G stetig und erfüllt $\mathbf{f}$ die lokale* LIPSCHITZ-*Bedingung in G, so gibt es zu jedem Anfangswerteproblem $(x_0, \mathbf{y}_0) \in G$ ein Intervall I_x und eine auf I_x definierte, eindeutig bestimmte Lösung des Anfangswerteproblems.*

Bem.: Ein wichtiges Hilfsmittel beim Beweis ist das sog. PICARD*sche Iterationsverfahren* (Abb. B).

Bei Anwendungen ist der Nachweis der lokalen LIPSCHITZ-Bedingung nicht sonderlich bequem, so daß man nach einer kalkülhaften hinreichenden Bedingung für die lokale LIPSCHITZ-Bedingung sucht. Bei den meisten Anwendungen besitzt $\mathbf{f}$ neben der Stetigkeitseigenschaft gewisse Differenzierbarkeitseigenschaften, so daß man häufig den folgenden Satz anwenden kann.

Satz: *Besitzt $f: G \to \mathbb{R}^n$ im Gebiet G $(G \subseteq \mathbb{R}^{n+1})$ stetige partielle Ableitungen nach allen in $\mathbf{y}$ zusammengefaßten Variablen $y_1, \ldots, y_n$, so erfüllt $\mathbf{f}$ in G die lokale* LIPSCHITZ-*Bedingung.*

Gelingt es also, die Stetigkeit von $\mathbf{f}$ in G und die Stetigkeit der partiellen Ableitungen in G nachzuweisen, so ist die eindeutige Lösbarkeit jedes Anfangswerteproblems gesichert. Übertragen auf eine DG n-ter Ordnung bedeutet dies, daß man die Stetigkeit von $f, \frac{\partial f}{\partial y}, \ldots, \frac{\partial f}{\partial y^{(n-1)}}$ in G nachweist.

Bei den sog. *linearen DG-Systemen* 1. Ordnung, also auch bei *linearen DGen* n-ter Ordnung, kann auf derartige Untersuchungen verzichtet werden, denn aus der Stetigkeit der Koeffizientenfunktionen und der der Störfunktion auf einem gemeinsamen Intervall I_x folgt, daß jedes Anfangswerteproblem eine auf ganz I_x definierte eindeutig bestimmte Lösung besitzt.

Fortsetzungsproblem

Sieht man einmal von den linearen DG-Systemen 1. Ordnung ab, so enthalten Existenz- und Eindeutigkeitssätze keine Hinweise darüber, inwieweit man eine Lösung über ein u. U. sehr kleines Intervall hinaus fortsetzen kann (*Fortsetzungsproblem*). Man kann nun aber unter den Voraussetzungen des Eindeutigkeitssatzes (s. o.) ergänzend zeigen, daß es zu jedem Anfangswerteproblem ein maximales offenes Intervall gibt, auf das eine eindeutig bestimmte Lösung des Anfangswerteproblems eindeutig fortsetzbar ist.

Das maximale Intervall läßt sich durch folgende Eigenschaft kennzeichnen:

Falls x gegen die eine oder andere Intervallgrenze strebt, so strebt entweder der zugehörige Punkt des Lösungsgraphen dem Rand des Gebietes G zu oder die Lösungsfunktion ist unbeschränkt.

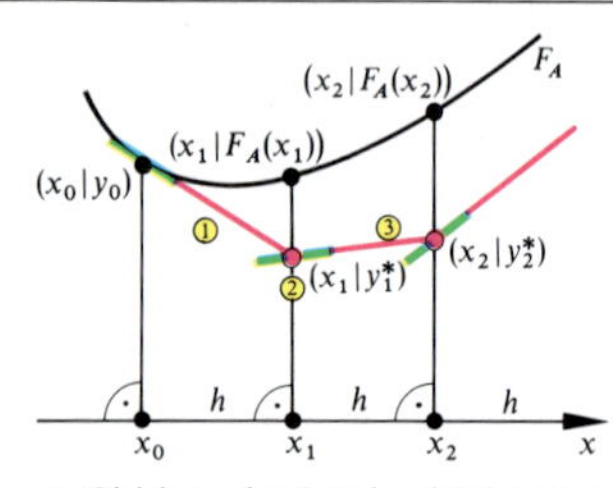

① Gleichung der Geraden durch $(x_0|y_0)$ mit der Steigung $f(x_0, y_0)$:

$$y = y_0 + f(x_0, y_0) \cdot (x - x_0).$$

② $y_1^* = y_0 + h \cdot f(x_0, y_0)$

③ Gleichung der Geraden durch $(x_1|y_1^*)$ mit der Steigung $f(x_1, y_1^*)$:

$$y = y_1^* + f(x_1, y_1^*) \cdot (x - x_1),$$

usw.

$$y_{\nu+1}^* = y_\nu^* + h \cdot f(x_\nu, y_\nu^*)$$

$(\nu \in \mathbb{N},\ x_{\nu+1} - x_\nu = h,\ y_0^* = y_0)$

A_1

① Man geht zunächst wie nebenstehend vor, bestimmt dann aber den Punkt $M_1(x_0 + \frac{h}{2}|y_0 + \frac{h}{2} \cdot f(x_0, y_0))$ und den Wert von f an dieser Stelle. Dieser Wert wird als Steigung einer neuen Geraden durch $(x_0|y_0)$ verwendet:

$$y = y_0 + f(x_0 + \tfrac{h}{2}, y_0 + \tfrac{h}{2} f(x_0, y_0)) \cdot (x - x_0).$$

② $\bar{y}_1^* = y_0 + h \cdot f(x_0 + \frac{h}{2}, y_0 + \frac{h}{2} f(x_0, y_0))$,

usw.

$$\bar{y}_{\nu+1}^* = \bar{y}_\nu^* + \tfrac{h}{2} \cdot f(x_\nu + \tfrac{h}{2}, \bar{y}_\nu^* + \tfrac{h}{2} f(x_\nu, \bar{y}_\nu^*)).$$

$(\nu \in \mathbb{N},\ x_{\nu+1} - x_\nu = h,\ \bar{y}_0^* = y_0)$

A_2

$y' = \frac{1}{4}x - \frac{1}{4}y + 2,$

$F_A(0) = 0,$
$F_A(x) = x + 4 - 4e^{-\frac{1}{4}x}$
(Abb. A, S. 376)

x_ν \ y_ν^*	EULER-CAUCHY Verfahren $h = 0{,}5$	EULER-CAUCHY Verfahren $h = 0{,}1$	Verfeinerung $h = 0{,}1$	RUNGE-KUTTA-V. $h = 0{,}1$	$F_A(x_\nu)$
0	0	0	0	0	0
0,1	—	0,2000	0,1988	0,1988	0,1988
0,2	—	0,3975	0,3951	0,3951	0,3951
0,3	—	0,5925	0,5890	0,5890	0,5890
0,4	—	0,7852	0,7806	0,7807	0,7807
0,5	1,0000	0,9756	0,9700	0,9700	0,9700
0,6	—	1,1637	1,1571	1,1572	1,1572
0,7	—	1,3496	1,3421	1,3422	1,3422

(vierte Nachkommastelle gerundet)

A_3

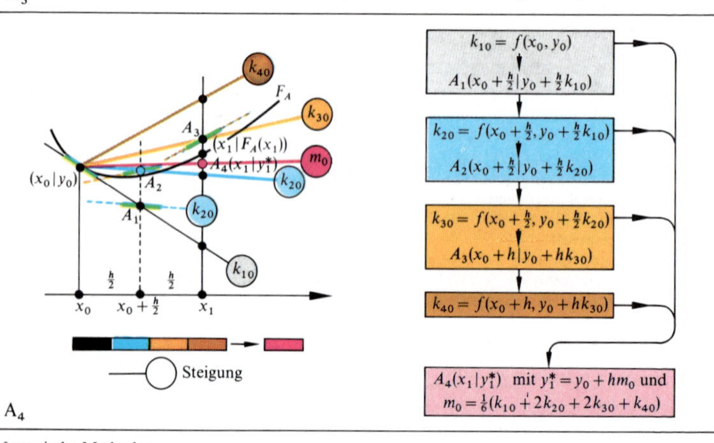

Numerische Methoden

Schon beim Lösen einer DG 1. Ordnung können erhebliche Schwierigkeiten auftreten. Daher sind für die Praxis Methoden zur näherungsweisen Bestimmung von Lösungen wichtig.
Da Verfahren wie in Abb. B, S. 376, einen begrenzten Anwendungsbereich haben und graphische Verfahren recht ungenau bleiben müssen, sucht der Praktiker nach Verfahren, die einem Rechenautomaten eingegeben und mit beliebiger Genauigkeit gerechnet werden können.

Numerische Methoden

Wenn im folgenden nur von DGen 1. Ordnung die Rede ist, so ist dies keine wesentliche Einschränkung. Die genannten Verfahren lassen sich auf DG-Systeme 1. Ordnung übertragen, womit dann auch DGen höherer Ordnung (vgl. S. 388, Abb. A) einer numerischen Behandlung zugänglich werden.
Von der DG $y' = f(x, y)$ werde stets vorausgesetzt, daß jedes Anfangswerteproblem $(x_0, y_0) \in G$ eindeutig lösbar ist. Die zu (x_0, y_0) gehörige Lösung im Intervall I_x werde mit F_A bezeichnet. Numerische Verfahren sollen nun, ausgehend von (x_0, y_0) und $y' = f(x, y)$, Punkte (x_ν, y_ν^*) liefern, so daß mit beliebiger Genauigkeit $y_\nu^* \approx F_A(x_\nu)$ gilt. Auf diese Punkte kann man dann z. B. die Ausführungen auf S. 313f. anwenden.
Man unterscheidet bei den Verfahren zwischen sog. *Start-Verfahren*, die erste Punkte liefern, und sog. *Anschluß-Verfahren*, die mit geringerem Rechenaufwand auf der Grundlage der im Start-Verfahren ermittelten Punkte weitere Punkte liefern. Als Beispiele für Start-Verfahren werden das EULER-CAUCHY-Verfahren und das RUNGE-KUTTA-Verfahren angeführt, als Beispiel für ein Anschluß-Verfahren das MILNE-Verfahren.

EULER-CAUCHY-Verfahren

Dies Verfahren, das in Abb. A_1 veranschaulicht wird, läuft darauf hinaus, den Graphen der Lösungsfunktion F_A durch einen Polygonzug zu approximieren. Das *sukzessive Berechnungsverfahren*

$$y_{\nu+1}^* = y_\nu^* + h \cdot f(x_\nu, y_\nu^*) \quad (y_0^* = y_0, \nu \in \mathbb{N})$$

läßt natürlich den absoluten Fehler mit wachsendem Index größer werden. Man kann dies dadurch ausgleichen, daß man zu kleineren Abständen h übergeht. Allerdings erhöht sich dann die Anzahl der Rechenvorgänge ganz beträchtlich.

Beispiel: $y' = \frac{1}{4}x - \frac{1}{4}y + 2$,

$$y_{\nu+1}^* = \tfrac{1}{4}(h \cdot x_\nu + (4-h)y_\nu^* + 8h) \text{ (Abb. } A_3).$$

Mit größerem h und damit mit weniger Rechenvorgängen kann man arbeiten, wenn man eine der verschiedenen *Verfeinerungen des Verfahrens* wählt, z. B. (Abb. A_2)

$$\bar{y}_{\nu+1}^* = \bar{y}_\nu^* + h \cdot f(x_\nu + \tfrac{h}{2}, \bar{y}_\nu^* + \tfrac{h}{2} \cdot f(x_\nu, \bar{y}_\nu^*)) \quad (\bar{y}_0^* = y_0, \nu \in \mathbb{N}).$$

Beispiel:

$$y' = \tfrac{1}{4}x - \tfrac{1}{4}y + 2,$$

$$\bar{y}_{\nu+1}^* = \frac{(8h-h^2)x_\nu + (32-8h+h^2)\bar{y}_\nu^* + 64h - 4h^2}{32}.$$

RUNGE-KUTTA-Verfahren

Bei diesem Verfahren, das im Falle $f(x, y) = f(x)$ mit der KEPLERschen Faßregel (S. 340) übereinstimmt, arbeitet man sukzessive nach der Formel

$$y_{\nu+1}^* = y_\nu^* + h \cdot \tfrac{1}{6}(k_{1\nu} + 2k_{2\nu} + 2k_{3\nu} + k_{4\nu}) \quad (y_0^* = y_0, \nu \in \mathbb{N})$$

mit

$$k_{1\nu} = f(x_\nu, y_\nu^*),$$
$$k_{2\nu} = f(x_\nu + \tfrac{h}{2}, y_\nu^* + \tfrac{h}{2} \cdot k_{1\nu}),$$
$$k_{3\nu} = f(x_\nu + \tfrac{h}{2}, y_\nu^* + \tfrac{h}{2} \cdot k_{2\nu}),$$
$$k_{4\nu} = f(x_\nu + h, y_\nu^* + h \cdot k_{3\nu}).$$

Beispiel: Abb. A_3

Die Begründung für die Formel soll für den Fall $\nu = 0$ wenigstens angedeutet werden. Wie beim EULER-CAUCHY-Verfahren geht es darum, zu vorgegebenem $x_1 - x_0 = h$ den Funktionswert $F_A(x_1)$ zu approximieren. Setzt man von den beteiligten Funktionen die Entwickelbarkeit in TAYLOR-Reihen voraus, so kann man schreiben:

$$F_A(x_1) = \sum_{\mu=0}^{\infty} \frac{1}{\mu!} F_A^{(\mu)}(x_0) \cdot (x_1 - x_0)^\mu, \quad \text{d. h.}$$

$$F_A(x_1) = y_0 + \sum_{\mu=1}^{\infty} \frac{1}{\mu!} h^\mu \cdot F_A^{(\mu)}(x_0).$$

Nun ist aber die explizite Berechnung der Ableitungen $F_A^{(\mu)}(x_0)$ wegen der schnell größer werdenden Anzahl von Summanden wenig bequem. Man sucht daher nach einem Verfahren, bei dem allein im Rückgriff auf Funktionswerte der Funktion f implizit hinreichend viele Ableitungen gleichzeitig berechnet werden. Ein derartiges Verfahren erhält man, wenn man durch Zwischenschalten von Hilfspunkten einen mittleren Steigungswert

$$m_0 := \tfrac{1}{6}(k_{10} + 2k_{20} + 2k_{30} + k_{40})$$

für die Gerade durch (x_0, y_0) ansetzt und den Näherungswert y_1^* über

$$y_1^* = y_0 + h \cdot m_0 \quad \text{(Abb. } A_4)$$

bestimmt.
Gibt man auch für $y_0 + h \cdot m_0$ eine Reihenentwicklung an, so ergeben sich erst vom sechsten Glied an (Potenzen $h^5, h^6, \ldots$) Abweichungen zur obigen Reihendarstellung für $F_A(x_1)$.
Der Rechenaufwand, der auch beim RUNGE-KUTTA-Verfahren entsteht, wenn man an mehreren Näherungswerten interessiert ist, kann reduziert werden, wenn man zu einem Anschluß-Verfahren übergeht, etwa zum folgenden MILNE-Verfahren.

MILNE-Verfahren

Vorausgesetzt wird bei dem nach MILNE benannten Anschluß-Verfahren, daß bereits drei Näherungswerte, etwa y_1^*, y_2^* und y_3^*, mit hinreichender Genauigkeit berechnet werden. Der vierte Näherungswert y_4^* ergibt sich dann aus folgender Formel

$$y_4^* = y_0 + \tfrac{4h}{3}(2l_1 - l_2 + 2l_3),$$

wobei $l_i = f(x_i, y_i^*)$ mit $i \in \{1, 2, 3\}$ gilt.
Über die Genauigkeit von y_4^* gibt ein Vergleich mit y_4^{**} Auskunft, wobei gilt:

$$y_4^{**} = y_2 + \tfrac{h}{3}(l_2 + 4l_3 + l_4), \quad l_4 = f(x_4, y_4^*).$$

Das Verfahren läßt sich dann für $y_5^*, y_6^*, \ldots$ sinngemäß weiterführen.

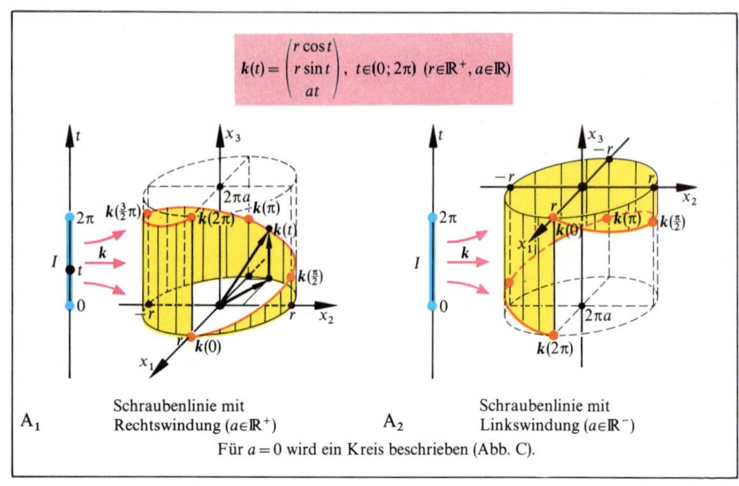

k(t) = (r cos t, r sin t, at), t∈⟨0; 2π⟩ (r∈ℝ⁺, a∈ℝ)
A₁
Schraubenlinie mit
Rechtswindung (a∈ℝ⁺)
A₂
Schraubenlinie mit
Linkswindung (a∈ℝ⁻)
Für a = 0 wird ein Kreis beschrieben (Abb. C).

Kurvenbogen, Parameterdarstellung von Schraubenlinie und Kreis

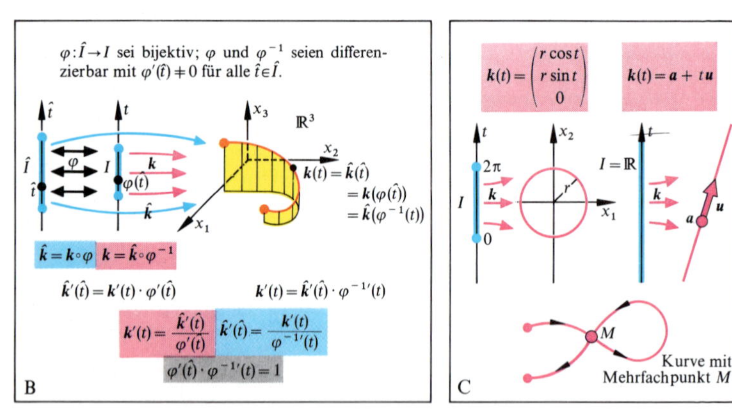

Zulässige Parametertransformation

Kurven

Die auftretenden Funktionen seien differenzierbar.

① $\boldsymbol{k}(t)=\begin{pmatrix}k_1(t)\\k_2(t)\\k_3(t)\end{pmatrix} \Rightarrow \boldsymbol{k}'(t)=\begin{pmatrix}k_1'(t)\\k_2'(t)\\k_3'(t)\end{pmatrix}$

② $(\boldsymbol{k}(t)+\boldsymbol{h}(t))'=\boldsymbol{k}'(t)+\boldsymbol{h}'(t)$ ③ $(a\cdot\boldsymbol{k}(t))'=a\cdot\boldsymbol{k}'(t) \quad (a\in\mathbb{R})$

④ $\langle\boldsymbol{k}(t),\boldsymbol{h}(t)\rangle'=\langle\boldsymbol{k}'(t),\boldsymbol{h}(t)\rangle+\langle\boldsymbol{k}(t),\boldsymbol{h}'(t)\rangle$ *Skalarproduktregel*

⑤ $(\boldsymbol{k}(t)\times\boldsymbol{h}(t))'=\boldsymbol{k}'(t)\times\boldsymbol{h}(t)+\boldsymbol{k}(t)\times\boldsymbol{h}'(t)$ *Vektorproduktregel*

⑥ $\det(\boldsymbol{k}(t)\boldsymbol{h}(t)\boldsymbol{l}(t))'=\det(\boldsymbol{k}'(t)\boldsymbol{h}(t)\boldsymbol{l}(t))+\det(\boldsymbol{k}(t)\boldsymbol{h}'(t)\boldsymbol{l}(t))+\det(\boldsymbol{k}(t)\boldsymbol{h}(t)\boldsymbol{l}'(t))$ *Spatproduktregel* oder *Determinantenregel*

D

Differentiationsregeln

Überblick

Die Differentialgeometrie ist — wie der Name schon andeutet — eine Disziplin, in der mit den Mitteln der Differential- und Integralrechnung Begriffe und Methoden bereitgestellt werden, die es erlauben, spezielle Punktmengen des $\mathbb{R}^2$ und $\mathbb{R}^3$ (ggf. auch des $\mathbb{R}^n$) auf ihren geometrischen Gehalt hin zu untersuchen.

Es werden im folgenden Kurven (Kurvenbögen, S. 393–403) und Flächen (Flächenstücke, S. 405–417) untersucht, wobei Kurven nicht nur um ihrer selbst willen betrachtet werden, sondern weil sie in Form von Flächenkurven grundlegend für die Untersuchung von Flächen sind. Die Darstellung beschränkt sich dabei i. a. auf die Differentialgeometrie im »Kleinen«, d. h. auf Untersuchungen in der Umgebung eines Punktes; die Differentialgeometrie im »Großen« wird allenfalls gelegentlich gestreift.

Eine wesentliche Methode der lokalen Differentialgeometrie ist wohl die, daß in der Umgebung eines Punktes einfachere Gebilde als die vorgegebenen verwendet werden; dazu gehören insbesondere Tangenten an Kurven und Tangentialebenen an Flächen.

Von einer tensoriellen Schreibweise wird um der Lesbarkeit der ohnehin sehr komprimierten Ausführungen willen nicht Gebrauch gemacht. Es wird aber ein Ausblick auf Tensoren (S. 419) und die RIEMANNsche Geometrie (S. 421 f.) angehängt.

Kurvenbegriff im Rahmen der Differentialgeometrie

Der im Rahmen der Topologie entwickelte allgemeine Kurvenbegriff (S. 235) ist für die Ziele der Differentialgeometrie ungeeignet. Es ist zweckmäßig, von dem speziellen Begriff des Kurvenbogens (S. 235) auszugehen und mit seiner Hilfe einen im Rahmen der Differentialgeometrie brauchbaren Kurvenbegriff festzulegen.

Bei einem *Kurvenbogen* handelt es sich um die *Bildmenge einer bijektiven, stetigen Abbildung* $\boldsymbol{k}$ eines abgeschlossenen Intervalls I in den $\mathbb{R}^3$ ($\mathbb{R}$-$\mathbb{R}^3$-Funktion).

Bezüglich eines kartesischen Koordinatensystems ergibt sich die folgende Komponentendarstellung:

$$\boldsymbol{k}: I \to \mathbb{R}^3 \text{ def. durch } t \mapsto \boldsymbol{k}(t) = \begin{pmatrix} k_1(t) \\ k_2(t) \\ k_3(t) \end{pmatrix}.$$

Man spricht dann von einem *Kurvenbogen in Parameterdarstellung* und bezeichnet t als *Parameter*. *Beispiel:* Abb. A

Um die Differential- und Integralrechnung einsetzen zu können, verlangt man von der Parameterdarstellung komponentenweise gewisse Differenzierbarkeitseigenschaften, etwa Differenzierbarkeit (S. 319), stetige Differenzierbarkeit oder Zugehörigkeit zur *Klasse* C^r ($r \in \mathbb{N} \setminus \{0\}$), d. h. r-malige stetige Differenzierbarkeit. Zusätzlich soll verlangt werden, daß in jedem Punkt des Kurvenbogens tatsächlich eine Tangente existiert (vgl. S. 395), d. h. es wird gefordert, daß für die Ableitung $\boldsymbol{k}'(t)$ (Abb. D, 1) gilt: $\boldsymbol{k}'(t) \neq \boldsymbol{o}$ für alle $t \in I$. Man spricht dann von einem *differenzierbaren* oder *stetig differenzierbaren Kurvenbogen* ($\boldsymbol{k} \in C^1$) bzw. von einem *Kurvenbogen der Klasse* C^r ($\boldsymbol{k} \in C^r$).

Beim Übergang zu einer anderen Parameterdarstellung durch eine sog. *Parametertransformation* darf sich weder die Bildmenge, noch dürfen sich die Differenzierbarkeitseigenschaften ändern. Man muß also die Ausführung von Parametertransformationen einschränken. Eine Parametertransformation $\varphi: \hat{I} \to I$ def. durch $\hat{t} \mapsto t = \varphi(\hat{t})$ heißt *zulässig* bez. eines differenzierbaren Kurvenbogens (bez. eines Kurvenbogens der Klasse C^r) mit der Parameterdarstellung $\boldsymbol{k}: I \to \mathbb{R}^3$, wenn φ bijektiv ist, φ und φ^{-1} differenzierbar sind (der Klasse C^r angehören) und $\varphi'(\hat{t}) \neq 0$ für alle $\hat{t} \in \hat{I}$ gilt. Bei der Ausführung einer Parametertransformation ist die Kettenregel zu beachten (Abb. B).

Man kann von *Klassen äquivalenter Darstellungen* eines Kurvenbogens sprechen, wenn man zwei Parameterdarstellungen *äquivalent* nennt, falls sie sich durch zulässige Parametertransformationen auseinander erzeugen lassen; jede Klasse beschreibt dann einen Kurvenbogen. Bei differentialgeometrisch relevanten Aussagen über parametrisierte Kurvenbögen ist daher nicht nur zu prüfen, ob Invarianz gegenüber Bewegungen vorliegt, sondern auch festzustellen, ob Unabhängigkeit von der gewählten Parameterdarstellung vorliegt, d. h. Invarianz gegenüber zulässigen Parametertransformationen.

Der Begriff des differenzierbaren Kurvenbogens ist nun allerdings so eng gefaßt, daß die in Abb. C dargestellten Punktmengen nicht erfaßt werden können. Man kann den Begriff des Kurvenbogens in folgender Weise erweitern:

Def.: Die Bildmenge einer $\mathbb{R}$-$\mathbb{R}^3$-Funktion $\boldsymbol{k}$ eines Intervalls in den $\mathbb{R}^3$ heißt *(stetig) differenzierbare Kurve (Kurve der Klasse* C^r*)*, wenn es zu jedem Punkt der Bildmenge eine relativierte Umgebung gibt, deren Punkte als (stetig) differenzierbarer Kurvenbogen (als Kurvenbogen der Klasse C^r) dargestellt werden können. $\boldsymbol{k}$ heißt *Parameterdarstellung* der Kurve.

Bem.: Nunmehr kann das Intervall I auch offen, halboffen oder unbeschränkt sein; sogar $+\infty$ und $-\infty$ werden als Parameterwerte zugelassen.

Die Parameterdarstellung einer Kurve braucht nicht bijektiv zu sein, was zur Folge hat, daß sog. *Mehrfachpunkte*, d. h. Punkte mit $\boldsymbol{k}(t_1) = \boldsymbol{k}(t_2)$ für $t_1 \neq t_2$, auftreten können. Kurven ohne Mehrfachpunkte heißen *einfach*.

Bem.: Abb. D enthält einige wichtige Differentiationsregeln, die sich leicht bestätigen lassen.

$$\boldsymbol{k}(t) = \begin{pmatrix} r\cos t \\ r\sin t \\ at \end{pmatrix}, \quad t \in (0; 2\pi),\ r \in \mathbb{R}^+$$

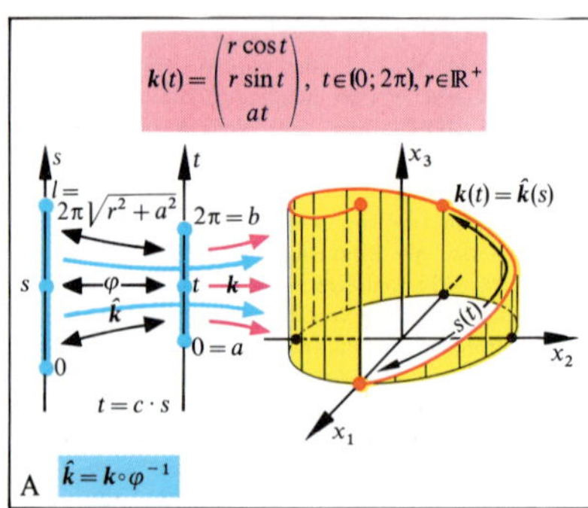

A $\hat{\boldsymbol{k}} = \boldsymbol{k} \circ \varphi^{-1}$

Einführung des natürlichen Parameters bei der Schraubenlinie:

(1) $s = \varphi^{-1}(t) = \int\limits_0^t \sqrt{\langle \boldsymbol{k}'(\hat{t}), \boldsymbol{k}'(\hat{t})\rangle}\, d\hat{t} = \sqrt{r^2+a^2} \cdot t$

(2) $t = \varphi(s) = c \cdot s$ mit $c = (r^2+a^2)^{-\frac{1}{2}}$

(3) $\hat{\boldsymbol{k}}(s) = \begin{pmatrix} r\cos cs \\ r\sin cs \\ acs \end{pmatrix} = \boldsymbol{k}(s)$

Bem.: Statt $\hat{\boldsymbol{k}}(s)$ wird in der Regel $\boldsymbol{k}(s)$ geschrieben, wenn keine Mißverständnisse zu befürchten sind. Zu beachten ist allerdings beim Differenzieren die Kettenregel:

$$\boldsymbol{k}'(t) = \dot{\boldsymbol{k}}(s) \cdot s'(t) = \dot{\boldsymbol{k}}(s) \cdot |\boldsymbol{k}'(t)|\,.$$

Natürlicher Parameter bei der Schraubenlinie

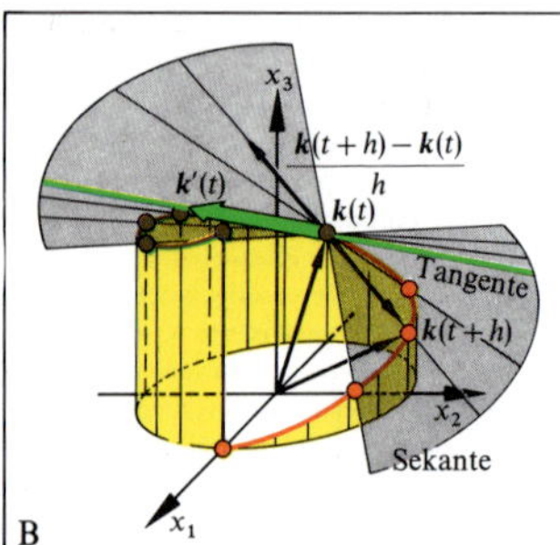

B

$\dfrac{\boldsymbol{k}(t+h) - \boldsymbol{k}(t)}{h}$ ist ein Richtungsvektor der Sekante durch die Kurvenpunkte $\boldsymbol{k}(t)$ und $\boldsymbol{k}(t+h)$. Der Grenzübergang $h \to 0$ liefert (komponentenweise) $\boldsymbol{k}'(t)$.
Die Gerade durch $\boldsymbol{k}(t)$ mit dem Richtungsvektor $\boldsymbol{k}'(t)$ wird als Tangente in $\boldsymbol{k}(t)$ definiert:

$$\boldsymbol{x}(\lambda) = \boldsymbol{k}(t) + \lambda \cdot \boldsymbol{k}'(t), \quad \lambda \in \mathbb{R}.$$

Schraubenlinie:
Tangente: $\boldsymbol{x}(\lambda) = \begin{pmatrix} r\cos t \\ r\sin t \\ at \end{pmatrix} + \lambda \begin{pmatrix} -r\sin t \\ r\cos t \\ a \end{pmatrix}, \quad \lambda \in \mathbb{R}$

Tangentenvektor: $\dot{\boldsymbol{k}}(s) = \boldsymbol{t}(s) = \begin{pmatrix} -rc\sin cs \\ rc\cos cs \\ ac \end{pmatrix}$

Tangente

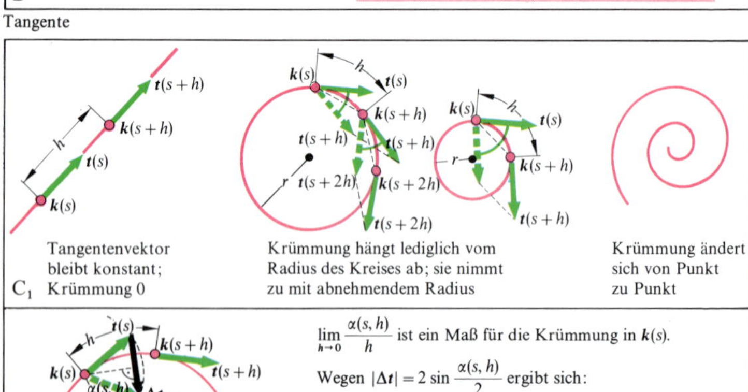

C_1 Tangentenvektor bleibt konstant; Krümmung 0

Krümmung hängt lediglich vom Radius des Kreises ab; sie nimmt zu mit abnehmendem Radius

Krümmung ändert sich von Punkt zu Punkt

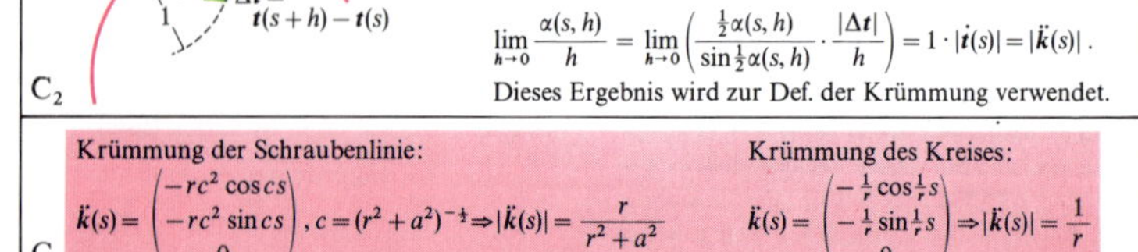

C_2

$\lim\limits_{h\to 0} \dfrac{\alpha(s,h)}{h}$ ist ein Maß für die Krümmung in $\boldsymbol{k}(s)$.

Wegen $|\Delta\boldsymbol{t}| = 2\sin\dfrac{\alpha(s,h)}{2}$ ergibt sich:

$$\lim_{h\to 0} \frac{\alpha(s,h)}{h} = \lim_{h\to 0} \left(\frac{\frac{1}{2}\alpha(s,h)}{\sin\frac{1}{2}\alpha(s,h)} \cdot \frac{|\Delta\boldsymbol{t}|}{h} \right) = 1 \cdot |\dot{\boldsymbol{t}}(s)| = |\ddot{\boldsymbol{k}}(s)|\,.$$

Dieses Ergebnis wird zur Def. der Krümmung verwendet.

C_3

Krümmung der Schraubenlinie:

$$\ddot{\boldsymbol{k}}(s) = \begin{pmatrix} -rc^2\cos cs \\ -rc^2\sin cs \\ 0 \end{pmatrix}, \ c = (r^2+a^2)^{-\frac{1}{2}} \Rightarrow |\ddot{\boldsymbol{k}}(s)| = \frac{r}{r^2+a^2}$$

Krümmung des Kreises:

$$\ddot{\boldsymbol{k}}(s) = \begin{pmatrix} -\frac{1}{r}\cos\frac{1}{r}s \\ -\frac{1}{r}\sin\frac{1}{r}s \\ 0 \end{pmatrix} \Rightarrow |\ddot{\boldsymbol{k}}(s)| = \frac{1}{r}$$

Krümmung

Orientierung einer Kurve

Offenbar kann man mit Hilfe der Parameterdarstellung einen »Durchlaufsinn« auf der Kurve festlegen, d. h. der Kurve eine Orientierung erteilen. Man spricht von *positiver Orientierung*, wenn man das Parameterintervall im Sinne wachsender Werte durchläuft. Entsprechend legt man die *negative Orientierung* fest. Eine orientierte Kurve nimmt die Gegenorientierung an, wenn man eine zulässige Parametertransformation mit negativer 1. Ableitung ausführt.

Bem.: Die unterschiedliche Orientierbarkeit drückt man auch dadurch aus, daß man zwischen $\boldsymbol{k}$ und $-\boldsymbol{k}$ unterscheidet.

Stückweise differenzierbare Kurvenbögen

Ein stetiger Kurvenbogen heißt *stückweise differenzierbar*, wenn sich das Parameterintervall so in endlich viele Teilintervalle zerlegen läßt, daß die zugehörigen Kurvenbögen differenzierbar sind. Werden diese mit $\boldsymbol{k}_1, \dots, \boldsymbol{k}_n$ bezeichnet, so spricht man auch von der Summe $\boldsymbol{k}_1 + \cdots + \boldsymbol{k}_n$ dieser Kurvenbögen.

Bogenlänge als natürlicher Parameter

Ist $\boldsymbol{k} \in C^1$, so ergibt sich für die Länge l der Kurve, die sog. *Bogenlänge*: $l = \int_a^b \sqrt{\langle \boldsymbol{k}'(t), \boldsymbol{k}'(t) \rangle}\, dt = \int_a^b |\boldsymbol{k}'(t)|\, dt$.

Die Bogenlänge ist von der gewählten Parameterdarstellung unabhängig, also ein differentialgeometrischer Begriff. Es gilt nämlich, falls $t = \varphi(\hat{t})$ zulässig ist:

$$\int_a^b \sqrt{\langle \boldsymbol{k}'(t), \boldsymbol{k}'(t) \rangle}\, dt = \int_{\hat{a}}^{\hat{b}} \sqrt{\langle \boldsymbol{k}'(\varphi(\hat{t})), \boldsymbol{k}'(\varphi(\hat{t})) \rangle} \cdot \varphi'(\hat{t})\, d\hat{t}$$
$$= \int_{\hat{a}}^{\hat{b}} \sqrt{\langle \hat{\boldsymbol{k}}'(\hat{t}), \hat{\boldsymbol{k}}'(\hat{t}) \rangle}\, d\hat{t}\,.$$

Die durch $s(t) = \int_a^t \sqrt{\langle \boldsymbol{k}'(\hat{t}), \boldsymbol{k}'(\hat{t}) \rangle}\, d\hat{t}$ auf $(a; b)$ def. Funktion mit dem Wertebereich $(0; l)$ ist streng monoton steigend und differenzierbar mit von Null verschiedener Ableitung. Daher stellt die Umkehrfunktion $\varphi: (0; l) \to (a; b)$ eine zulässige Parametertransformation dar, durch die jede Kurve der Klasse C^1 mit der Bogenlänge als Parameter versehen werden kann. Man bezeichnet die Bogenlänge auch als *natürlichen Parameter* und verwendet den Buchstaben s. Im folgenden sollen Kurven, die mit dem natürlichen Parameter versehen sind, *natürlich parametrisierte Kurven* genannt werden. Für die zu $\boldsymbol{k}(s)$ gehörigen Ableitungsterme wird die Schreibweise $\dot{\boldsymbol{k}}(s)$, $\ddot{\boldsymbol{k}}(s)$ usw. benutzt.

Es gilt: $\dot{\boldsymbol{k}}(s) = \dfrac{1}{|\boldsymbol{k}'(t)|} \boldsymbol{k}'(t)$,

$$\ddot{\boldsymbol{k}}(s) = \frac{1}{|\boldsymbol{k}'(t)|^4} \left(-\langle \boldsymbol{k}'(t), \boldsymbol{k}''(t) \rangle \boldsymbol{k}'(t) + |\boldsymbol{k}'(t)|^2 \boldsymbol{k}''(t) \right).$$

Beispiel: Abb. A

Tangente, Tangentenvektor

Analog zum Tangentenproblem bei Graphen differenzierbarer Funktionen (S. 293) soll unter der Tangente in einem Kurvenpunkt eine wohlbestimmte Grenzlage von Sekanten verstanden werden (Abb. B). Wird durch $\boldsymbol{k}(t)$ eine differenzierbare Kurve beschrieben, so ist die 1. Ableitung $\boldsymbol{k}'(t)$ ein *Richtungsvektor der Tangente* im Kurvenpunkt $\boldsymbol{k}(t)$. Als *Tangentengleichung* ergibt sich in der Punktrichtungsform (S. 194, Abb. A_1):

$$\boldsymbol{x}(\lambda) = \boldsymbol{k}(t) + \lambda \cdot \boldsymbol{k}'(t)\,, \qquad \lambda \in \mathbb{R}\,.$$

Die Tangente ist offensichtlich ein differentialgeometrischer Grundbegriff, denn bei der Ausführung einer zulässigen Parametertransformation geht ein Richtungsvektor der Tangente in einen von $\boldsymbol{o}$ verschiedenen kollinearen Vektor (S. 191) über.

Liegt eine natürlich parametrisierte Kurve vor, so ist $\dot{\boldsymbol{k}}(s)$ ein Einheitsvektor (S. 191), denn es gilt:

$$\dot{\boldsymbol{k}}(s) = \frac{\boldsymbol{k}'(t)}{s'(t)} = \frac{\boldsymbol{k}'(t)}{|\boldsymbol{k}'(t)|}\,.$$

$\dot{\boldsymbol{k}}(s)$ heißt *Tangentenvektor*; er wird im folgenden i. a. mit $\boldsymbol{t}(s)$ bezeichnet.

Krümmung einer Kurve, Krümmungsvektor, Hauptnormalenvektor

Verläuft eine Kurve in der Umgebung eines ihrer Punkte nicht geradlinig, so spricht man von einer *gekrümmten Kurve*. Um ein Maß für die Krümmung einer Kurve in jedem ihrer Punkte zu gewinnen, geht man von einer natürlich parametrisierten Kurve aus und wählt die Änderung des Winkels zwischen Tangentenvektoren, bezogen auf gleichlange Kurvenstücke, als Maß für die Krümmung (Abb. C_1). Dieser Ansatz ist mit der Vorstellung in Einklang, daß eine Gerade die Krümmung 0, ein Kreis eine konstante Krümmung haben sollte, und daß bei Kreisen mit zunehmendem Radius die Krümmung abnehmen sollte. Aufgrund des Ergebnisses in Abb. C_2 ist es zweckmäßig, folgendermaßen zu definieren:

Der Betrag der 2. Ableitung einer natürlich parametrisierten Kurve $\boldsymbol{k} \in C^2$ heißt *Krümmung* $\varkappa(s)$ im Punkt $\boldsymbol{k}(s)$:

$$\varkappa(s) := |\ddot{\boldsymbol{k}}(s)|, \text{ d. h. } (\varkappa(s))^2 = \langle \ddot{\boldsymbol{k}}(s), \ddot{\boldsymbol{k}}(s) \rangle, \varkappa(s) \geqq 0\,.$$

$\ddot{\boldsymbol{k}}(s)$ heißt auch *Krümmungsvektor*; er ist zum Tangentenvektor $\dot{\boldsymbol{k}}(s)$ *orthogonal*, denn aus $\langle \dot{\boldsymbol{k}}(s), \dot{\boldsymbol{k}}(s) \rangle = 1$ folgt durch Differenzieren $\langle \dot{\boldsymbol{k}}(s), \ddot{\boldsymbol{k}}(s) \rangle = 0$. Im Gegensatz zum Tangentenvektor ist der Krümmungsvektor aber i. a. kein Einheitsvektor. Man geht daher für $\varkappa(s) \neq 0$ zu einem Einheitsvektor über:

$$\boldsymbol{h}(s) := \frac{1}{\varkappa(s)} \ddot{\boldsymbol{k}}(s)\,.$$

$\boldsymbol{h}(s)$ heißt *Hauptnormalenvektor* (Abb. A, S. 396).

Es gilt also auch:

$$\boldsymbol{h}(s) = \frac{1}{\varkappa(s)} \dot{\boldsymbol{t}}(s) \text{ bzw. } \dot{\boldsymbol{t}}(s) = \varkappa(s) \cdot \boldsymbol{h}(s)\,.$$

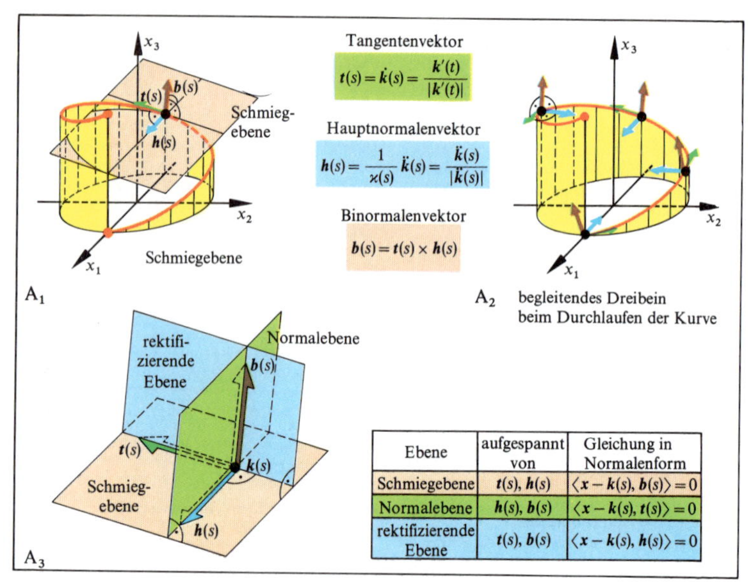

Ebene	aufgespannt von	Gleichung in Normalenform
Schmiegebene	$t(s), h(s)$	$\langle x - k(s), b(s)\rangle = 0$
Normalebene	$h(s), b(s)$	$\langle x - k(s), t(s)\rangle = 0$
rektifizierende Ebene	$t(s), b(s)$	$\langle x - k(s), h(s)\rangle = 0$

Begleitendes Dreibein

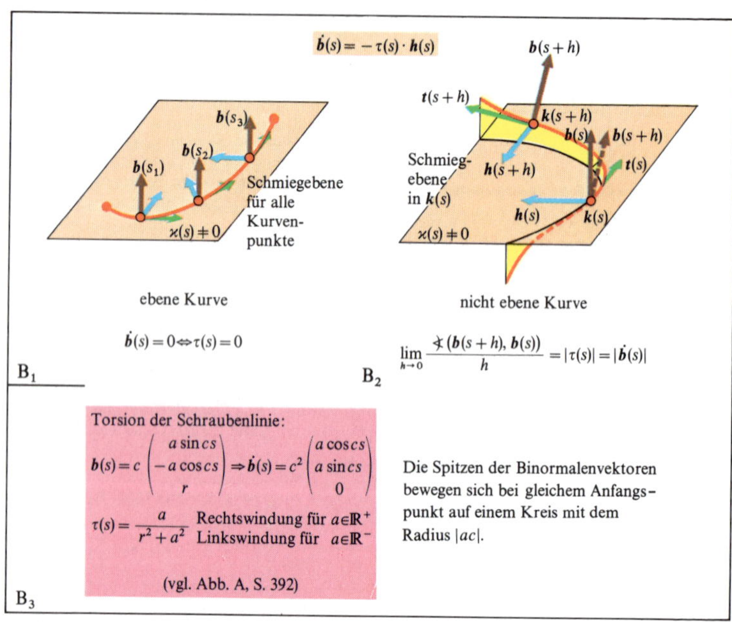

Torsion der Schraubenlinie:

$$b(s) = c \begin{pmatrix} a \sin cs \\ -a \cos cs \\ r \end{pmatrix} \Rightarrow \dot{b}(s) = c^2 \begin{pmatrix} a \cos cs \\ a \sin cs \\ 0 \end{pmatrix}$$

$$\tau(s) = \frac{a}{r^2 + a^2} \quad \begin{matrix} \text{Rechtswindung für } a \in \mathbb{R}^+ \\ \text{Linkswindung für } a \in \mathbb{R}^- \end{matrix}$$

(vgl. Abb. A, S. 392)

Die Spitzen der Binormalenvektoren bewegen sich bei gleichem Anfangspunkt auf einem Kreis mit dem Radius $|ac|$.

B_3

Torsion

Krümmungskreis, Schmiegebene

Der Kehrwert $\frac{1}{\varkappa(s)}$ der Krümmung ($\varkappa(s) \neq 0$) wird auch als *Krümmungsradius* bezeichnet. Die Bezeichnung ist sinnvoll, weil man zu jedem Kurvenpunkt mit $\varkappa(s) \neq 0$ einen Kreisbogen angeben kann, der die Kurve »am besten approximiert« und gerade als Radius den Kehrwert der Krümmung hat. Man nennt den zugehörigen Kreis auch *Krümmungs-* oder *Schmiegkreis* im betrachteten Kurvenpunkt (vgl. S. 398, Abb. B_3). Der Krümmungskreis liegt in der vom Tangenten- und Hauptnormalenvektor aufgespannten *Schmiegebene* (Abb. A_1).

Die Schmiegebene ist unter allen Ebenen, die durch einen fest gewählten Kurvenpunkt gelegt werden können, diejenige, die sich der Kurve am besten anpaßt.

Binormalenvektor, begleitendes Dreibein

Als Normalenvektor (S. 195) der Schmiegebene in einem Kurvenpunkt kann ein aus dem Tangentenvektor und dem Hauptnormalenvektor durch das Vektorprodukt (S. 193) erzeugter Einheitsvektor gewählt werden, und zwar der durch

$\boldsymbol{b}(s) := \boldsymbol{t}(s) \times \boldsymbol{h}(s)$ (Abb. A_1)

definierte sog. *Binormalenvektor*.

Damit bilden die Einheitsvektoren $\boldsymbol{t}(s)$, $\boldsymbol{h}(s)$ und $\boldsymbol{b}(s)$ in dieser Reihenfolge ein *orthonormiertes Rechtssystem*. Man nennt das Tripel $(\boldsymbol{t}(s), \boldsymbol{h}(s), \boldsymbol{b}(s))$ auch *begleitendes Dreibein* der Kurve (Abb. A_2).

Die Veränderungen am begleitenden Dreibein, die beim Durchlaufen der Kurve festgestellt werden können, sind charakteristisch für die betrachtete Kurve.

Die neben der Schmiegebene auftretenden Ebenen (Abb. A_3) heißen *Normalebene* (gebildet von den beiden Normalenvektoren) und *rektifizierende Ebene* (auch *Streckebene*).

FRENETsche Gleichungen

Die Veränderungen am begleitenden Dreibein beim Durchlaufen einer Kurve lassen sich am besten durch $\dot{\boldsymbol{t}}(s)$, $\dot{\boldsymbol{h}}(s)$ und $\dot{\boldsymbol{b}}(s)$ erfassen, wobei eine natürlich parametrisierte Kurve der Klasse C^3 vorausgesetzt sei. Die Ableitungen nach der Bogenlänge s kann man an jeder Stelle der Kurve durch das begleitende Dreibein (Basis) darstellen, wobei die Koeffizienten eindeutig bestimmt sind:

$$\dot{\boldsymbol{t}}(s) = a_{11}(s) \cdot \boldsymbol{t}(s) + a_{12}(s) \cdot \boldsymbol{h}(s) + a_{13}(s) \cdot \boldsymbol{b}(s),$$
$$\dot{\boldsymbol{h}}(s) = a_{21}(s) \cdot \boldsymbol{t}(s) + a_{22}(s) \cdot \boldsymbol{h}(s) + a_{23}(s) \cdot \boldsymbol{b}(s),$$
$$\dot{\boldsymbol{b}}(s) = a_{31}(s) \cdot \boldsymbol{t}(s) + a_{32}(s) \cdot \boldsymbol{h}(s) + a_{33}(s) \cdot \boldsymbol{b}(s).$$

Multipliziert man im Sinne des Skalarprodukts jede der Gleichungen mit $\boldsymbol{t}(s)$, $\boldsymbol{h}(s)$ und $\boldsymbol{b}(s)$ und nutzt die Eigenschaften des begleitenden Dreibeins aus, so findet man:

$$a_{11}(s) = a_{13}(s) = a_{22}(s) = a_{31}(s) = a_{33}(s) = 0,$$
$$a_{12}(s) = -a_{21}(s) = \varkappa(s),$$
$$a_{23}(s) = -a_{32}(s) = \tau(s) \text{ mit } [\tau(s)]^2 := \langle \dot{\boldsymbol{b}}(s); \dot{\boldsymbol{b}}(s) \rangle$$
bzw. $|\tau(s)| = |\dot{\boldsymbol{b}}(s)|$,

wobei $\varkappa(s)$ die Krümmung ist. $\tau(s)$ ist noch geometrisch zu interpretieren (Torsion, s. u.).

Damit ergeben sich die im Rahmen der Kurventheorie wichtigen FRENET*schen Gleichungen*:

$$\begin{aligned} \dot{\boldsymbol{t}}(s) &= \quad \varkappa(s) \cdot \boldsymbol{h}(s), \\ \dot{\boldsymbol{h}}(s) &= -\varkappa(s) \cdot \boldsymbol{t}(s) \quad + \tau(s) \cdot \boldsymbol{b}(s), \\ \dot{\boldsymbol{b}}(s) &= \quad -\tau(s) \cdot \boldsymbol{h}(s). \end{aligned}$$

Torsion (Windung) einer Kurve

Die in den FRENETschen Gleichungen auftretende, als Torsion bezeichnete reelle Zahl $\tau(s)$ ist, wie man der letzten der drei Gleichungen entnimmt, genau dann für alle Parameterwerte Null, wenn die Kurve *eben* ist (Abb. B_1). Für Kurvenpunkte mit $\tau(s) \neq 0$ gibt $\tau(s)$ an, in welchem Maß die Kurve von einem ebenen Verlauf abweicht. Um dies zu veranschaulichen, wählt man die Schmiegebene im Punkt $\boldsymbol{k}(s)$ mit dem Binormalenvektor $\boldsymbol{b}(s)$ und die Schmiegebene im Punkte $\boldsymbol{k}(s+h)$ mit dem Binormalenvektor $\boldsymbol{b}(s+h)$. Die Abweichung vom ebenen Kurvenverlauf kann dann durch den Winkel zwischen $\boldsymbol{b}(s+h)$ und $\boldsymbol{b}(s)$ relativ zur Länge h des Kurvenstücks gemessen werden. Der in Abb. B_2 angegebene Grenzwert stimmt mit $|\tau(s)|$ überein. Es ist also sinnvoll, $\tau(s)$ als Maß dafür anzusehen, wie sich die Kurve im betrachteten Kurvenpunkt aus der Schmiegebene herauswindet. Daher rührt der Name *Torsion* oder *Windung*.

Die Torsion kann im Gegensatz zur Krümmung auch negativ sein. Sie ist *positiv*, wenn man beim Durchlaufen der positiv orientierten Kurve die Schmiegebene in $\boldsymbol{k}(s)$ nach derjenigen Seite durchstößt, in die der Binormalenvektor zeigt, andernfalls ist die Torsion negativ. Man unterscheidet zwischen *Rechts-* und *Linkswindung*, je nachdem ob die Torsion positiv oder negativ ist (Abb. B_3).

Formeln für Krümmung und Torsion

$\varkappa(s) = |\ddot{\boldsymbol{k}}(s)|$, $[\varkappa(s)]^2 = \langle \ddot{\boldsymbol{k}}(s), \ddot{\boldsymbol{k}}(s) \rangle$

$$\varkappa(t) = \frac{|\boldsymbol{k}'(t) \times \boldsymbol{k}''(t)|}{|\boldsymbol{k}'(t)|^3} = \sqrt{\frac{\langle \boldsymbol{k}''(t), \boldsymbol{k}'(t) \rangle \cdot \langle \boldsymbol{k}''(t), \boldsymbol{k}''(t) \rangle - \langle \boldsymbol{k}'(t), \boldsymbol{k}''(t) \rangle^2}{\langle \boldsymbol{k}'(t), \boldsymbol{k}'(t) \rangle^3}}$$

(Anwendung der Formel von LAGRANGE)

$\tau(s) \cdot [\varkappa(s)]^2 = \det(\dot{\boldsymbol{k}}(s) \ddot{\boldsymbol{k}}(s) \dddot{\boldsymbol{k}}(s))$ (Spatprodukt)

$$\tau(s) = \frac{\det(\dot{\boldsymbol{k}}(s) \ddot{\boldsymbol{k}}(s) \dddot{\boldsymbol{k}}(s))}{\langle \ddot{\boldsymbol{k}}(s), \ddot{\boldsymbol{k}}(s) \rangle}$$

$$\tau(t) = \frac{\det(\boldsymbol{k}'(t) \boldsymbol{k}''(t) \boldsymbol{k}'''(t))}{\langle \boldsymbol{k}''(t), \boldsymbol{k}'(t) \rangle \cdot \langle \boldsymbol{k}''(t), \boldsymbol{k}''(t) \rangle - \langle \boldsymbol{k}'(t), \boldsymbol{k}''(t) \rangle^2}$$

Hauptsatz der Kurventheorie

Krümmung und Torsion einer Kurve sind invariant gegenüber Bewegungen und Parametertransformationen. Sie bilden darüber hinaus ein *vollständiges Invariantensystem* für Kurven im $\mathbb{R}^3$, was durch den folgenden Satz ausgedrückt wird.

Hauptsatz: *Sind $\varkappa, \tau :]0; l[\to \mathbb{R}$ stetige Funktionen mit $\varkappa(s) > 0$ für alle $s \in]0; l[$, so gibt es eine bis auf Kongruenz eindeutig bestimmte Kurve aus C^3 mit der Krümmung $\varkappa(s)$ und der Torsion $\tau(s)$.*

Bem.: Beim Beweis greift man auf die FRENETschen Gleichungen zurück und zeigt die Lösbarkeit des DG-Systems.

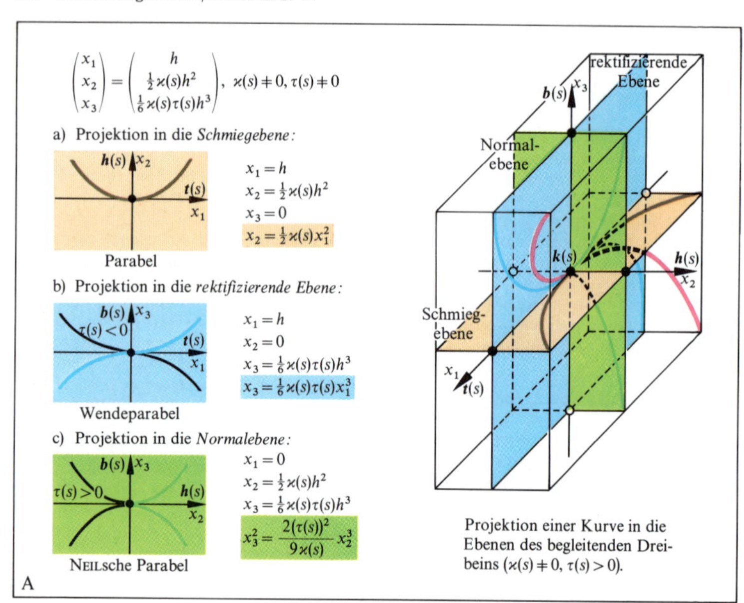

Projektion einer Kurve in die Ebenen des begleitenden Dreibeins ($\varkappa(s) \neq 0$, $\tau(s) > 0$).

Kanonische Darstellung

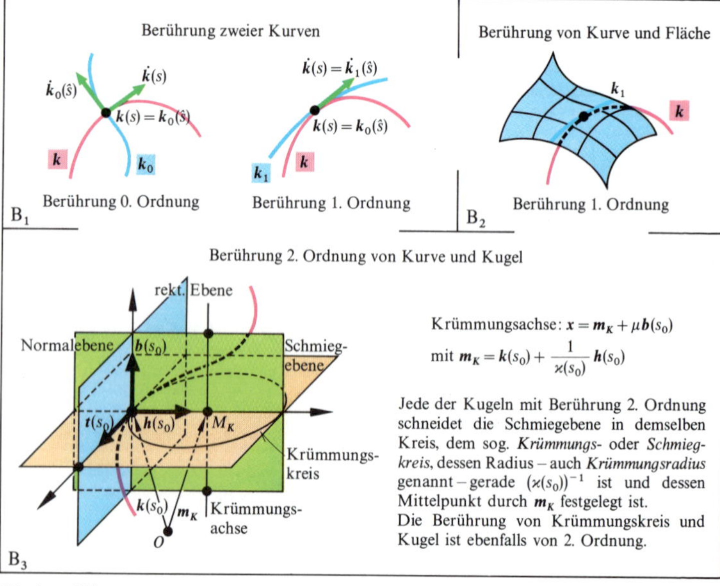

Krümmungsachse: $x = m_K + \mu b(s_0)$

mit $m_K = k(s_0) + \dfrac{1}{\varkappa(s_0)} h(s_0)$

Jede der Kugeln mit Berührung 2. Ordnung schneidet die Schmiegebene in demselben Kreis, dem sog. *Krümmungs-* oder *Schmiegkreis*, dessen Radius – auch *Krümmungsradius* genannt – gerade $(\varkappa(s_0))^{-1}$ ist und dessen Mittelpunkt durch m_K festgelegt ist.
Die Berührung von Krümmungskreis und Kugel ist ebenfalls von 2. Ordnung.

Schmieggebilde

Kanonische Darstellung einer Kurve

Eine hinreichend oft differenzierbare, natürlich parametrisierte Kurve $\boldsymbol{k}$ mit $\varkappa(s) \neq 0$ sei vorgegeben. Dann kann man die folgende TAYLOR-Entwicklung (vgl. S. 299) angeben:

(1) $\boldsymbol{k}(s+h) = \boldsymbol{k}(s) + h \cdot \dot{\boldsymbol{k}}(s) + \frac{1}{2}h^2 \cdot \ddot{\boldsymbol{k}}(s) + \frac{1}{6}h^3 \cdot \dddot{\boldsymbol{k}}(s) + \boldsymbol{R}(s, h)$.

Mit Hilfe der FRENETschen Gleichungen (S. 397) ergibt sich daraus:

(2) $\boldsymbol{k}(s+h) - \boldsymbol{k}(s) = (h - \frac{1}{6}h^3(\varkappa(s))^2)\boldsymbol{t}(s) + (\frac{1}{2}h^2\varkappa(s) + \frac{1}{6}h^3\dot{\varkappa}(s))\boldsymbol{h}(s) + \frac{1}{6}h^3\varkappa(s)\tau(s) \cdot \boldsymbol{b}(s) + \boldsymbol{R}(s, h)$

Legt man nun den Ursprung des Koordinatensystems in $\boldsymbol{k}(s)$, wählt $\{\boldsymbol{t}(s), \boldsymbol{b}(s), \boldsymbol{k}(s)\}$ als Basis und beschränkt sich in jeder Komponente auf, den Term mit dem kleinsten Exponenten von h, so findet man die sog. *kanonische Darstellung der Kurve* in der Umgebung eines Kurvenpunktes:

(3) $\boldsymbol{k}(s+h) = \begin{pmatrix} h \\ \frac{1}{2}\varkappa(s)h^2 \\ \frac{1}{6}\varkappa(s)\tau(s)h^3 \end{pmatrix} + \bar{\boldsymbol{R}}(s, h)$.

Vernachlässigt man $\bar{\boldsymbol{R}}(s, h)$ und projiziert in die drei Ebenen des begleitenden Dreibeins, so ergeben sich die in Abb. A dargestellten Parabeln, die veranschaulichen, wie die Kurve relativ zum begleitenden Dreibein durch den Kurvenpunkt $\boldsymbol{k}(s)$ verläuft. Dabei wird allerdings auch eine von Null verschiedene Torsion $\tau(s)$ verlangt. Es stellt sich heraus, daß die Kurve die Schmiegebene durchstößt, aber stets auf einer Seite der rektifizierenden Ebene bleibt, und zwar auf derjenigen, in die der Hauptnormalenvektor weist.

Schmieggebilde

Bricht man die Reihenentwicklung (1) nach dem $(n+1)$-ten Glied ab, so def. der Term die sog. *n-te Näherungskurve* in der Umgebung von $\boldsymbol{k}(s)$. Die 1. Näherungskurve ist dabei natürlich die Tangente in $\boldsymbol{k}(s)$; die 2. Näherungskurve liegt in der Schmiegebene.

Zwei Kurven können, wie Abb. B_1 zeigt, sehr unterschiedliche Berührungsmerkmale haben. Man kann dieses Verhalten durch die Übereinstimmung von Näherungskurven in der Umgebung des Schnittpunktes beschreiben.

Man spricht bei *zwei sich schneidenden Kurven* von einer ***Berührung n-ter Ordnung***, wenn in dem Punkt nicht nur die Funktionswerte, sondern auch die Ableitungswerte bis zur n-ten Ordnung übereinstimmen. Im Falle einer Berührung n-ter Ordnung stimmen also alle Näherungskurven bis zur n-ten überein.

Eine Berührung zweier Kurven heißt von *genau n-ter Ordnung*, wenn sie von n-ter, aber nicht von $(n+1)$-ter Ordnung ist.

Der Begriff der Berührung zweier Kurven läßt sich erweitern, und zwar soll der Schnitt einer *Kurve* und einer *Fläche* (S. 405f.) als ***Berührung n-ter Ordnung*** bezeichnet werden, wenn es auf der Fläche eine Kurve durch den Schnittpunkt gibt, die mit der vorgegebenen Kurve eine Berührung von n-ter Ordnung hat (Abb. B_2). Die *Berührung genau n-ter Ordnung* wird wie oben bei zwei Kurven definiert.

Liegt eine hinreichend oft differenzierbare Fläche in impliziter Darstellung $F(\boldsymbol{x}) = 0$ vor, die in $\boldsymbol{k}(s_0)$ von der Kurve $\boldsymbol{k}$ geschnitten wird, so bedeutet die Berührung n-ter Ordnung, daß die folgenden Gleichungen erfüllt sind:

$$F(\boldsymbol{k}(s_0)) = 0, \quad \frac{\mathrm{d}^\nu}{\mathrm{d}s^\nu} F(\boldsymbol{k}(s_0)) = 0 \quad (\nu \in \{1, \ldots, n\}).$$

a) Berührung von Kurve und Ebene

Die Kurve habe eine von Null verschiedene Krümmung. Gibt man die Ebene in der Normalenform $\langle \boldsymbol{x} - \boldsymbol{k}(s_0), \boldsymbol{n}(s_0) \rangle = 0$ vor, so hat man eine implizite Darstellung der Fläche. Differenziert man, so muß für eine Berührung 1. Ordnung zusätzlich gelten $\langle \dot{\boldsymbol{k}}(s_0), \boldsymbol{n}(s_0) \rangle = 0$, d. h. der Tangentenvektor ist zum Normalenvektor der Ebene orthogonal. Bei einer Berührung 1. Ordnung liegt also die Tangente durch $\boldsymbol{k}(s_0)$ in der Ebene. Bei einer Berührung 2. Ordnung tritt die Bedingung $\langle \ddot{\boldsymbol{k}}(s_0), \boldsymbol{n}(s_0) \rangle = 0$ hinzu. Also steht auch $\boldsymbol{h}(s_0)$ senkrecht zu $\boldsymbol{n}(s_0)$, so daß die Ebene die Schmiegebene sein muß. Eine Berührung von höherer als 2. Ordnung ist für $\tau(s_0) \neq 0$ unmöglich. Dadurch wird die besondere Rolle der Schmiegebene für die Beschreibung der Kurve nochmals hervorgehoben.

b) Berührung von Kurve und Kugel

Von der Kurve sei wieder $\varkappa(s_0) \neq 0$ vorausgesetzt. Die Kugeloberfläche werde implizit durch $\langle \boldsymbol{x} - \boldsymbol{m}, \boldsymbol{x} - \boldsymbol{m} \rangle - r^2 = 0$ (vgl. S. 197) dargestellt. Radius und Mittelpunkt sind genauer zu bestimmen. Zunächst gilt natürlich $\langle \boldsymbol{k}(s_0) - \boldsymbol{m}, \boldsymbol{k}(s_0) - \boldsymbol{m} \rangle - r^2 = 0$; die zusätzlichen Bedingungen ergeben sich durch fortgesetztes Differenzieren und Einsetzen von $\boldsymbol{k}(s_0)$. Bei einer *Berührung 1. Ordnung* gilt zusätzlich $\langle \dot{\boldsymbol{k}}(s_0), \boldsymbol{k}(s_0) - \boldsymbol{m} \rangle = 0$, d. h. es kommen alle Kugeln in Frage, deren Tangentialebene in $\boldsymbol{k}(s_0)$ die Kurventangente enthält. Die Mittelpunkte der Kugeln sind beliebig in der Normalebene gelegen.

Für eine *Berührung 2. Ordnung* kommen nur noch Kugeln in Frage, deren Mittelpunkte auf einer Geraden in der Normalebene, auf der sog. *Krümmungsachse*, liegen. Mit der zusätzlichen Bedingung $\langle \ddot{\boldsymbol{k}}(s_0), \boldsymbol{k}(s_0) - \boldsymbol{m} \rangle = 0$ erhält man nämlich:

$$\boldsymbol{m} = \boldsymbol{k}(s_0) + \frac{1}{\varkappa(s_0)} \boldsymbol{h}(s_0) + \mu \boldsymbol{b}(s_0) \quad (\mu \in \mathbb{R}).$$

$\boldsymbol{m}$ erfüllt also die Gleichung einer Geraden mit dem Binormalenvektor als Richtungsvektor (Abb. B_3).

Eine ***Berührung 3. Ordnung*** ist nur noch für genau eine Kugel möglich ($\tau(s_0) \neq 0$). Sie heißt *Krümmungs-* oder *Schmiegkugel* und hat den Mittelpunkt

$$\boldsymbol{m}_S = \boldsymbol{k}(s_0) + \frac{1}{\varkappa(s_0)} \boldsymbol{h}(s_0) + \mu_S \boldsymbol{b}(s_0)$$

und den Radius $r_S = \sqrt{\left(\frac{1}{\varkappa(s_0)}\right)^2 + \mu_S^2}$ mit

$$\mu_S = -\frac{\dot{\varkappa}(s_0)}{(\varkappa(s_0))^2} \cdot \frac{1}{\tau(s_0)}.$$

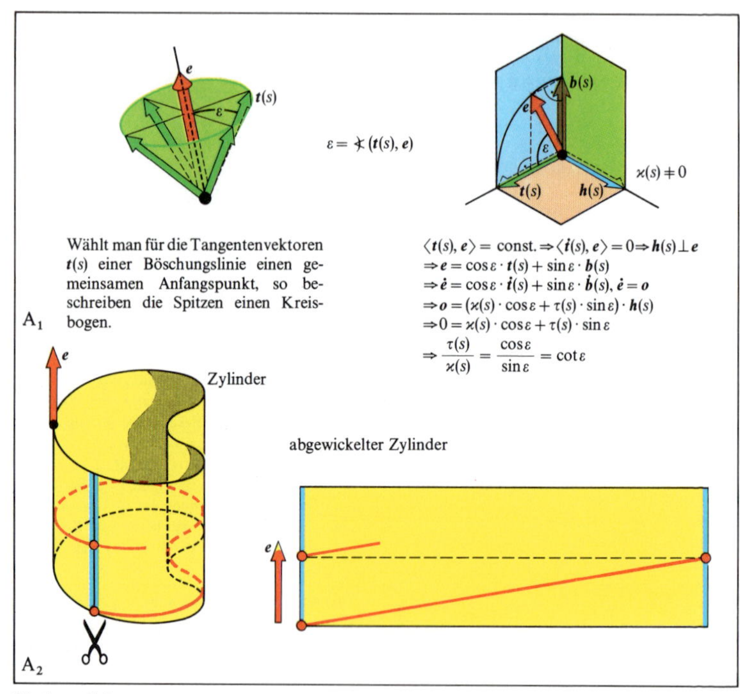

e
t(s)
ε
$\varepsilon = \sphericalangle(\boldsymbol{t}(s), \boldsymbol{e})$
b(s)
e
ε
$\varkappa(s) \neq 0$
t(s)
h(s)
Wählt man für die Tangentenvektoren $\boldsymbol{t}(s)$ einer Böschungslinie einen gemeinsamen Anfangspunkt, so beschreiben die Spitzen einen Kreisbogen.
A₁
$\langle \boldsymbol{t}(s), \boldsymbol{e} \rangle = \text{const.} \Rightarrow \langle \dot{\boldsymbol{t}}(s), \boldsymbol{e} \rangle = 0 \Rightarrow \boldsymbol{h}(s) \perp \boldsymbol{e}$
$\Rightarrow \boldsymbol{e} = \cos\varepsilon \cdot \boldsymbol{t}(s) + \sin\varepsilon \cdot \boldsymbol{b}(s)$
$\Rightarrow \dot{\boldsymbol{e}} = \cos\varepsilon \cdot \dot{\boldsymbol{t}}(s) + \sin\varepsilon \cdot \dot{\boldsymbol{b}}(s), \dot{\boldsymbol{e}} = \boldsymbol{o}$
$\Rightarrow \boldsymbol{o} = (\varkappa(s) \cdot \cos\varepsilon + \tau(s) \cdot \sin\varepsilon) \cdot \boldsymbol{h}(s)$
$\Rightarrow 0 = \varkappa(s) \cdot \cos\varepsilon + \tau(s) \cdot \sin\varepsilon$
$\Rightarrow \frac{\tau(s)}{\varkappa(s)} = \frac{\cos\varepsilon}{\sin\varepsilon} = \cot\varepsilon$
e
Zylinder
abgewickelter Zylinder
e
A₂

Böschungslinie

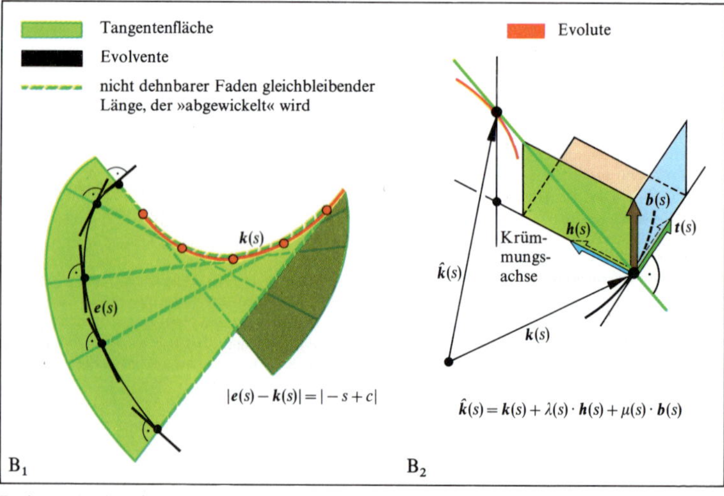

Evolvente, Evolute einer Kurve

Sphärische Kurven

Kurven, die auf einer Kugel liegen, heißen *sphärisch*. Nach den Ausführungen auf S. 399 über die eindeutig bestimmte Schmiegkugel muß die Kugel für jeden Kurvenpunkt Schmiegkugel sein, falls $\boldsymbol{k} \in C^3$, $\varkappa(s) \neq 0$ und $\tau(s) \neq 0$ ist. Schmiegkugelradius r_S und Schmiegkugelmittelpunkt $\boldsymbol{m}_S$ sind also konstant. Daraus ergibt sich, daß eine Kurve mit obigen Voraussetzungen genau dann sphärisch ist, wenn für alle s gilt:

$$\frac{\tau(s)}{\varkappa(s)} - \frac{\mathrm{d}}{\mathrm{d}s}\left(\frac{\dot{\varkappa}(s)}{(\varkappa(s))^2 \cdot \tau(s)}\right) = 0 .$$

Böschungslinien

Als *Böschungslinien* bezeichnet man Kurven, für die der Tangentenvektor $\boldsymbol{t}(s)$ in jedem Kurvenpunkt mit einem festen Einheitsvektor $\boldsymbol{e}$ einen konstanten Winkel bildet, z. B. die Schraubenlinie in Abb. A_1, S. 392, mit $\boldsymbol{e} = \begin{pmatrix} 0 \\ 0 \\ 1 \end{pmatrix}$. Aber auch alle ebenen Kurven sind Böschungslinien. Böschungslinien aus C^3 mit $\varkappa(s) \neq 0$ lassen sich durch eine Beziehung zwischen Torsion und Krümmung charakterisieren, und zwar ist eine Kurve aus C^3 mit $\varkappa(s) \neq 0$ genau dann eine Böschungslinie, wenn $\dfrac{\tau(s)}{\varkappa(s)} = \text{const.}$ für alle s gilt. Die Konstante ist gerade $\cot(\boldsymbol{t}(s), \boldsymbol{e})$ (Abb. A_1).

Bem.: Wählt man bei einer derartigen Böschungslinie durch jeden Kurvenpunkt die Gerade mit dem Richtungsvektor $\boldsymbol{e}$, so beschreiben diese Geraden einen Zylinder im weitesten Sinne oder aber einen Teilzylinder, bei dessen Abwicklung in eine Ebene die Kurve in eine oder mehrere parallele Strecken übergeht (Abb. A_2). Umgekehrt sind Zylinderkurven mit der obigen Abwicklungseigenschaft auch Böschungslinien.
Die Schraubenlinien sind Böschungslinien auf einem Kreiszylinder, übrigens die einzigen Kurven aus C^3 mit zugleich konstanter Krümmung und konstanter Torsion.

Evolventen einer Kurve

Nach S. 395 gehört zur Tangente durch einen festen Kurvenpunkt $\boldsymbol{k}(s)$ die Gleichung

(1) $\boldsymbol{x}(\lambda) = \boldsymbol{k}(s) + \lambda \cdot \boldsymbol{t}(s)$, $\quad \lambda \in \mathbb{R}$.

Sämtliche Tangenten an die Kurve bilden die zur Kurve gehörige *Tangentenfläche* (Abb. B_1), die man durch

(2) $\boldsymbol{x}(s, \lambda) = \boldsymbol{k}(s) + \lambda \cdot \boldsymbol{t}(s)$, $\quad s \in I,\ \lambda \in \mathbb{R}$,

beschreiben kann.

Neue, in der Tangentenfläche gelegene Kurven lassen sich dadurch gewinnen, daß man s variiert und jedem s ein λ zuordnet. Die neuen Kurven haben dann Parameterdarstellungen der Form

(3) $\bar{\boldsymbol{k}}(s) = \boldsymbol{k}(s) + \lambda(s) \cdot \boldsymbol{t}(s)$, $\quad s \in I$.

Unter diesen Kurven werden diejenigen als *Evolventen von* $\boldsymbol{k}$ bezeichnet, die alle Tangenten von $\boldsymbol{k}$ senkrecht schneiden (Abb. B_1). Aus der Bedingung $\langle \dot{\bar{\boldsymbol{k}}}(s), \boldsymbol{t}(s) \rangle = 0$ ergibt sich sofort, daß $\dot{\lambda}(s) = -1$ gelten muß. Die Evolventen von $\boldsymbol{k}$ haben damit die Darstellung

(4) $\boldsymbol{e}(s) = \boldsymbol{k}(s) + (-s + c)\boldsymbol{t}(s)$, $\quad s \in I$,

wobei $c \in \mathbb{R}$ gilt. Zu jeder Kurve aus C^2 existiert also eine einparametrige Schar von Evolventen. Offensichtlich gilt $|\boldsymbol{e}(s) - \boldsymbol{k}(s)| = |-s + c|$, so daß man die Konstruktion einer Evolventen wie in Abb. B_1 vornehmen kann. Von daher wird auch die Namensgebung Evolvente (Abwicklungslinie) bzw. Fadenevolvente verständlich.

Bem.: Die Verwendung des Parameters s in (4) bedeutet nicht, daß die Evolventen natürlich parametrisiert sind. s ist in der Regel *nur* die Bogenlänge von $\boldsymbol{k}$.

Evoluten einer Kurve

Neben der Aufgabe, Evolventen einer gegebenen Kurve zu bestimmen, kann man sich auch mit der Umkehrung beschäftigen. Zu einer Kurve $\boldsymbol{k}$ soll eine Kurve $\hat{\boldsymbol{k}}$ gefunden werden, so daß $\boldsymbol{k}$ Evolvente von $\hat{\boldsymbol{k}}$ ist. Zu jedem $\boldsymbol{k} \in C^3$ mit $\varkappa(s) \neq 0$ läßt sich eine einparametrige Schar derartiger Kurven finden; sie heißen *Evoluten von* $\boldsymbol{k}$.

Um die Parameterdarstellung einer Evolute zu ermitteln, macht man gemäß Abb. B_2 den Ansatz

$$\hat{\boldsymbol{k}}(s) = \boldsymbol{k}(s) + \lambda(s) \cdot \boldsymbol{h}(s) + \mu(s) \cdot \boldsymbol{b}(s) .$$

Die Funktionsterme $\lambda(s)$ und $\mu(s)$ sind zu bestimmen, und zwar unter der Bedingung, daß $\dot{\hat{\boldsymbol{k}}}(s)$ und $\lambda(s) \cdot \boldsymbol{h}(s) + \mu(s) \cdot \boldsymbol{b}(s)$ kollinear sind. Man bildet daher $\dot{\hat{\boldsymbol{k}}}(s)$, wendet die FRENETschen Gleichungen (S. 397) an und benutzt die Kollinearitätsbedingung $\dot{\hat{\boldsymbol{k}}}(s) \times (\lambda(s) \cdot \boldsymbol{h}(s) + \mu(s) \cdot \boldsymbol{b}(s)) = \boldsymbol{o}$ (vgl. S. 193). Wegen der linearen Unabhängigkeit der Vektoren des begleitenden Dreibeins ergibt sich direkt $\lambda(s) = \dfrac{1}{\varkappa(s)}$ und zusätzlich eine DG 1. Ordnung für $\mu(s)$, deren Lösung $\mu(s) = \dfrac{1}{\varkappa(s)} \cot\left(\int_0^s \tau(t)\,\mathrm{d}t + C\right)$ ist.

Da $C \in \mathbb{R}$ beliebig wählbar ist, ergibt sich eine Schar von Evoluten mit der Parameterdarstellung

$$(5)\quad \hat{\boldsymbol{k}}(s) = \boldsymbol{k}(s) + \frac{1}{\varkappa(s)} \boldsymbol{h}(s) + \frac{1}{\varkappa(s)} \cot\left(\int_0^s \tau(t)\,\mathrm{d}t + C\right) \cdot \boldsymbol{b}(s) .$$

Bem.: Eine Evolute ist i. a. nicht auch durch die Bogenlänge s von $\boldsymbol{k}$ natürlich parametrisiert.

Vergleicht man diese Parameterdarstellung mit der Gleichung der Krümmungsachse (S. 398, Abb. B_3), so zeigt sich, daß die Evoluten sämtlich in der von den Krümmungsachsen gebildeten sog. *Polarfläche* liegen, zu der die Darstellung

$$(6)\quad \boldsymbol{x}(s, \mu) = \boldsymbol{k}(s) + \frac{1}{\varkappa(s)} \boldsymbol{h}(s) + \mu \cdot \boldsymbol{b}(s) , \quad \mu \in \mathbb{R} ,$$

gehört.

Bem.: Die Polarfläche bezeichnet man daher auch als *Evolutenfläche*, während die Tangentenfläche auch den Namen *Evolventenfläche* trägt.

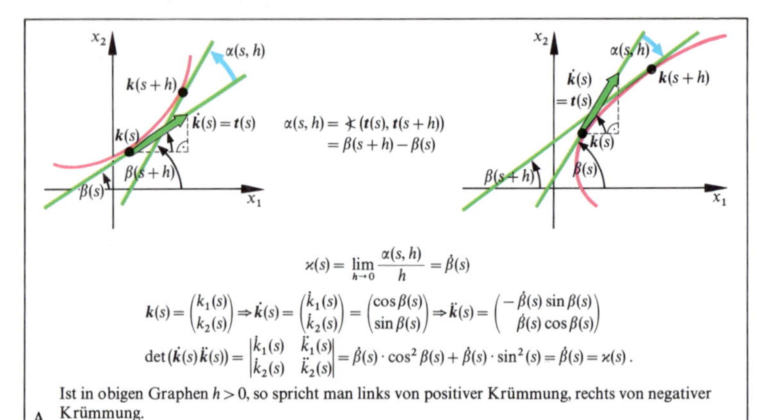

Krümmung einer ebenen Kurve

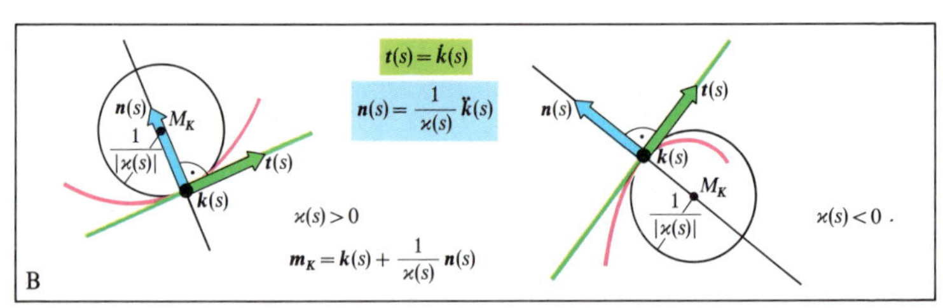

Begleitendes Zweibein, Krümmungskreis und Krümmung

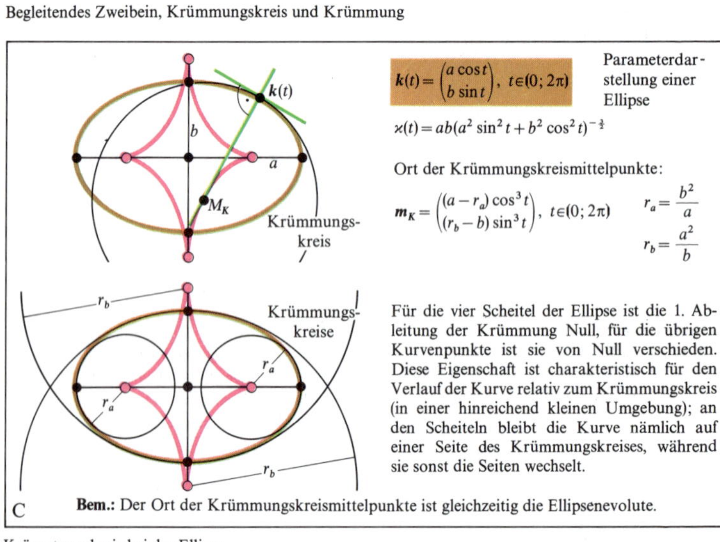

$\boldsymbol{k}(t) = \begin{pmatrix} a\cos t \\ b\sin t \end{pmatrix}, \; t \in [0; 2\pi)$
Parameterdarstellung einer Ellipse
$\varkappa(t) = ab(a^2\sin^2 t + b^2\cos^2 t)^{-\frac{3}{2}}$
Ort der Krümmungskreismittelpunkte:
$\boldsymbol{m}_K = \begin{pmatrix} (a - r_a)\cos^3 t \\ (r_b - b)\sin^3 t \end{pmatrix}, \; t \in [0; 2\pi)$
$r_a = \frac{b^2}{a}$
$r_b = \frac{a^2}{b}$
$\boldsymbol{k}(t)$
b
a
M_K
Krümmungskreis
Krümmungskreise
r_a
r_b
Für die vier Scheitel der Ellipse ist die 1. Ableitung der Krümmung Null, für die übrigen Kurvenpunkte ist sie von Null verschieden. Diese Eigenschaft ist charakteristisch für den Verlauf der Kurve relativ zum Krümmungskreis (in einer hinreichend kleinen Umgebung); an den Scheiteln bleibt die Kurve nämlich auf einer Seite des Krümmungskreises, während sie sonst die Seiten wechselt.
C
Bem.: Der Ort der Krümmungskreismittelpunkte ist gleichzeitig die Ellipsenevolute.

Krümmungskreis bei der Ellipse

Ebene Kurven

Eine ebene Kurve ist aus der Sicht der Kurventheorie im $\mathbb{R}^3$ lediglich eine spezielle Kurve, deren Torsion $\tau(s)$ für alle s Null ist (vgl. S. 397). Man braucht also eigentlich nur die Ergebnisse der Kurventheorie im $\mathbb{R}^3$ zu spezialisieren. Daß ebene Kurven dennoch gesondert behandelt werden, liegt u. a. daran, daß es in der Ebene möglich ist, weiterreichende Begriffsbildungen, z.B. bei der Krümmung, einzuführen.

Darstellungsformen einer Kurve im $\mathbb{R}^2$

a) Parameterdarstellung

Parameterdarstellungen einer Kurve im $\mathbb{R}^2$ sind $\mathbb{R}$-$\mathbb{R}^2$-Funktionen in Komponentendarstellung

$$\boldsymbol{k}(t)=\begin{pmatrix}k_1(t)\\ k_2(t)\end{pmatrix},\quad t\in I.\quad \textit{Beispiel:}\ \text{Abb. C.}$$

Der Begriff der zulässigen Parametertransformation wird völlig analog wie im $\mathbb{R}^3$ eingeführt (vgl. S. 393).

Ist $\boldsymbol{k}\in C^1$, so kann man eine *natürliche Parametrisierung* durch die Bogenlänge s vornehmen. Den *Tangentenvektor* $\boldsymbol{t}(s)$ definiert man durch $\boldsymbol{t}(s):=\dot{\boldsymbol{k}}(s)$.

b) Explizite Darstellung

Liegt eine $\mathbb{R}$-$\mathbb{R}$-Funktion $f: I\to\mathbb{R}$ mit entsprechenden Differenzierbarkeitseigenschaften vor, so kann der Graph der Funktion als Kurve angesehen werden. Die Funktionsgleichung heißt *explizite Darstellung* der Kurve. Der Übergang zu einer Parameterdarstellung ist sehr einfach:

$$\boldsymbol{k}_f(t)=\begin{pmatrix}t\\ f(t)\end{pmatrix},\quad t\in I.$$

Die Differenzierbarkeitseigenschaften von f sind auch die von $\boldsymbol{k}_f$.

c) Implizite Darstellung

Erfüllt eine Kurve $\boldsymbol{k}$ eine Gleichung der Form $F(x_1,x_2)=0$, d. h. gilt $F(k_1(t),k_2(t))=0$ für alle t, so spricht man von einer *impliziten Darstellung* der Kurve. Dabei ist F eine $\mathbb{R}^2$-$\mathbb{R}$-Funktion mit gewissen Differenzierbarkeitseigenschaften (Auflösung innerhalb einer Umgebung, S. 325). Existieren z. B. die partiellen Ableitungen von F und sind nicht beide gleichzeitig Null, so ergibt sich für die *Tangente* durch einen Kurvenpunkt $(x_{01}|x_{02})$ die Gleichung:

$$(x_1-x_{01})\frac{\partial F}{\partial x_1}(x_{01},x_{02})+(x_2-x_{02})\frac{\partial F}{\partial x_2}(x_{01},x_{02})=0.$$

Krümmung ebener Kurven

Man orientiert sich am Vorgehen in Abb. C, S. 394, und definiert die Krümmung $\varkappa(s)$ einer natürlich parametrisierten Kurve durch:

$$\varkappa(s):=\lim_{h\to 0}\frac{\sphericalangle(\boldsymbol{t}(s+h),\boldsymbol{t}(s))}{h}$$

Die Orientierbarkeit der Winkel in der Ebene hat zur Folge, daß man zwischen *positiver* und *negativer Krümmung* unterscheiden kann (Abb. A). In jedem Fall gilt natürlich $|\varkappa(s)|=|\ddot{\boldsymbol{k}}(s)|$.

Eine Möglichkeit, die Krümmung unter Berücksichtigung des Vorzeichens zu bestimmen, ergibt sich aus der in Abb. A hergeleiteten Formel:

$$\varkappa(s)=\det(\dot{\boldsymbol{k}}(s)\ddot{\boldsymbol{k}}(s))=\dot{k}_1(s)\cdot\ddot{k}_2(s)-\ddot{k}_1(s)\cdot\dot{k}_2(s).$$

Bei Vorlage einer beliebigen Parameterdarstellung mit dem Parameter t ergibt sich entsprechend:

$$\varkappa(t)=\frac{\det(\boldsymbol{k}'(t)\boldsymbol{k}''(t))}{|\boldsymbol{k}'(t)|^3}.$$

Bem.: Ist die Kurve der Graph einer reellwertigen Funktion f mit entsprechenden Differenzierbarkeitseigenschaften, so erhält man:

$$\boldsymbol{k}'_f(t)=\begin{pmatrix}t\\ f(t)\end{pmatrix}\Rightarrow\varkappa(t)=\frac{f''(t)}{|\boldsymbol{k}'(t)|^3},$$

d. h. $\varkappa(t)$ und $f''(t)$ haben stets gleiches Vorzeichen (vgl. Links- und Rechtskrümmung, S. 303).

Begleitendes Zweibein

Im Falle einer natürlich parametrisierten Kurve mit $\varkappa(s)\neq 0$ definiert man neben dem Tangentenvektor $\boldsymbol{t}(s)$ den sog. *Normalenvektor* $\boldsymbol{n}(s)$ durch

$$\boldsymbol{n}(s):=\frac{1}{\varkappa(s)}\ddot{\boldsymbol{k}}(s).$$

Das Paar $(\boldsymbol{t}(s),\boldsymbol{n}(s))$ bildet in jedem Kurvenpunkt das sog. *begleitende Zweibein* (Abb. B). Es ergeben sich als FRENET*sche Gleichungen* (vgl. S. 397):

$$\dot{\boldsymbol{t}}(s)=\varkappa(s)\cdot\boldsymbol{n}(s)\quad\text{und}\quad\dot{\boldsymbol{n}}(s)=-\varkappa(s)\cdot\boldsymbol{t}(s),$$

mit deren Hilfe ein dem Hauptsatz (S. 397) entsprechender Satz bewiesen werden kann (mit beliebigem $\varkappa(s)$ und mit $\tau(s)=0$).

Bem.: Der Normalenvektor unterscheidet sich vom Hauptnormalenvektor nur bei neg. Krümmung.

Es gilt: $\boldsymbol{n}(s)=\begin{cases}\boldsymbol{h}(s) & \text{für } \varkappa(s)>0\\ -\boldsymbol{h}(s) & \text{für } \varkappa(s)<0\end{cases}.$

Krümmungskreis

Im Falle $\varkappa(s)\neq 0$ nennt man $\frac{1}{|\varkappa(s)|}$ *Krümmungsradius*. Der Kreis mit diesem Radius und dem durch $\boldsymbol{m}_K=\boldsymbol{k}(s)+\frac{1}{\varkappa(s)}\boldsymbol{n}(s)$ festgelegten Mittelpunkt M_K heißt *Krümmungs-* oder *Schmiegkreis* (Abb. B). Er ist der einzige Kreis, der die Kurve in $\boldsymbol{k}(s)$ von 2. Ordnung berührt (vgl. S. 399). Führt man einen beliebigen Parameter ein, so ergibt sich:

$$\boldsymbol{m}_K=\boldsymbol{k}(t)+\frac{1}{\varkappa(t)\,|\boldsymbol{k}'(t)|}\begin{pmatrix}-k_2'(t)\\ k_1'(t)\end{pmatrix}.$$

Beispiel: Abb. C.

Evolventen, Evoluten ebener Kurven

Evolventen und Evoluten zu einer ebenen Kurve sind wie auf S. 401 definiert, wenn man die Kurve in den $\mathbb{R}^3$ einbettet.

Die Evolventen liegen dann notwendigerweise in der Kurvenebene, während die Evoluten auch außerhalb der Kurvenebene liegen können.

Für eine in der Kurvenebene gelegene Evolute gilt, daß sie die Kurve der Krümmungskreismittelpunkte ist (Abb. C).

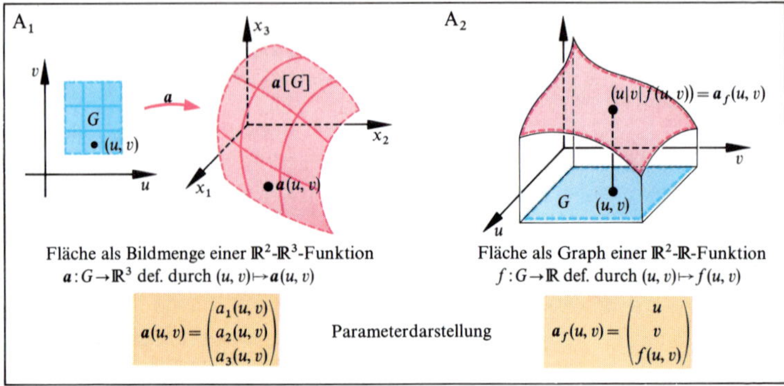

Flächenstücke

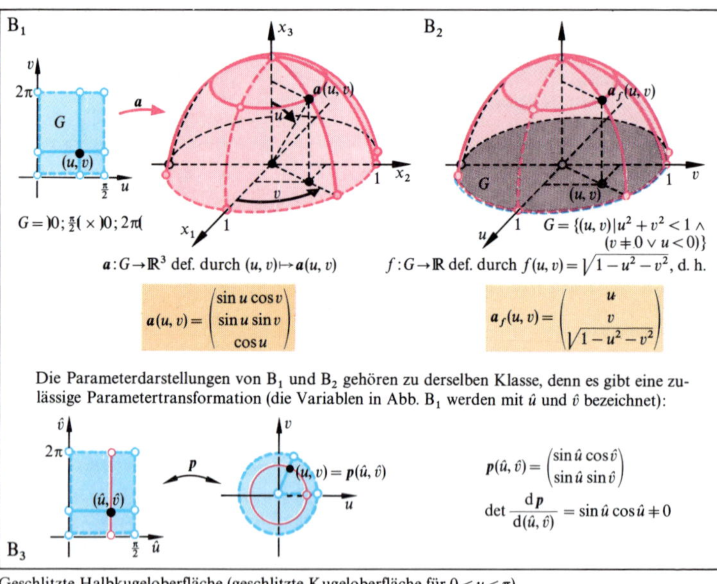

Geschlitzte Halbkugeloberfläche (geschlitzte Kugeloberfläche für $0 < u < \pi$)

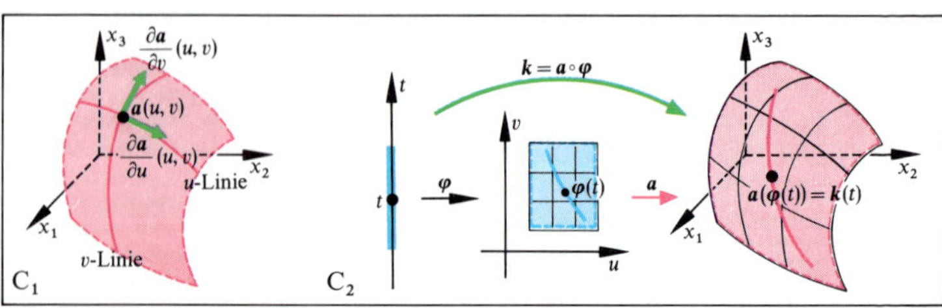

Koordinatenlinien, Flächenkurven

Wie beim Kurvenbegriff muß auch für den Flächenbegriff eine Fassung gefunden werden, die den Erfordernissen der Differentialgeometrie Rechnung trägt. Dazu gehört, daß man eine Funktion mit geeigneten Differenzierbarkeitseigenschaften zur Verfügung hat.

Im einfachsten Fall ist eine Fläche als Graph einer $\mathbb{R}^2$-$\mathbb{R}$-Funktion vorstellbar. In Verallgemeinerung kann man gewisse $\mathbb{R}^2$-$\mathbb{R}^3$-Funktionen auszeichnen, deren Bildmengen dann als Flächen bezeichnet werden (*Beispiele:* Abb. A, B).

Um zu einem möglichst handlichen Flächenbegriff zu gelangen, wird zunächst der Begriff des Flächenstücks eingeführt und mit dessen Hilfe dann auf S. 407 der Begriff der Fläche gefaßt.

Begriff des Flächenstücks

Unter einem *Flächenstück* wird hier die Bildmenge einer bijektiven Abbildung $\boldsymbol{a}$ eines beschränkten Gebietes $G \subseteq \mathbb{R}^2$ in den $\mathbb{R}^3$ verstanden, wobei von der sog. *Parameterdarstellung* $\boldsymbol{a}$ (Abb. A_1) verlangt wird, daß sie stetig differenzierbar ist und daß das Vektorprodukt

$$\frac{\partial \boldsymbol{a}}{\partial u}(u,v) \times \frac{\partial \boldsymbol{a}}{\partial v}(u,v) := \begin{pmatrix} \frac{\partial a_1}{\partial u}(u,v) \\ \frac{\partial a_2}{\partial u}(u,v) \\ \frac{\partial a_3}{\partial u}(u,v) \end{pmatrix} \times \begin{pmatrix} \frac{\partial a_1}{\partial v}(u,v) \\ \frac{\partial a_2}{\partial v}(u,v) \\ \frac{\partial a_3}{\partial v}(u,v) \end{pmatrix}$$

für alle $(u, v) \in G$ von $\boldsymbol{o}$ verschieden ist.

Wegen der zuletzt genannten Forderung spricht man auch von einem *glatten Flächenstück*, denn in jedem Punkt eines derartigen Flächenstücks existiert eine Tangentialebene (s. S. 407).

Bem.: Man spricht von einem *Flächenstück der Klasse* C^r $(r \in \mathbb{N} \setminus \{0\})$, wenn $\boldsymbol{a}$ mindestens r-mal stetig differenzierbar ist.

Der Graph einer $\mathbb{R}^2$-$\mathbb{R}$-Funktion $f: G \to \mathbb{R}$ def. durch $(u, v) \mapsto f(u, v)$ ist demnach ein glattes Flächenstück, wenn G ein beschränktes Gebiet des $\mathbb{R}^2$ ist und f zur Klasse C^1 gehört. Denn offensichtlich läßt sich ohne weiteres eine zu f gehörige Parameterdarstellung $\boldsymbol{a}_f$ angeben (Abb. A_2), die stetig differenzierbar ist und für die gilt:

$$\frac{\partial \boldsymbol{a}_f}{\partial u}(u,v) \times \frac{\partial \boldsymbol{a}_f}{\partial v}(u,v) = \begin{pmatrix} -\frac{\partial f}{\partial u}(u,v) \\ -\frac{\partial f}{\partial v}(u,v) \\ 1 \end{pmatrix} \neq \boldsymbol{o}.$$

Man spricht von einem glatten Flächenstück in *expliziter Darstellung*. ***Beispiel:*** Abb. B_2.

Analog zu einem Kurvenbogen gehört zu einem Flächenstück eine Klasse von Parameterdarstellungen, wobei geeignete (zulässige) Parametertransformationen die Klasse bestimmen.

Führt man eine Parametertransformation $\boldsymbol{p}: \hat{G} \to G$ ($\hat{G}$ Gebiet in $\mathbb{R}^2$) def. durch $(\hat{u}, \hat{v}) \mapsto (u, v)$ aus, so erhält man u. a.

$$\frac{\partial \hat{\boldsymbol{a}}}{\partial \hat{u}}(\hat{u},\hat{v}) \times \frac{\partial \hat{\boldsymbol{a}}}{\partial \hat{v}}(\hat{u},\hat{v}) = \det \frac{\mathrm{d}\boldsymbol{p}}{\mathrm{d}(\hat{u},\hat{v})} \cdot \frac{\partial \boldsymbol{a}}{\partial u}(u,v) \times \frac{\partial \boldsymbol{a}}{\partial v}(u,v).$$

Dabei ist $\det \frac{\mathrm{d}\boldsymbol{p}}{\mathrm{d}(\hat{u},\hat{v})}$ die Funktionaldeterminante von $\boldsymbol{p}$ (S. 323).

Es ist also sinnvoll, von $\boldsymbol{p}$ neben der Bijektivität und der Zugehörigkeit zur Klasse C^1 (bzw. C^r) zu fordern, daß ihre Funktionaldeterminante in $\hat{G}$ von 0 verschieden ist. Derartige Parametertransformationen werden *zulässig* genannt (*Beispiel:* Abb. B_3). Bei ihnen bleiben Bildmenge und Differenzierbarkeitseigenschaften der Parameterdarstellung invariant.

Krummlinige Koordinaten, Koordinatenlinien auf einem Flächenstück

Durch Abb. A_1 wird verdeutlicht, daß zu jedem Netz von Linien in G mit $u = \text{const.}$ bzw. $v = \text{const.}$ ein Kurvennetz auf dem Flächenstück gehört. Man nennt diese Kurven *Koordinaten-*, *Parameter-* oder auch *u-Linien* ($v = \text{const.}$) bzw. *v-Linien* ($u = \text{const.}$).

Ist $(u, v) \in G$ vorgegeben, so liegt der Punkt $\boldsymbol{a}(u, v)$ eindeutig als Schnittpunkt der zugehörigen u- und v-Linie fest (Abb. C_1). Das erinnert an die Festlegung eines Punktes im Koordinatensystem durch Parallelen zu den Achsen, so daß man u und v als *krummlinige Koordinaten* (auch GAUSS*sche Parameter*) des Punktes bezeichnet.

Beispiel: Auf der Erdoberfläche wählt man z. B. geographische Länge und Breite als krummlinige Koordinaten. Längen- und Breitenkreise sind die Koordinatenlinien; sie bilden ein Koordinatensystem auf der Kugeloberfläche.

Die Koordinatenlinien sind Kurven der Klasse C^1 (bzw. C^r). Ein Tangentenrichtungsvektor ist bei einer u-Linie $\frac{\partial \boldsymbol{a}}{\partial u}(u, v)$, bei einer v-Linie $\frac{\partial \boldsymbol{a}}{\partial v}(u, v)$ (vgl. S. 321). Wegen des von $\boldsymbol{o}$ verschiedenen Vektorprodukts sind $\frac{\partial \boldsymbol{a}}{\partial u}(u, v)$ und $\frac{\partial \boldsymbol{a}}{\partial v}(u, v)$ auf dem Flächenstück linear unabhängig über $\mathbb{R}$ (Abb. C_1).

Flächenkurven

Durch $\boldsymbol{a}(u, v)$ mit $(u, v) \in G$ sei ein Flächenstück vorgegeben. Kurven auf dem Flächenstück erhält man folgendermaßen: Man wählt eine $\mathbb{R}$-$\mathbb{R}^2$-Funktion $\boldsymbol{\varphi}: I \to G$ def. durch $t \mapsto (u, v) = \boldsymbol{\varphi}(t) = (\varphi_1(t), \varphi_2(t))$, die der Klasse C^1 bzw. C^r angehört und für die $\varphi_1'(t)$ und $\varphi_2'(t)$ nicht beide gleichzeitig Null sind. Dann ist $\boldsymbol{a} \circ \boldsymbol{\varphi}$ mit $\boldsymbol{a}(\boldsymbol{\varphi}(t)) = \boldsymbol{a}(\varphi_1(t), \varphi_2(t))$ für $t \in I$ eine Parameterdarstellung einer auf dem Flächenstück gelegenen Kurve der Klasse C^1 bzw. C^r (Abb. C_2). Derartige Kurven heißen im folgenden *Flächenkurven*.

Ist also $\boldsymbol{k}$ mit $\boldsymbol{k} = \boldsymbol{a} \circ \boldsymbol{\varphi}$ eine Flächenkurve, so liefert die Differentiation:

$$\boldsymbol{k}'(t) = \frac{\partial \boldsymbol{a}}{\partial u}(\boldsymbol{\varphi}(t)) \cdot \varphi_1'(t) + \frac{\partial \boldsymbol{a}}{\partial v}(\boldsymbol{\varphi}(t)) \cdot \varphi_2'(t).$$

$\boldsymbol{k}'(t)$ ist ein Tangentenrichtungsvektor der Flächenkurve im Punkt $\boldsymbol{a}(\boldsymbol{\varphi}(t))$.

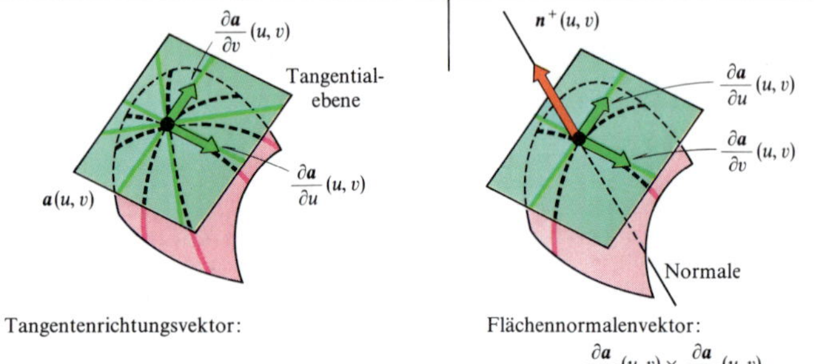

Tangentialebene, Flächennormalenvektor

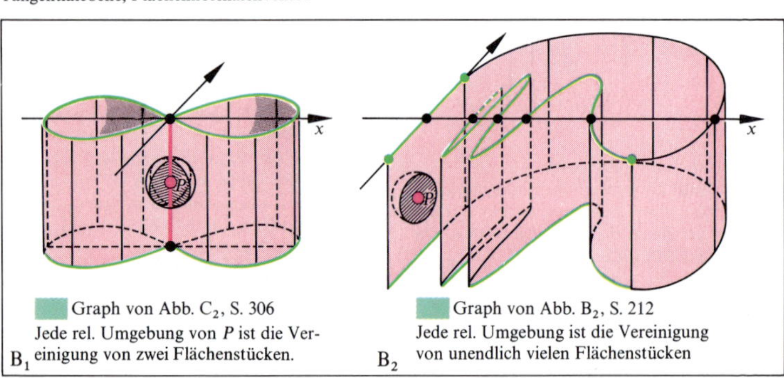

x
P
x
P
Graph von Abb. C_2, S. 306
Jede rel. Umgebung von P ist die Vereinigung von zwei Flächenstücken.
B_1
Graph von Abb. B_2, S. 212
Jede rel. Umgebung ist die Vereinigung von unendlich vielen Flächenstücken
B_2

Flächen

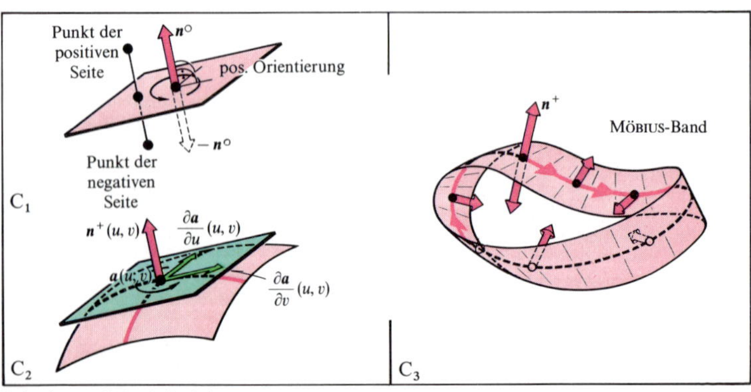

Orientierung, Orientierbarkeit

Tangentialebene, Flächennormalenvektor

Betrachtet man sämtliche Flächenkurven durch einen fest gewählten Punkt $\boldsymbol{a}(u, v)$ eines Flächenstücks und bestimmt die Tangentenrichtungsvektoren, so lassen diese sich sämtlich in der Form

$$\lambda \cdot \frac{\partial \boldsymbol{a}}{\partial u}(u, v) + \mu \cdot \frac{\partial \boldsymbol{a}}{\partial v}(u, v) \quad \text{mit} \quad \lambda, \mu \in \mathbb{R}$$

darstellen (vgl. Formel für $\boldsymbol{k}'(t)$ auf S. 405). Die Flächenkurventangenten durch $\boldsymbol{a}(u, v)$ liegen also in einer Ebene, die von $\frac{\partial \boldsymbol{a}}{\partial u}(u, v)$ und $\frac{\partial \boldsymbol{a}}{\partial v}(u, v)$ aufgespannt wird. Diese Ebene wird *Tangentialebene* zum *Berührungspunkt* $\boldsymbol{a}(u, v)$ genannt. Sie hat die Gleichung (Abb. A_1):

$$\boldsymbol{x} = \boldsymbol{a}(u, v) + \lambda \cdot \frac{\partial \boldsymbol{a}}{\partial u}(u, v) + \mu \cdot \frac{\partial \boldsymbol{a}}{\partial v}(u, v), \qquad \lambda, \mu \in \mathbb{R}.$$

Weil $\frac{\partial \boldsymbol{a}}{\partial u}(u, v)$ und $\frac{\partial \boldsymbol{a}}{\partial v}(u, v)$ linear unabhängig sind, existiert in jedem Punkt eines Flächenstücks genau eine Tangentialebene.

Ein Normalenvektor der Tangentialebene in $\boldsymbol{a}(u, v)$ ist das Vektorprodukt $\frac{\partial \boldsymbol{a}}{\partial u}(u, v) \times \frac{\partial \boldsymbol{a}}{\partial v}(u, v)$ (vgl. S. 405), das damit seine anschauliche Bedeutung erhält. Der Einheitsnormalenvektor

$$\boldsymbol{n}^+(u, v) := \frac{\frac{\partial \boldsymbol{a}}{\partial u}(u, v) \times \frac{\partial \boldsymbol{a}}{\partial v}(u, v)}{\left|\frac{\partial \boldsymbol{a}}{\partial u}(u, v) \times \frac{\partial \boldsymbol{a}}{\partial v}(u, v)\right|}$$

soll *Flächennormalenvektor* (auch *Normalenvektor der Fläche*) genannt werden (er wird auch mit $\boldsymbol{n}^+(\boldsymbol{a}(u, v))$ bezeichnet).

Die Gleichung der Tangentialebene lautet dann in der Normalenform: $\langle \boldsymbol{x} - \boldsymbol{a}(u, v), \boldsymbol{n}^+(u, v) \rangle = 0$.

Die durch den Berührungspunkt verlaufende Senkrechte zur Tangentialebene heißt *Normale* (Abb. A_2).

Begriff der Fläche

Die Tatsache, daß z. B. so fundamentale »Flächen« wie die Kugeloberfläche und die Ebene keine Flächenstücke sind, ist Anlaß genug, den Flächenbegriff über den Begriff des Flächenstücks hinaus zu erweitern. Die Erweiterung erfolgt gemäß der Vorstellung, daß man eine Fläche *lokal*, d. h. in der Umgebung jedes Punktes, mit Hilfe von Flächenstücken beschreiben kann. Im folgenden sollen unter *Flächen* zusammenhängende Punktmengen des $\mathbb{R}^3$ verstanden werden, bei denen jeder Punkt eine Umgebung (relativiert: Schnitt mit einer offenen Kugel) besitzt, die ein Flächenstück ist.

Beispiele: Kugeloberfläche, Torus, Ebene.

Man kann nochmals erweitern und auch solche Punktmengen als Flächen bezeichnen, die lokal aus endlich vielen (Beispiel Abb. B_1) oder in speziellen Fällen (Beispiel Abb. B_2) sogar aus abzählbar unendl. vielen Flächenstücken zusammengesetzt sind. Eine Fläche soll zur Klasse C^r ($r \geqq 1$) gehören, wenn lokal Flächenstücke der Klasse C^r vorliegen.

Durch obige Festlegung sind die in der Literatur häufig genannten sog. *singulären Punkte* ausgeschlossen, weil es lokal stets eine Parameterdarstellung geben muß, für die $\frac{\partial \boldsymbol{a}}{\partial u}(u, v) \times \frac{\partial \boldsymbol{a}}{\partial v}(u, v) \neq \boldsymbol{o}$ ist.

Dagegen können bei dem Versuch, Flächen durch *eine* Parameterdarstellung darzustellen, durchaus sog. *singuläre Stellen* auftreten. An den betreffenden Stellen muß man dann eben zu einer anderen Parameterdarstellung greifen.

Beispiel: Die Kugeloberfläche ist frei von singulären Punkten, aber es gibt keine Parameterdarstellung, die ohne singuläre Stellen ist.

Orientierbarkeit von Flächen

a) Orientierung einer Ebene: Wählt man zur Festlegung einer Ebene im $\mathbb{R}^3$ neben einem Punkt einen Einheitsnormalenvektor $\boldsymbol{n}^\circ$, so kann man eine *positive* und eine *negative Seite* der Ebene vereinbaren (Abb. C_1). Gleichzeitig ist es möglich, eine *positive Orientierung* der Ebene vorzunehmen, d. h. den üblicherweise als positiv bezeichneten Drehsinn auszuzeichnen, der von der positiven Seite aus gesehen entgegengesetzt zum Uhrzeigersinn erfolgt (Abb. C_1). Offensichtlich läßt sich eine entgegengesetzte Orientierung erklären, die als *negativ* bezeichnet wird.

b) Orientierung einer Fläche: Da die Tangentialebene in jedem Punkt einer Fläche existiert, kann man eine Orientierung der Fläche lokal durch die *Orientierung der Tangentialebene* erklären, und zwar soll die zum Flächennormalenvektor $\boldsymbol{n}^+$ gehörige positive Orientierung gewählt werden (Abb. C_2).

Die Orientierung hängt von der Parameterdarstellung ab. Wie die Formel $\frac{\partial \hat{\boldsymbol{a}}}{\partial \hat{u}}(\hat{u}, \hat{v}) \times \frac{\partial \hat{\boldsymbol{a}}}{\partial \hat{v}}(\hat{u}, \hat{v}) = \det \frac{\mathrm{d}\boldsymbol{p}}{\mathrm{d}(\hat{u}, \hat{v})} \cdot \frac{\partial \boldsymbol{a}}{\partial u}(u, v) \times \frac{\partial \boldsymbol{a}}{\partial v}(u, v)$ von S. 405 bestätigt, stimmen $\boldsymbol{n}^+(\hat{u}, \hat{v})$ und $\boldsymbol{n}^+(u, v)$ nach einer zulässigen Parametertransformation $\boldsymbol{p}$ genau dann überein, wenn $\det \frac{\mathrm{d}\boldsymbol{p}}{\mathrm{d}(\hat{u}, \hat{v})} > 0$ gilt. Im anderen Fall ändert sich also die Orientierung.

Es stellt sich daher die Frage, ob man bei einer Fläche derart lokal parametrisieren kann, daß sich der Flächennormalenvektor $\boldsymbol{n}^+$ von jedem Punkt der Fläche längs beliebig gewählter Flächenkurven stetig in den Flächennormalenvektor jedes Punktes überführen läßt. Ist das möglich, so spricht man von einer *orientierbaren Fläche*. Da auch geschlossene Kurven zugelassen sind, muß im Falle der Orientierbarkeit einer Fläche der Flächennormalenvektor stetig in sich übergehen, wenn man zum Anfangspunkt zurückkehrt. Ein wesentliches Kennzeichen *nichtorientierbarer Flächen* ist daher die Existenz geschlossener Kurven, für die sich bei Rückkehr zum Anfangspunkt nicht der Ausgangsvektor, sondern sein Gegenvektor ergibt. Dies ist z. B. beim MÖBIUS-Band (Abb. C_3 und Abb. A, S. 246) der Fall.

Lokal ist allerdings auch das MÖBIUS-Band, wie jede Fläche, orientierbar.

Parameterdarstellung: $\boldsymbol{a}(u,v) = \begin{pmatrix} r\sin u\cos v \\ r\sin u \sin v \\ r\cos u \end{pmatrix}$ (vgl. Abb. B_1, S. 404)

Koeffizienten der Fundamentalform:

$$E(u,v) := \left\langle \frac{\partial \boldsymbol{a}}{\partial u}(u,v), \frac{\partial \boldsymbol{a}}{\partial u}(u,v) \right\rangle = \left\langle \begin{pmatrix} r\cos u\cos v \\ r\cos u\sin v \\ -r\sin u \end{pmatrix}, \begin{pmatrix} r\cos u\cos v \\ r\cos u\sin v \\ -r\sin u \end{pmatrix} \right\rangle = r^2$$

$$F(u,v) := \left\langle \frac{\partial \boldsymbol{a}}{\partial u}(u,v), \frac{\partial \boldsymbol{a}}{\partial v}(u,v) \right\rangle = \left\langle \begin{pmatrix} r\cos u\cos v \\ r\cos u\sin v \\ -r\sin u \end{pmatrix}, \begin{pmatrix} -r\sin u\sin v \\ r\sin u\cos v \\ 0 \end{pmatrix} \right\rangle = 0$$

$$G(u,v) := \left\langle \frac{\partial \boldsymbol{a}}{\partial v}(u,v), \frac{\partial \boldsymbol{a}}{\partial v}(u,v) \right\rangle = \left\langle \begin{pmatrix} -r\sin u\sin v \\ r\sin u\cos v \\ 0 \end{pmatrix}, \begin{pmatrix} -r\sin u\sin v \\ r\sin u\cos v \\ 0 \end{pmatrix} \right\rangle = r^2\sin^2 u$$

A erste Fundamentalform: $[\varphi_1'(t)]^2 + r^2\sin^2(\varphi_1(t))[\varphi_2'(t)]^2$

Erste Fundamentalform (Kugeloberfläche)

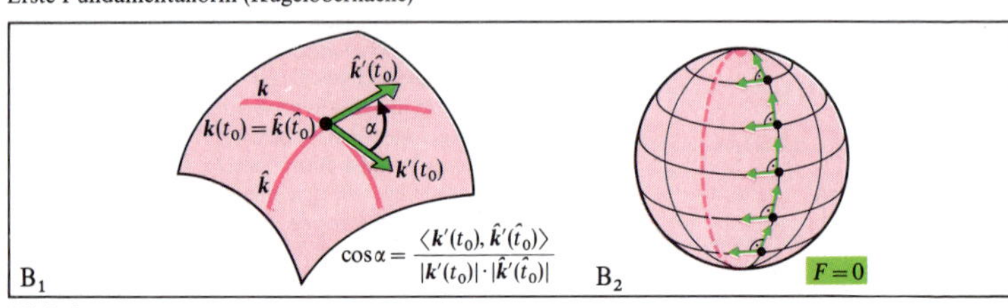

Winkelmessung

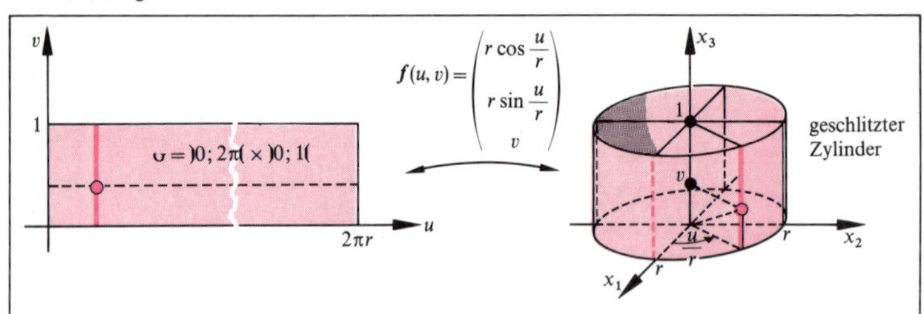

Für eine in G liegende Kurve mit $\boldsymbol{k}(t) = \begin{pmatrix} k_1(t) \\ k_2(t) \end{pmatrix}$, $t \in I$, und für ihr Bild $\bar{\boldsymbol{k}}$ unter $\boldsymbol{f}$ gilt:

$$\bar{\boldsymbol{k}}(t) = \boldsymbol{f}(\boldsymbol{k}(t)) = \begin{pmatrix} r\cos\frac{k_1(t)}{r} \\ r\sin\frac{k_1(t)}{r} \\ k_2(t) \end{pmatrix}, \quad t \in I, \text{ d. h.}$$

$$l(\bar{\boldsymbol{k}}) = \int_a^b \sqrt{\langle \bar{\boldsymbol{k}}'(t), \bar{\boldsymbol{k}}'(t)\rangle}\,dt = \int_a^b \sqrt{[k_1'(t)]^2 + [k_2'(t)]^2}\,dt = l(\boldsymbol{k}).$$

C_1 $\boldsymbol{f}$ ist also isometrisch.

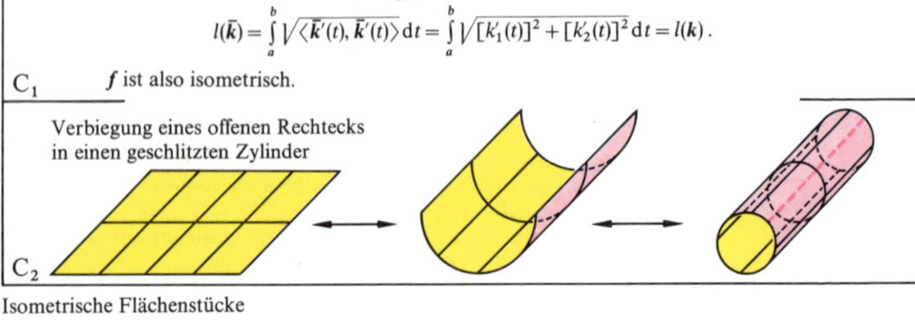

Verbiegung eines offenen Rechtecks in einen geschlitzten Zylinder
C_2

Isometrische Flächenstücke

Längenmessung auf Flächenstücken

Durch $\boldsymbol{a}(u, v)$ mit $(u, v) \in G$ sei ein Flächenstück vorgegeben und auf ihm eine durch $\boldsymbol{k}(t) = \boldsymbol{a}(\boldsymbol{\varphi}(t)) = \boldsymbol{a}(\varphi_1(t), \varphi_2(t))$ mit $t \in (a; b)$ festgelegte Flächenkurve der Klasse C^1. Nach der Formel auf S. 395 für die Bogenlänge läßt sich die Länge l der Flächenkurve bestimmen: Mit Hilfe von

$$\boldsymbol{k}'(t) = \frac{\partial \boldsymbol{a}}{\partial u}(\boldsymbol{\varphi}(t)) \cdot \varphi_1'(t) + \frac{\partial \boldsymbol{a}}{\partial v}(\boldsymbol{\varphi}(t)) \cdot \varphi_2'(t)$$

(vgl. S. 405) ergibt sich

$$l = \int_a^b \sqrt{E \cdot (\varphi_1'(t))^2 + 2F \cdot \varphi_1'(t)\varphi_2'(t) + G \cdot (\varphi_2'(t))^2}\, \mathrm{d}t,$$

wobei E, F und G wie in Abb. A definiert sind.

Bem. 1: Bei obigem Integral muß es natürlich genauer $E(\boldsymbol{\varphi}(t))$, $F(\boldsymbol{\varphi}(t))$ und $G(\boldsymbol{\varphi}(t))$ statt E, F und G heißen. Wenn keine Mißverständnisse zu befürchten sind, wird auch im folgenden von dieser verkürzten Schreibweise Gebrauch gemacht.

Bem. 2: Verwendet man statt u und v die Parameter u^1 und u^2, so werden E, F und G in der Regel durch die Bezeichnungen g_{11}, g_{12} (bzw. g_{21}) und g_{22} ersetzt (vgl. S. 418f.).

Den im obigen Integral auftretenden Radikanden

$$E \cdot (\varphi_1'(t))^2 + 2F \cdot \varphi_1'(t) \cdot \varphi_2'(t) + G \cdot (\varphi_2'(t))^2$$

nennt man *erste Fundamentalform* der Flächentheorie (*Beispiel:* Abb. A); sie ist mit $|\boldsymbol{k}'(t)|^2$ identisch. E, F und G heißen *Koeffizienten* der Fundamentalform. Für sie gilt: $E > 0$, $G > 0$,

$$EG - F^2 = \left| \frac{\partial \boldsymbol{a}}{\partial u}(u, v) \times \frac{\partial \boldsymbol{a}}{\partial v}(u, v) \right|^2 > 0.$$

Bem. 3: Der Term $EG - F^2$ heißt *Diskriminante* der Fundamentalform und wird manchmal noch mit W^2, i. a. jedoch — besonders bei Verwendung der g_{ik} — mit g abgekürzt.

Man beherrscht also das Problem der Längenmessung auf einem Flächenstück bereits vollständig, wenn E, F und G für jeden Punkt bekannt sind.

Die Koeffizienten E, F und G sind im Gegensatz zur ersten Fundamentalform keine Invarianten gegenüber Parametertransformationen.

Winkelmessung auf Flächenstücken

Durch $\boldsymbol{k}(t) = \boldsymbol{a}(\boldsymbol{\varphi}(t))$ mit $t \in I$ und $\hat{\boldsymbol{k}}(\hat{t}) = \boldsymbol{a}(\hat{\boldsymbol{\varphi}}(\hat{t}))$ mit $\hat{t} \in \hat{I}$ seien auf einem Flächenstück zwei sich schneidende Flächenkurven der Klasse C^1 vorgegeben. Der Schnittpunkt sei $\boldsymbol{k}(t_0)$, d. h. es gibt ein $\hat{t}_0 \in \hat{I}$, so daß $\boldsymbol{k}(t_0) = \hat{\boldsymbol{k}}(\hat{t}_0)$ gilt. Als Schnittwinkel α zwischen den Flächenkurven soll der Winkel zwischen den Tangentenvektoren definiert werden (Abb. B_1). Es gilt:

$$\cos\alpha = \frac{\langle \boldsymbol{k}'(t_0), \hat{\boldsymbol{k}}'(\hat{t}_0) \rangle}{|\boldsymbol{k}'(t_0)| \cdot |\hat{\boldsymbol{k}}'(\hat{t}_0)|}.$$

Die Kenntnis der ersten Fundamentalform ermöglicht also auch die Winkelmessung.

Insbesondere kann man die Winkel bestimmen, unter denen sich Koordinatenlinien (S. 405) schneiden. Ist nämlich durch $\boldsymbol{a}(u_0, v_0)$ ein Flächenpunkt beschrieben, so gilt $\boldsymbol{\varphi}(t) = (\varphi_1(t), \varphi_2(t)) = (t, v_0)$ für eine u-Linie und $\hat{\boldsymbol{\varphi}}(\hat{t}) = (\hat{\varphi}_1(\hat{t}), \hat{\varphi}_2(\hat{t})) = (u_0, \hat{t})$ für eine v-Linie. Daraus ergibt sich:

$$\cos\alpha = \frac{F}{\sqrt{EG}} \quad \text{bzw.} \quad \sin\alpha = \frac{\sqrt{EG - F^2}}{\sqrt{EG}}.$$

Ein Koordinatenliniennetz ist also genau dann orthogonal, wenn $F = 0$ überall gilt.

Beispiel: Abb. B_2.

Flächeninhaltsmessung auf Flächenstücken

Aufgrund der Definition auf S. 349 und der Beziehung $EG - F^2 = \left| \frac{\partial \boldsymbol{a}}{\partial u}(u, v) \times \frac{\partial \boldsymbol{a}}{\partial v}(u, v) \right|^2$ erhält man für den Inhalt eines Flächenstücks

$$O = \int_B \sqrt{EG - F^2}\, \mathrm{d}(u, v).$$

Auf die Problematik einer Definition des Inhalts ohne Integral wurde bereits auf S. 349 hingewiesen. Man kann zeigen, daß die Integraldefinition jedoch alle Forderungen erfüllt, die man üblicherweise an eine Inhaltsmessung stellt. Damit sind Längen-, Winkel- und Flächeninhaltsmessungen auf einem Flächenstück ausführbar, wenn man die erste Fundamentalform beherrscht.

Bem.: Die erste Fundamentalform heißt auch *metrische Grundform*, denn sie erlaubt die Einführung einer Metrik im Sinne der Topologie.

Isometrische Flächenstücke, innere Geometrie

Der Vergleich zweier Flächenstücke geschieht mit Hilfe von Abbildungen, deren Komponenten zu C^1 gehören und deren Funktionaldeterminante $\neq 0$ ist. Eine derartige Abbildung heißt *längentreu* (auch *isometrisch*), wenn sie die Länge jeder Kurve invariant läßt. Die zugehörigen Flächenstücke heißen *isometrisch*. *Beispiel:* Abb C_1.

Bem.: Isometrische Flächenstücke liegen z. B. dann vor, wenn sich das eine Flächenstück durch eine sog. *Verbiegung*, d. h. eine stetige Deformation ohne Dehnung, in das andere überführen läßt (Abb. C_2). Der Begriff der Verbiegung ist allerdings zu speziell, um alle isometrischen Flächenstücke zu erfassen.

Man macht sich leicht klar, daß zwei Flächenstücke isometrisch sind, wenn sie sich so parametrisieren lassen, daß für alle zugeordneten Punkte die erste Fundamentalform übereinstimmt. Auch die Umkehrung gilt.

Betreibt man also Geometrie auf isometrischen Flächenstücken, ohne den umgebenden Raum zu beachten, d. h. allein auf der Grundlage der ersten Fundamentalform, so lassen sich die Flächenstücke allein durch Messen nicht unterscheiden.

Man bezeichnet alle geometrischen Eigenschaften, die allein von der ersten Fundamentalform abhängen, auch als *innere Eigenschaften* und spricht von der *inneren Geometrie*. Isometrische Flächenstücke haben also dieselbe innere Geometrie.

Bem.: Für viele Anwendungen in der Praxis ist es wichtig zu wissen, daß die innere Geometrie der geschlitzten Kugeloberfläche (S. 404, Abb. B) und die innere Geometrie einer Ebene (sog. ebene Geometrie) verschieden sind, d. h. es gibt keine längentreuen Abb. zwischen beiden Punktmengen.

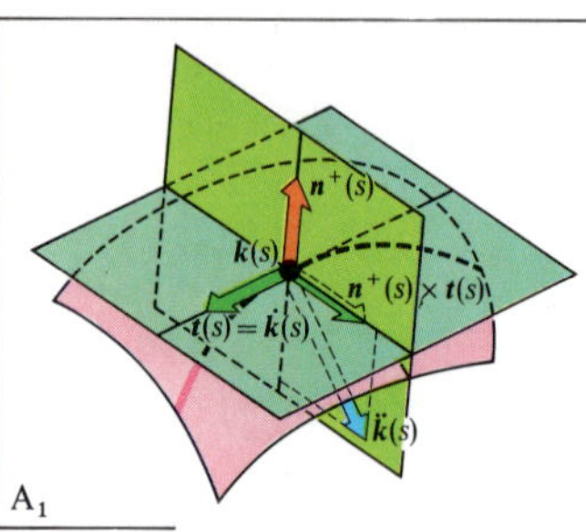

A₁

$\varkappa_n(s)$ und $\varkappa_g(s)$ werden definiert durch:

$$\ddot{k}(s) = \varkappa_n(s) \cdot n^+(s) + \varkappa_g(s) \cdot n^+(s) \times t(s).$$

Skalarmultiplikation mit $n^+(s)$, $n^+(s) \times t(s)$ bzw. $\dot{k}(s)$ liefert:

(1) $\varkappa_n(s) = \langle n^+(s), \ddot{k}(s) \rangle$,

(2) $\varkappa_g(s) = \langle n^+(s) \times t(s), \ddot{k}(s) \rangle = \det(\dot{k}(s)\,\ddot{k}(s)\,n^+(s))$,

(3) $[\varkappa(s)]^2 = [\varkappa_n(s)]^2 + [\varkappa_g(s)]^2$.

Mit $\ddot{k}(s) = \varkappa(s) \cdot h(s)$ ergibt sich noch ($h(s)$ Hauptnormalenvektor):

(4) $\varkappa_n(s) = \varkappa(s) \cdot \cos(n^+(s), h(s))$.

Berechnung der Normalkrümmung mit Hilfe der Beziehung $\varkappa_n(s) = \langle n^+(s), \ddot{k}(s) \rangle$:

$$\dot{k}(s) = \frac{\partial a}{\partial u}(\varphi(s)) \cdot \dot{\varphi}_1(s) + \frac{\partial a}{\partial v}(\varphi(s)) \cdot \dot{\varphi}_2(s)$$

$$\ddot{k}(s) = \frac{\partial^2 a}{\partial u^2}(\varphi(s)) \cdot (\dot{\varphi}_1(s))^2 + 2\frac{\partial^2 a}{\partial u\,\partial v}(\varphi(s)) \cdot \dot{\varphi}_1(s) \cdot \dot{\varphi}_2(s) + \frac{\partial^2 a}{\partial v^2}(\varphi(s)) \cdot (\dot{\varphi}_2(s))^2 + \frac{\partial a}{\partial u}(\varphi(s)) \cdot \ddot{\varphi}_1(s) + \frac{\partial a}{\partial v}(\varphi(s)) \cdot \ddot{\varphi}_2(s)$$

Man setzt

$$L(u,v) := \left\langle n^+(u,v), \frac{\partial^2 a}{\partial u^2}(u,v) \right\rangle,\quad M(u,v) := \left\langle n^+(u,v), \frac{\partial^2 a}{\partial u\,\partial v}(u,v) \right\rangle,$$
$$N(u,v) := \left\langle n^+(u,v), \frac{\partial^2 a}{\partial v^2}(u,v) \right\rangle,$$

und erhält mit den vereinfachten Schreibweisen L, M und N statt $L(\varphi(s))$, $M(\varphi(s))$ und $N(\varphi(s))$:

$$\varkappa_n(s) = L \cdot (\dot{\varphi}_1(s))^2 + 2M \cdot \dot{\varphi}_1(s) \cdot \dot{\varphi}_2(s) + N \cdot (\dot{\varphi}_2(s))^2,$$

bzw. für einen beliebigen Parameter t mit $s = s(t)$:

$$\varkappa_n(t) = \frac{L(\varphi_1'(t))^2 + 2M \cdot \varphi_1'(t) \cdot \varphi_2'(t) + N \cdot (\varphi_2'(t))^2}{E(\varphi_1'(t))^2 + 2F \cdot \varphi_1'(t) \cdot \varphi_2'(t) + G \cdot (\varphi_2'(t))^2}.$$

A₂

Normalkrümmung und geodätische Krümmung, Berechnung der Normalkrümmung

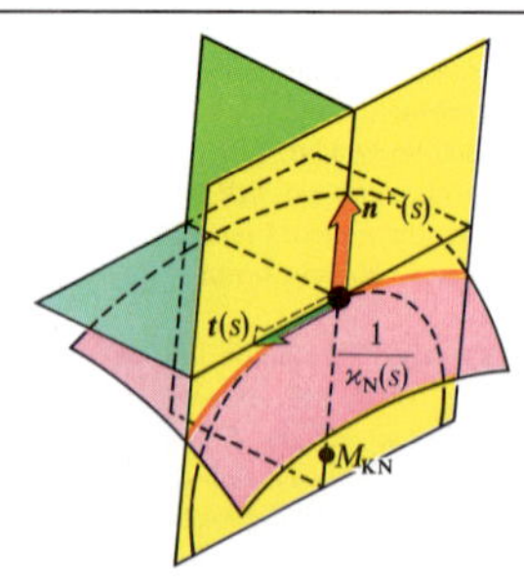

Normalschnitt in der vorgegebenen Richtung $t(s)$

M_{KN} Krümmungskreismittelpunkt des Normalschnittes

$\varkappa_N(s)$ Krümmung des Normalschnittes

$$\varkappa_N(s) = |\varkappa_n(s)|$$

B₁

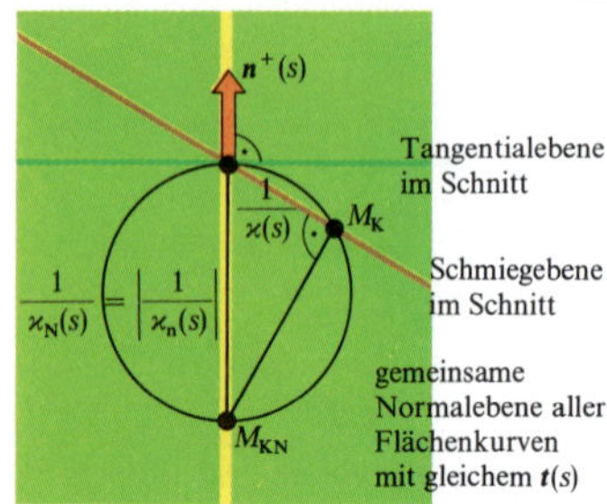

Mit (4), Abb. A₁, ergibt sich für $\varkappa_n(s) \neq 0$:

$$\frac{1}{\varkappa(s)} = \frac{1}{\varkappa_n(s)} \cos(n^+(s), h(s))$$

und daraus der *Satz von* MEUSNIER:

Die Krümmungskreismittelpunkte aller Flächenkurven durch einen Punkt mit gleicher Tangentenrichtung und $\varkappa_n(s) \neq 0$ liegen auf einem Kreis in der Normalebene.

B₂

Normalschnitt und Satz von MEUSNIER

Krümmung eines Flächenstücks

Die Krümmung eines Flächenstücks hängt offenbar mit dem umgebenden Raum zusammen. Daher kann die erste Fundamentalform nicht ausreichen, um das Krümmungsverhalten zu beschreiben.
Zu seiner Untersuchung zieht man Flächenkurven heran und beurteilt deren Krümmungen. Natürlich hat man es dann in einem Punkt des Flächenstücks mit sehr vielen Krümmungswerten zu tun, die man einzuordnen hat.

Normalkrümmung, geodätische Krümmung

Der Einfachheit halber werden Flächenkurven im folgenden stets natürlich parametrisiert angegeben; Flächenstück und Flächenkurven mögen zur Klasse C^2 gehören; $\varkappa(s)$ sei stets ungleich 0. Um $\varkappa(s)$ für eine durch $\boldsymbol{k}(s)=\boldsymbol{a}(\boldsymbol{\varphi}(s))$ vorgegebene Flächenkurve zu berechnen, könnte man natürlich sofort auf die Definition $\varkappa(s)=|\ddot{\boldsymbol{k}}(s)|$ (S. 395) zurückgreifen. Statt dessen führt man jedoch zwei andere Krümmungen ein, und zwar die sog. *Normalkrümmung* $\varkappa_n(s)$ und die sog. *geodätische Krümmung* $\varkappa_g(s)$, die über die Gleichung $[\varkappa_n(s)]^2+[\varkappa_g(s)]^2=[\varkappa(s)]^2$ mit $\varkappa(s)$ zusammenhängen.
Die beiden Krümmungstypen werden folgendermaßen definiert (vgl. Abb. A_1): Man wählt im Flächenkurvenpunkt $\boldsymbol{a}(\boldsymbol{\varphi}(s))$ das sog. GAUSS*sche Dreibein* aus Flächennormalenvektor $\boldsymbol{n}^+(\boldsymbol{\varphi}(s))$ – im folgenden mit $\boldsymbol{n}^+(s)$ bezeichnet –, Tangentenvektor $\boldsymbol{t}(s)$ und ihrem Vektorprodukt $\boldsymbol{n}^+(s)\times\boldsymbol{t}(s)$. (Dieses Dreibein ist in der Regel vom begleitenden Dreibein verschieden.) $\ddot{\boldsymbol{k}}(s)$ liegt in der von $\boldsymbol{n}^+(s)$ und $\boldsymbol{n}^+(s)\times\boldsymbol{t}(s)$ aufgespannten Ebene und hat die Komponenten $\varkappa_n(s)\cdot\boldsymbol{n}^+(s)$ *(Normalkomponente)* und $\varkappa_g(s)\cdot\boldsymbol{n}^+(s)\times\boldsymbol{t}(s)$ *(Tangentialkomponente)*, durch die die Krümmungen $\varkappa_n(s)$ und $\varkappa_g(s)$ eindeutig bestimmt sind.
Es ergeben sich für $\varkappa_n(s)$, $\varkappa_g(s)$ und $\varkappa(s)$ die in Abb. A_1 angegebenen grundlegenden Beziehungen.

Berechnung der geodätischen Krümmung

Berechnet man nach $\varkappa_g(s)=\det(\dot{\boldsymbol{k}}(s)\ddot{\boldsymbol{k}}(s)\boldsymbol{n}^+(s))$ die geodätische Krümmung einer Flächenkurve durch einen Flächenpunkt, so stellt sich heraus, daß sie außer von der Kurve nur noch von der ersten Fundamentalform abhängt. Das bedeutet aber, daß die geodätische Krümmung eine *Eigenschaft der inneren Geometrie* eines Flächenstücks ist. Sie leistet daher keinen Beitrag zur Untersuchung der Krümmungsverhältnisse des Flächenstücks im Raum.
Verwendet wird die geodätische Krümmung z. B. zur Auszeichnung besonderer Flächenkurven, und zwar der *geodätischen Linien.* Dabei handelt es sich um Flächenkurven, für die in jedem Punkt die geodätische Krümmung 0 ist. Der Vollständigkeit halber sind auch noch Geraden bzw. Geradenstücke zu den geodätischen Linien zu zählen. Liegt kein Geradenstück vor, so besitzt eine geodätische Linie die wichtige Eigenschaft, daß Hauptnormalen- und Flächennormalenvektor kollinear sind.

Bem.: Die kürzeste Verbindungskurve auf einer Fläche zwischen zwei Punkten ist stets eine geodätische Linie (s. S. 369). Daß nicht jede geodätische Linie die kürzeste Verbindung zweier Punkte ist, macht man sich am besten am Fall der Großkreise auf der Kugeloberfläche klar.

Im Gegensatz zur geodätischen Krümmung ist die Normalkrümmung ein Hilfsmittel zur Untersuchung der Flächenkrümmung.

Berechnung der Normalkrümmung

Die Rechnung in Abb. A_2 liefert

$$\varkappa_n(s)=L\cdot(\dot{\varphi}_1(t))^2+2M\cdot\dot{\varphi}_1(t)\dot{\varphi}_2(t)+N\cdot(\dot{\varphi}_2(t))^2,$$

bzw.

$$\varkappa_n(t)=\frac{L\cdot(\varphi_1'(t))^2+2M\cdot\varphi_1'(t)\varphi_2'(t)+N\cdot(\varphi_2'(t))^2}{E\cdot(\varphi_1'(t))^2+2F\cdot\varphi_1'(t)\varphi_2'(t)+G(\varphi_2'(t))^2}$$

wobei L, M und N die in der Abb. festgelegte Bedeutung haben. L, M und N heißen *Koeffizienten* der sog. *zweiten Fundamentalform*

$$L\cdot(\varphi_1'(t))^2+2M\cdot\varphi_1'(t)\varphi_2'(t)+N\cdot(\varphi_2'(t))^2.$$

Bem.: Bei Verwendung der Parameter u^1 und u^2 statt u und v ersetzt man L, M und N in der Regel durch b_{11}, b_{12} (bzw. b_{21}) und b_{22}. $LN-M^2$ heißt auch *Diskriminante b* der zweiten Fundamentalform. Im Gegensatz zur Diskriminante der ersten Fundamentalform kann sie auch den Wert 0 und negative Werte annehmen.

Die zweite Fundamentalform erlaubt es also, zu jeder Flächenkurve durch einen festgewählten Flächenpunkt die Normalkrümmung anzugeben. Um allerdings festzustellen, welche Werte die Normalkrümmung annehmen kann, braucht man nicht alle Flächenkurven heranzuziehen, denn die obige Beziehung zeigt, daß sich die Normalkrümmung höchstens dann ändert, wenn man zu einer anderen Tangentenrichtung übergeht. Alle Flächenkurven, die in einem Flächenpunkt eine Berührung 1. Ordnung (S. 399) haben, besitzen also dieselbe Normalkrümmung.

Wählt man zu vorgegebener Tangentenrichtung die Ebene durch den Flächenpunkt, die von $\boldsymbol{t}(s)$ und $\boldsymbol{n}^+(s)$ aufgespannt wird, so entsteht als Schnitt mit dem Flächenstück eine *ebene* Flächenkurve, der sog. *Normalschnitt* in der Richtung $\boldsymbol{t}(s)$ (Abb. B_1). Für jeden Normalschnitt gilt $|\cos(\boldsymbol{n}^+(s),\boldsymbol{h}(s))|=1$, d. h. $\varkappa_N(s)=|\varkappa_n(s)|$, wobei $\varkappa_N(s)$ die Normalschnittkrümmung ist. Die zu einem Flächenpunkt gehörigen Normalkrümmungen lassen sich also mit Hilfe der *Krümmungen* der Normalschnitte vollständig erfassen.

Aus dem *Satz von* MEUSNIER (Abb. B_2) folgt insbesondere, daß die zu vorgegebener Tangentenrichtung bestimmbare Normalschnittkrümmung die kleinste unter allen Krümmungen ist, die für Flächenkurven durch denselben Punkt mit derselben Tangentenrichtung existieren.

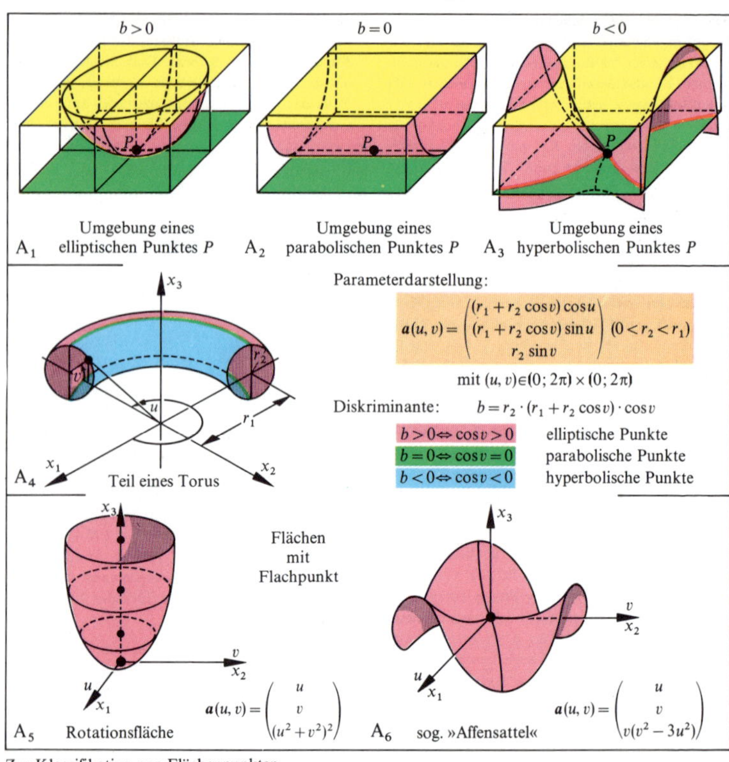

Zur Klassifikation von Flächenpunkten

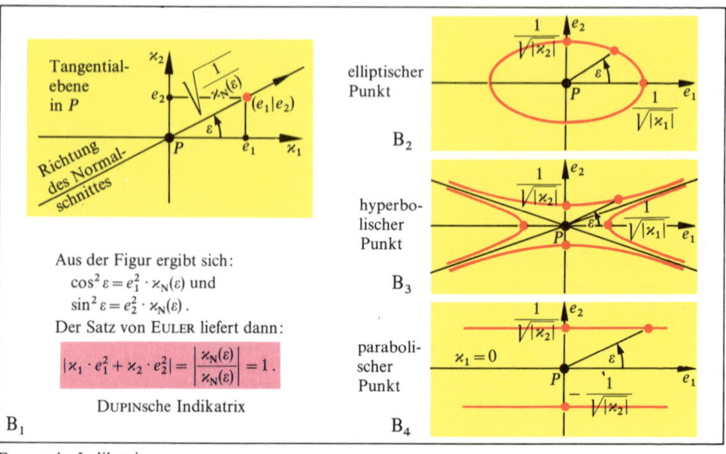

DUPINsche Indikatrix

Klassifikation von Flächenpunkten

Für jeden Punkt P eines Flächenstücks läßt sich feststellen, ob für ihn $b>0$, $b=0$ oder $b<0$ gilt. Dabei ist b die Diskriminante $LN-M^2$ der zweiten Fundamentalform (S. 411) für den betreffenden Punkt.

(1) $b>0$

Dann gibt es eine Umgebung von P, so daß die in der Umgebung von P gelegenen Punkte des Flächenstücks sämtlich auf einer Seite der Tangentialebene in P liegen und mit Ausnahme von P nicht in der Tangentialebene liegen, denn die Normalkrümmung wechselt ihr Vorzeichen nicht (Abb. A_1). Man spricht von *elliptischer **Krümmung*** des Flächenstücks in P und bezeichnet P selbst auch als *elliptischen Punkt*.

Beispiel: Ein Ellipsoid (S. 202, Abb. Aa1) ist überall von elliptischer Krümmung.

(2) $b=0$

Sind L, M und N nicht alle 0, so gibt es in P genau eine Tangentenrichtung, für die die Normalkrümmung 0 ist (genau eine sog. *Asymptotenrichtung*); ansonsten ist das Krümmungsverhalten wie das eines elliptischen Punktes (Abb. A_2). Man spricht von *parabolischer **Krümmung*** in P und nennt P auch *parabolisch*.

Beispiel: Auf einem Zylinder sind alle Punkte parabolisch.

Sind nun L, M und N in P sämtlich 0, so bezeichnet man P als *Flachpunkt*.

Beispiele: Abb. A_5 und A_6.

(3) $b<0$

In diesem Fall gibt es genau zwei Tangentenrichtungen mit der Normalkrümmung 0, d. h. genau zwei Asymptotenrichtungen. Die Normalkrümmung wechselt daher das Vorzeichen. Die Folge ist, daß in jeder Umgebung von P Punkte des Flächenstücks liegen, die zu unterschiedlichen Seiten der Tangentialebene gehören (Abb. A_3). Man spricht von *hyperbolischer **Krümmung*** und von einem *hyperbolischen Punkt*.

Beispiel: Sämtliche Punkte eines einschaligen Hyperboloids bzw. eines hyperbolischen Paraboloids (S. 202, Abb. Aa2 bzw. Ba2) sind hyperbolisch.

Bem.: Auf einem Torus findet man Punkte mit elliptischer, parabolischer und hyperbolischer Krümmung (Abb. A_4).

Nabelpunkte

Unter den elliptischen und parabolischen Punkten eines Flächenstücks werden diejenigen besonders bezeichnet, für die die Normalkrümmung bei beliebiger Tangentenrichtung konstant ist. Man spricht von *Nabelpunkten*, deren Untersuchung recht kompliziert sein kann.

Beispiel: Die Punkte einer Kugeloberfläche sind elliptische Nabelpunkte.

Bem.: Auch Flachpunkte ($\varkappa_n(s)=0$) sind zu den Nabelpunkten zu zählen.

Hauptkrümmungen

Für jeden Flächenpunkt, der nicht Nabelpunkt ist, lassen sich zwei zueinander senkrechte Tangentenrichtungen angeben, für die die zugehörigen Normalkrümmungen gerade den größten und den kleinsten Wert — mit $\varkappa_1$ bzw. $\varkappa_2$ bezeichnet — aller Normalkrümmungen annehmen. $\varkappa_1$ und $\varkappa_2$ heißen *Hauptkrümmungen*, die zugehörigen Tangentenrichtungen *Hauptkrümmungsrichtungen*.

Die Hauptkrümmungen sind insofern bedeutsam, als sich die übrigen Normalkrümmungen, die zu einem Flächenpunkt gehören, der kein Nabelpunkt sein darf, auf sehr einfache Weise durch sie darstellen lassen. Es gilt nämlich *(Satz von* EULER*)*:

$$\varkappa_n(\varepsilon)=\varkappa_1\cdot\cos^2\varepsilon+\varkappa_2\cdot\sin^2\varepsilon\,,$$

wobei ε der Winkel zwischen der zu $\varkappa_1$ gehörigen Hauptkrümmungsrichtung und der zu $\varkappa_n(\varepsilon)$ gehörigen Tangentenrichtung ist.

DUPINsche Indikatrix

Existieren die Hauptkrümmungsrichtungen für einen Punkt P eines Flächenstücks, so kann man durch sie in der Tangentialebene ein kartesisches Koordinatensystem mit P als Ursprung einführen. Trägt man wie in Abb. B_1 für jeden Normalschnitt durch P den zugehörigen Wert $\sqrt{\frac{1}{\varkappa_N(\varepsilon)}}$, d. h. $\frac{1}{\sqrt{|\varkappa_n(\varepsilon)|}}$, in der jeweiligen Tangentenrichtung ab, so erhält man Kurven, die für die einzelnen Typen von Flächenpunkten charakteristisch sind. Eine Rechnung (Abb. B_1) zeigt, daß es sich um Kegelschnitte (S. 197) bzw. um ein Parallelenpaar handelt, die in jedem Fall der Gleichung

$$|\varkappa_1\cdot e_1^2+\varkappa_2\cdot e_2^2|=1$$

genügen. Diese Gleichung und auch die zugehörige Kurve heißen DUPIN*sche Indikatrix*.

Da die Hauptkrümmungen für einen *elliptischen Punkt* gleiches Vorzeichen besitzen, ist die Indikatrix eine *Ellipse* mit den Achsen $\frac{1}{\sqrt{|\varkappa_1|}}$ und $\frac{1}{\sqrt{|\varkappa_2|}}$ (Abb. B_2).

Im Falle eines *hyperbolischen Punktes* haben die Hauptkrümmungen unterschiedliches Vorzeichen, so daß die Indikatrix aus zwei *Hyperbeln* mit gemeinsamen Asymptoten bestehen muß.

Ist schließlich ein *parabolischer Punkt* vorgegeben, so ist genau eine der Hauptkrümmungen Null. Man erhält also als Indikatrix ein *Parallelenpaar*.

Man kann darüber hinaus beweisen, daß die Schnittkurven, die sich beim Schnitt mit zur Tangentialebene parallelen Ebenen ergeben, um so mehr der DUPINschen Indikatrix des betreffenden Flächenpunktes ähnlich sind, je kleiner der Abstand der Schnittebene zur Tangentialebene gewählt wird. Dies wird auch in den Abb. A_1 bis A_3 veranschaulicht.

Bem.: Bei einem Nabelpunkt kann man $\varkappa_1=\varkappa_2$ wählen und einen Kreis als Indikatrix zuordnen.
Beispiel: Punkte der Kugeloberfläche.

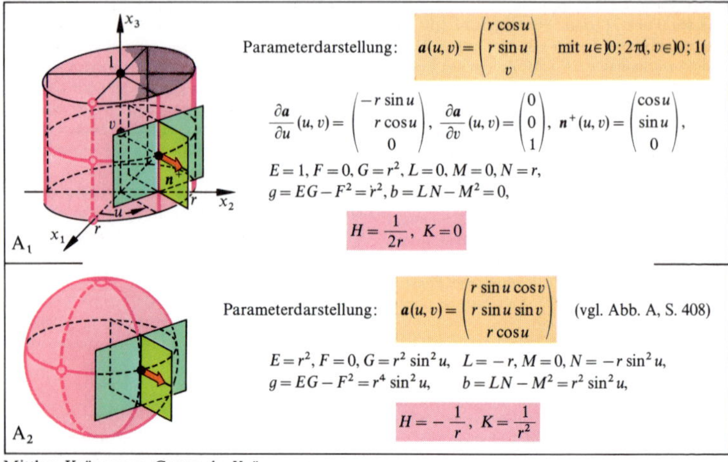

Parameterdarstellung: $a(u,v)=\begin{pmatrix} r\cos u \\ r\sin u \\ v \end{pmatrix}$ mit $u\in]0;2\pi[, v\in]0;1[$
$\frac{\partial a}{\partial u}(u,v)=\begin{pmatrix} -r\sin u \\ r\cos u \\ 0 \end{pmatrix}, \frac{\partial a}{\partial v}(u,v)=\begin{pmatrix} 0 \\ 0 \\ 1 \end{pmatrix}, n^+(u,v)=\begin{pmatrix} \cos u \\ \sin u \\ 0 \end{pmatrix},$
$E=1, F=0, G=r^2, L=0, M=0, N=r,$
$g=EG-F^2=r^2, b=LN-M^2=0,$
$H=\frac{1}{2r}, K=0$
A₁
Parameterdarstellung: $a(u,v)=\begin{pmatrix} r\sin u\cos v \\ r\sin u\sin v \\ r\cos u \end{pmatrix}$ (vgl. Abb. A, S. 408)
$E=r^2, F=0, G=r^2\sin^2 u, L=-r, M=0, N=-r\sin^2 u,$
$g=EG-F^2=r^4\sin^2 u, b=LN-M^2=r^2\sin^2 u,$
$H=-\frac{1}{r}, K=\frac{1}{r^2}$
A₂

Mittlere Krümmung, GAUSSsche Krümmung

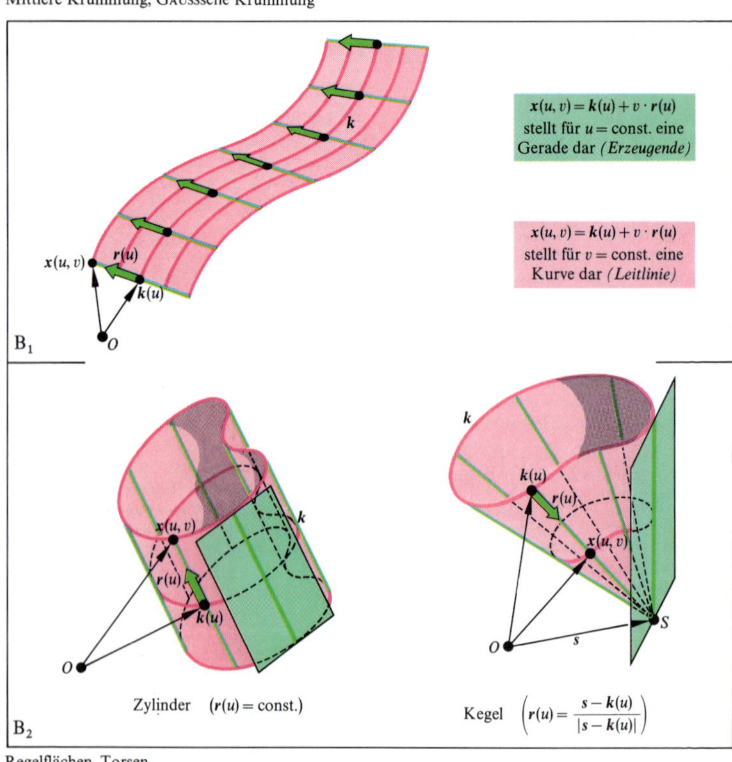

$x(u,v)=k(u)+v\cdot r(u)$ stellt für $u=$ const. eine Gerade dar *(Erzeugende)*
$x(u,v)=k(u)+v\cdot r(u)$ stellt für $v=$ const. eine Kurve dar *(Leitlinie)*

Regelflächen, Torsen

Krümmungslinien
Flächenkurven, deren Tangentenrichtung in jedem Punkt mit einer Hauptkrümmungsrichtung (S. 413) übereinstimmt, heißen *Krümmungslinien.*
Ist das Flächenstück der Klasse C^3 zugehörig, so ist die Existenz von orthogonalen Krümmungslinien durch jeden Flächenpunkt, der nicht Nabelpunkt ist, gesichert. Ein derartiges Netz von Krümmungslinien stellt genau dann ein Netz von Koordinatenlinien dar, wenn $F=0$ und $M=0$ gilt.

Asymptotenlinien
Flächenkurven, deren Tangentenrichtung in jedem Punkt mit einer Asymptotenrichtung (S. 413), d.h. mit einer Richtung, in der $\varkappa_n(s)=0$ gilt, übereinstimmt, heißen *Asymptotenlinien.*
In einer hinreichend kleinen Umgebung eines elliptischen Punktes kann es keine Asymptotenlinien geben. Dagegen ist die Existenz genau einer (zweier) Asymptotenlinie(n) durch parabolische (hyperbolische) Punkte gesichert. Gerade Linien sind stets Asymptotenlinien.
Ein Netz von Asymptotenlinien stellt genau dann ein Netz von Koordinatenlinien dar, wenn $L=0$ und $N=0$ gilt.

Mittlere Krümmung, GAUSSsche Krümmung
Für Flächenpunkte, die nicht Nabelpunkte sind, bezeichnet man den Mittelwert der Hauptkrümmungen $\varkappa_1$ und $\varkappa_2$ als *mittlere Krümmung H*, das Produkt beider als GAUSS*sche Krümmung K*:

$$H := \tfrac{1}{2}(\varkappa_1+\varkappa_2),\ K := \varkappa_1 \cdot \varkappa_2 .$$

Beide Krümmungen sind über die quadratische Gleichung $\varkappa_n^2 - 2H \cdot \varkappa_n + K = 0$, die $\varkappa_1$ und $\varkappa_2$ als Lösungen hat, miteinander verbunden.
Eine weitergehende Rechnung zeigt, wie H und K mit den Koeffizienten der ersten und zweiten Fundamentalform zusammenhängen:

$$H=\frac{1}{2g}(EN-2FM+GL)\,,\quad K=\frac{b}{g}=\frac{LN-M^2}{EG-F^2}.$$

Diese beiden Beziehungen erlauben es, beide Krümmungen auch auf Flächenstücke auszuweiten, die Nabelpunkte enthalten.
Auf den ersten Blick erscheint es so, als könnte keiner der beiden neuen Begriffe zur inneren Geometrie gehören. Für die mittlere Krümmung wird dies durch folgendes Beispiel bestätigt.
Betrachtet man die mittlere Krümmung bei einem geschlitzten Zylinder, so zeigt sich eine Abhängigkeit vom Radius (Abb. A_1). Für einen Punkt in der Ebene ergibt sich jedoch stets $H=0$. Wegen der Existenz einer längentreuen Abbildung des geschlitzten Zylinders in die Ebene (Abb. C_1, S. 408) kann die mittlere Krümmung daher nicht zur inneren Geometrie gehören.
Dagegen gehört die GAUSSsche Krümmung zur inneren Geometrie von Flächenstücken, denn der oben angegebene Term $\frac{b}{g}$ läßt sich so umformen, daß er nur noch von der ersten Fundamentalform abhängt (vgl. S. 416, Abb. A_5). Dies »herausragende« Ergebnis ist der Inhalt des *Theorema egregium von* GAUSS.

Flächenstücke mit unterschiedlicher GAUSSscher Krümmung können also nicht isometrisch (S. 409) sein, d. h. die geschlitzte Kugeloberfläche kann, wie bereits auf S. 409 erwähnt, nicht längentreu in die Ebene abgebildet werden (Abb. A_2), ja nicht einmal ein noch so kleiner Kugelausschnitt (bedeutsam für die Kartographie).
Die Übereinstimmung in der GAUSSschen Krümmung ist zwar eine *notwendige Bedingung* für Isometrie, aber *keine hinreichende*, wenn man von Spezialfällen absieht. Ein derartiger Spezialfall liegt z.B. vor, wenn übereinstimmende konstante GAUSSsche Krümmung vorhanden ist und die Flächenstücke hinreichend klein gewählt werden.

Regelflächen, Torsen
Ein Kugelausschnitt kann also nicht längentreu in die Ebene abgebildet werden, weil $K \neq 0$ gilt. Man kann nun fragen, für welche Flächenstücke denn eine derartige Abbildung möglich ist. Notwendige Bedingung ist offensichtlich, daß überall $K=0$ gilt. Für hinreichend kleine Flächenstücke der Klasse C^3 ist die Bedingung, wie bereits oben angeführt, auch hinreichend.
Der Versuch, Flächenstücke mit verschwindender GAUSSscher Krümmung zu charakterisieren, führt auf spezielle Regelflächen, die sog. *Torsen* oder *abwickelbaren Flächen*, und zu dem Ergebnis, daß jedes hinreichend kleine Flächenstück der Klasse C^3 genau dann in die Ebene längentreu abbildbar ist, wenn sie Teilmenge einer geeigneten Torse ist.
Unter einer *Regelfläche* kann man sich grob eine Fläche vorstellen, die von einer sich durch den Raum bewegenden Geraden (Strecke) erzeugt wird (Abb. B). Dabei genügt es offensichtlich, die Bewegung eines Punktes auf einer Kurve zu verfolgen und gleichzeitig die Veränderungen des Richtungsvektors der Geraden wiederzugeben. Auf diese Weise gelangt man zu einer genaueren Festlegung: Eine *Regelfläche* ist eine durch

$$\boldsymbol{x}(u,v)=\boldsymbol{k}(u)+v\cdot\boldsymbol{r}(u),\ u\in I,\ v\in\mathbb{R},\ \boldsymbol{r}(u)\neq\boldsymbol{o},$$

beschriebene Punktmenge (oder eine geeignete Teilmenge).
Für festgewähltes u werden Geraden beschrieben, die sog. *Erzeugenden* (Asymptotenlinien), für festgewähltes v Kurven, sog. *Leitkurven*, die mit jeder Erzeugenden einen Punkt gemeinsam haben.
Eine Regelfläche wird *Torse* genannt, wenn sich die Tangentialebene nicht verändert, solange man Punkte ein- und derselben Erzeugenden wählt.
Beispiele: Ebenen, Zylinder- und Kegeloberflächen und Tangentenflächen (S. 401).
Eine Torse liegt genau dann vor, wenn überall $\det(\dot{\boldsymbol{k}}(s)\,\boldsymbol{r}(s)\,\dot{\boldsymbol{r}}(s))=0$ (Bogenlänge s als Parameter) gilt. An Hand dieses Kriteriums kann man zeigen, daß die obigen Beispiele tatsächlich Torsen sind.
Bemerkenswert ist nun aber die wichtige Eigenschaft, daß jede Torse der Klasse C^2, die keinen Flachpunkt besitzt, lokal stets eine Teilmenge einer der in den Beispielen aufgeführten Torsen sein muß.

$\langle\;;\;\rangle$	$\boldsymbol{a}_u$	$\boldsymbol{a}_v$	$\boldsymbol{a}_{uu}$	$\boldsymbol{a}_{uv}$	$\boldsymbol{a}_{vv}$	$\boldsymbol{n}^+$	$\boldsymbol{n}^+_u$	$\boldsymbol{n}^+_v$
$\boldsymbol{a}_u$	E	F	$\frac{1}{2}E_u$	$\frac{1}{2}E_v$	$F_v-\frac{1}{2}G_u$	0	$-L$	$-M$
$\boldsymbol{a}_v$	F	G	$F_u-\frac{1}{2}E_v$	$\frac{1}{2}G_u$	$\frac{1}{2}G_v$	0	$-M$	$-N$
$\boldsymbol{n}^+$	0	0	L	M	N	1	0	0

Die Skalarprodukte von $\boldsymbol{a}_u$ bzw. $\boldsymbol{a}_v$ mit $\boldsymbol{a}_{uu}$, $\boldsymbol{a}_{uv}$ und $\boldsymbol{a}_{vv}$ liefern bei geeigneter Indizierung die sog. CHRISTOFFEL-*Symbole* 1. Art $\Gamma_{ik,j}$, z.B.

$$\Gamma_{12,1}=\langle \boldsymbol{a}_{uv}, \boldsymbol{a}_u\rangle .$$

A_1

Formeln von GAUSS

$$\boldsymbol{a}_{uu}=\Gamma^1_{11}\cdot \boldsymbol{a}_u+\Gamma^2_{11}\cdot \boldsymbol{a}_v+c_{11}\cdot \boldsymbol{n}^+$$
$$\boldsymbol{a}_{uv}=\Gamma^1_{12}\cdot \boldsymbol{a}_u+\Gamma^2_{12}\cdot \boldsymbol{a}_v+c_{12}\cdot \boldsymbol{n}^+$$
$$\boldsymbol{a}_{vv}=\Gamma^1_{22}\cdot \boldsymbol{a}_u+\Gamma^2_{22}\cdot \boldsymbol{a}_v+c_{22}\cdot \boldsymbol{n}^+$$

Die Koeffizienten $c_{ik}\in\mathbb{R}$ erhält man durch Skalarproduktbildung mit $\boldsymbol{n}^+$.
Die Koeffizienten $\Gamma^j_{ik}\in\mathbb{R}$, die sog. CHRISTOFFEL-*Symbole 2. Art*, ergeben sich nach Skalarproduktbildung mit $\boldsymbol{a}_u$ und $\boldsymbol{a}_v$ (Gleichungssystem lösen).

$$\Gamma^1_{11}=\frac{1}{2g}(E_uG-2FF_u+E_vF) \qquad \Gamma^2_{11}=\frac{1}{2g}(-E_uF+2EF_u-EE_v)$$
$$\Gamma^1_{12}=\frac{1}{2g}(E_vG-FG_u) \qquad \Gamma^2_{12}=\frac{1}{2g}(EG_u-E_vF)$$
$$\Gamma^1_{22}=\frac{1}{2g}(-FG_v+2F_vG-GG_u) \qquad \Gamma^2_{22}=\frac{1}{2g}(EG_v-2FF_v+FG_u)$$

$$c_{11}=L \qquad c_{12}=M \qquad c_{22}=N$$

$$(g=EG-F^2)$$

Man definiert zusätzlich: $\Gamma^1_{21}:=\Gamma^1_{12}$, $\Gamma^2_{21}:=\Gamma^2_{12}$.

A_2

Formeln von WEINGARTEN

$$\boldsymbol{n}^+_u=r_1\cdot \boldsymbol{a}_u+r_2\cdot \boldsymbol{a}_v+r_3\cdot \boldsymbol{n}^+$$
$$\boldsymbol{n}^+_v=s_1\cdot \boldsymbol{a}_u+s_2\cdot \boldsymbol{a}_v+s_3\cdot \boldsymbol{n}^+$$

Skalarproduktbildung mit $\boldsymbol{a}_u$, $\boldsymbol{a}_v$ und $\boldsymbol{n}^+$ liefert ein Gleichungssystem für die Koeffizienten $r_i, s_i\in\mathbb{R}$.

$$r_1=\frac{1}{g}(FM-GL) \qquad r_2=\frac{1}{g}(FL-EM) \qquad r_3=0$$
$$s_1=\frac{1}{g}(FN-GM) \qquad s_2=\frac{1}{g}(FM-EN) \qquad s_3=0$$

$$(g=EG-F^2)$$

A_3

Gleichungen von GAUSS und MAINARDI-CODAZZI

$$(1)\quad \alpha_{11}=0 \Leftrightarrow F\frac{b}{g}=(\Gamma^1_{12})_u-(\Gamma^1_{11})_v+\Gamma^1_{12}\cdot\Gamma^2_{12}-\Gamma^2_{11}\cdot\Gamma^1_{22} \quad (g=EG-F^2, b=LN-M^2)$$
$$(2)\quad \alpha_{12}=0 \Leftrightarrow -E\frac{b}{g}=(\Gamma^2_{12})_u-(\Gamma^2_{11})_v+\Gamma^1_{12}\cdot\Gamma^2_{11}+\Gamma^2_{12}(\Gamma^2_{12}-\Gamma^1_{11})-\Gamma^2_{11}\cdot\Gamma^2_{22}$$
$$(3)\quad \alpha_{21}=0 \Leftrightarrow G\frac{b}{g}=(\Gamma^1_{22})_u-(\Gamma^1_{12})_v+\Gamma^1_{12}(\Gamma^2_{22}-\Gamma^1_{12})-\Gamma^2_{12}\cdot\Gamma^1_{22}+\Gamma^1_{11}\cdot\Gamma^1_{22}$$
$$(4)\quad \alpha_{22}=0 \Leftrightarrow F\frac{b}{g}=(\Gamma^2_{22})_u-(\Gamma^2_{12})_v+\Gamma^1_{12}\cdot\Gamma^2_{12}-\Gamma^1_{22}\cdot\Gamma^2_{11}$$

Die Gleichungen von GAUSS drücken sämtlich denselben Sachverhalt aus, nämlich die Aussage des *Theorema egregium.*

$$(5)\quad \alpha_{13}=0\Leftrightarrow L_v-M_u=\Gamma^1_{12}\cdot L+(\Gamma^2_{12}-\Gamma^1_{11})\cdot M-\Gamma^2_{11}\cdot N$$
$$(6)\quad \alpha_{23}=0\Leftrightarrow M_v-N_u=\Gamma^1_{22}\cdot L+(\Gamma^2_{22}-\Gamma^1_{12})\cdot M-\Gamma^2_{12}\cdot N$$

Gleichungen von MAINARDI-CODAZZI

A_4

Berechnungsformel für die GAUSSsche Krümmung *K*

Die vier Gleichungen (1) bis (4) der Abb. A_4 lassen sich zusammenfassen zur GAUSSschen Krümmungsformel:

$$K=\frac{b}{g}=\frac{1}{g^2}\left[\det(\boldsymbol{a}_{uu}\boldsymbol{a}_u\boldsymbol{a}_v)\cdot\det(\boldsymbol{a}_{vv}\boldsymbol{a}_u\boldsymbol{a}_v)-(\det(\boldsymbol{a}_{uv}\boldsymbol{a}_u\boldsymbol{a}_v))^2\right]$$
$$=\frac{1}{g^2}\begin{vmatrix}-\frac{1}{2}E_{uu}+F_{uv}-\frac{1}{2}G_{uu} & \frac{1}{2}E_u & F_u-\frac{1}{2}E_v\\ F_v-\frac{1}{2}G_u & E & F\\ \frac{1}{2}G_v & F & G\end{vmatrix}-\frac{1}{g^2}\begin{vmatrix}0 & \frac{1}{2}E_v & \frac{1}{2}G_u\\ \frac{1}{2}E_v & E & F\\ \frac{1}{2}G_u & F & G\end{vmatrix}$$

A_5

Formeln und Gleichungen im Zusammenhang mit dem Hauptsatz

In der Kurventheorie kann man beweisen, daß es eine bis auf Kongruenz eindeutig bestimmte Kurve aus C^3 gibt, wenn man Krümmung und Torsion als stetige Funktionen vorgibt (Hauptsatz, S. 397). Es fragt sich, ob man für Flächenstücke eine analoge Aussage treffen kann. An die Stelle von Krümmung und Torsion treten hier aber die beiden Fundamentalformen.

Gibt es also unter geeigneten Bedingungen für die Fundamentalformen ein bis auf Kongruenz eindeutig bestimmtes Flächenstück? Eine Antwort gibt der Hauptsatz der Flächentheorie (s.u.), zu dessen Beweis und Verständnis jedoch zunächst einige wichtige Ergebnisse voranzustellen sind, die die Koeffizienten der Fundamentalformen betreffen.

Die folgenden Formeln von GAUSS und WEINGARTEN können als Analoga zu den FRENETschen Gleichungen (S. 397) angesehen werden.

Formeln von GAUSS und WEINGARTEN

Ist durch $\boldsymbol{a}(u, v)$ ein Punkt eines Flächenstücks beschrieben, so sind durch das GAUSS*sche Dreibein* (S. 411), bestehend aus $\frac{\partial \boldsymbol{a}}{\partial u}(u, v)$, $\frac{\partial \boldsymbol{a}}{\partial v}(u, v)$ und $\boldsymbol{n}^+(u, v)$, drei Basisvektoren vorgegeben, durch die jeder andere Vektor als Linearkombination darstellbar ist, z.B. auch $\frac{\partial^2 \boldsymbol{a}}{\partial u^2}(u, v)$, $\frac{\partial^2 \boldsymbol{a}}{\partial u \partial v}(u, v)$ und $\frac{\partial^2 \boldsymbol{a}}{\partial v^2}(u, v)$.

Um im folgenden eine etwas engere Schreibweise zu ermöglichen, wird auf die Angabe des Argumentes (u, v) verzichtet. Gleichzeitig werden die partiellen Ableitungen durch Anhängen der Variablen, nach der differenziert wird, gekennzeichnet. Also wird für die oben angegebenen Ableitungen $\boldsymbol{a}_u$, $\boldsymbol{a}_v$, $\boldsymbol{a}_{uu}$, $\boldsymbol{a}_{uv}$ und $\boldsymbol{a}_{vv}$ geschrieben.

Der Abb. A_1 kann man entnehmen, wie sich die Koeffizienten E, F, G (S. 409) und L, M, N (S. 411) der Fundamentalformen mit Hilfe des Skalarproduktes aus part. Ableitungen von $\boldsymbol{a}$ und dem Flächennormalenvektor $\boldsymbol{n}^+$ bzw. dessen part. Ableitungen $\boldsymbol{n}_u^+$ und $\boldsymbol{n}_v^+$ ergeben.

Stellt man nun $\boldsymbol{a}_{uu}$, $\boldsymbol{a}_{uv}$ und $\boldsymbol{a}_{vv}$ durch das GAUSSsche Dreibein dar, so ergeben sich die sog. GAUSS*schen Formeln* (Abb. A_2). Die dabei auftretenden CHRISTOFFEL-*Symbole* 2. *Art* sind allein durch die erste Fundamentalform einschließlich part. Ableitungen bestimmt.

Stellt man auch $\boldsymbol{n}_u^+$ und $\boldsymbol{n}_v^+$ durch das GAUSSsche Dreibein dar, so erhält man die sog. *Formeln von* WEINGARTEN (Abb. A_3).

Gleichungen von GAUSS und MAINARDI-CODAZZI

Für ein Flächenstück der Klasse C^3 ergibt sich wegen der Stetigkeit der dritten part. Ableitungen die notwendige Bedingung

$$(\boldsymbol{a}_{uu})_v = (\boldsymbol{a}_{uv})_u \wedge (\boldsymbol{a}_{vv})_u = (\boldsymbol{a}_{uv})_v .$$

Setzt man hier die Formeln von GAUSS ein und bildet die part. Ableitungen, so erhält man zwei Vektorgleichungen, in denen man mit Hilfe der Formeln von GAUSS und WEINGARTEN $\boldsymbol{a}_{uu}$, $\boldsymbol{a}_{uv}$, $\boldsymbol{a}_{vv}$, $\boldsymbol{n}_u^+$ und $\boldsymbol{n}_v^+$ so ersetzen kann, daß sich zwei Gleichungen der Form $\alpha_{1k}\boldsymbol{a}_u + \alpha_{2k}\boldsymbol{a}_v + \alpha_{3k}\boldsymbol{n}^+ = 0 \quad (\alpha_{ik} \in \mathbb{R}, k \in \{1, 2\})$ ergeben. Wegen der linearen Unabhängigkeit von $\boldsymbol{a}_u$, $\boldsymbol{a}_v$ und $\boldsymbol{n}^+$ können diese aber nur erfüllt werden, wenn sämtliche Koeffizienten Null sind. Daraus ergeben sich die in Abb. A_4 notierten Gleichungen. Die oberen vier Gleichungen werden als GAUSS*sche Gleichungen* bezeichnet; aus ihnen folgt unmittelbar, daß die GAUSSsche Krümmung K (S. 415), für die ja $K = \frac{b}{g}$ gilt, nur von der ersten Fundamentalform abhängen kann (Aussage des *Theorema egregium von* GAUSS, S. 415).

Die beiden unteren Gleichungen von Abb. A_4 werden *Gleichungen von* MAINARDI-CODAZZI genannt.

Bem.: Abb. A_5 enthält Formeln zur Berechnung der GAUSSschen Krümmung K, die gleichzeitig zur Berechnung der Diskriminante b der zweiten Fundamentalform dienen können.

Letztere Formel ist deswegen besonders interessant, weil sie zeigt, wie man b aus den Koeffizienten der ersten Fundamentalform berechnen kann. Ein Bewohner eines Flächenstücks — z.B. auf einer Kugel — ist also in der Lage, mit Hilfe der Beziehung $K = \frac{b}{g}$ *allein* aufgrund von Messungen auf der Fläche (erste Fundamentalform) die GAUSSsche Krümmung K zu erschließen, ohne von dem umgebenden Raum Kenntnis zu nehmen.

Hauptsatz

Da die Gleichungen von GAUSS und MAINARDI-CODAZZI notwendige Bedingungen für ein Flächenstück der Klasse C^3 sind, ist die eingangs gestellte Frage nach der Existenz eines Flächenstücks bei Vorgabe von Funktionen für die Koeffizienten der beiden Fundamentalformen (mit geeigneten Differenzierbarkeitseigenschaften) nicht so allgemein zu beantworten, wie das bei der analogen Fragestellung in der Kurventheorie möglich ist.

Im Gegensatz zu den FRENETschen Gleichungen bewirken die Gleichungen von GAUSS und MAINARDI-CODAZZI Einschränkungen, weil das aus ihnen gebildete DG-System partieller Differentialgleichungen überbestimmt ist. Man kann dies z. B. vergleichen mit der Situation, die vorliegt, wenn man nach einer Stammfunktion zu einer stetig differenzierbaren $\mathbb{R}^3$-$\mathbb{R}^3$-Funktion fragt (S. 353). Auch hier werden Funktionen aufgrund gewisser Integrabilitätsbedingungen ausgesondert.

Es gilt der Existenz- und Eindeutigkeitssatz:

Hauptsatz (BONNET): *Vorgegeben seien drei auf einem Gebiet des $\mathbb{R}^2$ definierte $\mathbb{R}^2$-$\mathbb{R}$-Funktionen E, F und G der Klasse C^2 und drei auf demselben Gebiet definierte $\mathbb{R}^2$-$\mathbb{R}$-Funktionen L, M und N der Klasse C^1. Erfüllen diese Funktionen die Gleichungen von* GAUSS *und* MAINARDI-CODAZZI *und gilt außerdem $EG - F^2 > 0$, so gibt es ein bis auf Kongruenz eindeutig bestimmtes Flächenstück der Klasse C^3 mit E, F, G, L, M und N als Koeffizienten beider Fundamentalformen.*

Die Verwendung von Tensoren erlaubt einerseits eine besonders elegante formale Behandlung der Flächentheorie. Andererseits ermöglicht der Tensorbegriff eine Verallgemeinerung der Flächentheorie hin zur RIEMANNschen Geometrie.

Summationsvereinbarung

Eine vereinfachte Schreibweise von Summen, die aber erhöhte Aufmerksamkeit beim Lesen erfordert, wird mit der folgenden *Summationsvereinbarung* (EINSTEIN) getroffen:

> *Tritt ein Term auf, der denselben kleinen lateinischen Buchstaben sowohl als oberen wie als unteren Index enthält, so ist der Summenterm aller durch Einsetzung in den Index erzeugbaren Terme gemeint. Auf das Summationszeichen wird also verzichtet.*

Beispiele: $x^i \boldsymbol{b}_i = \sum_{i=1}^{n} x^i \boldsymbol{b}_i = x^1 \boldsymbol{b}_1 + \cdots + x^n \boldsymbol{b}_n$,

$a_i x^i = a_1 x^1 + \cdots + a_n x^n$ (obere Indizes bedeuten hier und im folgenden niemals Exponenten, es sei denn, es werden besondere Klammern gesetzt),

$a_{ik} x^i y^k = \sum_{i=1}^{n} \sum_{k=1}^{m} a_{ik} x^i y^k = a_{11} x^1 y^1 + a_{12} x^1 y^2 + \cdots$

$\cdots + a_{nm} x^n y^m = a_{is} x^i y^s = a_{rs} x^r y^s$ (Wechsel von Summationsindizes ist erlaubt),

$a_{iv} x^i = a_{1v} x^1 + \cdots + a_{nv} x^n$ (über einen Index, der nicht oben und unten auftritt, wird nicht summiert; im Beispiel dient der Index v lediglich dazu, unterschiedliche Summenterme zu kennzeichnen).

Dagegen erfolgt bei $a_i^k c_{ij}^k$ keine Summation, weil kein Index oben *und* unten angehängt ist.

Bem.: Bei Termen mit part. Ableitungen — z.B. $\frac{\partial \boldsymbol{a}}{\partial u^i}, \frac{\partial u^k}{\partial \hat{u}^i}$ — wird der im Nenner stehende Index (in den Beispielen: i) als unterer Index angesehen. Entsprechend ist auch i bei $\boldsymbol{a}_{u^i}$ ein unterer Index.

Tensoren 1. und 2. Stufe

V sei ein n-dimensionaler Vektorraum über $\mathbb{R}$. Dann besitzt jedes $\boldsymbol{x} \in V$ eine eindeutige Darstellung $\boldsymbol{x} = x^i \boldsymbol{b}_i$ (Summationsvereinbarung!) bez. einer Basis $\{\boldsymbol{b}_1, \ldots, \boldsymbol{b}_n\}$ von V. Die Koordinaten werden hier im Gegensatz zur in der Algebra üblichen Schreibweise mit oberen Indizes geschrieben.

Geht man nun zu einer anderen Basis $\{\hat{\boldsymbol{b}}_1, \ldots, \hat{\boldsymbol{b}}_n\}$ über, so erhält $\boldsymbol{x}$ i.a. andere Koordinaten $\hat{x}^i$ vermöge der Darstellung $\boldsymbol{x} = \hat{x}^i \hat{\boldsymbol{b}}_i$. Man kann nun danach fragen, durch welche Transformation die neuen Koordinaten aus den alten gewonnen werden können. Damit wird man auf die Frage geführt, wie ein Basiswechsel algebraisch zu beschreiben ist.

Gemäß S. 91 sind es die Automorphismen der Gruppe $\mathrm{Aut}(V, V)$, durch die Basiswechsel vollzogen werden. Isomorph zu $\mathrm{Aut}(V, V)$ ist die Gruppe $\mathrm{GL}_n(\mathbb{R})$ der reellen, regulären (n, n)-Matrizen. Stellt man also die $\hat{\boldsymbol{b}}_i$ bez. $\{\boldsymbol{b}_1, \ldots, \boldsymbol{b}_n\}$ dar, etwa

$$\hat{\boldsymbol{b}}_i = \alpha_i^k \boldsymbol{b}_k \quad (\alpha_i^k \in \mathbb{R}),$$

so gehört die Matrix (α_i^k) zu $\mathrm{GL}_n(\mathbb{R})$.

Die Koordinaten transformieren sich wie folgt:

$$\hat{x}^i \hat{\boldsymbol{b}}_i = x^i \boldsymbol{b}_i \Rightarrow \hat{x}^i \alpha_i^k \boldsymbol{b}_k = x^i \boldsymbol{b}_i = x^k \boldsymbol{b}_k \Rightarrow x^k = \hat{x}^i \alpha_i^k.$$

Man kann aber auch die $\boldsymbol{b}_i$ bez. $\{\hat{\boldsymbol{b}}_1, \ldots, \hat{\boldsymbol{b}}_n\}$ darstellen:

$$\boldsymbol{b}_i = \beta_i^k \hat{\boldsymbol{b}}_k \quad (\beta_i^k \in \mathbb{R}).$$

Dabei ist die Matrix (β_i^k) *kontragredient* zur Matrix (α_i^k), d.h. es gilt $(\beta_i^k) = [(\alpha_i^k)^{\mathrm{T}}]^{-1}$. Dann erhält man eine Transformation der alten Koordinaten in die neuen:

$$\hat{x}^k = x^i \beta_i^k.$$

Es wird deutlich, daß Basisänderungen und Koordinatenänderungen sich bez. (α_i^k) konträr verhalten. Man spricht den x^i daher ein *kontravariantes* Verhalten bei Anwendung der Gruppe $\mathrm{Aut}(V, V)$ zu. Man sagt auch, daß dem Punkt $\boldsymbol{x}$ durch die x^i vermöge der Gruppe $\mathrm{Aut}(V, V)$ ein *kontravarianter Tensor 1. Stufe* zugeordnet worden ist, und nennt die x^i *Komponenten des Tensors.*

Zu einem anderen Tensortyp gelangt man, wenn man einen n-dimensionalen euklidischen Vektorraum $(V; \langle ; \rangle)$ zugrundelegt, d.h. ein Skalarprodukt zur Verfügung hat (S. 365). Sind $\boldsymbol{x} \in V$ und $\boldsymbol{y} \in V$ vorgegeben mit $\boldsymbol{x} = x^i \boldsymbol{b}_i$ und $\boldsymbol{y} = y^k \boldsymbol{b}_k$ bez. der Basis $\{\boldsymbol{b}_1, \ldots, \boldsymbol{b}_n\}$, so ergibt sich:

$$\langle \boldsymbol{x}; \boldsymbol{y} \rangle = \langle x^i \boldsymbol{b}_i; y^k \boldsymbol{b}_k \rangle = x^i y^k \langle \boldsymbol{b}_i; \boldsymbol{b}_k \rangle = g_{ik} x^i y^k$$

mit $g_{ik} := \langle \boldsymbol{b}_i; \boldsymbol{b}_k \rangle$.

Bei einem Basiswechsel zur Basis $\{\hat{\boldsymbol{b}}_1, \ldots, \hat{\boldsymbol{b}}_n\}$ durch die reguläre Matrix (α_i^k) ergibt sich:

$$\hat{g}_{rs} = g_{ik} \alpha_r^i \alpha_s^k \text{ mit } \hat{g}_{rs} := \langle \hat{\boldsymbol{b}}_r; \hat{\boldsymbol{b}}_s \rangle \text{ und } \hat{\boldsymbol{b}}_i = \alpha_i^k \boldsymbol{b}_k.$$

Die g_{ik} transformieren sich also in *gleicher* Weise wie die Basisvektoren, allerdings etwas komplizierter *(2-stufig)*, wie die Doppelsumme zeigt. Man nennt das Transformationsverhalten der g_{ik} *kovariant* bez. der Gruppe $\mathrm{Aut}(V, V)$ und sagt, daß durch die g_{ik} vermöge $\mathrm{Aut}(V, V)$ ein *kovarianter Tensor 2. Stufe* zugeordnet worden sei; die g_{ik} heißen *Komponenten des Tensors.*

Bem.: Der ebengenannte Tensor heißt auch *kovarianter metrischer Tensor*, denn durch ihn werden Längenangaben ermöglicht: $\|\boldsymbol{x}\| = \sqrt{g_{ik} x^i x^k}$.

Die Komponenten g_{ik} des kovarianten metrischen Tensors lassen sich übersichtlich in einer symmetrischen Matrix (g_{ik}) anordnen. Geht man über zur inversen Matrix $(g_{ik})^{-1}$ und bezeichnet diese mit (g^{ik}), so zeigen die g^{ik} bei einem Basiswechsel ein kontravariantes Transformationsverhalten der folgenden Form:

$$g^{ik} = \hat{g}^{rs} \alpha_r^i \alpha_s^k \quad \text{oder} \quad \hat{g}^{rs} = g^{ik} \beta_i^r \beta_k^s.$$

Man spricht daher von Komponenten eines *kontravarianten Tensors 2. Stufe*, des sog. *kontravarianten metrischen Tensors.*

Ein *kovarianter Tensor 1. Stufe* liegt vor, wenn man dem Punkt $\boldsymbol{x}$ mit der Darstellung $\boldsymbol{x} = x^i \boldsymbol{b}_i$ bez. der Basis $\{\boldsymbol{b}_1, \ldots, \boldsymbol{b}_n\}$ Zahlen x_i zuordnet, die durch $x_i := \langle \boldsymbol{x}; \boldsymbol{b}_i \rangle$ definiert sind. Bei einem Basiswechsel ergibt sich nämlich wegen der Invarianz des Skalarproduktes:

$$\hat{x}_i = x_k \alpha_i^k,$$

d.h. das Transformationsverhalten der x_i ist kovariant von 1. Stufe.

Die Beispiele legen es nahe, kontra- und kovariante Tensoren 2. Stufe folgendermaßen zu definieren:

Def. 1: Im Punkt $\boldsymbol{x}$ ist ein *kontra-[ko-]varianter Tensor 2. Stufe* vorhanden, wenn n^2 vorgegebene reelle Zahlen $a^{ik}[a_{ik}]$ so von der Basis abhängen, daß bei einem Basiswechsel durch die reguläre Matrix (α_i^k) das folgende kontra-[ko-]variante Transformationsverhalten vorliegt:

$$\hat{a}^{rs} = a^{ik}\beta_i^r\beta_k^s \quad [\hat{a}_{rs} = a_{ik}\alpha_r^i\alpha_s^k],$$

wobei (β_i^k) kontragredient zu (α_i^k) ist.

Tensoren beliebiger Stufe

Zunächst kann man noch zusätzlich zu den kontra- bzw. kovarianten Tensoren 2. Stufe einen sog. gemischten zweistufigen Tensor definieren, dessen Komponenten mit a_i^k bezeichnet werden. Seine Def. ist jedoch in der folgenden allgemeinen enthalten:

Def. 2: Im Punkt $\boldsymbol{x}$ ist ein *ν-fach kontravarianter und μ-fach kovarianter Tensor* vorhanden, wenn $n^{\nu+\mu}$ reelle Zahlen $a_{i_1\ldots i_\nu}{}^{k_1\ldots k_\mu}$ so von einer Basis abhängen, daß bei einem Basiswechsel durch die reguläre Matrix (α_i^k) das folgende Transformationsverhalten vorliegt:

$$\hat{a}_{r_1\ldots r_\nu}{}^{s_1\ldots s_\mu} = a_{i_1\ldots i_\nu}{}^{k_1\ldots k_\mu}\beta_{k_1}^{s_1}\ldots\beta_{k_\mu}^{s_\mu}\alpha_{r_1}^{i_1}\ldots\alpha_{r_\nu}^{i_\nu},$$

wobei (β_i^k) kontragredient zu (α_i^k) ist.

Auf die sog. Tensoralgebra kann hier nicht eingegangen werden. Erwähnt sei, daß man eine Multiplikation mit reellen Zahlen, eine Addition (Vektorraum) und eine Multiplikation neben anderen Operationen definiert.

Tensoren auf Flächenstücken

Vorgegeben sei ein Flächenstück der Klasse C^2 mit der Parameterdarstellung $\boldsymbol{a}(u^1, u^2)$. — Im Gegensatz zu vorangegangenen Seiten ist es hier wegen der Summationsvereinbarung sinnvoll, anstelle von u und v die Bezeichnungen u^1 und u^2 für die lokalen Koordinaten einzuführen. Der Übergang zu anderen lokalen Koordinaten $\hat{u}^1$ und $\hat{u}^2$ kann durch eine zulässige Parametertransformation (S. 405) erreicht werden:

$(u^1, u^2) = (p^1(\hat{u}^1, \hat{u}^2), p^2(\hat{u}^1, \hat{u}^2))$ mit der

$$\text{Funktionalmatrix} \begin{pmatrix} \dfrac{\partial u^1}{\partial \hat{u}^1} & \dfrac{\partial u^1}{\partial \hat{u}^2} \\ \dfrac{\partial u^2}{\partial \hat{u}^1} & \dfrac{\partial u^2}{\partial \hat{u}^2} \end{pmatrix},$$

deren Determinante von Null verschieden ist. Eine zulässige Parametertransformation besitzt also neben der Zugehörigkeit zur Klasse C^r eine reguläre (2,2)-Matrix als Funktionalmatrix. Die Anwendung einer zulässigen Parametertransformation führt daher in der Tangentialebene eines fest gewählten Punktes zu einem Basiswechsel (Tangentialebene als zweidim. euklidischer Vektorraum).

Wählt man $\{\boldsymbol{a}_{u^1}, \boldsymbol{a}_{u^2}\}$ mit $\boldsymbol{a}_{u^k} := \dfrac{\partial \boldsymbol{a}}{\partial u^k}$ als Basis, so kann man zeigen, daß ein Basiswechsel zur Basis $\{\boldsymbol{a}_{\hat{u}^1}, \boldsymbol{a}_{\hat{u}^2}\}$ vollzogen wird, wenn man $(\alpha_i^k) = \left(\dfrac{\partial u^k}{\partial \hat{u}^i}\right)$ wählt. Dabei wendet man auf $\boldsymbol{a}_{\hat{u}^k}$ die Kettenregel der partiellen Differentiation an $\left(i \text{ bei } \boldsymbol{a}_{\hat{u}^i} \text{ und } \dfrac{\partial \boldsymbol{a}}{\partial u^i}\right.$ ist ein unterer Index!$\left.\right)$:

$$\boldsymbol{a}_{\hat{u}^k} = \frac{\partial \boldsymbol{a}}{\partial \hat{u}^k} = \frac{\partial \boldsymbol{a}}{\partial u^i}\cdot\frac{\partial u^i}{\partial \hat{u}^k} = \frac{\partial u^i}{\partial \hat{u}^k}\boldsymbol{a}_{u^i}.$$

Damit transformieren sich die Koordinaten eines Ortsvektors in der Tangentialebene kontravariant von 1. Stufe, denn es gilt andererseits:

$$\boldsymbol{x} = x^i\boldsymbol{a}_{u^i} = \hat{x}^i\boldsymbol{a}_{\hat{u}^i} \Rightarrow x^i = \hat{x}^k\frac{\partial u^i}{\partial \hat{u}^k} \wedge \hat{x}^k = x^i\frac{\partial \hat{u}^k}{\partial u^i}.$$

Den Punkten der Tangentialebene sind also durch die Koordinaten x^i (in der Ebene!) kontravariante Tensoren 1. Stufe zugeordnet.

Wie im n-dimensionalen Fall lassen sich auch kovariante Tensoren 1. Stufe durch $x_i := \langle \boldsymbol{x}; \boldsymbol{a}_{u^i}\rangle$ einführen. Es gilt: $\hat{x}_i = x_k\dfrac{\partial \hat{u}^k}{\partial u^i}$.

Für den *kovarianten metrischen Tensor* mit den Komponenten g_{ik} def. durch $g_{ik} := \langle \boldsymbol{a}_{u^i}, \boldsymbol{a}_{u^k}\rangle$ folgt:

$$\hat{g}_{rs} = g_{ik}\frac{\partial u^i}{\partial \hat{u}^r}\cdot\frac{\partial u^k}{\partial \hat{u}^s}.$$

Bem.: Aufgrund der Def. auf S. 409 gilt:

$$g_{11} = E, g_{12} = g_{21} = F, g_{22} = G \text{ und } g = \det(g_{ik}).$$

Die kontra- und kovarianten Komponenten x^i und x_i eines Vektors in der Tangentialebene hängen mit den g_{ik} in folgender Weise zusammen:

$$x_i = \langle \boldsymbol{x}; \boldsymbol{a}_{u^i}\rangle \wedge \boldsymbol{x} = x^k\boldsymbol{a}_{u^k} \Rightarrow x_i = g_{ik}x^k.$$

Der zugehörige *kontravariante metrische Tensor* 2. Stufe mit den Komponenten g^{rs} def. durch

$$g^{11} = \frac{1}{g}g_{22}, g^{12} = g^{21} = -\frac{1}{g}g_{12}, g^{22} = \frac{1}{g}g_{11},$$

liefert den Zusammenhang zwischen x^r und x_s:

$$x^r = g^{rs}x_s.$$

Wie bei diesen speziellen Tensoren übernehmen die partiellen Ableitungen der Parametertransformationen auch im allgemeinen Fall die Rolle der α_i^k. Die Rolle der β_i^k übernehmen wegen $\left(\dfrac{\partial u^r}{\partial \hat{u}^i}\right)\cdot\left(\dfrac{\partial \hat{u}^k}{\partial u^r}\right) = E$ die partiellen Ableitungen $\dfrac{\partial \hat{u}^k}{\partial u^i}$.

Bem.: Man spricht vom Vorhandensein eines *Tensorfeldes*, wenn etwa in der Umgebung eines Punktes jeder Punkt mit einem Tensor desselben Typs versehen ist.

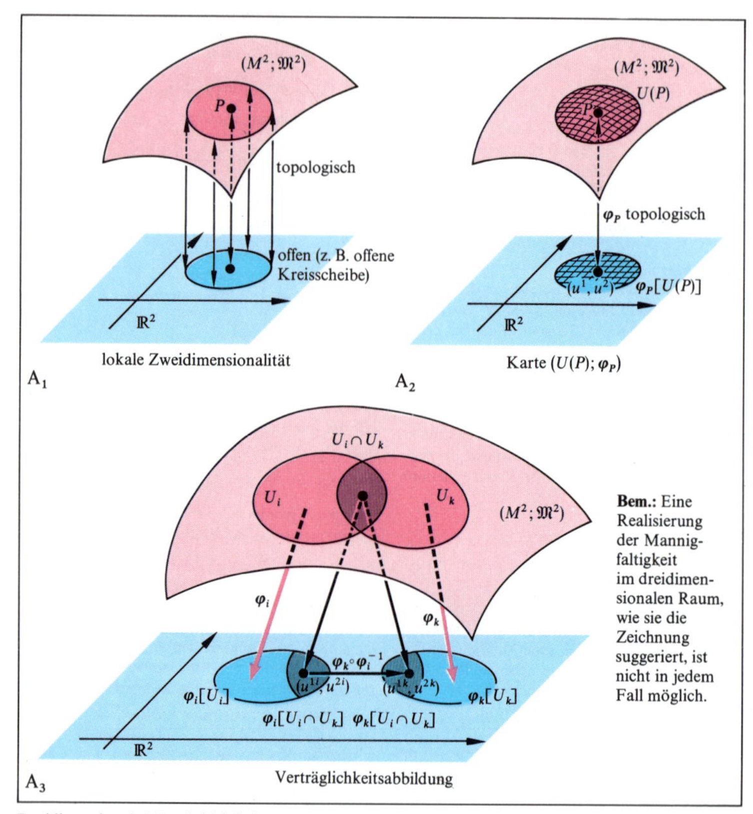

Zweidimensionale Mannigfaltigkeit

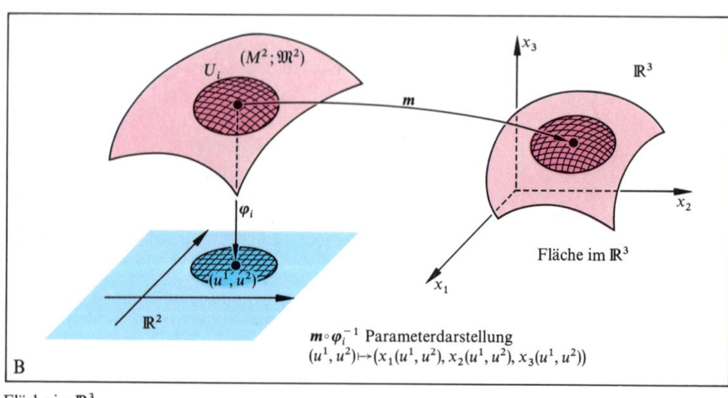

Fläche im $\mathbb{R}^3$

Die in der Differentialgeometrie betrachteten Punktmengen (Kurven, Flächenstücke, Flächen) haben die Eigenschaft, daß sich ihre Punkte als Elemente eines speziellen topologischen Raumes durch ein Koordinatensystem wenigstens lokal erfassen lassen. Wenn man an einer Verallgemeinerung interessiert ist, muß man fragen, welche Mindestanforderungen an top. Räume zu stellen sind, damit in ihnen noch »vernünftige« Differentialgeometrie getrieben werden kann. Dabei wird die Frage mit einbezogen, inwieweit es möglich ist, eine »innere Geometrie« in derartigen Räumen zu erklären, d.h. eine Geometrie, die unabhängig von einem umgebenden Raum festgelegt werden kann.

Untersuchungen dieser Art führten auf den Begriff der *Mannigfaltigkeit* (s.u.). Die folgenden Ausführungen lassen sich ohne größere Schwierigkeiten auf den n-dimensionalen Fall übertragen.

Zweidimensionale Mannigfaltigkeiten

Unter einer 2-dimensionalen Mannigfaltigkeit kann man sich einen top. Raum vorstellen, der sich lokal, d.h. in einer Umgebung jedes Punktes, nicht wesentlich vom $\mathbb{R}^2$ unterscheidet. Genauer fordert man:

Def. 1: Ein zusammenhängender HAUSDORFF-Raum (S. 223, 227) mit einer abzählbaren Basis (S. 217) offener Mengen heißt (topologische) *2-dimensionale Mannigfaltigkeit*, wenn jeder Punkt eine Umgebung besitzt, die zu einer offenen Umgebung des $\mathbb{R}^2$ homöomorph (S. 219) ist (Abb. A_1). Der $\mathbb{R}^2$ sei mit der natürlichen Topologie versehen (S. 215). Die Trägermenge der Mannigfaltigkeit werde i.a. mit M^2 bezeichnet.

Die in Def. 1 genannte offene Umgebung des $\mathbb{R}^2$ kann z.B. ein Gebiet, insbesondere eine offene Kreisscheibe sein. Wegen der Sätze 2 und 4 auf S. 233 ist die Bezeichnung »zweidimensional« angebracht.

Beispiel: Kugeloberfläche als Unterraum des $(\mathbb{R}^3; \mathfrak{R}^3)$.

Karten, Atlas

Um in einer Umgebung eines Punktes P einer 2-dimensionalen Mannigfaltigkeit Koordinaten u^1 und u^2 (sog. *lokale Koordinaten*) zur Verfügung zu haben, verwendet man die lokale Homöomorphie zu Teilmengen des $\mathbb{R}^2$. Man wählt zum Punkt P eine offene Umgebung $U(P)$, für die eine topologische Abbildung $\varphi_P: U(P) \to \varphi_P[U(P)]$ auf eine offene Teilmenge des $\mathbb{R}^2$ existiert. φ_P^{-1} überträgt dann z.B. die kartesischen Koordinaten in die Umgebung von P. Ein derartiges Paar $(U(P); \varphi_P)$ nennt man *Karte von P auf* M^2 (Abb. A_2). Offensichtlich ist eine zu P gehörige Karte gleichzeitig eine Karte aller zu $U(P)$ gehörender Punkte.

Um die Mannigfaltigkeit insgesamt zu erfassen, wählt man Karten $(U_i; \varphi_i)$ mit topologischen Abbildungen $\varphi_i: U_i \to \varphi_i[U_i] (\varphi_i[U_i] \subseteq \mathbb{R}^2)$, so daß $\{U_i | i \in I\}$ eine offene Überdeckung von M^2 ist. Da mit Hilfe aller Karten die ganze Mannigfaltigkeit koordinatenmäßig erfaßt werden kann, nennt man die Menge $\{(U_i; \varphi_i) | i \in I\}$ einen (topologischen) *Atlas* der Mannigfaltigkeit.

Bei einer Kugel kommt man offenbar mit zwei Karten aus.

Differenzierbare Mannigfaltigkeit

Ist ein Atlas einer 2-dim. Mannigfaltigkeit vorgegeben, so haben Punkte aus dem Durchschnitt $U_i \cap U_k$ verschiedener Karten $(U_i; \varphi_i)$ und $(U_k; \varphi_k)$ in der Regel unterschiedliche lokale Koordinaten. Besitzt ein Punkt P aus $U_i \cap U_k$ etwa die Koordinaten (u^{1i}, u^{2i}) bzw. (u^{1k}, u^{2k}), so lassen sich die Koordinaten durch die Abbildung $\varphi_k \circ \varphi_i^{-1} / \varphi_i[U_i \cap U_k]$ transformieren:

$(u^{1k}, u^{2k}) = \varphi_k \circ \varphi_i^{-1}(u^{1i}, u^{2i})$ (Abb. A_3).

Die genannte Abbildung, die im folgenden etwas ungenau mit $\varphi_k \circ \varphi_i^{-1}$ bezeichnet wird, ist ein Homöomorphismus zwischen $\varphi_i[U_i \cap U_k]$ und $\varphi_k[U_i \cap U_k]$. Man nennt die beiden Karten miteinander *verträglich*, wenn die $\mathbb{R}^2$-$\mathbb{R}^2$-Funktion $\varphi_k \circ \varphi_i^{-1}$ und ihre Umkehrfunktion differenzierbar sind. Gilt die Verträglichkeit für je zwei verschiedene Karten, so spricht man von einem *differenzierbaren Atlas*.

Fordert man von den Abbildungen $\varphi_k \circ \varphi_i^{-1}$ die Zugehörigkeit zur Klasse C^r und setzt man voraus, daß die Funktionaldeterminante (S. 323) stets von Null verschieden ist, so spricht man von einem *C^r-Atlas*.

Def. 2: Eine Mannigfaltigkeit heißt *differenzierbar* bzw. *C^r-Mannigfaltigkeit*, wenn ein differenzierbarer Atlas bzw. ein C^r-Atlas existiert.

Liegt eine C^r-Mannigfaltigkeit vor, so sagt man auch, daß die Mannigfaltigkeit eine *Differenzierbarkeitsstruktur* habe. Zwei Differenzierbarkeitsstrukturen sollen als *gleichwertig* angesehen werden, wenn die Vereinigung der beiden C^r-Atlanten wieder ein C^r-Atlas derselben Mannigfaltigkeit ist. Da eine Äquivalenzrelation vorliegt, entstehen Klassen von äquivalenten Differenzierbarkeitsstrukturen. In Def. 2 ist daher eigentlich von einer Klasse differenzierbarer Atlanten bzw. C^r-Atlanten zu sprechen. Eine Konsequenz ist die, daß nur solche Eigenschaften von Interesse sein können, die vom gewählten Repräsentanten unabhängig sind.

Bem.: Es ist gelungen nachzuweisen, daß verschiedene Differenzierbarkeitsstrukturen auf derselben Mannigfaltigkeit vorliegen können.

Fläche im $\mathbb{R}^3$

Gibt es zu einer 2-dimensionalen C^r-Mannigfaltigkeit M^2 eine Abbildung $\boldsymbol{m}: M^2 \to \mathbb{R}^3$, so daß für jede Karte φ_i eine $\mathbb{R}^2$-$\mathbb{R}^3$-Funktion $\boldsymbol{m} \circ \varphi_i^{-1}$ der Klasse C^r mit einem von $\boldsymbol{o}$ verschiedenen Vektorprodukt der partiellen Ableitungen (vgl. S. 405) erklärt ist, so nennt man $\boldsymbol{m}[M^2]$ *Fläche der Klasse* C^r im $\mathbb{R}^3$ bzw. *Realisierung von M^2 im* $\mathbb{R}^3$.

Die Funktionen $\boldsymbol{m} \circ \varphi_i^{-1}$ können lokal als Parameterdarstellungen der Fläche angesehen werden (Abb. B).

Bem.: Die auf S. 247 behandelten geschlossenen Flächen im $\mathbb{R}^3$ ergeben sich als Realisierungen der speziellen kompakten zweidimensionalen Mannigfaltigkeiten.

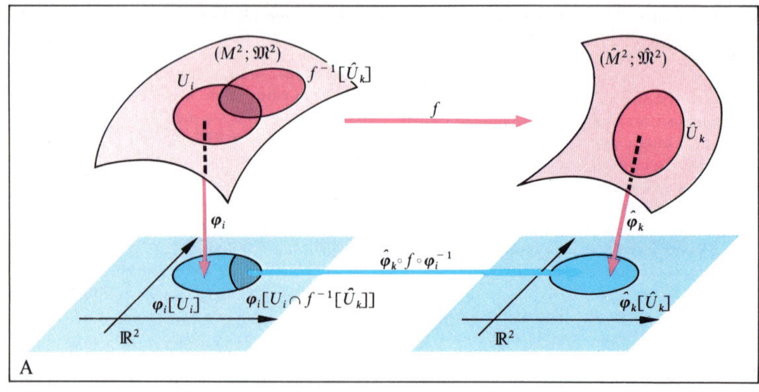

Abbildung zwischen Mannigfaltigkeiten

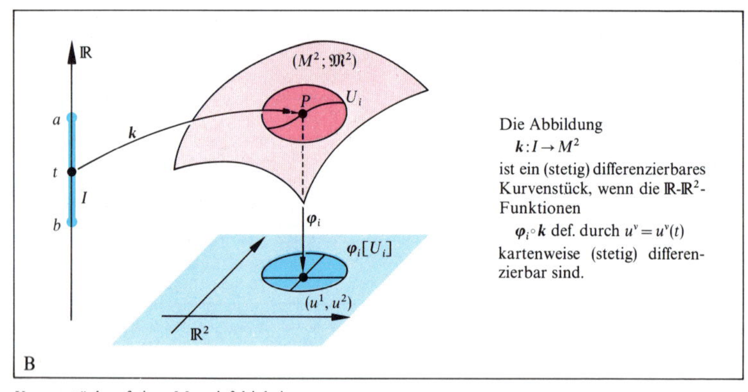

Kurvenstück auf einer Mannigfaltigkeit

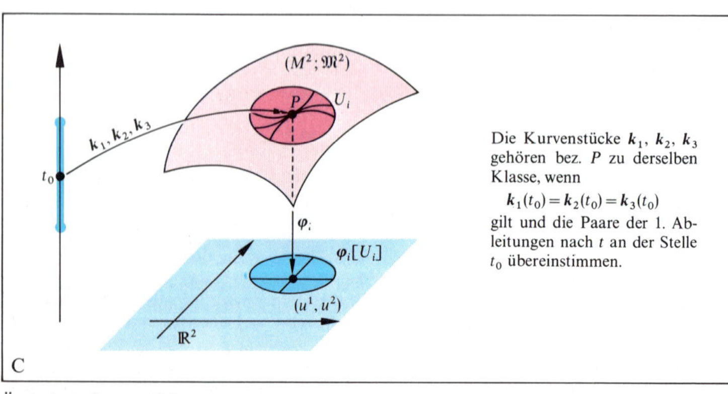

Äquivalente Kurvenstücke

Abbildungen zwischen Mannigfaltigkeiten

Die strukturverträglichen Abbildungen zwischen topologischen Räumen sind die stetigen Abbildungen (S. 219). Fragt man nach den strukturverträglichen Abbildungen zwischen Mannigfaltigkeiten, so muß man zusätzlich zu der Eigenschaft, daß das Urbild offener Mengen wieder offen ist, verlangen, daß das Urbild die Differenzierbarkeitsstrukturen beider Mannigfaltigkeiten respektiert. Man geht wie in Abb. A vor und def.

Def. 3: Eine Abbildung $f:(M^2;\mathfrak{M}^2)\to(\hat{M}^2;\hat{\mathfrak{M}}^2)$ zwischen C^r-Mannigfaltigkeiten heißt *differenzierbar (zur Klasse C^r gehörig)*, wenn f stetig ist und die in Abb. A definierten $\mathbb{R}^2$-$\mathbb{R}^2$-Funktionen $\hat{\varphi}_k\circ f\circ\varphi_i^{-1}$ für beliebige Indexpaare differenzierbar sind (zur Klasse C^r gehören).

Kurvenstücke auf Mannigfaltigkeiten, Tangentenvektoren, Tangentialraum

Unter einem Kurvenstück kann man etwas vereinfacht die Bildmenge einer stetigen bijektiven Abbildung $\boldsymbol{k}:I\to M^2$ verstehen. Für ein (stetig) differenzierbares Kurvenstück fordert man, daß die lokalen Koordinatenfunktionen $u^\nu=u^\nu(t)$ (stetig) differenzierbar sind (Abb. B).

Will man nun den Begriff des Tangentenvektors in einem Kurvenpunkt nachbilden, so kann man nicht wie auf S. 405 verfahren, weil man nicht auf einen umgebenden Raum zurückgreifen kann. Es ist aber möglich, auf eine klassenbildende Eigenschaft aller sich im Punkt berührenden Kurven zurückzugreifen, die sich auch auf Mannigfaltigkeiten übertragen läßt.

Zwei Kurvenstücke $\boldsymbol{k}$ und $\bar{\boldsymbol{k}}$ mit dem gemeinsamen Punkt $\boldsymbol{k}(t_0)$ bzw. $\bar{\boldsymbol{k}}(t_0)$ sollen äquivalent genannt werden, wenn für die zugehörigen lokalen Koordinatenfunktionen $u^\nu=u^\nu(t)$ bzw. $\bar{u}^\nu=\bar{u}^\nu(t)$ gilt:

$$\frac{\mathrm{d}u^\nu}{\mathrm{d}t}(t_0)=\frac{\mathrm{d}\bar{u}^\nu}{\mathrm{d}t}(t_0),$$

d.h. wenn die Paare $\left(\frac{\mathrm{d}u^1}{\mathrm{d}t};\frac{\mathrm{d}u^2}{\mathrm{d}t}\right)$ und $\left(\frac{\mathrm{d}\bar{u}^1}{\mathrm{d}t};\frac{\mathrm{d}\bar{u}^2}{\mathrm{d}t}\right)$ an der Stelle t_0 übereinstimmen (Abb. C).

Es liegt eine Äquivalenzrelation vor, deren Klassen als *Tangentenvektoren* bezeichnet werden. Tangentenvektoren werden also repräsentiert durch Paare $(\xi^1;\xi^2)$ mit $\xi^\nu:=\frac{\mathrm{d}u^\nu}{\mathrm{d}t}$. Die Menge der Tangentenvektoren zu einem Punkt der 2-dimensionalen Mannigfaltigkeit bildet einen Vektorraum der Dimension 2. Er wird als *Tangentialraum* zum Punkt P der Mannigfaltigkeit bezeichnet und entspricht der Tangentialebene.

RIEMANNsche Mannigfaltigkeit, RIEMANNsche Geometrie

Das Hauptproblem einer inneren Geometrie auf Mannigfaltigkeiten ist wohl das der Längenmessung. Man muß nach einem Analogon für die Bogenlänge von Kurvenstücken suchen.

Dazu macht man sich zunächst am besten noch einmal deutlich, daß es die erste Fundamentalform ist, die allein schon die Längenmessung auf Flächenstücken im $\mathbb{R}^3$ ermöglicht (S. 409). Die erste Fundamentalform aber ist eine sog. *positiv definite Form*, d.h. eine Form

$$E\cdot x^2+2F\cdot xy+G\cdot y^2 \qquad (x,y\in\mathbb{R}),$$

die für jede Einsetzung $(x,y)\neq(0,0)$ positive reelle Zahlen ergibt.

Verwendet man die tensorielle Schreibweise für die Koeffizienten E, F und G,

$$g_{11}=E,\; g_{12}=g_{21}=F,\; g_{22}=G,$$

d.h. benutzt man den kovarianten metrischen Tensor (S. 419) mit den Komponenten g_{ik}, und setzt als lokale Koordinaten u^1 und u^2 an, so ergibt sich die positiv definite Form

$$g_{11}(\dot{u}^1)^2+2g_{12}\dot{u}^1\dot{u}^2+g_{22}(\dot{u}^2)^2 \qquad \left(\dot{u}^\nu=\frac{\mathrm{d}u^\nu}{\mathrm{d}t}\right)$$

oder kürzer: $g_{ik}\dot{u}^i\dot{u}^k$ (Summationsvereinbarung!).

Um die Einführung einer derartigen positiv definiten Form durch einen kovarianten symmetrischen Tensor 2. Stufe (*Maßtensor* genannt) geht es, wenn man auf Mannigfaltigkeiten Längenmessungen ermöglichen will.

Ist auf einer Mannigfaltigkeit ein Maßtensor eingeführt, so spricht man von einer *RIEMANNschen Mannigfaltigkeit* (auch von einem *RIEMANNschen Raum*). Die zugehörige innere Geometrie bezeichnet man als *RIEMANNsche Geometrie*. Der Maßtensor induziert ein Skalarprodukt im Tangentialraum, so daß dort die Länge von Vektoren definiert ist. Sind $\boldsymbol{x}$ und $\boldsymbol{y}$ zwei derartige Vektoren mit den Darstellungen $\boldsymbol{x}=(\xi^1,\xi^2)$ bzw. $\boldsymbol{y}=(\eta^1,\eta^2)$, so ergibt sich:

$$\langle\boldsymbol{x};\boldsymbol{y}\rangle=g_{ik}\xi^i\eta^k,$$
$$|\boldsymbol{x}|=g_{ik}\xi^i\xi^k.$$

Als Länge eines Kurvenstücks auf einer Mannigfaltigkeit erhält man

$$l=\int_a^b\sqrt{g_{ik}\dot{u}^i\dot{u}^k}\,\mathrm{d}t;$$

für den Winkel zwischen zwei Kurven, festgelegt durch die zugehörigen Tangentenvektoren $\boldsymbol{x}$ und $\boldsymbol{y}$, ergibt sich:

$$\cos\alpha=\frac{g_{ik}\xi^i\eta^k}{|\boldsymbol{x}|\cdot|\boldsymbol{y}|}.$$

Darüber hinaus liefert die Theorie für den Inhalt eines meßbaren Gebietes G auf der Mannigfaltigkeit

$$I(G)=\int_G\sqrt{g}\,\mathrm{d}(u^1,u^2) \quad\text{mit}\quad g=g_{11}g_{22}-g_{12}^2.$$

Bem.: Bei obigem Integral ist das Integrationsgebiet das zu G gehörige in der (u^1,u^2)-Ebene gelegene Gebiet. Die zu $\sqrt{g}$ gehörige Funktion mißt also sozusagen die Abweichung des Gebietes G von einem ebenen Gebiet.

Kaum schwieriger als der 2-dimensionale Fall ist die Definition von n-dimensionalen Mannigfaltigkeiten (an die Stelle des $\mathbb{R}^2$ tritt einfach der $\mathbb{R}^n$). Ein verallgemeinerter Maßtensor erschließt die Möglichkeit, auch auf derartigen Mannigfaltigkeiten innere Geometrie zu betreiben; man gewinnt so die n-dimensionale RIEMANNsche Geometrie.

$f = u + \mathrm{i}v$ ist stetig reell partiell differenzierbar, und es sind in G die CAUCHY-RIEMANNschen Differentialgleichungen

$$\frac{\partial u}{\partial x_1} = \frac{\partial v}{\partial x_2}, \quad \frac{\partial v}{\partial x_1} = -\frac{\partial u}{\partial x_2}$$

erfüllt (S. 431).

Die Kurvenintegrale $\int_k f(z)\mathrm{d}z$ längs Kurven in G sind wegunabhängig. Der Wert der Integrale hängt nur vom Anfangs- und Endpunkt von k ab (S. 433).

f ist komplex differenzierbar, d.h. $\lim\limits_{z \to a} \dfrac{f(z) - f(a)}{z - a}$ existiert für alle $a \in G$ (S. 431).

Diese Eigenschaft besagt, daß Holomorphie für komplexe Funktionen das Analogon zur Differenzierbarkeit reeller Funktionen darstellt.

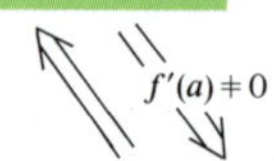

f ist um jeden Punkt $a \in G$ in eine Potenzreihe der Form $f(z) = \sum\limits_{\nu=0}^{\infty} a_\nu (z-a)^\nu$ entwickelbar (S. 435).

f ist konform, d.h. eine für alle $a \in G$ winkeltreue Abbildung unter Beibehaltung des Drehsinnes (S. 455).

A

Äquivalente Formulierungen für Holomorphie einer Funktion f in einem Gebiet G

Analytizität von R-$\hat{\mathbb{C}}$-Funktionen (S. 445)

Als Definitionsbereich werden Punktmengen zugelassen, die zwar im Kleinen eine der komplexen Ebene entsprechende Struktur tragen, aber nicht in $\hat{\mathbb{C}}$ zu liegen brauchen, sondern der abgeschlossenen Ebene $\hat{\mathbb{C}}$ oder einer Teilmenge von $\hat{\mathbb{C}}$ mehrblättrig, evtl. sogar unendlichblättrig überlagert sein können (RIEMANNsche Flächen R). Zum Definitionsbereich können auch noch Verzweigungspunkte gehören, in denen endlich-viele Blätter zusammenhängen. Man fordert die Existenz geeigneter Reihenentwicklungen.

Meromorphie von $\hat{\mathbb{C}}$-$\hat{\mathbb{C}}$-Funktionen (S. 441)

Auch als Wertebereich der Funktionen wird die abgeschlossene Ebene $\hat{\mathbb{C}}$ zugelassen. Man fordert, daß f oder $\frac{1}{f}$ holomorph ist.

Holomorphie von $\hat{\mathbb{C}}$-$\mathbb{C}$-Funktionen (S. 441)

Als Definitionsbereich wird die abgeschlossene Ebene $\hat{\mathbb{C}} = \mathbb{C} \cup \{\infty\}$ zugelassen. Man bildet durch eine Abbildung φ_∞ eine Umgebung von ∞ auf eine Umgebung von 0 ab und fordert die Holomorphie von $f \circ \varphi_\infty^{-1}$ (Holomorphie im weiteren Sinne).

Holomorphie von $\mathbb{C}$-$\mathbb{C}$-Funktionen (S. 431)

Holomorphie im engeren Sinne, entsprechend Abb. A.

B

Erweiterungen des Holomorphiebegriffs

Die mathematische Disziplin der *Funktionentheorie* beschäftigt sich mit speziellen komplexwertigen Funktionen mit komplexem Argument. Bei den reellen Funktionen läßt sich durch lineare Approximierbarkeitseigenschaften die Klasse der differenzierbaren Funktionen aussondern, mit denen sich die Differentialrechnung beschäftigt. Entsprechend stellt sich die Frage, auf welche komplexwertigen Funktionen man sich beschränken soll, um eine Theorie mit interessanten und weitreichenden Ergebnissen aufbauen zu können.

Historisch sind hier verschiedene Wege beschritten worden. So wurden u. a. die Entwickelbarkeit in Potenzreihen (WEIERSTRASS), Integrierbarkeitseigenschaften (CAUCHY), topologische Eigenschaften und komplexe Differenzierbarkeit (RIEMANN), Abbildungseigenschaften (ABEL) gefordert, doch führten alle Wege auf die gleiche Klasse der holomorphen Funktionen.
Die Zusammenfassung aller Teilaspekte liefert eine Theorie von überraschender Geschlossenheit, die auch viele Fragen beantwortet, die in der Theorie der reellen Funktionen offenbleiben. Es zeigt sich, daß oft erst die geeignete Fortsetzung einer reellen Funktion ins Komplexe eine befriedigende Erklärung für ihr Verhalten im Reellen gibt.

Im folgenden wird zunächst kurz der topologische Körper $\mathbb{C}$ der komplexen Zahlen mit seinen wichtigsten Strukturmerkmalen vorgestellt und die topologische Kompaktifizierung zur abgeschlossenen Ebene $\hat{\mathbb{C}}$ durchgeführt (S. 427). In $\mathbb{C}$ bzw. $\hat{\mathbb{C}}$ lassen sich Grenzwertbetrachtungen für Folgen und Funktionen anstellen, die zu den Begriffen Stetigkeit (S. 429) und *Holomorphie* (S. 431) führen.
Holomorphie wird dabei als komplexe Differenzierbarkeit definiert. Da komplexe Funktionen auf $\mathbb{R}^2$-$\mathbb{R}^2$-Funktionen zurückführbar sind, wird sodann die Frage untersucht, ob die stetige partielle Differenzierbarkeit der reellen Komponenten einer komplexen Funktion deren Holomorphie nach sich zieht. Es zeigt sich, daß hierfür zusätzlich die sog. CAUCHY-RIEMANNschen Differentialgleichungen erfüllt sein müssen.
Die Untersuchung von Kurvenintegralen im Komplexen, insbesondere bez. der Wegunabhängigkeit, führt auf eine der Holomorphie äquivalente Eigenschaft komplexer Funktionen (S. 433). Die CAUCHYschen Integralformeln liefern sodann das interessante Ergebnis, daß eine in einem Gebiet G holomorphe und auf dem Rand von G noch stetige Funktion vollständig durch ihre Werte auf dem Rand festgelegt ist.

Als weitere äquivalente Eigenschaft zur Holomorphie erweist sich die Entwickelbarkeit in Potenzreihen (S. 435). Die Konvergenzbereiche der Potenzreihen führen einerseits auf die Ausnahmepunkte, *Singularitäten* genannt, in die hinein eine holomorphe Fortsetzung einer Funktion nicht möglich ist, andererseits zu einem Konstruktionsverfahren, um Funktionen in ein möglichst großes Gebiet holomorph fortzusetzen (S. 437). Von den Singularitäten einer Funktion können einige durch geeignete Erweiterung des Funktionsbegriffs beseitigt werden, andere nicht (wesentliche Singularitäten). Entscheidende Hilfsmittel hierzu sind der *Meromorphiebegriff* in der kompaktifizierten komplexen Zahlenebene und die Erweiterung der Argumentbereiche durch geeignete zweidimensionale, der komplexen Ebene überlagerte Punktmengen (RIEMANN*sche Flächen*, S. 443f.). Erst mit dem Begriff der *analytischen Funktion* auf RIEMANNschen Flächen ist die Klasse der Funktionen charakterisiert, die den eigentlichen Gegenstand der Funktionentheorie darstellen. Bei den Untersuchungen treten verallgemeinerte Potenzreihen (z. B. LAURENT*reihen*, S. 439) auf.
Am Beispiel der ganzen, der periodischen und der algebraischen Funktionen (S. 447ff.) wird die Tragweite der Theorie verdeutlicht. Es ergeben sich dabei u. a. überraschende Eigenschaften der komplexen analytischen Fortsetzung der reellen Exponentialfunktion, die sich nämlich als periodisch erweist und in enge Beziehung zu den Winkelfunktionen tritt. Die Klasse der doppeltperiodischen Funktionen schließlich zeigt völlig neue Eigenschaften, die bei reellen Funktionen prinzipiell nicht auftreten können.

Zum Abschluß der Theorie der Funktionen mit einer Variablen werden geometrische Abbildungseigenschaften analytischer Funktionen untersucht, die in der *Konformität* (S. 455f.) zu einer neuen äquivalenten Eigenschaft zur Holomorphie führen. Eines der wichtigsten Ergebnisse ist hier der RIEMANNsche Abbildungssatz. Im Zusammenhang mit den linearen Transformationen ergibt sich daraus eine vollständige Übersicht über die konforme Abbildung einfach-zusammenhängender Gebiete aufeinander.

In einem letzten Abschnitt wird versucht, die Ergebnisse der Funktionentheorie von Funktionen mit einer Variablen auf Funktionen mit mehreren Variablen zu übertragen. Dies ist nur teilweise ohne besondere Schwierigkeiten möglich, manche Probleme führen auf ganz neuartige Begriffsbildungen und Fragestellungen, so z. B. die Untersuchung der Konvergenzgebiete von Potenzreihen auf den Begriff des REINHARDTschen Körpers. Im Gegensatz zu Funktionen mit einer Variablen können die Nullstellen und Singularitäten einer Funktion mit mehreren Variablen nicht mehr isoliert liegen. Eine wichtige Rolle bei diesen Untersuchungen kommt dem sog. Kontinuitätssatz zu. Weiter kann nicht jedes Gebiet Holomorphiegebiet einer Funktion sein. Hierfür sind zusätzliche Eigenschaften erforderlich, die als Verallgemeinerungen der elementargeometrischen Konvexität aufgefaßt werden können. Als Beispiel wird auf die sog. Pseudokonvexität etwas näher eingegangen.

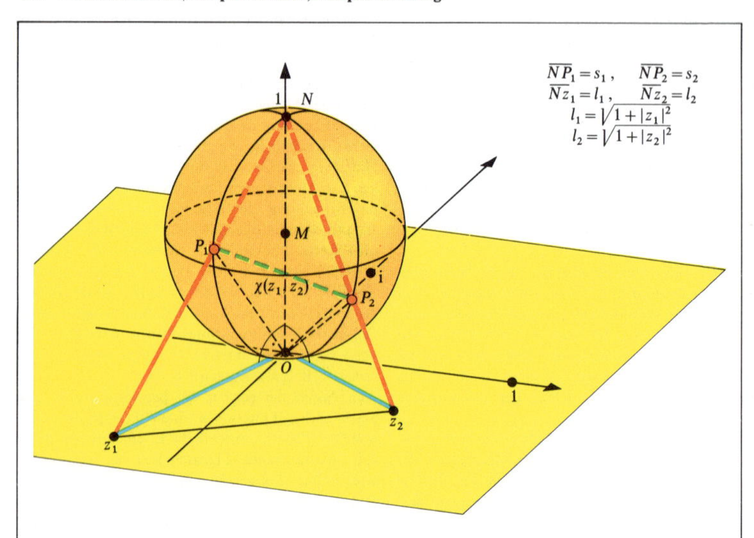

Aus der Ähnlichkeit der Dreiecke NOP_1 und Nz_1O (beide sind rechtwinklig und haben bei N denselben Winkel) folgt $s_1 : 1 = 1 : l_1$, d. h. $s_1 l_1 = 1$. Entsprechend gilt $s_2 l_2 = 1$.
Aus $s_1 l_1 = s_2 l_2$ folgt weiter $s_1 : s_2 = l_2 : l_1$, so daß die Dreiecke NP_1P_2 und Nz_2z_1 ähnlich sind. Daher gilt

$$\frac{\chi(z_1, z_2)}{|z_1 - z_2|} = \frac{s_2}{l_1} = \frac{1}{l_1 \cdot l_2} = \frac{1}{\sqrt{1+|z_1|^2} \cdot \sqrt{1+|z_2|^2}},$$

$$\chi(z_1, z_2) = \frac{|z_1 - z_2|}{\sqrt{1+|z_1|^2} \cdot \sqrt{1+|z_2|^2}}$$

A

Zahlenebene, Zahlensphäre und chordaler Abstand

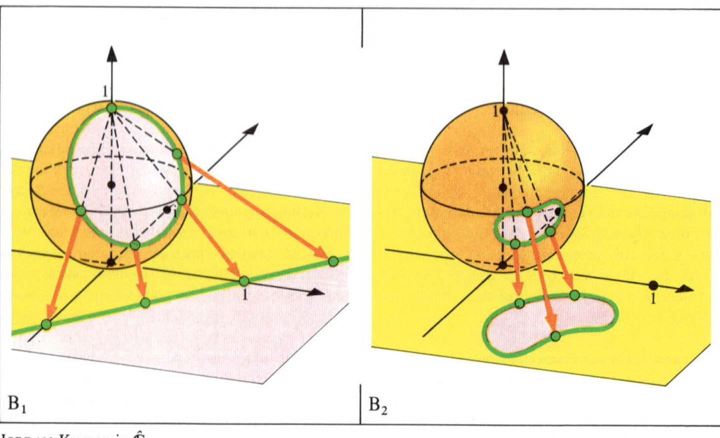

JORDAN-Kurven in $\hat{\mathbb{C}}$

Der Körper der komplexen Zahlen

Auf S. 65 ist die Konstruktion des Körpers $\mathbb{C}$ der *komplexen Zahlen* durchgeführt als eines Oberkörpers von $\mathbb{R}$. Die Elemente $z \in \mathbb{C}$ lassen sich in der Form $z = x_1 + \mathrm{i}x_2$ mit $x_1, x_2 \in \mathbb{R}$ und $\mathrm{i}^2 = -1$ schreiben. x_1 heißt *Realteil*, x_2 *Imaginärteil* von z. Um komplexe Zahlen zu veranschaulichen, stellt man $x_1 + \mathrm{i}x_2$ durch $(x_1|x_2)$ in $\mathbb{R}^2$ dar (GAUSS*sche Zahlenebene*). Unter der zu $z = x_1 + \mathrm{i}x_2$ *konjugiert komplexen Zahl* versteht man die Zahl $\bar{z} = x_1 - \mathrm{i}x_2$.

Eine der wichtigsten Eigenschaften von $\mathbb{C}$ ist die algebraische Abgeschlossenheit, nach der jedes Polynom aus $\mathbb{C}[X]$ in Linearfaktoren zerlegbar ist.

Für die Analysis von Bedeutung sind die topologischen Eigenschaften von $\mathbb{C}$. Mittels $|z| := \sqrt{x_1^2 + x_2^2}$ läßt sich für $z = x_1 + \mathrm{i}x_2$ ein *absoluter Betrag* definieren, der die Eigenschaften einer Metrik besitzt. Es gilt $|z|^2 = z\bar{z}$. Die ε-Umgebungen von z sind die offenen Kreisscheiben in der GAUSSschen Zahlenebene. $\mathbb{C}$ mit der durch den absoluten Betrag festgelegten topologischen Struktur ist ein lokalkompakter, aber nicht kompakter Raum (S. 229). $\mathbb{C}$ ist weiter *vollständig* in dem Sinne, daß jede Fundamentalfolge aus $\mathbb{C}$ in $\mathbb{C}$ einen Grenzwert hat.

Kompaktifizierung von $\mathbb{C}$

Durch Hinzufügung eines weiteren Punktes, des sog. *unendlichfernen Punktes* ∞, zu den Elementen von $\mathbb{C}$ kann der Raum kompaktifiziert werden. Zum Umgebungssystem $\mathfrak{U}(\infty)$ gehören alle Teilmengen, die ∞ und das Äußere eines Kreises um 0 enthalten:

$$\mathfrak{U}(\infty) := \{U \mid \infty \in U \wedge \bigvee_m (m \in \mathbb{R}^+ \wedge \bigwedge_z (z \in \mathbb{C} \wedge |z| > m \Rightarrow z \in U))\}.$$

Def. 1: $\hat{\mathbb{C}} := \mathbb{C} \cup \{\infty\}$ mit der soeben eingeführten topologischen Struktur heißt *abgeschlossene komplexe Zahlenebene* (kurz: abgeschlossene Ebene).

Die algebraischen Rechenoperationen lassen sich in $\hat{\mathbb{C}}$ nicht allgemein definieren. Zwar kann man

$$z + \infty = \infty + z = \infty \quad (z \in \mathbb{C}),$$
$$\infty + \infty = \infty,$$
$$z \cdot \infty = \infty \cdot z = \infty \quad (z \in \mathbb{C} \setminus \{0\}),$$
$$\frac{z}{\infty} = 0 \quad (z \in \mathbb{C})$$

setzen, ohne auf Widersprüche zu stoßen. Da aber z. B. die Terme $0 \cdot \infty$, $\infty - \infty$ nicht sinnvoll definiert werden können, soll auf ein Rechnen mit dem Element ∞ verzichtet werden.

Eine geometrische Veranschaulichung von $\hat{\mathbb{C}}$ gelingt, wenn man die GAUSSsche Zahlenebene durch stereographische Projektion auf die Oberfläche einer Kugel vom Durchmesser 1 (RIEMANN*sche Zahlensphäre* oder *Zahlenkugel*, S. 66, Abb. C) abbildet, die ihr mit dem Südpol in 0 aufliegt. Der als Projektionszentrum gewählte Nordpol, der nicht Bildpunkt eines Punktes aus $\mathbb{C}$ ist, wird dem Punkt ∞ zugeordnet. Die Umgebungen der Elemente aus $\hat{\mathbb{C}}$ entsprechen dann den Umgebungen auf der Sphäre. Jeder Kreis in der Zahlenebene geht durch die Projektion in einen Kreis auf der Zahlensphäre über, der nicht durch den Nordpol geht und umgekehrt. Jede Gerade der Zahlenebene hat als Bild einen Kreis durch den Nordpol und umgekehrt.

Die Veranschaulichung von $\hat{\mathbb{C}}$ auf der Zahlensphäre legt es nahe, eine neue Metrik $\chi: \hat{\mathbb{C}} \times \hat{\mathbb{C}} \to \mathbb{R}_0^+$ einzuführen, indem man $\chi(z_1, z_2)$ als euklidischen Abstand $d(P_1, P_2)$ der Bildpunkte P_1 und P_2 von z_1 und z_2 auf der Zahlensphäre setzt. Die Berechnung von $d(P_1, P_2)$ ist in Abb. A für endliche z_1 und z_2 durchgeführt. Für $z_1, z_2 \in \mathbb{C}$ gilt

$$\chi(z_1, z_2) = \frac{|z_1 - z_2|}{\sqrt{1 + |z_1|^2} \cdot \sqrt{1 + |z_2|^2}}.$$

Für den Spezialfall $z_1 = z$ und $z_2 = \infty (P_2 = N)$ ergibt eine ähnliche Rechnung:

$$\chi(z, \infty) = \frac{1}{\sqrt{1 + |z|^2}} \quad \text{für alle } z \in \mathbb{C}.$$

Da die Kugel den Durchmesser 1 haben sollte, ist stets $\chi(z_1, z_2) \leq 1$. Gleichheit besteht nur, wenn sich P_1 und P_2 auf der Sphäre diametral gegenüberliegen. $\chi(z_1, z_2)$ heißt *chordaler Abstand* von z_1 und z_2. Der absolute Betrag und die Metrik χ erzeugen die gleiche top. Struktur auf $\mathbb{C}$. Während jedoch der durch den absoluten Betrag def. Abstand $|z_1 - z_2|$ entartet, wenn einer der Punkte der unendlichferne Punkt ist, sind bez. χ alle Punkte gleichwertig.

Gelegentlich sind auch noch andere Metriken zweckmäßig, die in $\mathbb{C}$ dieselbe Topologie erzeugen, z. B.

$$\bar{d}(z_1, z_2) = \mathrm{grEl}(\{|x_{11} - x_{21}|, |x_{12} - x_{22}|\}) \quad \text{mit}$$
$$z_1 = x_{11} + \mathrm{i}x_{12}, z_2 = x_{21} + \mathrm{i}x_{22}.$$

Eine Teilmenge von $\hat{\mathbb{C}}$ heißt nach Def. 2 und 3, S. 223, zusammenhängend, wenn sie nicht Vereinigung zweier nichtleerer, separierter Punktmengen ist.

Def. 2: Eine offene, zusammenhängende Punktmenge von $\mathbb{C}$ bzw. $\hat{\mathbb{C}}$ heißt *Gebiet*.

Die Gebiete haben als Definitionsbereiche holomorpher Funktionen in der Funktionentheorie eine besondere Bedeutung. Unter den Gebieten interessieren vor allem die einfach-zusammenhängenden (S. 213, 239).

Def. 3: Ein Gebiet G heißt *beschränkt*, wenn ∞ äußerer Punkt von G ist, es heißt *endlich*, wenn ∞ nicht innerer Punkt von G ist.

Eine JORDAN-Kurve (S.235) zerlegt $\hat{\mathbb{C}}$ in zwei disjunkte Gebiete (Abb. B). Läuft die Kurve nicht durch den Punkt ∞, so ist eines der Gebiete beschränkt und heißt das *Innere* der Kurve.

Im folgenden werden zunächst vorwiegend Funktionen $f: D_f \to \mathbb{C}$ mit $D_f \subseteq \mathbb{C}$ untersucht werden. Die Erweiterung von Definitions- und Wertebereich von $\mathbb{C}$ auf $\hat{\mathbb{C}}$ wird sich aber in vielen Fällen als zweckmäßig erweisen. Das Verfahren der Kompaktifizierung durch nur einen Punkt unterscheidet sich von dem in der projektiven Geometrie üblichen (S. 139). Daß das hier gewählte Verfahren das für die Funktionentheorie einzig sinnvolle ist, hat tiefere Gründe. $\hat{\mathbb{C}}$ ist im Unterschied zu allen anderen Kompaktifizierungen eine RIEMANNsche Fläche (S. 442ff.).

Schnitt durch Zahlenebene und Zahlensphäre mit Graph der Folge (a_n)

mit $a_n = (-1)^n \cdot n, \quad n \in \mathbb{N}$.

Auf der Zahlensphäre ist ∞ einziger Folgenhäufungspunkt und damit Grenzwert der Folge.

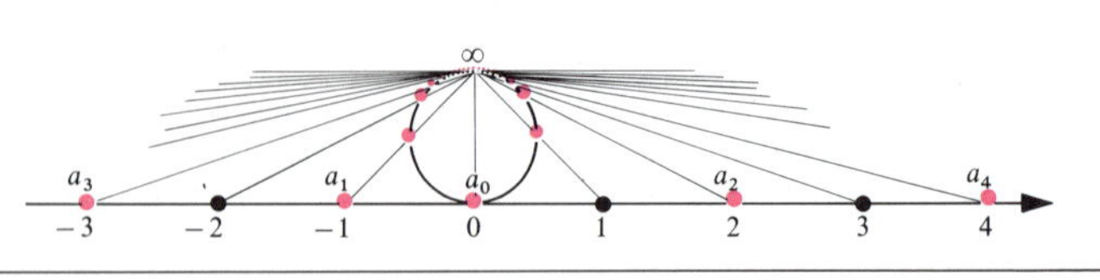

Beispiel für Konvergenz in $\hat{\mathbb{C}}$

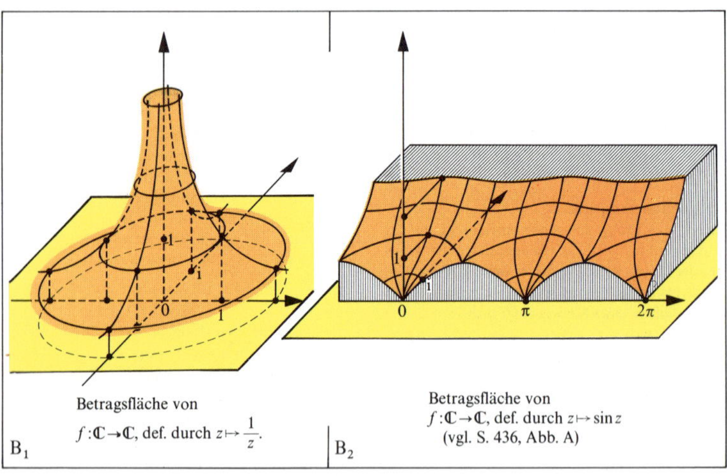

Betragsfläche von $f: \mathbb{C} \to \mathbb{C}$, def. durch $z \mapsto \frac{1}{z}$.

Betragsfläche von $f: \mathbb{C} \to \mathbb{C}$, def. durch $z \mapsto \sin z$ (vgl. S. 436, Abb. A)

Betragsflächen komplexer Funktionen

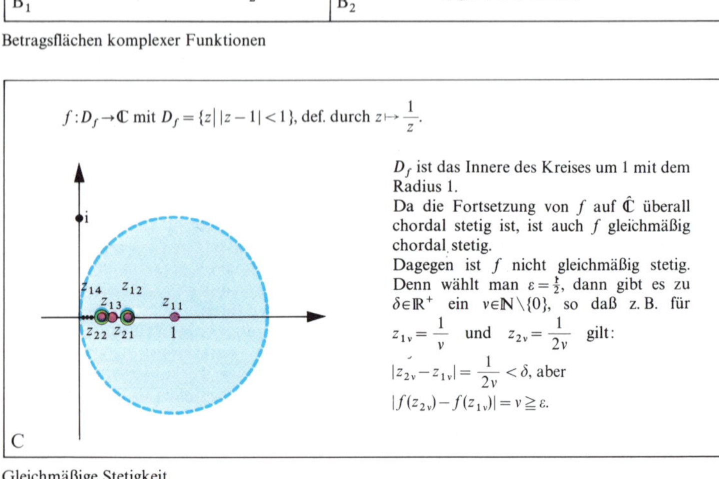

$f: D_f \to \mathbb{C}$ mit $D_f = \{z \mid |z-1| < 1\}$, def. durch $z \mapsto \frac{1}{z}$.

D_f ist das Innere des Kreises um 1 mit dem Radius 1.

Da die Fortsetzung von f auf $\hat{\mathbb{C}}$ überall chordal stetig ist, ist auch f gleichmäßig chordal stetig.

Dagegen ist f nicht gleichmäßig stetig. Denn wählt man $\varepsilon = \frac{1}{2}$, dann gibt es zu $\delta \in \mathbb{R}^+$ ein $\nu \in \mathbb{N} \setminus \{0\}$, so daß z. B. für $z_{1\nu} = \frac{1}{\nu}$ und $z_{2\nu} = \frac{1}{2\nu}$ gilt:

$|z_{2\nu} - z_{1\nu}| = \frac{1}{2\nu} < \delta$, aber

$|f(z_{2\nu}) - f(z_{1\nu})| = \nu \geqq \varepsilon$.

Gleichmäßige Stetigkeit

Komplexe Folgen

Die wichtigste Frage im Zusammenhang mit *Folgen komplexer Zahlen* ist die nach der *Konvergenz*. Diese läßt sich genau wie in der reellen Analysis definieren (Def. 3, S. 277). Als Metrik legt man üblicherweise die durch den absoluten Betrag induzierte zugrunde. Es gilt (vgl. Satz 2, S. 277):

Satz 1: *Die Folge* (z_n), $z_n \in \mathbb{C}$, *ist genau dann gegen* $a \in \mathbb{C}$ *konvergent, wenn es zu jedem* $\varepsilon \in \mathbb{R}^+$ *ein* $n_0 \in \mathbb{N}$ *gibt, so daß* $|z_n - a| < \varepsilon$ *für alle* $n \geqq n_0$ *gilt.*

Die Folge $(\operatorname{Re} z_n)$ konvergiert im Falle der Konvergenz gegen $\operatorname{Re} a$, die Folge $(\operatorname{Im} z_n)$ gegen $\operatorname{Im} a$.

Man erhält den gleichen Konvergenzbegriff, wenn man die durch den chordalen Abstand definierte Metrik verwendet. Darüber hinaus bietet der chordale Abstand die Möglichkeit, Konvergenz auch für Folgen mit Elementen aus $\hat{\mathbb{C}}$ einzuführen, indem man in der Definition den absoluten Betrag durch den chordalen Abstand ersetzt. Es gilt dann:

Satz 2: *Die Folge* (z_n), $z_n \in \hat{\mathbb{C}}$, *ist genau dann gegen* $a \in \hat{\mathbb{C}}$ *konvergent, wenn es zu jedem* $\varepsilon \in \mathbb{R}^+$ *ein* $n_0 \in \mathbb{N}$ *gibt, so daß* $\chi(z_n, a) < \varepsilon$ *für alle* $n \geqq n_0$ *gilt.*

Eine Folge mit endlichem Grenzwert heißt auch *eigentlich konvergent*. Während in der reellen Analysis von bestimmter Divergenz gegen $+\infty$ bzw. $-\infty$ gesprochen wird (S. 277), ist es hier üblich, von *Konvergenz gegen* ∞ zu sprechen. Die Unterscheidung zwischen $+\infty$ und $-\infty$ entfällt. So ist z. B. in $\hat{\mathbb{C}}$ die Folge $((-1)^n \cdot n)$ konvergent mit dem Grenzwert ∞. Auf der Zahlensphäre wird deutlich, daß diese Folge in $\hat{\mathbb{C}}$, im Gegensatz zu den Verhältnissen in der reellen Analysis, genau einen Folgenhäufungspunkt (entsprechend zu Def. 5, S. 277, definiert) besitzt (Abb. A). In $\hat{\mathbb{C}}$ hat jede Folge mindestens einen Folgenhäufungspunkt.

Komplexe Funktionen

Die komplexen Funktionen ordnen sich dem allgemeinen Funktionsbegriff (S. 33) unter. Je nachdem ob bei Definitions- oder Wertebereich der unendlichferne Punkt zugelassen sein soll oder nicht, spricht man von $\hat{\mathbb{C}}$-$\hat{\mathbb{C}}$-, $\hat{\mathbb{C}}$-$\mathbb{C}$-, $\mathbb{C}$-$\hat{\mathbb{C}}$- oder $\mathbb{C}$-$\mathbb{C}$-Funktionen.

Eine $\mathbb{C}$-$\mathbb{C}$-Funktion f läßt sich auf zwei reelle Funktionen mit zwei Variablen zurückführen. Setzt man $z = x_1 + \mathrm{i}x_2$, so wird nämlich $f(z) = f(x_1 + \mathrm{i}x_2) = u(x_1, x_2) + \mathrm{i}v(x_1, x_2)$. Hierbei sind u und v $\mathbb{R}^2$-$\mathbb{R}$-Funktionen, die man als Komponenten einer reellen $\mathbb{R}^2$-$\mathbb{R}^2$-Funktion F auffassen kann. Umgekehrt bestimmt jede $\mathbb{R}^2$-$\mathbb{R}^2$-Funktion eine $\mathbb{C}$-$\mathbb{C}$-Funktion.

Der Graph einer komplexen Funktion ist eine Punktmenge im vierdimensionalen Raum $\mathbb{C}^2$ bzw. $\mathbb{R}^4$ und entzieht sich damit der Anschauung. Ein stark vergröbertes Bild erhält man, indem man über jedem $z \in D_f$ den Betrag $|f(z)|$ aufträgt. Die entstehende Punktmenge in $\mathbb{C} \times \mathbb{R}_0^+$ heißt *Betragsfläche* (Beispiele in Abb. B).

Stetigkeit

Der Grenzwert komplexer Funktionen läßt sich entsprechend Def. 4, S. 283, def., wenn man $\mathbb{R}$ durch $\mathbb{C}$ bzw. $\hat{\mathbb{C}}$ ersetzt. Der top. Begriff der *Stetigkeit* einer Funktion ist, da $\mathbb{C}$ und $\hat{\mathbb{C}}$ metrische Räume sind, mittels der Metrik formulierbar (vgl. Satz 3, S. 285):

Satz 3: *Die* $\mathbb{C}$-$\mathbb{C}$-*Funktion* f *ist stetig in* $a \in D_f$ *genau dann, wenn es zu jedem* $\varepsilon \in \mathbb{R}^+$ *ein* $\delta \in \mathbb{R}^+$ *gibt, so daß* $|f(z) - f(a)| < \varepsilon$ *für alle* $z \in D_f$ *mit* $|z - a| < \delta$ *gilt.*

Satz 4: *Die* $\hat{\mathbb{C}}$-$\hat{\mathbb{C}}$-*Funktion* f *ist stetig in* $a \in D_f$ *genau dann, wenn es zu jedem* $\varepsilon \in \mathbb{R}^+$ *ein* $\delta \in \mathbb{R}^+$ *gibt, so daß* $\chi(f(z), f(a)) < \varepsilon$ *für alle* $z \in D_f$ *mit* $\chi(z, a) < \delta$ *gilt.*

Für den Punkt ∞ als Argument oder Funktionswert ergibt sich:

Ist $f(\infty) \neq \infty$, *so ist* f *stetig in* ∞ *genau dann, wenn es zu jedem* $\varepsilon \in \mathbb{R}^+$ *ein* $m \in \mathbb{R}^+$ *gibt, so daß* $|f(z) - f(\infty)| < \varepsilon$ *für alle* $z \in D_f$ *mit* $|z| > m$ *ist.*

Ist $f(a) = \infty$, *aber* $a \neq \infty$, *so ist* f *stetig in* a *genau dann, wenn es zu jedem* $M \in \mathbb{R}^+$ *ein* $\delta \in \mathbb{R}^+$ *gibt, so daß* $|f(z)| > M$ *für alle* $z \in D_f$ *mit* $|z - a| < \delta$ *ist.*

Ist $f(\infty) = \infty$, *so ist* f *stetig in* ∞ *genau dann, wenn es zu jedem* $M \in \mathbb{R}^+$ *ein* $m \in \mathbb{R}^+$ *gibt, so daß* $|f(z)| > M$ *für alle* $z \in D_f$ *mit* $|z| > m$ *ist.*

Eine wichtige Klasse stetiger Funktionen ist die der rationalen. Für $z \in \mathbb{C}$ und $f(z) \neq \infty$ läßt sich die Stetigkeit wie im Reellen begründen. Stetigkeit besteht aber auch noch, wenn man die durch

$$f(z) = \frac{a_n z^n + a_{n-1} z^{n-1} + \cdots + a_0}{b_m z^m + b_{m-1} z^{m-1} + \cdots + b_0},$$

$$a_n \neq 0, \quad b_m \neq 0, \quad n, m \in \mathbb{N}$$

definierte Funktion in geeigneter Weise nach ∞ fortsetzt. Man setzt (vgl. S. 305)

$$f(\infty) = \begin{cases} 0 & \text{für } n < m, \\ \dfrac{a_n}{b_m} & \text{für } n = m, \\ \infty & \text{für } n > m. \end{cases}$$

Ist a *Polstelle* von f (S. 303), so setzt man $f(a) = \infty$. Rationale Funktionen sind dann als $\hat{\mathbb{C}}$-$\hat{\mathbb{C}}$-Funktionen auf ganz $\hat{\mathbb{C}}$ definiert und überall stetig.

Die in der reellen Analysis getroffene Unterscheidung zwischen Polstellen mit bzw. ohne Vorzeichenwechsel ist hier gegenstandslos.

Gleichmäßige Stetigkeit

Während es bei der Untersuchung auf Stetigkeit keine Rolle spielt, ob man die durch den chordalen Abstand definierte Metrik oder – bei endlichen Punkten mit endlichem Funktionswert – die durch den absoluten Betrag definierte Metrik verwendet, ist bei der Frage nach gleichmäßiger Stetigkeit (vgl. S. 289) die Metrik von Bedeutung. Man def.:

Def.: Eine Funktion $f: D_f \to \hat{\mathbb{C}}$ heißt *gleichmäßig stetig* (bzw. *gleichmäßig chordal stetig*), wenn es zu jedem $\varepsilon \in \mathbb{R}^+$ ein $\delta \in \mathbb{R}^+$ gibt, so daß $|f(z_2) - f(z_1)| < \varepsilon$ (bzw. $\chi(f(z_2), f(z_1)) < \varepsilon$) für alle z_1, $z_2 \in D_f$ mit $|z_2 - z_1| < \delta$ (bzw. $\chi(z_2, z_1) < \delta$) gilt.

Auf einer nicht kompakten Menge kann eine Funktion gleichmäßig chordal stetig sein, ohne gleichmäßig stetig zu sein (Abb. B). Dagegen gilt:

Satz 5: *Eine auf einer kompakten Menge stetige Funktion ist dort gleichmäßig stetig und gleichmäßig chordal stetig.*

$f_1(z)=z=x_1+\mathrm{i}x_2$

$u_1(x_1,x_2)=x_1$, $\quad \frac{\partial u_1}{\partial x_1}(x_1,x_2)=1$, $\quad \frac{\partial u_1}{\partial x_2}(x_1,x_2)=0$,

$v_1(x_1,x_2)=x_2$, $\quad \frac{\partial v_1}{\partial x_1}(x_1,x_2)=0$, $\quad \frac{\partial v_1}{\partial x_2}(x_1,x_2)=1$.

f_1 holomorph, $f_1'(z)=1$.

$f_2(z)=\bar{z}=x_1-\mathrm{i}x_2$

$u_2(x_1,x_2)=x_1$, $\quad \frac{\partial u_2}{\partial x_1}(x_1,x_2)=1$, $\quad \frac{\partial u_2}{\partial x_2}(x_1,x_2)=0$,

$v_2(x_1,x_2)=-x_2$, $\quad \frac{\partial v_2}{\partial x_1}(x_1,x_2)=0$, $\quad \frac{\partial v_2}{\partial x_2}(x_1,x_2)=-1$.

f_2 nicht holomorph.

$f_3(z)=z^2=x_1^2-x_2^2+2\mathrm{i}x_1x_2$

$u_3(x_1,x_2)=x_1^2-x_2^2$, $\quad \frac{\partial u_3}{\partial x_1}(x_1,x_2)=2x_1$, $\quad \frac{\partial u_3}{\partial x_2}(x_1,x_2)=-2x_2$,

$v_3(x_1,x_2)=2x_1x_2$, $\quad \frac{\partial v_3}{\partial x_1}(x_1,x_2)=2x_2$, $\quad \frac{\partial v_3}{\partial x_2}(x_1,x_2)=2x_1$.

f_3 holomorph, $f_3'(z)=2z$.

$f_4(z)=\mathrm{e}^z=\mathrm{e}^{x_1+\mathrm{i}x_2}=\mathrm{e}^{x_1}\mathrm{e}^{\mathrm{i}x_2}=\mathrm{e}^{x_1}(\cos x_2+\mathrm{i}\sin x_2)$

$u_4(x_1,x_2)=\mathrm{e}^{x_1}\cos x_2$, $\quad \frac{\partial u_4}{\partial x_1}(x_1,x_2)=\mathrm{e}^{x_1}\cos x_2$, $\quad \frac{\partial u_4}{\partial x_2}(x_1,x_2)=-\mathrm{e}^{x_1}\sin x_2$,

$v_4(x_1,x_2)=\mathrm{e}^{x_1}\sin x_2$, $\quad \frac{\partial v_4}{\partial x_1}(x_1,x_2)=\mathrm{e}^{x_1}\sin x_2$, $\quad \frac{\partial v_4}{\partial x_2}(x_1,x_2)=\mathrm{e}^{x_1}\cos x_2$.

f_4 holomorph, $f_4'(z)=\mathrm{e}^z$.

$f_5(z)=z^2-\bar{z}^2=4\mathrm{i}x_1x_2$

$u_5(x_1,x_2)=0$, $\quad \frac{\partial u_5}{\partial x_1}(x_1,x_2)=0$, $\quad \frac{\partial u_5}{\partial x_2}(x_1,x_2)=0$,

$v_5(x_1,x_2)=4x_1x_2$, $\quad \frac{\partial v_5}{\partial x_1}(x_1,x_2)=4x_2$, $\quad \frac{\partial v_5}{\partial x_2}(x_1,x_2)=4x_1$.

A $\quad f_5$ nicht holomorph, allerdings an der Stelle 0 komplex differenzierbar.

Überprüfung auf Holomorphie mittels der CAUCHY-RIEMANNschen Differentialgleichungen

Ist eine komplexe Funktion f durch ihre Real- und Imaginärteilfunktionen u und v vorgegeben, so gilt bei reeller Differenzierbarkeit an einer Stelle a, wenn die partiellen Ableitungen der zugehörigen $\mathbb{R}^2$-$\mathbb{R}^2$-Funktion mit $\frac{\partial f}{\partial x_1}$ und $\frac{\partial f}{\partial x_2}$ bezeichnet werden:

$$\lim_{z\to a}\frac{f(z)-f(a)-\frac{\partial f}{\partial x_1}(a)\cdot(x_1-a_1)-\frac{\partial f}{\partial x_2}(a)\cdot(x_2-a_2)}{|z-a|}=0.$$

Aus $z-a=(x_1-a_1)+\mathrm{i}(x_2-a_2)$ und $\bar{z}-\bar{a}=(x_1-a_1)-\mathrm{i}(x_2-a_2)$

folgt $x_1-a_1=\frac{1}{2}((z-a)+(\bar{z}-\bar{a}))$ und $x_2-a_2=\frac{1}{2\mathrm{i}}((z-a)-(\bar{z}-\bar{a}))$,

daher läßt sich für $\frac{\partial f}{\partial x_1}(a)\cdot(x_1-a_1)+\frac{\partial f}{\partial x_2}(a)\cdot(x_2-a_2)$

formal schreiben: $\frac{\partial f}{\partial z}(a)\cdot(z-a)+\frac{\partial f}{\partial \bar{z}}(a)\cdot(\bar{z}-\bar{a})$.

Dabei ist $\frac{\partial f}{\partial z}(a):=\frac{1}{2}\left(\frac{\partial f}{\partial x_1}(a)-\mathrm{i}\frac{\partial f}{\partial x_2}(a)\right)$ und $\frac{\partial f}{\partial \bar{z}}(a):=\frac{1}{2}\left(\frac{\partial f}{\partial x_1}(a)+\mathrm{i}\frac{\partial f}{\partial x_2}(a)\right)$.

Wegen $f(z)=u(x_1,x_2)+\mathrm{i}v(x_1,x_2)$ ist

$$\frac{\partial f}{\partial \bar{z}}(a)=\frac{1}{2}\left(\frac{\partial u}{\partial x_1}(a)-\frac{\partial v}{\partial x_2}(a)+\mathrm{i}\left(\frac{\partial v}{\partial x_1}(a)+\frac{\partial u}{\partial x_2}(a)\right)\right).$$

$\frac{\partial f}{\partial \bar{z}}(a)=0$ ist daher äquivalent zum Erfülltsein der CAUCHY-RIEMANNschen Differentialgleichungen an der Stelle a.

B $\quad$ In diesem Fall ist $\frac{\partial f}{\partial z}(a)=f'(a)$.

Formale partielle Ableitungen nach z und $\bar{z}$

Reelle Differenzierbarkeit

Eine komplexe $\mathbb{C}$-$\mathbb{C}$-Funktion f kann durch Aufspaltung der Funktionswerte in Real- und Imaginärteil auf zwei $\mathbb{R}^2$-$\mathbb{R}$-Funktionen u und v zurückgeführt werden, die man als Komponenten einer $\mathbb{R}^2$-$\mathbb{R}^2$-Funktion F auffassen kann (S. 429). Ist F an einer Stelle (a_1, a_2) differenzierbar (S. 323), so heißt die komplexe Funktion f an der Stelle $a = a_1 + \mathrm{i}a_2$ *reell differenzierbar.*

Komplexe Differenzierbarkeit

Da die Differenzierbarkeit der Komponenten u und v äquivalent zu linearer Approximierbarkeit ist, stellt sich die Frage, ob eine reell differenzierbare komplexe Funktion f auch linear approximierbar ist in dem Sinne, daß $\lim\limits_{z\to a} \frac{f(z)-f(a)}{z-a}$ existiert. Das ist sicher nicht immer der Fall, wie folgendes Beispiel zeigt:

Es sei $f: \mathbb{C}\to\mathbb{C}$ def. durch $z\mapsto\bar{z}$. Die zugehörige $\mathbb{R}^2$-$\mathbb{R}^2$-Funktion F ist dann def. durch $(x_1, x_2)\mapsto (u(x_1, x_2), v(x_1, x_2)) = (x_1, -x_2)$.

Es existieren in ganz $\mathbb{R}^2$ die partiellen Ableitungen von u und v nach x_1 und x_2; sie sind stetig. Aus Satz 2, S. 321, kann daher auf die Differenzierbarkeit von F und damit auf die reelle Differenzierbarkeit von f geschlossen werden. Andererseits hat

$$\frac{f(z)-f(a)}{z-a} = \frac{(x_1-a_1)-\mathrm{i}(x_2-a_2)}{(x_1-a_1)+\mathrm{i}(x_2-a_2)},$$

für $x_2 = a_2 \wedge x_1 \neq a_1$ den Wert 1, für $x_1 = a_1 \wedge x_2 \neq a_2$ den Wert -1, also keinen Grenzwert für $z\to a$.

Die Eigenschaft der linearen Approximierbarkeit im Komplexen schließt zwar die reelle Differenzierbarkeit ein, aber nicht umgekehrt. Man definiert

Def. 1: Die $\mathbb{C}$-$\mathbb{C}$-Funktion $f: D_f\to\mathbb{C}$ heißt *komplex differenzierbar* an der Stelle $a\in D_f$, wenn a Häufungspunkt von D_f ist und $\lim\limits_{z\to a} \frac{f(z)-f(a)}{z-a}$ existiert.

Def. 2: Die $\mathbb{C}$-$\mathbb{C}$-Funktion $f: D_f\to\mathbb{C}$ heißt *holomorph* im Gebiet $G\subseteq D_f$ (an der Stelle $a\in D_f$), wenn f an jeder Stelle von G (in einer offenen Umgebung von a) komplex differenzierbar ist.

Der Grenzwert $\lim\limits_{z\to a} \frac{f(z)-f(a)}{z-a}$ heißt *Ableitung* von f an der Stelle a und wird $f'(a)$ geschrieben. Durch $z\mapsto f'(z)$ wird in G die Ableitung f' der Funktion f definiert.

CAUCHY-RIEMANNsche Differentialgleichungen

Ist f an der Stelle a holomorph, so existiert $\lim\limits_{n\to\infty} \frac{f(z_n)-f(a)}{z_n-a}$ für jede Folge (z_n) mit $\lim\limits_{n\to\infty} z_n = a$.

Existieren nun die partiellen Ableitungen von u und v und wählt man speziell $z_n = a + h_{1n}$ mit $h_{1n}\in\mathbb{R}$ und $\lim\limits_{n\to\infty} h_{1n} = 0$, so gilt:

$$\lim_{n\to\infty} \frac{f(z_n)-f(a)}{z_n-a} = \lim_{n\to\infty} \frac{u(a_1+h_{1n}, a_2)-u(a_1, a_2)}{h_{1n}}$$
$$+\mathrm{i}\cdot\lim_{n\to\infty} \frac{v(a_1+h_{1n}, a_2)-v(a_1, a_2)}{h_{1n}}, \quad \text{d. h.}$$

$$f'(a) = \frac{\partial u}{\partial x_1}(a_1, a_2) + \mathrm{i}\cdot\frac{\partial v}{\partial x_1}(a_1, a_2).$$

Setzt man andererseits $z_n = a + \mathrm{i}h_{2n}$ mit $h_{2n}\in\mathbb{R}$ und $\lim\limits_{n\to\infty} h_{2n} = 0$, so erhält man

$$\lim_{n\to\infty} \frac{f(z_n)-f(a)}{z_n-a} = \lim_{n\to\infty} \frac{v(a_1, a_2+h_{2n})-v(a_1, a_2)}{h_{2n}}$$
$$-\mathrm{i}\cdot\lim_{n\to\infty} \frac{u(a_1, a_2+h_{2n})-u(a_1, a_2)}{h_{2n}},$$

$$f'(a) = \frac{\partial v}{\partial x_2}(a_1, a_2) - \mathrm{i}\cdot\frac{\partial u}{\partial x_2}(a_1, a_2).$$

Ein Vergleich liefert das Erfülltsein der sog. CAUCHY-RIEMANN*schen Differentialgleichungen* $\frac{\partial u}{\partial x_1} = \frac{\partial v}{\partial x_2}$ und $\frac{\partial v}{\partial x_1} = -\frac{\partial u}{\partial x_2}$ an der Stelle (a_1, a_2).

Mit Hilfe des Mittelwertsatzes kann aus dem Erfülltsein dieser Gleichungen in einer offenen Umgebung eines Punktes auch umgekehrt auf Holomorphie an dieser Stelle geschlossen werden. Es gilt also

Satz 1: $f: D_f\to\mathbb{C}$ *mit* $f(x_1+\mathrm{i}x_2) = u(x_1, x_2) + \mathrm{i}v(x_1, x_2)$ *ist in* $a\in D_f$ *mit* $a = a_1 + \mathrm{i}a_2$ *genau dann holomorph, wenn* u *und* v *in einer Umgebung von* (a_1, a_2) *stetig partiell differenzierbar sind und dort die* CAUCHY-RIEMANN*schen Differentialgleichungen erfüllt sind.*

Im obigen Beispiel der durch $f(z) = \bar{z}$ def. Funktion ist die erste der CAUCHY-RIEMANNschen Differentialgleichungen nicht erfüllt. Abb. A zeigt weitere Beispiele der Überprüfung auf Holomorphie, Abb. B bringt einen formalen Zusammenhang zwischen reeller und komplexer Differenzierbarkeit.

Die in den Sätzen 2, 3, 5 und 6 auf S. 293/295 formulierten Differentiationsregeln lassen sich auf komplexe Funktionen übertragen. Daher sind z. B. alle rationalen $\mathbb{C}$-$\mathbb{C}$-Funktionen in ihrem ganzen Definitionsbereich – die Polstellen gehören nicht dazu – holomorph.

Harmonische Funktionen

Weil die Real- und die Imaginärteilfunktion einer holomorphen Funktion zweimal stetig differenzierbar sind (vgl. Satz 3, S. 433), folgt aus den CAUCHY-RIEMANNschen Differentialgleichungen:

$$\frac{\partial^2 u}{\partial x_1^2} = \frac{\partial^2 v}{\partial x_1\,\partial x_2} \text{ und } \frac{\partial^2 u}{\partial x_2^2} = -\frac{\partial^2 v}{\partial x_1\,\partial x_2} \text{ und damit}$$
$$\frac{\partial^2 u}{\partial x_1^2} + \frac{\partial^2 u}{\partial x_2^2} = 0 \text{ und analog } \frac{\partial^2 v}{\partial x_1^2} + \frac{\partial^2 v}{\partial x_2^2} = 0.$$

Def. 3: Eine in einem Gebiet zweimal stetig differenzierbare $\mathbb{R}^2$-$\mathbb{R}$-Funktion φ heißt *harmonische Funktion* oder *Potentialfunktion*, wenn dort $\frac{\partial^2\varphi}{\partial x_1^2} + \frac{\partial^2\varphi}{\partial x_2^2} = 0$ gilt.

Satz 2: *Die Real- und die Imaginärteilfunktion einer holomorphen Funktion sind harmonische Funktionen. Zu jeder in einem einfach-zusammenhängenden Gebiet G harmonischen Funktion u gibt es eine bis auf einen konstanten Summanden eindeutig bestimmte harmonische Funktion v, so daß u und v als Real- bzw. Imaginärteilfunktion einer in G holomorphen Funktion aufgefaßt werden können.*

Es werden, soweit möglich, die Kurvenintegrale mehrerer Funktionen längs 6 verschiedener Wege k_ν berechnet mittels der Formel

$$\int_{k_\nu} f(z)\,\mathrm{d}z = \int_a^b f(k_\nu(t))k'_\nu(t)\,\mathrm{d}t\,.$$

ν	$k_\nu(t)$	a	b	$k'_\nu(t)$	$\int_{k_\nu}\mathrm{d}z$	$\int_{k_\nu} z\,\mathrm{d}z$	$\int_{k_\nu} \bar{z}\,\mathrm{d}z$	$\int_{k_\nu} \frac{1}{z}\,\mathrm{d}z$
1	$1-t+\mathrm{i}t$	0	1	$-1+\mathrm{i}$	$-1+\mathrm{i}$	-1	i	$\frac{\pi}{2}\mathrm{i}$ *)
2	$\mathrm{i}-t-\mathrm{i}t$	0	1	$-1-\mathrm{i}$	$-1-\mathrm{i}$	1	i	$\frac{\pi}{2}\mathrm{i}$ *)
3	$1-t-\mathrm{i}t$	0	1	$-1-\mathrm{i}$	$-1-\mathrm{i}$	-1	$-\mathrm{i}$	$-\frac{\pi}{2}\mathrm{i}$ *)
4	$-\mathrm{i}-t+\mathrm{i}t$	0	1	$-1+\mathrm{i}$	$-1+\mathrm{i}$	1	$-\mathrm{i}$	$-\frac{\pi}{2}\mathrm{i}$ *)
5	$1-2t$	0	1	-2	-2	0	0	–
6	$\cos t+\mathrm{i}\sin t$	0	2π	$\mathrm{i}(\cos t+\mathrm{i}\sin t)$	0	0	$2\pi\mathrm{i}$	$2\pi\mathrm{i}$

*) Die Berechnung erfordert zusätzlich Kenntnisse über die holomorphe Ergänzung der Funktion ln.

Die Integrale $\int_k \mathrm{d}z$ und $\int_k z\,\mathrm{d}z$ sind bei vorgegebenem Anfangs- und Endpunkt wegunabhängig, z.B. gilt

$$\int_{k_1+k_2} \mathrm{d}z = \int_{k_3+k_4} \mathrm{d}z = \int_{k_5} \mathrm{d}z = -2\,,$$

$$\int_{k_1+k_2} z\,\mathrm{d}z = \int_{k_3+k_4} z\,\mathrm{d}z = \int_{k_5} z\,\mathrm{d}z = 0\,.$$

Ist allgemein $z_1 = k(a)$, $z_2 = k(b)$, so gilt

$$\int_k \mathrm{d}z = \int_a^b k'(t)\,\mathrm{d}t = \int_a^b \mathrm{Re}\,k'(t)\,\mathrm{d}t + \mathrm{i}\int_a^b \mathrm{Im}\,k'(t)\,\mathrm{d}t = \mathrm{Re}\,k(b) - \mathrm{Re}\,k(a) + \mathrm{i}(\mathrm{Im}\,k(b) - \mathrm{Im}\,k(a))$$
$$= z_2 - z_1\,.$$

Entsprechend erhält man:

$$\int_k z\,\mathrm{d}z = \tfrac{1}{2}(z_2^2 - z_1^2)\,.$$

Dagegen ist $\int_k \bar{z}\,\mathrm{d}z$ wegabhängig:

$$\int_{k_1+k_2} \bar{z}\,\mathrm{d}z = 2\mathrm{i}\,, \qquad \int_{k_3+k_4} \bar{z}\,\mathrm{d}z = -2\mathrm{i}\,, \qquad \int_{k_5} \bar{z}\,\mathrm{d}z = 0\,.$$

A

Berechnung von Kurvenintegralen

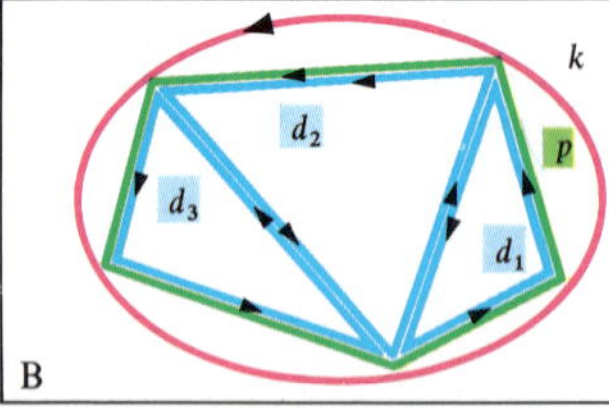

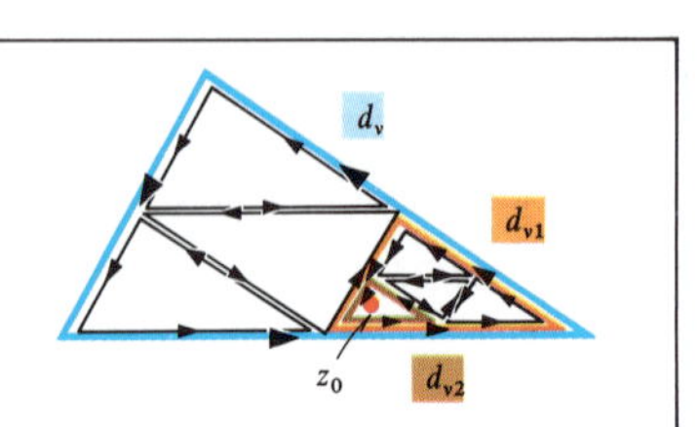

B

Zum Beweis des Integralsatzes von CAUCHY

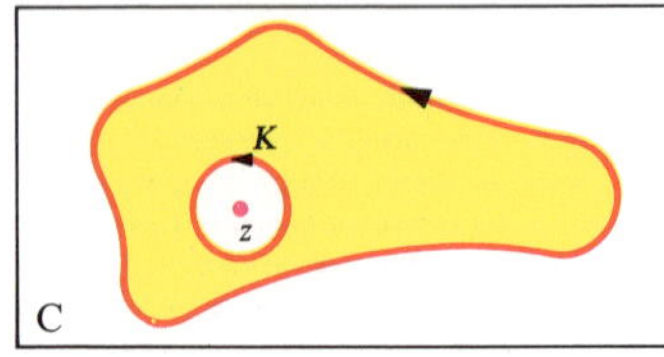

Unter den Voraussetzungen von Satz 2 wird durch

$$\zeta \mapsto \frac{f(\zeta)}{\zeta - z}$$

im Zwischengebiet zwischen K und k eine holomorphe Funktion definiert.

C

Zum Beweis der Integralformeln von CAUCHY

Komplexe Kurvenintegrale

Um neben der Differentation auch die Integration von $\mathbb{C}$-$\mathbb{C}$-Funktionen $f: D_f \to \mathbb{C}$ durchführen zu können, braucht man den Begriff des *Kurvenintegrals*. Es sei eine rektifizierbare Kurve (S. 347) durch die $\mathbb{R}$-$\mathbb{C}$-Funktion $k:(a;b)\to D_f$ vorgegeben. In Anlehnung an die reellen Kurvenintegrale (Def. 1, S. 351) def. man komplexe Kurvenintegrale. Man ersetzt lediglich in den dort auftretenden Summen $S(k,f,Z,B)=\sum_{\nu=1}^{m}\langle f(x_\nu), a_\nu - a_{\nu-1}\rangle$ das Skalarprodukt durch die Multiplikation komplexer Zahlen und erhält nach Umbenennung der Variablen $S(k,f,Z,B)=\sum_{\nu=1}^{m} f(\zeta_\nu)(z_\nu - z_{\nu-1})$.

Man setzt $\int_k f(z)\,\mathrm{d}z := \lim_{\mu\to\infty} S(k,f,Z_\mu,B_\mu)$, falls dieser Grenzwert für jede ausgezeichnete Zerlegungsfolge (Z_μ) von $(a;b)$ existiert.

Ist f stetig und k stetig differenzierbar, so gilt:

$$\int_k f(z)\,\mathrm{d}z = \int_a^b f(k(t))\,k'(t)\,\mathrm{d}t\,. \qquad \text{(vgl. Satz 2, S. 351).}$$

Damit ist das Kurvenintegral durch RIEMANN-integrale im Reellen berechenbar. Bei stückweise stetig differenzierbarem k kann das Integral abschnittsweise berechnet werden. Beispiele für die Berechnung von Kurvenintegralen zeigt Abb. A. Für Kurvenintegrale gelten Integrationsregeln entsprechend zu (K 1) bis (K 4) von S. 351. Das Kurvenintegral existiert, wenn die Einschränkung von f auf die Menge der Kurvenpunkte stetig ist.

Integralsatz von CAUCHY

Die Beispiele in Abb. A machen deutlich, daß das Kurvenintegral i. a. nicht nur vom Anfangs- und Endpunkt der Kurve, sondern auch vom Kurvenverlauf zwischen diesen Punkten abhängt. Bei Wegunabhängigkeit hat das Integral über eine geschlossene Kurve den Wert 0. Es gilt nun:

Satz 1 (Integralsatz von CAUCHY): *Ist $G\subseteq\mathbb{C}$ ein einfach-zusammenhängendes Gebiet und ist die Funktion $f: G\to\mathbb{C}$ holomorph, so gilt für jede in G gelegene einfach-geschlossene Kurve k:* $\int_k f(z)\,\mathrm{d}z = 0$.

Zum Beweis approximiert man k zunächst durch einen Polygonzug p, so daß sich $\int_k f(z)\,\mathrm{d}z$ und $\int_p f(z)\,\mathrm{d}z$ wegen der Stetigkeit von f beliebig wenig unterscheiden. Zerlegt man das Polygon in n Dreiecke mit den Rändern d_ν (Abb. B_1), so ist $\int_p f(z)\,\mathrm{d}z = \sum_{\nu=1}^{n}\int_{d_\nu} f(z)\,\mathrm{d}z$. Man zeigt nun, daß $\int_{d_\nu} f(z)\,\mathrm{d}z = 0$ ist für alle d_ν. Dazu zerlegt man das zu d_ν gehörige Dreieck durch die Mittelparallelen in vier kongruente Teildreiecke (Abb. B_2). $d_{\nu 1}$ sei der Rand desjenigen Teildreiecks, für das das Kurvenintegral den größten Betrag hat. Dann gilt

$$\left|\int_{d_\nu} f(z)\,\mathrm{d}z\right| \leqq 4\left|\int_{d_{\nu 1}} f(z)\,\mathrm{d}z\right|.$$

Durch fortgesetzte Unterteilung erhält man eine Folge $d_\nu, d_{\nu 1}, d_{\nu 2}, \ldots d_{\nu\mu}, \ldots$ von Dreiecksrändern, die genau einen Punkt $z_0\in G$ einschließen, wobei gilt:

$$\left|\int_{d_\nu} f(z)\,\mathrm{d}z\right| \leqq 4^\mu\left|\int_{d_{\nu\mu}} f(z)\,\mathrm{d}z\right|.$$

Wegen der linearen Approximierbarkeit von f in einer Umgebung von z_0 gibt es zu jedem $\varepsilon\in\mathbb{R}^+$ ein $\delta\in\mathbb{R}^+$, so daß $\left|\frac{f(z)-f(z_0)}{z-z_0} - f'(z_0)\right| < \varepsilon$ für alle z mit $|z-z_0|<\delta$, d. h. $f(z)=f(z_0)+(z-z_0)f'(z_0)+(z-z_0)\eta(z)$ mit $|\eta(z)|<\varepsilon$ für alle z mit $|z-z_0|<\delta$ gilt.

Man wählt nun μ_0 so, daß $d_{\nu\mu}$ für $\mu\geqq\mu_0$ im Kreis um z_0 mit dem Radius δ liegt. Dann wird

$$\left|\int_{d_{\nu\mu}} f(z)\,\mathrm{d}z\right| \leqq \left|f(z_0)\int_{d_{\nu\mu}}\mathrm{d}z\right| + \left|f'(z_0)\int_{d_{\nu\mu}}(z-z_0)\,\mathrm{d}z\right| + \left|\int_{d_{\nu\mu}}(z-z_0)\,\eta(z)\,\mathrm{d}z\right|.$$

Die ersten beiden Summanden sind 0 nach den Ergebnissen von Abb. A. Weiter ist $\left|\int_{d_{\nu\mu}}(z-z_0)\,\eta(z)\,\mathrm{d}z\right| \leqq \varepsilon\cdot s_{\mu_0}\,2s_{\mu_0}$, wobei s_{μ_0} die halbe Länge des Umfangs von $d_{\nu\mu_0}$ ist. Da $\left|\int_{d_\nu} f(z)\,\mathrm{d}z\right| \leqq 4^{\mu_0}\left|\int_{d_{\nu\mu_0}} f(z)\,\mathrm{d}z\right| \leqq 4^{\mu_0}\,2\varepsilon\cdot s_{\mu_0}^2 = 4^{\mu_0}\,2\varepsilon\,\frac{s_0^2}{2^{2\mu_0}} = 2s_0^2\varepsilon$ ist für beliebiges $\varepsilon\in\mathbb{R}^+$, gilt $\int_{d_\nu} f(z)\,\mathrm{d}z = 0$.

Bem.: $\int_k f(z)\,\mathrm{d}z = 0$ gilt auch dann noch, wenn f nur im Inneren von k holomorph, aber auf k noch stetig ist, da man jede Kurve von innen her durch Polygonzüge approximieren kann.

Integralformeln von CAUCHY

Satz 2: *f sei im Innern der einfach-geschlossenen Kurve k holomorph und auf k noch stetig, dann gilt für jedes z aus dem Inneren von k*

$$f(z) = \frac{1}{2\pi\mathrm{i}}\int_k \frac{f(\zeta)}{\zeta - z}\,\mathrm{d}\zeta\,.$$

Zum Beweis wählt man einen hinreichend kleinen Kreis K um z (Abb. C). Wegen der obigen Bemerkung kann man den Integrationsweg k durch K ersetzen, ohne daß sich der Wert des Integrals ändert. Weiter ist

$$\int_K \frac{f(\zeta)}{\zeta - z}\,\mathrm{d}\zeta = f(z)\int_K \frac{1}{\zeta - z}\,\mathrm{d}\zeta + \int_K \frac{f(\zeta)-f(z)}{\zeta - z}\,\mathrm{d}\zeta\,.$$

Das zweite Integral rechts ist 0, da K beliebig klein gewählt werden kann. Das erste Integral ist $2\pi\mathrm{i}$ nach den Ergebnissen von Abb. A.

Satz 3: *Unter den Voraussetzungen von Satz 2 besitzt f im Inneren von k Ableitungen beliebiger Ordnung, und es gilt für $n\in\mathbb{N}\setminus\{0\}$*

$$f^{(n)}(z) = \frac{n!}{2\pi\mathrm{i}}\int_k \frac{f(\zeta)}{(\zeta - z)^{n+1}}\,\mathrm{d}\zeta \qquad \textit{(Integralformeln von CAUCHY)}\,.$$

Aus der einmaligen komplexen Differenzierbarkeit einer Funktion folgt also bereits die Existenz von Ableitungen beliebiger Ordnung. Ferner gilt:

Satz 4 (MORERA): *Ist $f: G\to\mathbb{C}$ stetig im Gebiet $G\subseteq\mathbb{C}$ und $\int_k f(z)\,\mathrm{d}z$ unabhängig vom Weg, so ist f in G holomorph.*

$\sum_{\nu=0}^{\infty} \nu! z^{\nu}$,	$\overline{\lim_{\nu\to\infty}} \sqrt[\nu]{\nu!} = \infty$,	$r=0$,	Konvergenz nur für $z=0$.
$\sum_{\nu=0}^{\infty} z^{\nu}$,	$\overline{\lim_{\nu\to\infty}} \sqrt[\nu]{1} = 1$,	$r=1$,	Konvergenz für $\|z\|<1$, Divergenz für $\|z\| \geqq 1$.
$\sum_{\nu=1}^{\infty} \frac{z^{\nu}}{\nu}$,	$\overline{\lim_{\nu\to\infty}} \sqrt[\nu]{\frac{1}{\nu}} = 1$,	$r=1$,	Konvergenz für $\|z\|<1$ und für $\|z\|=1$, falls $z \neq 1$, Divergenz für $\|z\|>1$ und für $z=1$.
$\sum_{\nu=1}^{\infty} \frac{z^{\nu}}{\nu^2}$,	$\overline{\lim_{\nu\to\infty}} \sqrt[\nu]{\frac{1}{\nu^2}} = 1$,	$r=1$,	Konvergenz für $\|z\| \leqq 1$, Divergenz für $\|z\|>1$.
$\sum_{\nu=0}^{\infty} \frac{z^{\nu}}{\nu!}$,	$\overline{\lim_{\nu\to\infty}} \sqrt[\nu]{\frac{1}{\nu!}} = 0$,	$r=\infty$,	Konvergenz für alle $z \in \mathbb{C}$.

A

Konvergenzbereiche von Potenzreihen

$f: \mathbb{C}\setminus\{2\} \to \mathbb{C}$, def. durch $z \mapsto \frac{1}{z-2}$ ist um $5+4\mathrm{i}$ in eine Potenzreihe zu entwickeln.

Man formt um:

$$\frac{1}{z-2} = \frac{1}{3+4\mathrm{i}+(z-(5+4\mathrm{i}))} = \frac{1}{3+4\mathrm{i}} \cdot \frac{1}{1-\left(-\frac{z-(5+4\mathrm{i})}{3+4\mathrm{i}}\right)},$$

$$f(z) = \frac{1}{3+4\mathrm{i}} \cdot \sum_{\nu=0}^{\infty} \left(-\frac{z-(5+4\mathrm{i})}{3+4\mathrm{i}}\right)^{\nu}.$$

Diese geometrische Reihe konvergiert für

$$\left|\frac{z-(5+4\mathrm{i})}{3+4\mathrm{i}}\right| < 1, \quad |z-(5+4\mathrm{i})| < |3+4\mathrm{i}| = 5,$$

d. h. es ist $r=5$.

B

Beispiel für die Potenzreihenentwicklung einer rationalen Funktion

Unter den Voraussetzungen von Satz 5 liefern die Potenzreihenentwicklungen von f_1 und f_2 um a an unendlich vielen Stellen gleiche Werte. Die Reihen müssen daher gleiche Koeffizienten haben. f_1 und f_2 stimmen dann im größten Kreis um a überein, der noch ganz in G liegt.

Gäbe es außerhalb dieses Kreises einen Punkt $z \in G$, für den $f_1(z) \neq f_2(z)$ wäre, so würde man a mit z durch einen Polygonzug verbinden, der in G liegt. Für den ersten Punkt b auf diesem Polygonzug, den man von a aus erreichen kann, der die Eigenschaft hat, daß f_1 und f_2 in keiner noch so kleinen Umgebung identisch sind, müßten im Widerspruch hierzu die Potenzreihenentwicklungen von f_1 und f_2 übereinstimmen, da b Häufungspunkt von Stellen b_{ν} ist, an denen $f_1(b_{\nu}) = f_2(b_{\nu})$ gilt.

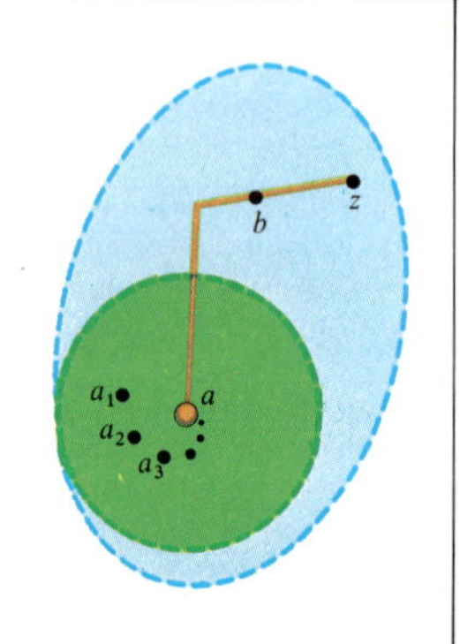

C

Identitätssatz

Die Holomorphie einer komplexen Funktion ist, wie sich gezeigt hat, eine Eigenschaft mit weiter reichenden Folgen als die Differenzierbarkeit reeller Funktionen. Während bei einer reellen differenzierbaren Funktion die Ableitung nicht einmal stetig zu sein braucht, garantiert die Holomorphie die beliebig häufige Differenzierbarkeit. Die Werte der Funktion und aller ihrer Ableitungen sind im Innern einer Kurve k bereits durch die Funktionswerte auf k festgelegt. Nach POISSON reicht sogar schon die Kenntnis des Realteils der Funktionswerte auf k aus.

Potenzreihen

Da die beliebig häufige Differenzierbarkeit an einer Stelle a für reelle Funktionen eine notwendige, wenn auch nicht hinreichende Bedingung für die Entwickelbarkeit in eine TAYLORreihe um a ist (S. 301), liegt es nahe, entsprechende Reihenentwicklungen bei holomorphen Funktionen zu untersuchen.

Dazu muß man zunächst einige Eigenschaften komplexer Potenzreihen kennen (vgl. S. 289).

Satz 1: *Ist* $\sum_{\nu=0}^{\infty} a_\nu(z_1-a)^\nu$ *für* $z_1 \neq a$ *konvergent, so auch* $\sum_{\nu=0}^{\infty} a_\nu(z-a)^\nu$ *für alle* z *mit* $|z-a|<|z_1-a|$.

Die Menge aller z mit $|z-a|<|z_1-a|$ bildet das Innere des Kreises um a durch z_1.

Satz 2: *Konvergiert* $\sum_{\nu=0}^{\infty} a_\nu(z-a)^\nu$ *nicht nur an der Stelle a und nicht in ganz* $\mathbb{C}$, *so gibt es ein* $r \in \mathbb{R}^+$, *so daß sie für alle* z *mit* $|z-a|<r$ *konvergiert und für alle* z *mit* $|z-a|>r$ *divergiert. Es gilt*

$$r = \frac{1}{\overline{\lim\limits_{\nu\to\infty}} \sqrt[\nu]{|a_\nu|}}.$$

r heißt *Konvergenzradius* der Potenzreihe. Die Konvergenzmenge besteht also aus den Punkten im Inneren eines Kreises um a und eventuellen Punkten auf dem Rande dieses Kreises (Abb. A). Die Konvergenz ist in jedem Kreis um a mit einem Radius $\varrho<r$ gleichmäßig.

Satz 3: *Die durch* $z \mapsto f(z) = \sum_{\nu=0}^{\infty} a_\nu(z-a)^\nu$ *def. Funktion ist im Inneren des Konvergenzkreises holomorph. Durch gliedweise Differentiation der Potenzreihe ergibt sich:* $f'(z) = \sum_{\nu=1}^{\infty} a_\nu \cdot \nu \cdot (z-a)^{\nu-1}$.

Allgemeiner läßt sich zeigen, daß jede gleichmäßig konvergente Reihe holomorpher Funktionen wieder eine holomorphe Funktion darstellt und gliedweise differenziert und integriert werden darf.

Die Entwickelbarkeit holomorpher Funktionen in Potenzreihen folgt aus dem nächsten Satz, der gewissermaßen die Umkehrung von Satz 3 darstellt.

Satz 4: *Ist* $f: G \to \mathbb{C}$ *im Gebiet* $G \subseteq \mathbb{C}$ *holomorph, so ist* f *um jede Stelle* $a \in G$ *in eine Potenzreihe entwickelbar, und es gilt* $f(z) = \sum_{\nu=0}^{\infty} \frac{f^{(\nu)}(a)}{\nu!}(z-a)^\nu$.

Die Reihe konvergiert im Inneren des größten Kreises um a, in dem f *noch holomorph ist.*

Ist r der Radius des größten Kreises um a, in dessen Innerem f holomorph ist, so betrachtet man zum Beweis einen Kreis K_1 mit einem Radius $r_1<r$. Dann gilt für jede Stelle z im Inneren von K_1

$$f(z) = \frac{1}{2\pi i}\int_{K_1} \frac{f(\zeta)}{\zeta - z}\,d\zeta.$$

$\frac{1}{\zeta-z}$ läßt sich umformen zu $\dfrac{\frac{1}{\zeta-a}}{1-\frac{z-a}{\zeta-a}}$ und damit als geometrische Reihe schreiben:

$\frac{1}{\zeta-z} = \sum_{\nu=0}^{\infty} \frac{(z-a)^\nu}{(\zeta-a)^{\nu+1}}$, so daß man erhält

$$f(z) = \frac{1}{2\pi i}\int_{K_1}\left(\sum_{\nu=0}^{\infty} \frac{f(\zeta)(z-a)^\nu}{(\zeta-a)^{\nu+1}}\right)d\zeta.$$

Da die Reihe gleichmäßig konvergiert, darf man gliedweise integrieren und erhält:

$$f(z) = \sum_{\nu=0}^{\infty}\left(\frac{1}{2\pi i}\int_{K_1}\frac{f(\zeta)\,d\zeta}{(\zeta-a)^{\nu+1}}\right)(z-a)^\nu$$

und daher nach Satz 3, S. 433,

$$f(z) = \sum_{\nu=0}^{\infty}\frac{f^{(\nu)}(z)}{\nu!}(z-a)^\nu.$$

Bemerkenswert an der Aussage von Satz 4 ist, daß bei komplexen Funktionen die Holomorphie, d. h. die einmalige Differenzierbarkeit, für die Entwickelbarkeit in eine TAYLORreihe hinreicht. Bei reellen Funktionen reicht nicht einmal beliebig häufige Differenzierbarkeit (vgl. S. 300, Abb. A).

Die Entwicklung einer holomorphen Funktion in eine Potenzreihe um a ist eindeutig. Abb. B zeigt ein Verfahren, Potenzreihen bei rationalen Funktionen über geometrische Reihen zu gewinnen.

Da zwei Potenzreihen mit der Entwicklungsstelle a übereinstimmen, wenn sie in unendlich vielen Punkten a_ν, die den Häufungspunkt a haben, gleiche Werte liefern, kann man unter diesen Voraussetzungen auch auf die Identität zweier holomorpher Funktionen schließen.

Satz 5 (Identitätssatz): *Gilt für zwei holomorphe Funktionen* $f_1: G \to \mathbb{C}$ *und* $f_2: G \to \mathbb{C}$ *für unendlich viele verschiedene Punkte* a_ν, *die im Inneren von G einen Häufungspunkt a haben,* $f_1(a_\nu) = f_2(a_\nu)$, *so ist* $f_1 = f_2$.

Die Voraussetzungen sind sicher erfüllt, wenn zwei Funktionen in einem Teilgebiet von G oder auf einem Kurvenstück $k \subset G$ übereinstimmen.

Eine weitere Folgerung aus Satz 5 ist, daß bei einer nicht konstanten holomorphen Funktion jede Stelle $a \in G$ eine Umgebung besitzt, in der der Funktionswert $f(a)$ außer in a nicht mehr angenommen wird. Insbesondere liegen also alle Nullstellen einer nicht konstanten holomorphen Funktion in G isoliert. Höchstens auf dem Rand von G können Häufungspunkte von Nullstellen liegen. Weiter ist auch die holomorphe Fortsetzung einer holomorphen Funktion in ein G umfassendes Gebiet, falls überhaupt möglich, stets eindeutig.

Die Potenzreihenentwicklungen der reellen Funktionen sin, cos, sinh, cosh und exp sind wegen $r=\infty$ auch für alle komplexen Argumente konvergent und definieren holomorphe Funktionen auf $\mathbb{C}$. Es ist lediglich üblich, die Variable x durch z zu ersetzen. Die Ableitungen werden wie im Reellen gebildet, z. B. ist $\exp'=\exp$, $\sin'=\cos$. Die Reihenentwicklungen lassen enge Beziehungen zwischen diesen Funktionen erkennen. Neben den auf S. 437 genannten Formeln erhält man z. B.

$$\sin z=\sin(x+\mathrm{i}y)=\sin x\cosh y+\mathrm{i}\cos x\sinh y,$$
$$\cos z=\cos(x+\mathrm{i}y)=\cos x\cosh y-\mathrm{i}\sin x\sinh y.$$

Alle Funktionen sind periodisch. Die Periode von sin und cos beträgt 2π, diejenige von exp, sinh und cosh dagegen $2\pi\mathrm{i}$. sin und cos sind im Unterschied zum Reellen wegen $\sin\mathrm{i}y=\mathrm{i}\sinh y$ und $\cos\mathrm{i}y=\cosh y$ nicht beschränkt.

A

Holomorphe Ergänzung einiger reeller Funktionen

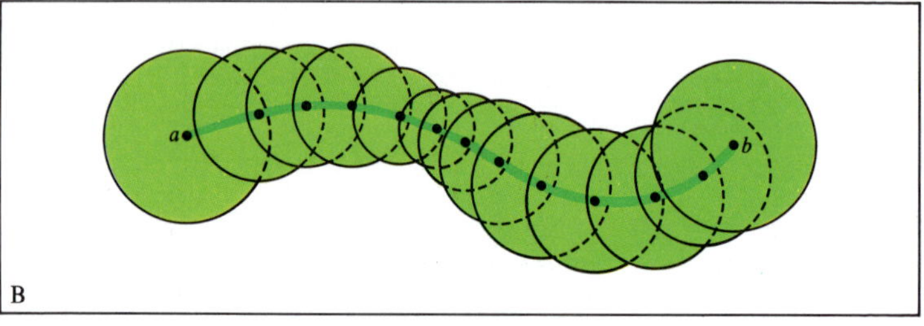

B

Analytische Fortsetzung nach dem Kreiskettenverfahren

Die durch $f(x)=\sqrt{x}$ für $x\in\mathbb{R}^+$ def. reelle Funktion läßt sich durch ihre Potenzreihenentwicklung um 1 in einen Kreis mit dem Radius 1 holomorph ergänzen. Es gilt

$$f(z)=\sqrt{1+(z-1)}=\sum_{\nu=0}^{\infty}\binom{\frac{1}{2}}{\nu}(z-1)^{\nu} \quad \text{(vgl. S. 300).}$$

Die im Reellen gültige Beziehung $f^2(z)=z$ bleibt im Komplexen bestehen, so daß sich für $z=re^{\mathrm{i}\varphi}$ mit $-\frac{\pi}{2}<\varphi<\frac{\pi}{2}$ der Funktionswert $f(z)=\sqrt{r}e^{\mathrm{i}\frac{\varphi}{2}}$ ergibt.

Bei analytischer Fortsetzung nach -1 längs des oberen Halbkreises k_1 erhält man eine im rot umrandeten Gebiet def. Funktion f_1 mit

$$f_1(z)=\mathrm{i}\sum_{\nu=0}^{\infty}\binom{\frac{1}{2}}{\nu}(-1)^{\nu}(z+1)^{\nu} \quad \text{für } |z+1|<1,$$

bei analytischer Fortsetzung längs des unteren Halbkreises k_2 dagegen eine im grün umrandeten Gebiet def. Funktion f_2 mit

$$f_2(z)=-\mathrm{i}\sum_{\nu=0}^{\infty}\binom{\frac{1}{2}}{\nu}(-1)^{\nu}(z+1)^{\nu} \quad \text{für } |z+1|<1.$$

Es gilt $f_1(-1)=\mathrm{i}$, $f_2(-1)=-\mathrm{i}$.
f_1 und f_2 sind Fortsetzungen von f, aber f_2 nicht Fortsetzung von f_1.

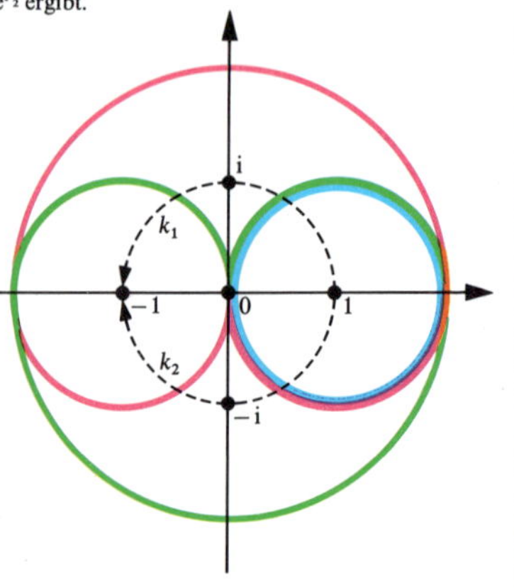

C

Analytische Fortsetzung längs verschiedener Wege

Holomorphe Ergänzung

Eine in a analytische reelle Funktion (Def. 3, S. 301) ist dadurch gekennzeichnet, daß sie sich um a in eine Potenzreihe entwickeln läßt. Da sich im Komplexen der Konvergenzradius genau so berechnen läßt wie im Reellen, stellt eine solche Potenzreihe in der komplexen Zahlenebene im Inneren eines Kreises um a eine holomorphe Funktion dar, die holomorphe Ergänzung der reellen Funktion. Bei überall konvergenten Potenzreihen, wie sie bei den Funktionen sin, cos, exp, sinh, cosh vorliegen, erhält man auf diese Weise in ganz $\mathbb{C}$ def. holomorphe Funktionen, die auch hier mit den gleichen Symbolen bezeichnet werden (Abb. A). Ein Vergleich der Reihenentwicklungen von S. 308/310 liefert die Beziehungen:

$$e^{iz} = \cos z + i \sin z, \qquad e^{-iz} = \cos z - i \sin z,$$
$$\cos z = \tfrac{1}{2}(e^{iz} + e^{-iz}), \qquad \sin z = \tfrac{1}{2i}(e^{iz} - e^{-iz}),$$
$$\cosh z = \cos iz, \qquad \sinh z = -i \sin iz.$$

Sie zeigen, daß im Komplexen auch die Exponentialfunktion und die Hyperbelfunktionen periodisch sind, wenn auch mit einer komplexen Periode, nämlich $2\pi i$. Ist der Konvergenzradius einer reellen analytischen Funktion endlich, so wird oft erst durch die holomorphe Ergänzung die Größe des Konvergenzradius verständlich, da für die komplexe Funktion nach Satz 4, S. 435, auf dem Rande des Konvergenzkreises Punkte liegen müssen, in denen die Funktion nicht mehr holomorph ist.

Beispiel: Die durch $f(x) = \dfrac{1}{1+x^2}$ def. reelle Funktion besitzt um die Stelle $a=0$ die Potenzreihenentwicklung

$f(x) = 1 - x^2 + x^4 - x^6 + x^8 - \cdots$

mit dem Konvergenzradius 1. Die Funktion ist auf der gesamten reellen Achse analytisch, insbesondere an den Grenzen 1 und -1 des Konvergenzintervalls. Die durch $f(z) = \dfrac{1}{1+z^2}$ def. holomorphe Ergänzung ist an den Stellen i und $-$i auf dem Rand des Konvergenzkreises nicht mehr definiert und bei Annäherung an diese Stellen nicht beschränkt (Polstellen), so daß die Divergenz der Potenzreihe erklärt ist.

Analytische Fortsetzung

Def.: Sind $f: D_f \to \mathbb{C}$ und $g: D_g \to \mathbb{C}$ zwei holomorphe Funktionen und gilt ferner $D_f \cap D_g \neq \emptyset$ und $f(z) = g(z)$ für alle $z \in D_f \cap D_g$, so heißt g *analytische Fortsetzung von* f und f *analytische Fortsetzung von* g.

Nach dem Identitätssatz (S. 435) ist eine analytische Fortsetzung von f auf ein D_f umfassendes Gebiet, falls überhaupt, so stets eindeutig möglich.

Um eine mögliche Fortsetzung zu erhalten, betrachtet man die Potenzreihenentwicklung um einen Punkt $z_0 \in D_f$. f ist dann um jede Stelle z_1 im Inneren des Konvergenzkreises wieder in eine Potenzreihe entwickelbar. Die Koeffizienten $\dfrac{f^{(\nu)}(z_1)}{\nu!}$ der neuen Reihenentwicklung lassen sich aus der Entwicklung um z_0 bestimmen. Kommt man mit der neuen Reihenentwicklung über den ursprünglichen Konvergenzkreis hinaus, so kann man das Verfahren für einen Punkt z_2 im Inneren des zweiten Konvergenzkreises, der außerhalb des ersten Konvergenzkreises liegt, wiederholen. Auf diese Weise erhält man u. U. eine analytische Fortsetzung in eine Folge von sich überlappenden Kreisgebieten mit den Mittelpunkten z_ν. Verbindet man die z_ν der Reihe nach durch eine in der Vereinigung aufeinanderfolgender Kreisgebiete liegende Kurve k, so sagt man auch, f sei längs k analytisch fortgesetzt worden. Das Konstruktionsverfahren wird auch als *Kreiskettenverfahren* bezeichnet (Abb. B).

Es gibt allerdings Funktionen, bei denen eine analytische Fortsetzung über den ersten Konvergenzkreis hinaus in keiner Weise möglich ist (Beispiel in Abb. A, S. 438). Darüber hinaus gilt sogar:

Satz 1: *Zu jedem Gebiet $G \subseteq \mathbb{C}$ gibt es eine Funktion f, die in G holomorph ist, aber nicht über G hinaus analytisch fortsetzbar ist.*

Der Versuch, zu einer vorgegebenen Funktion f ein möglichst großes, D_f umfassendes Gebiet zu konstruieren, in das f analytisch fortgesetzt werden kann, stößt allerdings auf Schwierigkeiten. Denn wenn eine Fortsetzung von $z_0 = a$ nach b längs zweier Kurven k_1 und k_2 möglich ist, so ist es nicht selbstverständlich, daß man dabei die gleichen Potenzreihenentwicklungen um b erhält.

Im Beispiel von Abb. C sind die Fortsetzungen von f längs k_1 bzw. k_2 keine Fortsetzungen voneinander, sie definieren nicht einmal eine Funktion, da die beiden Reihenentwicklungen um b unterschiedliche Werte liefern.

Verschiedene Fortsetzungen ergeben sich aber höchstens dann, wenn, wie im vorliegenden Beispiel, im Zwischengebiet zwischen k_1 und k_2 eine Stelle liegt, in die hinein eine analytische Fortsetzung nicht möglich ist. Es läßt sich nämlich zeigen, daß, falls f in einem Gebiet G von z_0 aus längs jedes Weges k analytisch fortsetzbar ist, das Ergebnis der Fortsetzung nur von der Homotopieklasse von k (S. 237) abhängig ist. Für Wege, die auf einen Punkt zusammenziehbar sind, gilt als Spezialfall:

Satz 2 (Monodromiesatz): *Sind k_1 und k_2 zwei Kurvenbögen, die a und b verbinden, ist ferner f in a holomorph und sowohl längs k_1 als auch längs k_2 nach b analytisch fortsetzbar, so liefern die Fortsetzungen gleiche Potenzreihenentwicklungen um b, falls sich k_1 stetig in k_2 so deformieren läßt, daß eine analytische Fortsetzung auch längs jeder Zwischenkurve möglich ist.*

Da eine in einem Gebiet G holomorphe Funktion durch die Potenzreihenentwicklung um einen einzigen Punkt $a \in G$ eindeutig bestimmt ist, andererseits auch jede Potenzreihe mit positivem Konvergenzradius eine evtl. fortsetzbare holomorphe Funktion definiert, nennt man die Potenzreihenentwicklungen auch *holomorphe Funktionskeime* oder *Funktionselemente* (Verallgemeinerung auf S. 445).

$$f:\{z \mid |z|<1\} \to \mathbb{C}, \quad \text{def. durch} \quad f(z)=\sum_{\nu=0}^{\infty} z^{\nu!}$$

ist wegen $\overline{\lim}\sqrt[\nu]{|a_\nu|}=1$ im Inneren des Einheitskreises holomorph. Die Funktion ist über keinen Punkt des Einheitskreises hinaus analytisch fortsetzbar.

Wählt man $\varphi=\frac{p}{q}\cdot 2\pi$, $p\in\mathbb{Z}$, $q\in\mathbb{N}\setminus\{0\}$, so folgt für

$$z=re^{i\varphi}=re^{i\frac{p}{q}\cdot 2\pi} \quad \text{mit} \quad 0<r<1:$$

$$f(z)=\sum_{\nu=0}^{\infty} r^{\nu!}e^{\nu!\frac{p}{q}\cdot 2\pi i}=\sum_{\nu=0}^{q-1} r^{\nu!}e^{\nu!\frac{p}{q}\cdot 2\pi i}+\sum_{\nu=q}^{\infty} r^{\nu!}.$$

Für $r\to 1$ geht der zweite Summand gegen ∞, während der Betrag des ersten kleiner ist als q. Es gilt daher $\lim_{r\to 1}|f(z)|=\infty$.

Alle Punkte des Einheitskreises sind nichtisolierte Singularitäten.

Bem.: Es gibt Beispiele für Funktionen, die in nichtisolierte Singularitäten noch stetig fortsetzbar sind.

A

Beispiel einer analytisch nicht fortsetzbaren Funktion

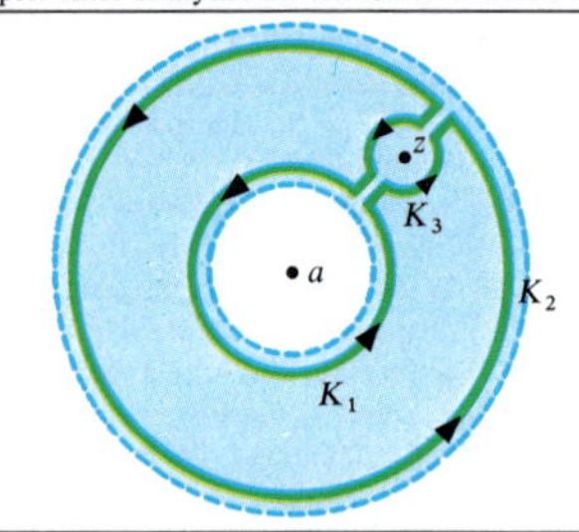

$$f(z)=\frac{1}{2\pi i}\int_{K_3}\frac{f(\zeta)}{\zeta-z}d\zeta$$
$$=\frac{1}{2\pi i}\int_{K_2}\frac{f(\zeta)}{\zeta-z}d\zeta-\frac{1}{2\pi i}\int_{K_1}\frac{f(\zeta)}{\zeta-z}d\zeta,$$

$$\text{da} \int_{-K_1-K_3+K_2}\frac{f(\zeta)}{\zeta-z}d\zeta=0.$$

B

Integraldarstellung einer in einem Ringgebiet holomorphen Funktion

Die durch $f(z)=\frac{1}{z}+\frac{1}{z-1}+\frac{1}{z-2i}$ def. Funktion hat isolierte Singularitäten in 0, 1 und 2i. Sie gestattet daher drei verschiedene LAURENTentwicklungen um 0. Es gilt

$$\frac{1}{z-1}=-\frac{1}{1-z}=-\sum_{\nu=0}^{\infty}z^\nu \quad \text{für} \quad |z|<1,$$

$$\frac{1}{z-1}=\frac{1}{z}\cdot\frac{1}{1-\frac{1}{z}}=\frac{1}{z}\sum_{\nu=0}^{\infty}\left(\frac{1}{z}\right)^\nu=\sum_{\nu=-1}^{-\infty}z^\nu \quad \text{für} \quad |z|>1,$$

ferner:

$$\frac{1}{z-2i}=\frac{i}{2}\cdot\frac{1}{1+\frac{i}{2}z}=\frac{i}{2}\sum_{\nu=0}^{\infty}\left(-\frac{i}{2}z\right)^\nu=-\sum_{\nu=0}^{\infty}\left(-\frac{i}{2}\right)^{\nu+1}z^\nu \quad \text{für} \quad |z|<2,$$

$$\frac{1}{z-2i}=\frac{1}{z}\cdot\frac{1}{1+\frac{2}{iz}}=\frac{1}{z}\sum_{\nu=0}^{\infty}\left(-\frac{2}{iz}\right)^\nu=\sum_{\nu=-1}^{-\infty}\left(-\frac{i}{2}\right)^{\nu+1}z^\nu \quad \text{für} \quad |z|>2,$$

daher:

$$f(z)=\frac{1}{z}-\sum_{\nu=0}^{\infty}z^\nu-\sum_{\nu=0}^{\infty}\left(-\frac{i}{2}\right)^{\nu+1}z^\nu \quad \text{für} \quad 0<|z|<1,$$

$$f(z)=\frac{1}{z}+\sum_{\nu=-1}^{-\infty}z^\nu-\sum_{\nu=0}^{\infty}\left(-\frac{i}{2}\right)^{\nu+1}z^\nu \quad \text{für} \quad 1<|z|<2,$$

$$f(z)=\frac{1}{z}+\sum_{\nu=-1}^{-\infty}z^\nu+\sum_{\nu=-1}^{-\infty}\left(-\frac{i}{2}\right)^{\nu+1}z^\nu \quad \text{für} \quad |z|>2.$$

C

LAURENTentwicklungen

Singularitäten holomorpher Funktionen

Bei einer komplexen Funktion f stößt man u. U. auf Stellen a, in denen f nicht holomorph ist, in deren sämtlichen Umgebungen aber Stellen liegen, in denen f holomorph ist und von denen aus f analytisch nach a fortgesetzt werden kann. Durch geeignete Änderung des Funktionswertes erreicht man hier Holomorphie. Solche sog. *hebbaren Singularitäten* sollen im folgenden stets als schon beseitigt angesehen werden und sind bei folgender Definition nicht mehr erfaßt. Hierbei geht es um Stellen, in die hinein eine analytische Fortsetzung nicht möglich ist.

Def. 1: a heißt *Singularität* der Funktion f, wenn in jeder Umgebung von a Stellen liegen, in denen f holomorph ist, es aber keine (noch so kleine) Umgebung von a gibt, in der f von jeder Holomorphiestelle aus auf beliebigem Wege nach a analytisch fortsetzbar ist.
Eine Singularität heißt *isoliert*, wenn sie nicht Häufungspunkt von Singularitäten ist.
Eine isolierte Singularität a heißt *schlicht*, wenn f in einer punktierten Umgebung von a ($U(a)\backslash\{a\}$) holomorph ist.

Beispiele:

a) 0 ist eine schlichte isolierte Singularität der durch $f(z)=\frac{1}{z}$ def. Funktion.

b) 0 ist eine isolierte, nicht schlichte Singularität der durch $f(z)=\sqrt{z}$ def. Funktion (vgl. Abb. C, S. 436).

c) 0 ist eine nicht isolierte Singularität der durch $f(z)=\dfrac{1}{\sin\frac{1}{z}}$ def. Funktion.

d) Alle Punkte mit $|z|=1$ sind nicht isolierte Singularitäten der durch $f(z)=\sum\limits_{\nu=0}^{\infty} z^{\nu!}$ def. Funktion (Abb. A).

e) 0 ist eine isolierte, nicht schlichte Singularität der durch $f(z)=\ln z$ def. Funktion.

LAURENTreihen

Um schlichte isolierte Singularitäten a gibt es Reihenentwicklungen, die den TAYLORreihen entsprechen. Zunächst lassen sich zwei Kreise K_1 und K_2 um a angeben, so daß f auf diesen Kreisen und in ihrem Zwischengebiet holomorph ist. K_1 sei der innere, K_2 der äußere Kreis. Liegt z im Zwischengebiet (Abb. B), so führt eine ähnliche Überlegung wie beim Beweis von Satz 4, S. 435, auf

$$f(z)=\frac{1}{2\pi i}\int_{K_2}\frac{f(\zeta)}{\zeta-z}\,d\zeta-\frac{1}{2\pi i}\int_{K_1}\frac{f(\zeta)}{\zeta-z}\,d\zeta.$$

Für das erste Integral formt man wie auf S. 435 um:

$$\frac{1}{\zeta-z}=\sum_{\nu=0}^{\infty}\frac{(z-a)^\nu}{(\zeta-a)^{\nu+1}},$$

für das zweite Integral, weil z außerhalb von K_1 liegt:

$$\frac{1}{\zeta-z}=-\sum_{\nu=1}^{\infty}\frac{(\zeta-a)^{\nu-1}}{(z-a)^\nu}=-\sum_{\nu=-1}^{-\infty}\frac{(z-a)^\nu}{(\zeta-a)^{\nu+1}}.$$

Nach gliedweiser Integration und Zusammenfassung beider Reihen erhält man dann eine Reihe der Form

$$f(z)=\sum_{\nu=-\infty}^{\infty}a_\nu(z-a)^\nu \quad\text{mit}$$

$$a_\nu=\frac{1}{2\pi i}\int_K\frac{f(\zeta)}{(\zeta-a)^{\nu+1}}\,d\zeta,\qquad \nu\in\mathbb{Z},$$

wobei K ein beliebiger Kreis um a im Zwischengebiet ist.

Eine solche Reihe heißt LAURENT*reihe mit der Entwicklungsstelle a*. Sie unterscheidet sich von einer TAYLORreihe durch das Auftreten negativer Potenzen von $(z-a)$ (vgl. die Reihen für tan und tanh auf S. 308/310). TAYLORreihen sind spezielle LAURENTreihen mit $a_\nu=0$ für alle $\nu\in\mathbb{Z}^-$.

Def. 2: Eine schlichte isolierte Singularität heißt *Polstelle k-ter Ordnung* ($k\in\mathbb{N}$), falls in der zugehörigen LAURENTreihe $a_{-k}\neq0$ ist, aber $a_\nu=0$ für alle $\nu\in\mathbb{Z}^-$ mit $\nu<-k$ gilt.
Sind unendlich viele a_ν mit negativem Index von 0 verschieden, so heißt a *wesentliche Singularität*.

Die Polstellen bezeichnet man auch als *außerwesentlich*. Zu den wesentlichen Singularitäten rechnet man auch die nicht isolierten Singularitäten. Zur weiteren Klassifizierung isolierter, nicht schlichter Singularitäten s. S. 444.

LAURENTentwicklungen gibt es nicht nur um isolierte Singularitäten, sondern der Herleitung entsprechend immer dann, wenn eine Funktion im Inneren eines Kreisringes um a holomorph ist. Die Funktion braucht innerhalb des inneren Kreises gar nicht definiert zu sein. Für den inneren und äußeren Radius des Konvergenzbereiches gilt

$$r_i=\overline{\lim_{\nu\to\infty}}\sqrt[\nu]{|a_{-\nu}|},\qquad r_a=\frac{1}{\overline{\lim\limits_{\nu\to\infty}}\sqrt[\nu]{|a_\nu|}}$$

($r_a=\infty$, falls $\overline{\lim\limits_{\nu\to\infty}}\sqrt[\nu]{|a_\nu|}=0$).

Die Konvergenz ist für jeden abgeschlossenen Teilbereich gleichmäßig. Auf dem inneren Rand, falls $r_i\neq0$, und auf dem äußeren Rand, falls $r_a\neq\infty$, liegt je mindestens eine Singularität von f.

Es kann also sehr wohl für verschiedene Kreisringe um den gleichen Punkt verschiedene LAURENTentwicklungen geben (Abb. C).

Bei rationalen Funktionen streben in der Umgebung einer Polstelle die Funktionswerte gegen ∞ (S. 429). Es gilt allgemeiner:

Satz 1: *Hat $f: D_f\to\mathbb{C}$ in a eine Polstelle, so gibt es zu jedem $M\in\mathbb{R}^+$ ein $\delta\in\mathbb{R}^+$, so daß $|f(z)|>M$ für alle z mit $|z-a|<\delta$ gilt.*

Für eine wesentliche Singularität gilt im Unterschied hierzu der folgende, weit schwieriger zu beweisende

Satz 2 (PICARD): *Ist $f: D_f\to\mathbb{C}$ in einer punktierten Umgebung $U(a)\backslash\{a\}$ von a holomorph und ist a eine wesentliche Singularität, so nimmt f in jeder Umgebung von a jeden komplexen Wert mit höchstens einer Ausnahme an.*

Die Ausnahmestellung der Polstellen kann dadurch beseitigt werden, daß man von $\mathbb{C}$-$\mathbb{C}$-Funktionen zu $\hat{\mathbb{C}}$-$\hat{\mathbb{C}}$-Funktionen übergeht und die Polstellen mit in den Definitionsbereich einschließt. Nach Satz 2 ist das bei wesentl. Singularitäten nicht mehr möglich.

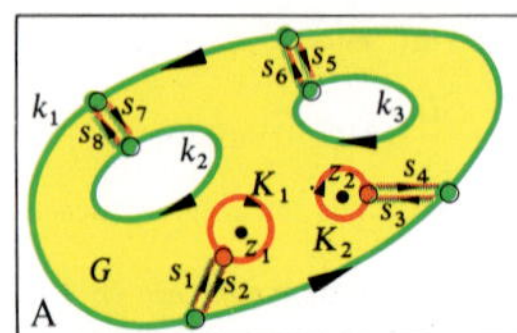

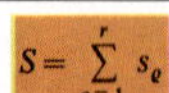

$G;\quad \partial G = \sum_{\mu=1}^{m} k_\mu,\quad K = \sum_{\nu=1}^{n} K_\nu,\quad S = \sum_{\varrho=1}^{r} s_\varrho$

Da die Schnitte doppelt durchlaufen werden, gilt

$$\int\limits_{\partial G+K+S} f(z)\mathrm{d}z = \int\limits_{\partial G+K} f(z)\mathrm{d}z = 0,\ \text{also}$$

$$\frac{1}{2\pi i}\int\limits_{\partial G} f(z)\mathrm{d}z = -\frac{1}{2\pi i}\int\limits_{K} f(z)\mathrm{d}z = \frac{1}{2\pi i}\int\limits_{-K} f(z)\mathrm{d}z = \sum_{\nu=1}^{n}(\operatorname{res} f)(z_\nu)$$

Residuensatz

Zu berechnen: $\int\limits_{-\infty}^{\infty}\frac{1}{1+x^2}\,\mathrm{d}x.$

Die durch $f(z) = \frac{1}{1+z^2}$ def. komplexe Funktion hat, wie aus der Partialbruchzerlegung $\frac{1}{1+z^2} = \frac{1}{2(1+iz)} + \frac{1}{2(1-iz)}$ erkennbar ist, in der oberen Halbebene die einzige Polstelle i mit dem Residuum $-\frac{i}{2}$.

Man wählt einen Integrationsweg wie in der Zeichnung und erhält

$$\frac{1}{2\pi i}\int\limits_{k}\frac{1}{1+z^2}\,\mathrm{d}z = -\frac{i}{2},\qquad \int\limits_{k}\frac{1}{1+z^2}\,\mathrm{d}z = \pi\,.$$

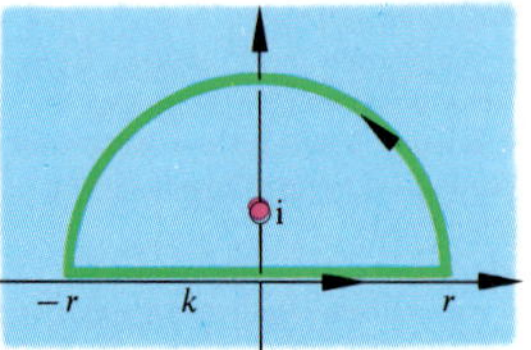

Da f in ∞ eine Nullstelle zweiter Ordnung hat, geht das Teilintegral über den Halbkreisbogen mit wachsendem r gegen 0. Also gilt:

$$\int\limits_{-\infty}^{\infty}\frac{1}{1+x^2}\,\mathrm{d}x = \pi\,.$$

Zu berechnen: $\int\limits_{0}^{\infty} r(x)\mathrm{d}x$

(r: rationale Funktion, deren n Polstellen z_ν nicht zu $\mathbb{R}_0^+$ gehören, und bei der der Grad der Nennerfunktion um mindestens 2 größer ist als der der Zählerfunktion)

Man wählt einen Integrationsweg wie in nebenstehender Zeichnung, der alle Polstellen einschließt, und bildet

$$I = \frac{1}{2\pi i}\int\limits_{K_1+w_1+K_2+w_2} r(z)\ln z\,\mathrm{d}z\,.$$

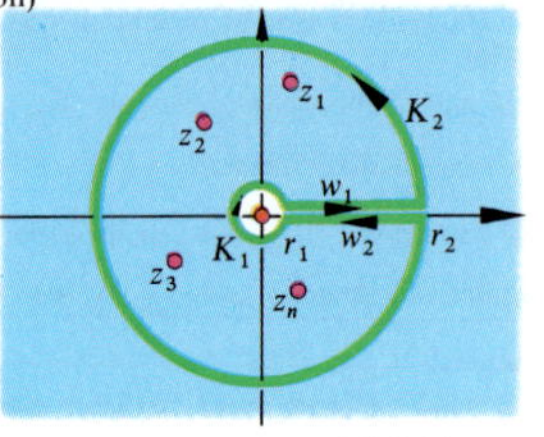

Da sich die Werte von ln nach einem Umlauf um 0 um $2\pi i$ ändern (vgl. S. 452, Abb. A_1), gilt

$$\int\limits_{w_2} r(z)\ln z\,\mathrm{d}z = -\int\limits_{w_1} r(z)(\ln z + 2\pi i)\mathrm{d}z\,,$$

$$I = \frac{1}{2\pi i}\int\limits_{K_1} r(z)\ln z\,\mathrm{d}z + \frac{1}{2\pi i}\int\limits_{K_2} r(z)\ln z\,\mathrm{d}z + \int\limits_{w_1} r(z)\mathrm{d}z\,.$$

Da die Integrale über K_1 und K_2 mit $r_1 \to 0$ und $r_2 \to \infty$ gegen 0 gehen, erhält man schließlich:

$$\int\limits_{0}^{\infty} r(x)\mathrm{d}x = -\sum_{\nu=1}^{n}(\operatorname{res}(r\cdot\ln))(z_\nu)\,.$$

Für $r(z) = \frac{1}{1+z^n}$, $n \geqq 2$, gilt speziell $z_1 = e^{\frac{\pi i}{n}}$, $z_\nu = z_1^{2\nu-1}$, $\nu \in \{1, \ldots, n\}$,

$$(\operatorname{res}(r\cdot\ln))(z_\nu) = \frac{\ln z_\nu}{n z_\nu^{n-1}} = \frac{(2\nu-1)\pi i}{n^2 z_1^{(n-1)(2\nu-1)}} = -\frac{(2\nu-1)\pi i}{n^2}\,z_1^{2\nu-1},$$

$$\int\limits_{0}^{\infty}\frac{1}{1+x^n}\,\mathrm{d}x = \frac{\pi i}{n^2}\sum_{\nu=1}^{n}(2\nu-1)z_1^{2\nu-1}.$$

Um die Summe $S = \sum_{\nu=1}^{n}(2\nu-1)z_1^{2\nu-1}$ zu vereinfachen, berechnet man der Reihe nach

$$S(1-z_1^2) = z_1 - (2n-1)z_1^{2n+1} + 2\sum_{\nu=1}^{n-1} z_1^{2\nu+1}\,,$$

$$S(1-z_1^2)^2 = z_1 + z_1^3 - (2n+1)z_1^{2n+1} + (2n-1)z_1^{2n+3}\,,$$

$$= -2nz_1(1-z_1^2)\qquad (\text{wegen } z_1^{2n} = 1)\,,$$

$$S = -\frac{2nz_1}{1-z_1^2} = -\frac{2n}{\frac{1}{z_1}-z_1} = \frac{2n}{e^{\frac{\pi i}{n}} - e^{-\frac{\pi i}{n}}} = \frac{n}{i\sin\frac{\pi}{n}},\qquad \text{daher gilt:}$$

B $$\int\limits_{0}^{\infty}\frac{1}{1+x^n}\,\mathrm{d}x = \frac{\frac{\pi}{n}}{\sin\frac{\pi}{n}}\,.$$

Berechnung reeller Integrale mittels des Residuensatzes

Meromorphie

Bezieht man die Polstellen a_ν einer Funktion (S. 439) durch Erweiterung des Wertevorrates in den Definitionsbereich ein, indem man $f(a_\nu)=\infty$ setzt, so ist die Funktion dort zwar chordal stetig (S. 429), aber nicht mehr holomorph. Differenzenquotienten und ihre Grenzwerte lassen sich nicht mehr berechnen. Läßt man die Stelle ∞ auch im Definitionsbereich zu, so kann allerdings der Holomorphiebegriff auf die Stelle ∞ ausgedehnt werden.

Hierzu bildet man zunächst durch eine bijektive Funktion φ_∞ eine Umgebung von ∞ auf eine Umgebung von 0 ab, wobei $\varphi_\infty(\infty)=0$ gilt, und untersucht dann $f\circ\varphi_\infty^{-1}$ auf Holomorphie an der Stelle 0.

Def. 1: $f: D_f\to\hat{\mathbb{C}}$ mit $\infty\in D_f$ heißt *an der Stelle ∞ holomorph*, falls $f\circ\varphi_\infty^{-1}$ an der Stelle 0 holomorph ist, wobei $\varphi_\infty: \hat{\mathbb{C}}\to\hat{\mathbb{C}}$ def. ist durch

$$\varphi_\infty(t)=\begin{cases}\infty & \text{für } t=0\,,\\ \dfrac{1}{t} & \text{für } t\in\mathbb{C}\backslash\{0\}\,,\\ 0 & \text{für } t=\infty\,.\end{cases}$$

Entsprechend sagt man, f habe in ∞ eine Nullstelle k-ter Ordnung, eine Polstelle k-ter Ordnung, eine Singularität, eine wesentliche Singularität, falls Entsprechendes für $f\circ\varphi_\infty^{-1}$ an der Stelle 0 zutrifft.

Da ein Kreisring mit dem Mittelpunkt 0 auf der Zahlensphäre auch als Kreisring mit dem Mittelpunkt ∞ aufgefaßt werden kann, kann man die LAURENTentwicklungen um 0 auch als *LAURENTentwicklungen um ∞* auffassen. Treten nur negative Exponenten bei z auf, spricht man von der *TAYLORentwicklung um ∞*.

Def. 2: Eine $\hat{\mathbb{C}}$-$\hat{\mathbb{C}}$-Funktion $f: D_f\to\hat{\mathbb{C}}$ mit $f\neq\infty$ (d. h. f soll nicht die konstante Funktion ∞ sein) heißt *meromorph*, wenn an jeder Stelle $a\in D_f$ f oder $\frac{1}{f}$ holomorph ist.

Meromorphe Funktionen gestatten um jede Stelle $a\in D_f$ eine LAURENTentwicklung, die in einer punktierten Umgebung von a konvergiert.

Def. 3: Unter dem *Hauptteil* einer meromorphen Funktion im Punkt a versteht man für $a\neq\infty$ den Teil der LAURENTentwicklung mit negativen Potenzen von $z-a$, für $a=\infty$ den Teil der LAURENTentwicklung mit nichtnegativen Potenzen von z.

Der Hauptteil stellt also eine verkürzte LAURENTreihe dar.

Residuum

Während viele Sätze über holomorphe Funktionen sich auf meromorphe Funktionen übertragen lassen, so z. B. der Identitätssatz (S. 435) und der PICARDsche Satz (S. 439, statt einem kann es jetzt allerdings zwei Ausnahmewerte geben), gilt dies sicher nicht für den CAUCHYschen Integralsatz. So ist etwa $\frac{1}{2\pi i}\int_k \frac{1}{z}\,dz=1$ für eine den Nullpunkt einschließende einfach geschlossene Kurve k.

Def. 4: Ist f in einer punktierten Umgebung von a holomorph, und ist k eine a einschließende einfach-geschlossene Kurve mit positivem Umlaufssinn, so heißt $(\operatorname{res} f)(a) := \frac{1}{2\pi i}\int_k f(z)\,dz$ *Residuum von f an der Stelle a.*

Ist f in $a\neq\infty$ meromorph und hat in einer punktierten Umgebung von a die LAURENTentwicklung $f(z)=\sum\limits_{\nu=-\infty}^{\infty} a_\nu(z-a)^\nu$, so erhält man durch gliedweise Integration $(\operatorname{res} f)(a)=a_{-1}$.

Bei Holomorphie in $a\neq\infty$ ist stets $(\operatorname{res} f)(a)=0$.

An der Stelle ∞ folgt aus der LAURENTentwicklung $f(z)=\sum\limits_{\nu=-\infty}^{\infty} a_\nu z^\nu$, wenn der Integrationsweg jetzt anders herum durchlaufen wird, $(\operatorname{res} f)(\infty)=-a_{-1}$.

Als Verallgemeinerung des CAUCHYschen Integralsatzes erhält man nun:

Satz 1 (Residuensatz): *G sei ein Gebiet, dessen Rand ∂G eine Summe von einfach-geschlossenen Kurven* (S. 235) *ist. f sei in G mit höchstens endlich vielen Ausnahmestellen z_ν holomorph und auf ∂G noch stetig; dann gilt:*

$$\frac{1}{2\pi i}\int_{\partial G} f(z)\,dz=\sum_{\nu=1}^{n}(\operatorname{res} f)(z_\nu)\quad\text{(Abb. A)}.$$

Der Residuensatz findet Anwendung bei der Berechnung reeller Integrale (Beispiel in Abb. B).

Man ergänzt den Integrationsweg zu einer geschlossenen Kurve und versucht, das Integral über den komplexen Teil des Weges zu Null zu machen. Weiter gestattet der Residuensatz wichtige Aussagen über die Werteverteilung bei holomorphen Funktionen.

Satz 2: *f sei in einem Gebiet G meromorph, der Rand ∂G von G sei eine Summe einfach-geschlossener Kurven, f sei auf ∂G holomorph und dort nirgends 0. Dann ist $\frac{1}{2\pi i}\int_{\partial G}\frac{f'(z)}{f(z)}\,dz=n-p$, wobei n die Anzahl der Nullstellen, p die Anzahl der Polstellen in G bezeichnet. Nullstellen und Polstellen sind ihrer Ordnung entsprechend zu zählen.*

Zum Beweis wendet man den Residuensatz auf die Funktion $g=\frac{f'}{f}$ an, deren Polstellen gerade die Pol- und Nullstellen von f sind. In der Umgebung einer Nullstelle z_ν der Ordnung n_ν gilt:

$$f(z)=(z-z_\nu)^{n_\nu}h(z)\quad\text{mit } h(z_\nu)\neq 0 \text{ und daher}$$

$$g(z)=\frac{f'(z)}{f(z)}=\frac{n_\nu}{z-z_\nu}+\frac{h'(z)}{h(z)}\,,$$

d. h. $(\operatorname{res} g)(z_\nu)=n_\nu$.

Entsprechend erhält man $(\operatorname{res} g)(z_\mu)=-p_\mu$ für eine Polstelle z_μ der Ordnung p_μ.

Ersetzt man f durch $f-c$, so läßt sich Satz 2 auch für beliebige c-Stellen einer Funktion formulieren, sofern f auf dem Rand von G den Wert c nicht annimmt. Wenn c auf ∂G nicht angenommen wird, so auch kein Wert aus einer hinreichend kleinen Umgebung von c. Alle diese Werte werden deshalb in G ebenso oft angenommen wie c selbst. Insbesondere bildet eine nicht konstante meromorphe Funktion offene Mengen auf offene Mengen und Gebiete wieder auf Gebiete ab (*gebietstreue Abbildung*).

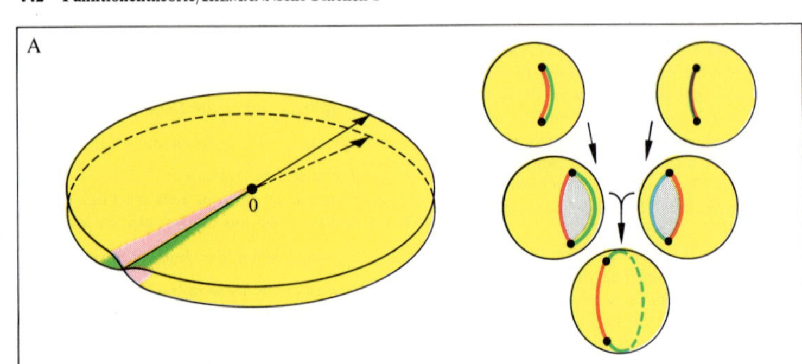

Topologisch entspricht die Fläche einer durch Identifizierung der Ränder zweier aufgeschnittener Sphären entstandenen Fläche, also wieder einer Sphäre bzw. der abgeschlossenen Ebene.

RIEMANNsche Fläche der Quadratwurzelfunktion

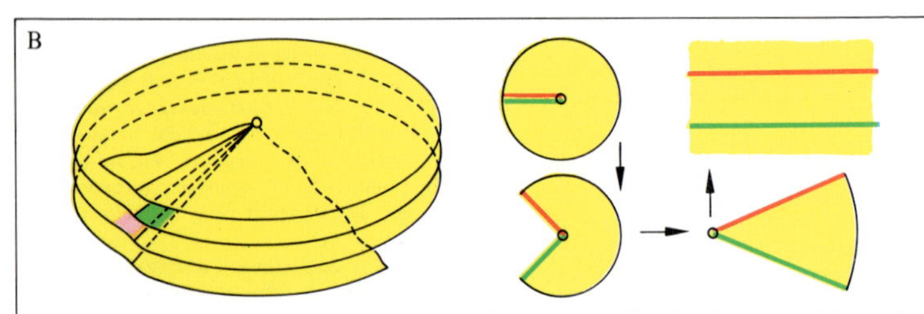

Da eine aufgeschnittene punktierte Ebene topologisch einem Streifen der Ebene entspricht, ist die gesamte Fläche der offenen Ebene homöomorph.

RIEMANNsche Fläche der Logarithmusfunktion

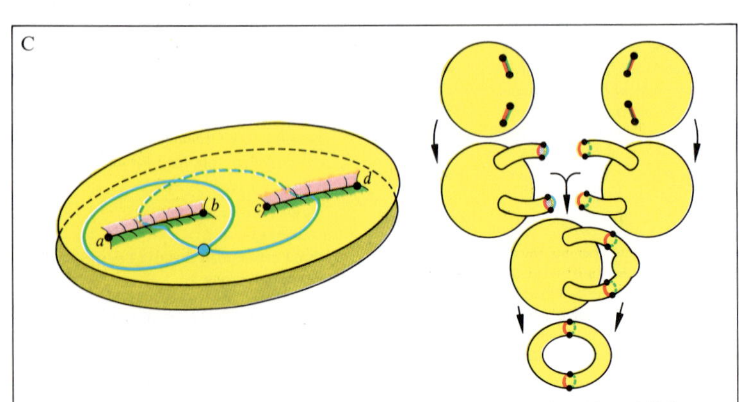

Die Fläche entspricht topologisch einer Kugel mit einem Henkel bzw. einem Torus (Fläche vom Geschlecht 1, S. 247).

RIEMANNsche Fläche zu Beispiel 3

Durch Übergang von $\mathbb{C}$ zu $\hat{\mathbb{C}}$ kann zwar die Ausnahmestellung der Polstellen einer Funktion beseitigt werden, wenn man vom Holomorphie- zum Meromorphiebegriff übergeht, doch gelingt damit nicht die Einbeziehung nichtschlichter isolierter Singularitäten in den Definitionsbereich. Die folgenden Beispiele sollen zeigen, wie auch dies u. U. durch eine erneute Erweiterung des Definitionsbereiches möglich ist.

Beispiel 1

Die durch $f(z)=\sqrt{z}$ def. Funktion hat in 0 eine nichtschlichte Singularität. In $z=1$ ist die Funktion holomorph und besitzt dort eine TAYLORentwicklung mit dem Konvergenzradius 1. Bei analytischer Fortsetzung längs des Einheitskreises erhält man die Werte $f(e^{i\varphi})=e^{i\frac{\varphi}{2}}$. Damit wird bei Fortsetzung bis zur Stelle -1 der Funktionswert an dieser Stelle i, wenn man über den oberen Halbkreis, dagegen $-$i, wenn man über den unteren Halbkreis läuft.

Eine Mehrdeutigkeit zuzulassen, ist mit dem üblichen Funktionsbegriff nicht vereinbar. Mit der analytischen Fortsetzung aufzuhören, sobald man Punkte erreicht, in denen die Funktion bereits durch eine andere Art der Fortsetzung definiert ist, wäre ein willkürliches Verfahren und würde zu Unstetigkeiten führen an Stellen, über die hinaus eine analytische Fortsetzung möglich ist.

Nach einem Verfahren von RIEMANN kann man diese Schwierigkeiten vermeiden, wenn man als Definitionsbereich nicht mehr ein Gebiet in $\mathbb{C}$ oder $\hat{\mathbb{C}}$ verwendet, sondern eine der komplexen Ebene oder Zahlensphäre überlagerte Fläche.

In diesem Beispiel, wo man nach zweimaligem Umlaufen des Nullpunktes zum gleichen Funktionswert und zur gleichen TAYLORentwicklung, also zum gleichen Funktionselement zurückkehrt, legt man zwei Ebenen, *Blätter* genannt, über die komplexe Ebene. Diese beiden Ebenen denkt man sich nun über der negativen reellen Achse aufgeschnitten und ihre Ränder kreuzweise identifiziert (Abb. A), so daß man beim Überschreiten der negativen reellen Achse von der oberen in die untere Ebene gelangt und umgekehrt. Man hätte die Ebenen auch längs eines anderen von 0 nach ∞ laufenden Weges aufschneiden können. Die Identifizierung ist im $\mathbb{R}^3$ nicht ohne Selbstdurchdringung möglich (vgl. S. 246f.). Über jedem Punkt von $\hat{\mathbb{C}}$ liegen zwei Punkte der neuen Fläche. Nur die Punkte 0 und ∞, die sog. *Verzweigungspunkte*, werden nur je einfach zur Fläche gerechnet. Die entstandene Fläche ist eine sog. *RIEMANNsche Fläche*. Setzt man $f(0)=0$ und $f(\infty)=\infty$, so ist die Funktion auf der gesamten Fläche eindeutig definierbar. Funktionswerte zu übereinanderliegenden Punkten verschiedener Blätter unterscheiden sich im Vorzeichen. Die Funktion ist sogar stetig und, außer in den Verzweigungspunkten, überall holomorph.

Bei der durch $f(z)=\sqrt{(z-a)(z-b)}$ def. Funktion ergibt sich eine ähnliche Fläche, nur liegen ihre Verzweigungspunkte über a und b.

Bei höheren Wurzeln braucht man entsprechend mehr Blätter, deren Ränder geeignet zu identifizieren sind. Dabei treten Verzweigungspunkte höherer Ordnung auf.

Beispiel 2

Kompliziertere Verhältnisse ergeben sich schon bei der durch $f(z)=\int_k \frac{1}{\zeta}\,d\zeta$ def. Funktion, wobei k von 1 nach z verläuft, ohne den Nullpunkt zu treffen. Während bei der Quadratwurzelfunktion ein Umlaufen des Nullpunktes zu einem Vorzeichenwechsel führte, bedeutet er hier eine Addition von $\pm 2\pi i$ (vgl. S. 432). Man gelangt also bei immer wiederholten Umläufen nie wieder zum Ausgangswert zurück. Die entsprechende RIEMANNsche Fläche hat hier abzählbar unendlich viele Blätter, deren Ränder sukzessive identifiziert werden (Abb. B). Die Punkte 0 und ∞ heißen *logarithmische Verzweigungspunkte*; man rechnet sie nicht mit zur RIEMANNschen Fläche. In ihnen wäre die Funktion nicht stetig ergänzbar. Im übrigen ist die Funktion auf der gesamten Fläche holomorph.

Beispiel 3

Als letztes Beispiel vor einer allgemeinen Definition RIEMANNscher Flächen werde die durch $f(z) = \sqrt{(z-a)(z-b)(z-c)(z-d)}$ def. Funktion betrachtet. a, b, c, d seien paarweise verschieden. Da außer an den Stellen a, b, c, d, wo der Funktionswert 0 ist, über jedem z zwei Funktionswerte unterzubringen sind, hat man wieder eine zweiblättrige Fläche nötig. Allerdings liegen hier vier Verzweigungspunkte vor. Schneidet man etwa längs eines von a nach b laufenden Weges und längs eines von c nach d laufenden Weges die Blätter auf und identifiziert ihre Ränder kreuzweise, so erhält man wieder eine $\hat{\mathbb{C}}$ überlagerte RIEMANNsche Fläche (Abb. C), auf der f außer in den Verzweigungspunkten holomorph und beliebig fortsetzbar ist. In den zur Fläche gehörenden Verzweigungspunkten ist f noch stetig mit den Funktionswerten 0.

Topologische Struktur der RIEMANNschen Flächen der Beispiele 1 bis 3

Die bisher konstruierten RIEMANNschen Flächen entsprechen in allen Punkten, die nicht Verzweigungspunkte sind, lokal den Punkten der komplexen Ebene, über der sie liegen. In den Verzweigungspunkten liefern die Umkehrungen der auf den Flächen def. Funktionen lokal ebenfalls eine homöomorphe Abbildung auf ein Gebiet der komplexen Ebene. Obwohl diese Flächen damit überall lokal zweidimensional sind, sind ihre topologischen Strukturen im Großen recht unterschiedlich. So gibt es z. B. auf der Fläche in Beispiel 3 im Unterschied zu den anderen Beispielen einfach-geschlossene Kurven, die die Fläche nicht zerlegen (Abb. C).

Mit Methoden, die den auf S. 246 entwickelten entsprechen, erkennt man, daß die Flächen der Reihe nach der abgeschlossenen Ebene (Sphäre), der offenen Ebene (punktierte Sphäre) und einem Torus homöomorph sind.

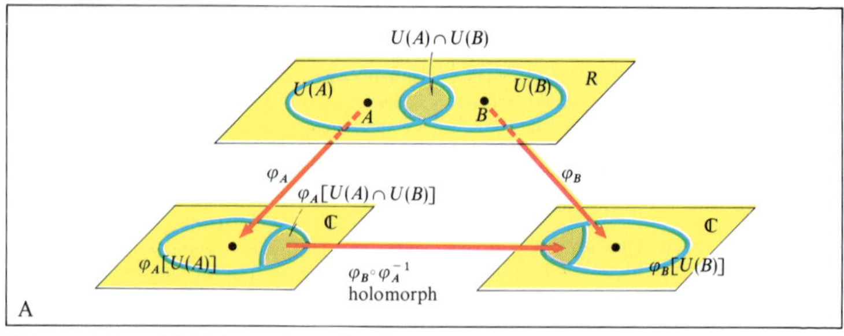

Holomorphe Verträglichkeit von Karten eines Atlas

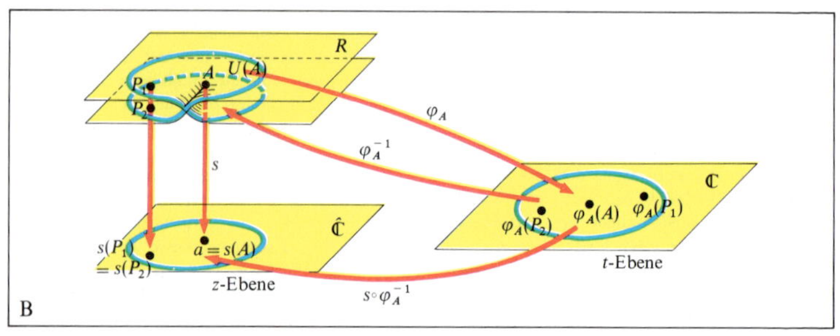

Spurabbildung, lokale Abbildungsfunktion

Alle Stellen, um die eine Funktion in eine LAURENTreihe nach dem ausgezeichneten ortsuniformisierenden Parameter entwickelt werden kann, die höchstens endlich viele Glieder mit negativen Exponenten enthält, werden dem Definitionsbereich auf der korrespondierenden RIEMANNschen Fläche zugerechnet (Holomorphiestellen, Polstellen, algebraische Verzweigungspunkte).
Als Randpunkte RIEMANNscher Flächen können auftreten:

	Beispiele	
	Funktionsterm	Stelle
a) nichtisolierte Singularitäten	$f_1(z) = \sum_{\nu=0}^{\infty} z^{\nu!}$	$\{z \mid \lvert z \rvert = 1\}$ (S. 438, Abb. A)
b) isolierte schlichte Singularitäten	$f_2(z) = e^{-\frac{1}{z^2}}$	0
c) isolierte k-blättrige Singularitäten	$f_3(z) = e^{\sqrt[k]{z}}$	∞
d) isolierte logarithmische Singularitäten	$f_4(z) = z^{\sqrt{2}} = (e^{\sqrt{2}})^{\ln z}$	0
	$f_5(z) = e^{\frac{1}{z}} \ln z$	0

Zu d): Eine isolierte logarithmische Singularität a heißt Stelle der Bestimmtheit von f, wenn es ein $r \in \mathbb{R}$ gibt, so daß $\lim_{z \to a} |(z-a)^r f(z)| = 0$ gilt, wenn während der Annäherung von z an a der Punkt a höchstens endlich oft umlaufen wird. Andernfalls heißt a Stelle der Unbestimmtheit.
Die Stelle 0 ist für die Funktion f_4 eine Stelle der Bestimmtheit, für f_5 eine Stelle der Unbestimmtheit.

C

Singularitäten analytischer Funktionen

Abstrakte RIEMANNsche Flächen

Das Verfahren, Funktionen statt auf Gebieten von $\hat{\mathbb{C}}$ auf Überlagerungsflächen zu definieren, um Mehrdeutigkeiten bei analytischer Fortsetzung zu vermeiden, ist auf beliebige meromorphe Funktionen anwendbar. Die hierbei auftretenden Flächen sind 2-dimensionale Mannigfaltigkeiten im Sinne von Def. 1, S. 421. Zu jedem Punkt A einer solchen Fläche gibt es eine Umgebung $U(A)$, die durch eine topologische Abb. $\varphi_A: U(A) \to G$ auf ein Gebiet $G \subseteq \mathbb{C}$ abgebildet werden kann. Es ist sinnvoll, für die Verträglichkeit von Karten $(U(A), \varphi_A)$, $(U(B), \varphi_B)$ hier noch stärkere Forderungen als bei differenzierbaren Mannigfaltigkeiten (S. 421) zu stellen. Man definiert:

Def. 1: Unter einer RIEMANN*schen Fläche* versteht man eine 2-dimensionale Mannigfaltigkeit, für die gilt: Sind $U(A)$ und $U(B)$ Umgebungen mit nicht leerem Durchschnitt, so ist die Funktion $\varphi_B \circ \varphi_A^{-1}$ auf dem Bild des Durchschnitts $\varphi_A[U(A) \cap U(B)]$ holomorph. Der zugehörige Atlas heißt *komplexe Struktur* der RIEMANNschen Fläche.

Die Transformation der lokalen komplexen Koordinaten wird also im Durchschnitt der Umgebungen durch eine holomorphe Funktion vermittelt (Abb. A).

Bem. 1: Man kann in Def. 1 den Begriff der 2-dimensionalen Mannigfaltigkeit durch einen schwächeren ersetzen, indem man darauf verzichtet, die Existenz einer abzählbaren Basis zu fordern. Diese ist aus der komplexen Struktur dann beweisbar.

Bem. 2: RIEMANNsche Flächen sind stets orientierbar (vgl. S. 247).

Def. 2: Eine auf einer RIEMANNschen Fläche R def. Funktion $f: R \to \hat{\mathbb{C}}$ heißt holomorph bzw. meromorph an der Stelle A, wenn $f \circ \varphi_A^{-1}$ holomorph bzw. meromorph an der Stelle $\varphi_A(A)$ ist.

Konkrete RIEMANNsche Flächen

RIEMANNsche Flächen gemäß Def. 1 nennt man auch abstrakt im Gegensatz zu den einem Gebiet $G \subseteq \hat{\mathbb{C}}$ überlagerten sog. konkreten RIEMANNschen Flächen in den Beispielen auf S. 443. Man kann zeigen, daß es zu jeder RIEMANNschen Fläche R eine auf ihr def. nicht konstante Funktion gibt, so daß eine Konkretisierung der Fläche möglich ist.

Bei konkreten Flächen kann jedem Punkt $A \in R$ durch eine *Spurabbildung* $s: R \to \hat{\mathbb{C}}$ ein Punkt $s(A)$ als *Spurpunkt* in $\hat{\mathbb{C}}$ zugeordnet werden. Die Abbildungen $s \circ \varphi_A^{-1}$ heißen *lokale Abbildungsfunktionen.*

Hat eine lokale Abbildungsfunktion $s \circ \varphi_A^{-1}$ die Eigenschaft, daß der Funktionswert an der Stelle $a = \varphi_A(A)$ endlich ist und von k-ter Ordnung angenommen wird, oder daß eine Polstelle k-ter Ordnung vorliegt, so gilt dies auch für jede andere lokale Abbildungsfunktion, die zur gleichen Stelle gehört. $k-1$ heißt *Verzweigungsordnung* von A. Ist $k-1=0$, so heißt A *unverzweigt*, sonst *Verzweigungspunkt.*

Diese Begriffsbildungen sind nur auf konkreten RIEMANNschen Flächen sinnvoll, da sie mittels lokaler Abbildungsfunktionen def. wurden.

Ein Punkt einer abstrakten RIEMANNschen Fläche kann bei verschiedenen Konkretisierungen verschiedene Verzweigungsordnungen erhalten.

Ortsuniformisierende Parameter

Auf einer konkreten RIEMANNschen Fläche kann bei endlichem Funktionswert stets die durch $z = a + t^k$, bei einer Polstelle die durch $z = \frac{1}{t^k}$ in einer Umgebung von 0 def. Funktion als lokale Abbildungsfunktion verwendet werden. Sie heißt *ausgezeichnete lokale Abbildungsfunktion.* Die Variable t heißt *ausgezeichneter ortsuniformisierender Parameter.* Man erhält

$$t = \sqrt[k]{z-a} \quad \text{bzw.} \quad t = \frac{1}{\sqrt[k]{z}}.$$

Die RIEMANNschen Flächen auf S. 443 sind so konstruiert worden, daß die Funktionen auf ihnen um jeden Punkt A in eine LAURENTreihe der Form

$\sum_{\nu=-p}^{\infty} a_\nu t^\nu$ entwickelt werden können.

Analytische Funktionen

Def. 3: Eine auf einer konkreten RIEMANNschen Fläche R def. Funktion $f: R \to \mathbb{C}$ heißt *analytisch,* falls sie um jeden Punkt eine LAURENTentwicklung nach dem ausgezeichneten ortsuniformisierenden Parameter gestattet, in der höchstens endlich viele Glieder mit negativen Exponenten auftreten.

Während Verzweigungspunkte endlicher Ordnung bei $\hat{\mathbb{C}}$-$\hat{\mathbb{C}}$-Funktionen zu den Singularitäten gehören, verlieren sie bei auf RIEMANNschen Flächen def. Funktionen, d.h. bei R-$\hat{\mathbb{C}}$-Funktionen, in vielen Fällen ihren singulären Charakter. LAURENTentwicklungen der genannten Art heißen *analytische Funktionselemente.* Dieser Begriff umfaßt die holomorphen Funktionselemente von S. 437. Ist ein analytisches Funktionselement einer meromorphen $\hat{\mathbb{C}}$-$\hat{\mathbb{C}}$-Funktion vorgegeben, so kann man durch analytische Fortsetzung neue analytische Funktionselemente gewinnen. Gelangt man zu einer isolierten Singularität, so versucht man analytische Funktionselemente nach ausgezeichneten ortsuniformisierenden Parametern zu erhalten. Die Menge aller analytischen Funktionselemente heißt das *analytische Gebilde* der vorgegebenen Funktion.

Der Umgebungsbegriff in $\mathbb{C}$ läßt sich sinngemäß auf die Funktionselemente des analytischen Gebildes übertragen. Es zeigt sich, daß das analytische Gebilde eine RIEMANNsche Fläche im Sinne von Def. 2, ja sogar eine konkrete RIEMANNsche Fläche bildet, auf der die Funktionselemente eine Funktion def. Man kann auch umgekehrt zu jeder konkreten RIEMANNschen Fläche R eine Funktion finden, die auf ganz R meromorph ist, in verschiedenen Punkten mit gleichem Spurpunkt verschiedene Funktionselemente hat und über R hinaus nicht analytisch fortsetzbar ist. RIEMANNsche Fläche und Funktion heißen in diesem Fall *korrespondierend.*

Verschiedene Typen wesentlicher Singularitäten analytischer Funktionen zeigt Abb. C.

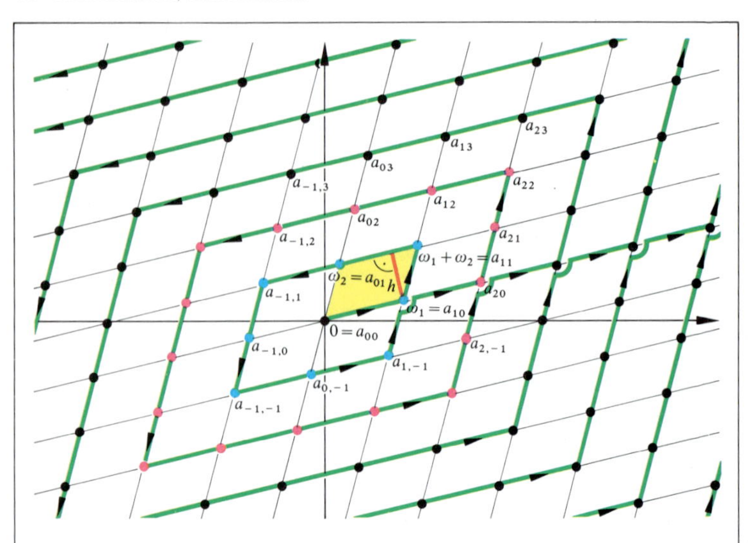

Es seien ω_1, ω_2 zwei Zahlen aus $\mathbb{C}\setminus\{0\}$ mit nichtreellem Quotienten.

(Die zu ω_1 und ω_2 gehörigen Vektoren sind linear unabhängig über $\mathbb{R}$.) Dann bestimmen ω_1, ω_2 die Gitterpunkte eines Parallelogrammnetzes. Das Parallelogramm mit den Ecken 0, ω_1, $\omega_1+\omega_2$, ω_2 heißt Fundamentalparallelogramm des Netzes.

Gesucht ist eine ganze Funktion, die genau in allen Gitterpunkten Nullstellen erster Ordnung hat.
Es werde $a_{\nu\mu}=\nu\omega_1+\mu\omega_2$, $\nu,\mu\in\mathbb{Z}$ gesetzt.

Man durchläuft sämtliche Gitterpunkte in der durch die Zeichnung angedeuteten Reihenfolge: Anfangspunkt ist 0, es folgen

8 Gitterpunkte eines Parallelogramms erster Ordnung,

$8\cdot 2$ Gitterpunkte eines Parallelogramms zweiter Ordnung, allgemein

$8n$ Gitterpunkte eines Parallelogramms n-ter Ordnung.
Für die Gitterpunkte des Parallelogramms n-ter Ordnung gilt dann: $|a_{\nu\mu}|\geqq nh$,
wenn h die kleinere der Höhen des Fundamentalparallelogramms bezeichnet. Daher gilt

$$\sum^{(n)}\left|\frac{z}{a_{\nu\mu}}\right|^3\leqq 8n\cdot\frac{|z|^3}{(nh)^3}=\frac{8|z|^3}{h^3}\cdot\frac{1}{n^2}\quad\text{für}\quad z\in\mathbb{C},$$

wobei die Summation über die Gitterpunkte des Parallelogramms n-ter Ordnung zu erstrecken ist.

Da $\sum\limits_{n=1}^{\infty}\frac{1}{n^2}$ konvergent ist, ist auch $\sum\limits_{(\nu,\mu)}'\left(\frac{z}{a_{\nu\mu}}\right)^3$ absolut konvergent für alle $z\in\mathbb{C}$. Hier ist die Summation über alle Paare $(\nu,\mu)\in\mathbb{Z}^2$ zu erstrecken, das Paar $(0,0)$ aber auszulassen. Hieran soll das Auslassungszeichen am Summenzeichen erinnern.
Im Produktsatz von WEIERSTRASS kann man also $m_\nu=2$ setzen.
Die durch

$$\sigma(z):=z\cdot\prod_{(\nu,\mu)}'\left(1-\frac{z}{a_{\nu\mu}}\right)e^{\frac{z}{a_{\nu\mu}}+\frac{1}{2}\left(\frac{z}{a_{\nu\mu}}\right)^2}$$

def. Funktion heißt σ-Funktion. Sie hat in allen Gitterpunkten Nullstellen erster Ordnung und in ∞ eine wesentliche Singularität. Wegen der absoluten Konvergenz des Produktes spielt die Reihenfolge der Faktoren keine Rolle.

Konstruktion der WEIERSTRASSschen σ-Funktion

Ganze Funktionen

Die ganzrationalen Funktionen n-ten Grades sind auf ganz $\mathbb{C}$ holomorph und haben in ∞ eine Polstelle der Ordnung n. Man definiert allgemeiner:

Def. 1: Eine auf $\mathbb{C}$ holomorphe Funktion heißt *ganze Funktion*. Eine ganze Funktion, die nicht rational ist, heißt *ganztranszendent*.

Ganze Funktionen lassen sich um jeden Punkt aus $\mathbb{C}$ in eine TAYLORreihe mit dem Konvergenzradius ∞ entwickeln. Für die Koeffizienten a_ν der TAYLORreihe gilt dann $\overline{\lim\limits_{\nu\to\infty}} \sqrt[\nu]{|a_\nu|}=0$. Sind nur endlich viele a_ν von 0 verschieden, so ist die Funktion ganzrational, sonst ganztranszendent. In letzterem Falle ist ∞ eine wesentliche Singularität.

Von besonderer Bedeutung für ganze Funktionen ist der folgende Satz.

Satz 1 (LIOUVILLE): *Jede beschränkte ganze Funktion ist konstant.*

Zum Beweis berechnet man die Koeffizienten der TAYLORentwicklung um 0 nach den CAUCHYschen Integralformeln

$$a_\nu = \frac{f^{(\nu)}(0)}{\nu!} = \frac{1}{2\pi i}\int_k \frac{f(\zeta)}{\zeta^{\nu+1}}\,d\zeta .$$

Gilt nun $|f(\zeta)|<M$ für alle $\zeta\in\mathbb{C}$ und ist k ein Kreis um 0 mit dem Radius ϱ, so erhält man die Abschätzung $|a_\nu|<\dfrac{M}{\varrho^\nu}$. Da ϱ beliebig gewählt werden kann, folgt $a_\nu=0$.

Als Folgerung sei an dieser Stelle noch ein dem algebraischen Hauptsatz der komplexen Zahlen (S. 67) äquivalenter Satz genannt.

Satz 2: *Jede ganzrationale Funktion n-ten Grades hat für $n>0$ mindestens eine Nullstelle.*

Denn ist f eine ganzrationale Funktion ohne Nullstellen, so ist auch $\frac{1}{f}$ in $\mathbb{C}$ holomorph, also eine ganze Funktion. Eine einfache Abschätzung ergibt, daß $\frac{1}{f}$ beschränkt ist und daher nach Satz 1 konstant ist. Das ist aber nur möglich, wenn auch f konstant, d. h. $n=0$ ist.

Ganztranszendente Funktionen brauchen keine Nullstellen zu besitzen, wie das Beispiel der Exponentialfunktion zeigt.

Ist g irgend eine ganze Funktion, so wird auch durch $e^{g(z)}$ eine ganze Funktion def., und zwar eine Funktion ohne Nullstellen. Man kann zeigen:

Satz 3: *Zu jeder ganzen Funktion f ohne Nullstellen gibt es eine ganze Funktion g, so daß $f(z)=e^{g(z)}$ für alle $z\in\mathbb{C}$ gilt.*

Man kann darüber hinaus fragen, ob man zu beliebig vorgegebenen Nullstellen a_ν und Nullstellenordnungen k_ν passende ganze Funktionen finden kann. Sicher ist die Einschränkung zu machen, daß die a_ν in $\mathbb{C}$ keinen Folgenhäufungspunkt haben, da die Funktion sonst nach dem Identitätssatz (S. 435) die Konstante 0 wäre.

Ist die Anzahl der Nullstellen endlich, so ist durch $f(z)=\prod\limits_{\nu=1}^{n}(z-a_\nu)^{k_\nu}$ eine rationale Lösung des Problems definiert. Für jede weitere Lösungsfunktion F gilt $F(z)=e^{g(z)}\prod\limits_{\nu=1}^{n}(z-a_\nu)^{k_\nu}$, wobei g eine ganze Funktion bezeichnet.

Bei unendlicher Nullstellenmenge braucht das entsprechende Produkt nicht mehr zu konvergieren (vgl. S. 281). Durch Hinzunahme geeigneter Faktoren läßt sich aber die Konvergenz erzwingen.

Satz 4 (Produktsatz von WEIERSTRASS): *Es sei (a_ν), $\nu\in\mathbb{N}\setminus\{0\}$, eine Folge mit $a_\nu\in\mathbb{C}\setminus\{0\}$, die in $\mathbb{C}$ keinen Folgenhäufungspunkt hat, (k_ν) eine Folge mit $k_\nu\in\mathbb{N}\setminus\{0\}$, dann gibt es eine Folge (m_ν) mit $m_\nu\in\mathbb{N}\setminus\{0\}$, so daß das Produkt*

$$f(z):=\prod_{\nu=1}^{\infty}\left[\left(1-\frac{z}{a_\nu}\right)e^{\sum\limits_{\mu=1}^{m_\nu}\frac{1}{\mu}\left(\frac{z}{a_\nu}\right)^\mu}\right]^{k_\nu}$$

in jedem beschränkten Gebiet von $\mathbb{C}$ gleichmäßig konvergiert. Die durch $f(z)$ def. Funktion f besitzt an den Stellen a_ν Nullstellen der Ordnung k_ν, aber keine weiteren Nullstellen. Ist auch 0 als Nullstelle mit der Ordnung k_0 vorgeschrieben, so tritt noch der Faktor z^{k_0} hinzu. Jede weitere Funktion mit den verlangten Eigenschaften unterscheidet sich von f durch einen Faktor mit dem Funktionsterm $e^{g(z)}$, wobei g eine ganze Funktion ist.

Die Zahlen m_ν sind so zu wählen, daß $\sum\limits_{\nu=1}^{\infty} k_\nu\left(\dfrac{z}{a_\nu}\right)^{m_\nu+1}$ für jedes $z\in\mathbb{C}$ absolut konvergiert. Das läßt sich durch $m_\nu=k_\nu+\nu$ stets erreichen, doch reichen vielfach kleinere Werte bereits aus.

Beispiele:

a) Produktdarstellung der Sinusfunktion

Die Sinusfunktion hat Nullstellen erster Ordnung für alle ganzzahligen Vielfachen von π. Es genügt hier, $m_\nu=1$ für alle ν zu setzen. Man erhält dann

$$\sin z = z e^{g(z)}\prod_{\nu=1}^{\infty}\left(1-\frac{z}{\nu\pi}\right)e^{\frac{z}{\nu}}\prod_{\nu=-1}^{-\infty}\left(1-\frac{z}{\nu\pi}\right)e^{\frac{z}{\nu}},$$
$$= z e^{g(z)}\prod_{\nu=1}^{\infty}\left(1-\frac{z^2}{\nu^2\pi^2}\right).$$

Mit Hilfe weiterer bekannter Eigenschaften der Sinusfunktion ergibt sich $g=0$, so daß gilt

$$\sin z = z\prod_{\nu=1}^{\infty}\left(1-\frac{z^2}{\nu^2\pi^2}\right).$$

b) Produktdarstellung der reziproken Gammafunktion

Fordert man Nullstellen erster Ordnung für alle nichtpositiven ganzen Zahlen, so erhält man

$$f(z)=z e^{g(z)}\prod_{\nu=1}^{\infty}\left(1+\frac{z}{\nu}\right)e^{-\frac{z}{\nu}}.$$

Setzt man $g(z)=Cz$ (C EULERsche Konstante, S. 311), so stellt $f(z)$ für reelle z den Kehrwert der auf S. 311 für die Gammafunktion entwickelten Produktdarstellung dar. $\dfrac{1}{\Gamma}$ ist damit nach $\mathbb{C}$ holomorph fortgesetzt, Γ daher eine in $\mathbb{C}$ meromorphe Funktion ohne Nullstellen mit der Polstellenmenge $\mathbb{Z}_0^-$. Alle Polstellen haben die Ordnung 1.

Eine weitere wichtige ganze Funktion ist in der nebenstehenden Abb. konstruiert worden.

Für die holomorphe Ergänzung der Funktionen aus Abb. C, S. 304, ergeben sich folgende Partialbruchzerlegungen:

$$f_1(z) = \frac{z+15}{(z+3)(z-1)} = -\frac{3}{z+3} + \frac{4}{z-1}$$

Polstellen erster Ordnung bei -3 und 1

$$f_2(z) = \frac{2z+1}{(z-1)^2} = \frac{2}{z-1} + \frac{3}{(z-1)^2}$$

Polstelle zweiter Ordnung bei 1

$$f_3(z) = \frac{(z-1)^2(z+1)(z-6)}{3z(z-2)^2} = \frac{1}{3}z - 1 - \frac{1}{2z} - \frac{19}{6(z-2)} - \frac{2}{(z-2)^2}$$

Polstellen erster Ordnung bei 0 und ∞, Polstelle zweiter Ordnung bei 2

$$f_4(z) = \frac{15z-26}{(z-4)(z^2+1)} = \frac{2}{z-4} + \frac{-1-3{,}5\mathrm{i}}{z-\mathrm{i}} + \frac{-1+3{,}5\mathrm{i}}{z+\mathrm{i}}$$

Polstellen erster Ordnung bei 4, i und $-$i

A

Partialbruchzerlegungen von Termen rationaler Funktionen

Aus:
$$\frac{1}{(z-a_{\nu\mu})^2} = \left(\frac{1}{a_{\nu\mu}} + \frac{z}{a_{\nu\mu}^2} + \frac{z^2}{a_{\nu\mu}^3} + \ldots\right)^2 = \frac{1}{a_{\nu\mu}^2} + \frac{2}{a_{\nu\mu}^3}z + \frac{3}{a_{\nu\mu}^4}z^2 + \ldots, \quad |z| < |a_{\nu\mu}|$$

folgt:
$$\frac{1}{(z-a_{\nu\mu})^2} - \frac{1}{a_{\nu\mu}^2} = \sum_{n=1}^{\infty} \frac{n+1}{a_{\nu\mu}^{n+2}} z^n,$$

d. h.
$$\wp(z) - \frac{1}{z^2} = \sum_{(\nu,\mu)}{}' \sum_{n=1}^{\infty} \frac{n+1}{a_{\nu\mu}^{n+2}} z^n = \sum_{n=1}^{\infty} (n+1) s_{n+2} z^n$$

$$\text{mit} \quad s_n := \sum_{(\nu,\mu)}{}' \frac{1}{a_{\nu\mu}^n}, \quad n \geqq 3.$$

Da für alle ungeraden Indizes $s_n = 0$ ist, gilt weiter:

$$\wp(z) = \frac{1}{z^2} + 3s_4 z^2 + 5s_6 z^4 + 7s_8 z^6 + \ldots,$$
$$\wp'(z) = -\frac{2}{z^3} + 6s_4 z + 20 s_6 z^3 + 42 s_8 z^5 + \ldots,$$
$$(\wp'(z))^2 = \frac{4}{z^6} - 24 s_4 \cdot \frac{1}{z^2} - 80 s_6 + \ldots$$
$$4(\wp(z))^3 = \frac{4}{z^6} + 36 s_4 \cdot \frac{1}{z^2} + 60 s_6 + \ldots$$
$$(\wp'(z))^2 - 4(\wp(z))^3 + 60 s_4 \wp(z) = -140 s_6 + \ldots$$

Man setzt
$$g_2 := 60 s_4, \quad g_3 := 140 s_6.$$
Die ganze Funktion $\wp'^2 - 4\wp^3 + g_2\wp$ ist wie ihre Summanden doppeltperiodisch (S. 451) und daher konstant, also gilt:

$$\wp'^2 = 4\wp^3 - g_2\wp - g_3.$$

Bem. 1: Die $\wp$-Funktion ist damit Lösung der Differentialgleichung $w'^2 = 4w^3 - g_2 w - g_3$.

Bem. 2: Durch $w^2 - (4z^3 - g_2 z - g_3) = 0$ wird eine algebraische Funktion definiert, für die mittels der $\wp$-Funktion eine Parameterdarstellung in der Form $z = \wp(t)$, $w = \wp'(t)$ angegeben werden kann. Es handelt sich dabei um den Sonderfall eines viel allgemeineren Sachverhaltes.
Man kann zeigen, daß es zu jeder auf einer RIEMANNschen Fläche R def. analytischen Funktion f zwei in einem Gebiet $G \subseteq \mathbb{C}$ def. meromorphe Funktionen φ_1 und φ_2 gibt, so daß gilt:
$$\{(\varphi_1(t), \varphi_2(t)) \mid t \in G\} = \{(s(P), f(P)) \mid P \in R\}.$$
Man sagt, f werde durch φ_1 und φ_2 uniformisiert.

Bem. 3: Der Beginn der LAURENTentwicklung der $\wp$-Funktion um 0 lautet:

$$\wp(z) = \frac{1}{z^2} + \frac{g_2}{20}z^2 + \frac{g_3}{28}z^4 + \frac{g_2^2}{1200}z^6 + \frac{3g_2 g_3}{6160}z^8 + \ldots$$

B

Weitere Eigenschaften der $\wp$-Funktion

Partialbruchzerlegungen

Das Verhalten rationaler Funktionen in den Polstellen wird besonders deutlich, wenn man eine Partialbruchzerlegung des Funktionsterms vornimmt. Die im Reellen (S. 305) evtl. auftretenden quadratischen Nennerterme $q_0(x)$ entfallen bei komplexen Funktionen. Die Zerlegungen sind damit gerade die Summe der Hauptteile der LAURENT-entwicklungen um die einzelnen Polstellen (Abb. A). Der evtl. auftretende ganzrationale Summand ist der Hauptteil der LAURENTentwicklung um die Stelle ∞.

Bei rationalen Funktionen kann man also nicht nur die Polstellen mit ihren Ordnungen, sondern sogar mit ihren Hauptteilen beliebig vorschreiben.

Das Verfahren ist nicht mehr zur Konstruktion beliebiger in $\hat{\mathbb{C}}$ meromorpher Funktionen mit einer wesentlichen Singularität in ∞ anwendbar, da bei unendlich vielen Polstellen die entstehende Reihe nicht zu konvergieren braucht. Der folgende Satz zeigt aber, daß man durch Hinzunahme geeigneter Summanden die Konvergenz erzwingen kann.

Partialbruchsatz von MITTAG-LEFFLER: *Es sei (a_ν) eine Folge mit $a_\nu \in \mathbb{C}$, die in $\mathbb{C}$ keinen Folgenhäufungspunkt hat, $(h_\nu(z))$ eine Folge zugehöriger Hauptteile der Form* $h_\nu(z) = \sum\limits_{\mu=-1}^{-k_\nu} \dfrac{c_{\nu\mu}}{(z-a_\nu)^\mu}$.
Dann gibt es eine Folge (g_ν) ganzrationaler Funktionen, so daß die Reihe

$$f(z) := \sum_{\nu=0}^{\infty} (h_\nu(z) - g_\nu(z))$$

in jedem beschränkten Gebiet von $\mathbb{C}$ nach Herausnahme von höchstens endlich vielen Gliedern gleichmäßig konvergent ist. Die durch $f(z)$ def. Funktion ist meromorph. Sie hat alle Stellen a_ν als Polstellen mit den Hauptteilen $h_\nu(z)$, aber keine weiteren Polstellen in $\mathbb{C}$. Jede weitere Funktion mit diesen Eigenschaften geht aus f durch Addition einer ganzen Funktion hervor.

Beispiele:

a) Partialbruchdarstellung der Kotangensfunktion

Die Kotangensfunktion hat Polstellen erster Ordnung für alle ganzzahligen Vielfachen von π. Die Residuen betragen 1. Die konvergenzerzeugenden Summanden können vom Grad 0 gewählt werden.

$$\begin{aligned}\cot z &= g(z) + \frac{1}{z} + \sum_{\nu=1}^{\infty}\left(\frac{1}{z-\pi\nu} + \frac{1}{\pi\nu}\right) \\ &\quad + \sum_{\nu=-1}^{-\infty}\left(\frac{1}{z-\pi\nu} + \frac{1}{\pi\nu}\right), \\ &= g(z) + \frac{1}{z} + \sum_{\nu=1}^{\infty}\left(\frac{1}{z-\pi\nu} + \frac{1}{z+\pi\nu}\right), \\ &= g(z) + \frac{1}{z} + 2z\cdot\sum_{\nu=1}^{\infty}\frac{1}{z^2-\pi^2\nu^2}.\end{aligned}$$

Die weitere Untersuchung zeigt $g=0$, so daß gilt:

$$\cot z = \frac{1}{z} + 2z\cdot\sum_{\nu=1}^{\infty}\frac{1}{z^2-\pi^2\nu^2}.$$

b) Partialbruchdarstellung der Γ-Funktion

Für die Polstellen $-\nu$ der Γ-Funktion (S. 447) läßt sich das Residuum als $\lim\limits_{z\to-\nu}(z+\nu)\,\Gamma(z)$ bestimmen. Durch wiederholte Anwendung der Beziehung $\Gamma(z) = \dfrac{\Gamma(z+1)}{z}$ erhält man $(\operatorname{res}\Gamma)(-\nu) = \dfrac{(-1)^\nu}{\nu!}$.
Der Hauptteil der LAURENTentwicklung um $-\nu$ lautet damit $h_\nu(z) = \dfrac{(-1)^\nu}{\nu!}\cdot\dfrac{1}{z+\nu}$. Auf konvergenzerzeugende Summanden kann hier verzichtet werden. Man erhält

$$\Gamma(z) = g(z) + \sum_{\nu=0}^{\infty}\frac{(-1)^\nu}{\nu!}\cdot\frac{1}{z+\nu},$$

wobei g eine ganze Funktion ist, die sich aber nicht durch elementare Funktionen ausdrücken läßt.

c) Die $\wp$-Funktion

Es soll nun eine Funktion konstruiert werden, die an den Nullstellen der σ-Funktion (S. 446) Polstellen zweiter Ordnung hat. Für $a_{\nu\mu} = \nu\omega_1 + \mu\omega_2$, $\nu, \mu \in \mathbb{Z}$, $\dfrac{\omega_1}{\omega_2}$ nicht reell, sei der zugehörige Hauptteil

$$h_{\nu\mu}(z) = \frac{1}{(z-a_{\nu\mu})^2}.$$

Als konvergenzerzeugende Summanden erweisen sich hier $g_{\nu\mu}(z) = \dfrac{1}{a_{\nu\mu}^2}$ für $(\nu,\mu) \neq (0,0)$ als geeignet.
Die durch

$$f(z) = \frac{1}{z^2} + \sum_{(\nu,\mu)}{}' \left(\frac{1}{(z-a_{\nu\mu})^2} - \frac{1}{a_{\nu\mu}^2}\right)$$

def. Funktion, wobei ν, μ unabhängig voneinander alle ganzen Zahlen durchlaufen, aber nicht gleichzeitig 0 werden – darauf soll der Strich am Summenzeichen hinweisen –, erfüllt die gestellten Bedingungen und heißt $\wp$-Funktion (sprich: pe-Funktion). Ihre Konstruktion geht wie die der σ-Funktion auf WEIERSTRASS zurück. Soll die spezielle Wahl von ω_1, ω_2 betont werden, schreibt man genauer $\wp_{\omega_1,\omega_2}$.
Die $\wp$-Funktion hängt mit der σ-Funktion eng zusammen. So erhält man

$$\begin{aligned}(\ln\sigma)'(z) &= \frac{1}{z} + \sum_{(\nu,\mu)}{}'\left(\frac{1}{z-a_{\nu\mu}} + \frac{1}{a_{\nu\mu}} + \frac{z}{a_{\nu\mu}^2}\right), \\ (\ln\sigma)''(z) &= -\frac{1}{z^2} - \sum_{(\nu,\mu)}{}'\left(\frac{1}{(z-a_{\nu\mu})^2} + \frac{1}{a_{\nu\mu}^2}\right) \\ &= -\wp(z).\end{aligned}$$

Für die Ableitung von $\wp$ gilt

$$\wp'(z) = -2\cdot\sum_{(\nu,\mu)\in\mathbb{Z}^2}\frac{1}{(z-a_{\nu\mu})^3}.$$

Diese Reihe läßt erkennen, daß $\wp'(z+\omega_1) = \wp'(z+\omega_2) = \wp'(z)$ gilt, d. h. $\wp'$ ist periodisch mit den Perioden ω_1 und ω_2. Durch Integration folgt $\wp(z+\omega_1) = \wp(z) + c$. Setzt man $z = -\dfrac{\omega_1}{2}$, so erhält man $\wp\left(\dfrac{\omega_1}{2}\right) = \wp\left(-\dfrac{\omega_1}{2}\right) + c$. Da andererseits $\wp(z) = \wp(-z)$ gilt, ist $c=0$. ω_1 und entsprechend ω_2 sind daher auch Perioden der $\wp$-Funktion.

Abb. B bringt weitere Eigenschaften der $\wp$-Funktion.

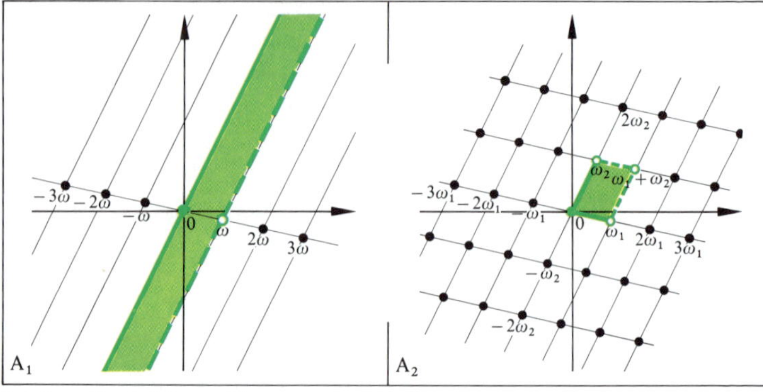

Periodenstreifen, Periodenparallelogramm

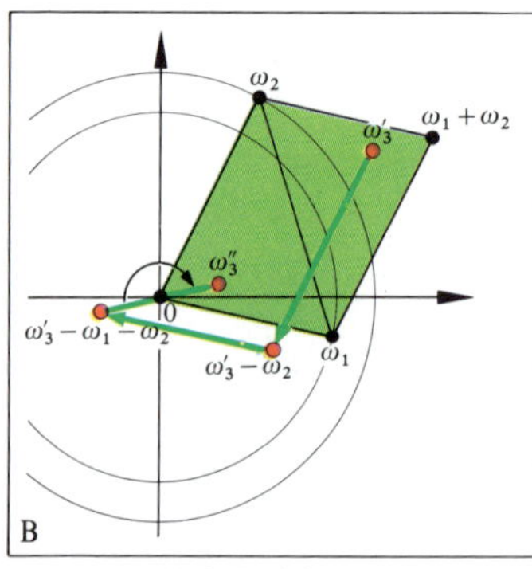

ω_1 sei eine Periode mit kleinstem Betrag, ω_2 habe unter den von $\nu\omega_1$, $\nu\in\mathbb{Z}$, verschiedenen Perioden einen kleinsten Betrag. Dann haben alle Perioden der Funktion die Form

$\nu\omega_1+\mu\omega_2, \quad \nu,\mu\in\mathbb{Z}$.

Hätte nämlich eine Periode ω_3 nicht diese Form, so könnte man sie in der Form

$$\omega_3=(\nu_0+\vartheta_1)\omega_1+(\mu_0+\vartheta_2)\omega_2$$

schreiben mit $\nu_0,\mu_0\in\mathbb{Z}$, $0\leqq\vartheta_1<1$, $0\leqq\vartheta_2<1$, $(\vartheta_1,\vartheta_2)\neq(0,0)$. $\omega_3'=\vartheta_1\omega_1+\vartheta_2\omega_2$ wäre dann ebenfalls eine Periode. Sie läge im Periodenparallelogramm mit den Ecken 0, ω_1, $\omega_1+\omega_2$, ω_2. Wegen der besonderen Wahl von ω_1 und ω_2 könnte ω_3' nicht im Dreieck mit den Ecken $0,\omega_1,\omega_2$ liegen. Dann aber hätte die Periode $\omega_3''=-(\omega_3'-\omega_1-\omega_2)$ diese Eigenschaft. Ihr Betrag wäre kleiner als $|\omega_2|$ im Widerspruch zur Annahme.

Doppelt-periodische Funktionen

FOURIERentwicklungen sind Reihenentwicklungen der Form

$$f(z)=\sum_{\nu=-\infty}^{\infty} a_\nu e^{\frac{2\pi i}{\omega}\nu z}$$

Beispiele:

$$\sin z=\frac{e^{iz}-e^{-iz}}{2i}=\frac{i}{2}e^{-iz}-\frac{i}{2}e^{iz}, \quad z\in\mathbb{C} \quad (\omega=2\pi i),$$

$$\tan z=\frac{\sin z}{\cos z}=-i\,\frac{e^{2iz}-1}{e^{2iz}+1}=i+2i\sum_{\nu=1}^{\infty}(-1)^\nu e^{2i\nu z}, \quad \operatorname{Im} z>0 \quad (\omega=\pi).$$

Bei reellen periodischen Funktionen sind Entwicklungen nach Sinus- oder Kosinusfunktionen wegen deren reeller Periode interessanter als Entwicklungen nach Exponentialfunktionen. Nutzt man die Beziehung

$$e^{\frac{2\pi i}{\omega}\nu z}=\cos\frac{2\pi\nu}{\omega}z+i\sin\frac{2\pi\nu}{\omega}z$$

aus und geht zum Realteil über, so erhält man Reihen der Form

$$f(x)=\sum_{\nu=-\infty}^{\infty}\left(b_\nu\cos\frac{2\pi\nu}{\omega}x+c_\nu\sin\frac{2\pi\nu}{\omega}x\right).$$

C

Komplexe und reelle FOURIERentwicklungen

Die Perioden komplexer Funktionen

Def. 1: Eine komplexe Funktion $f: D_f \to \hat{\mathbb{C}}$ heißt *periodisch*, wenn es eine Zahl $\omega \in \mathbb{C}\setminus\{0\}$ gibt, so daß mit $z \in D_f$ stets auch $z+\omega \in D_f$ und $f(z+\omega) = f(z)$ für alle $z \in D_f$ gilt. ω heißt *Periode* von f.

Mit zwei nicht notwendig verschiedenen Perioden ω_1 und ω_2 sind stets auch ihre Summe und Differenz wieder Perioden der Funktion. Insbesondere sind mit ω auch alle $\nu\omega$, $\nu \in \mathbb{Z}\setminus\{0\}$ Perioden.

Im folgenden sei f stets als meromorph vorausgesetzt. Gibt es nun eine Folge (ω_ν) von Perioden mit $\lim_{\nu\to\infty} \omega_\nu = 0$, so muß die Funktion nach dem Identitätssatz eine Konstante sein. Für eine nichtkonstante periodische Funktion mit der Periode ω gibt es auf der Geraden durch 0 und ω daher eine Periode ω_1 mit kleinstem Betrag. Diese heißt *primitive Periode*. Sie ist nicht eindeutig bestimmt, da z. B. mit ω_1 auch $-\omega_1$ eine Periode mit gleichem Betrag ist. Auf der Geraden durch 0 und ω_1 liegen außer den Vielfachen $\nu\omega_1$, $\nu \in \mathbb{Z}\setminus\{0\}$ keine weiteren Perioden. Es kann sein, daß es überhaupt keine weiteren Perioden gibt. Die Funktion heißt dann *einfach-periodisch*.

Gibt es doch eine weitere Periode ω_2, so ist $\frac{\omega_1}{\omega_2}$ nicht reell. ω_1 sei eine Periode mit kleinstem Betrag, ω_2 so gewählt, daß es unter allen von $\nu\omega_1$ verschiedenen Perioden einen kleinsten Betrag habe. Dann sind alle Perioden in der Form $\nu\omega_1 + \mu\omega_2$, $\nu, \mu \in \mathbb{Z}$, $(\nu, \mu) \neq (0,0)$ darstellbar. f heißt in diesem Fall *doppelt-periodisch*.

Gäbe es nämlich weitere Perioden, so müßte es (vgl. Abb. B) darunter sicher eine von $\nu\omega_1$ verschiedene mit kleinerem Betrag als ω_2 geben, was der Wahl von ω_2 widerspricht.

Ein Paar (ω_1, ω_2) heißt *primitives Periodenpaar*, wenn sich alle Perioden in der Form $\nu\omega_1 + \mu\omega_2$ schreiben lassen. Das obige Verfahren zur Konstruktion eines primitiven Periodenpaares ist nicht eindeutig.

Einfach-periodische Funktionen

f sei eine meromorphe, periodische (nicht notwendig einfach-periodische) Funktion, die in $\mathbb{C}$ höchstens isolierte Singularitäten hat, ω sei eine primitive Periode. Man lege dann durch 0 eine Gerade, die nicht durch ω läuft, und Parallelen dazu durch alle Punkte $\nu\omega$, $\nu \in \mathbb{Z}$. Die komplexe Ebene wird dadurch in Streifen, sog. *Periodenstreifen* (Abb. A_1), zerlegt, die durch Translationen mit der Abbildungsgleichung $\bar{z} = z + \nu\omega$, $\nu \in \mathbb{Z}$, aufeinander abgebildet werden können. Man rechnet jeweils nur eine der Randgeraden mit zum Streifen. Das Verhalten der Funktion ist dann durch ihr Verhalten in einem der Streifen bestimmt.

Die einfachste einfach-periodische Funktion ist die Exponentialfunktion mit der Periode $2\pi i$ (S. 437). Durch $g(z) = e^{\frac{2\pi i}{\omega} z}$ läßt sich aus ihr eine Funktion mit der Periode ω gewinnen, auf die sich alle einfach-periodischen Funktionen mit der Periode ω zurückführen lassen. Ist nämlich g^{-1} die auf einer unendlichblättrigen RIEMANNschen Fläche definierte Umkehrfunktion von g, so unterscheiden sich die Funktionswerte in Punkten mit gleichem Spurpunkt $t = e^{\frac{2\pi i}{\omega} z}$ gerade um Vielfache von ω, so daß $f \circ g^{-1}$ eine Funktion der Spurpunkte t in $\mathbb{C}$ ist, wobei gilt

$$f \circ g^{-1}(t) = f\left(\frac{\omega}{2\pi i} \cdot \ln t\right).$$

Ist f in einem durch Parallelen zur Geraden durch 0 und ω begrenzten Streifen der z-Ebene holomorph, so $f \circ g^{-1}$ in einem Kreisring der t-Ebene. Die damit mögliche LAURENTentwicklung von $f \circ g^{-1}$

$$f \circ g^{-1}(t) = \sum_{\nu=-\infty}^{\infty} a_\nu t^\nu$$

führt damit zu einer Reihenentwicklung für f:

$$f(z) = \sum_{\nu=-\infty}^{\infty} a_\nu e^{\frac{2\pi i}{\omega}\nu z}$$ (FOURIER*entwicklung*, Beispiele in Abb. C).

Bem.: Ist f auf der reellen Achse reell, so kann man die FOURIERentwicklung auch in der Form

$$f(x) = \sum_{\nu=-\infty}^{\infty} \left(b_\nu \cos\frac{2\pi}{\omega}\nu x + c_\nu \sin\frac{2\pi}{\omega}\nu x\right)$$

schreiben. Eine Darstellung durch Reihen dieser Art gibt es im Reellen nicht nur für periodische Funktionen, sondern für beliebige stetig differenzierbare Funktionen.

Doppelt-periodische Funktionen

Den Periodenstreifen der einfach-periodischen Funktionen entsprechen bei den doppelt-periodischen Funktionen *Periodenparallelogramme*, bei denen aber vom Rand nur ein Eckpunkt und zwei benachbarte offene Seiten zur Fläche gerechnet werden (Abb. A_2).

Da eine ganze Funktion in jedem beschränkten Gebiet beschränkt ist, kann es nach dem Satz von LIOUVILLE keine ganze nichtkonstante doppelt-periodische Funktion geben.

Def. 2: Eine in $\mathbb{C}$ meromorphe doppelt-periodische Funktion heißt *elliptische Funktion*.

Ihre einzigen Singularitäten in $\mathbb{C}$ sind Polstellen. ∞ ist eine wesentliche Singularität.

Def. 3: Unter der *Ordnung* einer elliptischen Funktion versteht man die Summe der Ordnungen der Polstellen in einem Periodenparallelogramm.

Da wegen der Periodizität das Integral über den Rand eines Parallelogramms 0 ist, ist die Residuensumme der Polstellen im Periodenparallelogramm 0. Es kann also keine elliptischen Funktionen erster Ordnung geben.

Es läßt sich weiter zeigen, daß eine elliptische Funktion k-ter Ordnung im Periodenparallelogramm jeden Wert aus $\hat{\mathbb{C}}$ k-mal annimmt.

Die Funktion $\wp_{\omega_1, \omega_2}$ (S. 449) ist eine elliptische Funktion zweiter Ordnung mit dem primitiven Periodenpaar (ω_1, ω_2), ihre Ableitung $\wp'$ ist von dritter Ordnung. Die $\wp$-Funktion spielt zusammen mit ihrer Ableitung für die doppelt-periodischen Funktionen eine ebenso bedeutende Rolle wie die Exponentialfunktion für die einfach-periodischen. Es gilt der

Satz: *Jede elliptische Funktion f läßt sich in der Form $f = r_1 \circ \wp + \wp' \cdot (r_2 \circ \wp)$ schreiben, wobei r_1 und r_2 rationale Funktionen sind.*

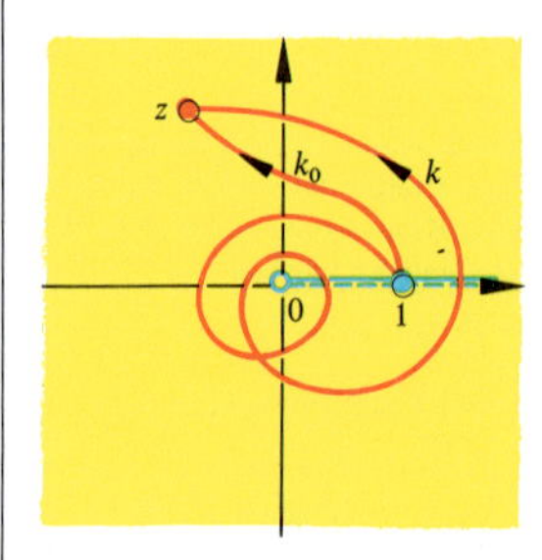

k_0 sei ein Weg von 1 nach z, der in der längs der positiven reellen Achse aufgeschnittenen und in 0 punktierten Ebene $\mathbb{C}$ verläuft, wobei die Punkte der Schnittlinie zur oberen Halbebene gerechnet werden.

$\int\limits_{k_0} \frac{1}{\zeta} \mathrm{d}\zeta$ bezeichnet man dann als $\ln z$, den sog. Hauptwert des natürlichen Logarithmus.

Ist k ein beliebiger Weg von 1 nach z in $\mathbb{C}\setminus\{0\}$, so gilt

$$\int\limits_{k} \frac{1}{\zeta} \mathrm{d}\zeta = \ln z + 2\pi \mathrm{i} \nu,$$

wobei $\nu \in \mathbb{Z}$ die Anzahl der Umläufe um 0 angibt. Das Integral definiert auf $\mathbb{C}\setminus\{0\}$ noch keine Funktion. Das analytische Gebilde ist vielmehr der punktierten Ebene unendlichblättrig überlagert. Die Spur der Umkehrfunktion ist die Exponentialfunktion exp.

A_1

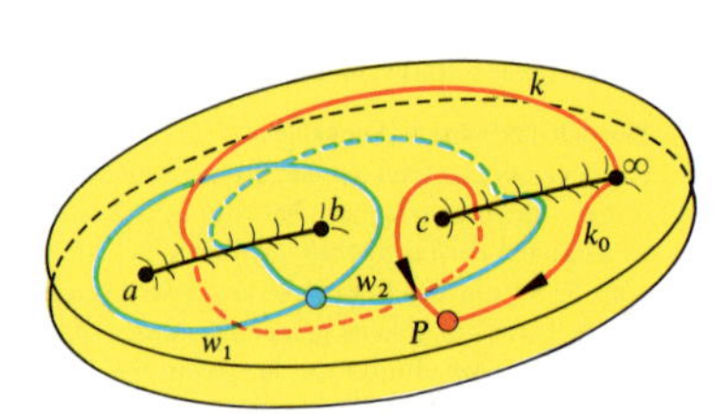

Es sei f def. durch $f(z) = 2 \cdot \sqrt{(z-a)(z-b)(z-c)}$, a, b, c paarweise verschieden. Die korrespondierende RIEMANNsche Fläche R ist zweiblättrig mit den Verzweigungspunkten a, b, c und ∞. R läßt sich durch zwei geeignete geschlossene Kurven w_1 und w_2 (sog. Rückkehrschnitte) in eine einfach-zusammenhängende Punktmenge R' zerschneiden. w_1 und w_2 selbst mögen jeweils dem beim Durchlaufen der Kurven rechts liegenden Flächenteil zugerechnet werden.

Es sei $\omega_1 := \int\limits_{w_1} \frac{1}{f(\zeta)} \mathrm{d}\zeta, \quad \omega_2 := \int\limits_{w_2} \frac{1}{f(\zeta)} \mathrm{d}\zeta.$

Ist k_0 ein Weg in R' von ∞ nach einem Punkt P, so ist

$I(P) = \int\limits_{k_0} \frac{1}{f(\zeta)} \mathrm{d}\zeta$ unabhängig vom Integrationsweg. Dagegen ist

$$\int\limits_{k} \frac{1}{f(\zeta)} \mathrm{d}\zeta = I(P) + \nu\omega_1 + \mu\omega_2, \qquad \nu, \mu \in \mathbb{Z},$$

wenn k ein beliebiger Weg in R von ∞ nach P ist.

Das analytische Gebilde von $\int\limits_{k} \frac{1}{f(\zeta)} \mathrm{d}\zeta$ ist der Fläche R unendlich-blättrig überlagert. Die Spur der Umkehrfunktion ist doppelt-periodisch.

Der Faktor 2 bei $f(z)$ und der Anfang des Integrationsweges k wurden so gewählt, daß diese doppelt-periodische Funktion gerade die $\wp$-Funktion ist. Sie nimmt in jedem Periodenparallelogramm jeden Wert aus $\hat{\mathbb{C}}$ zweimal an, da R der geschlossenen Ebene $\hat{\mathbb{C}}$ doppelt überlagert ist.

A_2

ABELsche Integrale

Funktionen auf kompakten RIEMANNschen Flächen

Die rationalen Funktionen haben die abgeschlossene Ebene $\hat{\mathbb{C}}$ als korrespondierende (S. 445) RIEMANNsche Fläche. Umgekehrt ist jede auf $\hat{\mathbb{C}}$ meromorphe Funktion rational. In Anlehnung an S. 307 soll nun der allgemeine Begriff der algebraischen Funktion auf komplexe Funktionen mit RIEMANNschen Flächen als Definitionsbereich ausgedehnt werden.

Def. 1: Eine analytische Funktion $f: R \to \mathbb{C}$ heißt *algebraisch*, falls es ein irreduzibles Polynom $P(z, w)$ aus $\mathbb{C}[z, w]$ gibt, so daß für alle endlichen Stellen $A \in R$ die Spur z mit $z = s(A)$ und der Funktionswert w mit $w = f(A)$ der Gleichung $P(z, w) = 0$ genügen.

Die Frage nach den korrespondierenden RIEMANNschen Flächen wird beantwortet durch

Satz 1: *Eine analytische Funktion f ist genau dann algebraisch, wenn ihre korrespondierende* RIEMANN*sche Fläche R kompakt ist.*

Denn ist R kompakt, so gehören von endlich vielen Stellen abgesehen zu jedem z so viele Funktionselemente, wie R Blätter hat: $f_1(z), \ldots, f_n(z)$. Mit ihrer Hilfe lassen sich n Funktionen $r_1, r_2, \ldots, r_n$ def. durch

$$r_1(z) = f_1(z) + \cdots + f_n(z)$$
$$r_2(z) = f_1(z) f_2(z) + f_1(z) f_3(z) + \cdots + f_{n-1}(z) f_n(z)$$
$$\cdots\cdots\cdots$$
$$r_n(z) = f_1(z) f_2(z) \cdot \cdots \cdot f_n(z).$$

Ihre korrespondierenden RIEMANNschen Flächen sind $\hat{\mathbb{C}}$, da bei Fortsetzung längs einer Kurve, deren Spur in $\hat{\mathbb{C}}$ geschlossen ist, in $r_\nu(z)$ höchstens einzelne Summanden vertauscht werden. Die r_ν sind also rationale Funktionen. Multipliziert man die Summe

$$w^n + \sum_{\nu=1}^{n} (-1)^\nu r_\nu(z) w^{n-\nu}$$

mit dem Hauptnenner der $r_\nu(z)$, so erhält man ein Polynom $P(z, w)$ mit den verlangten Eigenschaften. Ist andererseits f algebraisch, so gibt es, von endlich vielen Ausnahmestellen abgesehen, zu jedem z so viele Funktionselemente, wie der Grad von $P(z, w)$ in w angibt. Diese lassen sich längs jedes Weges, über dem keine Ausnahmestellen liegen, analytisch fortsetzen. Über den Ausnahmestellen können neben schlichten Punkten Verzweigungspunkte liegen, deren Verzweigungsordnung aber kleiner als n sein muß, so daß es LAURENTentwicklungen nach geeigneten ortsuniformisierenden Parametern gibt.

Da in der Umgebung der Ausnahmestellen jeder Funktionswert höchstens so oft angenommen wird, wie der Grad von $P(z, w)$ in z angibt, läßt sich zeigen, daß die Ausnahmestellen keine wesentlichen Singularitäten sein können. Es gilt weiter:

Satz 2: *Jede auf einer kompakten* RIEMANN*schen Fläche meromorphe, nichtkonstante Funktion nimmt jeden Wert gleich oft an.*

Satz 3: *Zwischen der Anzahl n der Blätter, der Summe v aller Verzweigungsordnungen und dem Geschlecht g* (S. 247) *einer kompakten* RIEMANN*schen Fläche besteht der Zusammenhang* $g = \frac{v}{2} - n + 1$.

Körper algebraischer Funktionen

Auf jeder kompakten RIEMANNschen Fläche R gibt es meromorphe, nichtkonstante Funktionen. *Alle* meromorphen Funktionen auf R bilden mit den üblichen Verknüpfungen einen Körper, den *Funktionenkörper* von R. Ist R die korrespondierende Fläche einer Funktion f und K der Körper der rationalen Funktionen über $\mathbb{C}$, so ist der durch Adjunktion von f (S. 99) gebildete Körper $K(f)$ gerade der Funktionenkörper von R. Der Funktionsterm $g(z)$ einer beliebigen Funktion des Funktionenkörpers von R läßt sich damit rational durch z und $f(z)$ ausdrücken.

ABELsche Integrale

Die Integrale algebraischer Funktionen auf kompakten RIEMANNschen Flächen heißen ABEL*sche Integrale*. Sie brauchen selbst nicht algebraisch zu sein, wie $f(z) = \int_k \frac{1}{\zeta} d\zeta$ zeigt, wobei k ein Weg von 1 nach z ist, der nicht durch 0 läuft (Abb. A_1). Die Werte des Integrals für verschiedene nach z laufende Wege unterscheiden sich hier um Vielfache von $2\pi i$. Das analytische Gebilde der Integralfunktion ist eine unendlich-blättrige RIEMANNsche Fläche. Die Spur $s \circ f^{-1}$ der Umkehrfunktion ist die Exponentialfunktion mit der Periode $2\pi i$.

Bei Flächen komplizierteren Zusammenhangs ergeben sich Beziehungen zu den elliptischen Funktionen. R sei etwa die zu f mit

$$f(z) = \sqrt{(z-a)(z-b)(z-c)}$$

korrespondierende Fläche mit den Verzweigungspunkten a, b, c und ∞. R ist topologisch einem Torus homöomorph. Man bilde $\int_k \frac{1}{f(\zeta)} d\zeta$, wobei k ein Weg von ∞ nach einer Stelle P mit dem Spurpunkt z sei. Es sei weiter $\int_{k_1} \frac{1}{f(\zeta)} d\zeta = \omega_1$, $\int_{k_2} \frac{1}{f(\zeta)} d\zeta = \omega_2$, wobei k_1 und k_2 zwei geschlossene Kurven sind, die R in ein Gebiet zerlegen, das einem Parallelogramm homöomorph ist (Abb. A_2 und S. 442, Abb. C). Die Werte des Integrals $\int_k \frac{1}{f(\zeta)} d\zeta$ für verschiedene nach z laufende Wege k unterscheiden sich dann um ganzzahlige Vielfache von ω_1 und ω_2. Das analytische Gebilde der Integralfunktion ist unendlich-blättrig und hat über a, b, c und ∞ je unendlich viele Verzweigungspunkte der Ordnung 1. Die Spur $s \circ f^{-1}$ ist doppelt-periodisch. Es gilt $s \circ f^{-1} = \wp$.

Bem.: Die holomorphe Ergänzung und analytische Fortsetzung einer reellen algebraischen Funktion erleichtert das Verständnis für die Eigenschaften algebraischer Kurven (S. 307). Nicht jedem singulären Kurvenpunkt entspricht nämlich eine Singularität der kompl. algebraischen Funktion.

Def. 2: Ein ABELsches Integral, das überall auf R holomorph ist, heißt von *erster Gattung*, hat es als einzige Singularitäten Polstellen, so heißt es von *zweiter*, sonst von *dritter Gattung*. Das Integral in Abb. A_1 ist von dritter, dasjenige in Abb. A_2 von erster Gattung.

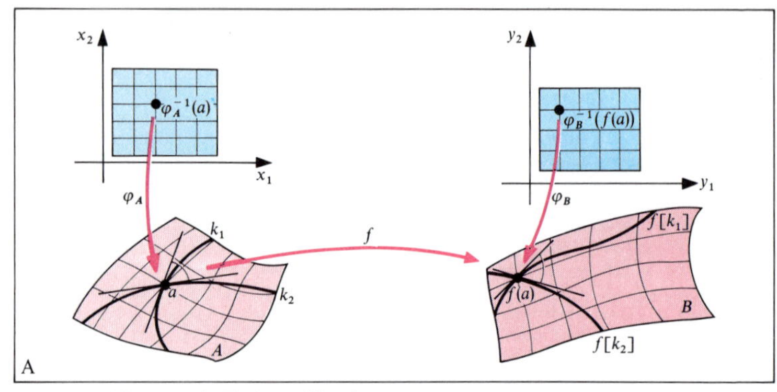

Konforme Abbildung zweier Flächen aufeinander

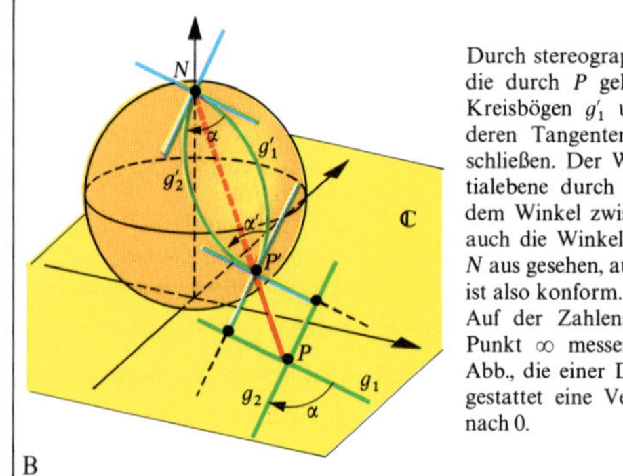

Durch stereographische Projektion von N aus werden die durch P gehenden Geraden g_1 und g_2 in zwei Kreisbögen g_1' und g_2' durch N und P' abgebildet, deren Tangenten in N und P gleiche Winkel einschließen. Der Winkel bei N stimmt, da die Tangentialebene durch N zur Grundebene parallel ist, mit dem Winkel zwischen g_1 und g_2 überein. Daher sind auch die Winkel bei P und P' gleich. Sie haben, von N aus gesehen, auch gleichen Drehsinn. Die Abbildung ist also konform.

Auf der Zahlensphäre kann man Winkel auch im Punkt ∞ messen. Die durch $h(z)=\frac{1}{z}$ def. konforme Abb., die einer Drehung der Zahlensphäre entspricht, gestattet eine Verlegung der Winkelmessung von ∞ nach 0.

Konforme Abbildung der komplexen Zahlenebene auf die Zahlensphäre

Die Komposition $f_2 \circ f_1$ zweier linearer Transformationen f_1 und f_2, die durch $f_1(z)=\dfrac{a_1 z+b_1}{c_1 z+d_1}$ und $f_2(z)=\dfrac{a_2 z+b_2}{c_2 z+d_2}$ def. sind, ist wegen

$$(f_2 \circ f_1)(z)=\frac{a_2\cdot\dfrac{a_1 z+b_1}{c_1 z+d_1}+b_2}{c_2\cdot\dfrac{a_1 z+b_1}{c_1 z+d_1}+d_2}=\frac{(a_1 a_2+c_1 b_2)z+(b_1 a_2+d_1 b_2)}{(a_1 c_2+c_1 d_2)z+(b_1 c_2+d_1 d_2)}$$

ebenfalls eine lineare Transformation. Denn aus $a_1 d_1-b_1 c_1 \neq 0$ und $a_2 d_2-b_2 c_2 \neq 0$ folgt auch $(a_1 a_2+c_1 b_2)(b_1 c_2+d_1 d_2)-(b_1 a_2+d_1 b_2)(a_1 c_2+c_1 d_2)=(a_1 d_1-b_1 c_1)(a_2 d_2-b_2 c_2)\neq 0$.

Eine beliebige lineare Transformation f, def. durch $f(z)=\dfrac{az+b}{cz+d}$ mit $c\neq 0$, läßt sich stets als Komposition $k\circ h\circ g$ schreiben, wobei

$g(z)=cz+d$, $h(z)=\dfrac{1}{z}$, $k(z)=-\dfrac{ad-bc}{c}z+\dfrac{a}{c}$ gilt. g und k sind ganze lineare Transformationen.

C

Komposition linearer Transformationen

Konforme Abbildungen

Der Graph einer komplexen Funktion läßt sich nicht wie bei reellen Funktionen zeichnen, da er im vierdimensionalen Raum $\mathbb{C}^2$ bzw. $\mathbb{R}^4$ liegt.

Einen Überblick über die geometrischen Abbildungseigenschaften einer Funktion f erhält man aber, wenn man geeignete Teilmengen von D_f und ihre Bildmengen in zwei komplexen Ebenen darstellt. Als Teilmengen von D_f kommen vor allem Gebiete und Kurvenscharen in Betracht. Schon auf S. 441 war festgestellt worden, daß Gebiete stets wieder auf Gebiete abgebildet werden. Bei der Abbildung von Kurven interessiert der Bildwinkel des Winkels, den zwei Kurven einschließen.

Def. 1: A und B seien zwei glatte Flächenstücke mit den Parameterdarstellungen φ_A und φ_B. Die Abb. $f: A \to B$ von A auf B heißt *winkeltreu* an der Stelle $a \in A$, wenn $\varphi_B^{-1} \circ f \circ \varphi_A$ stetig partiell differenzierbar an der Stelle $\varphi_A^{-1}(a)$ ist und je zwei Flächenkurven k_1 und k_2 durch a denselben Winkel einschließen wie $f[k_1]$ und $f[k_2]$ im Punkte $f(a)$. f heißt *konform* (*antikonform*), wenn f an jeder Stelle von A winkeltreu unter Beibehaltung (unter Umkehrung) des Drehsinns des Winkels ist (Abb. A).

Es ergeben sich nun folgende wichtige Sätze:

Satz 1: *Die stereographische Projektion der abgeschlossenen Zahlenebene $\hat{\mathbb{C}}$ auf die Zahlensphäre ist eine konforme Abbildung* (Abb. B).

Satz 2: *Ist die komplexe Funktion $f: D_f \to \mathbb{C}$ holomorph und $f'(a) \neq 0$, so gibt es eine Umgebung $U(a)$ von a, in der f konform ist.*

Zum Beweis betrachtet man eine Kurve $k: (0;1) \to \mathbb{C}$ mit $k(0) = a$, $k'(0) \neq 0$. Für die Bildkurve $f \circ k$ gilt dann wegen $f(z) = f(a) + (z-a)\,h(z)$ mit $h(a) \neq 0$:

$$(f \circ k)'(t) = [(k(t)-a)\,h'(k(t)) + h(k(t))]\,k'(t),$$
$$(f \circ k)'(0) = h(a)\,k'(0) \neq 0.$$

Die Tangente an k in a hat die Gleichung

$$z = a + \lambda \cdot k'(0), \qquad \lambda \in \mathbb{R},$$

die Tangente an $f \circ k$ in $f(a)$ die Gleichung

$$w = f(a) + \mu \cdot h(a)\,k'(0), \qquad \mu \in \mathbb{R}.$$

Der Winkel zwischen zwei Kurven k_1 und k_2 beträgt

$$\varphi = \arg k_2'(0) - \arg k_1'(0) \qquad (\arg \text{ s. S. } 64),$$

derjenige zwischen den Bildkurven

$$\begin{aligned} \varphi^* &= \arg(f \circ k_2)'(0) - \arg(f \circ k_1)'(0),\\ &= \arg(h(a)\,k_2'(0)) - \arg(h(a)\,k_1'(0)),\\ &= \arg(k_2'(0)) - \arg(k_1'(0)) = \varphi, \end{aligned}$$

da $\arg(z_1 z_2) = \arg z_1 + \arg z_2$ ist.

Es gilt auch die Umkehrung von Satz 2:

Satz 3: *Ist $f: D_f \to \mathbb{C}$ im Gebiet D_f konform, so ist f holomorph und $f'(z) \neq 0$ für alle $z \in D_f$.*

Zum Beweis zeigt man, daß die CAUCHY-RIEMANNschen Differentialgleichungen erfüllt sind.

Berücksichtigt man Satz 1, so lassen sich die Sätze 2 und 3 auf meromorphe Funktionen übertragen.

Eine antikonforme komplexe Abb. heißt auch *antiholomorph*. Für sie gelten statt der CAUCHY-RIEMANNschen Differentialgleichungen die Gleichungen

$$\frac{\partial u}{\partial x_1} = -\frac{\partial v}{\partial x_2} \quad \text{und} \quad \frac{\partial v}{\partial x_1} = \frac{\partial u}{\partial x_2}.$$

Durch Übergang zu konjugiert-komplexen Funktionswerten geht jede holomorphe Funktion in eine antiholomorphe über und umgekehrt.

Die Klasse der holomorphen Funktionen ist insofern vor derjenigen der antiholomorphen ausgezeichnet, als sie abgeschlossen ist gegenüber der Komposition von Funktionen.

Konformität ist wie die Entwickelbarkeit in Potenzreihen (S. 435) oder die Gültigkeit des CAUCHYschen Integralsatzes (S. 433) äquivalent zu komplexer Differenzierbarkeit, wenn $f'(z) \neq 0$ ist.

Entsprechend dem Beweis zu Satz 2 läßt sich zeigen, daß alle Winkelmaße zwischen Flächenkurven durch a bei der Abbildung um den Faktor k vergrößert werden, falls $f^{(k)}(a) \neq 0$, aber $f^{(\nu)}(a) = 0$ für alle $\nu < k$ ist.

Im Falle einer konformen Abbildung ($k = 1$) ist auch die Umkehrabbildung in einer Umgebung $U(f(a))$ konform. Für die Ableitung $(f^{-1})'$ gilt $(f^{-1})' \circ f = \frac{1}{f'}$ (vgl. S. 295).

Konforme Abbildungen von $\hat{\mathbb{C}}$ auf sich

Soll $\hat{\mathbb{C}}$ durch f konform auf $\hat{\mathbb{C}}$ abgebildet werden, so darf f nur eine einzige Nullstelle der Ordnung 1 und eine einzige Polstelle der Ordnung 1 haben. f muß also rational sein mit einer Funktionsgleichung der Form $f(z) = \frac{az+b}{cz+d}$ mit $ad - bc \neq 0$.

Umgekehrt leistet auch jede Funktion mit einem Funktionsterm der genannten Art eine solche konforme Abbildung. Man nennt Funktionen dieser Art *lineare Transformationen*.

Die Komposition linearer Transformationen ist wieder eine lineare Transformation (Abb. C). Die Menge der linearen Transformationen mit der Komposition als Verknüpfung bildet eine Gruppe.

Konforme Abbildungen von $\mathbb{C}$ auf sich

Die konformen Abbildungen von $\mathbb{C}$ auf sich sind spezielle lineare Transformationen, bei denen der Punkt ∞ auf sich abgebildet wird. Der Funktionsterm muß daher die einfache Gestalt $f(z) = az + b$, $a \neq 0$, haben (*ganze lineare Transformationen*).

Schreibt man a in der Form $|a| \cdot e^{i\varphi}$, so sieht man, daß die Abbildung aufgefaßt werden kann als Komposition einer zentrischen Streckung mit dem Streckungsfaktor $|a|$, einer Drehung um den Winkel φ (beide Abbildungen mit dem Zentrum 0) und einer Verschiebung um b. Geometrisch handelt es sich also um eine Drehstreckung (S. 157). Sie bildet Geraden auf Geraden und Kreise auf Kreise ab. Da man jede lineare Transformation durch Komposition einer ganzen linearen Transformation mit der durch $h(z) = \frac{1}{z}$ def. Transformation erhalten kann (Abb. C), letztere aber nach Abb. B einer Drehung der Zahlensphäre entspricht, werden durch lineare Transformationen Kreise auf der Zahlensphäre stets wieder auf Kreise abgebildet. In der Ebene $\mathbb{C}$ wird die Menge aller Geraden und Kreise auf sich abgebildet.

$f:\mathbb{C}\to\mathbb{C}$ sei eine nicht identische lineare Transformation, def. durch $f(z)=\frac{az+b}{cz+d}$ mit $ad-bc=1$.

Dann sind folgende Fälle möglich, die sich in den Eigenschaften der Fixelemente unterscheiden.

	$a+d$ reell			$a+d$ nicht reell
	$\lvert a+d\rvert>2$	$\lvert a+d\rvert=2$	$\lvert a+d\rvert<2$	
Anzahl der Fixpunkte	2	1	2	2
Fixkreise, falls ∞ nicht Fixpunkt ist	Kreisbüschel durch die Fixpunkte	Kreisbüschel mit fester Tangente durch den Fixpunkt	Orthogonalkreise zum Kreisbüschel durch die Fixpunkte	keine
Fixgeraden, falls ∞ ein Fixpunkt ist	Geradenbüschel durch den endlichen Fixpunkt	Büschel paralleler Geraden	Büschel konzentrischer Kreise um den endlichen Fixpunkt	keine
Die Transformation heißt	hyperbolisch	parabolisch	elliptisch	loxodromisch

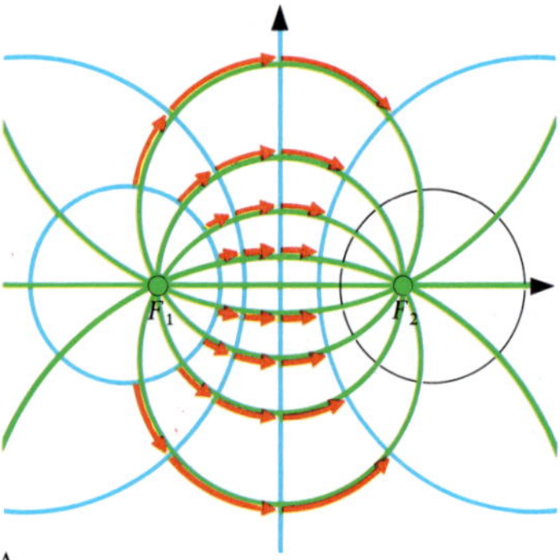

A_1 hyperbolische Transformation

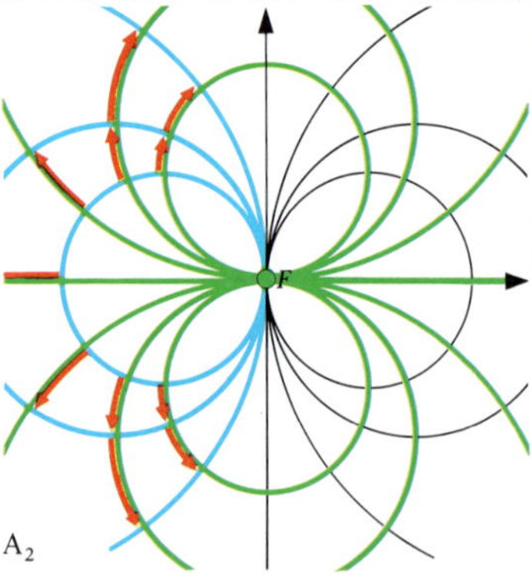

A_2 parabolische Transformation

Die roten Pfeile verbinden jeweils Paare von Urbild- und Bildpunkten

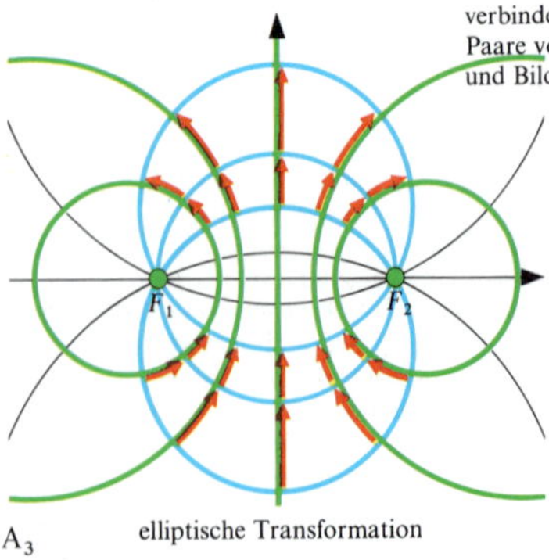

A_3 elliptische Transformation

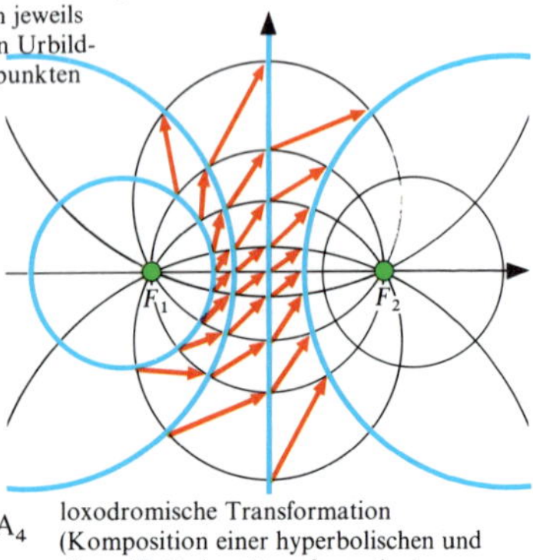

A_4 loxodromische Transformation (Komposition einer hyperbolischen und einer elliptischen Transformation)

Klassifizierung linearer Transformationen nach Fixelementen

Klassifizierung der linearen Transformationen

Lineare Transformationen haben stets mindestens einen *Fixpunkt*. Die Bedingung lautet

$$\frac{az+b}{cz+d}=z.$$

f sei nicht die identische Abbildung und so normiert, daß $ad-bc=1$ gilt. Ist dann $c=0$, so ist ∞ Fixpunkt dieser ganzen linearen Transformation. Ist außerdem $a=d$, so ist ∞ einziger Fixpunkt, sonst gibt es einen zweiten Fixpunkt $\frac{b}{d-a}$.

Ist $c \neq 0$, so ist ∞ nicht Fixpunkt der Abbildung. Die Lösungen der Fixpunktbedingung lauten jetzt

$$z_{1,2}=\frac{a-d}{2c}\pm\sqrt{\frac{(a-d)^2-4bc}{4c^2}}$$

oder unter Berücksichtigung von $ad-bc=1$

$$z_{1,2}=\frac{a-d}{2c}\pm\frac{1}{2c}\sqrt{(a+d)^2-4}.$$

Unter Einschluß des Falles $c=0$ gilt daher:

Ist $a+d$ reell und $|a+d|=2$, so hat f nur einen Fixpunkt, sonst zwei Fixpunkte.

Eine weitere Klassifizierung der linearen Transformationen mit zwei Fixpunkten ergibt sich aus den Eigenschaften eventueller *Fixkreise*, das sind Kreise, die unter Beibehaltung des Durchlaufsinnes auf sich abgebildet werden (Abb. A).

Konforme Abbildungen des Inneren des Einheitskreises auf sich

Die linearen Transformationen mit reellen Koeffizienten a, b, c, d und $ad-bc=1$ sind genau diejenigen, die die reelle Achse auf sich und die obere und untere Halbebene jeweils auf sich abbilden.

Da die spezielle lineare Transformation f_0, def. durch $f_0(z)=\frac{z+\mathrm{i}}{\mathrm{i}z+1}$, wegen $f_0(1)=1$, $f_0(-1)=-1$, $f_0(-\mathrm{i})=0$, $f_0(0)=\mathrm{i}$, $f_0(\mathrm{i})=\infty$ das Innere des Einheitskreises auf die obere Halbebene abbildet, können alle linearen Transformationen, die das Innere des Einheitskreises auf sich abbilden, in der Form

$$l=f_0^{-1}\circ r\circ f_0$$

geschrieben werden, wobei r eine lineare Transformation mit reellen Koeffizienten bezeichnet. Für die Koeffizienten in $l(z)=\frac{az+b}{cz+d}$ ergibt sich daraus die Bedingung $d=\bar{a}$, $c=\bar{b}$ (konjugiert-komplexe Werte). Die weitere Untersuchung zeigt, daß diese linearen Transformationen überhaupt die einzigen konformen Abbildungen sind, die das Innere des Einheitskreises auf sich abbilden.

Konforme Abbildungen einfach-zusammenhängender Gebiete aufeinander

Soll ein Gebiet G_1 konform auf ein Gebiet G_2 abgebildet werden, so müssen G_1 und G_2 gleiche Zusammenhangsverhältnisse aufweisen, da eine konforme Abbildung stets auch eine topologische Abbildung ist. Ist $G_1=\hat{\mathbb{C}}$, so muß auch $G_2=\hat{\mathbb{C}}$ sein. Diese Abbildungen wurden auf S. 455 bereits untersucht.

Hat G_1 die Form $\hat{\mathbb{C}}\setminus\{a\}$ (punktierte Ebene), so ist eine konforme Abbildung nur möglich, falls auch G_2 eine punktierte Ebene $\hat{\mathbb{C}}\setminus\{b\}$ ist, da Meromorphie in a vorliegen muß. Transformiert man a und b durch lineare Transformationen nach ∞, so liefern die Ergebnisse von S. 455 (Konforme Abb. von $\mathbb{C}$ auf sich) einen vollständigen Überblick über die konformen Abbildungen zweier punktierter Ebenen aufeinander.

Hat G_1 mehr als einen Randpunkt, ist aber noch einfach-zusammenhängend – der Rand enthält dann offensichtlich keine isolierten Punkte –, so muß auch G_2 diese Eigenschaft haben. Es gilt nun der folgende wichtige Satz:

Satz 4 (RIEMANNscher Abbildungssatz): *Jedes einfach-zusammenhängende Gebiet G in $\hat{\mathbb{C}}$, das mehr als einen Randpunkt hat, läßt sich konform auf das Innere des Einheitskreises abbilden.*

Zum Beweis betrachtet man zwei Randpunkte a und b von G und die durch $t(z)=\sqrt{\frac{z-a}{z-b}}$ und $t^*(z)=-\sqrt{\frac{z-a}{z-b}}$ def. Funktionen, die die Punkte a und b nach 0 und ∞ abbilden. Ein beliebiges Funktionselement von t ist in G wegen des einfachen Zusammenhangs nach dem Monodromiesatz (S. 437) auf beliebigen Wegen eindeutig fortsetzbar, wobei aus $z_1 \neq z_2$ stets $t(z_1) \neq t(z_2)$ folgt. Entsprechendes gilt für t^*, außerdem sind die Bildmengen $t[G]$ und $t^*[G]$ elementefremd.

Damit gibt es in der Bildebene einen Kreis, dessen Inneres nicht zu $t[G]$ gehört. Bildet man das Innere dieses Kreises auf das Äußere des Einheitskreises ab, so erhält man durch Komposition eine Abbildung von G in das Innere des Einheitskreises. Durch geeignete Iterationsverfahren läßt sich hieraus schließlich eine Abbildung auf das Innere des Einheitskreises konstruieren.

Sind nun G_1 und G_2 zwei einfach-zusammenhängende Gebiete mit mehr als einem Randpunkt, so gibt es konforme Abbildungen f_1 bzw. f_2, die G_1 bzw. G_2 auf das Innere des Einheitskreises abbilden. Die Abbildungen der Form $f=f_2^{-1}\circ l\circ f_1$, wobei l eine konforme Abbildung des Inneren des Einheitskreises auf sich bedeutet, sind dann gerade diejenigen, die G_1 konform auf G_2 abbilden.

Die Abbildungen von G_1 auf sich haben die Gestalt $f=f_1^{-1}\circ l\circ f_1$.

Konforme Abbildungen mehrfach-zusammenhängender Gebiete aufeinander

Für mehrfach-zusammenhängende Gebiete ist das Problem der konformen Abbildbarkeit erheblich verwickelter. Gleiche topologische Zusammenhangsverhältnisse garantieren noch nicht die Existenz solcher Abbildungen.

Allerdings gibt es zu jedem Gebiet auf einer beliebigen RIEMANNschen Fläche einfach-zusammenhängende Überlagerungsflächen, die ihrerseits damit konform auf $\hat{\mathbb{C}}$, $\mathbb{C}$ oder das Innere des Einheitskreises abbildbar sind.

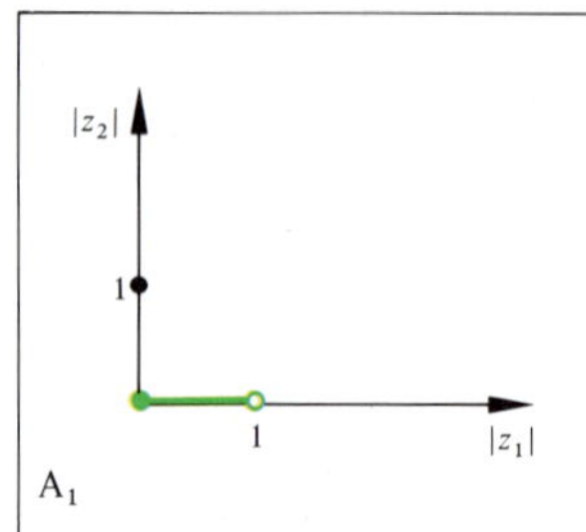

$$\sum_{\nu=0}^{\infty} z_1^\nu (1+\nu!\, z_2)$$

hat die Konvergenzmenge

$$\{(z_1, z_2) \mid |z_1| < 1 \wedge z_2 = 0\}.$$

Die Reihe ist insbesondere für $z_2 \neq 0$ stets divergent. Die Konvergenzmenge enthält keine inneren Punkte, die Reihe def. keine holomorphe Funktion.

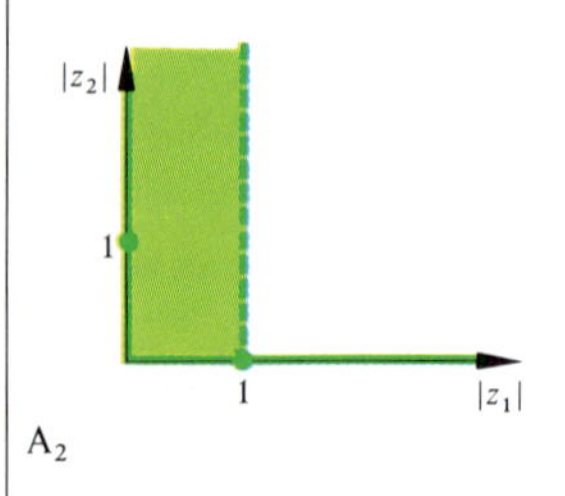

$$\sum_{\nu=0}^{\infty} z_1^\nu z_2$$

hat die Konvergenzmenge

$$\{(z_1, z_2) \mid |z_1| < 1 \vee z_2 = 0\}.$$

Es handelt sich im Inneren der Konvergenzmenge um die Potenzreihenentwicklung der Funktion $f: (\mathbb{C}\setminus\{1\}) \times \mathbb{C} \to \mathbb{C}$, def. durch

$$f(z_1, z_2) = \frac{z_2}{1 - z_1}.$$

Diese Funktion ist an der Stelle (1; 0) nicht def. und läßt sich dorthin auch nicht stetig fortsetzen, obwohl die Potenzreihe hier konvergiert. Die Null- und Polstellen bilden je eine Ebene in $\mathbb{C}^2$ ohne deren gemeinsamen Punkt (1; 0). Da f Quotient holomorpher Funktionen ist, nennt man f in $\mathbb{C} \times \mathbb{C}$ meromorph und (1; 0) Unbestimmtheitsstelle der Funktion.

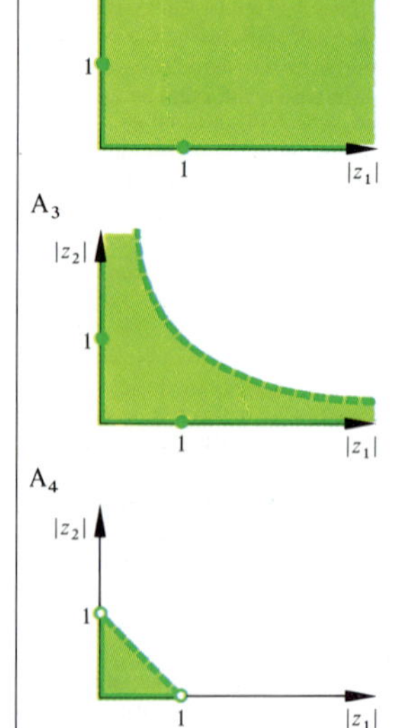

$$\sum_{\nu_1, \nu_2 = 0}^{\infty} \frac{z_1^{\nu_1} z_2^{\nu_2}}{\nu_1! \cdot \nu_2!}$$

hat die Konvergenzmenge $\mathbb{C}^2$. Es gilt

$$\sum_{\nu_1, \nu_2 = 0}^{\infty} \frac{z_1^{\nu_1} \cdot z_2^{\nu_2}}{\nu_1! \cdot \nu_2!} = e^{z_1 + z_2}.$$

$$\sum_{\nu=0}^{\infty} (z_1 z_2)^\nu$$

hat die Konvergenzmenge

$$\{(z_1, z_2) \mid |z_1| \cdot |z_2| < 1\}.$$

Es handelt sich um die Potenzreihenentwicklung der durch $\dfrac{1}{1 - z_1 z_2}$ def. Funktion.

$$\sum_{\nu_1=0}^{\infty} \sum_{\nu_2=0}^{\nu_1} \binom{\nu_1}{\nu_2} z_1^{\nu_2} z_2^{\nu_1 - \nu_2}$$

hat die Konvergenzmenge

$$\{(z_1, z_2) \mid |z_1| + |z_2| < 1\}.$$

Es handelt sich um die Entwicklung der durch $\dfrac{1}{1 - (z_1 + z_2)}$ def. Funktion.

Konvergenzmengen von Potenzreihen

Der Raum $\mathbb{C}^n$

Entsprechend der Erweiterung der reellen Analysis auf höherdimensionale Räume (S. 318ff.) läßt auch die komplexe Analysis ähnliche Verallgemeinerungen zu. Der dem $\mathbb{R}^n$ entsprechende Raum $\mathbb{C}^n$ besteht aus den Tupeln $\boldsymbol{z} = (z_1, \ldots, z_n)$ komplexer Zahlen und kann als Vektorraum der Dimension n über $\mathbb{C}$ aufgefaßt werden. Er ist topologisierbar, etwa durch die euklidische Metrik, die sich aus dem absoluten Betrag $|\boldsymbol{z}| := \sqrt{\sum_{\nu=1}^{n} |z_\nu|^2}$ ergibt. Damit ist die Grundlage für eine sinnvolle Analysis gelegt.

Durch Zerlegung von $z_1, \ldots, z_n$ in Real- und Imaginärteil erkennt man, daß $\mathbb{C}^n$ auch als Vektorraum der Dimension $2n$ über $\mathbb{R}$ gewonnen werden kann; die top. Dimension von $\mathbb{C}^n$ beträgt $2n$ (S. 233).

Kompaktifizierung von $\mathbb{C}^n$

Der Raum $\mathbb{C}$ kann auf verschiedene Weise kompaktifiziert werden, jedoch liefert nur die Kompaktifizierung durch einen einzigen Punkt eine RIEMANNsche Fläche, eine Fläche also, die in jedem ihrer Punkte eine komplexe Struktur trägt (S. 445).

In $\mathbb{C}^n$ sind die Verhältnisse komplizierter. Topologisch sind auch hier viele Abschlüsse möglich, z. B.

a) $\mathbb{C}^n \cup \{\infty\}$, (Einpunktkompaktifizierung),

b) $(\hat{\mathbb{C}})^n$,

c) $\mathbb{C}^n \cup \{(a_1, \ldots, a_{n-1}, \infty) | a_\nu \in \mathbb{C}, \nu \in \{1, \ldots, n-1\}\}$, wobei $(a_1, \ldots, a_{n-1}, \infty)$ als gemeinsamer unendlichferner Punkt der Schar paralleler komplexer Hyperebenen mit der Gleichung $z_n = \sum_{\nu=1}^{n-1} a_\nu z_\nu + c$, $c \in \mathbb{C}$, aufgefaßt wird.

Für $n \geqq 2$ erhält man in b) und c) im Gegensatz zu a) Mannigfaltigkeiten mit einer komplexen Struktur im Sinne der unten zu definierenden Holomorphie. Diese Möglichkeiten sind übrigens nicht die einzigen. Die Kompaktifizierung in c) ist der in der Funktionentheorie mit mehreren Variablen vorwiegend gewählte Abschluß.

Holomorphie

Wie bei reellen Funktionen mit mehreren Variablen kommt man auch bei komplexen Funktionen über die lineare Approximierbarkeit an einer Stelle $\boldsymbol{a}$ zum Begriff der komplexen Differenzierbarkeit an dieser Stelle. Er ist für eine Funktion $f: D_f \to \mathbb{C}$ im Gebiet $D_f \subseteq \mathbb{C}^n$ gleichbedeutend mit der Existenz stetiger partieller Ableitungen $\frac{\partial f}{\partial z_\nu}$, $\nu \in \{1, \ldots, n\}$, an der Stelle $\boldsymbol{a}$. Eine Funktion heißt *holomorph* in einem Gebiet, wenn sie an jeder Stelle des Gebietes komplex differenzierbar ist.

Führt man mittels $f = u + \mathrm{i}v$ die Funktion f auf zwei reellwertige Funktionen mit $2n$ Variablen $x_{1\nu}$, $x_{2\nu}$, $\nu \in \{1, \ldots, n\}$, zurück, so reicht für komplexe Differenzierbarkeit noch nicht die stetige partielle Differenzierbarkeit von u und v nach diesen $2n$ Variablen aus. Eine Übertragung der Rechnung, die zur Aufstellung der CAUCHY-RIEMANNschen Differentialgleichungen führte, liefert hier

Satz 1: $f: D_f \to \mathbb{C}$ *mit* $f(\boldsymbol{z}) = u(\boldsymbol{x}_1, \boldsymbol{x}_2) + \mathrm{i}v(\boldsymbol{x}_1, \boldsymbol{x}_2)$, *wobei* $\boldsymbol{z} = \boldsymbol{x}_1 + \mathrm{i}\boldsymbol{x}_2 = (x_{11}, \ldots, x_{1n}) + \mathrm{i}(x_{21}, \ldots, x_{2n})$ *gilt, ist genau dann in einer Umgebung der Stelle* $\boldsymbol{a} = \boldsymbol{a}_1 + \mathrm{i}\boldsymbol{a}_2$ *holomorph, wenn die* $\mathbb{R}^{2n}$-$\mathbb{R}$-*Funktionen u und v in einer Umgebung von* $(\boldsymbol{a}_1, \boldsymbol{a}_2)$ *stetig partiell differenzierbar sind und dort die Gleichungen*

$$\frac{\partial u}{\partial x_{1\nu}} = \frac{\partial v}{\partial x_{2\nu}}, \quad \frac{\partial v}{\partial x_{1\nu}} = -\frac{\partial u}{\partial x_{2\nu}}, \quad \nu \in \{1, \ldots, n\}$$

erfüllt sind.

Potenzreihen

Die Analogie zu Funktionen mit einer Variablen betrifft auch die Entwickelbarkeit in Potenzreihen um Punkte des Holomorphiegebietes.

Potenzreihen mit mehreren Variablen haben bei der Entwicklungsstelle $\boldsymbol{a}$ die Gestalt

$$\sum_{(\nu_1, \ldots, \nu_n) \in I} a_{\nu_1, \ldots, \nu_n} (z_1 - a_1)^{\nu_1} \cdot \ldots \cdot (z_n - a_n)^{\nu_n}, \quad \text{wobei}$$

$I := \{(\nu_1, \ldots, \nu_n) | \nu_i \in \mathbb{N}, i \in \{1, \ldots, n\}\}$

die Menge aller n-Tupel natürlicher Zahlen bedeutet. Wegen der Mehrfachindizes muß allerdings erst die Konvergenz solcher Reihen erklärt werden. Eine Potenzreihe obiger Gestalt soll konvergent gegen $c \in \mathbb{C}$ heißen, wenn es zu jedem $\varepsilon \in \mathbb{R}^+$ eine endliche Teilmenge I_0 von I gibt, so daß gilt

$$\left| \sum_{(\nu_1, \ldots, \nu_n) \in I_1} a_{\nu_1, \ldots, \nu_n} (z_1 - a_1)^{\nu_1} \cdot \ldots \cdot (z_n - a_n)^{\nu_n} - c \right| < \varepsilon$$

für jede endliche Indexmenge I_1 mit $I_0 \subseteq I_1 \subseteq I$.

Die wiederholte Anwendung der CAUCHYschen Integralformel (S. 433) zeigt:

Satz 2: *Jede holomorphe* $\mathbb{C}^n$-$\mathbb{C}$-*Funktion läßt sich um jeden Punkt ihres Holomorphiegebietes in eine konvergente Potenzreihe entwickeln. Umgekehrt stellt jede Potenzreihe im Inneren ihrer Konvergenzmenge eine holomorphe Funktion dar.*

Die Konvergenzmengen von Potenzreihen weichen allerdings vom Gewohnten ab. Sie sind i. a. keineswegs Hyperkugeln mit dem Mittelpunkt $\boldsymbol{a}$ der Gestalt $|\boldsymbol{z} - \boldsymbol{a}| < r$, zu denen evtl. noch Randpunkte hinzukämen. Die Beispiele in Abb. A zeigen, daß zur Konvergenzmenge M Punkte gehören können, in deren Umgebung keine inneren Punkte von M liegen, ja eine Potenzreihe kann sogar noch in sog. *Unbestimmtheitsstellen* der Funktion (Abb. A, Beispiel 2) konvergieren, in denen die Funktion überhaupt nicht definiert ist und auch nicht durch stetige Fortsetzung definiert werden kann.

Der offene Kern M^0 von M bildet ein Gebiet, das sog. *Konvergenzgebiet*. Ist $\boldsymbol{z}^{(0)} = (z_1^{(0)}, \ldots, z_n^{(0)})$ ein Punkt von M^0, so auch alle $\boldsymbol{z}$ mit $|z_\nu - a_\nu| \leqq |z_\nu^{(0)} - a_\nu^{(0)}|$ für $\nu \in \{1, \ldots, n\}$. Die Menge aller $\boldsymbol{z}$ dieser Art heißt der durch $\boldsymbol{z}^{(0)}$ bestimmte *Polyzylinder* mit dem Mittelpunkt $\boldsymbol{a}$.

Ist der Mittelpunkt $\boldsymbol{o}$, so ergibt sich eine Veranschaulichungsmöglichkeit von M^0 im *absoluten Raum* $(\mathbb{R}_0^+)^n$ durch die Abbildung $\tau: \mathbb{C}^n \to (\mathbb{R}_0^+)^n$ def. durch $\tau(\boldsymbol{z}) = (|z_1|, \ldots, |z_n|)$. Für $n = 2$ ist das Bild eines durch $\boldsymbol{z}^{(0)}$ bestimmten Polyzylinders ein Rechteck, das eine Ecke in $\boldsymbol{o}$ hat, während die gegenüberliegende Ecke $\tau(\boldsymbol{z}^{(0)})$ ist.

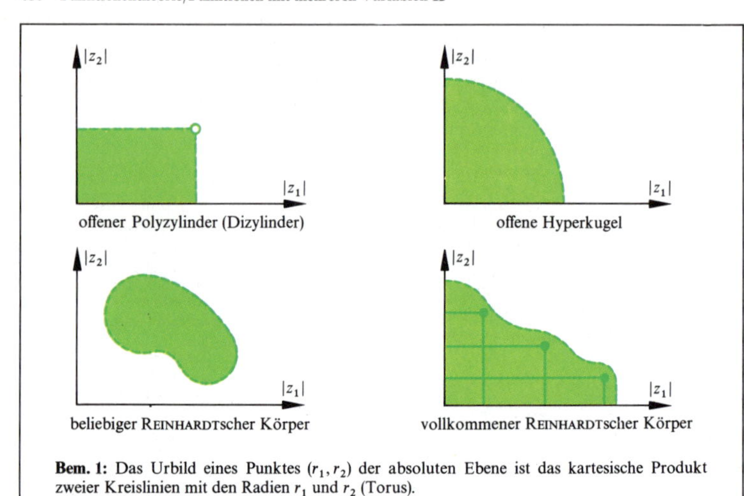

Bem. 1: Das Urbild eines Punktes (r_1, r_2) der absoluten Ebene ist das kartesische Produkt zweier Kreislinien mit den Radien r_1 und r_2 (Torus).
Bem. 2: Ein vollkommener REINHARDTscher Körper kann unbeschränkt sein (vgl. S. 458, Abb. A_4).

Beispiele REINHARDTscher Körper des $\mathbb{C}^2$

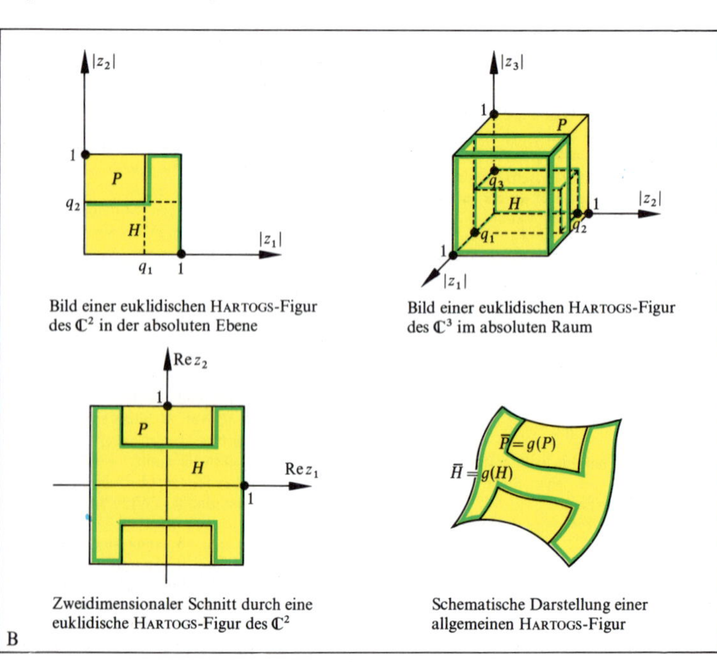

Euklidische und allgemeine HARTOGS-Figuren

Die weiteren Begriffe und Ergebnisse sollen für Potenzreihen mit der Entwicklungsstelle $\boldsymbol{o}$ formuliert werden. Mit etwas Mühe ist eine Übertragung auf beliebige Entwicklungsstellen $\boldsymbol{a}$ möglich.

Def. 1: Das Urbild $\tau^{-1}[G]$ eines Gebietes $G \subseteq (\mathbb{R}_0^+)^n$ heißt REINHARDT*scher Körper*. Ein REINHARDTscher Körper R heißt *vollkommen*, wenn er mit jedem $\boldsymbol{z}^{(0)} \in R$ den durch $\boldsymbol{z}^{(0)}$ bestimmten Polyzylinder mit dem Mittelpunkt $\boldsymbol{o}$ enthält, d. h. die Menge aller $\boldsymbol{z}$ mit $|z_\nu| \leqq |z_\nu^{(0)}|$ (Abb. A).

Satz 3: *Das Konvergenzgebiet einer Potenzreihe mit der Entwicklungsstelle* $\boldsymbol{o}$ *ist ein vollkommener* REINHARDT*scher Körper.*

Ist $(r_1, \ldots, r_n) \in (\mathbb{R}^+)^n$ ein Randpunkt von $\tau[M^0]$, so gilt $\overline{\lim} \sqrt[\nu_1 + \cdots + \nu_n]{|a_{\nu_1, \ldots, \nu_n}| \, r_1^{\nu_1} \cdot \cdots \cdot r_n^{\nu_n}} = 1$.

Neben Potenzreihenentwicklungen kann man auch hier LAURENTentwicklungen einführen. Auch deren Konvergenzgebiete sind REINHARDTsche Körper, die aber i. a. nicht vollkommen sind; nicht jeder REINHARDTsche Körper ist jedoch Konvergenzgebiet einer LAURENTreihe.

Analytische Fortsetzung, Singularitäten

Wie bei Funktionen mit einer Variablen ist auch bei durch Potenzreihen def. Funktionen mit mehreren Variablen i. a. eine analytische Fortsetzung über den Rand des Konvergenzgebietes hinaus möglich, wenn man einen anderen Punkt des Konvergenzgebietes als Entwicklungspunkt wählt. Daß die Fortsetzung längs eines bestimmten Weges höchstens auf eine Weise möglich ist, ergibt sich aus

Satz 4: H_1 *und* H_2 *seien zwei konzentrische Hyperkugeln mit* $H_2 \subset H_1$. *Ist die Funktion* f *dann in* H_1 *holomorph und gilt* $f(\boldsymbol{z}) = 0$ *für alle* $\boldsymbol{z} \in H_2$, *so ist* $f(\boldsymbol{z}) = 0$ *für alle* $\boldsymbol{z} \in H_1$.

Auf dem Rand des Konvergenzgebietes liegen stets *Singularitäten*, die hier genau wie in Def. 1, S. 439, zu charakterisieren sind. Ist $(r_1, \ldots, r_n)$ ein Randpunkt von $\tau[M^0]$, so ist sicher nicht in alle Punkte der Urbildmenge $\tau^{-1}[(r_1, \ldots, r_n)]$ eine analytische Fortsetzung möglich, da $(r_1, \ldots, r_n)$ sonst zu M^0 gehören müßte. $(r_1, \ldots, r_n)$ repräsentiert wie jeder andere Randpunkt von $\tau[M^0]$ also mindestens eine Singularität von f. Hier stellen sich die Fragen, ob holomorphe $\mathbb{C}^n$-$\mathbb{C}$-Funktionen überhaupt isolierte Singularitäten besitzen können und ob jedes Gebiet Holomorphiegebiet einer Funktion sein kann.

Der Kontinuitätssatz

Zur Vorbereitung der Beantwortung dieser Fragen werden zunächst spezielle Gebiete betrachtet (Abb. B).

Def. 2: Sind $q_1, \ldots, q_n$ n reelle Zahlen aus $]0;1[$, $n \geqq 2$, ist ferner P der offene Einheitspolyzylinder $P := \{\boldsymbol{z} \mid |z_\nu| < 1, \nu \in \{1, \ldots, n\}\}$ und $H := \{\boldsymbol{z} \mid \boldsymbol{z} \in P \wedge (|z_1| > q_1 \vee |z_\nu| < q_\nu, \nu \in \{2, \ldots, n\})\}$, so heißt (P, H) eine *euklidische* HARTOGS*figur*. Ist $\boldsymbol{g}$ eine auf P def. $\mathbb{C}^n$-$\mathbb{C}^n$-Funktion, deren Komponenten $g_1, \ldots, g_n$ samt ihren Umkehrungen holomorph sind, so heißt $(\bar{P}, \bar{H})$ mit $\bar{P} := \boldsymbol{g}[P]$, $\bar{H} := \boldsymbol{g}[H]$, *allgemeine* HARTOGS*figur*.

Satz 5 (Kontinuitätssatz): *Ist* $(\bar{P}, \bar{H})$ *eine allgemeine* HARTOGS*figur und* f *holomorph in* $\bar{H}$, *so ist* f *eindeutig nach* $\bar{P}$ *analytisch fortsetzbar.*

Das Gebiet $\bar{H}$ ist also sicher kein Holomorphiegebiet. Beim Beweis des Satzes hat man zu zeigen, daß die auf $H = \boldsymbol{g}^{-1}[\bar{H}]$ holomorphe Funktion $f \circ \boldsymbol{g}$ um $\boldsymbol{o}$ in eine Potenzreihe entwickelt werden kann, die in jedem Punkt von H konvergiert. Das Konvergenzgebiet muß dann mindestens der kleinste H umfassende vollkommene REINHARDTsche Körper sein, und dieser ist gerade P. Aus dem Kontinuitätssatz folgt, daß eine in einem punktierten Gebiet $G \setminus \{a\}$ von $\mathbb{C}^n$, $n \geqq 2$, holomorphe Funktion f in ganz G holomorph ist. Man bettet hierzu eine allgemeine HARTOGSfigur $(\bar{P}, \bar{H})$ so in G ein, daß $\bar{P} \subseteq G$, aber $a \notin \bar{H}$ gilt.

Eine holomorphe $\mathbb{C}^n$-$\mathbb{C}$-Funktion f kann also für $n \geqq 2$ keine isolierten Singularitäten besitzen.

Diese Folgerung aus dem Kontinuitätssatz ist in verschiedener Weise verallgemeinerungsfähig:

a) Ist K eine kompakte Teilmenge eines Gebietes G und $G \setminus K$ zusammenhängend, so ist eine in $G \setminus K$ holomorphe Funktion f in ganz G holomorph.

b) Ist eine Funktion f auf dem Rand eines Polyzylinders holomorph, so auch in seinem Inneren.

Auch die Nullstellen holomorpher Funktionen liegen für $n \geqq 2$ nicht isoliert, sondern bilden $(2n\text{-}2)$-dimensionale Mannigfaltigkeiten im $2n$-dimensionalen Raum $\mathbb{C}^n$. Für $n = 2$ handelt es sich hierbei um RIEMANNsche Flächen.

RIEMANNsche Gebiete

Die analytische Fortsetzung einer holomorphen Funktion kann wegabhängig sein. Um die Eindeutigkeit zu retten, braucht man Analoga zu den RIEMANNschen Flächen, sog. RIEMANN*sche Gebiete*, die eine komplexe Struktur tragen und im konkreten Fall Gebieten des $\mathbb{C}^n$ überlagert sind.

Holomorphiegebiete

Während in $\mathbb{C}$ jedes Gebiet G *Holomorphiegebiet* ist in dem Sinne, daß es eine in G holomorphe Funktion gibt, die nicht über G hinaus analytisch fortsetzbar ist, gibt es in $\mathbb{C}^n$, $n \geqq 2$, Gebiete, aus denen jede dort holomorphe Funktion in ein echt umfassendes Gebiet analytisch fortgesetzt werden kann.

Ist $(\bar{P}, \bar{H})$ eine allgemeine HARTOGSfigur und f in $\bar{H}$ holomorph, so auch in der umfassenden Menge $\bar{P}$. Dies gilt offenbar auch noch, wenn man allgemeine HARTOGSfiguren in RIEMANNschen Gebieten über dem $\mathbb{C}^n$ betrachtet.

Def. 3: Ein RIEMANNsches Gebiet R über dem $\mathbb{C}^n$ heißt *pseudokonvex*, wenn für jede allgemeine HARTOGSfigur $(\bar{P}, \bar{H})$ gilt, daß aus $\bar{H} \subseteq R$ stets $\bar{P} \subseteq R$ folgt.

Aus dem Kontinuitätssatz ergibt sich, daß jedes Holomorphiegebiet pseudokonvex ist.

OKA hat gezeigt, daß auch jedes pseudokonvexe Gebiet das Holomorphiegebiet einer Funktion ist.

Bei der Pseudokonvexität handelt es sich um eine schwächere Eigenschaft als bei der Konvexität im elementargeometrischen Sinne.

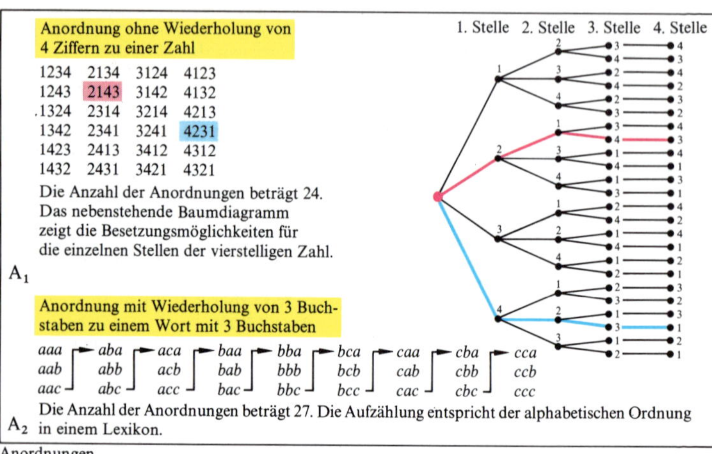

Anordnung ohne Wiederholung von 4 Ziffern zu einer Zahl

1234 2134 3124 4123
1243 2143 3142 4132
1324 2314 3214 4213
1342 2341 3241 4231
1423 2413 3412 4312
1432 2431 3421 4321

Die Anzahl der Anordnungen beträgt 24. Das nebenstehende Baumdiagramm zeigt die Besetzungsmöglichkeiten für die einzelnen Stellen der vierstelligen Zahl.

A_1

Anordnung mit Wiederholung von 3 Buchstaben zu einem Wort mit 3 Buchstaben

aaa aab aac — aba abb abc — aca acb acc — baa bab bac — bba bbb bbc — bca bcb bcc — caa cab cac — cba cbb cbc — cca ccb ccc

Die Anzahl der Anordnungen beträgt 27. Die Aufzählung entspricht der alphabetischen Ordnung in einem Lexikon.

A_2

Anordnungen

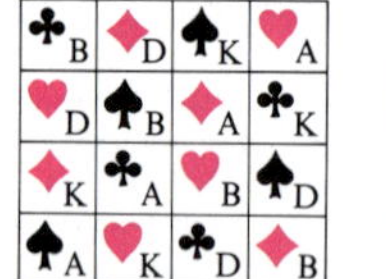

α	δ	β	γ
γ	β	δ	α
δ	α	γ	β
β	γ	α	δ

B	D	K	A
D	B	A	K
K	A	B	D
A	K	D	B

Die je 4 Buben, Damen, Könige und Asse eines Kartenspiels sollen so in einem Quadrat angeordnet werden, daß in jeder Zeile und jeder Spalte jeder Wert und jede Spielfarbe genau einmal vorkommt. Die Zeichnung zeigt eine mögliche Lösung. Ersetzt man die Symbole für die Spielfarben Kreuz, Pik, Herz, Karo der Reihe nach durch $\alpha, \beta, \gamma, \delta$, so kann man das Lösungsquadrat als Überlagerung der beiden nebenstehenden Quadrate auffassen.
Die Einzelquadrate heißen lateinische Quadrate. In ihnen kommt jeder Buchstabe in jeder Zeile und jeder Spalte genau einmal vor. Da das durch Überlagerung entstehende sog. griechisch-lateinische Quadrat die gestellte Bedingung erfüllt, heißen die Einzelquadrate orthogonal.

B

Lateinische und griechisch-lateinische Quadrate

Ein Wolf (W), eine Ziege (Z) und ein Kohlkopf (K) sind von einem Fährmann (F) über einen Fluß zu setzen. W möchte Z, und Z möchte K fressen. Deshalb dürfen W und Z einerseits und Z und K andererseits nicht ohne Aufsicht von F alleingelassen werden. Das Boot trägt außer F nur entweder W oder Z oder K.
Die Tabelle enthält die möglichen Anordnungen an den beiden Ufern, die eingeklammerten widersprechen der Aufgabenstellung. Die möglichen Übergänge lassen sich durch Wege in einem Graphen veranschaulichen. Die Aufgabe besteht darin, einen Weg von 1 nach 16 zu finden. Man sieht, daß es, von Umwegen abgesehen, 2 verschiedene Lösungen der Aufgabe gibt.

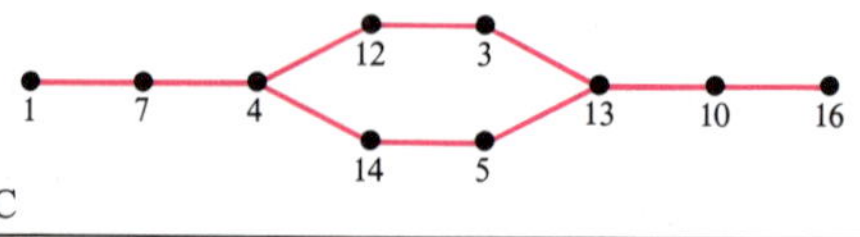

Nr.	1. Ufer	2. Ufer	Übergang mögl. nach
1	WZKF		7
(2)	WZK	F	—
3	WZ F	K	12, 13
4	W KF	Z	7, 12, 14
5	ZKF	W	13, 14
(6)	WZ	KF	—
7	W K	Z F	1, 4
(8)	W F	ZK	—
(9)	ZK	W F	—
10	Z F	W K	13, 16
(11)	KF	WZ	—
12	W	ZKF	4, 3
13	Z	W KF	10, 5, 3
14	K	WZ F	5, 4
(15)	F	WZK	—
16		WZKF	10

C

Wolf-Ziege-Kohlkopf-Problem

Aufgabe der Kombinatorik
Die Kombinatorik beschäftigt sich mit Anordnungen in endlichen Mengen und dem Abzählen der verschiedenen Anordnungsmöglichkeiten unter geeigneten Bedingungen. Dabei kann es sich etwa um die Anordnung von Zahlen in einem n-Tupel handeln oder um die Sitzordnung von Personen in einem Raum, die Anordnung von Figuren auf einem Spielfeld, von Buchstaben in einem Wort, von Wörtern in einem Lexikon, von Gewinnmöglichkeiten in einem Glücksspiel etc.
Viele Fragestellungen stammen aus der Unterhaltungsmathematik und der Wahrscheinlichkeitsrechnung. Weiter bestehen enge Beziehungen zur Zahlentheorie und zur Graphentheorie. Während die Methoden anfangs den speziellen Aufgaben angepaßt waren, versucht man heute, die Probleme auf bestimmte Grundmuster zurückzuführen und allgemeine Lösungsmethoden zu entwickeln.

Beispiele

a) *Anordnung von 4 Zahlen*
Gesucht sind alle bijektiven Abbildungen einer Menge mit vier Elementen, z.B. $\{1, 2, 3, 4\}$, auf sich (sog. *Permutationen*, S. 75). An die erste Stelle kann jede der vier Zahlen kommen, an die zweite jede der noch verbleibenden drei Zahlen, an die dritte Stelle jede der restlichen zwei, während für die Belegung der vierten Stelle keine Auswahl mehr bleibt. Es gibt daher $4 \cdot 3 \cdot 2 = 4!$ Möglichkeiten, die in Abb. A_1 systematisch notiert sind. Die Belegungsmöglichkeiten der einzelnen Stellen kann man sich durch ein *Baumdiagramm* (vgl. S. 253) veranschaulichen. Jede Belegung beginnt mit dem linken Ausgangspunkt des Baumes *(Wurzelpunkt)* und führt längs eines Weges zu einer rechts gelegenen Ecke. Jeder Belegung entspricht genau ein Weg.

b) *Zusammensetzung von Buchstaben zu einem Wort*
Sollen Buchstaben zu einem Wort zusammengesetzt werden, so spielt, entsprechend zu a), die Stellung des Buchstabens im Wort eine Rolle, doch können Buchstaben mehrfach auftreten. Für jede Stelle gibt es unabhängig von der Besetzung der anderen Stellen soviele Möglichkeiten, wie Buchstaben zur Verfügung stehen. Bei 26 Buchstaben sind daher z.B. $26^5 = 11\,881\,376$ Wörter mit fünf Buchstaben möglich, die natürlich nicht alle eine Bedeutung haben und auch nicht alle vernünftig ausgesprochen werden können. Für Wörter mit drei Buchstaben aus einem dreibuchstabigen Alphabet zeigt Abb. A_2 die möglichen Wörter in einer übersichtlichen Aufzählung, der sog. *lexikographischen Anordnung*. Ersetzt man die Buchstaben a, b, c durch die Ziffern 1, 2, 3, so stellen die Wörter dreistellige Zahlen dar. Die lexikographische Anordnung bedeutet eine Anordnung der Zahlen nach ihrer Größe.

c) *Lateinische und griechisch-lateinische Quadrate*
Auf die Felder einer (n, n)-Matrix sind n verschiedene Buchstaben so zu verteilen, daß jeder Buchstabe in jeder Zeile und jeder Spalte genau einmal vorkommt. Die Matrix heißt dann *lateinisches Quadrat der Ordnung n*. Es gibt für $n > 1$ viele Möglichkeiten lateinischer Quadrate der Ordnung n.
Bildet man aus zwei lateinischen Quadraten Q_1, Q_2 ein neues Quadrat, bei dem jede Stelle durch das geordnete Paar aus den entsprechenden Buchstaben der beiden Quadrate besetzt ist, so heißen Q_1 und Q_2 *orthogonal*, wenn alle im neugebildeten Quadrat vorkommenden Paare verschieden sind. Das neue Quadrat heißt in diesem Fall *griechisch-lateinisch*. Abb. B zeigt ein Beispiel zu einer Aufgabe der Unterhaltungsmathematik.
Es gibt zu jedem $n \in \mathbb{N} \setminus \{0\}$ griechisch-lateinische Quadrate der Ordnung n außer für $n = 6$. Sie spielen in der angewandten Mathematik eine große Rolle, etwa wenn es sich um die Aufstellung von Plänen für Testreihen handelt *(Blockplan)*, in denen die Abhängigkeit einer Größe (Reaktion auf einen bestimmten Reiz, Wirkung eines Arzneimittels etc.) von vier Variablen zu untersuchen ist, die je n verschiedene Werte annehmen können. Mit den Zeilen kontrolliert man die erste, mit den Spalten die zweite, mit den ersten Buchstaben der Paare die dritte und mit den zweiten Buchstaben der Paare die vierte Variable.
Für viele n gibt es mehr als zwei, höchstens jedoch $n - 1$ paarweise orthogonale lateinische Quadrate der Ordnung n. Die Frage nach der Existenz von genau $n - 1$ paarweise orthogonalen lateinischen Quadraten der Ordnung n ist für die Geometrie von Interesse. Für welche n die Frage zu bejahen ist, ist ein noch nicht gelöstes Problem. Im Falle der Existenz gibt es endliche projektive Ebenen (vgl. S. 133 und S. 139), in denen auf jeder Geraden $n + 1$ Punkte liegen und durch jeden Punkt $n + 1$ Geraden laufen.

d) *Wolf-Ziege-Kohlkopf-Problem*
Die in Abb. C dargestellte Aufgabe ist aus der Unterhaltungsmathematik allgemein bekannt. Die Abb. zeigt ein Verfahren, Aufgaben dieser und ähnlicher Art mittels geeigneter Graphen in den Griff zu bekommen, um nicht auf eine zufällig gefundene Lösung angewiesen zu sein. Allerdings zeigt das vorige Beispiel, daß es bis heute nicht gelungen ist, für alle Aufgabentypen und Fragestellungen systematische Lösungsmethoden bereitzustellen.

e) *Partitionen*
Viele Würfel-, Geldwechsel- und Frankaturprobleme führen auf die Aufgabe, eine Zahl n als Summe mit Summanden aus einer bestimmten Teilmenge von $\mathbb{N}$ zu schreiben, wobei etwa die Anzahl dieser Zerlegungen *(Partitionen)* zu ermitteln ist. Soll z.B. beim Würfeln mit drei Würfeln die Augensumme $n = 14$ betragen, so müssen die Summanden aus $\{1, 2, 3, 4, 5, 6\}$ stammen, und man erhält die Partitionen $14 = 2 + 6 + 6 = 3 + 5 + 6 = 4 + 4 + 6 = 4 + 5 + 5$. Beschränkt man die Anzahl der Summanden nicht auf drei, so gibt es bereits 90 Partitionen der Zahl 14. Die Anzahl steigt auf 135, wenn man beliebige Summanden aus $\mathbb{N} \setminus \{0\}$ zuläßt. Berücksichtigt man zusätzlich die Reihenfolge der Summanden, so wächst die Anzahl schließlich auf $2^{13} = 8192$ an.

a) Die Anzahl der verschiedenen Sitzordnungen von 10 Personen auf 10 Stühlen beträgt $p(10) = 10! = 3\,628\,800$.

b) Geht man von einer festen Sitzordnung von n Personen auf n Stühlen aus ($n \geqq 2$), so kann man fragen, wieviel neue Sitzordnungen möglich sind, bei denen keine Person auf ihrem alten Platz bleibt. Die Anzahl dieser sog. fixpunktfreien Permutationen betrage $\bar{p}(n)$.

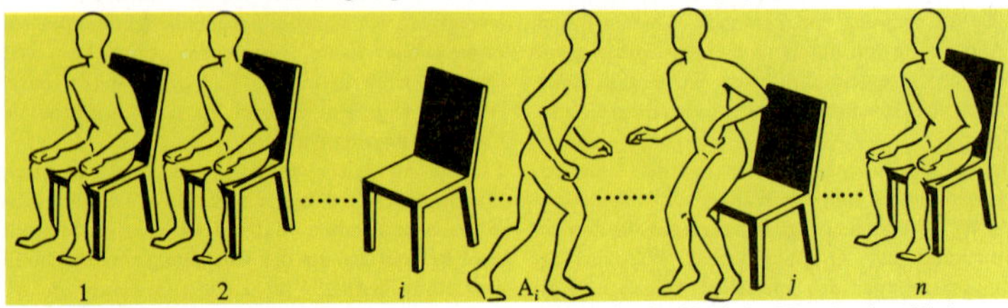

Daß die Person A_i, die auf dem Stuhl Nr. i sitzt, gerade den Stuhl mit der Nr. j ($i \neq j$) wählt, kann bei $\bar{p}(n-1) + \bar{p}(n-2)$ Sitzordnungen realisiert werden. Denn entweder setzt sich A_j auf den Stuhl mit der Nr. i ($\bar{p}(n-2)$ Möglichkeiten) oder nicht ($\bar{p}(n-1)$ Möglichkeiten).

Da A_i auf $n-1$ Arten einen Stuhl mit von i verschiedener Nummer auswählen kann, ergibt sich die Rekursionsformel

$$\bar{p}(n) = (n-1)\,(\bar{p}(n-1) + \bar{p}(n-2)).$$

Es gilt

$$\bar{p}(n) = n! \cdot \sum_{\nu=0}^{n} \frac{(-1)^\nu}{\nu!} = n! \left(\frac{1}{2!} - \frac{1}{3!} + \frac{1}{4!} - + \ldots + \frac{(-1)^n}{n!} \right),$$

wie man durch vollständige Induktion bestätigen kann.

(Die Summe stellt den Anfang der Reihenentwicklung für e^{-1} dar, S. 309).

Für $n = 10$ ist speziell $\bar{p}(10) = 1\,334\,961$.

c) Aus den Ziffern 2, 2, 3, 3, 3, 3, 5, 7 lassen sich

$$p(8; 2, 4, 1, 1) = \frac{8!}{2!\,4!\,1!\,1!} = 840$$

verschiedene achtstellige Zahlen bilden.

A

Permutationen

a) Um 6 Personen auf 10 Stühlen Platz nehmen zu lassen, gibt es $v(10, 6) = \frac{10!}{4!} = 151\,200$ Möglichkeiten.

b) Ein Tipzettel beim Fußballtoto (An 12 Stellen ist eine 1, 2 oder 0 einzutragen, je nachdem, ob der erste oder der zweite Verein gewinnt, oder das Spiel unentschieden ausfällt.) kann auf $v^*(3, 12) = 3^{12} = 531\,441$ verschiedene Arten ausgefüllt werden.

B

Variationen

a) Beim Skatspiel erhält jeder Spieler 10 von 32 verschiedenen Karten. Da der Spieler seine Karten beliebig umordnen darf, ist die Anzahl der verschiedenen Kartenkombinationen in der Hand eines Spielers $c(32, 10) = \binom{32}{10} = 64\,512\,240$. Da der zweite Spieler 10 der verbleibenden 22 Karten, der dritte 10 der restlichen 12 Karten erhält, gibt es $c(32, 10) \cdot c(22, 10) \cdot c(12, 10) = 2\,753\,294\,408\,504\,640$ mögliche Verteilungen der Karten auf die 3 Spieler, wobei die Reihenfolge der Spieler berücksichtigt ist.

b) Beim Zahlenlotto sind 6 von 49 Zahlen auszuwählen. Die Anzahl der Möglichkeiten beträgt $c(49, 6) = \binom{49}{6} = 13\,983\,816$.
Für 6 Richtige gibt es nur eine dieser Möglichkeiten, für genau 5 Richtige bereits $\binom{6}{5} \cdot \binom{43}{1} = 258$, für genau 4 Richtige $\binom{6}{4} \cdot \binom{43}{2} = 13\,545$, für genau 3 Richtige $\binom{6}{3} \cdot \binom{43}{3} = 246\,820$ Möglichkeiten etc.

c) Die Anzahl der verschiedenen Würfe mit 5 nicht unterscheidbaren Würfeln beträgt $c^*(6, 5) = \binom{10}{5} = 252$.

C

Kombinationen

Wie die Beispiele auf S. 463 zeigen, sind die Probleme der Kombinatorik so vielfältig, daß hier nur wenige wichtige in allgemeiner Form behandelt werden können.

Permutationen ohne Wiederholung

Im ersten Beispiel auf S. 463 wurde der wichtige Fall der Permutationen angesprochen. In der Ausdrucksweise der Kombinatorik ist eine *n-stellige Permutation* eine Anordnung von n verschiedenen Elementen ($n \in \mathbb{N} \setminus \{0\}$) zu einem n-Tupel.

Satz 1: *Für die Anzahl $p(n)$ aller n-stelligen Permutationen ohne Wiederholung gilt $p(n) = n!$*

Zum Beweis beachtet man, daß es für die erste Stelle n, für die zweite Stelle noch $n-1$, für die dritte $n-2$ Möglichkeiten der Besetzung gibt usw. Der allgemeine Beweis erfordert vollständige Induktion über n. Zur Veranschaulichung kann ein Baumdiagramm (S. 462, Abb. A) dienen.

Abb. A zeigt unter a) ein weiteres Beispiel für Permutationen, unter b) zusätzlich eine Formel für die Anzahl der *fixpunktfreien Permutationen.* Es geht dabei um die Frage, auf wieviele Arten eine Umordnung von n verschiedenen Elementen eines n-Tupels möglich ist, wenn kein Element seinen Platz behalten soll.

Permutationen mit Wiederholung

Sind unter den Elementen eines n-Tupels k voneinander verschieden ($k \leqq n$) und treten diese mit den Häufigkeiten $n_1, n_2, \ldots, n_k$ auf, wobei $n_1 + n_2 + \cdots + n_k = n$ ist, so spricht man von einer *n-stelligen Permutation mit $n_1, n_2, \ldots, n_k$ Wiederholungen.* Es gilt:

Satz 2: *Für die Anzahl $p(n; n_1, \ldots, n_k)$ aller n-stelligen Permutationen mit $n_1, \ldots, n_k$ Wiederholungen gilt*

$$p(n; n_1, \ldots, n_k) = \frac{n!}{n_1!\, n_2! \ldots n_k!}.$$

Würde man nämlich n_ν gleich besetzte Stellen ($\nu \in \{1, \ldots, k\}$) verschieden besetzen, so wäre die Anzahl der Permutationen jeweils mit $n_\nu!$ zu multiplizieren, so daß $p(n; n_1, \ldots, n_k) \cdot n_1! \cdot \ldots \cdot n_k! = n!$ gilt (Beispiel c) in Abb. A).

Variationen ohne Wiederholung

Die Permutationen sind ein Sonderfall eines allgemeineren Anordnungsproblems. Statt aus n Elementen n-Tupel zu bilden, kann man k-Tupel $(a_1, \ldots, a_k)$ mit $k \leqq n$ betrachten. Ein solches k-Tupel mit $a_i \neq a_j$ für $i \neq j$ heißt *Variation k-ter Ordnung von n Elementen ohne Wiederholung.*

Satz 3: *Für die Anzahl $v(n, k)$ aller Variationen k-ter Ordnung von n Elementen ohne Wiederholung gilt*

$$v(n, k) = \frac{n!}{(n-k)!}.$$

Der Beweis läuft entsprechend wie bei Satz 1. Für die Besetzung der ersten Stelle des k-Tupels stehen n Elemente zur Verfügung, für die zweite noch $n-1$, für die k-te Stelle schließlich noch $n-(k-1)$. Das Produkt $n(n-1)\ldots(n-(k-1))$ läßt sich nach Erweitern mit $(n-k)!$ gerade als $\frac{n!}{(n-k)!}$ schreiben.

Variationen mit Wiederholung

Variationen der betrachteten Art treten etwa auf, wenn aus einem Packen von n Karten der Reihe nach k Karten zu ziehen sind und die Reihenfolge der gezogenen Karten zu beachten ist. Das Problem ändert sich, wenn jede gezogene Karte vor dem Ziehen der nächsten Karte zurückgelegt wird, so daß die Möglichkeit besteht, sie ein zweites Mal zu ziehen. Dieser Fall entspricht dem zweiten Beispiel auf S. 463, wo die Buchstaben in den gebildeten Wörtern mehrfach auftreten konnten.

Man nennt ein k-Tupel $(a_1, \ldots, a_k)$ aus Elementen einer n-elementigen Menge *Variation k-ter Ordnung von n Elementen mit Wiederholung.*

Da hier für die Besetzung jeder Stelle n Elemente zur Verfügung stehen, gilt:

Satz 4: *Für die Anzahl $v^*(n, k)$ aller Variationen k-ter Ordnung von n Elementen mit Wiederholung gilt $v^*(n, k) = n^k$.*

Kombinationen ohne Wiederholung

Bei den meisten Kartenspielen spielt es keine Rolle, in welcher Reihenfolge man die Karten beim Austeilen erhält, da man sie nach Belieben umordnen darf. Statt der möglichen k-Tupel interessieren hier also die k-elementigen Teilmengen der vorgegebenen Menge. Diese nennt man *Kombinationen k-ter Ordnung von n Elementen ohne Wiederholung.*

Beachtet man, daß eine Kombination als Äquivalenzklasse von Variationen aufgefaßt werden kann, zu der alle Variationen gehören, die durch Umordnen ineinander überführt werden können — nach Satz 1 sind gerade $k!$ Umordnungen möglich —, so erhält man unter Berücksichtigung von $\frac{n!}{k!(n-k)!} = \binom{n}{k}$:

Satz 5: *Für die Anzahl $c(n, k)$ aller Kombinationen k-ter Ordnung von n Elementen ohne Wiederholung gilt $c(n, k) = \binom{n}{k}$* (Beispiele a) und b) in Abb. C).

Kombinationen mit Wiederholung

Verzichtet man bei den Variationen mit Wiederholung auf die Unterscheidung der Reihenfolge der Elemente in den k-Tupeln, so erhält man *Kombinationen mit Wiederholung.* Um sie abzuzählen, ihre Anzahl sei $c^*(n, k)$, zeichnet man eines der n Elemente der Ausgangsmenge, etwa a_1, aus und teilt die Kombinationen in zwei Klassen K_1 und $\bar{K}_1$ ein, je nachdem ob in ihnen a_1 auftritt oder nicht. Streicht man in den Kombinationen von K_1 je einmal a_1 weg, so bleiben gerade alle Kombinationen $(k-1)$-ter Ordnung von n Elementen mit Wiederholung übrig. K_1 enthält also $c^*(n, k-1)$ Elemente, $\bar{K}_1$ dagegen $c^*(n-1, k)$, da es sich hier um die Kombinationen k-ter Ordnung von $n-1$ Elementen mit Wiederholung handelt. Mit der Rekursionsformel $c^*(n, k) = c^*(n, k-1) + c^*(n-1, k)$ beweist man dann:

Satz 6: *Für die Anzahl $c^*(n, k)$ aller Kombinationen k-ter Ordnung von n Elementen mit Wiederholung gilt $c^*(n, k) = \binom{n+k-1}{k}$* (Beispiel c) in Abb. C).

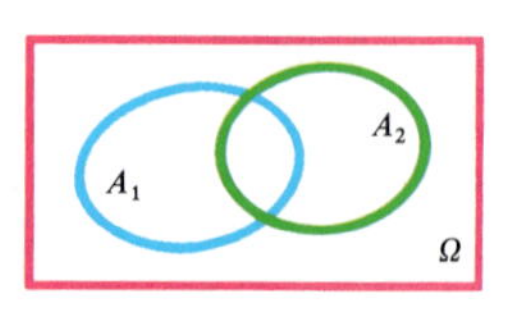

$$P(A_1 \cup A_2) = P(A_1) + P(A_2) - P(A_1 \cap A_2)$$

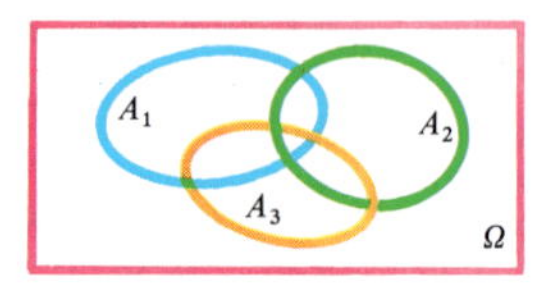

$$P(A_1 \cup A_2 \cup A_3) = P(A_1) + P(A_2) + P(A_3) - P(A_1 \cap A_2) - P(A_1 \cap A_3) - P(A_2 \cap A_3) + P(A_1 \cap A_2 \cap A_3)$$

Allgemeiner gilt:

$$P\left(\bigcup_{\nu=1}^{n} A_\nu\right) = \sum_{\nu=1}^{n} P(A_\nu) - \sum_{\nu<\mu} P(A_\nu \cap A_\mu) + - \ldots + (-1)^{n-1} P\left(\bigcap_{\nu=1}^{n} A_\nu\right).$$

A

Vereinigung von Ereignissen

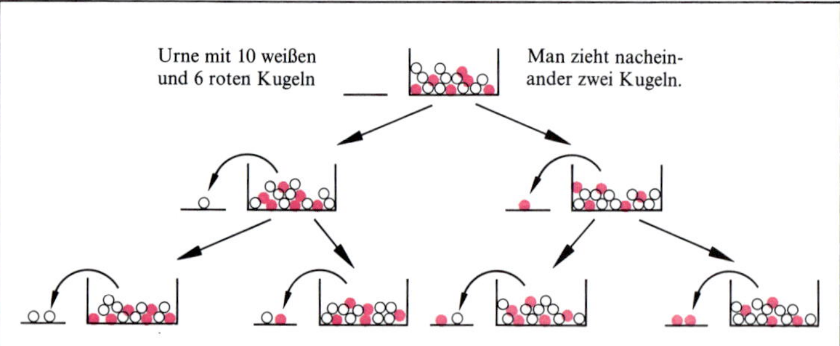

Die Wahrscheinlichkeit dafür, bei der zweiten Stufe des Experiments eine weiße oder rote Kugel zu ziehen, hängt vom Ausgang der ersten Stufe des Experiments ab.

B

Mehrstufiges Experiment, bedingte Wahrscheinlichkeit

Def.: n Ereignisse $A_1, \ldots, A_n$ heißen *unabhängig*, wenn für jedes $m \in \mathbb{N} \setminus \{0\}$ mit $m \leqq n$ und jede Teilmenge $\{A_{k_1}, \ldots, A_{k_m}\}$ von $\{A_1, \ldots, A_n\}$ gilt: $P\left(\bigcap_{\mu=1}^{m} A_{k_\mu}\right) = \prod_{\mu=1}^{m} P(A_{k_\mu})$.

Daß es nicht genügt zu fordern, daß die Ereignisse paarweise unabhängig sind, zeigt folgendes Beispiel:

$\Omega = \{1, 2, 3, 4\}$, $A_1 = \{1, 2\}$, $A_2 = \{1, 3\}$, $A_3 = \{1, 4\}$.
$P(A_1) = P(A_2) = P(A_3) = \frac{1}{2}$,
$A_1 \cap A_2 = A_2 \cap A_3 = A_1 \cap A_3 = \{1\}$,
$P(A_1 \cap A_2) = P(A_2 \cap A_3) = P(A_1 \cap A_3) = \frac{1}{4}$.

Wegen $\frac{1}{2} \cdot \frac{1}{2} = \frac{1}{4}$ sind die Ereignisse A_1, A_2, A_3 paarweise unabhängig.
Dagegen ist $P(A_1 \cap A_2 \cap A_3) = \frac{1}{4}$ und damit verschieden von $P(A_1)P(A_2)P(A_3)$, also sind A_1, A_2, A_3 nicht unabhängig.

C

Unabhängigkeit von Ereignissen (s. S. 469)

Den Anstoß zur Entwicklung der Wahrscheinlichkeitsrechnung haben Fragen nach den Gewinnchancen bei Glücksspielen gegeben. Dabei geht es darum, ein Maß zu finden, das verschiedenen Ereignissen zuzuordnen ist, um ihr mögliches Eintreten bei einem Experiment vergleichen zu können.

Ereignisbegriff

Um die Mathematik auf Zufallsexperimente anwenden zu können, ist eine Klärung des Ereignisbegriffs notwendig. Wird etwa ein Würfel geworfen, so ist das *Ergebnis* eines Experiments eine der Zahlen aus der Menge $\Omega = \{1, 2, 3, 4, 5, 6\}$. Ω heißt *Ergebnisraum*. Ein Ereignis kann etwa das Werfen einer Sechs, das Werfen einer Primzahl oder das Werfen einer Zahl über 2 sein. Im ersten Fall muß das Ergebnis zu $A_1 = \{6\}$, im zweiten zu $A_2 = \{2, 3, 5\}$, im dritten zu $A_3 = \{3, 4, 5, 6\}$ gehören. Ein Ereignis läßt sich also durch eine Teilmenge von Ω beschreiben, und es liegt nahe, die Teilmengen von Ω selbst als *Ereignisse* zu bezeichnen. Ein Ereignis A tritt ein, wenn das Ergebnis zu A gehört. Insbesondere sind auch $\emptyset$ und Ω Ereignisse und mit zwei Ereignissen auch deren Vereinigung und Durchschnitt. Auch $\Omega \setminus A$ ist ein Ereignis, das sog. *Gegenereignis* $\bar{A}$ von A. Während $\emptyset$ nie eintritt, da ein Ergebnis niemals zu $\emptyset$ gehört *(unmögliches Ereignis)*, tritt Ω immer ein, da jedes Ergebnis zu Ω gehört *(sicheres Ereignis)*. Je umfangreicher A ist, um so »wahrscheinlicher« ist der Eintritt des Ereignisses A.

Die einelementigen Ereignisse heißen *Elementarereignisse*. Sind diese alle »gleichwahrscheinlich«, wie etwa bei einem idealen Würfel, so ist es für endliche Ω sinnvoll, den Quotienten der Mächtigkeiten (S. 35) von A und Ω die ***Wahrscheinlichkeit des Ereignisses*** A zu nennen. Das unmögliche Ereignis erhält dann die Wahrscheinlichkeit 0, das sichere die Wahrscheinlichkeit 1.

Für einen vorgegebenen Ergebnisraum Ω ist die Menge aller Ereignisse die Potenzmenge $\mathfrak{P}(\Omega)$, die mit den Verknüpfungen $\cup$, $\cap$ und mit der Komplementbildung einen BOOLEschen Verband bildet.

Ist Ω eine unendliche Menge, so ist in vielen Fällen $\mathfrak{P}(\Omega)$ für eine genauere Untersuchung viel zu umfangreich. Es genügt, Mengensysteme $\mathfrak{F} \subseteq \mathfrak{P}(\Omega)$ mit geeigneten Eigenschaften zu betrachten.

Def. 1: Ein Mengensystem $\mathfrak{F} \subseteq \mathfrak{P}(\Omega)$ heißt *Ereignisalgebra über* Ω, wenn gilt:

(E1) $\emptyset \in \mathfrak{F} \wedge \Omega \in \mathfrak{F}$,

(E2) $A_i \in \mathfrak{F} (i \in I) \Rightarrow \bigcup_{i \in I} A_i \in \mathfrak{F} \wedge \bigcap_{i \in I} A_i \in \mathfrak{F}$, falls I eine höchstens abzählbare Indexmenge ist (vgl. BOREL-Mengen, S. 359),

(E3) $A, B \in \mathfrak{F} \Rightarrow A \setminus B \in \mathfrak{F}$.

Jede Ereignisalgebra ist ein BOOLEscher Verband. In Def. 1 ist nicht gefordert worden, daß die einelementigen Mengen von $\mathfrak{P}(\Omega)$ zu $\mathfrak{F}$ gehören. $\mathfrak{F}$ braucht damit keine Atome (S. 27) zu besitzen.

Def. 2: Unter einem *Wahrscheinlichkeitsmaß* auf einer Ereignisalgebra $\mathfrak{F}$ versteht man eine Funktion $P: \mathfrak{F} \to \mathbb{R}_0^+$ mit den Eigenschaften

(K1) $P(\Omega) = 1$,

(K2) $P\left(\bigcup_{i \in I} A_i\right) = \sum_{i \in I} P(A_i)$, falls die Mengen A_i paarweise disjunkt sind.

(K1) und (K2) heißen KOLMOGOROFF-*Axiome*.

Aus Def. 2 folgt $P(\bar{A}) = 1 - P(A)$.

Der oben für endliche Mengen Ω betrachtete Quotient der Mächtigkeiten von A und Ω definiert ein Wahrscheinlichkeitsmaß, die in der klassischen Wahrscheinlichkeitsrechnung def. Wahrscheinlichkeit. Sie stellt den Quotienten aus der Anzahl der für das Ereignis günstigen zur Anzahl der überhaupt möglichen Ergebnisse dar, wenn man die Elemente von A als für A günstige Ergebnisse bezeichnet.

Def. 2 ist dagegen viel allgemeiner und auch auf den Fall nicht gleichwahrscheinlicher Elementarereignisse sowie unendlicher Ereignisalgebren anwendbar.

Bedingte Wahrscheinlichkeit

Für zwei sich ausschließende Ereignisse A_1 und A_2 aus $\mathfrak{F}$ gilt nach (K2) $P(A_1 \cup A_2) = P(A_1) + P(A_2)$. Für Ereignisse, die sich nicht ausschließen, folgt aus den Rechengesetzen für BOOLEsche Verbände

$$P(A_1 \cup A_2) = P(A_1) + P(A_2) - P(A_1 \cap A_2)$$

(Veranschaulichung am Mengendiagramm in Abb. A).

Das Ergebnis läßt sich auf drei und mehr Ereignisse übertragen, es gilt:

$$P\left(\bigcup_{\nu=1}^{3} A_\nu\right) = \sum_{\nu=1}^{3} P(A_\nu) - \sum_{\nu<\mu} P(A_\nu \cap A_\mu) + P(A_1 \cap A_2 \cap A_3),$$

$$P\left(\bigcup_{\nu=1}^{n} A_\nu\right) = \sum_{\nu=1}^{n} P(A_\nu) - \sum_{\nu<\mu} P(A_\nu \cap A_\mu) + - \cdots + (-1)^{n-1} P\left(\bigcap_{\nu=1}^{n} A_\nu\right)$$

(Formel von SYLVESTER).

Neben der Vereinigung von Ereignissen spielen Durchschnitte eine wichtige Rolle.

Sind etwa in einer Urne 10 weiße und 6 rote Kugeln (Abb. B), und soll man nacheinander 2 Kugeln ziehen *(2-stufiges Experiment)*, so ist beim ersten Ziehen die Wahrscheinlichkeit für das Ereignis W_1, eine weiße Kugel zu ziehen, $P(W_1) = \frac{10}{16}$, entsprechend $P(R_1) = \frac{6}{16}$. Wird die gezogene Kugel nicht zurückgelegt, so ist die Wahrscheinlichkeit, beim zweiten Mal eine weiße bzw. rote Kugel zu ziehen (Ereignis W_2 bzw. R_2), vom Ausfall des ersten Experiments abhängig. Bezeichnet $P(B|A)$ die Wahrscheinlichkeit für B unter der Bedingung, daß A schon eingetreten ist, so ist $P(W_2|W_1) = \frac{9}{15}$, $P(W_2|R_1) = \frac{10}{15}$, $P(R_2|W_1) = \frac{6}{15}$, $P(R_2|R_1) = \frac{5}{15}$.

Für den klassischen Wahrscheinlichkeitsbegriff kann man für $P(A) \neq 0$ einem Mengendiagramm die Gleichung $P(B|A) = \dfrac{P(B \cap A)}{P(A)}$ entnehmen. Durch sie kann im allgemeinen Fall die *bedingte Wahrscheinlichkeit* $P(B|A)$ def. werden. Es läßt sich nachrechnen, daß auch für bedingte Wahrscheinlichkeiten die Eigenschaften (K1) und (K2) gelten.

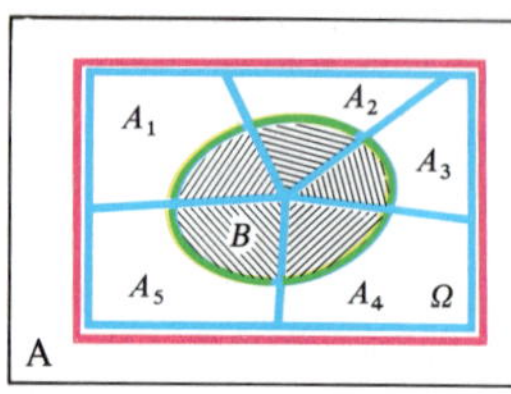

Auf einer Ereignisalgebra sei ein Wahrscheinlichkeitsmaß P definiert. $\{A_i | i \in I\}$ sei ein vollständiges Ereignissystem. Aus $B = \bigcup_{i \in I} (A_i \cap B)$ folgt dann

$$P(B) = \sum_{i \in I} P(A_i \cap B) = \sum_{i \in I} P(A_i) P(B | A_i).$$

Totale Wahrscheinlichkeit

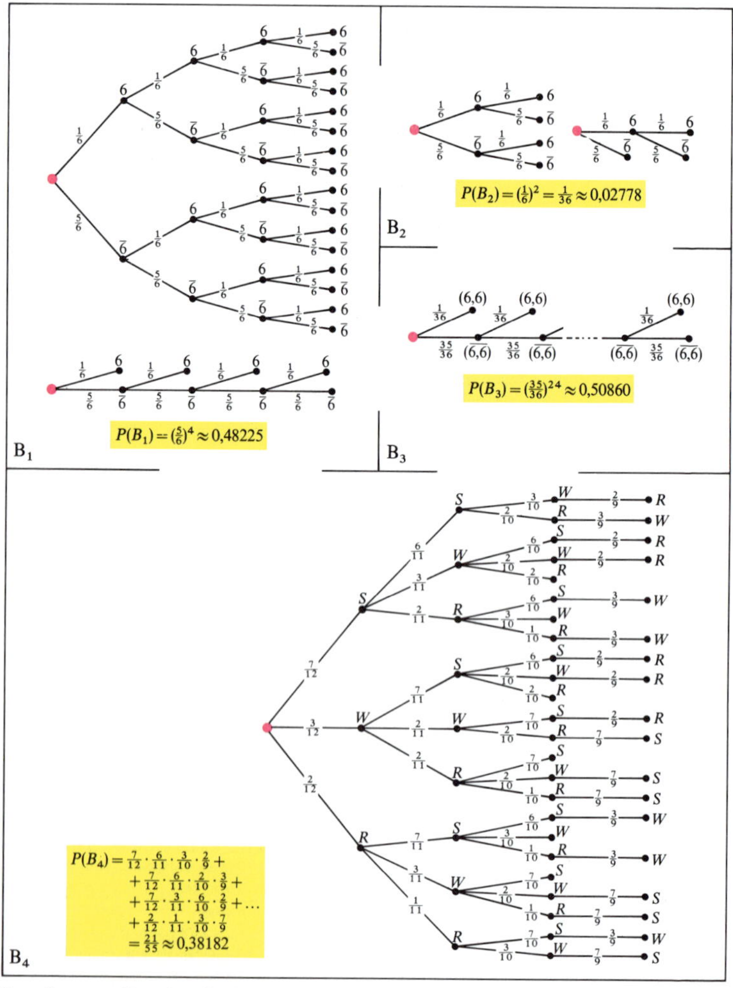

$P(B_1) = (\frac{5}{6})^4 \approx 0{,}48225$
B_1
$P(B_2) = (\frac{1}{6})^2 = \frac{1}{36} \approx 0{,}02778$
B_2
$P(B_3) = (\frac{35}{36})^{24} \approx 0{,}50860$
B_3
$P(B_4) = \frac{7}{12} \cdot \frac{6}{11} \cdot \frac{3}{10} \cdot \frac{2}{9} + \frac{7}{12} \cdot \frac{6}{11} \cdot \frac{2}{10} \cdot \frac{3}{9} + \frac{7}{12} \cdot \frac{3}{11} \cdot \frac{6}{10} \cdot \frac{2}{9} + \ldots + \frac{2}{12} \cdot \frac{1}{11} \cdot \frac{3}{10} \cdot \frac{7}{9} = \frac{21}{55} \approx 0{,}38182$
B_4

Baumdiagramme für mehrstufige Experimente

Unabhängige Ereignisse

Wird im Urnenbeispiel von S. 467 die erste Kugel vor dem Ziehen der zweiten zurückgelegt, so ist der Ausfall des zweiten Experiments unabhängig vom Ausfall des ersten.

Man nennt zwei Ereignisse A_1 und A_2 *unabhängig*, wenn $P(A_1 \cap A_2) = P(A_1)P(A_2)$ gilt. In diesem Fall ist $P(A_2|A_1) = P(A_2)$ und $P(A_1|A_2) = P(A_1)$. Abb. C auf S. 466 bringt eine Verallgemeinerung des Unabhängigkeitsbegriffs.

Totale Wahrscheinlichkeit

Betrachtet man ein sog. vollständiges Ereignissystem, d.h. eine höchstens abzählbare Menge $\{A_1, A_2, \ldots\}$ von paarweise disjunkten Ereignissen mit der Eigenschaft, daß $\bigcup_{i \in I} A_i = \Omega$ ist, so ist die Wahrscheinlichkeit für ein beliebiges Ereignis B auf die bedingten Wahrscheinlichkeiten $P(B|A_i)$ zurückführbar. Es gilt $P(B) = \sum_{i \in I} P(A_i \cap B) = \sum_{i \in I} P(A_i)P(B|A_i)$ (Abb. A). $P(B)$ ist dabei die Wahrscheinlichkeit für das Ereignis B unabhängig davon, welches A_i eingetreten ist. Um den Unterschied zur bedingten Wahrscheinlichkeit zu betonen, spricht man von der *totalen Wahrscheinlichkeit* von B.

Durch Einsetzung und Umbenennung erhält man aus obiger Formel den

Satz von Bayes: *Ist* $\{B_1, B_2, \ldots\}$ *ein vollständiges Ereignissystem, so gilt*

$$P(B_i|A) = \frac{P(B_i)P(A|B_i)}{\sum_{j \in I} P(B_j)P(A|B_j)}.$$

Dieser Satz gestattet es, die bedingte Wahrscheinlichkeit für ein Ereignis B_i unter der Bedingung A auf die totalen Wahrscheinlichkeiten der B_i und die bedingten Wahrscheinlichkeiten für A unter den Bedingungen B_j zurückzuführen. Hier wird gewissermaßen von der Wirkung auf die Ursache zurückgeschlossen.

Baumdiagramme, mehrstufige Experimente

Für allgemeine Aussagen über Wahrscheinlichkeiten sind Mengendiagramme wie in Abb. A recht nützlich. Für konkrete Aufgaben dagegen, bei denen bedingte Wahrscheinlichkeiten eine Rolle spielen, sind *Baumdiagramme* (S. 463) i.a. viel übersichtlicher, vor allem bei *mehrstufigen Experimenten.* Von einem Wurzelpunkt aus zeichnet man Wege zu den sich ausschließenden Ergebnissen, die bei der ersten Stufe des Experiments auftreten, und versieht sie mit den entsprechenden Wahrscheinlichkeiten. Von dort geht man entsprechend weiter zu den Ergebnissen der weiteren Stufen. Jeder vom Wurzelpunkt zu einem Endpunkt führende Weg entspricht einem Ausfall des mehrstufigen Experiments. Aus den Formeln für die bedingte und die totale Wahrscheinlichkeit folgt:

Die Wahrscheinlichkeit dafür, daß bei einem mehrstufigen Experiment ein bestimmter Weg durchlaufen wird, ist das Produkt der Wahrscheinlichkeiten längs des Weges. Gehören zu einem Ereignis mehrere Wege, so ist die totale Wahrscheinlichkeit gleich der Summe der Wahrscheinlichkeiten, die zu den einzelnen Wegen gehören.

Beispiele:

a) Es ist die Wahrscheinlichkeit zu bestimmen, bei vier Würfen mit einem Würfel keine 6 zu werfen (Ereignis B_1). Würde man alle möglichen Ausfälle der einzelnen Stufen eines Experiments im Baumdiagramm darstellen, käme man auf einen Baum mit 6^4 Endpunkten. Zur Vereinfachung betrachtet man nur die Fälle 6 und $\bar{6}$ (nicht 6), d.h. das vollständige Ereignissystem $\{\{6\}, \{1, 2, 3, 4, 5\}\}$, und erhält den oberen der beiden in Abb. B_1 dargestellten Bäume. Da nur der Fall 6 von Interesse ist, läßt sich das Diagramm weiter vereinfachen, indem man die nicht interessierenden Wege nicht weiter verfolgt (Abb. B_1 unterer Baum).

b) Es ist die Wahrscheinlichkeit zu bestimmen, mit zwei Würfeln eine Doppelsechs zu werfen (Ereignis B_2). Man zerlegt den Versuch in zwei Stufen, indem man mit den Würfeln nacheinander würfelt, und erhält die Baumdiagramme in Abb. B_2.

c) Es ist die Wahrscheinlichkeit zu bestimmen, in 24 Würfen mit zwei Würfeln keine Doppelsechs zu werfen (Ereignis B_3). Abb. B_3 zeigt in abgekürzter Form das Baumdiagramm unter Ausnutzung des Ergebnisses von Beispiel b).

d) Eine Urne enthält sieben schwarze, drei weiße und zwei rote Kugeln. Man zieht vier Kugeln gleichzeitig. Wie groß ist die Wahrscheinlichkeit, von jeder Farbe mindestens eine Kugel gezogen zu haben (Ereignis B_4)? (Baumdiagramme in Abb. B_4)

Wahrscheinlichkeit und Kombinatorik

Vielfach sind Baumdiagramme noch zu umfangreich, um alle möglichen Fälle zu erfassen. Hier helfen oft die Ergebnisse der Kombinatorik weiter.

Beispiele:

e) Wie groß ist die Wahrscheinlichkeit für mindestens vier Richtige im Zahlenlotto »6 aus 49«? (Ereignis B_5)

Nach Abb. Cb), S. 464, ist die Anzahl der möglichen Fälle $\binom{49}{6} = 13983816$, die der günstigen $1 + \binom{6}{5}\cdot\binom{43}{1} + \binom{6}{4}\binom{43}{2} = 13804$, also $P(B_5) = \frac{13804}{13983816} \approx 0{,}000987$.

f) Wie groß ist die Wahrscheinlichkeit, daß beim Austeilen der Karten beim Skatspiel ein Spieler unter seinen 10 Karten alle vier Buben erhält? (Ereignis B_6)

Hier liefert Abb. Ca), S. 464, das Resultat

$$P(B_6) = \frac{\binom{28}{6}}{\binom{32}{10}} = \frac{376740}{64512240} \approx 0{,}005840.$$

g) Wie groß ist die Wahrscheinlichkeit, daß von zehn beliebig ausgewählten Personen mindestens zwei am gleichen Tag Geburtstag haben? (Ereignis B_7. Alle Tage des Jahres mögen als Geburtstage gleich wahrscheinlich sein, der 29. Febr. sei zur Vereinfachung der Rechnung ausgeschlossen.)

Für das Gegenereignis gibt es $v^*(365, 10)$ mögliche und $v(365,10)$ günstige Fälle. Also gilt

$$P(B_7) = 1 - \frac{365!}{355!\,365^{10}} \approx 0{,}11695.$$

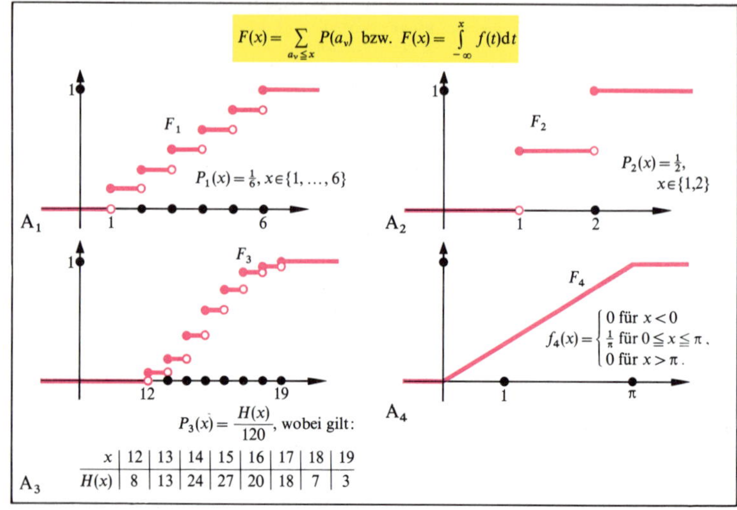

x	12	13	14	15	16	17	18	19
$H(x)$	8	13	24	27	20	18	7	3

Verteilungsfunktion

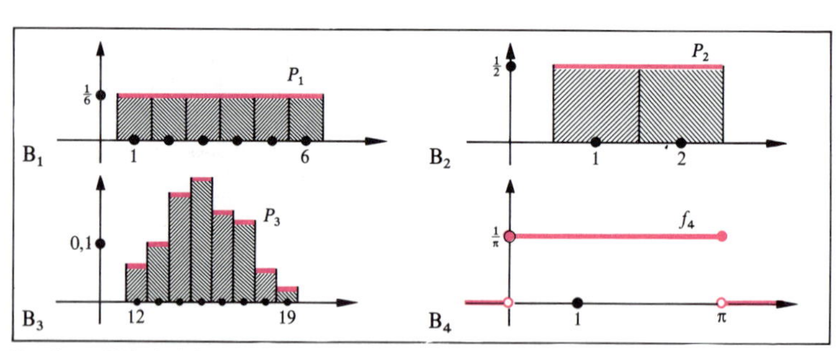

Verteilung, Dichtefunktion

$$\mu = E(X) \qquad \sigma^2 = E((X-\mu)^2)$$

Für die obigen Beispiele erhält man:

$$\mu_1 = \sum_{\nu=1}^{6} \nu \cdot \frac{1}{6} = 3{,}5\,; \qquad \sigma_1^2 = \sum_{\nu=1}^{6} (\nu - 3{,}5)^2 \cdot \frac{1}{6} = 2{,}917\,; \quad \sigma_1 = 1{,}708\,.$$

$$\mu_2 = \sum_{\nu=1}^{2} \nu \cdot \frac{1}{2} = 1{,}5\,; \qquad \sigma_2^2 = \sum_{\nu=1}^{2} (\nu - 1{,}5)^2 \cdot \frac{1}{2} = 0{,}25\,; \quad \sigma_2 = 0{,}5\,.$$

$$\mu_3 = \sum a_\nu P_3(a_\nu) = 15{,}125\,; \quad \sigma_3^2 = \sum (a_\nu - \mu)^2 P_3(a_\nu) = 2{,}9094\,; \quad \sigma_3 = 1{,}7057\,.$$

$$\mu_4 = \int_0^\pi t \cdot \frac{1}{\pi}\,dt = \frac{\pi}{2}\,; \qquad \sigma_4^2 = \int_0^\pi \left(t - \frac{\pi}{2}\right)^2 \cdot \frac{1}{\pi}\,dt = \frac{\pi^2}{12}\,; \quad \sigma_4 = 0{,}9069\,.$$

Es gilt $\sigma^2 = E((X-\mu)^2) = E(X^2) - \mu^2$.

Sind μ und σ^2 aus n Einzelwerten a_ν einer Meßreihe zu bestimmen, so erhält man daher:

$$\mu = \frac{1}{n} \sum_{\nu=1}^{n} a_\nu\,; \quad \sigma^2 = \frac{1}{n}\left(\sum_{\nu=1}^{n} a_\nu^2 - \frac{1}{n}\left(\sum_{\nu=1}^{n} a_\nu\right)^2\right).$$

C

Erwartungswert, Varianz, Standardabweichung

Relative Häufigkeit

Führt man ein Experiment unter gleichen Voraussetzungen wiederholt, etwa n-mal, durch, so nennt man die Anzahl der Ergebnisse, bei denen ein Ereignis A eintritt, *absolute Häufigkeit* $H(A)$ von A, den Quotienten $\frac{H(A)}{n}$ *relative Häufigkeit* $h(A)$. Diese ist also analog def. wie die klassische Wahrscheinlichkeit. $h(A)$ nähert sich mit wachsendem n immer mehr der Wahrscheinlichkeit $P(A)$. Allerdings besteht ein charakteristischer Unterschied zwischen dieser Annäherung und der Konvergenz einer Folge im Sinne von Def. 3, S. 277. Man kann zu vorgegebenem ε keine Stelle angeben, von der ab der Betrag der Differenz von Wahrscheinlichkeit und relativer Häufigkeit mit Sicherheit stets kleiner als ε ausfällt. Es werden lediglich größere Abweichungen immer unwahrscheinlicher (sog. *Gesetz der großen Zahlen*).

Zufallsgrößen

Um einem Experiment einen Erwartungswert zuordnen und die Größe und Häufigkeit von Abweichungen mathematisch erfassen zu können, definiert man zunächst sog. *Zufallsgrößen*, auch *Zufallsvariable* genannt.

Def. 1: Eine Funktion $X: \Omega \to \mathbb{R}$, die den Ergebnisraum Ω in die Menge der reellen Zahlen abbildet, heißt *Zufallsgröße* der Ereignisalgebra $\mathfrak{F}$ über Ω, wenn das Urbild jeder Zahl und jedes Intervalls aus $\mathbb{R}$ zu $\mathfrak{F}$ gehört.

Die Urbildmenge $\{\omega | X(\omega) = a\}$ wird auch kurz als $X = a$ geschrieben, entsprechend $\{\omega | X(\omega) \leqq a\}$ als $X \leqq a$. $X = a$ und $X \leqq a$ sind also Ereignisse.

Beispiele:

Beim Würfeln mit einem Würfel stellt die geworfene Augenzahl den Wert einer Zufallsgröße X_1 dar.

Für das Werfen einer Münze mit den möglichen Ausfällen »Zahl« (z) oder »Wappen« (w) definiert

$$X_2(\omega) = \begin{cases} 1 \text{ für } \omega = z, \\ 2 \text{ für } \omega = w \end{cases} \quad \text{eine Zufallsgröße } X_2.$$

Wird die Körpergröße in einer bestimmten Personengruppe gemessen, so def. die Maßzahl der auf Dezimeter gerundeten Meßwerte eine Zufallsgröße X_3. Die Größe des zu einem willkürlichen Zeitpunkt gehörigen Winkels α zwischen den Zeigern einer Uhr ($0 \leqq \alpha \leqq \pi$) def. eine Zufallsgröße X_4.

Def. 2: Eine Zufallsgröße, die höchstens abzählbar viele Werte annimmt, heißt *diskret*.

Dies trifft in den Beispielen für X_1, X_2, X_3 zu.

Verteilungsfunktionen

Def. 3: Ist X eine Zufallsgröße, so heißt die Funktion $F: \mathbb{R} \to (0;1)$, def. durch $x \mapsto F(x) = P(X \leqq x)$, wobei P ein Wahrscheinlichkeitsmaß ist, *Verteilungsfunktion* von X.

Aus den Eigenschaften von P folgt, daß Verteilungsfunktionen stets monoton steigend und an jeder Stelle rechtsseitig stetig sind (Abb. A).

Für eine diskrete Zufallsgröße, die die Werte a_1, a_2, a_3, ... annimmt, ist $F(x)$ die Summe aller $P(X = a_\nu)$ mit $a_\nu \leqq x$. Die Werte von $P(a_\nu) := P(X = a_\nu)$ lassen sich durch eine Tabelle erfassen (vgl. Abb. A_3). F ist in diesem Fall eine Treppenfunktion.

Eine Veranschaulichung bei diskreten Zufallsgrößen, bei denen die a_ν keinen Häufungspunkt haben, liefern sog. *Histogramme*. Hier werden über jedem a_ν Rechteckstreifen gleicher Breite aufgetragen, die sich gegenseitig nicht überlappen und deren Inhalt $P(a_\nu)$ ist. Abb. B_1 bis B_3 zeigen Histogramme zu den Beispielen aus Abb. A. Die einem Histogramm zugrunde liegende durch $a_\nu \mapsto P(a_\nu)$ def. Funktion heißt *Wahrscheinlichkeitsfunktion* oder *Verteilung*.

Def. 4: Eine Zufallsgröße X heißt *stetig*, wenn ihre Verteilungsfunktion stetig ist.

Zu vielen stetigen Verteilungsfunktionen F existieren sog. ***Dichtefunktionen*** $f: \mathbb{R} \to \mathbb{R}_0^+$ mit der Eigenschaft

$$F(x) = \int_{-\infty}^{x} f(t)\,dt \qquad \text{(Abb. } A_4 \text{ und } B_4\text{)}.$$

Wegen $\lim_{x \to \infty} F(x) = 1$ gilt dann stets $\int_{-\infty}^{\infty} f(t)\,dt = 1$.

Eine stetige Verteilungsfunktion F besitzt genau dann eine Dichtefunktion f, wenn F fast überall, d.h. überall bis auf eine Nullmenge (S. 361), differenzierbar ist.

Erwartungswert, Varianz, Standardabweichung

Eine Zufallsgröße ist sowohl durch ihre Verteilungsfunktion als auch durch ihre Dichtefunktion bzw. Wahrscheinlichkeitsfunktion vollständig festgelegt. In der Statistik begnügt man sich vielfach mit einigen charakteristischen Zahlenwerten, die eine Zufallsgröße zwar nicht vollständig, aber hinreichend genau beschreiben. Man nimmt in Kauf, daß dabei einige Informationen verlorengehen. Der wichtigste Wert ist der Erwartungswert.

Def. 5: Unter dem *Erwartungswert* oder *Mittelwert* einer Zufallsgröße X, den man mit $E(X)$ oder μ bezeichnet, versteht man bei diskretem X den Wert $\sum_\nu a_\nu P(a_\nu)$ (Summation über alle endlich oder unendlich vielen ν), bei stetigem X den Wert $\int_{-\infty}^{\infty} t f(t)\,dt$, wobei f die Dichtefunktion ist.

Um die auftretenden Abweichungen vom Erwartungswert zu beschreiben und dabei stärkere Abweichungen besonders wirksam zu berücksichtigen, verwendet man den Erwartungswert von $(X - \mu)^2$.

Def. 6: Unter der ***Varianz*** $V(X)$ einer Zufallsgröße X versteht man den Erwartungswert $E((X - \mu)^2)$. Der Wert $\sigma := \sqrt{V(X)}$ heißt ***Standardabweichung*** oder ***Streuung***.

Für diskretes X gilt $\sigma^2 = \sum_\nu (a_\nu - \mu)^2 P(a_\nu)$, für stetiges X dagegen $\sigma^2 = \int_{-\infty}^{\infty} (t - \mu)^2 f(t)\,dt$.

Abb. C enthält Erwartungswert, Varianz und Standardabweichung für die Beispiele von Abb. A und B.

Bem.: Der Erwartungswert einer diskreten Zufallsgröße X braucht nicht zu den Werten von X zu gehören. So ist beim Würfeln mit einem idealen Würfel 3,5 der Erwartungswert für die Augenzahl, obwohl die Augenzahl nur ganzzahlig sein kann.

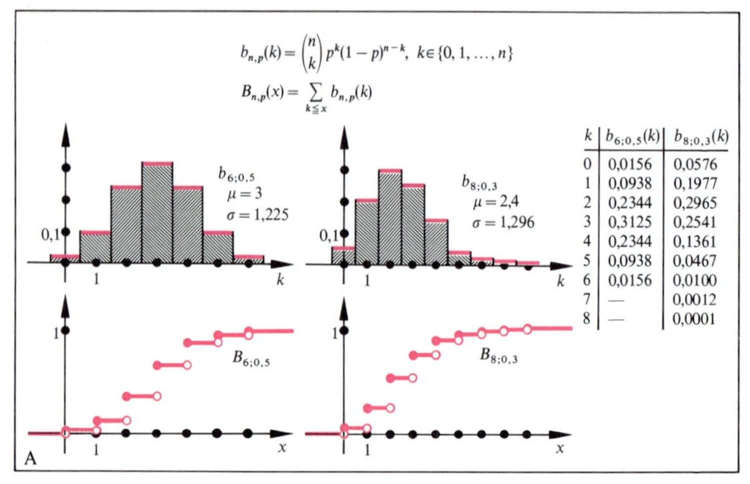

k	$b_{6;0,5}(k)$	$b_{8;0,3}(k)$
0	0,0156	0,0576
1	0,0938	0,1977
2	0,2344	0,2965
3	0,3125	0,2541
4	0,2344	0,1361
5	0,0938	0,0467
6	0,0156	0,0100
7	—	0,0012
8	—	0,0001

Binomialverteilung

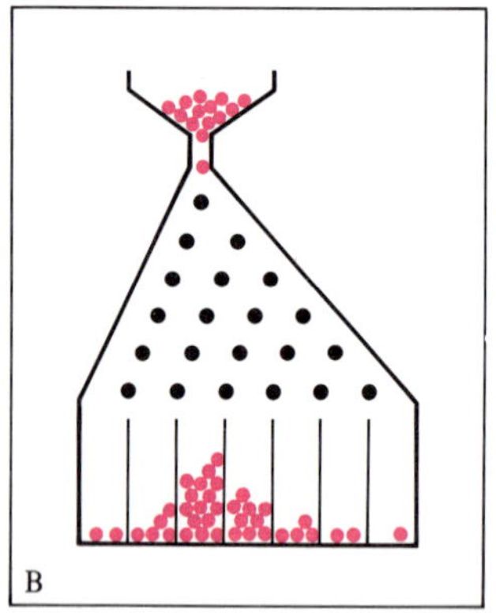

GALTON-Brett

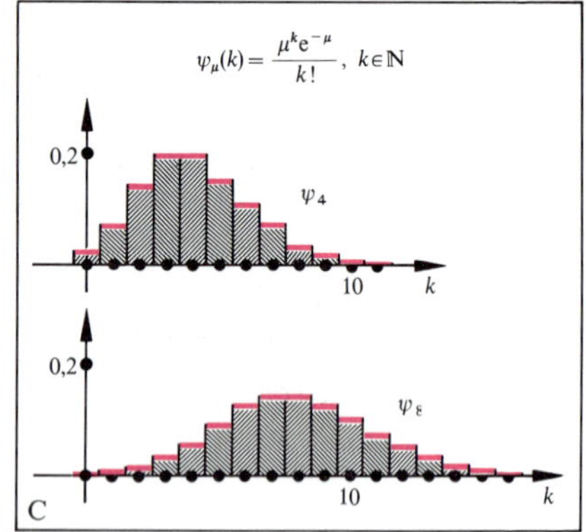

POISSONverteilung

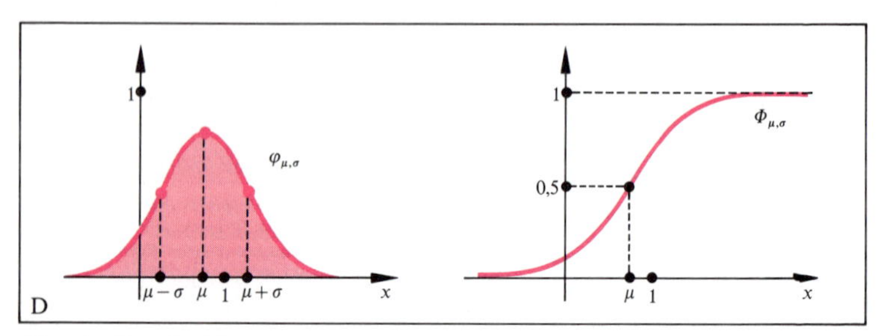

Allgemeine Normalverteilung

Unter geeigneten Voraussetzungen haben Zufallsgrößen charakteristische Verteilungsfunktionen mit entsprechenden Verteilungen bzw. Dichtefunktionen.

Binomialverteilung

Man betrachtet ein Experiment mit genau zwei möglichen Ergebnissen A und $\bar{A}$, die die Wahrscheinlichkeiten p und $1-p$ haben, und wiederholt es unter gleichen Bedingungen n-mal (n-stufiges Experiment mit dem Ergebnisraum Ω aller n-Tupel aus den Elementen A und $\bar{A}$). Man fragt nach der Wahrscheinlichkeit dafür, daß k-mal A eintritt.

Die Zufallsgröße S_n sei auf Ω so def., daß $S_n(\omega)=k$ ist, wenn in dem n-Tupel ω das Element A genau k-mal vorkommt ($k\in\{0, 1, \ldots, n\}$). Zum Ereignis $S_n=k$ gehören $\binom{n}{k}$ n-Tupel, jedes mit der Wahrscheinlichkeit $p^k(1-p)^{n-k}$ (Baumdiagramm). Daher gilt für die Wahrscheinlichkeit $P(S_n=k)$, mit $b_{n,p}(k)$ bezeichnet:

$$b_{n,p}(k)=\binom{n}{k}p^k(1-p)^{n-k}, \qquad k\in\{0, 1, \ldots, n\}$$

(*Binomialverteilung*).

Für die zugehörige Verteilungsfunktion, mit $B_{n,p}$ bezeichnet, gilt:

$$B_{n,p}(x)=\sum_{k\leq x}\binom{n}{k}p^k(1-p)^{n-k}.$$

Abb. A zeigt zu verschiedenen p und n gehörige Histogramme. Eine Realisierung der Histogramme ist mit einem sog. GALTON-*Brett* möglich, einem mit n Nagelreihen versehenen, schräggestellten Brett, über das man Kugeln nach unten laufen läßt. Die Kugeln treffen in jeder Reihe auf einen Nagel, wobei sie mit der Wahrscheinlichkeit p nach links und mit der Wahrscheinlichkeit $1-p$ nach rechts abgelenkt werden. Die Kugeln werden schließlich in $n+1$ Fächern, die von 0 bis n durchnumeriert sind, aufgefangen. $b_{n,p}(k)$ gibt die Wahrscheinlichkeit an, mit der eine Kugel im k-ten Fach ankommt (Abb. B).

Für den Erwartungswert bei der Binomialverteilung erhält man unter Verwendung der Formeln für binomische Reihenentwicklungen (S. 300):

$$\begin{aligned}\mu&=\sum_{k=0}^{n}k\binom{n}{k}p^k(1-p)^{n-k}\\&=np\sum_{k=0}^{n-1}\binom{n-1}{k}p^k(1-p)^{n-1-k}\\&=np(p+(1-p))^{n-1}=np.\end{aligned}$$

Für die Varianz ergibt sich entsprechend:

$\sigma^2=np(1-p)$, so daß die Standardabweichung $\sigma=\sqrt{np(1-p)}$ beträgt.

POISSON-Verteilung

Die zahlenmäßige Auswertung bei der Binomialverteilung wird für große n recht unbequem, so daß man für $n\geqq 10$ und kleine Werte von p (seltene Ereignisse) vielfach $b_{n,p}(k)$ durch $\lim\limits_{n\to\infty} b_{n,p}(k)$ approximiert. Es gilt, wenn $\mu=np$ konstant bleibt:

$$\begin{aligned}\lim_{n\to\infty} b_{n,p}(k)&=\lim_{n\to\infty}\binom{n}{k}\left(\frac{\mu}{n}\right)^k\left(1-\frac{\mu}{n}\right)^{n-k},\\&=\lim_{n\to\infty}\frac{n(n-1)\cdot\ldots\cdot(n-(k-1))}{k!}\cdot\frac{\mu^k}{n^k}\cdot\left(1-\frac{\mu}{n}\right)^{n-k},\\&=\lim_{n\to\infty}\frac{\mu^k}{k!}\cdot\left(1-\frac{\mu}{n}\right)^n\\&\quad\cdot\left[\left(1-\frac{1}{n}\right)\cdot\left(1-\frac{2}{n}\right)\cdot\ldots\cdot\left(1-\frac{k-1}{n}\right)\cdot\left(1-\frac{\mu}{n}\right)^{-k}\right].\end{aligned}$$

Der Term in der eckigen Klammer hat den Grenzwert 1, $(1-\frac{\mu}{n})^n$ den Grenzwert $e^{-\mu}$, so daß

$$\lim_{n\to\infty} b_{n,p}(k)=\frac{\mu^k e^{-\mu}}{k!} \text{ gilt}.$$

Die durch $\psi_\mu(k)=\dfrac{\mu^k e^{-\mu}}{k!}$, $k\in\mathbb{N}$, definierte Verteilung heißt POISSON-*Verteilung*. Die zugehörige Verteilungsfunktion Ψ_μ ist def. durch

$$\Psi_\mu(x)=\sum_{k\leqq x}\frac{\mu^k e^{-\mu}}{k!}$$

Abb. C zeigt Histogramme und Graphen von Verteilungsfunktionen für $\mu=4$ und $\mu=8$. Für große μ sind die Histogramme fast symmetrisch.

Aus den Formeln der Binomialverteilung ergibt sich, daß bei der POISSON-Verteilung die Varianz mit dem Erwartungswert μ übereinstimmt, die Standardabweichung beträgt $\sqrt{\mu}$.

Normalverteilung

Wächst n bei festem p immer mehr, so nähert sich die Binomialverteilung einer speziellen stetigen Dichtefunktion. Zunächst betrachtet man die durch $\varphi_{n,p}(x)=\sigma b_{n,p}(k)$ bestimmte diskrete Wahrscheinlichkeitsfunktion mit der Transformationsgleichung $\sigma x=k-np$.

Einsetzung und Umformung liefert:

$$\frac{\varphi_{n,p}(x)-\varphi_{n,p}\left(x-\frac{1}{\sigma}\right)}{\frac{1}{\sigma}}=\frac{\left(\frac{p}{\sigma}-x\right)\cdot\varphi_{n,p}\left(x-\frac{1}{\sigma}\right)}{1+\frac{1-p}{\sigma}x}.$$

Für $n\to\infty$ streben $\frac{1}{\sigma}$, $\frac{p}{\sigma}$ und $\frac{1-p}{\sigma}$ gegen 0, so daß für die Grenzfunktion φ gilt:

$$\varphi'(x)=-x\varphi(x).$$

Diese homogene lineare Differentialgleichung 1. Ordnung hat nach S. 377 die Lösung:

$$\varphi(x)=Ke^{-\frac{x^2}{2}}.$$

Damit $\int\limits_{-\infty}^{\infty}\varphi(x)\mathrm{d}x$ den Wert 1 erhält, muß $K=\dfrac{1}{\sqrt{2\pi}}$ sein.

Zur Dichtefunktion φ dieser sog. *standardisierten Normalverteilung* gehört die Verteilungsfunktion Φ mit

$$\Phi(x)=\frac{1}{\sqrt{2\pi}}\int_{-\infty}^{x}e^{-\frac{x^2}{2}}\mathrm{d}x \quad \text{(GAUSS*sches Fehlerintegral*)}.$$

Der Mittelwert der standardisierten Normalverteilung ist 0, die Standardabweichung 1. Zu beliebigen Werten von μ und σ gehört die Dichtefunktion $\varphi_{\mu,\sigma}$ der *allgemeinen Normalverteilung* mit

$$\varphi_{\mu,\sigma}(x)=\frac{1}{\sigma\sqrt{2\pi}}e^{-\frac{(x-\mu)^2}{2\sigma^2}} \quad \text{(Abb. D)}.$$

x	$\varphi(x)$	$\Phi(x)$
0,0	0,3989	0,5000
0,1	0,3970	0,5398
0,2	0,3910	0,5793
0,3	0,3814	0,6179
0,4	0,3683	0,6554
0,5	0,3521	0,6915
1,0	0,2420	0,8413
1,5	0,1295	0,9332
2,0	0,0540	0,9772

a	$\int_{\mu-a}^{\mu+a} \varphi_{\mu,\sigma}(t)\mathrm{d}t$
σ	0,6827
2σ	0,9545
3σ	0,9973
$1{,}64\sigma$	0,90
$1{,}96\sigma$	0,95
$2{,}58\sigma$	0,99
$3{,}29\sigma$	0,999

A

Tabellen zur Normalverteilung

$k-1$ \ α	0,99	0,95	0,9	0,5	0,1	0,05	0,01
1	0,00016	0,0039	0,016	0,455	2,71	3,84	6,64
2	0,00201	0,103	0,211	1,39	4,61	5,99	9,21
3	0,115	0,352	0,584	2,37	6,25	7,81	11,3
4	0,297	0,711	1,06	3,36	7,78	9,49	13,3
5	0,554	1,15	1,61	4,35	9,24	11,1	15,1
10	2,56	3,94	4,87	9,34	16,0	18,3	23,2
15	5,23	7,26	8,55	14,3	22,3	25,0	30,6
20	8,26	10,9	12,4	19,3	28,4	31,4	37,6
25	11,5	14,6	16,5	24,3	34,4	37,7	44,3

$k-1$: Freiheitsgrad α: Signifikanzniveau
Die Wahrscheinlichkeit, daß $\chi^2_{k-1} > \chi^2_{k-1,\alpha}$ ist, ist unter der Annahme, daß die in der Testgröße verwendete Verteilung vorliegt, annähernd gleich α.

B

Werte von $\chi^2_{k-1,\alpha}$ für χ^2-Test

Ein Kunde einer Bäckerei, der täglich Brötchen geliefert bekommt, beschwert sich, daß zuviele Brötchen nicht das Sollgewicht von 50 g haben. Er beschließt, auch in Zukunft alle Brötchen zu wiegen. Es ist eine Normalverteilung zu erwarten. Er erhält bei $n = 1200$ Brötchen folgende Werte:

Klassen-Nr. ν	1	2	3	4	5	6	7	8	9	10	11	12
Gewicht in g	45/46	46/47	47/48	48/49	49/50	50/51	51/52	52/53	53/54	54/55	55/56	56/57
Klassenmitte x_ν	45,5	46,5	47,5	48,5	49,5	50,5	51,5	52,5	53,5	54,5	55,5	56,5
n_ν	1	2	56	93	172	364	273	150	60	21	5	3

Aus den Tabellenwerten berechnet man: $\mu = 50{,}784$, $\sigma = 1{,}579$.

Bei einer Normalverteilung mit diesen Werten von μ und σ sind folgende Werte zu erwarten:

ν	1	2	3	4	5	6	7	8	9	10	11	12
$n\varphi(x_\nu)$	1,4	8,5	36,7	108,4	216,6	293,6	270,0	168,4	71,2	20,6	4,0	0,6

$n\varphi(x_\nu)$ sollte nicht kleiner als 1 sein, daher legt man die Klasse 12 mit der Klasse 11 zusammen. Dann ist

$$\chi^2_{10} = \sum_{\nu=1}^{11} \frac{(n_\nu - n\varphi(x_\nu))^2}{n\varphi(x_\nu)} = 49{,}813.$$

Wegen $\chi^2_{10} > \chi^2_{10;0,01}$ ist die Hypothese, daß eine Normalverteilung vorliegt, zu verwerfen. Die Irrtumswahrscheinlichkeit liegt unter 1%. Es besteht der wohlbegründete Verdacht, daß der Bäcker auf die Beschwerde hin nicht etwa bessere Brötchen hergestellt hat, sondern die Brötchen für diesen Kunden vorsortiert hat, um weiteren Beschwerden vorzubeugen.

C

Beispiel für χ^2-Test

Stichprobe und Grundgesamtheit

In der Statistik als Anwendung der Wahrscheinlichkeitsrechnung geht es u.a. um die Auswertung von Qualitätsprüfungen, die Steuerung von Produktionsprozessen durch Kontrollmessungen, die Erstellung von Unterlagen für Versicherungsgesellschaften (z.B. Sterbetafeln), den Nachweis eines Zusammenhangs zwischen bestimmten Größen.

I.a. kann man nicht alle Elemente der interessierenden Menge *(Grundgesamtheit)* verwenden, um über die relativen Häufigkeiten die Verteilung einer Zufallsgröße zu ermitteln. Oft ist die Grundgesamtheit viel zu umfangreich, oft verbietet es die Fragestellung. So kann man, um die Bruchfestigkeit eines Artikels zu beurteilen, nicht alle Exemplare zerbrechen. Man muß sich auf eine Stichprobe beschränken.

Stellt man die relativen Häufigkeiten bei der Stichprobe fest, so kann man nicht damit rechnen, daß die Verteilung der Zufallsgröße bei der Stichprobe, insbesondere ihr Erwartungswert und ihre Varianz, mit der Verteilung der Zufallsgröße bei der Grundgesamtheit übereinstimmt. Durch das arithmetische Mittel $\bar{x}$ der Stichprobe erhält man einen *Schätzwert* für den Erwartungswert μ der Grundgesamtheit, wenn der Umfang n der Stichprobe nicht zu klein ist. Etwas anders verhält sich die Varianz der Zufallsgröße bez. der Stichprobe. Ihr Erwartungswert ist nicht σ^2, sondern $\frac{n-1}{n}\sigma^2$, so daß man als Schätzwert für σ^2 den Term $s^2 = \frac{1}{n-1}\sum_{\nu=1}^{n}(x_\nu - \bar{x})^2$ verwendet. s^2 wird etwas ungenau oft auch *Varianz der Stichprobe* genannt.

Testen von Hypothesen

Treten bei Stichproben Abweichungen von erwarteten Werten auf, so kann das auf Zufall beruhen, aber auch darauf, daß etwa nur Männer, nur Angehörige einer bestimmten Bevölkerungsschicht, nur Artikel, die montags hergestellt wurden, durch die Stichproben erfaßt wurden. Man kann die Hypothese aufstellen, daß die Abweichung nicht auf Zufall beruht. Dabei ergibt sich die Frage, mit welcher Sicherheit eine solche Hypothese zu vertreten ist.

Der Tabelle in Abb. A ist zu entnehmen, daß bei einer Normalverteilung Abweichungen vom Mittelwert μ um mehr als die Standardabweichung σ mit einer Wahrscheinlichkeit von fast $\frac{1}{3}$ zu erwarten sind. Eine solche Abweichung wird man noch als rein zufällig ansehen. Erst bei einer Abweichung von mehr als $1{,}96\,\sigma$ $(2{,}58\,\sigma)$ gelangt man in den Bereich, in dem Werte nur noch mit weniger als 5% (1%) zu erwarten sind. Wenn man nun die Hypothese annimmt, sagt man, die Abweichung sei *signifikant auf dem 5%-(1%-)Niveau.* Bei unbekanntem σ verwendet man statt σ den aus den Stichproben gewonnenen Schätzwert s.

Wählt man ein sog. *Signifikanzniveau* α, so ist im Falle der Annahme der Hypothese die Wahrscheinlichkeit für einen Irrtum *(Irrtumswahrscheinlichkeit)* kleiner als α. $1-\alpha$ heißt statistische Sicherheit. Für die Annahme einer Hypothese fordert man meistens $1-\alpha = 95\%$, gelegentlich 99% oder 99,5%.

χ^2-Test

Ein weiteres Problem der praktischen Statistik besteht darin, nicht nur die Mittelwerte von Grundgesamtheit und Stichproben zu vergleichen und die Abweichungen zu beurteilen, sondern die Art der Verteilung zu untersuchen, also etwa festzustellen, ob eine Normalverteilung oder eine andere vermutete Verteilung vorliegt. Ein sehr zuverlässiges Verfahren ist hierbei der *χ^2-Test* (sprich: Chi-Quadrat-Test). Die Verteilung kann stetig oder diskret sein. Bei einer stetigen Verteilung nimmt man eine Klasseneinteilung des Ergebnisraumes vor. Die Anzahl k der Klassen liegt i.a. zwischen 6 und 20. Man zählt die Häufigkeiten n_ν $(\nu \in \{1, \ldots, k\})$ der Stichprobenwerte in den einzelnen Klassen. Bei einer diskreten Verteilung sei $n_\nu = H(x_\nu)$ die Häufigkeit, mit der der Wert x_ν auftritt. Bei zu kleinen Häufigkeiten faßt man mehrere Klassen zusammen. Man bildet nun die Testgröße

$$\chi^2_{k-1} = \sum_{\nu=1}^{k} \frac{(n_\nu - np_\nu)^2}{np_\nu},$$

wobei n die Anzahl der Stichproben bedeutet und p_ν die theoretisch zu erwartende Häufigkeit bei der Verteilung, auf die hin der Test durchgeführt wird. $k-1$ heißt *Freiheitsgrad* der Verteilung. Man vergleicht dann χ^2_{k-1} mit dem Tabellenwert $\chi^2_{k-1,\alpha}$, wobei α das Signifikanzniveau bezeichnet (Abb. B). Ist $\chi^2_{k-1} > \chi^2_{k-1,\alpha}$ und n nicht zu klein, so ist die Hypothese, daß die vermutete Verteilung tatsächlich vorliegt, abzulehnen mit einer Irrtumswahrscheinlichkeit, die höchstens α ist.

Beispiel:

Bei 300 Würfen mit einem Würfel treten die Augenzahlen 1, 2, 3, 4, 5, 6 mit den Häufigkeiten 54, 50, 57, 51, 45, 43 auf. Die Anzahl der Freiheitsgrade beträgt 5. Bei einem idealen Würfel ist $n \cdot p_\nu = 50$ für alle ν. Man erhält $\chi^2_5 = 2{,}8$, während $\chi^2_{5;0,05} = 11{,}07$ ist. Eine entsprechend feinstufige Tabelle zeigt, daß $\chi^2_{5;0,7} \approx 2{,}8$ ist. Bei ca. 70% aller Reihen von 300 Würfen sind auch bei einem idealen Würfel Abweichungen in mindestens dem gleichen Umfang zu erwarten. Wären dagegen bei 3000 Würfen alle Häufigkeiten gerade zehnmal so groß, so erhielte man $\chi^2_5 = 28$. Wegen $\chi^2_{5;0,01} = 15{,}09$ sind Abweichungen in dieser Größe in weit weniger als 1% der Fälle zu erwarten. Der Würfel ist also höchst wahrscheinlich ungleichmäßig gebaut. Man erkennt, daß der Test für große n recht genaue Aussagen über die Verteilung gestattet. Ein zu kleiner Wert von χ^2_{k-1} ist allerdings ebenfalls verdächtig. Wären im ersten Beispiel alle Häufigkeiten 50 gewesen, also $\chi^2_5 = 0$, so läge der Verdacht nahe, daß die Werte korrigiert wären. In über 99% der Fälle ist bei 300 Würfen ein Wert von χ^2_5 über 0,554 zu erwarten.

Die Berechnung der Tabellenwerte ist mühsam. Sie erfolgt über die sog. *Polynomialverteilung,* eine Verallgemeinerung der Binomialverteilung. Abb. C bringt ein weiteres Beispiel für einen χ^2-Test.

gemessene Häufigkeitswerte $H_{\nu\mu}$

ν \ μ	1	2	3	4	5	6	
1	18	23	11	8	6	1	67
2	14	20	17	20	14	3	88
3	8	15	30	27	26	17	123
4	6	4	22	31	35	24	122
	46	62	80	86	81	45	400

erwartete Häufigkeitswerte $k_{\nu\mu}$

ν \ μ	1	2	3	4	5	6
1	7,705	10,39	13,4	14,41	13,57	7,538
2	3,805	13,64	17,6	18,92	17,82	9,900
3	2,460	19,07	24,6	26,45	24,91	13,84
4	1,830	18,91	24,4	26,23	24,71	13,73

$$k_{\nu\mu} = \frac{\sum_{k=1}^{m} H_{\nu k} \cdot \sum_{i=1}^{n} H_{i\mu}}{M} \qquad n=4,\ m=6 \quad M=400$$

$$\chi_3^2 = \sum_{\nu,\mu} \frac{(H_{\nu\mu} - k_{\nu\mu})^2}{k_{\nu\mu}} = 139{,}3$$

$$\frac{1}{M} \cdot \sum_{\nu,\mu} \frac{(H_{\nu\mu} - k_{\nu\mu})^2}{k_{\nu\mu}} = 0{,}3482$$

Mit an Sicherheit grenzender Wahrscheinlichkeit sind wegen $\chi_3^2 = 139{,}3$ die Merkmale nicht unabhängig voneinander.

A

Abhängigkeit zweier Merkmale

3541	5541	0517	9314	3100	9063	4741	9801	8495	4948
7138	0001	9574	5176	1567	2506	4237	5654	0522	6973
6221	2465	9062	3271	0750	6225	8376	2844	4009	8539
9841	9888	6894	4550	2071	3611	3171	0096	2926	8536
0509	7225	7620	8909	9489	9131	0792	9413	7409	2443
1825	3729	9478	6998	7598	4892	9262	4907	6990	9710
0877	5619	1871	5432	2507	6090	9268	7786	5213	4465
1063	0177	5324	3899	6605	3614	1122	4304	7904	6016
8759	6654	0469	4486	3097	0562	9535	8713	4144	1331
5262	5371	4419	7988	1561	4694	4677	6992	1254	6863

B

Tabelle mit 100 vierstelligen Zufallszahlen

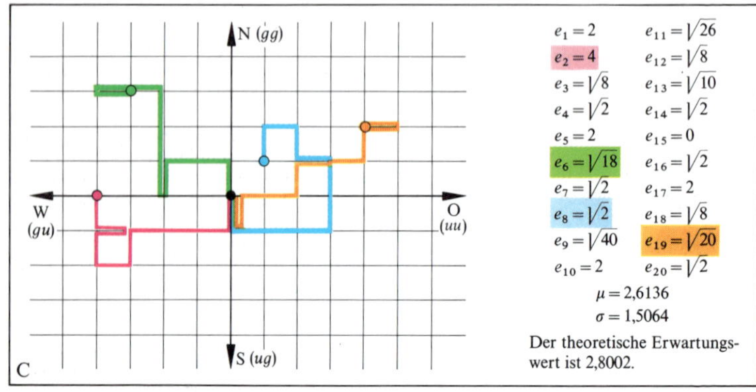

Beispiel für die Monte-Carlo-Methode

Abhängigkeit zweier Merkmale

Wird eine Grundgesamtheit auf zwei Merkmale untersucht, so lassen sich die Ergebnisse in einer Matrix erfassen, die das eine Merkmal zeilenweise, das andere spaltenweise ausweist. So kann man einen Personenkreis auf Körpergröße und Schuhgröße oder auf Gewicht und Anfälligkeit für bestimmte Krankheiten untersuchen. Es stellt sich die Frage nach einer Abhängigkeit der beiden Merkmale voneinander.

Das Auswerteverfahren sei an der Häufigkeitsmatrix $(H_{\nu\mu})$ der Abb. A erläutert. $H_{\nu\mu}$ gibt die Häufigkeit an, mit der die Werte x_ν und y_μ der Zufallsgrößen gemeinsam auftreten. Die Zeilensummen $\sum_{k=1}^{m} H_{\nu k}$ und die Spaltensummen $\sum_{i=1}^{n} H_{i\mu}$ heißen *Randverteilungen.* Mit ihrer Hilfe kann man eine neue Matrix $(k_{\nu\mu})$ mit $k_{\nu\mu} = \frac{\sum_{k=1}^{m} H_{\nu k} \cdot \sum_{i=1}^{n} H_{i\mu}}{M}$ aufstellen, die die Häufigkeiten angibt, die bei rein zufälliger Verteilung zu erwarten sind. M ist die Mächtigkeit der Grundgesamtheit. Entsprechend dem χ^2-Test bildet man

$$\sum_{\nu,\mu} \frac{(H_{\nu\mu} - k_{\nu\mu})^2}{k_{\nu\mu}}.$$

Teilt man diesen Wert noch durch M, so erhält man die sog. *mittlere quadratische Kontingenz.* Will man die χ^2-Tabelle anwenden, so muß noch die Anzahl der Freiheitsgrade festgestellt werden. Sie ist um 1 kleiner als der kleinere der beiden Werte n und m.

Sind die erfaßten Merkmale nicht nur qualitativer Art (z.B. Geschlecht, Familienstand, Anfälligkeit gegen eine Krankheit, Leistungsnote), sondern quantitativer Art (z.B. Körpergröße, Alter, Halbwertszeit), so kann man die Meßergebnisse in einem Koordinatensystem darstellen, wobei eventuell Meßpunkte mehrfach zu zählen sind. Der Grad der Regellosigkeit der Punkte (Punktwolke) in diesem sog. *Streudiagramm* läßt meist schon erkennen, ob eine Abhängigkeit vorliegt oder nicht. Ob der Zusammenhang durch eine Gerade hinreichend gut erfaßt werden kann, ist mittels des *Korrelationskoeffizienten* r zu beurteilen. Sind μ_x, μ_y, μ_{xy} die Mittelwerte der x-, y- und xy-Werte, σ_x und σ_y die Standardabweichungen, so def. man $r := \frac{\mu_{xy} - \mu_x\mu_y}{\sigma_x\sigma_y}$ für $\sigma_x, \sigma_y \neq 0$.

Es gilt $-1 \leqq r \leqq 1$. Für $r = 0$ besteht kein Zusammenhang zwischen den Zufallsgrößen X und Y, für $r = \pm 1$ ein strenger Zusammenhang. Die Gerade hat positive oder negative Steigung je nach dem Vorzeichen von r. Die Korrelation ist um so besser, je größer der Betrag von r ist. Wie die beste, den Zusammenhang wiedergebende Gerade *(Regressionsgerade)* berechnet wird, ist bereits auf S. 312 dargestellt worden. Die Ergebnisse lassen sich mit den in der Statistik üblichen Bezeichnungen schreiben in der Form

$$\alpha_1 = \frac{\mu_{x^2}\mu_y - \mu_x\mu_{xy}}{\sigma_x^2}, \quad \alpha_2 = \frac{\mu_{xy} - \mu_x\mu_y}{\sigma_x^2} = r \cdot \frac{\sigma_y}{\sigma_x}.$$

Für das Beispiel auf S. 312 ergibt sich mittels der Beziehung $r = \frac{\alpha_2\,\sigma_x}{\sigma_y}$ aus $\alpha_2 = 0{,}4302$, $\sigma_x = 3{,}091$, $\sigma_y = 1{,}572$ schließlich $r = 0{,}8459$. Es zeigt sich eine ausgeprägte Korrelation.

Bem.: Es gibt eine Fülle weiterer Verteilungsfunktionen und Testverfahren für die unterschiedlichen Fragestellungen der Statistik.

Zufallszahlen, Monte-Carlo-Methode

Manche statistischen Probleme sind rechnerisch so schwierig, daß man sie mittels Zufallszahlen in vereinfachter Form durchspielt. Für Zufallszahlen gibt es umfangreiche, experimentell oder von Computern erstellte Tabellenwerke mit bis zu 10^6 Zahlen. Abb. B enthält 100 von einem Computer gelieferte vierstellige Zufallszahlen.

Beispiele:

a) Es soll der Weg eines Betrunkenen in einem quadratischen Straßennetz verfolgt werden. An jeder Kreuzung schlage er zufällig eine der vier möglichen Richtungen ein. Man fragt nach dem Erwartungswert für die Entfernung vom Ausgangspunkt nach 10 Wegstrecken. Hierzu wird der Weg mittels zweistelliger Zufallszahlen simuliert. Je nachdem, ob deren Ziffern gerade (g) oder ungerade (u) sind, sind vier Typen von Zahlen möglich, denen man folgende Himmelsrichtungen zuordnet: $gg \to$ N, $gu \to$ W, $ug \to$ S, $uu \to$ O. Je fünf Zahlen der Tabelle in Abb. B ergeben nach Aufspaltung in Zweiergruppen einen möglichen Weg. Insgesamt erhält man 20 Wege, die in Abb. C teilweise eingezeichnet sind und auf die angegebenen Endpunkte und Zahlenwerte führen.

b) Ein Angler angelt in einer Stunde 0, 1, 2 oder 3 Fische mit den Wahrscheinlichkeiten 0,4, 0,3, 0,2, 0,1. Wieviele Fische fängt er wahrscheinlich in 8 Stunden? Hier kann man den 8 Stunden die Ziffern zweier vierstelliger Zufallszahlen zuordnen: Ziffer 0, 1, 2 oder 3 bedeute 0 Fische, Ziffer 4, 5 oder 6 ein Fisch, Ziffer 7 oder 8 zwei Fische, Ziffer 9 drei Fische. Die Zahlen aus Abb. B liefern damit 50 mögliche Ergebnisse für den Angelerfolg, beginnend mit 5, 9, 4, 9, 15, 4, 11, 6, 7, 7, 6, … Der Mittelwert aller 50 Werte beträgt $\mu = 8{,}38$, die Standardabweichung $\sigma = 3{,}486$. Die Aufgabe ist auch auf anderem Wege leicht lösbar und führt theoretisch auf den Erwartungswert 8.

Man nennt ein solches Simulationsverfahren *Monte-Carlo-Methode.* Es führt bei umfangreichen Versuchsreihen auf zuverlässige Werte, da die Größe des einzukalkulierenden Fehlers umgekehrt proportional zu $\sqrt{n}$ ist. Um den Fehler zu halbieren, sind also viermal so viele Versuche erforderlich.

Die Monte-Carlo-Methode ist z.B. anwendbar auf Warteschlangen von Menschen vor einer Theaterkasse, von Autos vor einer Kreuzung, wenn es um die Frage geht, ob sich die Kosten für eine zusätzliche Kasse oder die Einrichtung einer zusätzlichen Fahrspur lohnen. Ferner sind Aufgaben über Lagerhaltungskosten und Versicherungsprobleme simulierbar.

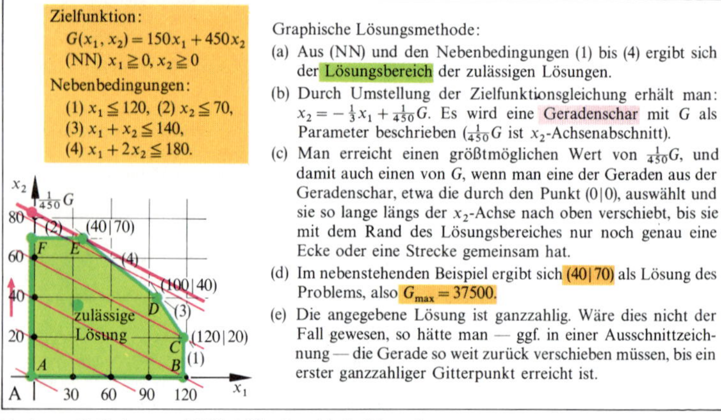

Zielfunktion:
$G(x_1, x_2) = 150x_1 + 450x_2$
(NN) $x_1 \geqq 0, x_2 \geqq 0$
Nebenbedingungen:
(1) $x_1 \leqq 120$, (2) $x_2 \leqq 70$,
(3) $x_1 + x_2 \leqq 140$,
(4) $x_1 + 2x_2 \leqq 180$.
x_2
$\frac{1}{450}G$
(40|70)
(100|40)
(120|20)
zulässige Lösung
A
30
60
90
120
x_1

Graphische Lösungsmethode:

(a) Aus (NN) und den Nebenbedingungen (1) bis (4) ergibt sich der Lösungsbereich der zulässigen Lösungen.

(b) Durch Umstellung der Zielfunktionsgleichung erhält man: $x_2 = -\frac{1}{3}x_1 + \frac{1}{450}G$. Es wird eine Geradenschar mit G als Parameter beschrieben ($\frac{1}{450}G$ ist x_2-Achsenabschnitt).

(c) Man erreicht einen größtmöglichen Wert von $\frac{1}{450}G$, und damit auch einen von G, wenn man eine der Geraden aus der Geradenschar, etwa die durch den Punkt (0|0), auswählt und sie so lange längs der x_2-Achse nach oben verschiebt, bis sie mit dem Rand des Lösungsbereiches nur noch genau eine Ecke oder eine Strecke gemeinsam hat.

(d) Im nebenstehenden Beispiel ergibt sich (40|70) als Lösung des Problems, also $G_{max} = 37500$.

(e) Die angegebene Lösung ist ganzzahlig. Wäre dies nicht der Fall gewesen, so hätte man — ggf. in einer Ausschnittzeichnung — die Gerade so weit zurück verschieben müssen, bis ein erster ganzzahliger Gitterpunkt erreicht ist.

Maximum-Optimierung mit 2 Variablen (graphische Lösung)

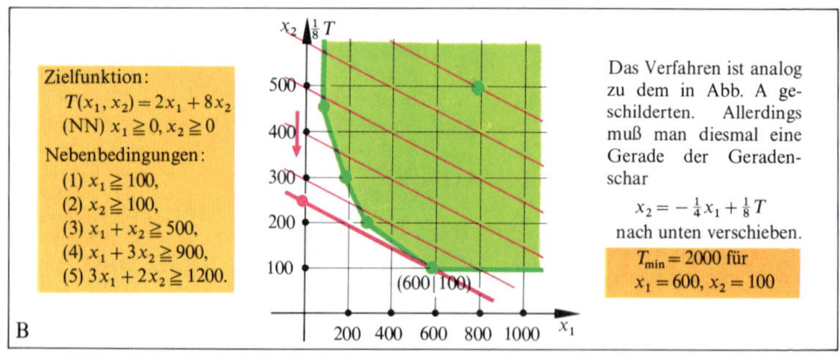

Zielfunktion:
$T(x_1, x_2) = 2x_1 + 8x_2$
(NN) $x_1 \geqq 0, x_2 \geqq 0$
Nebenbedingungen:
(1) $x_1 \geqq 100$,
(2) $x_2 \geqq 100$,
(3) $x_1 + x_2 \geqq 500$,
(4) $x_1 + 3x_2 \geqq 900$,
(5) $3x_1 + 2x_2 \geqq 1200$.
x_2
$\frac{1}{8}T$
(600|100)
B
200
400
600
800
1000
x_1
Das Verfahren ist analog zu dem in Abb. A geschilderten. Allerdings muß man diesmal eine Gerade der Geradenschar
$x_2 = -\frac{1}{4}x_1 + \frac{1}{8}T$
nach unten verschieben.
$T_{min} = 2000$ für $x_1 = 600, x_2 = 100$

Minimum-Optimierung mit 2 Variablen (graphische Lösung)

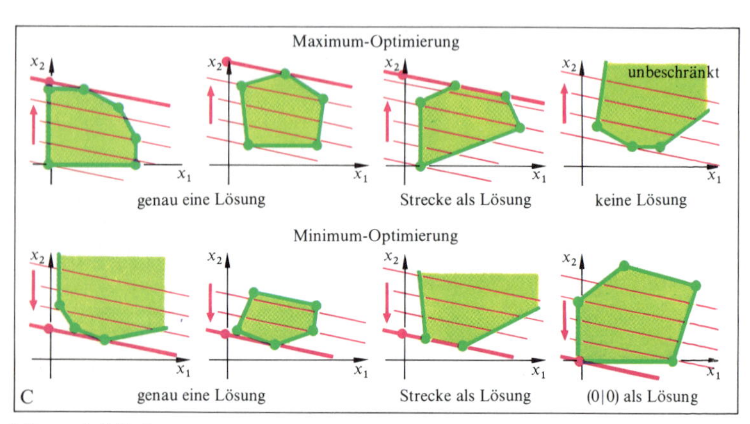

Lösungsmöglichkeiten

Wichtige numerische Verfahren kommen bei der **linearen Optimierung** zur Anwendung. Es handelt sich um Algorithmen zur Bestimmung der Extremwerte linearer Funktionen mit mehreren Variablen, wobei als Nebenbedingungen in der Regel mehrere lineare Gleichungen oder Ungleichungen zu erfüllen sind.

Als Synonym für lineare Optimierung findet man auch die Bezeichnung *lineares Programmieren.*

Das Gebiet ist außerordentlich praxisnah, jedoch müssen die auftretenden Probleme häufig erst »linearisiert« werden, damit man sie mit den Mitteln der linearen Optimierung lösen kann.

Maximum-Optimierung mit zwei Variablen (graphische Lösung)

Eine Fabrik stellt die Produkte P_1 und P_2 her und verkauft das erste mit einem Gewinn von 150 DM, das zweite mit einem Gewinn von 450 DM pro Stück. Die Wochenproduktion ist jedoch folgenden Einschränkungen unterworfen:

Von P_1 können höchstens 120, von P_2 höchstens 70, von beiden insgesamt höchstens 140 Stück pro Woche fertiggestellt werden. Weiterhin stehen von einem Spezialgerät, das bei P_1 genau einmal, bei P_2 genau zweimal eingebaut werden muß, wöchentlich nur 180 Stück zur Verfügung.

Wie hoch ist unter diesen Bedingungen die wöchentliche Produktion anzusetzen, um ***maximalen Gewinn* zu erzielen?**

Zur Beantwortung der Frage sucht man zunächst die Funktionsgleichung für den Gewinn in Abhängigkeit von den Anzahlen x_1 und x_2 der Produkte P_1 und P_2:

$G(x_1, x_2) = 150x_1 + 450x_2$ mit $x_1 \geqq 0$ und $x_2 \geqq 0$.

Die durch diese Gleichung definierte $\mathbb{R}^2$-$\mathbb{R}$-Funktion heißt auch *Zielfunktion.* Die Bedingungen $x_1 \geqq 0$ und $x_2 \geqq 0$ heißen *Nichtnegativitätsbedingungen*; sie werden im folgenden mit (NN) bezeichnet.

Als nächstes sind nun noch die Einschränkungen (*Nebenbedingungen*) zu berücksichtigen. Man erhält das folgende Ungleichungssystem:

(1) $x_1 \leqq 120$, (2) $x_2 \leqq 70$, (3) $x_1 + x_2 \leqq 140$,
(4) $x_1 + 2x_2 \leqq 180$.

Alle Paare (x_1, x_2), die zum Definitionsbereich der Zielfunktion gehören und gleichzeitig die Nebenbedingungen erfüllen, heißen *zulässige Lösungen.* Unter ihnen ist eine (ganzzahlige) Lösung gesucht, für die die Zielfunktion ein *absolutes Maximum* annimmt. Es soll von einer *Lösung der Maximum-Optimierung* gesprochen werden.

Eine derartige Lösung läßt sich z.B. graphisch wie in Abb. A finden.

Minimum-Optimierung mit zwei Variablen (graphische Lösung)

Für den Transport einer Ware in eine Stadt stehen zwei Auslieferungslager zur Verfügung. Es werden täglich x_1 Stück vom 1. Lager, x_2 Stück vom 2. Lager geliefert, wobei folgende Nebenbedingungen zu erfüllen sind:

(1) $x_1 \geqq 100$, (2) $x_2 \geqq 100$, (3) $x_1 + x_2 \geqq 500$,
(4) $x_1 + 3x_2 \geqq 900$, (5) $3x_1 + 2x_2 \geqq 1200$.

Es fragt sich, bei welchen Anzahlen die Transportkosten minimal sind, wenn für den Transport aus dem 1. Lager 2 DM pro Stück, für den aus dem 2. Lager 8 DM pro Stück anzusetzen sind. Als Zielfunktionsterm ergibt sich:

$T(x_1, x_2) = 2x_1 + 8x_2$ mit $x_1 \geqq 0$ und $x_2 \geqq 0$.

Die graphische Lösung erfolgt wie in Abb. B.

Zusammenfassung und Verallgemeinerung (Normalform)

Bei einer Optimierung mit zwei Variablen geht es also um die Aufgabe, von einer linearen Funktion Z (der Zielfunktion), def. durch $Z(x_1, x_2) = c_1x_1 + c_2x_2$ $(c_k \in \mathbb{R})$, unter Beachtung der Nichtnegativitätsbedingungen und der Nebenbedingungen (in Form eines Ungleichungssystems) ein absolutes Maximum bzw. Minimum zu ermitteln.

Diese Aufgabe ist verallgemeinerungsfähig, **und zwar soll zunächst von der *Normalform einer Maximum-Optimierung*** mit n Variablen die Rede sein (andere Formen, s. S. 483):

Vorgegeben sei eine *lineare* $\mathbb{R}^n$-$\mathbb{R}$-Funktion Z (*Zielfunktion*), def. durch

$Z(x_1, \ldots, x_n) = c_1x_1 + \cdots + c_nx_n \quad (c_k \in \mathbb{R})$

mit den *Nichtnegativitätsbedingungen*

(NN) $x_1 \geqq 0, \ldots, x_n \geqq 0$.

Jedes n-Tupel, das zu D_Z gehört und den *Nebenbedingungen* (voneinander unabhängig)

$$\begin{array}{l} (1)\ a_{11}x_1 + \cdots + a_{1n}x_n \leqq b_1 \\ \vdots \\ (m)\ a_{m1}x_1 + \cdots + a_{mn}x_n \leqq b_m \end{array} \quad (a_{ik} \in \mathbb{R}, b_i \in \mathbb{R}^+)$$

genügt, heißt *zulässige Lösung.*

Eine zulässige Lösung **heißt *Lösung der Maximum-Optimierung*,** wenn die Zielfunktion für sie ihr absolutes Maximum, falls es existiert, annimmt.

Man vereinbart die folgende *Matrizenschreibweise* für die Maximum-Optimierung in Normalform:

$Z(\boldsymbol{x}) = \langle \boldsymbol{c}, \boldsymbol{x} \rangle$ mit $\boldsymbol{x} \geqq \boldsymbol{o}$ und $A \cdot \boldsymbol{x} \leqq \boldsymbol{b}$.

Dabei ist A die Matrix (a_{ik}) der Nebenbedingungskoeffizienten (*Matrix der Nebenbedingungen*), $\boldsymbol{b}$ der *Vektor der Beschränkungen* b_i, $\boldsymbol{c}$ der Vektor der Zielfunktionskoeffizienten und $\boldsymbol{x}$ der Variablenvektor. Die Verwendung von »$\leqq$« ist komponentenweise zu verstehen.

Die *Normalform einer Minimum-Optimierung* wird analog definiert; es liegt ein Nebenbedingungssystem der Form $A \cdot \boldsymbol{x} \geqq \boldsymbol{b}$ zugrunde. Wegen des Dualitätsprinzips (S. 483) werden im folgenden zunächst nur Maximum-Optimierungen betrachtet.

Ein Versuch, graphische Lösungsverfahren auch für die verallgemeinerte Aufgabe heranzuziehen, ist für $n > 3$ unmöglich und für $n = 3$ nicht sonderlich sinnvoll. Das Ziel ist vielmehr ein algebraisches Verfahren, das dimensionsunabhängig verwendbar ist und von Rechenautomaten bewältigt werden kann. Ein solches Verfahren ist das *Simplexverfahren* (DANTZIG), s. S. 481.

Bem.: Aus Abb. C geht hervor, daß Optimierungsaufgaben *eindeutig* oder *mehrdeutig lösbar*, aber auch *unlösbar* sein können.

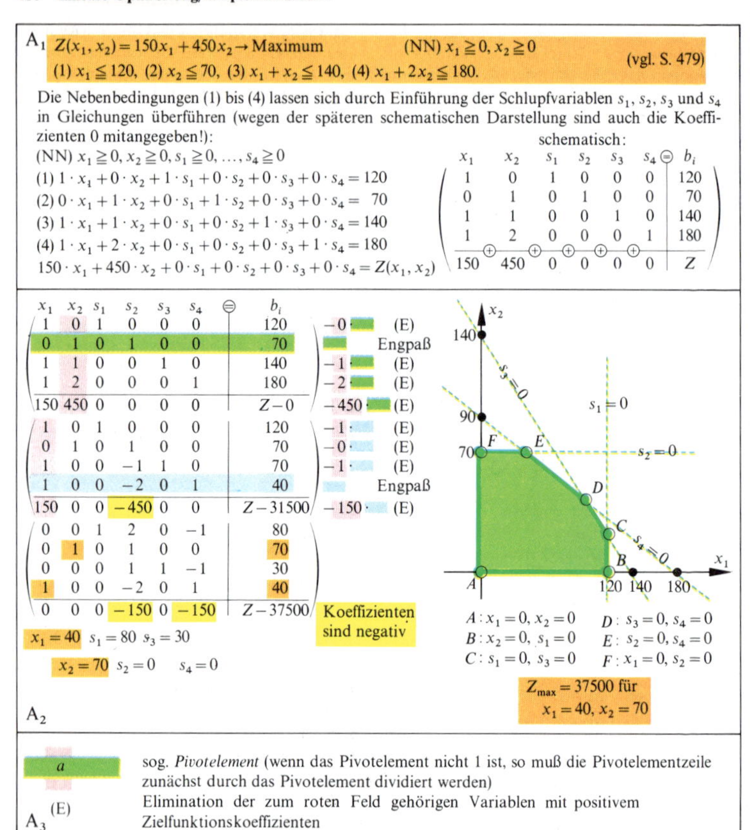

A1

$Z(x_1, x_2) = 150x_1 + 450x_2 \to$ Maximum (NN) $x_1 \geqq 0, x_2 \geqq 0$

(1) $x_1 \leqq 120$, (2) $x_2 \leqq 70$, (3) $x_1 + x_2 \leqq 140$, (4) $x_1 + 2x_2 \leqq 180$. (vgl. S. 479)

Die Nebenbedingungen (1) bis (4) lassen sich durch Einführung der Schlupfvariablen s_1, s_2, s_3 und s_4 in Gleichungen überführen (wegen der späteren schematischen Darstellung sind auch die Koeffizienten 0 mitangegeben!):

(NN) $x_1 \geqq 0, x_2 \geqq 0, s_1 \geqq 0, \ldots, s_4 \geqq 0$

(1) $1 \cdot x_1 + 0 \cdot x_2 + 1 \cdot s_1 + 0 \cdot s_2 + 0 \cdot s_3 + 0 \cdot s_4 = 120$

(2) $0 \cdot x_1 + 1 \cdot x_2 + 0 \cdot s_1 + 1 \cdot s_2 + 0 \cdot s_3 + 0 \cdot s_4 = 70$

(3) $1 \cdot x_1 + 1 \cdot x_2 + 0 \cdot s_1 + 0 \cdot s_2 + 1 \cdot s_3 + 0 \cdot s_4 = 140$

(4) $1 \cdot x_1 + 2 \cdot x_2 + 0 \cdot s_1 + 0 \cdot s_2 + 0 \cdot s_3 + 1 \cdot s_4 = 180$

$150 \cdot x_1 + 450 \cdot x_2 + 0 \cdot s_1 + 0 \cdot s_2 + 0 \cdot s_3 + 0 \cdot s_4 = Z(x_1, x_2)$

schematisch:

x_1	x_2	s_1	s_2	s_3	s_4	b_i
1	0	1	0	0	0	120
0	1	0	1	0	0	70
1	1	0	0	1	0	140
1	2	0	0	0	1	180
150	450	0	0	0	0	Z

x_1	x_2	s_1	s_2	s_3	s_4	b_i	
1	0	1	0	0	0	120	−0 · (E)
0	1	0	1	0	0	70	Engpaß
1	1	0	0	1	0	140	−1 · (E)
1	2	0	0	0	1	180	−2 · (E)
150	450	0	0	0	0	$Z-0$	−450 · (E)
1	0	1	0	0	0	120	−1 · (E)
0	1	0	1	0	0	70	−0 · (E)
1	0	0	−1	1	0	70	−1 · (E)
1	0	0	−2	0	1	40	Engpaß
150	0	0	−450	0	0	$Z-31500$	−150 · (E)
0	0	1	2	0	−1	80	
0	1	0	1	0	0	70	
0	0	0	1	1	−1	30	
1	0	0	−2	0	1	40	
0	0	0	−150	0	−150	$Z-37500$	Koeffizienten sind negativ

$x_1 = 40$ $s_1 = 80$ $s_3 = 30$

$x_2 = 70$ $s_2 = 0$ $s_4 = 0$

$A: x_1 = 0, x_2 = 0$ $D: s_3 = 0, s_4 = 0$

$B: x_2 = 0, s_1 = 0$ $E: s_2 = 0, s_4 = 0$

$C: s_1 = 0, s_3 = 0$ $F: x_1 = 0, s_2 = 0$

$Z_{max} = 37500$ für $x_1 = 40, x_2 = 70$

A2

a — sog. *Pivotelement* (wenn das Pivotelement nicht 1 ist, so muß die Pivotelementzeile zunächst durch das Pivotelement dividiert werden)

(E) — Elimination der zum roten Feld gehörigen Variablen mit positivem Zielfunktionskoeffizienten

A3

Maximum-Optimierung mit 2 Variablen

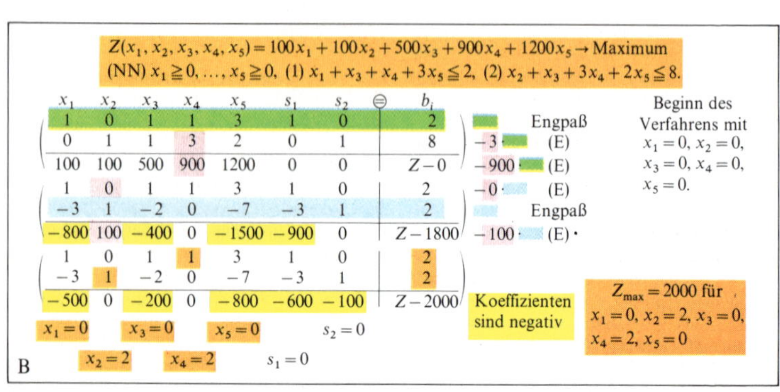

$Z(x_1, x_2, x_3, x_4, x_5) = 100x_1 + 100x_2 + 500x_3 + 900x_4 + 1200x_5 \to$ Maximum

(NN) $x_1 \geqq 0, \ldots, x_5 \geqq 0$, (1) $x_1 + x_3 + x_4 + 3x_5 \leqq 2$, (2) $x_2 + x_3 + 3x_4 + 2x_5 \leqq 8$.

x_1	x_2	x_3	x_4	x_5	s_1	s_2	b_i	
1	0	1	1	3	1	0	2	Engpaß
0	1	1	3	2	0	1	8	−3 · (E)
100	100	500	900	1200	0	0	$Z-0$	−900 · (E)
1	0	1	1	3	1	0	2	−0 · (E)
−3	1	−2	0	−7	−3	1	2	Engpaß
−800	100	−400	0	−1500	−900	0	$Z-1800$	−100 · (E) ·
1	0	1	1	3	1	0	2	
−3	1	−2	0	−7	−3	1	2	
−500	0	−200	0	−800	−600	−100	$Z-2000$	Koeffizienten sind negativ

Beginn des Verfahrens mit $x_1 = 0, x_2 = 0, x_3 = 0, x_4 = 0, x_5 = 0$.

$x_1 = 0$ $x_3 = 0$ $x_5 = 0$ $s_2 = 0$

$x_2 = 2$ $x_4 = 2$ $s_1 = 0$

$Z_{max} = 2000$ für $x_1 = 0, x_2 = 2, x_3 = 0, x_4 = 2, x_5 = 0$

B

Maximum-Optimierung mit 5 Variablen

Grundlagen

Aus dem graphischen Verfahren zur Maximum-Optimierung für zwei Variable (S. 478) geht hervor, daß das absolute Maximum, falls es überhaupt existiert, in mindestens einer Ecke des Lösungsbereichs angenommen wird. Der Grund ist darin zu suchen, daß der Lösungsbereich eine beschränkte, konvexe Punktmenge des $\mathbb{R}^2$ ist. Dabei versteht man unter *Konvexität* die Eigenschaft, daß mit je zwei Punkten auch ihre Verbindungsstrecke zur Punktmenge gehört.

Der Begriff der Konvexität ist ohne weiteres auf den $\mathbb{R}^n$ übertragbar, wenn man eine Strecke wie auf S. 204 definiert. Es ergibt sich dann:

Der Lösungsbereich einer Maximum-Optimierung mit n Variablen ist eine konvexe Teilmenge des $\mathbb{R}^n$.

Der Lösungsbereich ist nicht notwendig beschränkt; sein Rand besteht aber aufgrund der Bedingungen $\boldsymbol{x} \geqq \boldsymbol{o}$ und $A \cdot \boldsymbol{x} \leqq \boldsymbol{b}$ aus Teilen der $n+m$ Hyperebenen (S. 204), die durch $\boldsymbol{x} = \boldsymbol{o}$ und $A \cdot \boldsymbol{x} = \boldsymbol{b}$ festgelegt sind. Man spricht daher auch von einem *Lösungspolyeder*.

Im weiteren spielen die sog. *Ecken* des Lösungspolyeders eine wichtige Rolle. Darunter versteht man diejenigen Punkte des Randes, die zu mindestens n der Hyperebenen gehören.

Es ergibt sich der Hauptsatz:

Ist das Lösungspolyeder einer Maximum-Optimierung beschränkt, so wird das absolute Maximum in mindestens einer Ecke angenommen.

Bem.: Dieser Satz macht deutlich, warum die Methoden der Analysis bei linearen Optimierungsaufgaben versagen müssen. Das absolute Maximum wird stets auf dem Rand angenommen.

Im Prinzip könnte man bei der Suche nach dem absoluten Maximum natürlich folgendermaßen vorgehen. Man berechnet *sämtliche* Ecken des Lösungspolyeders und überprüft die Zielfunktion. Dieses Verfahren ist aber, von einfachen Aufgaben abgesehen, selbst für Rechenautomaten zu zeitaufwendig, so daß man nach einem geeigneten *Iterationsverfahren* Ausschau halten muß.

Ein derartiges Verfahren muß nach endlich vielen Schritten beendet sein und darf nicht zu langsam voranschreiten. Es liegt also nahe, von Ecke zu Ecke voranzuschreiten, aber möglichst viele Ecken unberücksichtigt zu lassen, die nicht zu einer Verbesserung des Ergebnisses der Zielfunktion beitragen.

Mit dem *Simplexverfahren*, dessen Verfahrensweise zunächst an zwei Beispielen mitgeteilt wird, liegt ein derartiges Verfahren vor.

Bem.: Die Bezeichnung des Verfahrens rührt von besonders einfachen Polyedern her, den sog. Simplexen.

Beispiele

Es wird das Beispiel der Maximum-Optimierung mit zwei Variablen von S. 479 gewählt. Zunächst wird das Ungleichungssystem der Nebenbedingungen in ein *Gleichungssystem* mit vier Gleichungen und sechs Variablen überführt, indem man zusätzlich ebensoviele sog. *Schlupfvariable* s_i einführt, wie Ungleichungen vorhanden sind (Abb. A_1). Die s_i erfüllen wie die x_k die (NN)-Bedingungen. Der Zielfunktion kann man die Form einer $\mathbb{R}^6$-$\mathbb{R}$-Funktion geben. Sämtliche Informationen lassen sich in einem Schema festhalten.

Ziel soll es nun sein, ein Verfahren zu erstellen, bei dem man von Ecke zu Ecke geht und gleichzeitig mit jedem Schritt eine Verringerung der Abweichung des Zielfunktionswertes vom Maximum erreicht.

Beginnt man mit der durch $x_1 = 0$ und $x_2 = 0$ bestimmten Ecke A, so ergibt sich $Z = 0$. Offensichtlich aber kann man diesen Wert durch Wahl von $x_1 \neq 0$ oder $x_2 \neq 0$ steigern. Behält man $x_1 = 0$ bei und wählt $x_2 \neq 0$, so muß an Hand der Beschränkungen herausgefunden werden, wie weit man x_2 höchstens steigern darf, um zur benachbarten Ecke zu gelangen (d. h. ohne die (NN) zu verletzen). Es gilt aufgrund der einzelnen Gleichungen

(1) x_2 beliebig, (2) $x_2 \leqq 70$, (3) $x_2 \leqq 140$,
(4) $x_2 \leqq 90$.

Die 2. Gleichung bestimmt den sog. *Engpaß* für x_2. Nunmehr kann man mit dieser Gleichung überall die Variable x_2 eliminieren und dabei s_2 einführen. Man erreicht den benachbarten Eckpunkt, indem man $x_1 = 0$ und $s_2 = 0$ wählt.

Die Darstellung der Zielfunktion mit den Variablen x_1 und s_2 ist $Z(x_1, s_2) = 31\,500 + 150x_1 - 450s_2$. Man erkennt, daß für die durch $x_1 = 0$ und $s_2 = 0$ bestimmte Ecke F noch kein Maximum erreicht ist, denn durch Wahl von $x_1 \neq 0$ kann der Wert von Z über 31500 hinaus gesteigert werden.

Fragt man danach, wie weit man x_1 steigern darf, um die nächste Ecke nicht zu verpassen, so hat man für x_1 unter der Bedingung $s_2 = 0$ eine Abschätzung in den Gleichungen

(1) $x_1 + s_1 = 120$, (3) $x_1 - s_2 + s_3 = 70$,
(4) $x_1 - 2s_2 + s_4 = 40$

vorzunehmen:

(1) $x_1 \leqq 120$, (3) $x_1 \leqq 70$, (4) $x_1 \leqq 40$.

Die 4. Gleichung bestimmt also den Engpaß für x_1, d. h. der benachbarte Eckpunkt wird durch $s_2 = 0$ und $s_4 = 0$ erreicht.

Eliminiert man nun x_1 mit Hilfe der 4. Gleichung, so ergibt sich: $Z(s_2, s_4) = 37\,500 - 150s_2 - 150s_4$.

Für die durch $s_2 = 0$ und $s_4 = 0$ festgelegte Ecke E ergibt sich also ein Zielfunktionswert von 37500, der nicht mehr gesteigert werden kann. Das erkennt man an den negativen Koeffizienten von s_2 und s_4 in $Z(s_2, s_4)$, denn bei beliebiger Wahl von $s_2 \geqq 0$ und $s_4 \geqq 0$ wird kein größerer Wert erzeugt, wohl aber jeder Punkt des Lösungsbereichs erreicht. Man erhält also die bereits auf S. 478 graphisch ermittelte Lösung. Das hier beschriebene rechnerische Verfahren läßt sich wie in Abb. A_2 schematisieren und leicht auf mehr als zwei Variable übertragen (Abb. B).

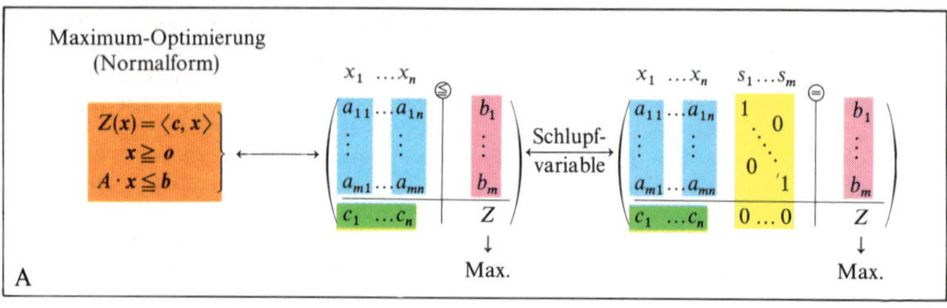

Einführung von Schlupfvariablen

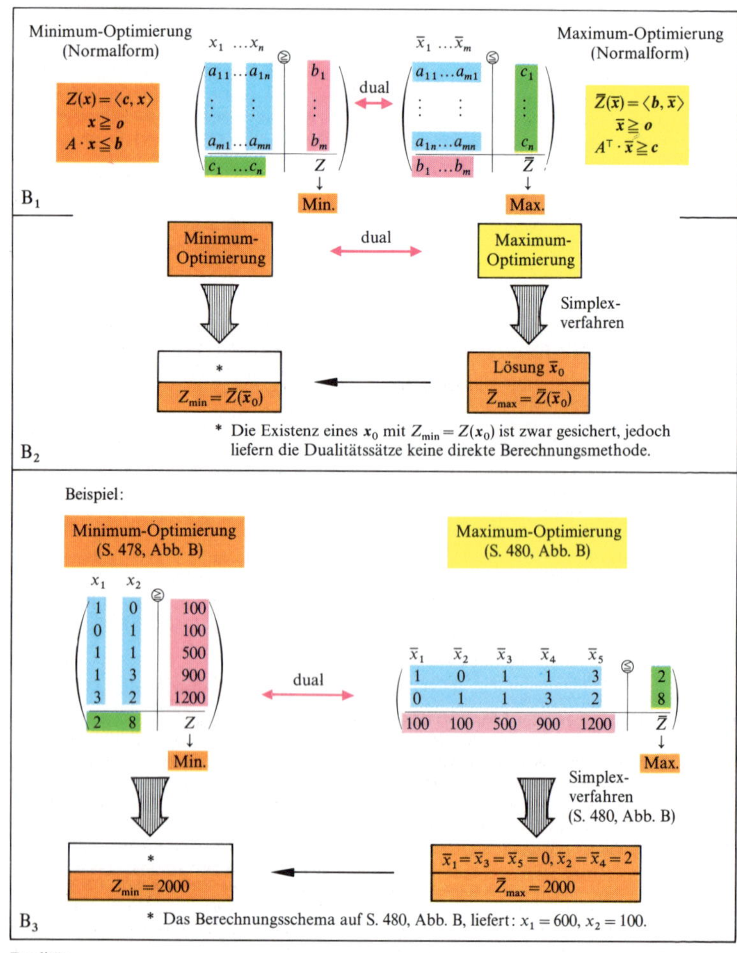

Dualität

Simplexverfahren für die Normalform der Maximum-Optimierung

Ist eine Maximum-Optimierung in Normalform mit n Variablen und m Nebenbedingungen vorgegeben,

$Z(\boldsymbol{x}) = \langle \boldsymbol{c}, \boldsymbol{x} \rangle, \quad \boldsymbol{x} \geqq \boldsymbol{o}, \quad A \cdot \boldsymbol{x} \leqq \boldsymbol{b}$,

so führt man in jede der zu $A \cdot \boldsymbol{x} \leqq \boldsymbol{b}$ gehörigen Ungleichungen eine *Schlupfvariable* s_i mit $s_i \geqq 0$ ein, so daß ein *Gleichungssystem* aus m Gleichungen (unabhängig vorausgesetzt) mit $n+m$ Variablen entsteht (Abb. A). Die Lösungsmethoden derartiger Gleichungssysteme rechtfertigen folgende Schritte.

Für den ersten Rechenschritt heißen die Variablen $x_1, \ldots, x_n$ *Nichtbasisvariable*, die Variablen $s_1, \ldots, s_m$ *Basisvariable*. Setzt man für die Nichtbasisvariablen 0 ein, so ergibt sich $s_i = b_i$. Diese Werte liefern die erste sog. *Basislösung*.

Durch $x_1 = 0, \ldots, x_n = 0$ wird mit Sicherheit eine Ecke des Lösungspolyeders beschrieben. Der Zielfunktionswert für diese Ecke ist 0. Eine Verbesserung dieses Wertes ist möglich, wenn es eine Nichtbasisvariable x_r gibt, für die positive Werte möglich sind und für die der Koeffizient im Zielfunktionsterm positiv ist. Ist dies der Fall, so wird x_r als Basisvariable aufgenommen; dafür muß eine der bisherigen Basisvariablen zur Nichtbasisvariablen werden. Unter der Bedingung $x_k = 0$ für $k \neq r$ schätzt man x_r ab. Die kleinste Beschränkung von x_r (*Engpaß*) bestimmt dann die Schlupfvariable, die zur Nichtbasisvariablen wird, d. h. für die dann 0 einzusetzen ist.

Geometrisch gesehen bedeutet die Abschätzung, daß eine benachbarte Ecke ausgewählt wird. Mit Hilfe der Engpaßgleichung ist es nun möglich, aus allen Gleichungen die Variable x_r zu eliminieren und die zugehörige Schlupfvariable stattdessen einzuführen. Setzt man nun alle Nichtbasisvariablen 0, so ergibt sich die zweite Basislösung mit $x_r > 0$.

Enthält der Zielfunktionsterm, aus dem auch die Variable x_r eliminiert wurde, keine positiven Koeffizienten mehr, so ist die Lösung der Optimierungsaufgabe an der betreffenden Ecke erreicht. Sind noch positive Koeffizienten vorhanden, so wird der Austausch von Basis- und Nichtbasisvariablen fortgesetzt.

Allgemeiner Fall der Maximum-Optimierung

Häufig sind Aufgaben zur Maximum-Optimierung nicht in der Normalform (S. 479) vorgegeben. Die Abweichungen können darin bestehen, daß unter den Nebenbedingungen auch Gleichungen vorkommen, Beschränkungen nicht positiv sind oder die (NN)-Bedingungen nicht für alle Variablen erfüllt sind. In allen Fällen kann man aber die Aufgabe in die Normalform überführen.

a) Nebenbedingungen teilweise in Gleichungsform: Im Prinzip kann man die Gleichungen dazu verwenden, so viele Variable zu eliminieren, wie Gleichungen vorhanden sind, und die reduzierte Aufgabe zu lösen. Es gibt aber darüber hinaus Verfahren, die einer Behandlung mit Rechenautomaten zugänglicher und an das Schema des Simplexverfahrens angepaßt sind.

b) Negative Beschränkungen: Liegt z. B. eine Ungleichung der Form $a_{\nu 1} x_1 + \cdots + a_{\nu n} x_n \leqq -b_\nu \, (b_\nu > 0)$ vor, so kann man die Ungleichung durch Einführung einer zusätzlichen Variablen p_ν ($p_\nu \geqq 0$) in die Gleichung $-a_{\nu 1} x_1 - \cdots - a_{\nu n} x_n - p_\nu = b_\nu$ überführen, die wie unter a) behandelt wird.

c) (NN)-Bedingungen nicht erfüllt: Ist z. B. $x_\nu \geqq 0$ für die Variable x_ν nicht erfüllt, so nutzt man die Tatsache aus, daß sich Variable x'_ν und x''_ν mit $x'_\nu \geqq 0$, $x''_\nu \geqq 0$ und $x_\nu = x'_\nu - x''_\nu$ finden lassen. Statt x_ν hat man $x'_\nu - x''_\nu$ zu setzen und die Rechnung mit den neuen Variablen zu führen.

Minimum-Optimierung (Normalform), Dualität

Ist eine Minimum-Optimierung in Normalform vorgegeben, etwa durch (vgl. S. 479)

$$\begin{array}{ll} Z(x_1, \ldots, x_n) = c_1 x_1 + \cdots + c_n x_n, & \text{d.h. } Z(\boldsymbol{x}) = \langle \boldsymbol{c}, \boldsymbol{x} \rangle, \\ (\text{NN})\; x_1 \geqq 0, \ldots, x_n \geqq 0, & \text{d.h. } \boldsymbol{x} \geqq \boldsymbol{o}, \\ (1)\; a_{11} x_1 + \cdots + a_{1n} x_n \geqq b_1 & \\ \quad \vdots \qquad\qquad \vdots \qquad \vdots & \text{d.h. } A \cdot \boldsymbol{x} \geqq \boldsymbol{b}, \\ (m)\; a_{m1} x_1 + \cdots + a_{mn} x_n \geqq b_m & \end{array}$$

so heißt die folgende Maximum-Optimierung

$$\begin{array}{ll} \bar{Z}(\bar{x}_1, \ldots, \bar{x}_m) = b_1 \bar{x}_1 + \cdots + b_m \bar{x}_m, & \\ \quad \text{d. h. } \bar{Z}(\bar{\boldsymbol{x}}) = \langle \boldsymbol{b}, \bar{\boldsymbol{x}} \rangle, & \\ (\text{NN})\; \bar{x}_1 \geqq 0, \ldots, \bar{x}_m \geqq 0, & \text{d. h. } \bar{\boldsymbol{x}} \geqq \boldsymbol{o}, \\ (\bar{1})\; a_{11} \bar{x}_1 + \cdots + a_{m1} \bar{x}_m \leqq c_1 & \\ \quad \vdots \qquad\qquad \vdots \qquad \vdots & \text{d. h. } A \cdot \bar{\boldsymbol{x}} \leqq \boldsymbol{c} \\ (\bar{n})\; a_{1n} \bar{x}_1 + \cdots + a_{mn} \bar{x}_m \leqq c_n & \end{array}$$

dual zur vorgegeb. Minimum-Optimierung (Abb. B_1).

Für jedes Paar zulässig lösbarer dualer Optimierungsaufgaben ergibt sich ein wichtiger Zusammenhang zwischen den Lösungen.

Stimmen die Zielfunktionen Z und $\bar{Z}$ für eine zulässige Lösung $\boldsymbol{x}_0 \in \mathbb{R}^n$ und eine zulässige Lösung $\bar{\boldsymbol{x}}_0 \in \mathbb{R}^n$ überein, d. h. gilt $Z(\boldsymbol{x}_0) = \bar{Z}(\bar{\boldsymbol{x}}_0)$, so ist $\boldsymbol{x}_0$ Lösung der Minimum-, $\bar{\boldsymbol{x}}_0$ Lösung der Maximum-Optimierung. Und umgekehrt gilt $Z(\boldsymbol{x}_0) = \bar{Z}(\bar{\boldsymbol{x}}_0)$, falls $\boldsymbol{x}_0$ Lösung der Minimum- und $\bar{\boldsymbol{x}}_0$ Lösung der Maximum-Optimierung ist.

Man kann übrigens zeigen, daß die Lösbarkeit einer der beiden dualen Aufgaben die Lösbarkeit der anderen nach sich zieht.

Bei der Lösung einer Minimum-Optimierung kann man nun folgendermaßen vorgehen: Man überführt sie zunächst in Normalform, geht dann zur dualen Maximum-Optimierung über und bestimmt mit dem Simplexverfahren eine Lösung $\bar{\boldsymbol{x}}_0$ der Maximum-Optimierung. Im Hinblick auf die Minimum-Optimierung weiß man nun zwar, daß $Z_{\min} = \bar{Z}(\bar{\boldsymbol{x}}_0)$ gilt, kennt aber aufgrund der Dualitätstheorie noch keine Lösung $\boldsymbol{x}_0$ (Abb. B_2).

Untersucht man allerdings das Simplexverfahren genauer, so ergibt sich, daß bei diesem Verfahren gleichzeitig mit $\bar{\boldsymbol{x}}_0$ auch $\boldsymbol{x}_0$ berechnet wird, und zwar bilden die zu den Schlupfvariablen gehörigen Koeffizienten der letzten Zielfunktionszeile des Berechnungsschemas den Vektor $-\boldsymbol{x}_0$. Dies wird auch für das Beispiel in Abb. B_3 durch das Berechnungsschema in Abb. B, S. 480, bestätigt, wo sich $(-600, -100)$ für $-\boldsymbol{x}_0$ ergibt.

Literaturverzeichnis

Allgemeines

[1] Behnke, H., u.a.: Grundzüge der Mathematik. Band I bis V. Vandenhoeck & Ruprecht, Göttingen ³1966/²1966/²1968/1966/1968.
[2] Behnke, H., R. Remmert, H. G. Steiner, H. Tietz: Das Fischer Lexikon, Mathematik. Band 1 und 2, Fischer, Frankfurt 1964/1966.
[3] Meschkowski, H., D. Laugwitz: Meyers Handbuch über die Mathematik. Bibliographisches Institut, Mannheim 1967.
[4] Gellert, W., H. Küstner, M. Hellwich, H. Kästner: Kleine Enzyklopädie Mathematik. Harri Deutsch, Thun u. Frankfurt 1977.
[5] Wolff, G.: Handbuch der Schulmathematik, Bd. 1 bis 7. Schroedel, Hannover ²1966/1967.
[6] Naas, J., H. L. Schmid: Mathematisches Wörterbuch. Teubner, Stuttgart ³1972.

Grundlagen der reellen Analysis

[2] Band 1, [3], [4] und
[7] Oberschelp, A.: Aufbau des Zahlensystems. Vandenhoeck & Ruprecht, Göttingen 1968.
[8] Salzmann, H.: Zahlbereiche, Teil 1: Die reellen Zahlen. Universität Tübingen 1971.
[9] Kießwetter, K.: Reelle Analysis einer Veränderlichen. Bibl. Institut, Mannheim 1975.
[10] Cohen, L. W., Ehrlich, G.: The Structure of the Real Number System. D. van Nostrand, Princeton (USA) 1963.

Differentialrechnung

[1] Bd. III, [2] Bd. 1, [3], [4], [5] Bd. 2 und
[11] Courant, R.: Vorlesungen über Differential- und Integralrechnung, Bd. 1 und 2. Springer, Berlin 1961/1955.
[12] Erwe, F.: Differential- und Integralrechnung I. Bibliographisches Institut, Mannheim 1962.
[13] Martensen, E.: Analysis, Bd. I und II. Bibliographisches Institut, Mannheim 1969.
[14] Dombrowski, P.: Differentialrechnung I und Abriß der linearen Algebra. Bibliographisches Institut, Mannheim 1970.
[15] Grauert, H., I. Lieb: Differential- und Integralrechnung I. Springer, Berlin 1970.
[16] Meschkowski, H.: Unendliche Reihen. Bibliographisches Institut, Mannheim 1962.
[17] Krolop, J.: Praktische Mathematik, PH Potsdam 1960.
[18] Hämmerlin, G.: Numerische Mathematik I. Bibliographisches Institut, Mannheim 1970.
[19] Apostol, T. M.: Mathematical Analysis. Addison-Wesley, Reading (USA) 1971.
[20] Jahnke, E., F. Emde: Tafeln höherer Funktionen. Teubner, Leipzig 1948.
[21] Batemann, H., A. Erdélyi: Higher Transcendental Functions, Bd. 1. McGraw-Hill, New York 1953.

Integralrechnung

[2] Band 1 und 2, [3], [4], [5], [15] und
[22] Erwe, F.: Differential- und Integralrechnung II. Bibl. Institut, Mannheim 1962.
[23] v. Mangoldt-Knopp: Einführung in die höhere Mathematik, 3. Band. Hirzel, Stuttgart ¹³1967.
[24] Curtis, Ph. C.: Calculus. John Wiley and Sons, New York 1972.
[25] Kaplan, W.: Advanced Calculus. Addison-Wesley, Reading (USA) 1973.
[26] Protter, M. H., Morrey, Ch. B. jr.: Calculus with Analytic Geometry. Addison-Wesley, Reading (USA) 1971.
[27] Asplund, E., Bungart, L.: A First Course in Integration. Holt, Rinehart and Winston, New York 1966.
[28] McShane, E. J.: Integration. Princeton University Press (USA) ⁶1964
[29] Taylor, A. E.: General Theory of Functions and Integration. Blaisdell, Waltham (USA) 1965.
[30] Henze, E.: Einführung in die Maßtheorie. Bibl. Institut, Mannheim 1971.
[31] Natanson, L. P.: Theorie der Funktionen einer reellen Veränderlichen. Akademie-Verlag, Berlin 1961.
[32] Burrill, C. W.: Measure, Integration, and Probability. McGraw-Hill, New York 1972.
[33] Randolph, J. F.: Basic Real and Abstract Analysis. Academic Press, New York 1968.

Funktionalanalysis

[1] Bd. III, [2] Bd. 2, [3], [4] und
[34] Großmann, S.: Funktionalanalysis, Bd. 1 und 2. Akademische Verlagsgesellschaft, Frankfurt ²1972.
[35] Pflaumann, E., H. Unger: Funktionalanalysis I. Bibliographisches Institut, Mannheim 1968.
[36] Hirzebruch, F., W. Scharlau: Einführung in die Funktionalanalysis. Bibliographisches Institut, Mannheim 1971.
[37] Epheser, H.: Vorlesungen über Variationsrechnung. Vandenhoeck & Ruprecht, Göttingen 1973.
[38] Klötzler, R.: Mehrdimensionale Variationsrechnung. Birkhäuser, Basel 1970.

Differentialgleichungen

[2] Band 2, [3], [4], [5] Band 6 und
[39] Brauer, F., Nohel, J.: Ordinary Differential Equations. W. A. Benjamin, Menlo Park (USA) ²1973.
[40] Pennisi, L.: Elements of Ordinary Differential Equations. Holt, Rinehart and Winston, New York 1972.
[41] Erwe, F.: Gewöhnliche Differentialgleichungen. Bibl. Institut, Mannheim 1961.
[42] Walter, W.: Gewöhnliche Differentialgleichungen. Springer, Berlin 1972.
[43] Collatz, L.: Differentialgleichungen. Teubner, Stuttgart ⁴1970.
[44] Aumann, G.: Höhere Mathematik III. Bibl. Institut, Mannheim 1971.
[45] Fadell, A.: Vector Calculus and Differential Equations. D. van Nostrand, Princeton 1968.
[46] Wilson, H. K.: Ordinary Differential Equations. Addison-Wesley, Reading (USA) 1971.
[47] Manougian, M. N., R. A. Northcutt: Ordinary Differential Equations. Merrill, Columbus (USA) 1973.
[48] Rainville, E. D., Ph. E. Bedient: Elementary Differential Equations. Macmillan, New York 1974.
[49] Ross, S. L.: Differential Equations. Blaisdell Publ. Comp., Waltham (USA) 1964.
[50] Kamke, E.: Differentialgleichungen I. Akademische Verlagsges., Leipzig ⁶1969.
[51] Bräuning, G.: Gewöhnliche Differentialgleichungen. Deutsch, Frankfurt ²1965.

Differentialgeometrie

[2] Band 2, [3], [4] und
[52] Kreyszig, E.: Differentialgeometrie. Akademische Verlagsgesellschaft, Leipzig ²1968.
[53] Goetz, A.: Introduction to Differential Geometry. Addison-Wesley, Reading (USA) 1970.
[54] Stoker, J. J.: Differential Geometry. Willey-Interscience, New York 1969.
[55] Struik, D.: Lectures on Classical Differential Geometry. Addison-Wesley, Reading (USA) ²1961.
[56] Klingenberg, W.: Eine Vorlesung über Differentialgeometrie. Springer, Berlin 1973.
[57] Haack, W.: Elementare Differentialgeometrie. Birkhäuser, Basel 1955.
[58] Bieberbach, L.: Differentialgeometrie. Teubner, Leipzig 1932.
[59] Alexandrow, A. D.: Kurven und Flächen, Deutscher Verlag der Wissenschaften, Berlin 1959.

Funktionentheorie

[1] Bd. III, [2] Bd. 1, [3], [4] und
[60] Behnke, H., F. Sommer: Theorie der analytischen Funktionen einer komplexen Veränderlichen. Springer, Berlin ³1965.
[61] Peschl, E.: Funktionentheorie, Bd. 1. Bibliographisches Institut, Mannheim 1967.
[62] Dinghas, A.: Einführung in die CAUCHY-WEIERSTRASS'sche Funktionentheorie. Bibliographisches Institut, Mannheim 1968.
[63] McCullough, Th., K. Phillips: Foundation of Analysis in the Complex Plane. Holt, Rinehart and Winston, New York 1972.
[64] Knopp, K.: Funktionentheorie, Bd. 1 und 2. de Gruyter, Berlin ⁷1949.
[65] Grauert, H., K. Fritzsche: Einführung in die Funktionentheorie mehrerer Veränderlicher. Springer, Berlin 1974.

Kombinatorik

[2] Bd. 2, [3], [4], [5] Bd. 1 und
[66] Jeger, M.: Einführung in die Kombinatorik, Bd. 1 und 2. Klett, Stuttgart 1973/1976.

Wahrscheinlichkeitsrechnung und Statistik

[1] Bd. III und IV, [2] Bd. 2, [3], [4], [5] Bd. 1 und
[67] Engel, A.: Wahrscheinlichkeitsrechnung und Statistik, Bd. 1. Klett, Stuttgart 1972.
[68] Strehl, R.: Wahrscheinlichkeitsrechnung. Herder, Freiburg 1974.
[69] Meschkowski, H.: Wahrscheinlichkeitsrechnung. Bibliographisches Institut, Mannheim 1968.
[70] Henn, R., H. P. Künzi: Einführung in die Unternehmensforschung I. Springer, Berlin 1968.
[71] Cramer, U.: Statistik für Sie 1. Deskriptive Statistik. Hueber-Holzmann, München 1973.
[72] Kübler, F.: Statistik für Sie 2. Wahrscheinlichkeitsrechnung. Hueber-Holzmann, München 1974.
[73] Panknin, M.: Mengen, Zufall und Statistik. Schroedel, Hannover 1973.
[74] Rosanow, J. A.: Wahrscheinlichkeitstheorie. Akademie-Verlag, Berlin 1970.

Lineare Optimierung

[2] Band 2, [3] und
[75] Schick, K.: Lineares Optimieren. Diesterweg-Salle, Frankfurt 1972.
[76] Judin, D. B., E. G. Golstein: Lineare Optimierung I. Akademie-Verlag, Berlin 1968.
[77] Henn, R., H. P. Künzi: Einführung in die Unternehmensforschung II. Springer, Berlin 1968.
[78] Vajda, St.: Einführung in die Linearplanung und die Theorie der Spiele. Oldenbourg, München ⁴1973.

Register

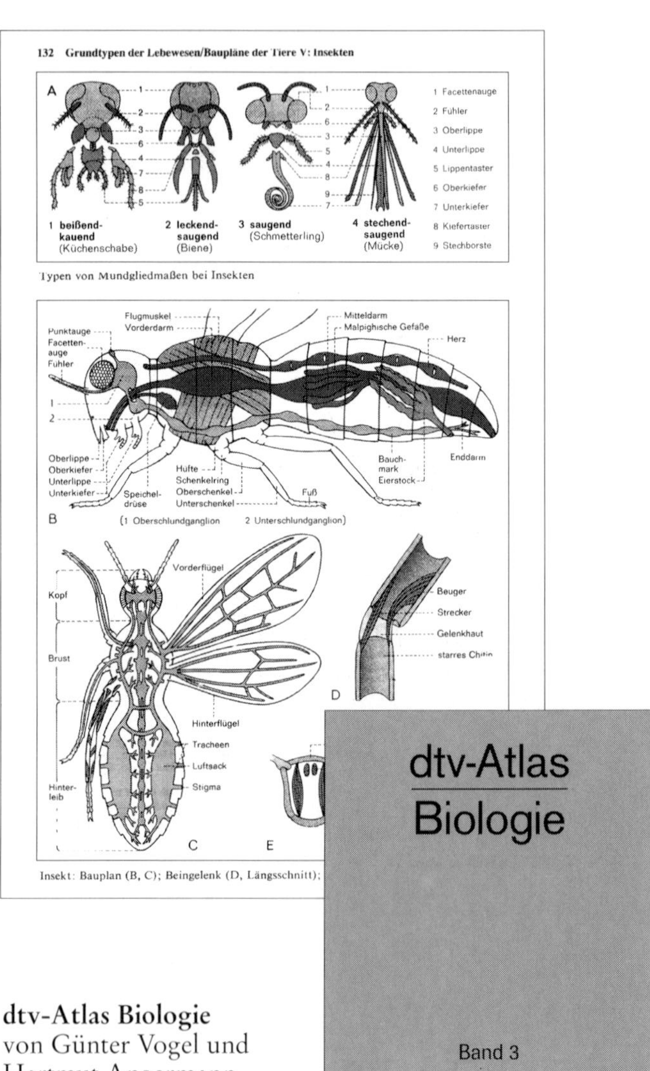

dtv-Atlas Biologie
von Günter Vogel und
Hartmut Angermann
3 Bände
292 Farbseiten von
Inge und István Szász
Originalausgabe
dtv 3221/3222/3223

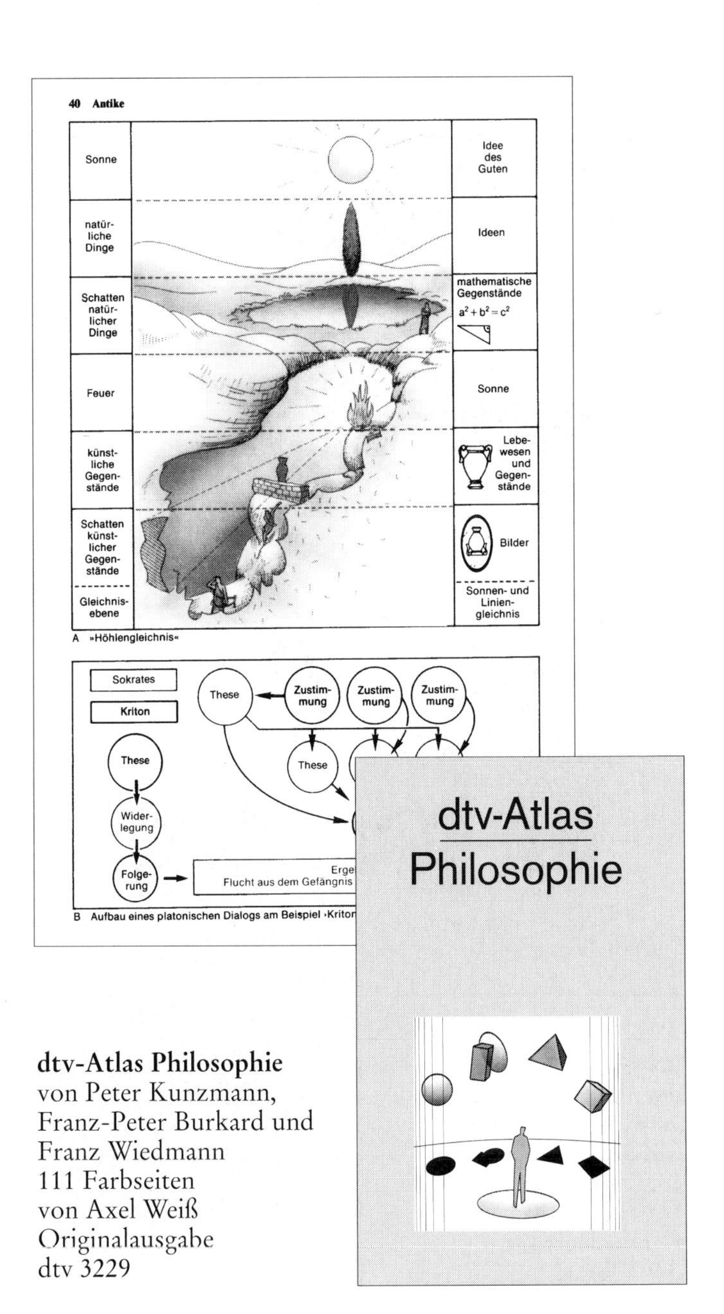

dtv-Atlas Philosophie
von Peter Kunzmann,
Franz-Peter Burkard und
Franz Wiedmann
111 Farbseiten
von Axel Weiß
Originalausgabe
dtv 3229

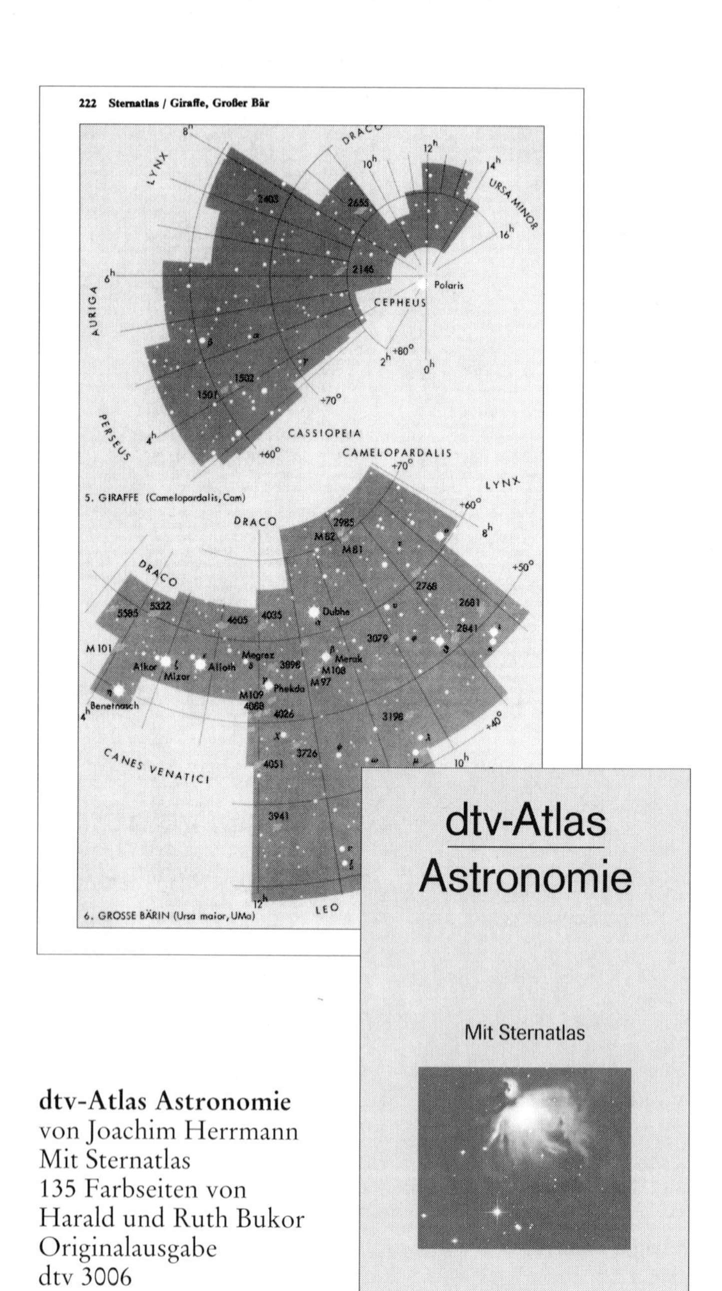
222 Sternatlas / Giraffe, Großer Bär
DRACO
LYNX
URSA MINOR
AURIGA
Polaris
CEPHEUS
PERSEUS
CASSIOPEIA
CAMELOPARDALIS
5. GIRAFFE (Camelopardalis, Cam)
DRACO
LYNX
Dubhe
Merak
Megrez
Alioth
Alkor
Mizar
Phekda
Benetnasch
CANES VENATICI
LEO
6. GROSSE BÄRIN (Ursa maior, UMa)
dtv-Atlas
Astronomie
Mit Sternatlas